U0303014

新世纪工程地质学丛书

岩体卸荷力学与工程

黄 达 岑夺丰 张俊文 著

科 学 出 版 社

北 京

内 容 简 介

本书聚焦于高应力条件下卸荷诱发岩体灾变机理这一关键科学问题，以高地应力环境中高边坡及地下工程开挖扰动区应力重分布特征为依据，有针对性地设计了综合考虑卸荷应力路径、初始应力状态、卸荷速率等关键因素的系列岩石（体）卸荷试验方法和试验装备，系统开展侧向卸荷、法向卸荷条件下剪切、法向拉伸条件下剪切、围压作用下卸荷-拉伸等卸荷岩体力学试验与理论研究，揭示卸荷条件下岩石（体）的力学参数弱化、变形与破裂响应及其力学机理，建立卸荷条件下岩石强度准则与本构模型和岩体裂隙扩展机制及其力学判据，提出基于断裂力学理论的卸荷条件下岩体时效损伤破裂数值模拟方法，分析高应力地区河谷下切和大规模开挖过程中卸荷诱发岩石高边坡表生改造、变形破裂规律与机制，以及深部煤矿负煤柱卸压开采原理与应用。

本书可供水电工程、采矿工程、地质工程、土木工程等专业科研与技术人员借鉴，也可供相关专业的本科生、研究生参考。

图书在版编目(CIP)数据

岩体卸荷力学与工程／黄达等著．—北京：科学出版社，2023. 5
(新世纪工程地质学丛书)
ISBN 978-7-03-072991-0

Ⅰ. ①岩… Ⅱ. ①黄… Ⅲ. ①水电站厂房-岩石力学-研究 Ⅳ. ①TV731

中国版本图书馆 CIP 数据核字（2022）第 157132 号

责任编辑：韦 沁 李 静／责任校对：何艳萍
责任印制：赵 博／封面设计：北京图阅盛世

科学出版社出版
北京东黄城根北街 16 号
邮政编码：100717
http://www.sciencep.com

三河市春园印刷有限公司印刷
科学出版社发行 各地新华书店经销
*
2023 年 5 月第 一 版 开本：787×1092 1/16
2025 年 4 月第二次印刷 印张：29 插页：4
字数：699 500

定价：338. 00 元
(如有印装质量问题，我社负责调换)

《新世纪工程地质学丛书》
规划委员会

序

2005 年 7 月和 2007 年 9 月，我去正在施工建设的澜沧江小湾和雅砻江锦屏一级水电站高边坡施工现场调查，发现高应力条件下大规模开挖高边坡岩体席状、板状卸荷张裂和松弛现象十分严重，了解到也在现场调研的黄达博士正在开展卸荷条件下高边坡岩体破裂机理方面的博士学位论文工作。当时非常高兴地跟黄博士说："一定要在黄润秋教授的指导下好好做，深入开展卸荷条件下岩体灾变机理及强度理论研究是高应力岩体工程施工期地质灾害防控的关键理论基础，尤其是卸荷过程中产生的拉应力作用机制。"十多年后，于 2021 年 9 月黄博士带着《岩体卸荷力学与工程》著作的初稿来北京见我，整本翻阅和讨论后，甚是欣慰，乐于为其作序。

随着西部大开发和深地资源开发的实施，大量水电、采矿、交通等重大工程高边坡、隧道及地下工程遭遇高应力条件下岩体灾变的问题。开挖是人类工程活动的主要形式，也是主要的致灾行为之一，尤其是高应力环境中大规模开挖造成的滑坡及岩爆等灾难性地质灾害十分普遍。大规模开挖产生的快速卸荷作用使得扰动区岩体应力状态急剧恶化，造成了诸多与卸荷扰动相关的岩体破裂灾害，如法向卸荷诱发剪切破坏、侧向卸荷诱发压致拉裂破坏、卸荷差异回弹诱发拉剪复合破坏等。基于大量的工程实践，卸荷作用致使岩体拉张破裂性质十分突出，厘清高应力条件下卸荷过程中岩体损伤破坏演化、拉应力作用机制和强度弱化规律是解决高应力地区岩体灾害防治技术瓶颈背后的关键科学问题，也是地质工程、岩土工程及采矿工程等领域的难点与前沿问题。

该书作者从河谷下切、大规模岩体开挖等卸荷作用下高边坡、地下工程围岩的应力重分布特征出发，针对开挖诱发的压致拉裂、卸荷剪切、拉伸剪切、压缩拉伸等复杂应力条件下岩石损伤破裂与岩体裂隙扩展机制，系统地开展多类岩石及裂隙岩体在侧向卸荷压缩、法向卸荷条件下剪切、法向拉伸条件下剪切、初始压缩条件下卸荷–拉伸等岩体卸荷力学试验、数值模拟与理论研究，揭示了初始应力、卸荷速率、结构面产状及其组合模式等关键地质力学因素对岩体卸荷力学行为的影响规律，建立了卸荷条件下岩石微–细–宏观多尺度破裂与裂隙扩展、搭接贯通的模式体系，提出了卸荷条件下岩石损伤破坏的能量转化机理及应变能判据和岩体裂隙扩展的力学理论与指标体系，建立了卸荷应力状态相依性强度理论体系，全面创新了岩体卸荷力学与灾变机理的研究方法与理论体系。这些研究成果必将为高地应力地区水电工程建设、铁路与公路修建和深部资源开采等重大工程高边坡灾害防治与地下工程围岩稳定控制提供科学的新理论支撑。

如今，正处于川藏铁路、雅鲁藏布江下游水电开发、黄河流域生态保护和高质量发展、深部资源开采等相关国家重大工程项目或重大战略的实施时期，高应力环境下大规模开挖岩体滑坡、岩爆等地质灾害十分突出，这本《岩体卸荷力学与工程》的出版定能为“高应力岩体灾变防控”难题助上一臂之力。

中国工程院院士 王思敬

2021年10月于北京

前　言

随着我国西部大开发战略和“一带一路”倡议的实施，以及煤炭等资源向深部开采的发展需要，大量的基础设施建设涉及高应力环境下岩石高边坡、大型地下硐室的大规模开挖安全控制难题。尤其是高应力地区的高山峡谷流域水电工程开发所面临的高边坡岩体及地下硐室围岩，还经历了河谷下切造成的岸坡应力卸荷诱发的岩体结构复杂的表生改造过程。大规模开挖必将导致高应力岩体储存的高强度应变能快速释放，造成岩体应力强烈重分布，易产生灾难性滑坡或地下工程岩爆或冲击地压等地质灾害，给工程建设及运行安全带来了巨大挑战。

从力学本质来说，河谷下切和工程开挖均是一个复杂的岩体应力卸荷与应力重分布过程。事实上，仅从岩石的循环加卸载试验就可以发现岩石在加载和卸载过程中的力学响应明显不同，加卸载过程的应力–应变曲线之间通常会形成回滞环。卸荷条件下，地应力、岩体结构、卸荷路径等均可造成岩体应力重分布、力学性质与破裂响应的显著差异性。就高应力岩石高边坡而言，边坡形成过程中的河谷下切和高边坡的大规模开挖，是两个明显不同的卸荷过程，前者经历了一个长期的时效卸荷历史，后者是一个快速卸荷的强烈扰动，河谷下切形成的卸荷带与河谷应力场也必将影响高边坡的开挖响应与安全控制。就高应力地下工程而言，地质环境条件和开挖方案决定了围岩应力的卸荷路径与应力重分布特征，造成不同的围岩失稳机理。高应力条件下卸荷诱发岩体边坡与地下硐室地质灾害防治方面仍存在较多的技术瓶颈，究其根本原因，是我们对卸荷条件下岩体力学响应的认知深度不够。大量的工程实践与地质调查证实，卸荷破裂岩体具有明显的张裂、张剪复合等拉伸破坏特征，表明强烈的卸荷不仅会降低岩体的围压约束，甚至会产生复杂的拉压组合、单向拉伸应力场。因此，清晰初始压应力作用下岩体卸荷、卸荷–拉伸、卸荷–剪切的力学性质与变形破裂机理，是攻克卸荷诱发的岩体灾害防治技术瓶颈背后的关键科学问题。

针对高应力环境下卸荷诱发边坡岩体、地下硐室围岩的应力重分布特征，系统地开展岩体卸荷力学试验与理论研究，是破解强卸荷诱发高应力岩体边坡、地下工程硐室围岩灾变机理等岩石力学与工程地质领域的难点问题的关键。2005 年年初，在导师黄润秋教授的指导下，针对锦屏一级高边坡深部卸荷裂隙成因机制与开挖灾害机理等科学问题，本书第一作者黄达教授开始了卸荷岩体力学与高边坡灾变机理方向的研究，至今已在这一领域探索近 20 年，也得到了国家自然科学基金重点项目“高应力条件下大规模开挖高边坡时效变形机理及稳定性研究”（编号：41130745），面上项目“高残余应力下卸荷破裂硬岩的流变特性及时效扩展机理研究”（编号：41172243）及青年科学基金“高地应力条件下岩石卸荷变形破坏过程的能量机制研究”（编号：40902078）、“考虑不同前期时效荷载影响的裂隙硬岩流变特性研究”（编号：41602301）、“岩石拉–剪强度及损伤–断裂演化机理试验研究”（编号：41807279）等一批国家级科研项目的资助。本书聚焦高应力条件下高边坡形成、开挖和深部煤炭开采过程中卸荷诱发岩体灾变的岩体力学问题，有针对性地设计了考虑不同应力路径和时间效应的系列岩体卸荷试验方法，发明了拉剪试验及三轴卸荷-拉伸试验装置，系统地开展了三轴侧向卸荷、法向卸荷-剪切、三轴卸荷-拉伸和法向拉伸-剪切等岩体卸荷力学试验研究，综合考虑了初始应力状态、卸荷速率、应力路径和裂隙性质及裂隙组合模式等关键影响因素，系统地揭示了卸荷条件下岩石、岩体的力学性质与破裂模式，建立了卸荷条件下岩石强度准则、本构模型及损伤破裂的能量转化机理，提出了卸荷条件下岩体裂隙扩展机制和力学判据，并在这些试验和理论研究的认知上，拓展研究了卸荷条件下岩石高边坡动力响应与表生改造机制、煤矿负煤柱卸压开采与工程应用。相关研究成果在 *International Journal of Rock Mechanics and Mining Sciences* 及 *Rock Mechanics and Rock Engineering* 等国际主流期刊上发表 SCI 论文 60 余篇，在《岩石力学与工程学报》等国内知名期刊上发表 EI 论文 50 余篇，获授权发明专利 26 项。研究成果“高应力环境下岩石高边坡卸荷破坏机理及稳定性评价基础理论”获 2018 年度中国岩石力学与工程学会自然科学奖特等奖，“裂隙岩体高边坡灾害防控关键理论、方法及技术与应用”获 2020 年度河北省科技进步奖一等奖。

全书共 13 章，黄达撰写了第 1 ~ 12 章，岑夺丰参与了第 3 章和第 5 章的撰写，张俊文撰写了第 13 章，其中第 12 章的内容凝聚了第一作者的导师黄润秋教授较多学术思想和研究内容。另外，博士生钟助、朱谭谭、郭颖泉、曾彬、刘洋和杨超参与了 4 ~ 10 章的部分内容的撰写任务。

由于作者水平有限，书中难免有不妥之处，敬请批评指正。

黄　达

2022 年 5 月于西安

目　录

第1章 概 述

1.1 岩体卸荷力学的研究意义

随着我国西部大开发战略的持续推进和“一带一路”倡议的实施，以及深部资源开采的发展需要，大量的水电、交通、能源等基础设施建设涉及高应力环境下的卸荷岩体工程安全控制难题，给工程建设带来了巨大挑战。西南地区的金沙江、雅砻江、大渡河、岷江、澜沧江、怒江、雅鲁藏布江等河流落差大，是我国水电站建设的重要基地。自21世纪以来，大量的水电站在此建设且持续规划推进（表1.1），“十四五”规划更是专门提出了要实施雅鲁藏布江下游水电开发。然而，受青藏高原挽近期以来持续隆升的影响，西南山区形成了独特的高地应力环境、深切峡谷的强卸荷改造环境、断裂强活动性及强震的特殊动力环境，地形地质条件极其复杂，为全世界范围内所罕见（黄润秋，2008）。因此，这些大型水电站的建设面临着前所未有的挑战，不仅地质环境复杂、坝体高（200～300m级），更是涉及300m级以上人工高边坡，如锦屏一级水电站左岸坝基边坡高达530m（Feng et al.，2019）。这些原本就因河谷下切等自然卸荷作用而使岩体受损的高边坡在大规模开挖处理过程中可能进一步发生卸荷变形或灾难性破坏灾害（图1.1）。在建的国家重大工程——川藏铁路处在青藏高原东南部，地势起伏大，铁路穿越众多高山峡谷区，跨大渡河、雅砻江、金沙江、澜沧江、怒江、雅鲁藏布江等大江大河，同样面临着深切峡谷的强卸荷改造和强活动断裂等环境，导致沿线崩塌滑坡等灾害频发（表1.2），给工程建设带来了复杂多变的地表和地下重大地质安全风险挑战，其复杂性和特殊性同样前所未有（蒋良文等，2016；彭建兵等，2020）。随着地球浅部资源的枯竭，深部矿产资源的开发和利用已成为世界各国争先探索的科学制高点（谢和平等，2021），习近平总书记提出“向地球深部进军是我们必须解决的战略科技问题”。以煤炭资源开采为例，我国在东北、华东为代表的中东部区域以10～25m/a的速度向深部推进，深度达到800～1000m，并有47对矿井深度超过1000m（袁亮，2021）。但是，深部地下资源开采面临着高地应力、高地温、高水压的问题，即“三高”环境，同时又伴随工程开挖响应强流变性、强湿热环境、强动力灾害的特点，开采扰动性强（图1.2）。因此，深部开采环境和岩体工程响应的“三高一强扰动”为深部矿产资源安全开采带来巨大挑战（谢和平等，2015；袁亮，2021）。

表1.1 中国西南地区主要河流大型水电站统计（装机容量200万kW以上）

序号	水电站名称	装机容量/万kW	所在河流	工程状态	序号	水电站名称	装机容量/万kW	所在河流	工程状态
1	白鹤滩	1600	金沙江	已建	5	糯扎渡	585	澜沧江	已建
2	溪洛渡	1386	金沙江	已建	6	锦屏二级	480	雅砻江	已建
3	乌东德	1020	金沙江	已建	7	小湾	420	澜沧江	已建
4	向家坝	775	金沙江	已建	8	龙盘	420	金沙江	规划

续表

序号	水电站名称	装机容量/万 kW	所在河流	工程状态	序号	水电站名称	装机容量/万 kW	所在河流	工程状态
9	马吉	420	怒江	规划	24	官地	240	雅砻江	已建
10	松塔	378	怒江	规划	25	金安桥	240	金沙江	已建
11	锦屏一级	360	雅砻江	已建	26	梨园	240	金沙江	已建
12	瀑布沟	360	大渡河	已建	27	孟底沟	240	雅砻江	规划
13	二滩	330	雅砻江	已建	28	旭龙	240	金沙江	在建
14	观音岩	300	金沙江	已建	29	叶巴滩	224	金沙江	在建
15	两家人	300	金沙江	规划	30	奔子栏	220	金沙江	规划
16	两河口	300	雅砻江	已建	31	古水	220	澜沧江	规划
17	如美	260	澜沧江	规划	32	鲁地拉	216	金沙江	已建
18	罗拉	260	怒江	规划	33	古学	210	澜沧江	规划
19	泸水	260	怒江	规划	34	阿海	200	金沙江	已建
20	大岗山	260	大渡河	已建	35	拉哇	200	金沙江	在建
21	长河坝	260	大渡河	已建	36	俄米水	200	怒江	规划
22	怒江桥	240	怒江	规划	37	亚碧罗	200	怒江	规划
23	楞古	257	雅砻江	规划	38	双江口	200	大渡河	在建

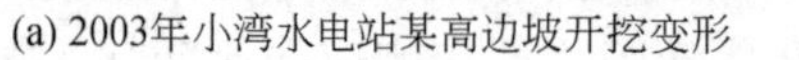

(a) 2003年小湾水电站某高边坡开挖变形

(b) 2008年锦屏水电站右坝肩高边坡开挖崩塌

图 1.1　水电站边坡开挖卸荷变形破坏

表 1.2　川藏铁路沿线崩滑灾害统计（据李秀珍等，2019）

编号	区段	线路长度/km	滑坡/处	崩塌/处	总数/处	灾害线密度/(处/km)
1	成都至雅安段	85.96	44	3	47	0.55
2	雅安至康定段	153.83	23	59	82	0.53
3	康定至新都桥段	65.04	10	1	11	0.17
4	新都桥至雅江段	48.92	15	20	35	0.72

续表

编号	区段	线路长度/km	滑坡/处	崩塌/处	总数/处	灾害线密度/(处/km)
5	雅江至理塘段	105.57	0	2	2	0.02
6	理塘至白玉段	204.22	34	49	83	0.41
7	白玉至江达段	83.72	77	31	108	1.29
8	江达至昌都段	119.86	38	18	56	0.47
9	昌都至八宿段	177.58	71	41	112	0.63
10	八宿至然乌段	76.90	18	12	30	0.39
11	然乌至波密段	129.49	6	9	15	0.12
12	波密至鲁朗段	152.49	20	10	30	0.20
13	鲁朗至林芝段	56.31	2	0	2	0.04
14	林芝至米林段	40.74	3	5	8	0.20
15	米林至朗县段	123.26	8	24	32	0.26
16	朗县至加查段	46.96	33	7	40	0.85
17	加查至拉萨段	211.79	11	19	30	0.14

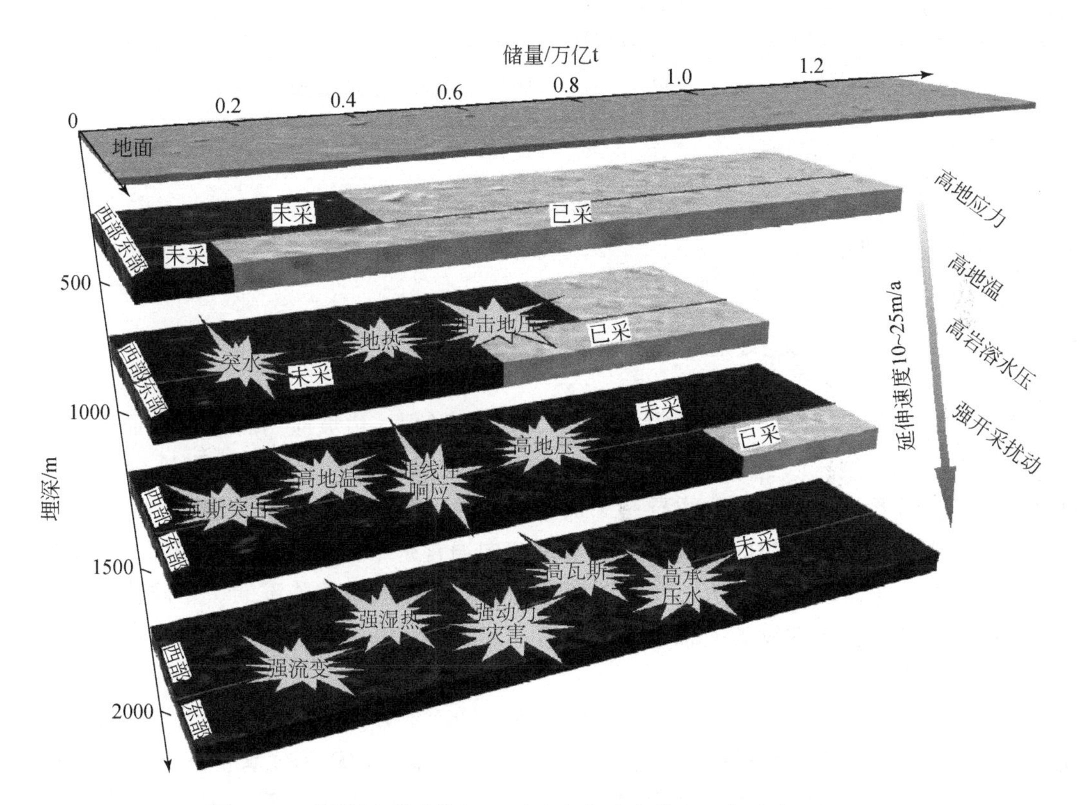

图1.2 不同深度煤炭资源开采及灾害响应特点（据袁亮，2021）

以上重大工程的关键共性基础科学问题之一即是岩体的卸荷力学性质。岩体在卸载和加载力学条件下其力学特性有显著的区别，如岩体卸载比加载更易发生张性变形或破裂、破坏应力更低。由于岩体工程开挖卸荷是人类行为，不同的开挖方式或工程类型使岩体的卸荷应力路径不同，如隧道工程开挖一般为一个方向卸荷（径向卸荷、切向加载）、高边坡开挖至少在垂直开挖面方向卸荷、矿山开采中留设的煤柱或岩柱为周边卸荷而轴向重力方向加载。另外，在工程作用力（构筑物加载、加固反力等）、水压力、地震力及矿压冲击等外力的作用下，工程岩体也可能经历一个多级（或循环）加卸载过程。不同卸荷应力路径下岩体变形破坏特征及其过程是显著不同的，如小湾水电站低高程坝基高边坡开挖过程中，由于平行开挖临空面最大主应力（σ_1）的高度集中，而垂直于开挖面迅速卸荷（σ_3 迅速降低），致使平行于开挖面方向的卸荷扩容和张性破裂，从而出现大量独特的“席状裂隙”，而这种现象在埋深达 380 ~ 480m 的地下厂房中却没有出现。此外，施工进度不同，岩体卸荷速率差异明显，岩体开挖变形具有很强的时空效应，施工过程中出现的大多数发生或隐患的灾害都是由施工进度（卸荷速率）过快或加固措施跟进不及时造成的。而对于已建成运行的岩体工程，随着加固结构的逐渐损伤，也将诱发工程岩体再次卸荷，存在长期稳定性问题，这类卸荷速率一般很慢，属于卸荷流变范畴。由此可见，不同卸荷应力路径和时间效应下岩体卸荷力学特性及破裂机理是很多大型基础工程建设所面临的最为关键的工程地质和岩石力学问题之一。然而，以往岩石力学的核心内容均是基于加载岩石力学理论，作为地面高边坡和地下硐室（特别是高地应力环境下）卸荷变形破坏及稳定性评价的基础理论仍有诸多不足。因此，研究岩体卸荷力学理论与工程应用具有重要的意义。

1.2　岩体卸荷的基本特征

1.2.1　岩石高边坡表生改造过程的卸荷及应力重分布

高边坡形成过程中，伴随河谷的下切或人工开挖过程，边坡应力释放，从而驱动边坡岩体产生变形和破裂，以适应新的平衡状态，这个过程称为表生改造。在这个阶段“驱动”边坡岩体变形、破裂的动力主要是卸荷所引起的边坡内部应力的释放。因此，其变形方向与临空面垂直，而破裂面（卸荷裂隙）的走向通常是平行临空面的。表生改造是岩石边坡演化的第一个阶段，也是边坡变形破坏演化动力过程中最为关键的一个阶段，因为它一方面决定了边坡稳定性发展的总体趋向；另一方面，其演化结果也为后续阶段的变形提供了基础，创造了条件。

可根据边坡卸荷松弛和表生破裂的发育程度将卸荷带分为强卸荷带（近坡体浅表部卸荷裂隙发育的区域）、弱卸荷带（强卸荷带以里可见卸荷裂隙较为发育的区域）和深部卸荷带（相对完整段以里出现的深部裂隙松弛段）三种类型。边坡浅部的卸荷松弛带，改造了边坡岩体结构，降低了岩体质量级别。坡体内部缓倾角结构面的卸荷改造更降低了结构面的强度特性，使一定范围内结构面的强度从峰值降低到残余值，从而为边坡的继续变形创造了条件。表生改造通常造就了一些对边坡后续变形极为有利的几何边界条件，如边坡后部的拉裂、前部的缓倾角结构面等。另外，形成了边坡中新的营力活跃带，尤其是地下水的活动通道，这在高坝工程的绕坝渗漏与坝肩稳定性评价中具有重要的意义。

对岩体结构表生改造的深入研究，有助于进一步揭示边坡应力释放与转换的机制。表生改造使得坡体释放应力，促进边坡二次应力场的形成。河谷下切或边坡开挖过程中，随着边坡侧向应力的解除（卸荷），边坡产生回弹变形，边坡应力产生相应的调整，其结果是在边坡一定深度范围内形成二次应力场分布。大量实测资料和模拟研究结果表明，边坡二次应力场具有如图1.3所示的分布特征，包括应力降低区（$\sigma<\sigma_0$）、应力增高区（$\sigma>\sigma_0$）和原岩应力区（$\sigma=\sigma_0$，实际为不受卸荷影响的区域）。边坡应力随深度的这种分布形式称之为“驼峰应力分布”。其中，应力降低区和应力增高区（“驼峰区”）对应了边坡的卸荷影响范围。

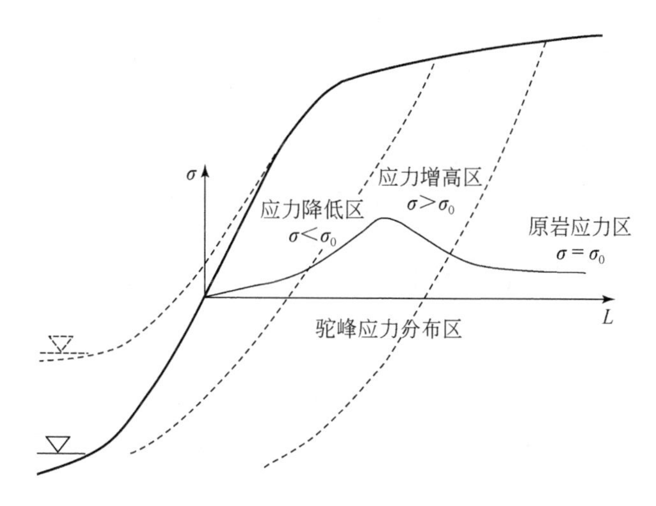

图1.3 边坡表生改造卸荷的应力重分布规律

（1）应力降低区（或应力松弛带）：指靠近河谷岸坡部位，由于谷坡应力释放（松弛），使河谷应力（主要指σ_1）小于原始地应力的区域。这个区的范围一般与野外鉴定的谷坡卸荷带范围大致相当，其深度（水平距岸坡表面）一般为0～50m，实测的最大主应力一般为0～5MPa。大量的工程实践表明，应力降低区是边坡发生卸荷松弛的主要部位，因此，也是岩体工程地质特性发生变异最为显著的区域。大部分岩体工程地质现象和工程地质问题都发生在这个区域内。

（2）应力增高区：指由于河谷应力场的调整，在岸坡一定深度范围内出现的河谷应力高于原始地应力的区域。这个区域一般在水平距岸坡表面50～300m范围，应力为10～30MPa。水电站大型地下厂房主体的布置应尽量避开这个区域，尤其是150～250m这个应力相对最高的区域。

（3）原岩应力区：指河谷岸坡较大深度以内，应力场基本不受河谷下切卸荷影响而保持了原始状态的区域。在西南地区的深切峡谷中，该带的范围一般是在250～300m深度以内。

1.2.2　地下工程开挖诱发围岩卸荷及应力重分布

地下工程开挖之前，岩体在原岩应力条件下处于平衡状态，开挖后地下硐室周围岩体发生卸荷回弹和应力重分布。根据垂直应力（通常为主应力）和水平应力的关系，对于具有一定尺寸的地下工程来说，其垂直剖面上各点的原始应力大小是不等的，地下硐室在岩体内将处在一种非均匀的初始应力场中。

地下工程的开挖，破坏了岩体原有的应力平衡状态，围岩应力进行重分布，直至达到新的平衡，重分布的特点与地下工程的形状和岩体的初始应力状态等有关。围岩应力重分布的主要特征是径向应力（σ_r）随着向自由表面的接近而逐渐减小，至硐壁处变为零；而切向应力（σ_θ）的变化则有不同的情况，在一些部位越接近自由表面切向应力越大，并于硐壁达到最高值，即产生所谓压应力集中，在另一些部位，越接近自由表面切向应力越低，有时甚至于在硐壁附近出现拉应力，产生所谓拉应力集中。图 1.4（a）是弹性状态下侧压力系数 λ（原岩水平应力与垂直应力的比值）为 0.25 时圆形硐室围岩应力集中系数 k（同一点开挖后重分布应力与原岩应力的比值）分布图。显然，硐壁处的应力集中现象最明显。地下工程的开挖在围岩内引起强烈的主应力分异现象，使围岩内的应力差越接近自由表面越增大，至地下工程周边达到最大值。当围岩进入塑性状态时［图 1.4（b）］，切向应力的最大值从硐室周边转移到弹、塑性区的交界处。随着往岩体内部延伸，围岩应力逐渐恢复到原岩应力状态。在塑性区内，由于塑性区的出现，切向应力从弹、塑性区的交界处向硐室周边逐渐降低。对于其他形状的硐室，如应用较广的半圆直墙断面硐室（图 1.5），徐干成等（2002）根据平面弹性力学问题中的复变函数法，计算出了半圆直墙断面硐室在上覆岩体厚度等于 2.5 倍硐跨自重作用下的硐周应力分布。

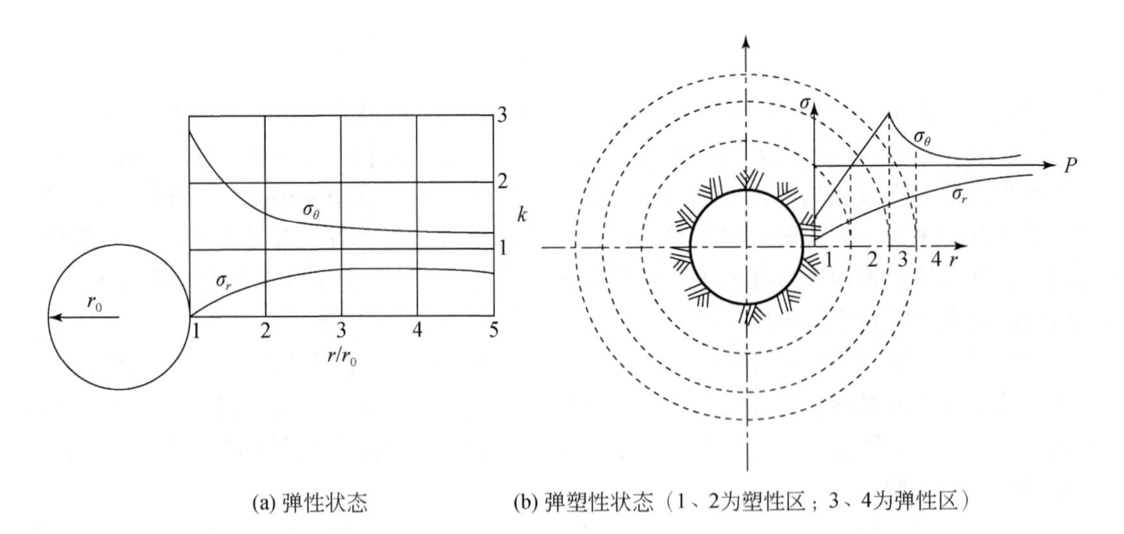

(a) 弹性状态　　(b) 弹塑性状态（1、2为塑性区；3、4为弹性区）

图 1.4　圆形硐室开挖卸荷的围岩应力重分布规律

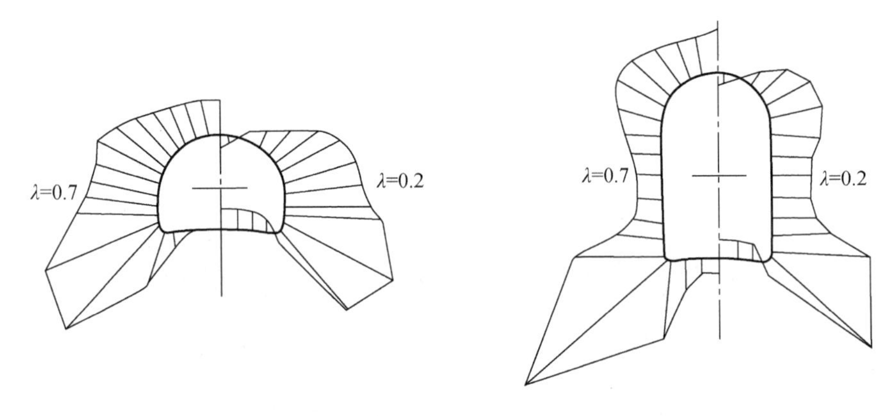

图1.5 半圆直墙断面硐室周边围岩切向应力分布

（1）当侧压力系数 λ 值较小时，如 λ=0.2，硐顶底出现拉应力；当 λ 值由小变大时，硐顶、底拉应力趋于减小，直至出现压应力，且压应力随着 λ 值的增加而增加，而两侧的压应力则趋于减小。

（2）随着跨高比的减小，硐顶及硐底中部拉应力趋于减小，压应力趋于增大，而硐室两侧，压应力趋于减小。$\lambda<1$ 时，跨高比减小对围岩受力有利；$\lambda>1$ 时，跨高比很小的硐形围岩受力不利。

（3）随着跨高比的依次减小，只是相应地增大了硐壁高度，而硐顶和硐底的形状并无变化。与此相应，硐顶及硐底应力值的变化幅度远小于硐壁部分的变化幅度。

1.2.3 工程岩体卸荷破裂的基本特征

1. 边坡卸荷破裂特征

边坡岩体在开挖或卸荷后总是要出现各种变形和破裂现象的，尤其是坚硬的岩体，破裂现象的发生更为普遍。高应力环境下，高边坡卸荷具有从上部强烈张性破裂和向下部张剪破裂过渡的突出特点，卸荷破裂性质表现为三个明显的分区（图1.6）。

（1）坡顶岩体张拉破裂区：边坡侧向应力强烈卸荷并过渡至拉应力状态，产生平行于坡面的单向拉伸破坏，表现为Ⅰ型卸荷破裂面。

（2）边坡中部岩体压致拉裂区：在卸荷造成的低侧向应力或拉应力作用下，岩体产生受平行坡面的最大主应力控制的压致拉裂破坏，这种张性破裂面基本上也是平行坡面（沿最大主应力方向）发展的，常可以见到弧形裂面。

（3）坡脚及中下部的张剪破裂区：在卸荷诱发的低侧向应力或拉应力作用下，岩体产生受平行坡面的最大主应力控制的剪切破坏。与双向受压情形下的剪切破坏不同的是，剪切破坏面上多具有法向的拉应力，因此，尽管破裂机制是剪切的，但是，其破坏面的实际表现是张性的，即地质上通常所说的张剪性面。与上述两类张裂面相比，除了破裂机制不同外，这类张剪性面的倾角一般较前两者缓。

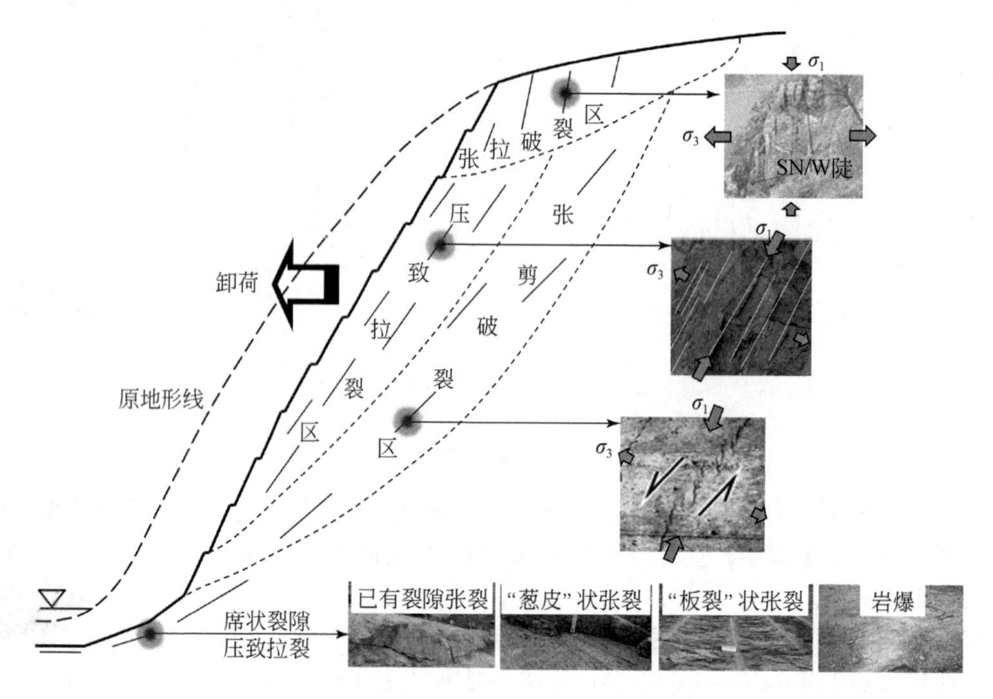

图 1.6　卸荷诱发高边坡破裂特征

上述三类卸荷破裂面均与开挖（河流下切）诱发强烈的侧向卸荷相关，总体具有沿平行于坡面原生结构面张性或张剪性扩展性质。此外，坡脚或河谷底部岩体还可能产生与开挖临空面平行的卸荷破裂（席状裂隙），表现为强烈的回弹开裂，在澜沧江小湾等水电工程坝基开挖过程中普遍存在。

2. 地下工程围岩卸荷破裂特征

地下工程开挖卸荷可诱发扰动区围岩破坏灾害，不同的岩性和结构可表现出不同的变形和破坏特点（表 1.3）。

表 1.3　围岩的变形破坏形式及其与围岩岩性及结构的关系（据张永兴和许明，2015）

围岩岩性	岩体结构	变形、破坏形式	产生机制
脆性围岩	块体状结构及厚层状结构	张裂塌裂	拉应力集中造成的张裂破坏
		劈裂剥落	压应力集中造成的压致拉裂
		剪切滑移及剪切碎裂	压应力集中造成的剪切碎裂及滑移拉裂
		岩爆	压应力高度集中造成的突然而猛烈的脆性破坏
	中薄层状结构	弯折内鼓	卸荷回弹或压应力集中造成的弯曲拉裂
	碎裂结构	碎裂松动	压应力集中造成的剪切松动
塑性围岩	层状结构	塑性挤出	压应力作用下的塑性流动
		膨胀内鼓	水分重分布造成的吸水膨胀

续表

围岩岩性	岩体结构	变形、破坏形式	产生机制
塑性围岩	散体结构	塑性挤出	压应力作用下的塑流
		塑流涌出	松散饱水岩体的悬浮塑流
		重力坍塌	重力作用下的坍塌

1）脆性围岩

脆性围岩包括各种块体状结构或层状结构的坚硬或半坚硬的脆性岩体，其变形和破坏主要是在回弹应力和重分布应力的作用下发生的。这类围岩变形破坏的形式和特点，除与由岩体初始应力状态及硐形所决定的围岩的应力状态有关外，主要取决于围岩结构，一般有弯折内鼓、张裂塌裂、劈裂剥落、剪切滑移、剪切碎裂及岩爆等不同类型。

例如，在锦屏一级水电站地下厂房施工期围岩出现了片帮剥落［围岩表层完整岩石呈薄片状成片剥落，图1.7（a)］、卸荷回弹错动［图1.7（b)］、劈裂破坏［岩体破裂面张开拉裂，劈裂呈板状或片状，主要发育部位与上述片帮剥落部位基本一致，图1.7（c)］、岩体弯折内鼓［较多新鲜完整的大理岩破坏形式以劈裂、弯折为主，呈10～20cm厚的不规则板状或碎块状，板状破裂面新鲜，图1.7（d)］。

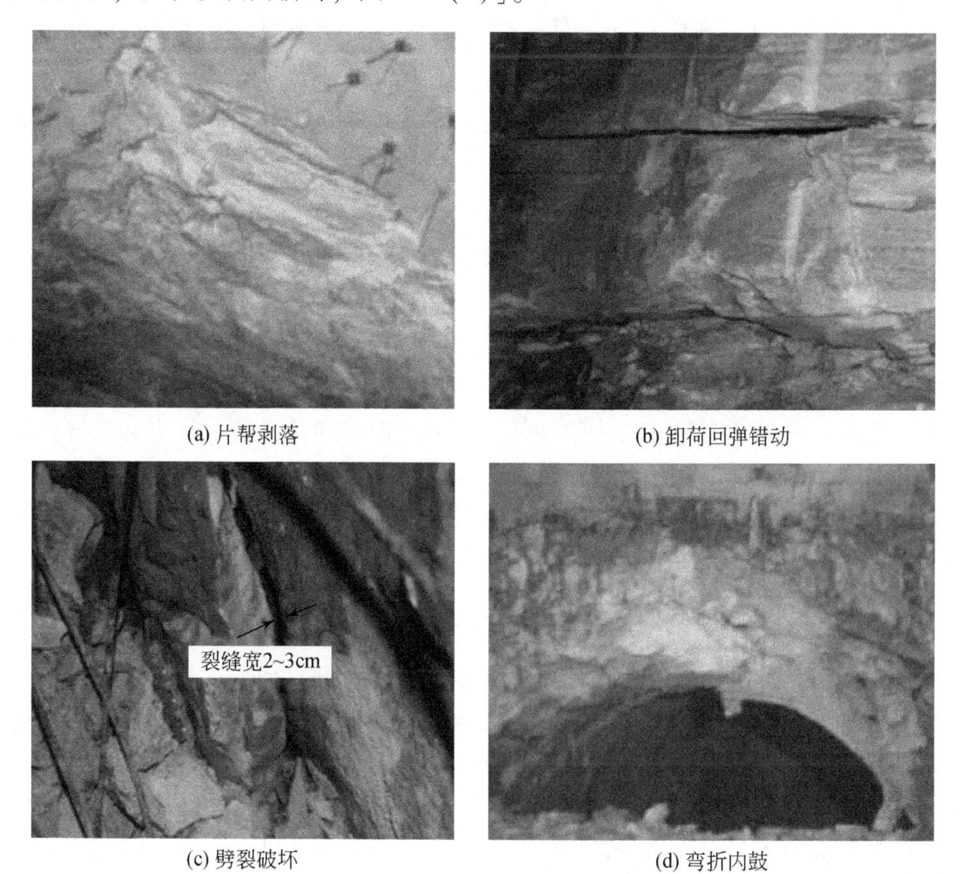

(a) 片帮剥落　(b) 卸荷回弹错动

(c) 劈裂破坏　(d) 弯折内鼓

图1.7　锦屏一级水电站地下厂房施工期围岩典型破坏类型

2）塑性围岩

塑性围岩包括各种软弱的层状结构岩体（如页岩、泥岩和黏土岩等）和散体结构岩体，其变形与破坏主要是在应力重分布和围岩地下水状态重分布的作用下发生的，主要有塑性挤出、膨胀内鼓、塑流涌出和重力坍塌等不同类型。

例如，姜鹏飞等（2020）实测分析了口孜东矿千米深井软岩大巷围岩大变形特征，发现巷道泥岩顶板产生大挠度顶板鼓包［部分位置出现顶板整体下沉，图 1.8（a）］、巷道两帮有台阶式巷帮鼓出［图 1.8（b）］、巷道底板持续底鼓［图 1.8（c）］等现象，严重影响巷道正常使用。

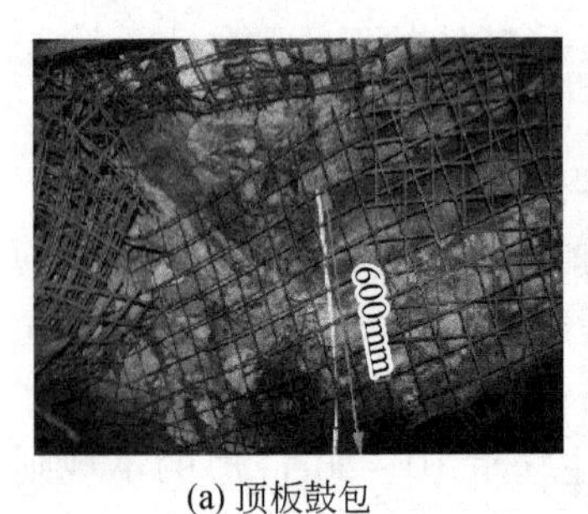

(a) 顶板鼓包

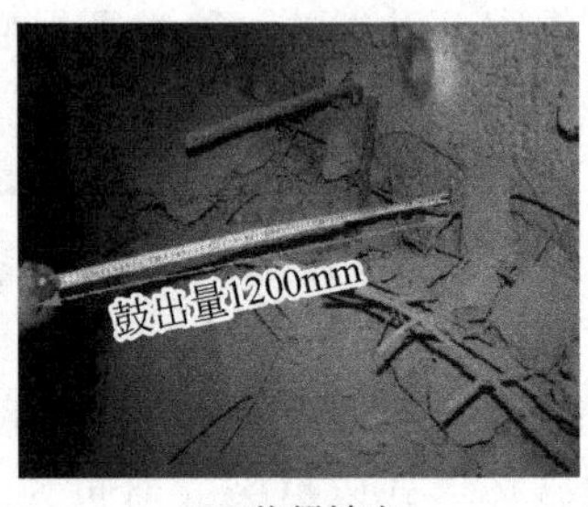

(b) 巷帮鼓出

(c) 底鼓

图 1.8　口孜东矿千米深井软岩大巷围岩大变形（据姜鹏飞等，2020）

1.3　关键科学问题及研究难点

1.3.1　科学问题

无论是河谷下切、工程开挖等边坡的表生改造，还是地下工程的开挖，本质上都是导致岩体中初始天然应力发生卸荷的过程，使岩体中应力发生重分布。岩体中含有节理、裂隙等缺陷，在加载时尚具有较好的力学性能，但一旦遭遇卸荷，特别是当卸荷导致岩体出现拉应力时，岩体的力学性能显著劣化，与加载力学性能相比发生本质变化。因此，在对复杂卸荷岩体工程进行分析研究时，必须重点考虑卸荷这个影响因素，需要解决以下最为关键的三个科学问题。

1. 卸荷条件下岩体力学响应及其荷载路径与速率效应

不同的工程类型使岩体的卸荷应力路径及速率有所不同。例如，高边坡开挖至少在垂直开挖面方向卸荷，隧道工程开挖一般为一个方向卸荷（径向卸荷、切向加载）。在这一过程中，地应力条件、开挖方案及岩体自身结构等因素使岩体表现出不同的卸荷变形与破裂特征，尤其在强烈卸荷情况下由于岩体差异回弹，易形成拉应力，产生张性破坏灾害。因此，在试验研究时不仅需要考虑常规的从压应力卸荷至零的试验工况，还需考虑拉应力作用下的复杂复合应力路径工况。卸荷速率方面，就岩石高边坡而言，边坡形成过程中的河谷下切和高边坡的大规模开挖，是两个明显不同的卸荷过程，前者经历了一个长期的时效卸荷历史，后者是一个快速卸荷的强烈扰动。就地下工程而言，施工进度不同，岩体卸荷速率差异明显，建成后还面临运行期的长期稳定性问题，属于卸荷流变范畴。地应力条件、开挖方案及岩体自身结构等因素使岩体表现出不同的卸荷路径决定了围岩应力的卸荷路径、快慢与应力重分布特征，造成不同的围岩失稳机理。由此可见，不同卸荷应力路径和速率效应下岩体卸荷力学响应规律是最为关键的科学问题之一。

2. 不同荷载路径与速率下的岩体强度准则与本构模型

强度准则和本构模型是工程岩体变形预测和稳定性评价的基本理论基础。鉴于工程岩体卸荷的复杂性及力学性质的差异性，采用加载试验研究获得的强度及本构理论无法有效应用于卸荷岩体的相关评价。尤其是卸荷条件下岩体力学性能变得更加敏锐，需要针对不同卸荷路径和速率建立强度准则和本构模型，以更加精确地评价卸荷岩体稳定性。因此，不同荷载路径与速率下岩体强度准则与本构模型必然是关键科学问题之一。

3. 卸荷条件下岩体多尺度破裂机理与判据

岩体在卸荷条件下的破裂特征与加载条件下相比差异显著，尤其是表现出更加强烈的张性破坏。因此，需要从不同尺度清晰认识卸荷条件下岩体的破裂机理，并运用能量、断裂力学等不同理论进行分析，进而建立裂隙扩展模型、判据等卸荷破裂理论。对岩体破坏机理的认识是支撑工程稳定性评价和破坏产生原因及严重程度预测的关键理论基础之一。

1.3.2 研究难点

针对高应力环境下卸荷诱发边坡岩体、地下硐室围岩的应力重分布特征，系统地开展岩体卸荷力学试验与理论研究，是破解强卸荷诱发高应力岩体边坡、地下工程硐室围岩灾变机理等岩石力学与工程地质领域的难点问题的关键。其研究难点如下：

1. 岩体卸荷力学响应试验测试技术体系

由于高边坡及地下工程等岩体可能面临多种卸荷应力及破裂体系，涉及侧向卸荷、卸荷-剪切、拉剪、三轴卸荷-拉伸等一系列复杂应力状态试验研究。受岩石材料的脆性和弱抗拉性所约束，直接拉剪和三轴卸荷-拉伸岩石力学试验存在容易偏心断裂、难以压拉转换等技术瓶颈，从而缺乏岩石类材料直接拉剪和三轴压缩-卸荷-拉伸全过程测试的专用设备。因此，这是本书致力解决的试验技术难点。

2. 岩体卸荷力学性质劣化规律与应力状态相依性强度理论

由于岩体卸荷的复杂性及上述系列试验技术和方法的不足，清晰认识侧向卸荷、卸荷-剪切、拉剪、三轴卸荷-拉伸等卸荷条件下岩体的力学响应，应力水平、卸荷速率及裂隙组合对岩体卸荷变形、破裂的影响机制，岩体的变形模量、泊松比、内摩擦角及黏聚力等力学性质弱化规律及建立应力状态相依性强度理论体系成为岩体卸荷力学研究的难点。因此，本书在攻克前述试验技术体系的基础上，致力于解决控制岩体稳定的岩体参数劣化规律与强度准则这两个核心理论难题。

3. 岩体卸荷破裂的能量转化机理与裂隙扩展理论

能量释放与耗散是岩体卸荷破裂的内在力学本质。深入认识卸荷条件下岩体宏-细-微观多尺度损伤破坏模式和各能量之间的相互转化机制，建立岩体损伤破坏的能量状态控制方程与判据，从本质上揭示卸荷诱发工程岩体张裂、张剪破裂的内在机理是难点。鉴于裂隙及岩桥对岩体稳定的控制作用，提出卸荷条件下岩体裂隙扩展模型与判据，以及裂隙间岩桥贯通模式的岩桥角控制指标，建立卸荷-剪切、拉剪、压拉等卸荷应力状态下岩桥破裂性质与应力状态的映射关系是又一难点。

1.4 本书研究思路与主要内容

1.4.1 研究思路

实际工程中根据不同卸荷特征及不同岩体部位，表现出不同的岩体应力重分布与破坏特征及时间效应，这些卸荷应力路径包括侧向卸荷、卸荷-剪切以及强卸荷诱发的拉剪、卸荷-拉伸等。然而，以往的卸荷试验和理论研究主要集中在侧向卸荷条件，一般采用常规三轴卸围压的试验方法进行研究，而其他试验方法由于技术困难而较少开展，导致相关的力学特性和理论研究不够深入。总体上，目前卸荷岩体力学研究尚在以下三个方面存在不足：①侧向卸荷方面的试验研究和理论有待更加丰富和深入；②卸荷-剪切和卸荷诱发拉应力组合的复杂应力状态下的试验研究和理论缺乏；③直接拉剪及三轴卸荷-拉伸试验技术不成熟。

鉴于此，本书的研究思路为：设计发明相关试验方法和装备（第 2 章内容），对以上不同卸荷条件下的岩体力学特性进行试验研究，包括侧向卸荷、法向卸荷-剪切、拉剪、三轴卸荷-拉伸及卸荷蠕变 5 种荷载条件（第 3 ~ 7 章内容），并建立或提出了相关卸荷力学理论，包括强度准则与本构模型、能量转化机理、裂隙扩展机理与判据，以及基于断裂力学理论的数值模拟方法（第 8 ~ 11 章内容），最后介绍了边坡工程（第 12 章内容）和地下煤矿开采工程（第 13 章内容）方面的卸荷响应。研究思路如图 1.9 所示。

1.4.2 研究内容

本书各章的主要研究内容为：第 1 章介绍了岩体卸荷力学研究的意义、岩体卸荷的基本特征、关键科学问题及研究难点，以及本书的研究思路与主要内容；第 2 章设计、发明了系列卸荷试验方法和装备，包括侧向卸荷试验方法、法向卸荷-剪切试验方法、拉剪试验装备及方法、三轴卸荷-拉伸试验装备及方法；第 3 章研究了侧向卸荷条件下岩体的力

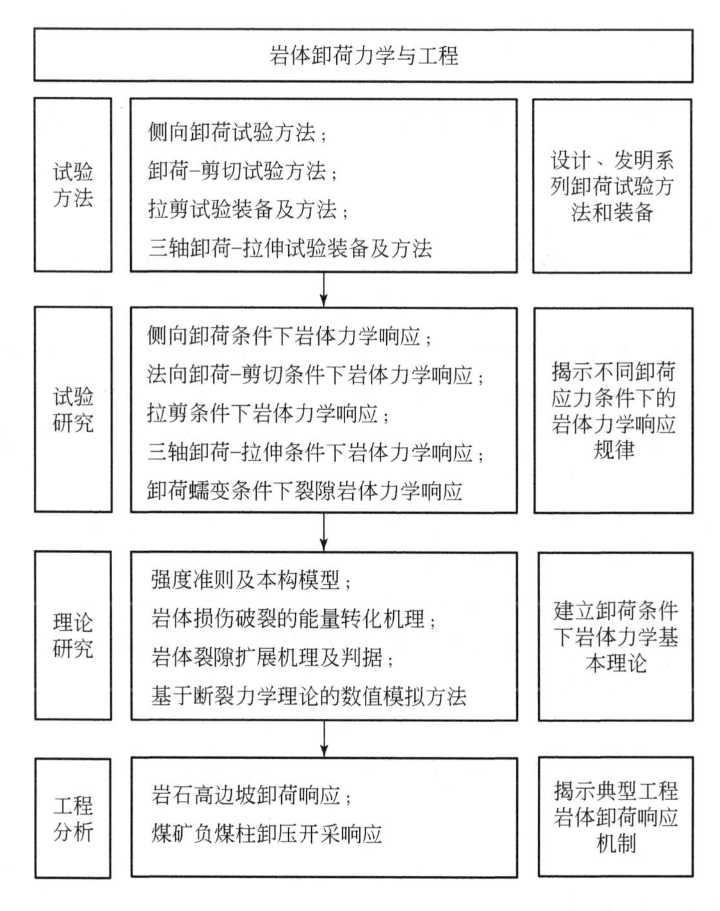

图 1.9 本书研究思路

学响应；第 4 章研究了法向卸荷-剪切条件下岩体的力学响应；第 5 章研究了拉剪条件下岩体的力学响应；第 6 章研究了三轴卸荷-拉伸条件下岩体的力学响应；第 7 章研究了卸荷蠕变条件下裂隙岩体的力学响应；第 8 章研究了岩体卸荷强度准则及本构模型；第 9 章研究了卸荷条件下岩体损伤破裂的能量转化机理；第 10 章研究了卸荷诱发岩体裂隙扩展机理及判据；第 11 章研究了基于亚临界断裂力学理论的岩体加卸载损伤破裂数值模拟；第 12 章研究了卸荷条件下岩石高边坡动力响应与表生改造机制；第 13 章研究了煤矿负煤柱卸压开采及工程。

第2章　岩体卸荷试验方法及装备

鉴于卸荷条件下岩石高边坡及地下工程围岩的不同部位可能发生侧向卸荷、差异卸荷回弹诱发的卸荷-拉伸、法向卸荷-剪切、法向拉伸-剪切等多种应力重分布及复杂力学行为，需要设计考虑不同应力状态和破裂特征的一系列试验方法。其中，侧向卸荷试验（如常规三轴卸围压试验）已有较成熟的力学试验设备，而卸荷-拉伸、法向拉伸-剪切等相关现有试验技术尚不完备。现有围压作用下岩石卸荷-拉伸试验方法主要为狗骨头形试件的三轴扩张试验，其制样困难，受力复杂，轴向拉力由围压向轴向方向扩张而产生，故轴向拉力和围压具有依赖性。现有法向拉伸-剪切试验方法为单面拉剪试验，且有的采用千斤顶加载，试验精度较低，有的法向拉力和剪力具有依赖性。本章介绍侧向卸荷试验方法、法向卸荷-剪切试验方法、拉剪试验装备（包括单间和双剪）及方法，以及三轴卸荷-拉伸试验装备及方法。后两种试验装备突破了法向拉伸条件下剪切、三维应力条件下卸荷-拉伸全过程及拉伸过程中偏心断裂等岩石力学实验的技术瓶颈，为强卸荷诱发岩体灾变机理研究提供了科学的实验测试技术手段。

2.1　侧向卸荷试验方法

2.1.1　三轴卸荷试验

三轴卸荷试验采用常规三轴压缩试验机主要以卸围压的方式开展（试样受力如图2.1所示），其试验技术成熟，是研究岩石卸荷力学行为使用最广泛的试验方法。针对岩体工程开挖卸荷变形及应力特征，可以开展如下三类卸荷试验。

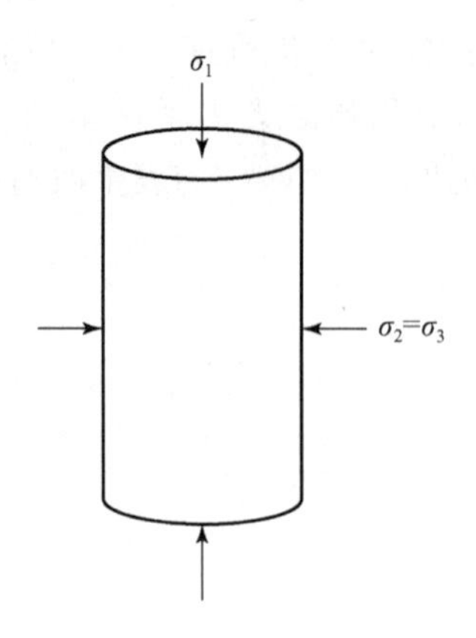

图2.1　三轴卸荷试验岩样受力图

1. 加轴压与卸围压试验

加轴压与卸围压试验可以模拟岩石高边坡、地下硐室围岩卸荷过程中轴向应力（σ_1）增高，侧向应力（σ_3）降低的应力变化特征。试验过程为：首先按静水压力条件逐步施加 $\sigma_1=\sigma_3$ 至预定值；然后稳定 σ_3，逐步增高 σ_1 至试件破坏前的某一应力状态，其 σ_1 的应力水平大致在比例极限附近，之后按一定速率增高 σ_1 的同时逐渐降低 σ_3，直至试样破坏。

2. 同时卸轴压与围压试验

同时卸轴压与围压试验可以模拟地下硐室高边墙岩体开挖卸荷过程。试验过程为：首先按静水压力条件逐步施加 $\sigma_1=\sigma_3$ 至预定值；然后稳定 σ_3，逐步增高 σ_1 至试件破坏前的某一应力状态；轴压 σ_1 增高至比例极限附近后，开始同时缓慢降低轴压 σ_1 与围压 σ_3，直至试样破坏。

3. 三轴卸荷蠕变试验

实际岩体工程如边坡开挖、地下硐室或隧道的施工，大多并非一次开挖完成，并且工程运行期岩体可能仍在发生变形，岩体变形存在时间效应。实践表明，蠕变是工程岩体失稳的重要原因之一，许多工程初期呈稳定状态的岩体会随时间推移不断发展并最终导致失稳与破坏。因此，除了考虑岩体在卸荷过程中的初始应力水平影响外，还应考虑分级卸荷、蠕变等因素，开展三轴卸荷蠕变试验。

2.1.2　单侧卸荷试验

实际工程中的岩体经常面临单侧卸荷的情况。例如，地下硐室开挖卸荷过程可以简化为仅在试样的顶面和开挖面施加应力，如图2.2所示，通过施加在顶面的最大主应力（σ_1）和开挖面上的最小主应力（σ_3）分别模拟硐室开挖过程中围岩平行与垂直开挖面的应力变化，并开展如下两类单侧卸荷试验。

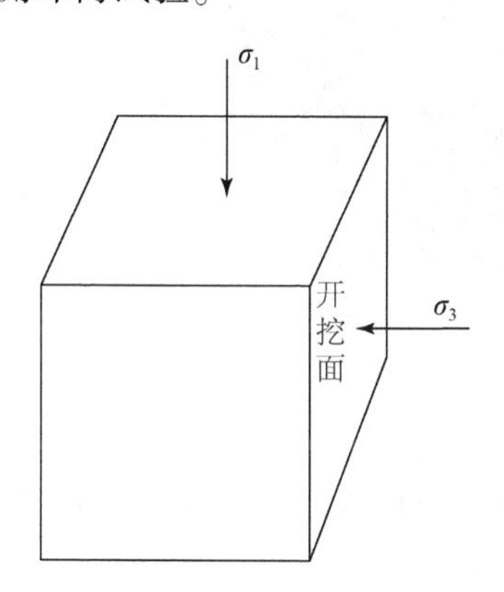

图2.2　单侧卸荷试验岩样受力图

1. 同时升 σ_1 卸 σ_3

首先，将应力 σ_1 和 σ_3 同时加至相同的应力水平；然后，逐步增高 σ_1 至试件破坏前的某一应力状态；之后，按一定方式增高 σ_1 的同时逐渐降低 σ_3，直至试样破坏。

2. 保持 σ_1 不变仅卸 σ_3

该方案中只有侧向卸荷作用。首先，将应力 σ_1 和 σ_3 同时加至相同的应力水平；然后，逐步增高 σ_1 至试件破坏前的某一应力状态；σ_1 加至设定值后保持不变，σ_3 逐渐卸荷，直至试样破坏。

2.2　法向卸荷–剪切试验方法

2.2.1　试验方法

为了模拟法向卸荷条件下岩石的剪切破坏，设计了一种新的加载路径开展法向卸荷–剪切试验研究。该试验在电液伺服岩石直剪试验机上进行，如图 2.3 所示。法向卸荷–剪切试验中，试样的加载过程如图 2.4 所示。加载过程主要可以分为三步。

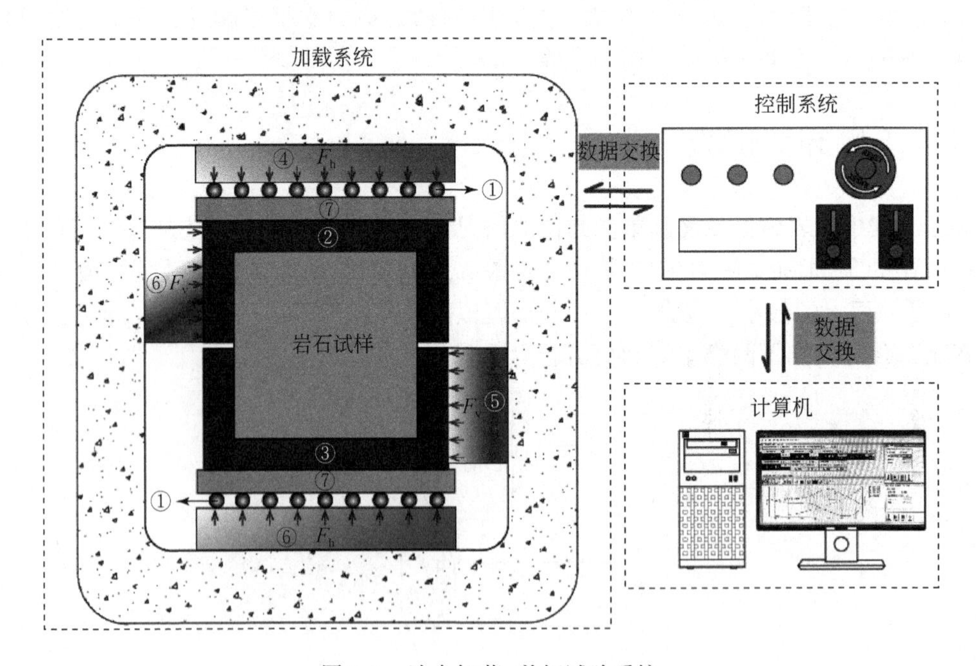

图 2.3　法向卸荷–剪切试验系统

①减摩滚珠；②上剪切盒；③下剪切盒；④竖向传感器；⑤水平传感器；⑥加载压头；⑦垫板

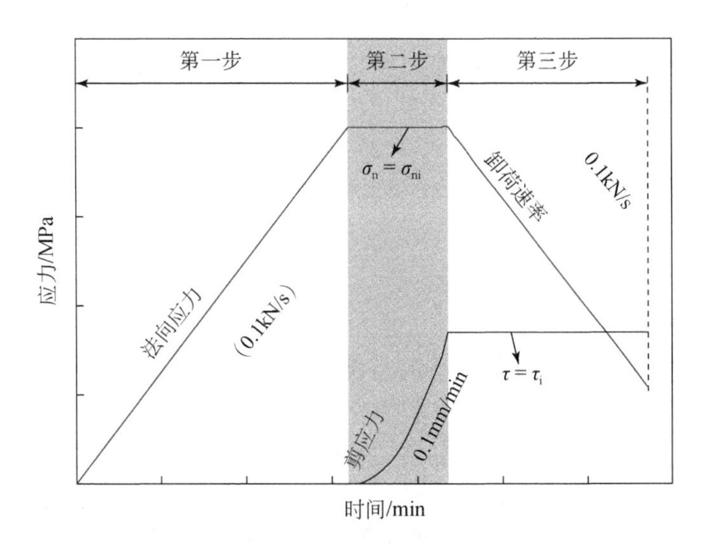

图 2.4 法向卸荷-剪切试验加载过程

(1) 第一步：施加法向应力（σ_n）至目标值，即初始法向应力（σ_{ni}）。法向应力加载采用应力控制模式加载，加载速度为 0.1kN/s。

(2) 第二步：保持法向应力为初始法向应力不变，施加剪应力（τ）至目标值，即初始剪应力（τ_i）。剪应力采用混合控制模式加载：剪应力小于目标值时，采用位移控制模式，位移加载速率为 0.1mm/min；剪应力达到目标值时采用应力控制模式来保持剪应力不变。

(3) 第三步：卸载法向应力并保持剪应力不变，采用应力控制模式，卸载速率为 0.1kN/s。

2.2.2 初始应力确定原则

岩石的抗剪强度除与其自身的内摩擦角和黏聚力相关外，还与剪切面的法向应力呈正相关。在法向卸荷-剪切试验的法向卸荷过程中，随着法向应力的减小，试样抵抗剪切变形的能力逐渐减小。当法向应力小于某一值时，试样就会发生剪切破坏。如图 2.4 所示，法向卸荷-剪切试验中，首先需要施加初始法向应力和初始剪应力。如果初始法向应力太大，在施加初始法向应力时，岩石试样会直接发生单轴压缩破坏。如果初始法向应力太小或者初始剪应力太大，岩石试样在剪应力施加过程中就会产生剪切破坏。如果初始剪应力太小，在法向应力卸载到零时，试样仍然不会发生破坏。所以，初始法向应力和初始剪应力的取值需要在合理范围内，以确保试验成功。为了能够正确选取初始法向应力和初始剪应力，需要对法向卸荷试验所选用的岩石的基本力学参数进行测定。为了在合理范围内选取初始法向应力，需要进行单轴压缩试验来确定试样的单轴抗压强度。为了在合理范围内选取初始剪应力，需要对不同法向应力下的试样抗剪强度进行试验测定。在初始应力选取时，初始剪应力应小于相应法向应力下的抗剪强度，大于法向应力为零时的抗剪强度。在这个范围内，既可以保证试样在法向卸荷之前不会发生宏观剪切破坏，同时也可以保证在法向卸荷过程中试样会发生破坏。

2.3　拉剪试验装备及方法

2.3.1　单面拉剪试验

1. 总体设计原理

为了实现岩石在法向拉应力条件下的直剪试验，研发了岩石单面拉剪试验系统，如图2.5所示。该试验系统的核心关键技术是设计了可以将双轴压缩岩石力学试验机竖向压力转换为试样竖向（即法向）拉力并利用试验机横向压力进行剪切的拉剪装置。其设计目标是在试件水平预剪面形成拉剪应力状态，从而强制驱使其变形和断裂。在以往压剪试验中常将试件放入剪切盒中进行，但在拉剪试验中需要用到高强度结构胶来粘贴试件，采用剪切盒的话会给试件安装和拆卸带来极大的不便，也不便于观察试件断裂情况，而本试验方法可以避免使用剪切盒。如图2.5所示，为了施加法向拉伸力，将试件上边界竖向位移进行限制，同时驱使下边界竖直向下发生位移；而剪切力则通过推动试件右侧边界同时限制左侧边界剪切向位移来实施。该实验装备克服了以往一些试验装置或方法拉、剪应力不能独立施加的缺点，也就是说通过这样的设计可以至少实现以下三种拉剪加载路径：①常法向拉伸应力下的直接剪切；②常剪切应力下的直接拉伸；③同时变化法向拉伸应力和剪切应力。此外，还能进行单轴拉伸试验。

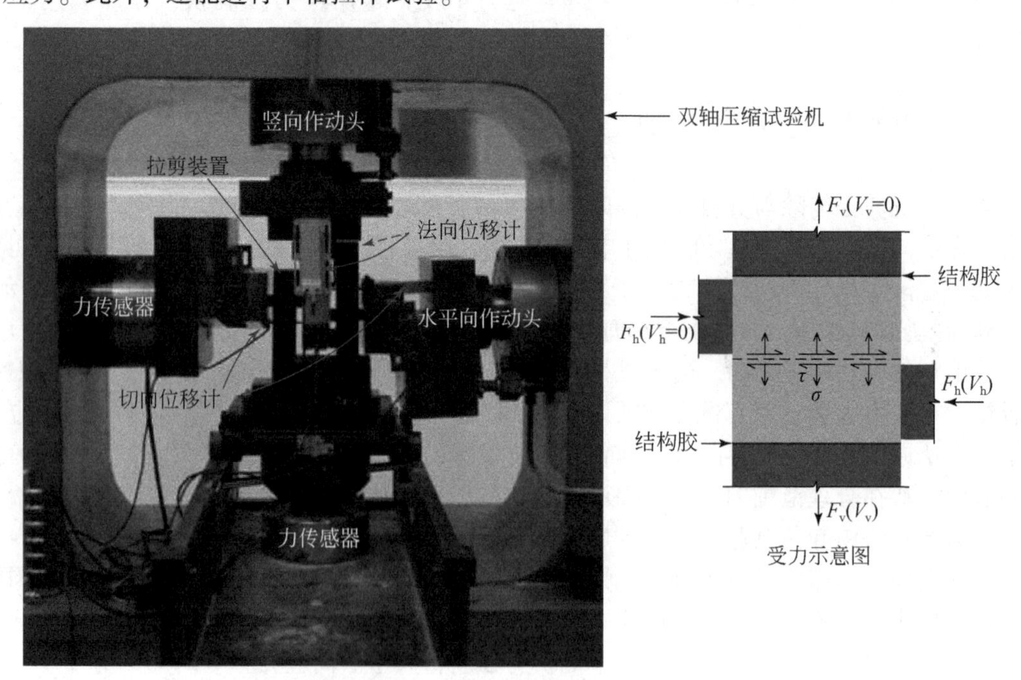

图2.5　单面拉剪试验系统

2. 拉剪装置设计

本试验方法的关键是设计了一套可在传统压剪伺服控制试验机上使用的岩石拉剪装置，如图2.6所示。装置的主要功能是将试验机竖向作动头的压力转换成作用于试件上的法向拉伸力，而剪切力通过水平作动头施加。该装置构造简单，主要包括两个匚形拉伸件、两个L形导滑件、两个T形剪切头、两个拉伸连接头和八个六角头螺栓。这些简易构件可方便地组装和拆分。

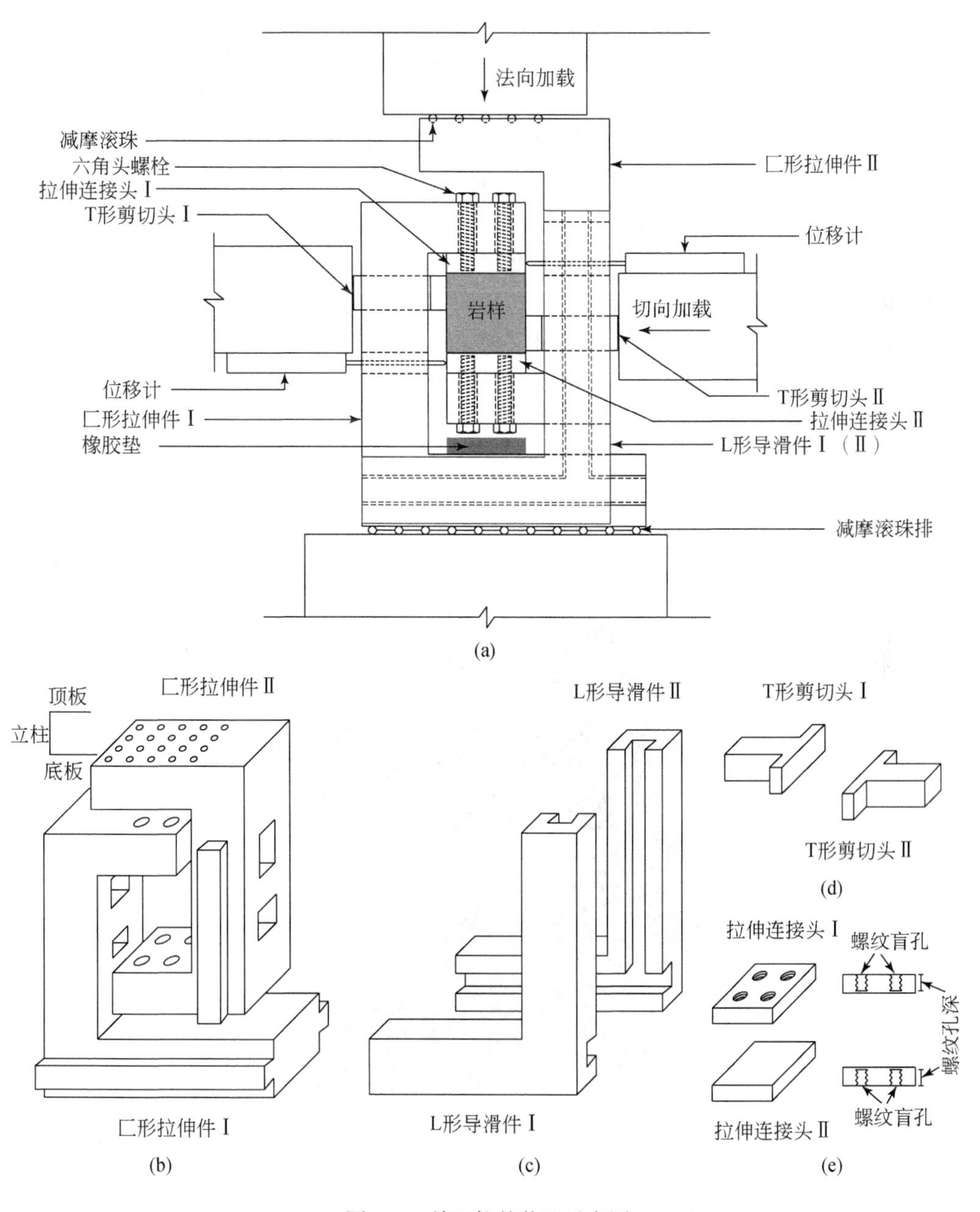

图2.6　单面拉剪装置示意图

两个匚形拉伸件和两个L形导滑件组成装置的主体结构。匚形拉伸件Ⅰ的底板两侧和匚形拉伸件Ⅱ的立柱两侧具有与L形导滑件Ⅰ和Ⅱ的导滑凹槽相匹配的导滑凸轨。导滑凸轨与导滑凹槽之间的摩擦力可利用润滑油消减，该摩擦力相比施加于试件上的法向力和剪切力可以忽略不计。凸轨和凹槽的截面设计成梯形，这样可以防止其相互脱离。这样，在导滑件的辅助下，两个拉伸连接头可以沿竖直和水平方向发生相对运动，且两个方向的运动相互独立。

将两个拉伸连接头利用高强度结构胶粘贴于立方体试件的上下端面，并将拉伸连接头（每个连接头设有四个螺纹盲孔）利用六角头螺栓分别固定于匚形拉伸件Ⅰ顶板和匚形拉伸件Ⅱ底板上（顶板和底板上分别设有四个圆形通孔，直径稍大于螺栓直径）。这样，当试验机竖向作动头作用于匚形拉伸件Ⅱ顶板上时，使匚形拉伸件Ⅱ底板与匚形拉伸件Ⅰ顶板沿竖直向相互分离，从而张拉试件形成法向拉应力。此外，试验机水平向作动头推动试件下半部分右侧剪切头Ⅱ而施加剪力（两个剪切头分别穿过两个拉伸件立柱上的方形通孔）。因试件下半部分与匚形拉伸件Ⅱ底板是通过胶水-拉伸连接头-螺栓组合连接在一起的，故其剪切变形将带动匚形拉伸件Ⅱ水平向左运动，从而带动导滑件的水平向左自由滑移。另外，为了防止来自试验机的水平向（剪切向）摩擦力，在拉剪装置的上下端面设置滚珠。并且，在匚形拉伸件Ⅰ底板上表面设置橡胶缓冲垫，以防试件断裂时剧烈坠落。

加工好的单面拉剪装置照片见图2.7，适用于边长为60mm的立方体试件。需要说明的是，加工的装置大小尺寸以及试件尺寸可根据所用试验机安装空间的不同而变化，但为了保证构件具有足够的刚度需具有一定的截面尺寸，同时可通过淬火等工艺提高钢材的弹性模量。

图2.7　单面拉剪装置照片

①匚形拉伸件Ⅰ；②匚形拉伸件Ⅱ；③L形导滑件Ⅰ；④L形导滑件Ⅱ；⑤T形剪切头Ⅰ；⑥T形剪切头Ⅱ；⑦拉伸连接头Ⅰ；⑧拉伸连接头Ⅱ

3. 试验操作程序

拉剪试验程序为：①将粘贴好拉伸连接头的试件固定于拉剪装置中，随后将拉剪装置安放于试验机上，并如图2.5所示安装两个法向位移计和两个剪切向位移计；②采用荷载控制加载方式，用竖向作动头以0.1kN/s的速率施加预定法向力，并在后续的剪切过程中维持不变；③采用荷载或位移控制加载方式，用水平向作动头施加剪切力，并实时自动记录荷载、位移等监测数据；④时刻关注试验过程，试件断裂后立即关闭作动头运行；⑤结束试验，试件拍照和数据整理。

2.3.2　双面拉剪试验

由于单面拉剪会使试样产生一定的力矩，故设计了一套岩石双面拉剪试验装置以避免力矩的影响，其设计原理与前述单面拉剪装置类似，也可在双轴压缩试验机上使用，其示意图如图2.8所示，主要构件如图2.9和图2.10所示，装置照片如图2.11所示。该装置

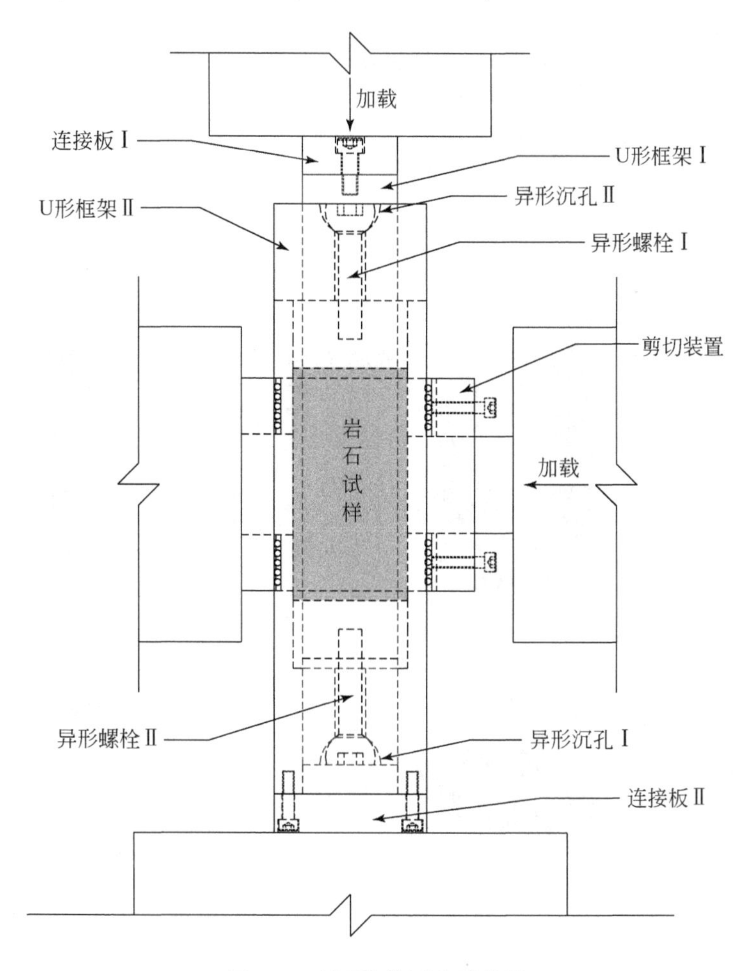

图2.8　双面拉剪试验示意图

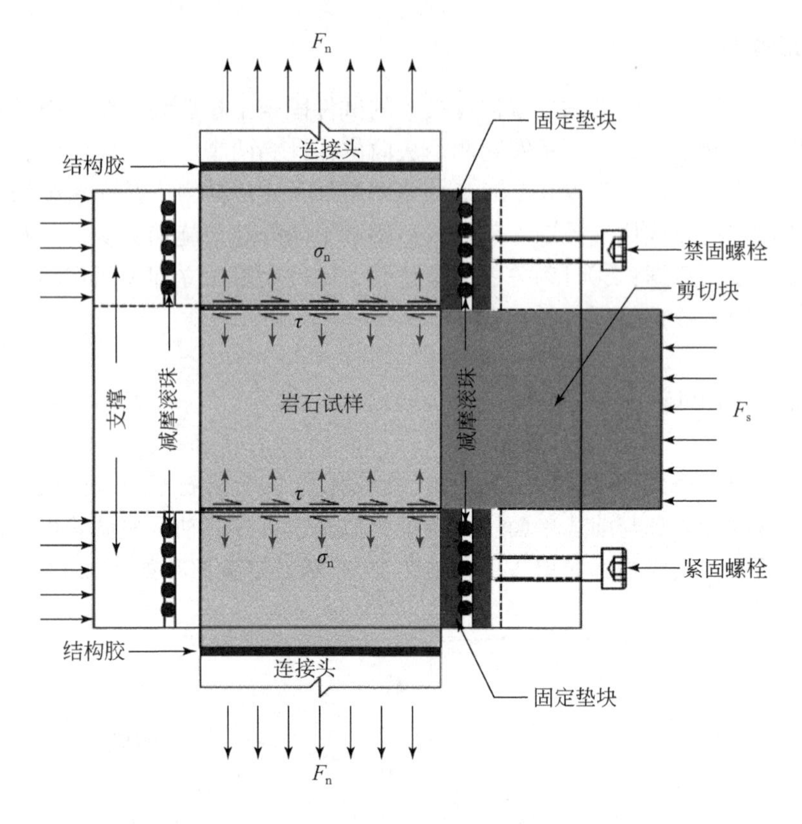

图 2.9　双面拉剪装置原理图

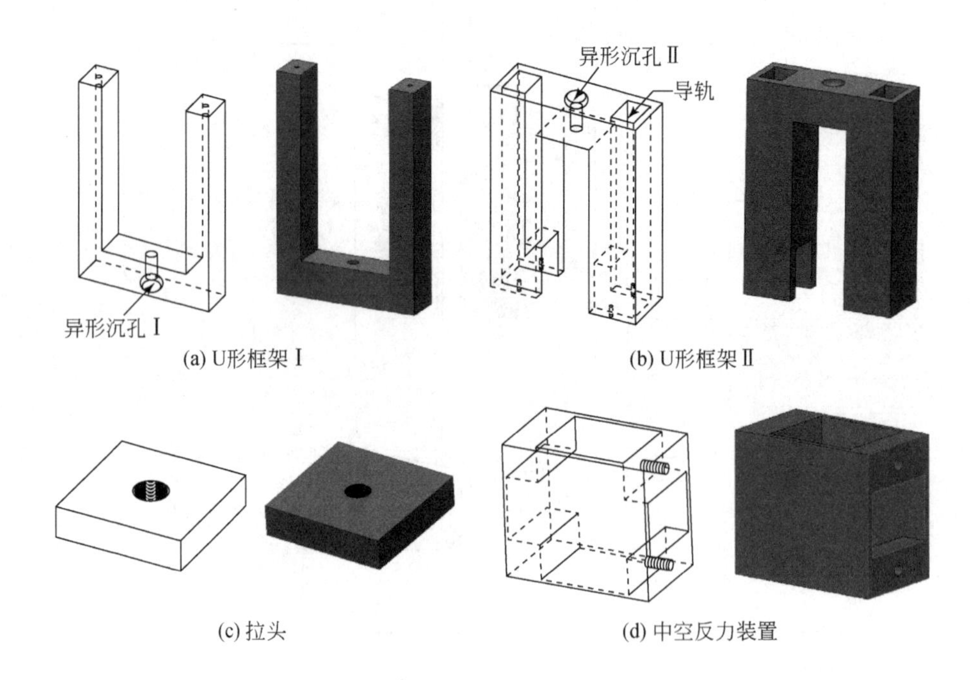

(a) U形框架Ⅰ　　(b) U形框架Ⅱ

(c) 拉头　　(d) 中空反力装置

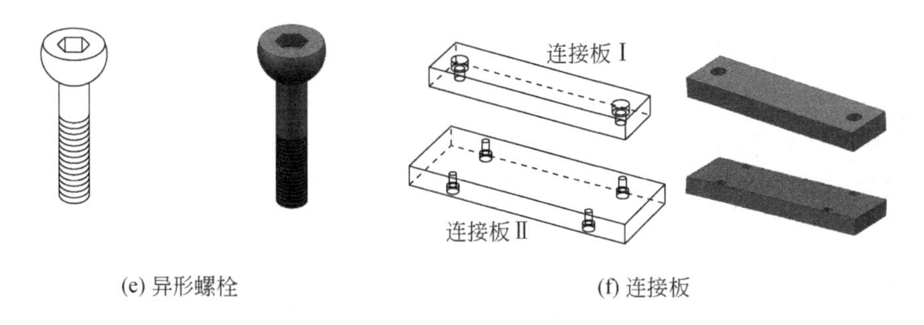

(e) 异形螺栓　　(f) 连接板

图2.10　双面拉剪装置主要构件

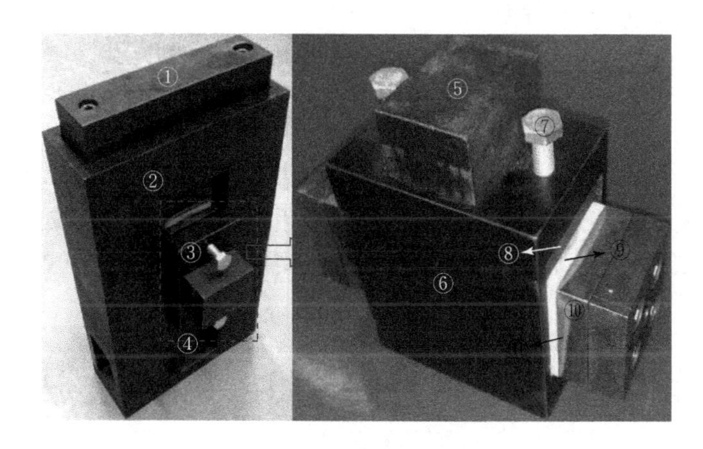

图2.11　双面拉剪装置照片

①连接板Ⅰ；②U形框架Ⅱ；③剪切装置；④U形框架Ⅰ；⑤剪切块；⑥中空反力装置；⑦紧固螺栓；⑧紧固垫块；⑨岩石试样；⑩拉头；⑪结构胶

在普通双轴压缩试验机上使用，能够将试验机的竖向和水平压力转换为试样的法向拉应力和剪应力。该装置主要包括两个U形框架和一个剪切装置（图2.10），具体组件说明如下。

U形框架：如图2.10所示，两个U形框架均含有一个异形沉孔。U形框架Ⅱ的两个竖向拉伸柱各含有一个矩形导轨，其截面尺寸与U形框架Ⅰ的两个竖向拉伸柱的截面尺寸相同。U形框架Ⅰ的拉伸柱穿过U形框架Ⅱ的两个导轨。U形框架Ⅰ的顶部和U形框架Ⅱ的底部分别采用内六角螺栓与图2.10所示连接板Ⅰ和连接板Ⅱ连接，以增强整体的稳定性。图2.10所示的异形螺栓穿过异形沉孔与拉头连接，拉头与试样之间采用高强度结构胶黏结。通过U形框架Ⅰ和U形框架Ⅱ的竖向移动，能够将压剪试验机的竖向压力转换为试样的法向拉应力。

剪切装置：如图2.9～图2.11所示，剪切装置包括中空反力装置、紧固垫块、紧固螺栓、剪切块。中空反力装置为试样提供剪力的支反力。试样穿过中空反力装置对称方孔，剪切垫块穿过中空反力装置的侧方孔并与试样表面接触。中空反力装置和剪切块能够将压剪试验机的水平力转换为试样两个剪切面的剪应力。

异形沉孔：在两个U形框架上各含有一个异形沉孔，异形沉孔包括一个半圆形头部和柱形通孔。其各部分尺寸稍大于对应的异形螺栓的尺寸。这样异形螺栓可以在异形沉孔内相对自由平移和转动，可以减小力矩对试验结果的影响。

异形螺栓：试验时，异形螺栓穿过异形沉孔与拉头连接。异形螺栓有一个半圆形头部和一个柱形螺杆。在半圆形的头部含有一个内六角形凹槽，这个设计是为了在试验前安装试样和装置时，可以采用内六角螺栓进行拧紧和拧松操作。

拉头：每个拉头的截面尺寸与试样横截面尺寸相同，在背面有一个螺孔，异形螺栓旋入该螺孔与拉头连接。

连接板：连接板Ⅰ和连接板Ⅱ均为含有沉孔的平板，沉孔深度略大于内六角螺栓的头部高度，这样能够保证连接板表面平整。设计连接板的目的是将U形框架的两个拉伸柱连接在一起，增强装置的整体稳定性。

中空反力装置：中空反力装置含有一对对称方孔和一个侧方孔。试验时，试样穿过对称方孔，剪切块穿过侧方孔。剪切块与试样接触，将直剪试验机的水平压力转换为试样的剪应力。

试验过程中，先采用高强度结构胶将岩石试样和拉头黏结在一起，然后将试样和拉头穿过剪切装置对称方孔，安装紧固垫块、紧固螺栓和剪切块。最后将安装好的试样和剪切装置通过异形螺栓安装在两个U形框架围成的空间内。将整个装置放置于试验机系统平台上进行试验。

2.4　三轴卸荷-拉伸试验装备及方法

2.4.1　总体设计原理

为了实现圆柱体岩石试样在围压作用下的轴向卸荷-拉伸试验，研发了三轴卸荷-拉伸试验系统，如图2.12所示。该试验系统的核心关键技术是设计了一种将MTS岩石力学试验机轴向压力转换为试样轴向拉力的辅助装置，放置于围压室内，实现试样的围压施加和轴向围压卸荷、轴向拉应力施加连续过渡。

具体加载过程为：首先使圆柱形岩石试样在轴向随围压同步施加压力，直到达到目标围压水平（P_c），形成初始静水压力状态（$\sigma_1=\sigma_2=\sigma_3=P_c$），如图2.13（a）所示，然后以静水压力状态作为三轴卸荷-拉伸试验的起始状态，在常围压条件下（$\sigma_1=\sigma_2=P_c$），从轴向压应力状态（$\sigma_3=P_c$）逐渐卸荷至破坏或卸荷至轴向零应力状态后拉伸至破坏，即在初始高围压条件下，岩石试样将在轴向压力卸荷至零应力状态［图2.13（b）］前发生破坏；而在初始低围压条件下，试样在轴向压力卸荷至零应力状态之后需要再施加一定的轴向拉力才能发生破坏，整个试验过程中岩石试样的应力状态依次为静水压力状态［图2.13（a）］—轴向无应力状态［图2.13（b）］—轴向拉伸状态［图2.13（c）］的连续变化过程，直到试样最终破坏。特别地，当初始围压$P_c=0$MPa时，岩石卸荷-拉伸试验将等同于单轴拉伸试验。

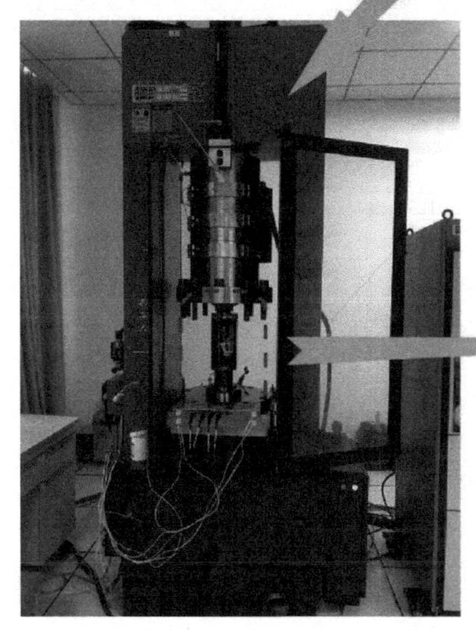

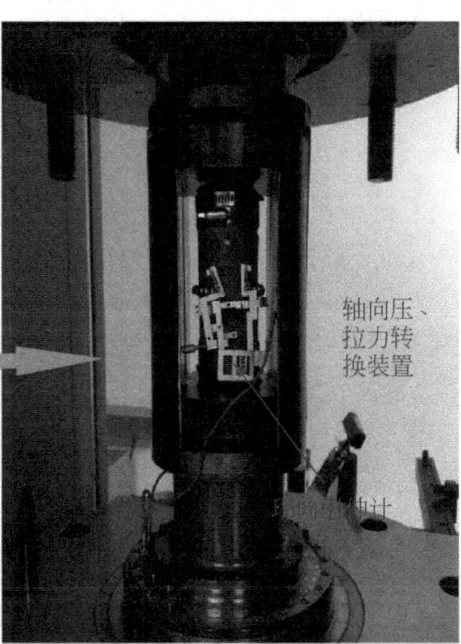

图2.12　三轴卸荷-拉伸试验系统

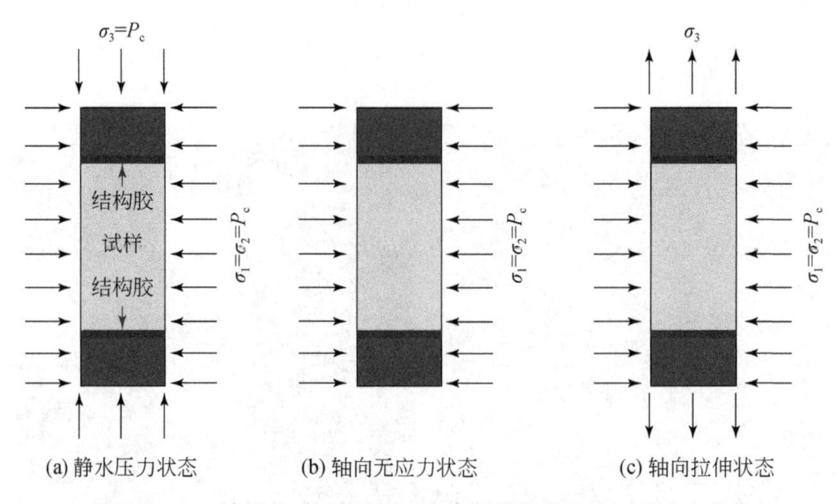

图 2.13　三轴卸荷-拉伸试验过程中圆柱体岩样的三种应力状态

2.4.2　卸荷-拉伸辅助装置设计

三轴卸荷-拉伸试验系统的关键是卸荷-拉伸辅助装置的研制，如图 2.14 所示。该装置的主要功能是：在常围压条件下，将 MTS 岩石试验机施加的轴向压力转换为作用于试样的轴向拉力。该装置主要由以下几个部分组成：一个两柱拉伸件、一个四柱拉伸件、一个中间凹进的两柱连接圆盘、一个中间凹进的四柱连接圆盘、六个内六角圆柱头螺栓、一个中间凸出的顶部接触圆盘、一个中间凸出的底部固定圆盘、两个圆柱形拉头，以及两个内六角球形头螺栓。

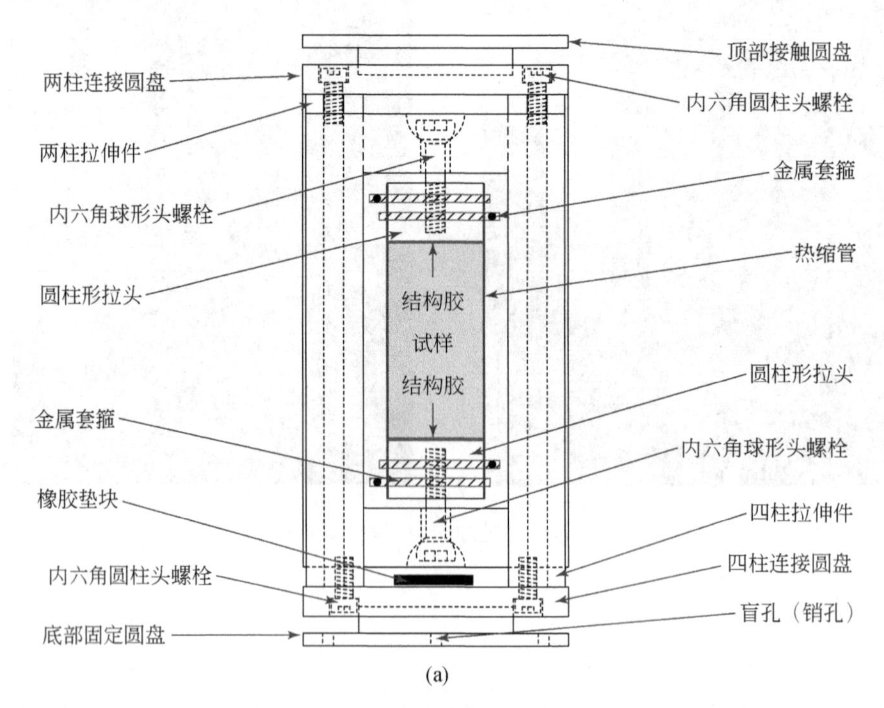

(a)

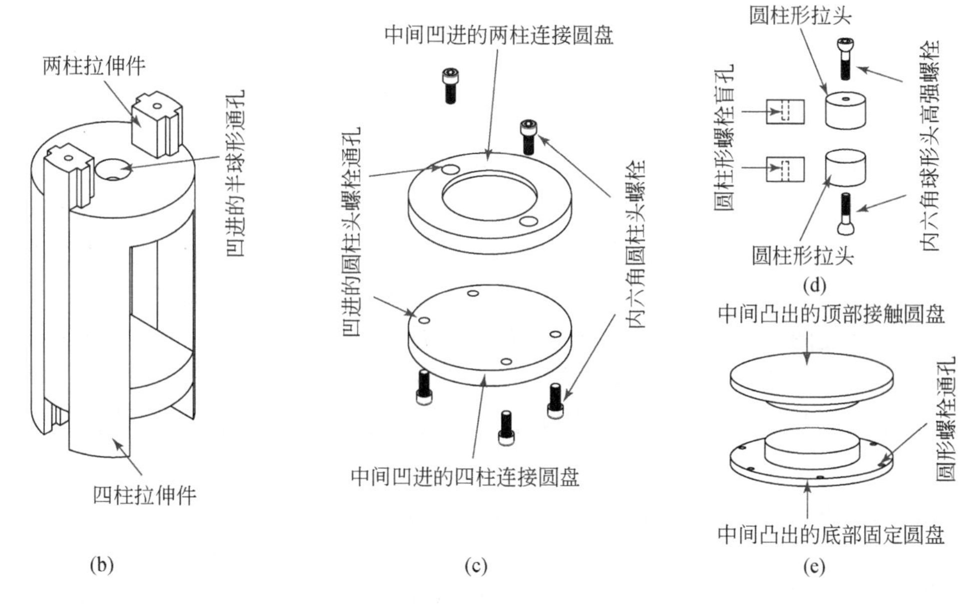

图2.14　卸荷-拉伸辅助装置示意图

两个拉伸件（两柱拉伸件和四柱拉伸件）是该装置的核心构件。两柱拉伸件的每个脚的两侧均有一个凸出的滑轨，四柱拉伸件的每个脚的内侧均有一个凹进的滑槽。滑轨与滑槽的断面形状为梯形，并能完全配合使两个拉伸件仅能沿滑轨（或滑槽）方向发生相对位移。一方面，在岩石轴向卸荷-拉伸试验过程中，两柱拉伸件与四柱拉伸件之间通过滑轨和滑槽在竖向产生相对移动，滑轨与滑槽之间的侧向压力较小，因此，试验中的滑动摩擦阻力极小。另一方面，MTS岩石试验机围压室中硅油的润滑作用，使该摩擦阻力进一步减小，可忽略不计。两个拉伸件的每个脚的端部均有一个螺孔，通过内六角圆柱头螺栓分别与两柱连接圆盘和四柱连接圆盘连接。中间凸出的接触圆盘置于装置的顶部，通过其凸出部分与两柱连接圆盘的凹进部分紧密贴合，限制其发生横向相对位移。同样地，中间凸出的固定圆盘置于装置的底部，通过其凸出部分与四柱连接圆盘的凹进部分紧密贴合，限制其发生横向相对移动。试验过程中，将装配好的整个装置放于MTS岩石试验机的圆形试验平台上，底部的固定圆盘沿着圆周均匀分布有六个圆形通孔，并且在中心处有一个圆形盲孔（销孔），可通过六颗螺钉将底部圆盘固定于MTS岩石试验机的圆形试验平台上（当试验机的圆形试验平台分布有同样位置和大小的螺孔时），或者通过一个插销将底部圆盘卡在试验平台上（当圆形试验平台中心具有一个同样大小的销孔时），这样将使得整个试验装置在试验平台上不会发生横向移动。

采用高强结构胶将两个圆柱形拉头分别粘接于圆柱形岩石试样的两端，拉头的另一端面上有一个螺纹盲孔，两个拉伸件的端面上有一个凹进的半球形通孔，通过两个内六角球形头螺栓可将粘接好拉头的岩石试样套于两个拉伸件之间。拉伸件端面半球形通孔的等直径部分的孔直径比内六角球形头螺栓的直径大2mm，且试样安装于拉伸件之间时应保证拉伸件端面与拉头端面之间的距离约为2mm，而不是将两端面紧贴在一起。这些构造和安装措施的目的是使岩石试样在试验过程中具有自我调节的能力，尽可能地减少弯曲应力和扭转应力的产生，同时保证施加围压时岩石试样能够在轴向同步受压，试样始终处于静水压力状态直到达到目标围压水平。卸荷-拉伸试验时，应采用热缩管将岩石试样连同粘接好的拉头一同裹住，并在两端分别采用两个金属套箍将热缩管拧紧于拉头外围，两个金属套箍的端头呈180°交错排列，防止试验过程中硅油通过端部缝隙浸入岩石试样。当岩石试样断裂后，热缩管的强度足以承受剩余力（主要包括两柱拉伸件及其上方的两柱连接圆盘和顶部接触圆盘的重力）而不会使两柱拉伸件突然掉落在四柱连接圆盘上，避免构件间发生强烈碰撞和冲击振动，但为了以防万一，应在四柱连接圆盘上放置一块橡胶垫块。

特别地，在无围压条件下，该试验装置可与MTS岩石试验机或其他类型的压力试验机配合完成单轴拉伸试验。此时，热缩管和两端的金属套箍可有可无，但四柱连接圆盘上的橡胶垫块必须放置。实际上，热缩管和两端金属套箍的设置几乎不会对单轴拉伸试验结果（包括拉伸强度和应力-应变曲线）产生影响，因为与岩石的拉伸弹性模量相比，热缩管的拉伸弹性模量极小，试验中热缩管分担的拉力可忽略不计。

图2.15为研制的卸荷-拉伸装置照片，图中已安装有直径为50mm、高度为100mm的圆柱形砂岩试样。需要注意的是，各部分构件的截面尺寸和弹性模量必须满足试验要求的强度和刚度，特别是连接试样和装置的内六角球形头螺栓，其在围压条件下（特别是高围

图2.15　卸荷-拉伸装置照片

①四柱拉伸件；②两柱拉伸件；③中间凹进的四柱连接圆盘；④中间凹进的两柱连接圆盘；⑤中间凸出的底部固定圆盘；⑥中间凸出的顶部接触圆盘；⑦金属套箍；⑧内六角球形头高强螺栓；⑨环向位移引伸计；⑩热缩管裹住的两端粘接有拉头的砂岩试样

压条件下）需要抵抗作用于拉头端部的较大压力，并尽可能小地产生拉伸变形（该拉伸变形量过大将严重影响试验得到的岩石轴向应力-应变曲线）。因此，所有的构件都采用淬火技术强化钢材的刚度，而且内六角球形头螺栓采用SCM435合金钢制成，其抗拉强度超过1220MPa，硬度超过39HRC（HRC是一种洛氏硬度标度，采用150kg载荷和钻石锥压入器求得），可实现70MPa围压水平范围内的岩石卸荷-拉伸试验。此外，试验装置的外轮廓尺寸（直径和高度）应符合MTS岩石试验机圆形试验平台的尺寸要求和腔体的可容许高度。装置依据MTS-815岩石试验机设计尺寸，最终制成的装置外轮廓直径为137mm（与MTS-815岩石试验机圆形试验平台的直径一致），装配完成后的总高度为320mm（未安装岩石试样，且两个拉伸件完全配合，无高差）。相应可用于试验的岩石试样最大尺寸直径为50mm，高度为100mm。可安装MTS岩石试验机的环向位移引伸计，由于受到装置内部空间限制，轴向位移引伸计无法安装，这里采用竖向压力驱动装置的位移差代替变形。

2.4.3　试验操作程序

1. 试样准备

将待试验的岩石通过室内钻孔取心、切割、断面精磨等程序加工制成试验要求的圆柱形尺寸（本书为直径50mm×高100mm）。采用高强结构胶将圆柱形拉头粘接于试样两端面。

2. 试样与设备安装

试样准备完成后，将其安装于设计发明的设备上，并安装好环向引伸计，主要步骤为：套紧热缩管→套环向引伸计→拧紧金属套箍→拧上内六角球形头高强螺栓使试样套于设备上→安装四柱连接圆盘和两柱连接圆盘→放置底部固定圆盘和顶部接触圆盘→放置橡胶垫块。最后，将安装好试样的整个设备放置于MTS岩石试验机的试验平台上，并通过螺钉或者插销定位。

3. 试验过程

试样及设备安装完成后，便可进行卸荷-拉伸试验。对于一般卸荷-拉伸试验，其试验操作步骤与常规三轴压缩试验的操作类似，主要有：轴向预压（稳定接触）→安装围压室→充油→施加围压→保持围压稳定及轴向加压→试样破坏。试验中，围压水平、轴向加载方式与加载速率按照试验方案要求进行，并监测环向位移、轴向压力及轴向位移的大小。特别地，对于无围压的单轴拉伸试验，可按照轴向预压（稳定接触）→轴向加压→试样破坏的操作顺序进行。

4. 试验结束

试样破坏后，应立即停止轴向加压，并保存试验数据。然后按照卸围压→吹油→卸轴位移→卸围压室的顺序还原加载系统，最后对卸荷-拉伸试验设备和试样进行拆卸。

第3章　侧向卸荷条件下岩体的力学响应试验研究

岩体的卸荷过程从卸荷临空面来看是一个从压应力卸荷至零的过程。因此，三轴卸围压等侧向卸荷试验方法是以往研究岩体卸荷力学特性的最基本和最常用的重要方法，相应的常规三轴试验设备也已经很成熟。本章针对锦屏水电站等重大水电工程面临的岩体卸荷变形破坏问题，采用三轴卸荷及单侧卸荷试验方法，研究不同卸荷应力路径、初始围压及卸荷速率等条件下岩石的变形、强度及破裂等力学响应，揭示了岩石卸荷力学性质弱化的规律及多尺度破裂体系及机制、裂隙岩体卸荷强度及裂隙扩展贯通演化机制。

3.1　试 验 方 案

3.1.1　岩石三轴卸荷试验方案

根据相关工程背景资料，设计了两种三轴卸荷试验方案，同时开展常规三轴压缩试验进行比较。试验的应力路径见图3.1。

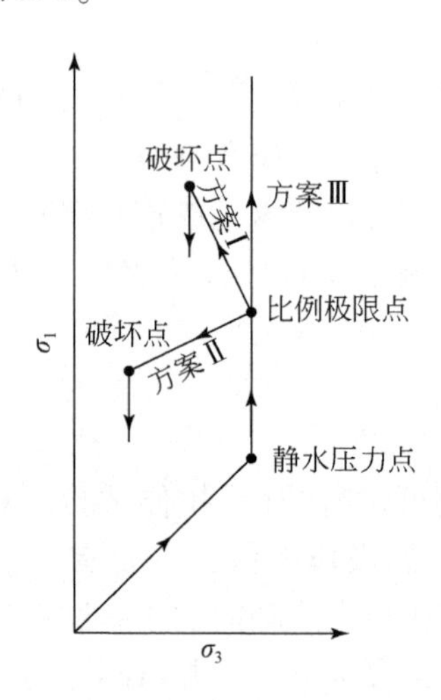

图3.1　三轴试验应力路径方案示意图

1. 方案Ⅰ：加轴压与卸围压试验

加轴压与卸围压试验模拟地下硐室围岩开挖卸荷过程中切向应力（σ_1）增高，径向应力（σ_3）降低的应力调整。试验分为四个阶段：①首先按静水压力条件逐步施加 $\sigma_1 =$

σ_3 至预定值。②稳定 σ_3，逐步增高 σ_1 至试件破坏前的某一应力状态，其 σ_1 的应力水平大致在比例极限附近。③按一定速率增高 σ_1 的同时逐渐降低 σ_3（σ_1 的升高速率大于 σ_3 的卸荷速率，$\Delta\sigma_1 : \Delta\sigma_3 = 2 : 1$）。此阶段非常关键，除了揭示岩石的卸载特性，还要顺利越过峰值进入软化阶段。④试件破坏后效应的测试。试件一旦破坏后即停止卸围压 σ_3，并保持不变，同时继续施加轴向应变，直至应力差 $\sigma_1 - \sigma_3$ 不随轴向应变的增加而降低时结束试验。

2. 方案Ⅱ：同时卸轴压与围压试验

方案Ⅰ所述的四个阶段中，①、②是模拟开挖岩体卸荷前的某一应力状态的形成，而④是为了揭示试件破坏后效应，并测定岩石残余强度而进行的。方案Ⅱ中的这几个阶段与方案Ⅰ完全相同，所不同的是③阶段，即卸载阶段。方案Ⅱ是同时卸轴压与围压（σ_1 的卸荷速率小于 σ_3 的卸荷速率，$\Delta\sigma_1 : \Delta\sigma_3 = 1 : 2$）即②阶段轴压增高至比例极限附近后，开始同时缓慢降低轴压与围压。破坏后进入④阶段。此卸荷方案是为了模拟高边墙部分岩体开挖卸荷过程。

3. 方案Ⅲ：常规三轴压缩试验

为了对比分析，同时进行了常规三轴压缩试验。

试验采用质地均匀的花岗岩、大理岩等标准圆柱体试样，在 MTS815 Teststar 伺服控制岩石刚性试验机上进行，试验中围压卸载采用应力控制，轴压采用位移控制。初始围压设计了 5MPa、10MPa、20MPa、30MPa、40MPa 等不同应力水平。围压卸载速率（v_u）设计了 1.00MPa/s、0.50MPa/s、0.25MPa/s 三个等级。

3.1.2　裂隙岩体单侧卸荷试验方案

1. 试验材料

以三峡工程右岸地下电站主厂房花岗岩为原型制备相似材料裂隙模型试样。根据相似理论，裂隙岩体开挖卸荷模拟试验应满足如下几个方面的相似关系：①几何相似；②材料的力学性质相似；③岩体结构相似（结构面相似）；④应力状态相似；⑤开挖过程模拟相似。在相似理论中，相似常数为原型与模型的物理力学参数之比，相似常数应满足如下关系：

$$\begin{cases} C_\sigma = C_\gamma C_l \\ C_\mu = C_\varepsilon = C_f = 1 \\ C_\sigma = C_E = C_c = C_{Rt} = C_{Rc} \\ C_\delta = C_l \end{cases} \tag{3.1}$$

式中，C_σ、C_γ、C_l、C_μ、C_ε、C_f、C_σ、C_E、C_c、C_{Rt}、C_{Rc} 和 C_δ 分别为应力、容重、几何、泊松比、应变、摩擦强度、应力、弹模、黏聚力、抗拉强度、抗压强度及变形相似常数。

根据试验设备、现场岩体结构及花岗岩力学特性，确定几何相似常数为 20。通过反复试验确定模型材料的配比为重晶石：石英砂：水泥：石膏：水=50：20：5：2：6（质量比），具体如下。

（1）骨料为重晶石及石英砂。石英砂颗粒粒径采用31.7%的20～40目，42.8%的40～80目，25.5%的80～140目，这种以粗、中、细颗粒的石英砂配制成的材料具有比较致密的结构和较小的孔隙率，能够很好地满足试验的要求。

（2）同时采用石膏、水泥这两种气硬性、水硬性胶凝材料。石膏硬化后具有显著的脆性特征，但其强度较低、表观密度较小。水泥硬化后强度较高，但脆性不是很明显。石膏为半水石膏。水泥石膏作为胶凝材料，使得模型具有较高的弹性模量及抗压强度，同时具有岩石的脆性特征。

（3）在材料制作中，石膏凝结很快，掺水几分钟后即开始凝结，终凝时间不超过30min，试验中采用了浓度为1%的硼酸作为缓凝剂。

材料采用定质量的混合料分三层击实，容重约为2300kg/m^3。材料物理力学参数如表3.1所示，表中同时列出了原型花岗岩的物理力学参数。根据表中参数可求出相似常数：$C_E=23.11$，$C_{Rc}=24.52$，$C_{Rt}=22.73$、$C_c=24.31$、$C_f=1.74$、$C_\mu=1.05$、$C_\gamma=1.17$、$C_l=20.00$，基本满足式（3.1）。

表3.1　材料物理力学参数

材料	容重/(kg/m^3)	弹性模量/GPa	抗压强度/MPa	抗拉强度/MPa	黏聚力/MPa	内摩擦角/(°)	泊松比
模型	2300	3.45	4.73	0.37	0.51	46.54	0.19
原型	2700	79.74	116.00	8.41	12.40	60.53	0.20

2. 裂隙岩体模型概化

土建工程刚竣工的三峡工程右岸地下电站主厂房（厂房轴线方位角为NE43.5°），其母岩为坚硬的花岗岩体，发育数组大体平行厂房轴线的构造裂隙，因此它们极有可能因断续节理面的扩张、贯通而形成局部连通带而影响围岩的稳定。

图3.2为1#机组下游边墙工程地质剖面图，1#机组下游侧发育的两条关键断层f_{10}和f_{84}均为与厂房轴线呈小角度相交且倾向开挖区，并且其附近影响区发育有多条断续的与断层走向近平行的裂隙。图3.3为厂房区裂隙产状统计图，厂房区最为发育的一组裂隙为NNW向陡倾角裂隙，但这组裂隙与厂房轴线大角度相交且呈压性结合紧密，对主厂房整体稳定性影响较少；走向NEE、倾向NW（走向方位角在NE30°～90°）裂隙分布也相对较多，而且这组裂隙多呈张性，裂隙面起伏粗糙，无充填或有少量风化碎屑，局部略张开，NE—NEE向以中倾角居多（30°～60°），NNE—NE向以缓倾角居多（0°～30°），由于这组裂隙与厂房轴线夹角相对较小，对围岩稳定影响较大，因此对其进行开挖卸荷过程的模拟研究。

结合对厂房边墙岩体的现场调研，概化出单裂隙和双裂隙两种裂隙模型：在单裂隙模型中裂隙长度为50mm，倾角分别为30°、60°和90°，分别如图3.4（a）～（c）所示；双裂隙模型中裂隙长度为20mm，水平和垂直间距均为20mm，即岩桥倾角均为45°，裂隙

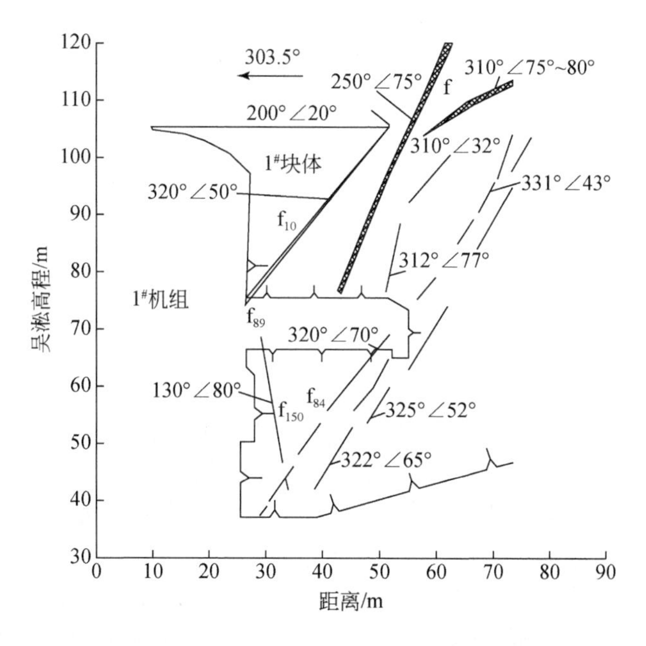

图 3.2　三峡电站地下厂房 1#机组下游边墙工程地质剖面图

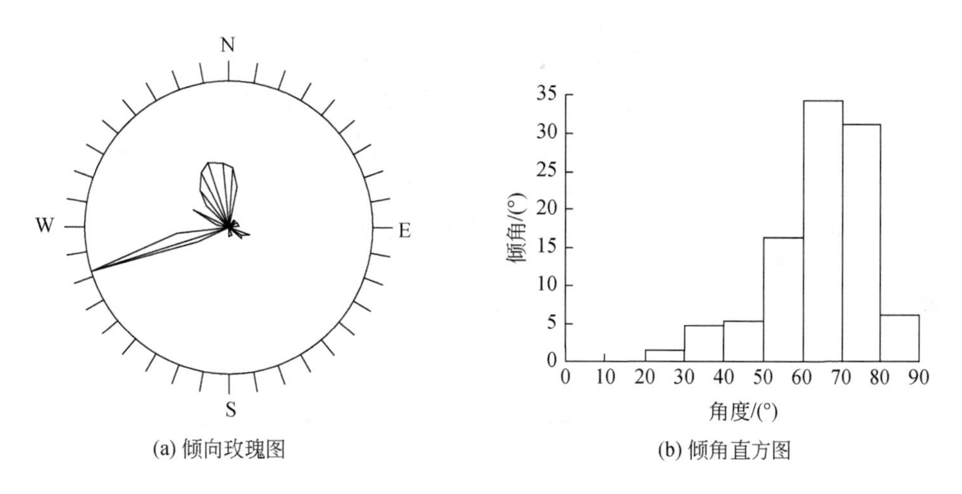

(a) 倾向玫瑰图　　(b) 倾角直方图

图 3.3　厂房区裂隙产状统计图

倾角组合分别为 30°-30°、80°-80°和 30°-80°，分别如图 3.4（d）～（f）所示。模型尺寸为 100mm×100mm×100mm 的立方体，裂隙材料采用 0.5mm 厚的白云母片进行模拟，裂隙在走向方向上贯穿模型（相当于平行于厂房轴线），倾向开挖方向。裂隙黏聚力约为 0.02MPa，内摩擦角约为 25°，采用云母片进行模拟可方便模型制作。

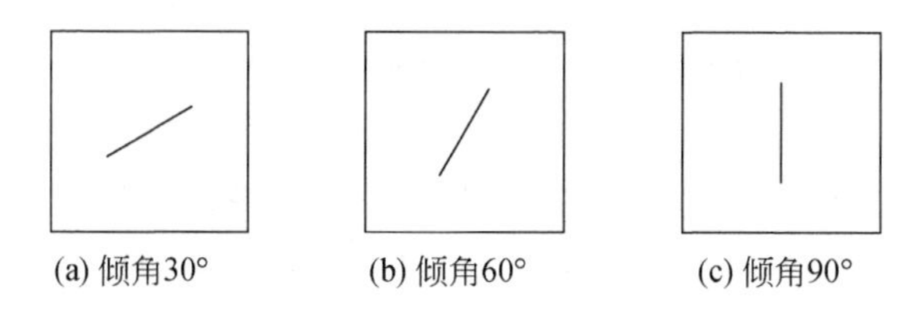

(a) 倾角30°　　(b) 倾角60°　　(c) 倾角90°

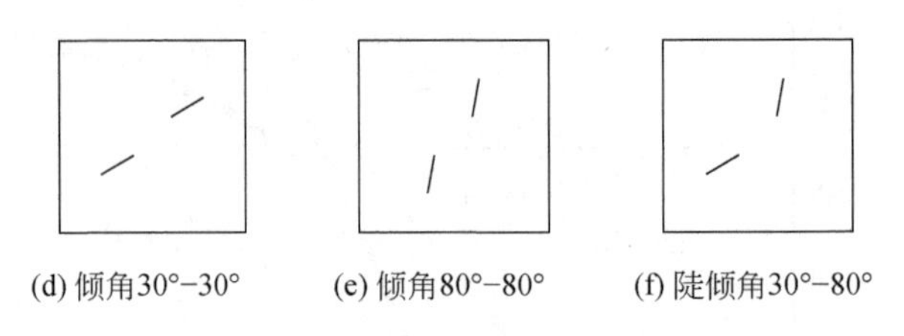

(d) 倾角30°−30°　(e) 倾角80°−80°　(f) 陡倾角30°−80°

图 3.4 单侧卸荷试验模型示意图

3. 试验加卸载方案

将地下硐室开挖卸荷过程简化为仅在模型的顶面和开挖面施加应力，如图 2.2 所示，而其他面上均采用法向变形约束；通过施加在顶面的最大主应力（σ_1）和开挖面上的最小主应力（σ_3）分别模拟硐室开挖过程中围岩平行与垂直开挖面的应力变化。试验分两种方案，具体的试验步骤如下。

方案 A：同时升 σ_1 卸 σ_3。第 1 步，同时将应力加至 σ_3 的应力水平；第 2 步，升高 σ_1 至设计水平后，稳定 5min，这一步是将试件应力状态恢复至初始应力状态；第 3 步，σ_1 以每级 0.10MPa 增加，同时 σ_3 以 0.05MPa 卸荷，每级加卸荷快速完成，并停留 1min 后，进行下一级循环，这一步是模拟地下厂房分层分步开挖卸荷过程中二次应力场的变化，是试验最为关键的一步；第 4 步，如果试件在 σ_3 卸荷至 0 前破坏，则立即卸荷 σ_3 至 0，结束试验，如果 σ_3 卸荷至 0 试件还没有破坏，则继续增加 σ_1 至试件破坏。

方案 B：保持 σ_1 不变仅卸 σ_3，对比方案，在方案 B 中仅只有卸荷作用。试验同样分 4 步，只有模拟围岩开挖卸荷过程的第 3 步与方案 A 不同，其他步骤一样。方案 B 第 3 步为 σ_1 加至设定值后保持不变，σ_3 以每级 0.15MPa 卸荷，每级 σ_3 卸荷快速完成，并停留 1min 后，进行下一级循环。

试验方案 A 初始应力水平为 $\sigma_1=1.00\text{MPa}$，$\sigma_3=0.50\text{MPa}$；方案 B 初始应力水平为 $\sigma_1=2.00\text{MPa}$，$\sigma_3=1.05\text{MPa}$。

3.2 卸荷变形响应及参数弱化规律

3.2.1 岩石卸侧压总体变形特征

通过花岗岩的加轴压与卸围压试验（方案Ⅰ）、同时卸轴压与围压试验（方案Ⅱ）两种方案下的卸侧压试验，以及常规三轴压缩试验（方案Ⅲ），得到了三种方案下的典型应力-应变全过程曲线，如图 3.5 所示，其中体积应变 $\varepsilon_V=\Delta V/V_0=\varepsilon_1-2\varepsilon_3$。图中编号为方案-围压-试件号，如 1-10-2 表示方案Ⅰ中围压为 10MPa 的 2# 试件。由应力-应变曲线分析，可以得出如下结论。

（1）轴向应变（ε_1）：在加载试验中随围压的增大，峰值轴向应变逐渐增大，延性特征较为明显；卸荷方案Ⅰ较加载条件下相应围压时的峰值轴向应变有所减小，特别是在围

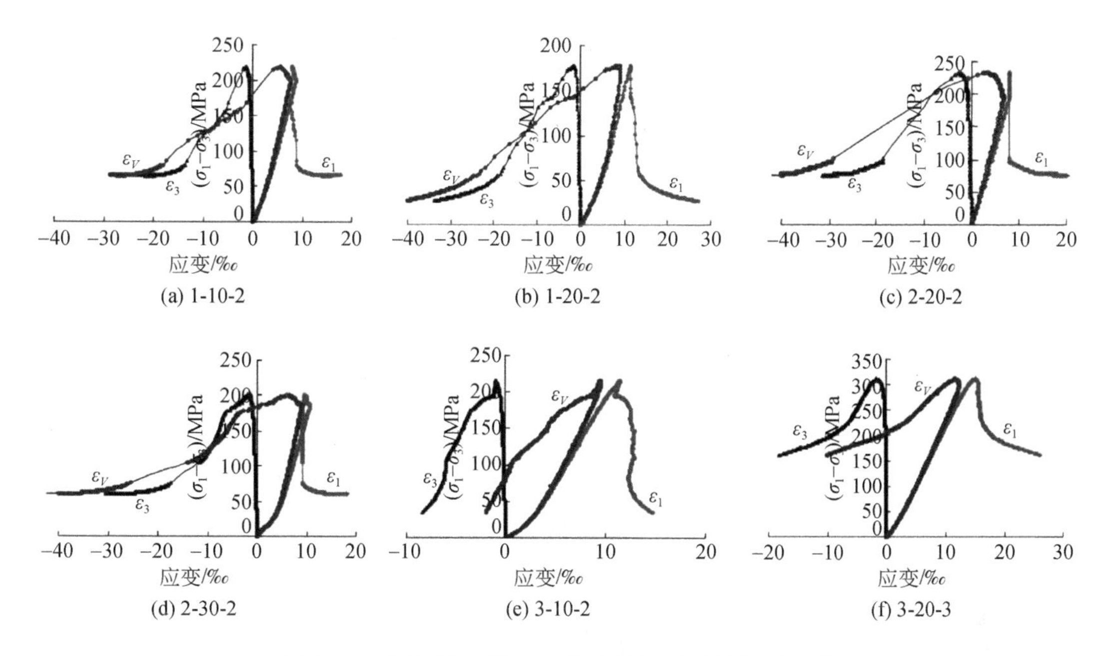

(a) 1-10-2　(b) 1-20-2　(c) 2-20-2

(d) 2-30-2　(e) 3-10-2　(f) 3-20-3

图 3.5　三种试验方案下的典型应力-应变全过程曲线

压较大时，卸荷过程中 ε_1 变化很小，甚至出现回弹，脆性特征较强；卸荷方案Ⅱ较方案Ⅰ中相应围压时的峰值轴向应变更小，在围压较大时，卸荷过程中 ε_1 回弹变形非常明显，脆性特征显著。从峰后曲线来看，卸荷破坏的峰后应力跌落（从峰值强度跌落至残余强度过程）时 ε_1 变化非常小，这种脆性破坏特征随围压增大越明显（方案Ⅱ较方案Ⅰ更为突出），而在加载条件下峰后曲线 ε_1 随围压增大塑性变形增大，其延性特征更为明显，正好与卸荷条件下相反。

（2）侧向应变（ε_3）：常围压加载试验时，在峰值点附近侧向扩展变形较卸荷试验时小，卸荷过程中 ε_3 向外扩展变形非常明显，且随围压增高其变形量越大，临近破坏点时，这种变形变得非常剧烈，方案Ⅰ较方案Ⅱ的侧向变形更为明显；加载时残余 ε_3 为 5‰～20‰（围压越低 ε_3 值越大），卸荷时残余 ε_3 为 15‰～40‰（围压较低和较高时 ε_3 量值较大，围压在 20MPa 相对小些，这与试验时应力路径的设计有关，因为卸荷方案试验是在比例极限点附近开始卸载，故在低初始围压时，围压卸载到较低时岩样才能破坏，况且试验保持了破坏时的围压进行峰后试验）。

（3）体积应变（ε_V）：常围压加载时，峰前 ε_V 处于不断的压缩状态（屈服段扩容非常小），而卸荷试验在进入卸载阶段后，岩石扩容明显加剧，且这种扩容量随初始围压的增大而增大，临近破坏点附近时更为剧烈，两种卸荷方案扩容都比较剧烈，其中方案Ⅱ较显著些。

（4）加载试验时岩样的破坏是因为压缩（主要是轴向）变形致使岩样破坏，而卸载试验时岩样向卸荷方向的强烈扩容导致其破坏，即使是两个方向同时卸荷时，这种强烈扩容也可以导致岩样破坏。

图 3.6 给出了卸荷过程中岩样的应力（σ_3）-应变曲线，从图中可明显发现：卸荷过

程中岩样向卸荷方向卸荷回弹变形强烈、扩容现象显著、脆性破坏特征明显，且这种变形特征随卸荷初始围压的增大和卸荷强度的增强而更加明显。

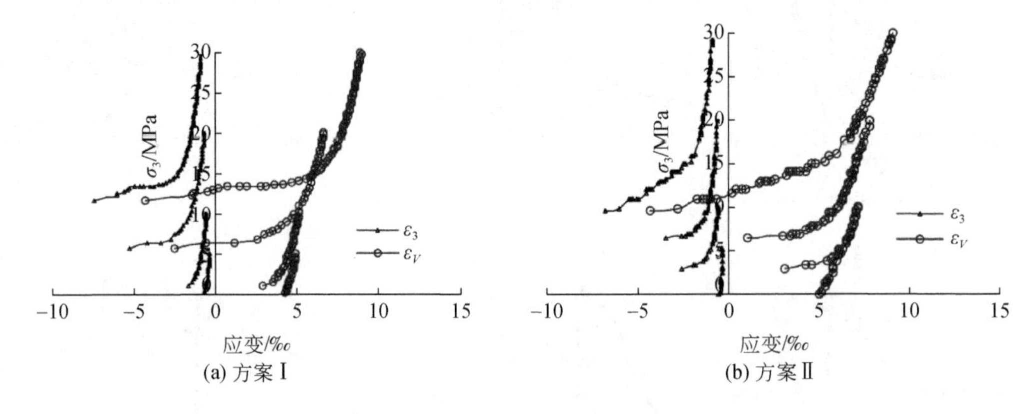

图 3.6　卸荷过程岩样的应力-应变曲线

3.2.2　卸侧压变形参数弱化规律

在岩石力学中，变形参数一般是通过单轴压缩试验得到的，即

$$\begin{cases} E=\sigma_1/\varepsilon_1 \text{ 或 } E=\mathrm{d}\sigma_1/\mathrm{d}\varepsilon_1 \\ \mu=\varepsilon_1/\varepsilon_3 \text{ 或 } \mu=\mathrm{d}\varepsilon_1/\mathrm{d}\varepsilon_3 \end{cases} \tag{3.2}$$

常规三轴试验中由于围压不变，可将式（3.2）中的 σ_1 替换为 $\sigma_1-\sigma_3$ 进行计算。从图 3.6 可发现，卸荷过程中轴向应变很小，如果仍采用常规三轴的计算来求解变形参数，求解的变形模量将会很大，这与实际情况不符。因此卸荷过程的变形参数求解应该考虑侧向变形（ε_3）和围压（σ_3）的影响，故采用高玉春等（2005）的计算式：

$$\begin{cases} E=(\sigma_1-2\mu\sigma_3)/\varepsilon_1 \\ \mu=(B\sigma_1-\sigma_3)/[\sigma_3(2B-1)-\sigma_1] \\ B=\varepsilon_3/\varepsilon_1 \end{cases} \tag{3.3}$$

图 3.7 为不同初始围压条件下，卸荷过程中岩样的变形模量随围压卸载的变化曲线。

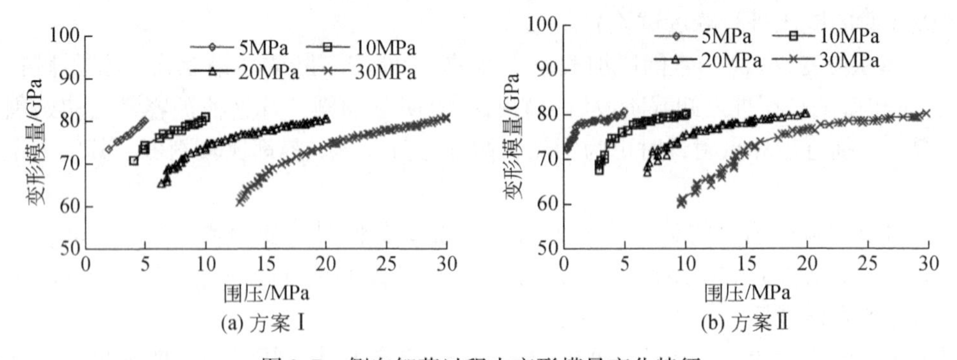

图 3.7　侧向卸荷过程中变形模量变化特征

由图可知，卸荷过程中岩体变形模量随围压卸载而逐渐减小，且随初始围压增大其非线性特征更为明显，方案Ⅱ非线性较方案Ⅰ强；在应力差约为屈服强度时呈现一定的加速减小趋势，方案Ⅱ表现得更为明显；对比两种方案变形模量随围压卸载的变化曲线，可以发现：同一种卸荷应力路径时，其变化特征基本相同，只是减小量随初始围压增大有所增大。

两种方案中变形模量的减小量（相对于相同初始围压条件下的加载试验）见表3.2。由表可知，变形模量减小量为5%～27%，且随初始围压的增大和卸荷强度的增强而增大，在相同的初始围压条件下，方案Ⅱ较方案Ⅰ多减小2%～4%。

表3.2　侧向卸荷过程中变形模量减小量

初始围压/MPa	5	10	20	30
方案Ⅰ/%	5～8	12～15	14～18	20～23
方案Ⅱ/%	8～12	14～17	16～19	23～27

岩石卸荷破坏，是强烈扩容的结果，岩体变形参数伴随扩容而弱化，因此可建立一个卸荷过程中岩样的体积应变（ε_V）与变形模量（E）之间的关系式，按指数关系进行回归拟合得（图3.8）

$$方案Ⅰ: E=51.404\exp(0.0542\varepsilon_V) \quad (R^2=0.7746) \tag{3.4}$$

$$方案Ⅱ: E=49.464\exp(0.0609\varepsilon_V) \quad (R^2=0.9462) \tag{3.5}$$

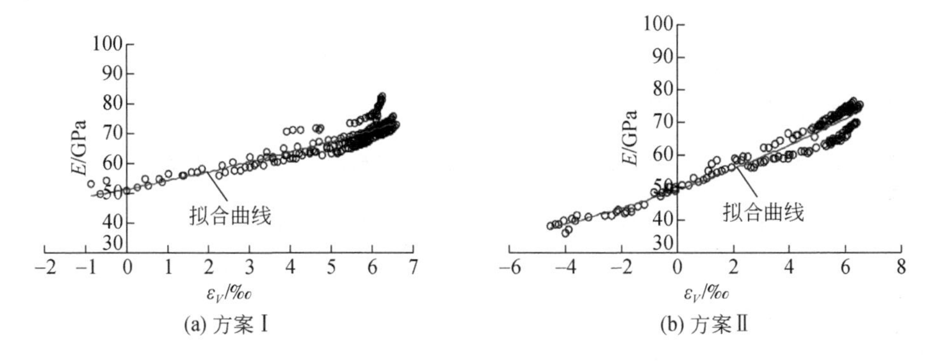

图3.8　侧向卸荷过程中变形模量（E）和体积应变（ε_V）拟合曲线

图3.9为岩样卸荷过程中泊松比的变化特征曲线，由图可知，泊松比的增大过程与变形模量的减小过程相似，卸荷初始阶段泊松比随围压减小呈相对较小的速率增加，当应力差达到岩石屈服强度时，泊松比增大速率突然变大，方案Ⅱ较方案Ⅰ增大量及变化速率均大些。当卸荷到一定程度后，泊松比甚至超过了0.8（弹塑性材料极限泊松比为0.5），从卸荷试件破坏形态也可清晰地看到，试件存在许多竖向张开裂缝，这表明卸载方向除产生弹性回弹变形外，还存在裂缝变形，同时裂缝的方向基本垂直于卸载主方向，从而导致侧向变形剧增，因此，此时的泊松比已经不再是一般意义上的材料特性，而包括了裂隙扩展张开变形。

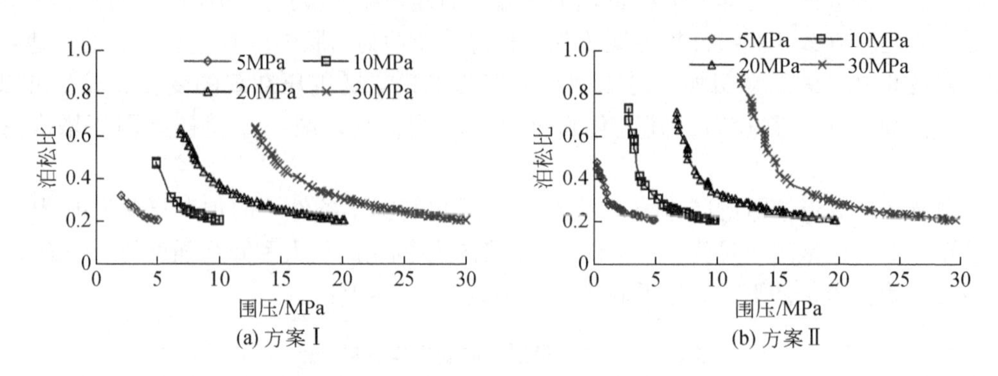

(a) 方案Ⅰ　　(b) 方案Ⅱ

图 3.9　卸荷过程中泊松比变化特征曲线

两种方案泊松比增加量（相对相同围压加载试验）见表 3.3，由表可知，泊松比增大 50% ~335%，且随初始围压的增大和卸荷强度的增强而增大，在相同的初始围压条件下，方案Ⅱ较方案Ⅰ泊松比多增大 40% ~90%。

表 3.3　卸荷过程中泊松比增大量

初始围压/MPa	5	10	20	30
方案Ⅰ/%	50 ~ 70	110 ~ 150	180 ~ 220	200 ~ 240
方案Ⅱ/%	120 ~ 150	170 ~ 220	220 ~ 270	290 ~ 335

参照前面的变形模量分析，同样可建立卸荷过程中岩石体积应变与泊松比的关系式，按多项式回归拟合得（图 3.10）

$$\text{方案Ⅰ}: \mu = -0.0074\varepsilon_V^2 - 0.0391\varepsilon_V + 0.7664 \quad (R^2 = 0.8974) \tag{3.6}$$

$$\text{方案Ⅱ}: \mu = -0.0065\varepsilon_V^2 - 0.0567\varepsilon_V + 0.8529 \quad (R^2 = 0.9479) \tag{3.7}$$

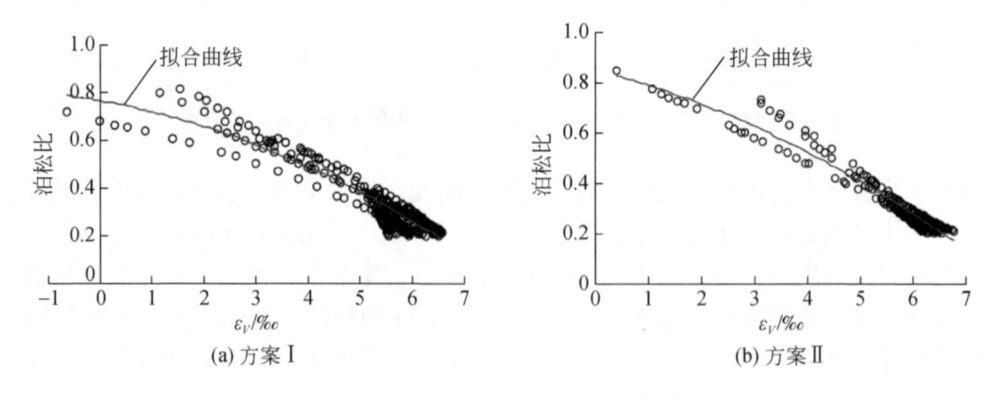

(a) 方案Ⅰ　　(b) 方案Ⅱ

图 3.10　卸荷过程中泊松比（μ）和体积应变（ε_V）拟合曲线

3.3　强度弱化及脆性指数变化规律

3.3.1　强度弱化规律

莫尔–库仑（Mohr-Coulomb，M-C）屈服准则中 σ_1 与 σ_3 是线性关系，因此，可以回归出峰值及残余状态下 σ_1 与 σ_3 的线性关系式 $\sigma_1=k\sigma_3+b$，就可以求出岩样的抗剪强度参数。其拟合曲线见图3.11，结果列于表3.4中，相对于加载条件，卸荷条件下岩石的黏聚力（c）是降低的，而内摩擦角（φ）是增大的，这种现象可以从岩石加卸载过程中变形破坏特征不同得以解释，因为在卸荷过程中，岩石的变形以向卸荷主方向张裂扩容变形为主，而加载试验中试件是以压剪变形破坏为主，显然岩石张剪性破坏的 c 值要比压剪性破坏的 c 值低，一般来说张剪性破裂面的粗糙度较压剪性破裂面高，因此 φ 值相对较高些。

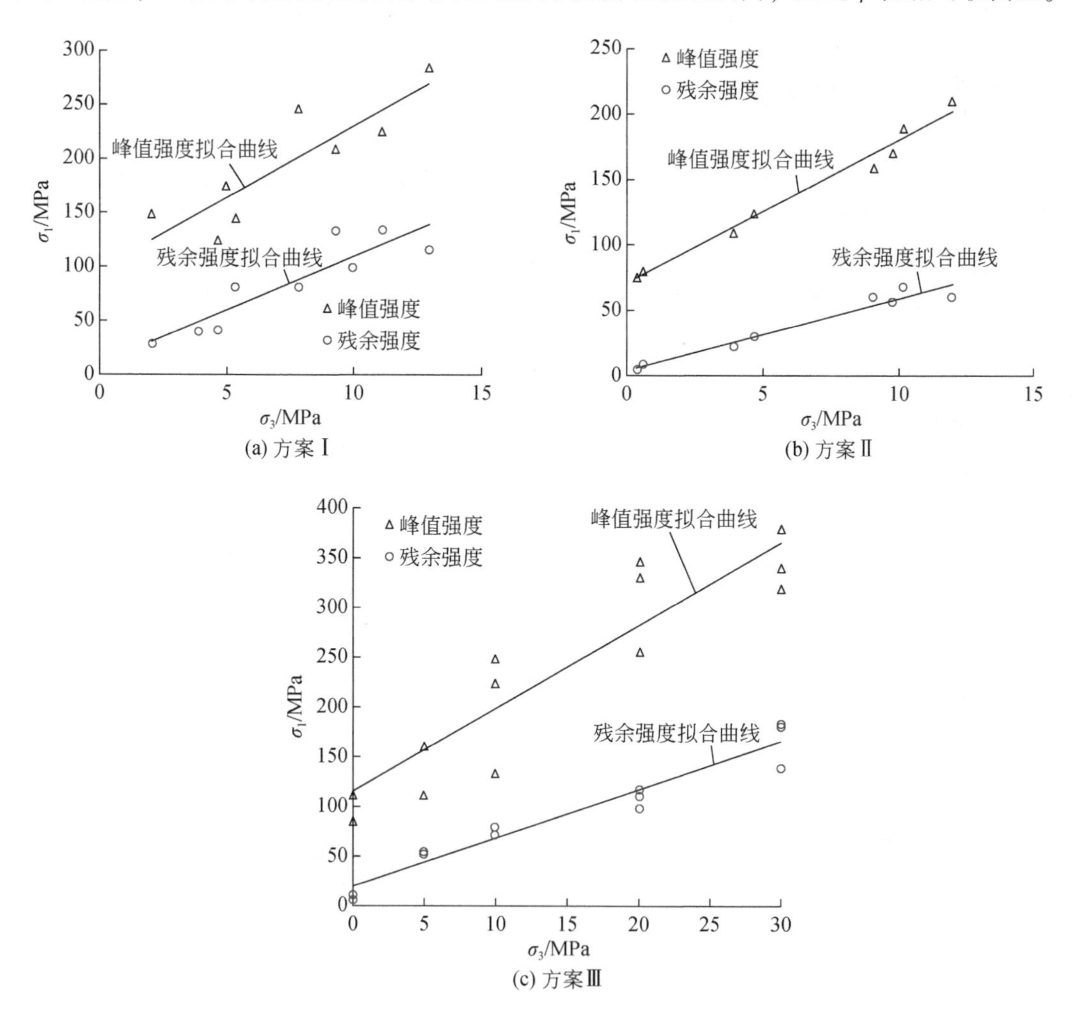

图3.11　三种方案中岩石的强度特征

表 3.4　三种方案中抗剪强度参数计算结果

试验方案	应力状态	k	b	R^2	c/MPa	φ/(°)
方案Ⅰ	峰值	13.276	98.235	0.7686	13.4804	59.3059
	残余	9.9368	9.6882	0.8114	1.5367	54.7986
方案Ⅱ	峰值	11.078	70.094	0.9822	10.5298	56.5544
	残余	5.4364	4.6332	0.9491	0.9936	43.5721
方案Ⅲ	峰值	8.2865	116.15	0.8388	20.1745	51.6868
	残余	4.8474	19.512	0.9442	4.4311	41.1459

与加载试验结果相比：方案Ⅰ的峰值 c 减小约 33.2%，残余 c 减小约 65.3%，峰值 φ 增大约 14.7%，残余 φ 增大约 33.2%；方案Ⅱ的峰值 c 减小约 47.8%，残余 c 减小约 77.6%，峰值 φ 增大约 9.4%，残余 φ 增大约 5.9%。方案Ⅱ的 c 值较方案Ⅰ减小得多且 φ 值增大得也小，这是由于方案Ⅱ中的试件在轴压和围压同时卸荷时，破裂面张开更为明显，从而造成裂隙面间的结合紧密度减弱，进而使得 c 和 φ 值相对要低一些。

3.3.2　脆性指数的定义

Ge（1997）应用塑性位移势理论推导了应力非垂直跌落（垂直跌落为理想脆性模型）计算模型中的应力脆性跌落过程。设 $F(\sigma)=0$ 及 $f(\sigma)=0$ 分别为峰值强度面和残余强度面。假设应力点由某一初始弹性态加载到 $F(\sigma)=0$ 上的某一点 A，当满足加载条件时应力将发生突变而跌落至 $f(\sigma)=0$ 上的某一点 B。图 3.12 是在莫尔应力空间中给出二维情况下确定跌落点 B 的三种典型的应力跌落方式。其中，B_1 对应于圆心不变假定，B_2 对应于最短路径假定，B_3 对应于最大主应力不变假定。显然不同的应力跌落方式将给出不同的解答，而利用圆心不变假定是目前较为普遍的方法。

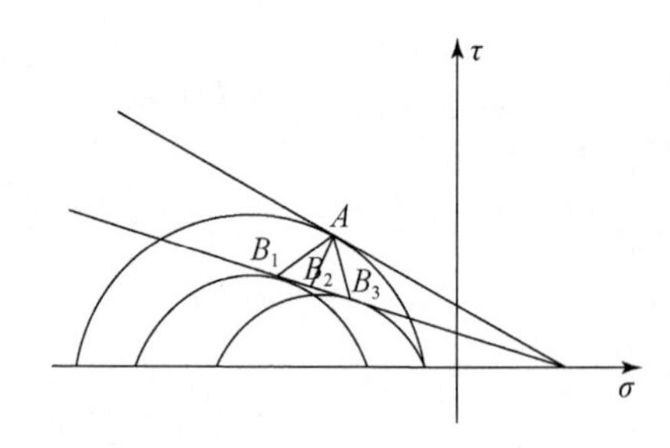

图 3.12　三种典型的应力脆性跌落方式（据 Sheng et al.，2002）

由于岩石的脆性而使得屈服面在应力空间中有一非连续的变化，相应的也就产生一非微分量的塑性应变增量 $\Delta\varepsilon_{ij}$。又因为脆塑性岩石满足 Ilyushin 公设（郑宏等，1997），因而可认为跌落时塑性应变增量的方向仍然满足塑性位势理论，即

$$\Delta\varepsilon_{ij}^{p}=\Delta\lambda\left.\frac{\partial F}{\partial\sigma_{ij}}\right|_{A}\tag{3.8}$$

式中，$\Delta\lambda$ 为塑性流动因子。

岩石的总应变增量可表示为

$$\Delta\varepsilon_{ij}=\Delta\varepsilon_{ij}^{e}+\Delta\varepsilon_{ij}^{p} \tag{3.9}$$

如果在应力跌落过程中产生一个非零的全应变增量 $\Delta\varepsilon_{ij}\neq0$，则可假设

$$\Delta\varepsilon_{ij}=\Delta\varepsilon_{ij}^{e}+\Delta\varepsilon_{ij}^{p}=-R\Delta\varepsilon_{ij}^{e} \tag{3.10}$$

式中，R 为一个待定的非负尺度参数，可称为“应力脆性跌落系数”，可通过岩石单轴或三轴压缩全过程试验曲线确定。

下面结合脆性比较明显的岩石典型三轴压缩试验全过程应力–应变曲线示意图（图3.13），通过一些特征应变参数来确定应力脆性跌落系数（R）为

$$R=a/b \tag{3.11}$$

式中，a、b 均为与应变相关的参数，其中 $a=\varepsilon_P-\varepsilon_M$、$b=\varepsilon_B-\varepsilon_P$，$\varepsilon_P$ 为峰值强度点轴向应变、ε_B 为残余强度点轴向应变、ε_M 为残余强度应力状态值（应力差）所对应的初始弹性加载段应变。理想脆塑性模型即为 $b=0$ 的特殊情形。式（3.11）表明 R 越小岩石的脆性破坏特征越强烈。

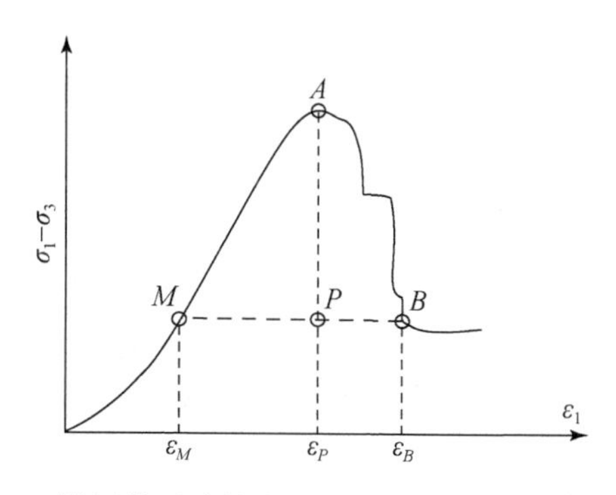

图3.13　三轴压缩下脆性岩石的典型应力–应变曲线示意图

岩石的脆性是相对的，其应力脆性跌落系数当然也是相对的。在常规三轴压缩试验中，岩石的脆性随围压的升高而逐渐向延性转化；在卸荷试验中，岩石的脆性跟初始围压及卸荷方式同样相关。故在相同的应力路径时，岩石的应力脆性跌落系数应该是围压的函数，则式（3.11）可表示为

$$R(\sigma_c)=\frac{\varepsilon_B(\sigma_c)-\varepsilon_p(\sigma_c)}{\varepsilon_B(\sigma_c)-\dfrac{\sigma_r(\sigma_c)}{E}} \tag{3.12}$$

式中，σ_c 为围压，且有 $\sigma_c=(\sigma_2+\sigma_3)/2$，在常规三轴试验中有 $\sigma_c=\sigma_2=\sigma_3$，卸荷试验中为初始卸荷围压 $\sigma_c=\sigma_3^0$；$\sigma_r(\sigma_c)$ 为残余强度；E 为弹性阶段的弹性模量。

3.3.3　脆性指数变化规律

由式（3.12）可知，要求得应力脆性跌落系数，应得出 ε_P、ε_B、σ_r 与围压（σ_c）的关系。弹性阶段的弹性模量随围压变化会有所不同，但其在全程曲线的初始弹性阶段变化应该不是太大，因此，可以把弹性模量（E）看作一个常量。

根据试验结果，可统计回归特征参数峰值应变（ε_P）、残余应变（ε_B）及残余强度（σ_r）与围压（σ_c）的关系式，统计回归曲线分别如图 3.14 和图 3.15 所示。相应的关系式如下：

方案Ⅰ：

$$\begin{cases}\varepsilon_P = 0.1186\sigma_c + 6.7968 & (R^2 \approx 0.81)\\ \varepsilon_B = -0.0037\sigma_c^2 + 0.2191\sigma_c + 7.3302 & (R^2 \approx 0.79)\\ \sigma_r = 0.0345\sigma_c^2 + 3.9465\sigma_c + 27.71 & (R^2 \approx 0.73)\end{cases} \tag{3.13}$$

方案Ⅱ：

$$\begin{cases}\varepsilon_P = 0.0044\sigma_c^2 - 0.1143\sigma_c + 8.9723 & (R^2 \approx 0.78)\\ \varepsilon_B = 0.0013\sigma_c^2 - 0.0298\sigma_c + 9.0332 & (R^2 \approx 0.75)\\ \sigma_r = -0.0302\sigma_c^2 + 2.8925\sigma_c + 16.095 & (R^2 \approx 0.93)\end{cases} \tag{3.14}$$

方案Ⅲ：

$$\begin{cases}\varepsilon_P = 0.0015\sigma_c^2 + 0.2361\sigma_c + 8.6045 & (R^2 \approx 0.81)\\ \varepsilon_B = 0.0069\sigma_c^2 + 0.2675\sigma_c + 11.443 & (R^2 \approx 0.87)\\ \sigma_r = 0.0353\sigma_c^2 + 4.8407\sigma_c + 7.875 & (R^2 \approx 0.94)\end{cases} \tag{3.15}$$

从图 3.14 可发现：①三种试验方案的峰值及残余应变量基本随（初始）围压的增高而增大；②方案Ⅱ在围压从 5MPa→10MPa 间有下降趋势（特别是峰值应变），这是由于在

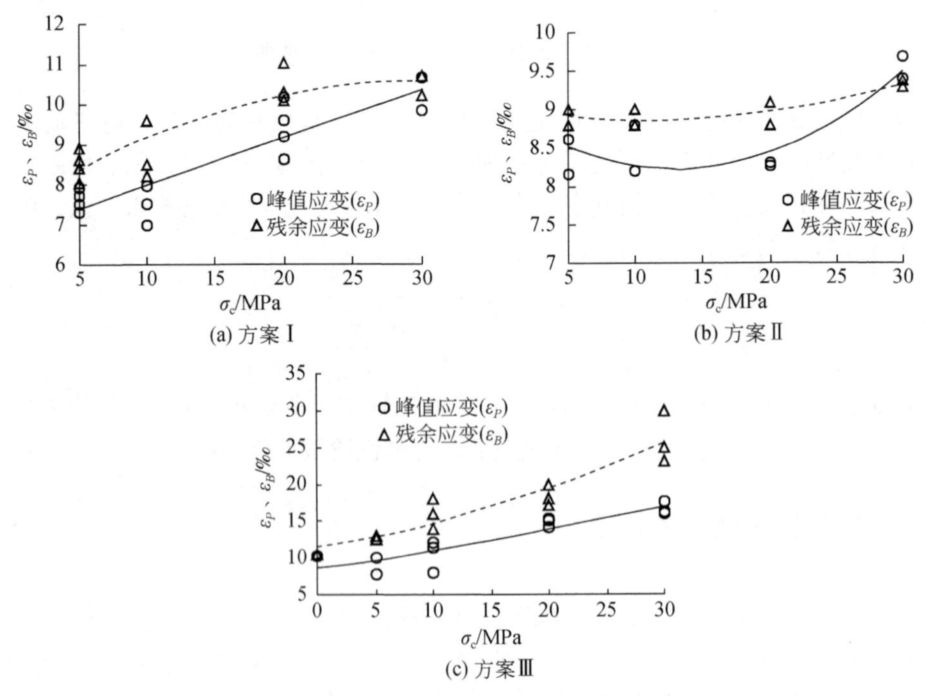

图 3.14　峰值及残余应变与初始围压关系曲线

围压5MPa时，围压卸荷至0时岩样还没破坏，进行后续为单轴压缩变形，故其轴向应变相对较大；③卸荷条件下峰值及残余应变量与卸荷前累积压缩变形相关，因为从比例极限点开始卸荷前已经产生了较大的轴向压缩变形，而且这种变形随围压增大而增大；④加载试验方案Ⅲ峰值及残余应变随围压增大趋势相对明显，围压从5MPa到30MPa，应变增大约1倍，而卸荷方案Ⅰ增大约25%，方案Ⅱ仅增大约10%。

由图3.15可知，3种试验方案残余强度均随初始围压的增大而增大，特别是加载试验方案Ⅲ；对于卸荷试验，由于从比例极限开始卸荷，卸荷破坏点的围压一般是随初始围压增大而增大，而卸荷终止点围压越高残余强度也相应越高。

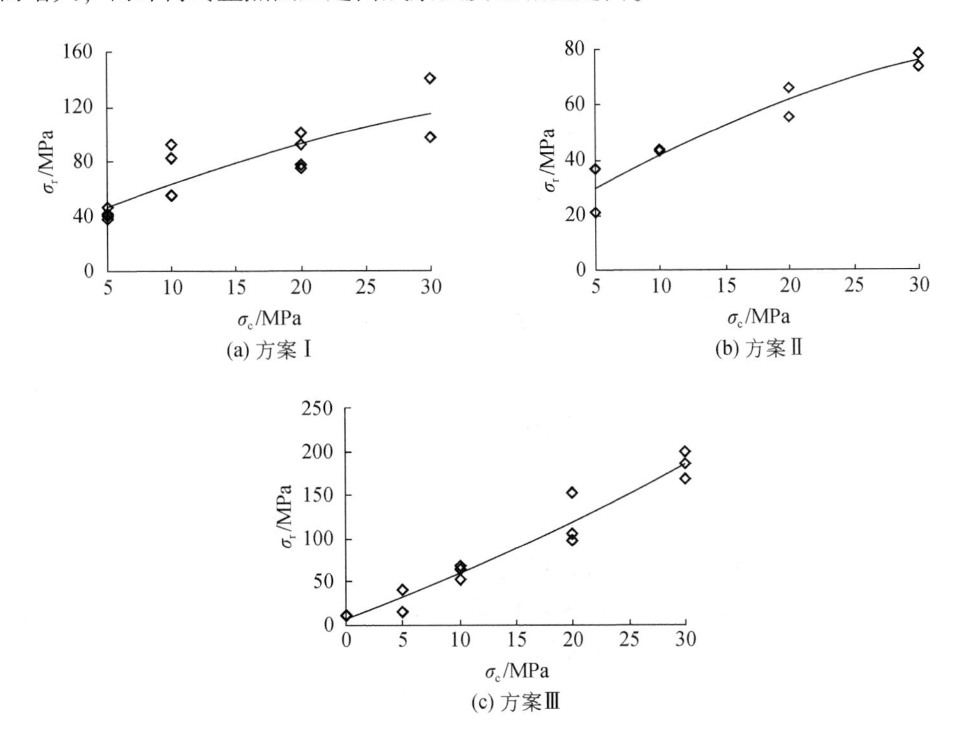

图3.15　残余强度与初始围压关系曲线

将上面回归得到的特征参数与围压的关系式［式（3.13）~式（3.15）］分别代入式（3.12），可以得到三种方案下应力脆性跌落系数与围压的关系式：

$$R_{\mathrm{I}}(\sigma_c)=\frac{-37\sigma_c^2+1005\sigma_c+5334}{4.33\sigma_c^2+691.08\sigma_c+64492.96} \tag{3.16}$$

$$R_{\mathrm{II}}(\sigma_c)=\frac{-31\sigma_c^2+845\sigma_c+609}{47.79\sigma_c^2-1505.74\sigma_c+87704.57} \tag{3.17}$$

$$R_{\mathrm{III}}(\sigma_c)=\frac{54\sigma_c^2+314\sigma_c+28385}{10.57\sigma_c^2+1753.94\sigma_c+85057.42} \tag{3.18}$$

按回归关系式（3.16）~式（3.18），可以画出应力脆性跌落系数随初始围压的变化曲线，如图3.16所示，由图可知在常规三轴压缩试验中应力脆性跌落系数随围压的增大而增大，岩石由脆性逐渐向延性变形转化；而在卸荷试验中应力脆性跌落系数随初始围压的增大而减小（在初始围压较低时有小量的增加趋势，这是因为当初始围压较低时，围压卸荷至 0 时试件可能还没有破坏，此时试件实际上仅仅受轴向应力作用的近单轴压缩破坏，大约在初始围压为 15MPa 时脆性应力跌落系数减小趋势变得比较明显），初始围压越高，脆性破坏越明显，岩石的突发性破坏更为显著；相同初始围压时，卸荷条件下比加载时的跌落系数小得多，方案Ⅱ在初始围压达到 30MPa 时甚至出现负值，应力脆性跌落系数依次为 $R_{Ⅲ}>R_{Ⅰ}>R_{Ⅱ}$。

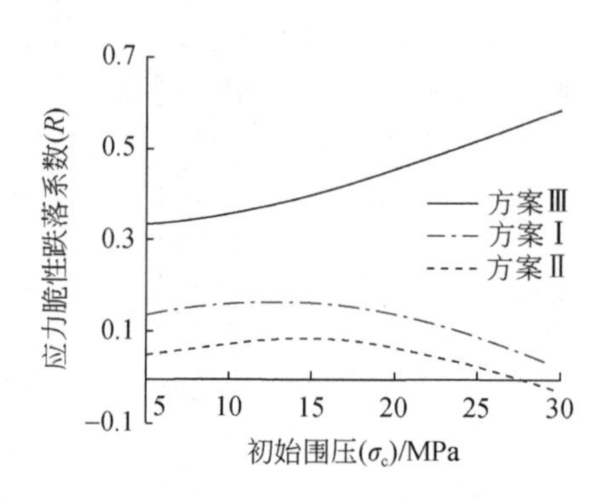

图 3.16　应力脆性跌落系数（R）随初始围压变化曲线

3.4　卸荷速率效应

对锦屏大理岩开展加轴压与卸围压试验（方案Ⅰ）、同时卸轴压与围压试验（方案Ⅱ）两种方案下的卸侧压试验，围压的卸载速率（v_u）设计为 1.00MPa/s、0.50MPa/s 和 0.25MPa/s 三个等级，轴压的变化速率小于围压的卸载速率。由于岩石本身微结构差异，再者围压为手动控制，因此实际卸荷过程中应力变化速率与设计值存在一定差异，可根据试验过程计算的平均加卸载应力速率（卸荷开始至峰值强度区间）确定。

3.4.1　卸荷速率对特征应变增量的影响规律

根据试验过程及应力-应变曲线分析，将卸荷起始点至残余阶段共分为三个特征阶段：①a 阶段为卸荷起始点至峰值强度点；②b 阶段为峰值强度点至卸荷结束点，由于岩石卸荷峰后破裂脆性特征较强，而且人工卸载围压有一定的滞后性，故卸荷结束点实际并非为峰值强度点，而是首次应力差剧烈跌落的终点；③c 阶段为卸荷结束点至残余强度点，这里残余强度点是指应力差稳定的起始点。这三个阶段的受力状态不一样，由实验设计可知：a 阶段为围压卸载，轴压是按实验设计加载或卸载；b 阶段的应力差出现突降，但围压仍然按设计速率进行卸载；c 阶段是岩样在卸荷结束点的围压下进行常规加载压缩试验过程。

图 3.17 为卸荷速率（v_u）对三个阶段中轴向应变增量（$\Delta\varepsilon_1$）的影响规律曲线图，从图可看出：

（1）整个卸荷过程（a 和 b 阶段）中 $\Delta\varepsilon_1$ 非常小，并随卸荷速率的增大而逐渐减小，且基本上是初始围压（σ_3^0）越高 $\Delta\varepsilon_1$ 相对越小，当 $\Delta\varepsilon_1$ 为负值时初始围压越大回弹变形越大（方案Ⅱ中的岩样在卸荷速率较大且初始围压较高的情况下出现）。这种变化特征表明：卸荷条件下岩石的脆性破坏特性随卸荷速率的增大而增强，也随初始卸荷围压的增大而显著，而且相同围压及卸荷速率下双向卸荷的方案Ⅱ较轴向加载，且围压卸载的方案Ⅰ首次断裂的脆性特征更强。

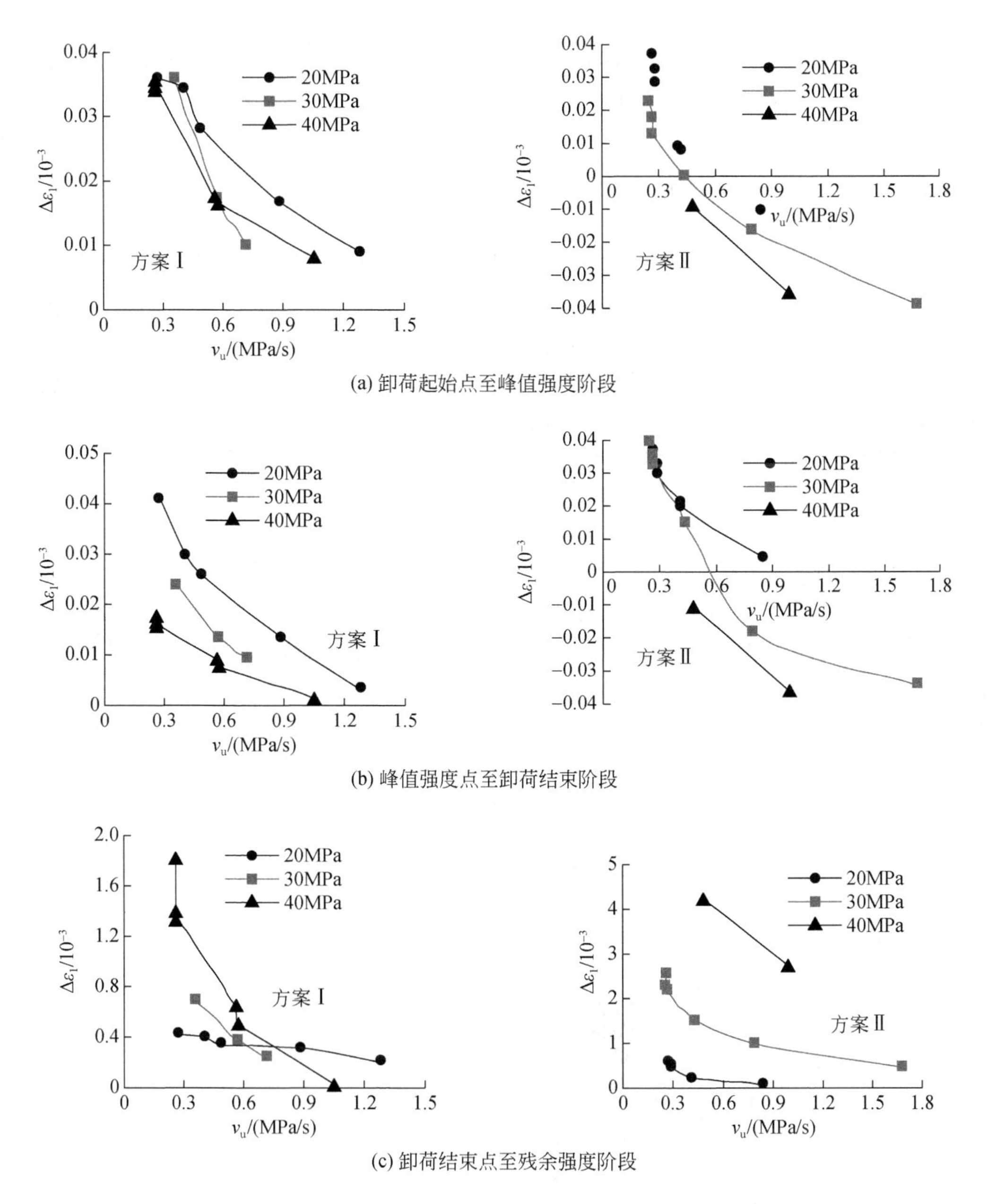

(a) 卸荷起始点至峰值强度阶段

(b) 峰值强度点至卸荷结束阶段

(c) 卸荷结束点至残余强度阶段

图 3.17　卸荷速率（v_u）对三个阶段轴向应变增量（$\Delta\varepsilon_1$）影响规律曲线图

（2）残余强度测试过程中（c 阶段）的 $\Delta\varepsilon_1$ 相对较大，且同样是随 v_u 的增大而逐渐减小，但其随 σ_3^0 的变化规律正好与卸荷过程中的变化相反，即从卸荷结束点至残余强度点的 $\Delta\varepsilon_1$ 是随 σ_3^0 的增大而增大的，相同围压卸荷速率下方案Ⅱ较方案Ⅰ在这一过程中的 $\Delta\varepsilon_1$ 相对较大。这一变化特征说明相同卸荷速率下轴向加载且同时卸载围压时岩样首次脆性断裂规模较同时卸载围压和轴压时相对大些。

图 3.18 为卸荷速率（v_u）对三个阶段中侧向应变增量（$\Delta\varepsilon_3$）的影响规律曲线图，从图可看出：

（1）与轴向应变变化相似，a 和 b 阶段的 $\Delta\varepsilon_3$ 随卸荷速率（v_u）的增大而增大，c 阶段的 $\Delta\varepsilon_3$ 随 v_u 的增大而减小。三个阶段的 $\Delta\varepsilon_3$ 基本均表现为初始围压越高则越大。

（2）卸荷过程中的 $\Delta\varepsilon_3$ 较 $\Delta\varepsilon_1$ 大得多，甚至达到 100 倍左右（方案Ⅱ的阶段 a 约 10 倍），这一点充分说明卸荷条件下的岩石破坏是强烈扩容的结果，同时也表明卸荷过程中岩石的破裂以侧向张拉破坏为主。

（3）比较 a 和 b 阶段的 $\Delta\varepsilon_3$ 变化特征可发现，从比例极限卸载至峰值强度时的 $\Delta\varepsilon_3$ 相对峰后首次破裂应力跌落过程中的 $\Delta\varepsilon_3$ 小很多，方案Ⅰ约相差 3 倍，方案Ⅱ约相差 10 倍，这表明卸荷条件下岩石的张拉破坏主要是在峰后应力跌落的瞬间发生，而峰前的卸荷张拉损伤相对较少。方案Ⅱ峰前卸荷过程中的 $\Delta\varepsilon_3$ 相对较小，这是由于方案Ⅱ这一过程中的 $\Delta\varepsilon_1$ 也相对较小甚至回弹，表明岩石扩容破坏的体积应变增量（$\Delta\varepsilon_V$）应存在某一确定范围，且与岩石本身物理特性和加卸载应力路径相关。

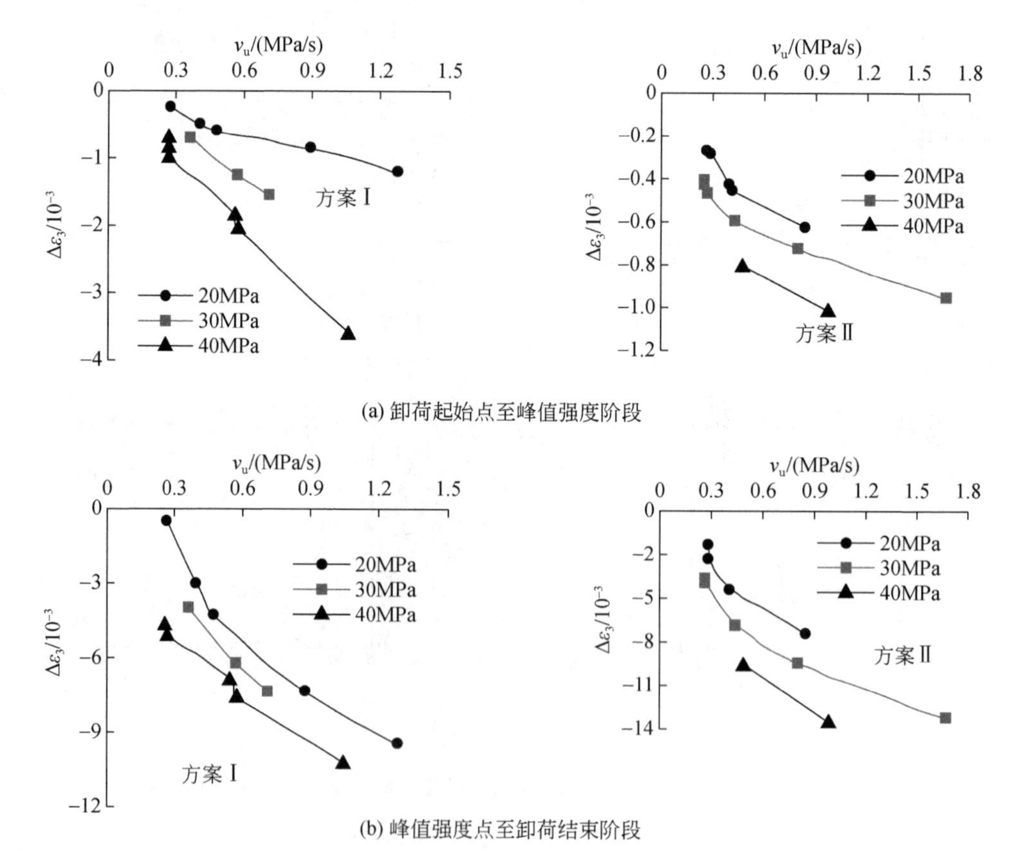

(b) 峰值强度点至卸荷结束阶段

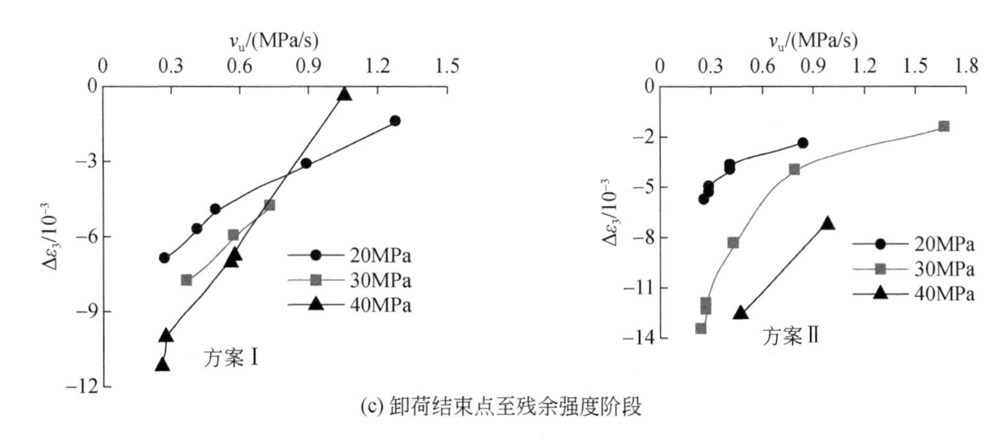

(c) 卸荷结束点至残余强度阶段

图3.18　卸荷速率（v_u）对三个阶段侧向应变增量（$\Delta\varepsilon_3$）影响规律曲线图

（4）卸荷破坏岩样的残余压缩阶段$\Delta\varepsilon_3$也较$\Delta\varepsilon_1$大3～5倍，说明卸荷破坏岩样在相对较低的恒围压条件下压缩变形仍然具有较强的扩容效应，特别是对于v_u相对较小且σ_3^0相对较大的情况。因此在高围压下慢速卸荷破坏岩样残余压缩阶段具有更大的变形空间，主要表现为沿已有张拉裂隙进一步张拉和剪断张性裂隙间岩桥贯通。而快速卸荷条件下破坏岩样首次应力跌落的过程中裂隙基本张拉贯通，残余压缩阶段基本是沿已有裂隙的剪切滑移和扩容。

3.4.2　卸荷速率对卸荷过程中变形参数的影响规律

根据前述式（3.3）计算得到的变形模量（E）及泊松比（μ）随卸荷速率（v_u）的变化规律分别如图3.19和图3.20所示，图中分别示出了峰前点［1/2（比例极限+峰值强度）应力点］、峰值点和卸荷结束点三个特征点的变形参数随卸荷速率的变化规律。

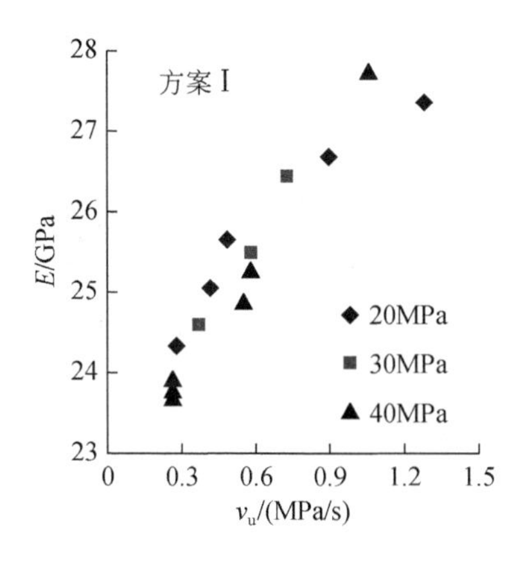

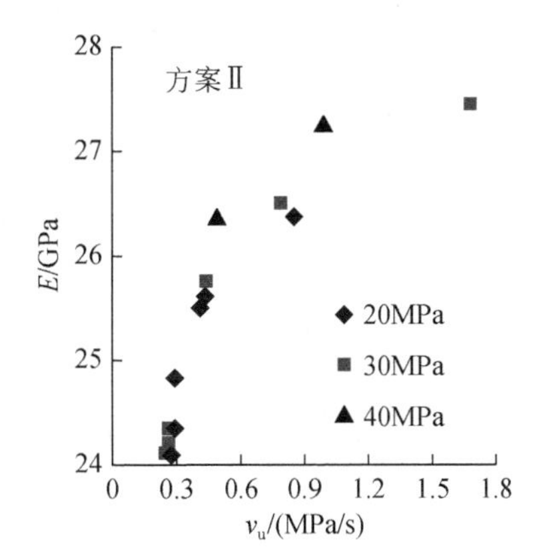

(a) 峰前点

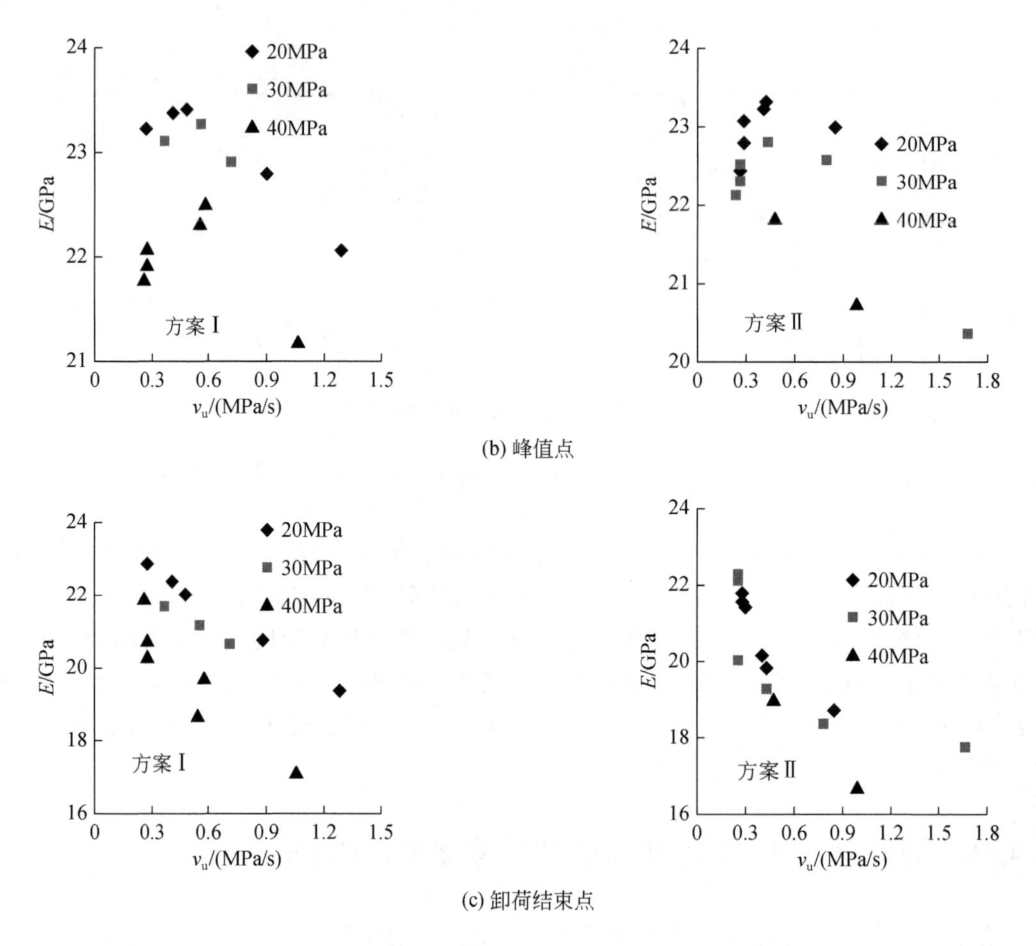

(b) 峰值点

(c) 卸荷结束点

图 3.19　卸荷速率（v_u）对变形模量（E）的影响规律曲线图

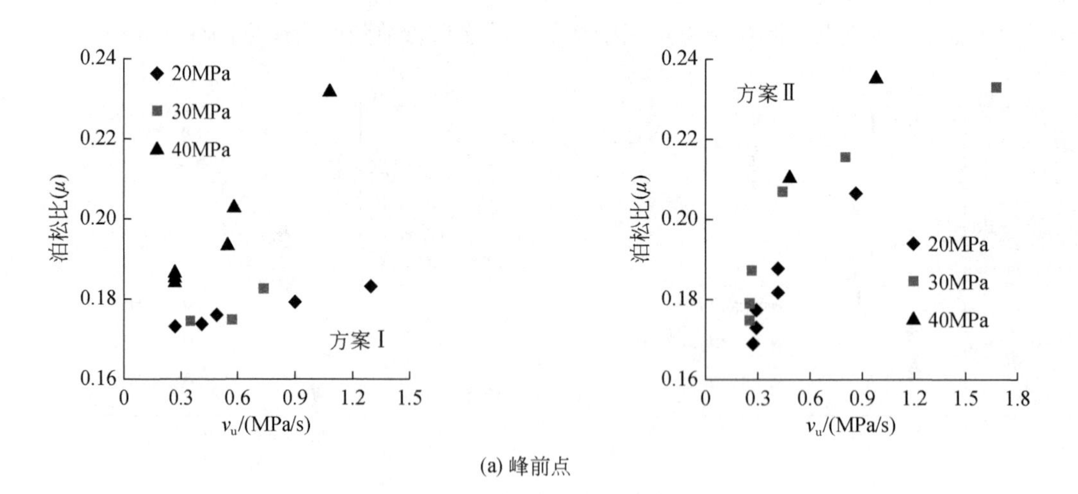

(a) 峰前点

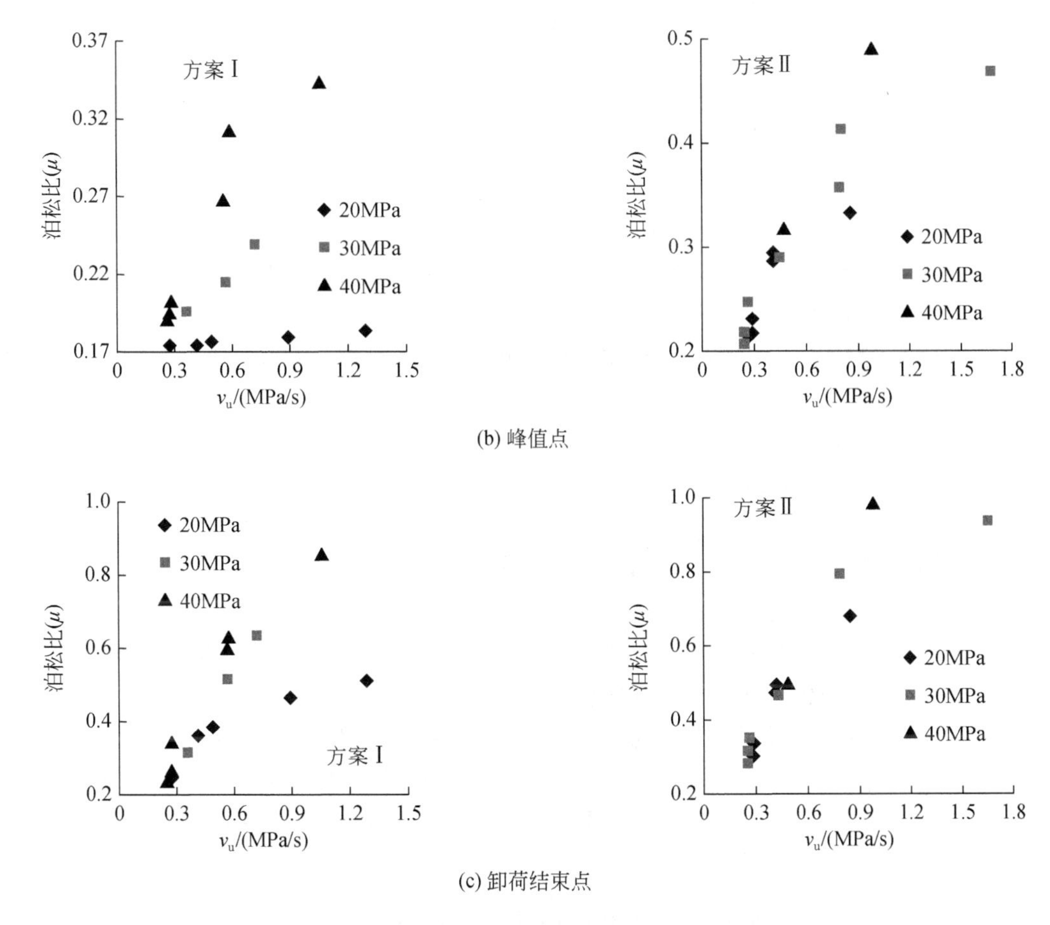

(b) 峰值点

(c) 卸荷结束点

图3.20 卸荷速率（v_u）对不同阶段点的泊松比（μ）影响规律曲线图

从图3.19可看出卸荷过程中变形模量（E）随卸荷速率（v_u）有如下变化规律。

（1）由图3.19（a）可知：峰前卸荷点的变形模量（E）随卸荷速率（v_u）的增加而增大，v_u 增大1MPa/s，E 增大3～4GPa，方案Ⅰ较方案Ⅱ增大趋势较为明显；在 v_u 相对较低时随初始围压（σ_3^0）的变化不是很明显，但当 v_u 超过1MPa/s后，相同 v_u 下 σ_3^0 越高 E 越大。

（2）由图3.19（b）可知：峰值点的变形模量（E）在卸荷速率（v_u）为0.5～0.6MPa/s时，随 v_u 增大 E 逐渐增大，当 v_u 大于此区间值时，随 v_u 增大 E 迅速降低；相同 v_u 下 σ_3^0 越高，峰值点 E 越小，且 v_u 越大越明显。

（3）比较图3.19（a）和图3.19（b）可知：峰值点变形模量（E）较峰前明显降低，而且卸荷速率（v_u）越大，初始围压（σ_3^0）越高，降低得越显著；峰值处岩石的 E 出现了突变性急剧降低，而且这种降低程度随 v_u 的增大越为明显，如方案Ⅰ中 σ_3^0 为40MPa的2#试件峰值点较峰前点降低约6.5GPa，而 v_u 较慢的14#试件仅降低约1.9GPa；这说明卸荷过程岩样具有瞬时脆性破坏特征，而且随 v_u 和 σ_3^0 的增大而更加强烈。

（4）由图3.19（c）可知，峰后应力跌落的卸荷结束点的变形模量（E）随卸荷速率（v_u）增大而降低，说明卸荷岩样的整体破坏或损伤程度随 v_u 的增大而增强；峰值点到卸

荷结束点 E 也有一个突变的降低，同样是随 v_u 增大越明显，当 v_u 超过 1MPa/s 时，其值瞬间可降低 3～4GPa。

（5）峰值点及峰后卸荷过程中，相同 v_u 下 σ_3^0 越大 E 越小，而且这种变化规律随 v_u 的增大越明显；一般来说，相同试验条件下方案Ⅱ的 E 较方案Ⅰ小。

从图 3.20 可看出卸荷过程中泊松比（μ）随卸荷速率（v_u）有如下变化规律。

（1）卸荷过程中 μ 一直增大，特别是从峰值点后增大非常明显，到卸荷结束时甚至接近 1；说明卸荷过程侧向变形显著，特别是峰后应力瞬间跌落的过程中，故侧向扩容的张拉变形是卸荷损伤破坏的主要表现。

（2）卸荷过程中的各个阶段，μ 始终随 v_u 的增大而增大，初始围压（σ_3^0）越大 μ 越大且 v_u 越大越明显。

（3）相同实验条件下，卸荷过程中方案Ⅱμ 的增大量较方案Ⅰ略大，但方案Ⅰ随初始围压（σ_3^0）的变化略明显。

3.4.3　卸荷速率对强度参数的影响规律

根据实测的围压卸荷速率（v_u），将其分为三个区间：①慢速，$v_u \leqslant 0.45$MPa/s；②较快速，0.45MPa/s$<v_u<$0.9MPa/s；③快速，$v_u \geqslant 0.9$MPa/s。

莫尔–库仑（M-C）屈服准则中 σ_1 与 σ_3 是线性关系，因此，可以回归出峰值及残余状态下 σ_1-σ_3 的线性关系式 $\sigma_1=k\sigma_3+b$，就可以求出岩样的强度参数。对三个卸荷速率区间和两种卸荷方案分别进行回归分析，得到的回归参数及强度参数如表 3.5 所示，由表中数据可得如下四点结论。

表 3.5　M-C 屈服准则回归参数及强度参数

试验方案	强度类型	卸载速率区间	k	b	R^2	c/MPa	φ/(°)
方案Ⅰ	峰值	①	29.668	3.9969	0.8817	7.42	36.85
		②	4.1818	49.611	0.9371	12.13	37.88
		③	4.6863	70.269	0.962	16.38	40.41
	残余	①	3.4205	2.0714	0.8544	0.56	33.20
		②	3.6714	5.6716	0.9304	1.48	34.88
		③	3.7059	10.511	0.9306	2.73	35.10
方案Ⅱ	峰值	①	4.0635	21.448	0.8631	5.32	37.23
		②	4.228	43.427	0.8644	10.56	38.13
		③	4.896	62.442	0.9382	14.11	41.36
	残余	①	3.6019	1.5563	0.9238	0.41	34.43
		②	3.7975	3.7415	0.9392	0.96	35.67
		③	3.9072	6.4439	0.8739	1.63	36.33
常规三轴	峰值		3.9262	80.392	0.8979	20.29	36.44
	残余		3.2187	17.295	0.959	4.82	31.73

（1）相对于加载试验，卸荷条件下岩体的黏聚力（c）大大减小，而内摩擦角（φ）有少量增大，因此其强度损伤主要体现在黏聚力大大减小。卸荷速率越快，c 减小得越多，φ 增大得越少，方案Ⅱ较方案Ⅰ明显。

（2）卸载速率（v_u）对内摩擦角（φ）的影响相对较小，一般在5°以内。但对 c 的影响非常大，快速卸载峰值 c 较慢速卸载下约小9MPa，各卸荷条件下的残余 c 均小于3MPa，但快速卸载较慢速卸载下残余 c 最多也可少2.17MPa。

（3）相对常规加载试验，卸荷条件下峰值 c 减小最多可达73.78%，卸载速率（v_u）每提高一级，峰值 c 约多减小20%，相同 v_u 下方案Ⅱ较方案Ⅰ多减小约10%；卸荷条件下残余 c 减小最多可达91.49%，v_u 每提高一级，残余 c 减小10%～20%（方案Ⅱ相对较小），相同 v_u 下方案Ⅱ较方案Ⅰ多减小3%～23%（v_u 越慢多减小的越多）。

（4）相对常规加载试验，卸荷条件下峰值 φ 增大最多可达13.85%，卸载速率（v_u）每降低一级，峰值 φ 增加2%～9%，其中从较快速到慢速卸载时峰值 φ 增加的较快，相同 v_u 下方案Ⅱ较方案Ⅰ增加略多；卸荷条件下残余 φ 增大最多可达14.50%，v_u 每降低一级，残余 φ 增加1%～5%，相同 v_u 下方案Ⅱ较方案Ⅰ增加略多。

3.5　裂隙岩体的力学响应规律

3.5.1　应力-位移曲线

根据裂隙岩体模型单侧卸荷试验结果，对力学响应规律进行分析。试件编号约定：裂隙倾角代号+方案编号+此组试件编号，如3A-1表示裂隙倾角为30°的单裂隙模型在方案A（同时升 σ_1 卸 σ_3）时的试件1，83B-3表示裂隙倾角为80°-30°的双裂隙模型在方案B（保持 σ_1 不变仅卸 σ_3）时的试件3。

图3.21和图3.22分别为两种卸荷试验方案下裂隙岩体模型应力-位移曲线，图中曲线旁边数字为岩体模型裂隙倾角或其组合。在卸荷起始阶段，水平（卸荷方向）和垂直（加载方向）位移均变化缓慢，当裂隙起裂时，两向位移均会出现突跳，同时伴随着应力有一定的跌落，随着卸荷的进一步进行，产生新的分支裂缝或先产生的裂缝继续扩展，位

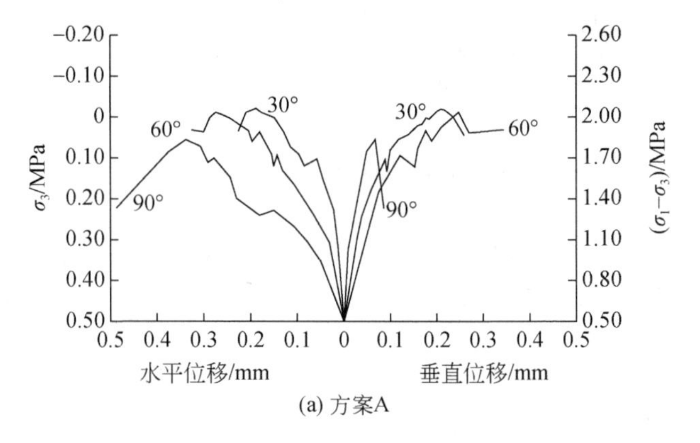

(a) 方案A

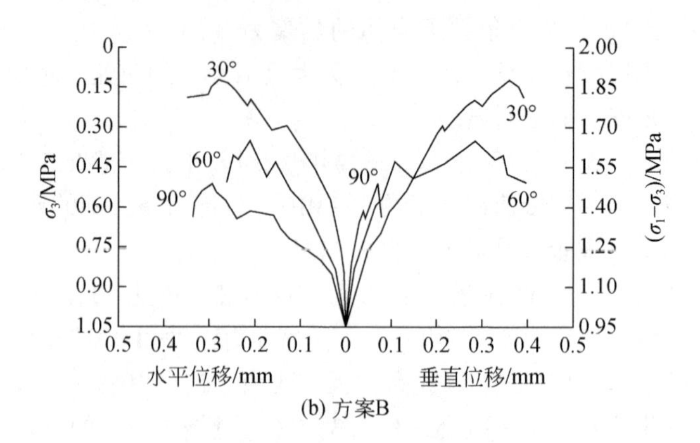

(b) 方案B

图 3.21　单裂隙模型的应力-位移曲线

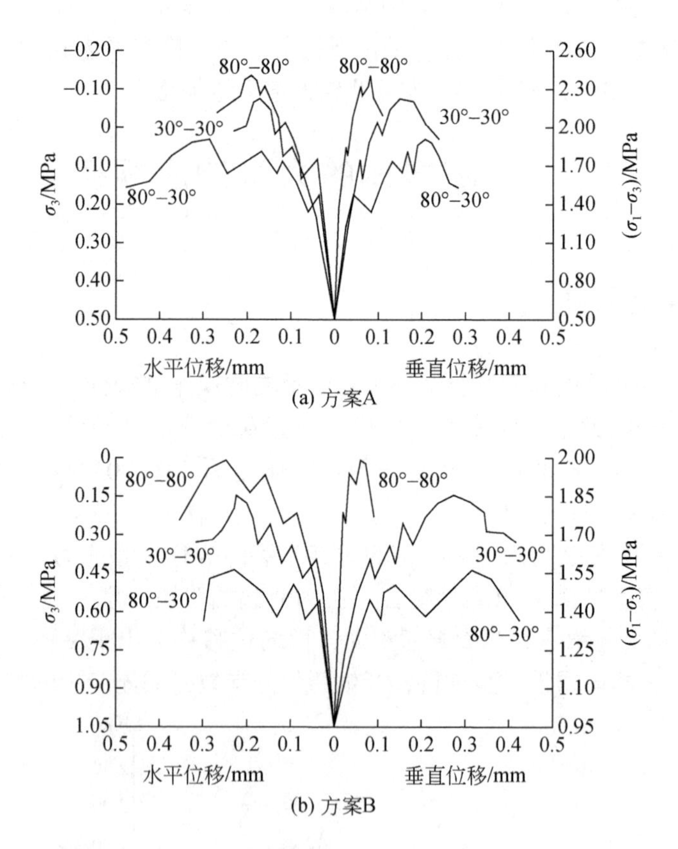

(b) 方案B

图 3.22　双裂隙模型的应力-位移曲线

移出现多级突跳现象，当发展到裂隙贯通时，位移将出现大幅度的阶跃，这种变形特征说明裂隙卸荷扩展具有阶段性和突发性。由于裂隙倾角及其组合方式的不同，位移突跳会在某一方向相对较明显。

两种试验方案下的峰值强度点在两个方向的平均位移及其比值如表 3.6 所示，试件在峰值破坏点处的水平和垂直方向的变形存在较大的差异。

表 3.6　各试验方案峰值平均位移及其比值　(单位：mm)

倾角	方案 A			方案 B		
	水平位移	垂直位移	比值	水平位移	垂直位移	比值
30°	0.19	0.21	0.90	0.28	0.36	0.78
60°	0.28	0.24	1.17	0.21	0.29	0.72
90°	0.33	0.07	4.71	0.29	0.07	4.14
30°-30°	0.17	0.15	1.13	0.23	0.27	0.85
80°-80°	0.19	0.09	2.11	0.25	0.06	4.16
30°-80°	0.29	0.21	1.38	0.24	0.31	0.77

在单裂隙模型中：当裂隙倾角为 90°时，裂隙扩展时水平位移明显较垂直位移大，扩展裂缝张性明显，基本是垂直于卸荷方向张开变形，当然这类变形也存在着岩体的劈裂效应，而且劈裂效应随 σ_3 卸载而越明显；当裂隙倾角为 60°时，位移突跳在垂直方向更为明显，特别是在方案 B 中当应力条件接近峰值强度时垂直位移显著增加，即裂隙面出现了明显的剪切滑移；裂隙倾角为 30°时，两个方向位移大小差别不大，由于在垂直方向存在较大的材料压缩变形，因此，水平方向卸荷变形仍然是裂隙的主要变形方向。

与单裂隙模型相比，双裂隙模型峰前曲线波动（位移突跳）次数更多，说明双裂隙模型中扩展裂缝数目更多，裂隙的扩展形式更为复杂。倾角 80°-80°的陡倾角组合和倾角 30°-30°的缓倾角组合试件的两个方向位移变化特征与相应的单裂隙模型基本相似。倾角 80°-30°的陡-缓组合试件在临近峰值强度时，位移阶跳非常明显，两向位移均出现大幅度增加，同时应力迅速跌落，破坏具有明显的突发性。

方案 B 中相应的应力-位移曲线较方案 A 中位移突跳或应力跌落次数一般要多些，表明在较高地应力环境中的裂隙岩体在快速卸荷时会产生更多的扩展裂缝，岩体的破坏程度更高。

3.5.2　裂隙倾角及其组合对强度的影响

图 3.23 给出了各裂隙岩体模型破坏时的峰值应力强度，其中应力强度用应力差（σ_1-σ_3）与材料单轴抗压强度（σ_c）的比值表征由图 3.23 可得出如下三点结论。

（1）在单裂隙模型中，裂隙岩体峰值破坏强度随裂隙倾角增大而减小［图 3.23（a）］，即裂隙与硐室开挖卸荷面夹角越大，峰值强度越高。图 3.23（a）中三种倾角单裂隙试件在方案 A 下的平均强度比值分别为 0.62、0.59、0.53，在方案 B 下的平均强度比值分别为 0.55、0.48、0.43。

（2）在双裂隙模型中，裂隙组合为 80°-80°时强度最高，其次为 30°-30°，80°-30°最小［图 3.23（b）］，即陡缓相间裂隙岩体峰值强度最低，最易扩展贯通。图 3.23（b）中三种组合裂隙试件在方案 A 下的平均强度比值分别为 0.64、0.70、0.55，在方案 B 下的平均强度比值分别为 0.54、0.58、0.46。

（3）裂隙岩体在较高初始应力场下快速卸荷的试验方案 B 明显比在较低初始应力场下慢速卸荷的试验方案 A 的强度低些，表明岩体工程开挖速度及初始应力场对裂隙岩体的

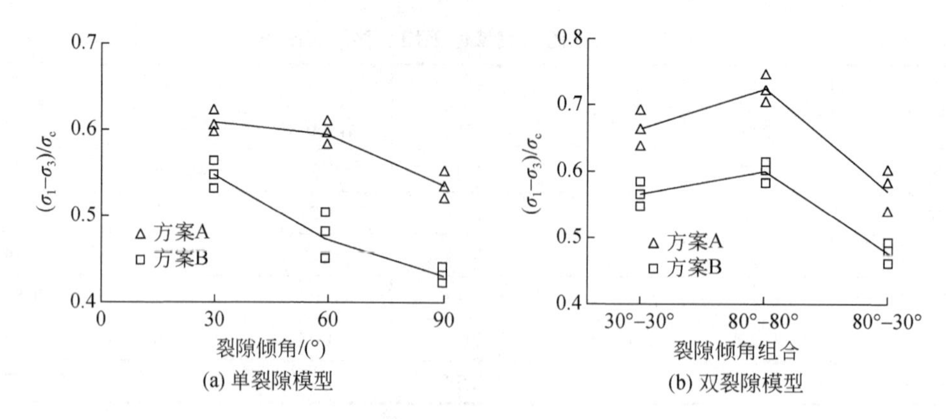

(a) 单裂隙模型　(b) 双裂隙模型

图 3.23　各裂隙岩体模型破坏时的峰值应力强度

卸荷强度有明显的影响，即开挖速度越快，初始应力场越高，围岩强度越低。

3.5.3　裂隙扩展及岩桥贯通模式

图 3.24 为裂隙岩体模型在两种卸荷方案下典型的破坏照片及其素描图，从图 3.24 可看出：

（1）单裂隙模型［图 3.24（a）～（f）］：裂隙倾角为 30°时，裂隙尖端分布有一组近对称的张性裂纹，在靠近开挖卸荷面的一端张裂纹集中或者出现一些大致平行原裂隙面的剪切裂纹，原裂隙有一定的剪切变形且伴有少量张开变形；裂隙倾角为 60°时，裂隙两尖端既分布张裂纹也存在剪裂纹，原裂隙面有较明显的滑移变形并伴有一定程度的张开变形；裂隙倾角为 90°时，裂隙两尖端均分布一些大致平行于原裂隙面的张性裂纹，并且在原裂隙的两侧也会有一些类似的张性裂纹，原裂隙面张开非常明显，几乎没有剪切错动迹象。

（2）双裂隙模型［图 3.24（g）～(l)］：就单条裂隙来说，其裂隙扩展方式与单裂隙模型相应的缓或陡倾角试件基本一致，但在岩桥端因裂隙间的相互影响，其扩展方式会有所不同，一般缓倾角及陡-缓组合裂隙间岩桥以剪切或拉剪复合破坏为主，而陡倾角间岩桥可呈张拉破坏。

（3）比较两种试验方案下试件的破坏形态可发现，方案 B 时张性分支裂缝相对较多，特别是靠近卸载面的张裂隙发育，破坏程度相对较高。

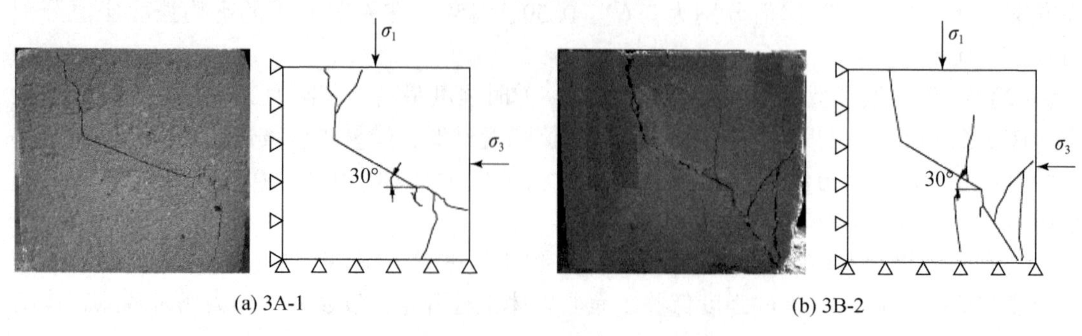

(a) 3A-1　(b) 3B-2

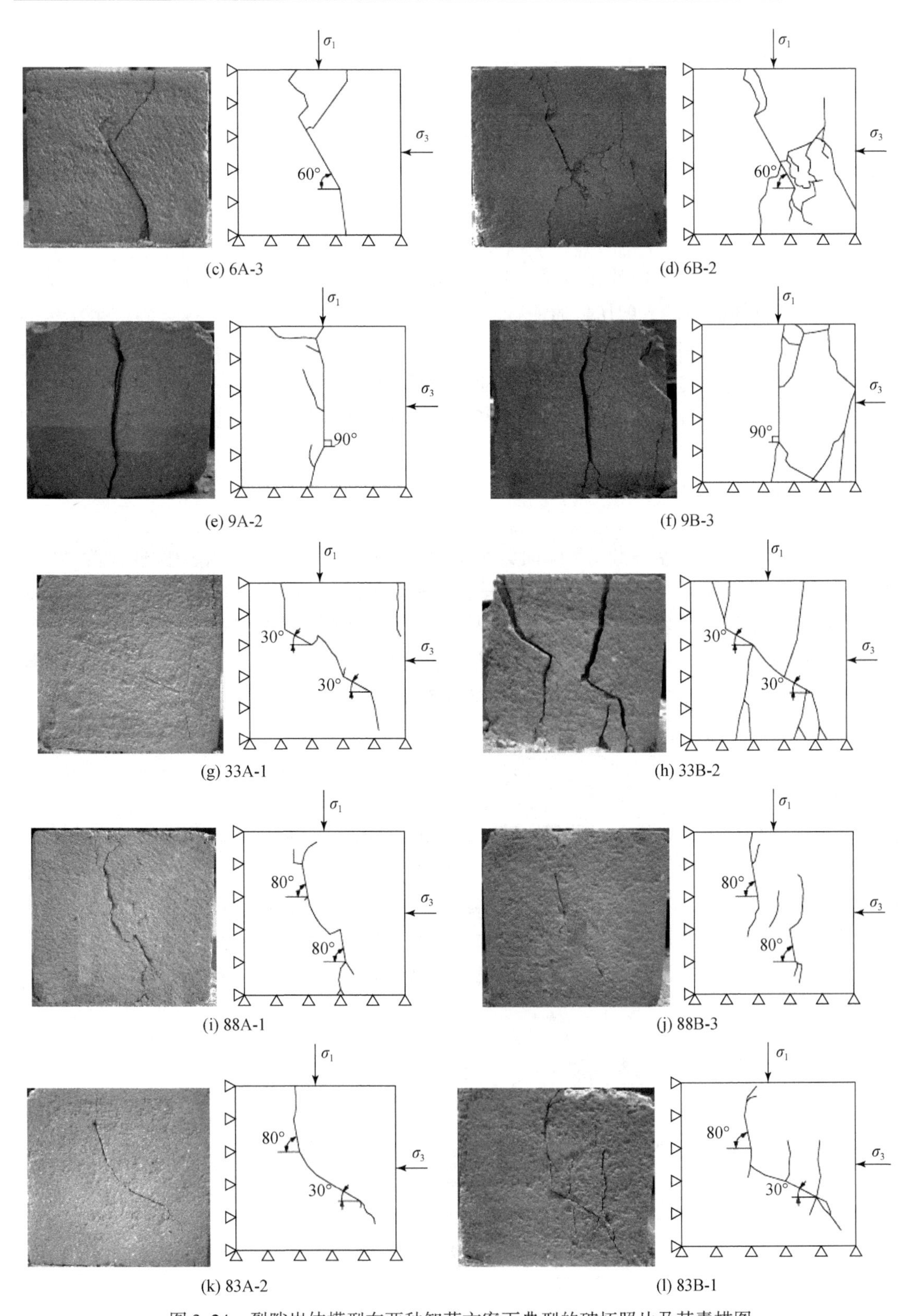

(c) 6A-3　(d) 6B-2

(e) 9A-2　(f) 9B-3

(g) 33A-1　(h) 33B-2

(i) 88A-1　(j) 88B-3

(k) 83A-2　(l) 83B-1

图3.24　裂隙岩体模型在两种卸荷方案下典型的破坏照片及其素描图

3.5.4　裂隙扩展演化

单裂隙岩体模型的裂隙扩展贯穿方式有剪切扩展、劈裂张拉扩展、拉剪复合扩展及翼裂隙扩展贯通四种类型。

1. 剪切扩展

这类破坏在试验中出现的比较少，只在裂隙倾角为 60°时出现（见图 3.24 中的试件 6B-2），可预测卸荷条件下剪切贯通一般发生在中倾角裂隙岩体中。沿翼裂隙产生次生的分支剪切裂隙，分支裂缝的方向基本平行于原裂隙，这种分支裂缝是在翼裂缝扩展的过程中产生的，并迅速成为裂隙扩展的主要方向，而且扩展方向基本平行于原裂隙（分支裂隙快速扩展中往往会伴有一些张性的次级裂缝），最终导致裂隙面剪切贯通，其扩展过程如图 3.25（a）所示。

2. 劈裂张拉扩展

当裂隙倾角很陡时容易出现裂隙面劈裂张拉贯通破坏，本次试验中裂隙倾角为 90°时基本表现出这类破坏方式。沿翼裂缝产生一些树枝状的陡倾角次生分支张拉裂缝，同时在原裂隙面附近也会出现一些类似的树枝状裂缝，这些分支张拉裂缝快速扩展并逐渐平行于卸荷面方向张拉贯通，一般这种张拉裂缝方向也近平行于最大主应力方向，随着 σ_3 卸载（σ_1-σ_3）增大，也存在符合 Griffth 准则的压致拉裂性质的劈裂破坏特征，其扩展演化过程如图 3.25（b）所示。

3. 拉剪复合扩展

当裂隙倾角较缓时裂隙面会呈现拉剪复合贯通破坏，在一些中倾角裂隙岩体中也有出现，本次试验中裂隙倾角 30°时基本为这类破坏方式，倾角为 60°时也偶有出现（如图 3.24 中的试件 6A-3）。裂隙后端沿翼裂缝张拉扩展，同时在前端产生剪切裂缝，裂隙前端呈现一种压剪至拉剪裂缝分布的过渡状态，沿次生剪切裂缝面一般伴有较多放射性的羽状张裂缝，最终裂隙会在后端张拉，前端剪出贯通的一种拉剪复合破坏形式，其发展过程如图 3.25（c）所示。

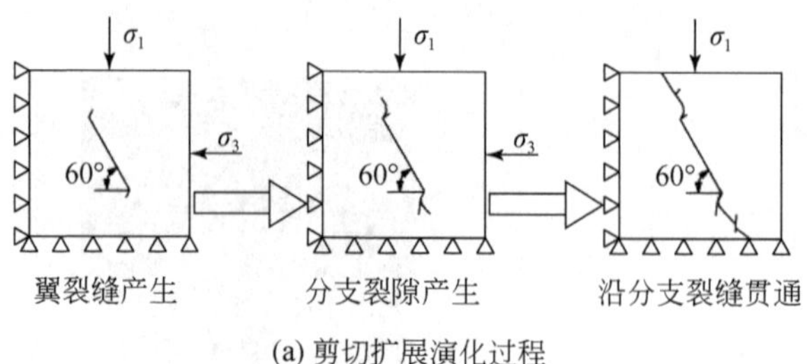

(a) 剪切扩展演化过程

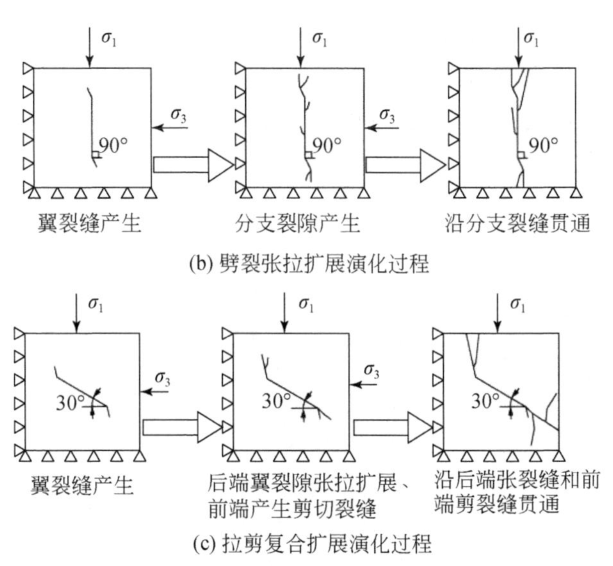

图 3.25 单裂隙扩展演化模式

4. 翼裂隙扩展贯通

此类扩展方式在三种倾角试件中均有出现，产生这种扩展方式是由于岩体模型尺寸相对于裂隙来说比较小，翼裂缝扩展会较易到达模型边界，致使裂隙面贯通，在实际工程中并不多见。

3.5.5 岩桥贯通演化

本次试验岩桥破坏方式同样为剪切破坏、拉剪复合破坏和张拉破坏三种模式。

1. 剪切破坏

这类破坏主要发生在30°-30°、80°-30°裂隙组合试件（见图 3.24 中的试件 33B-2 和 83A-2），在原裂隙两相邻端产生剪切裂隙，并且相向生长，最终导致岩桥贯通。其发展过程如图3.26（a）所示，有时甚至在原裂隙两相邻端不会有翼裂缝产生，见图3.24 中的试件 83A-2。因为重点是分析岩桥的破坏过程，故图 3.26 中仅绘出了岩桥间裂隙扩展。

2. 拉剪复合破坏

这类破坏在三种双裂隙试件中均有发生（见图 3.24 中的试件 33A-1、88A-1 和 83B-1），其中当裂隙倾角为 80°-30°陡缓组合时最为明显。在翼裂缝张拉扩展的同时，沿某一原裂隙端头产生剪切裂纹（在陡缓组合模型中，剪切裂纹一般是从缓倾角裂隙端头发展的），当剪切裂纹与翼裂隙扩展至相交时，岩桥贯通，其发展过程如图 3.26（b）所示。

3. 张拉破坏

这种破坏形式只在 80°-80°陡倾角裂隙组合试件中有出现（见图 3.24 中的试件 88B-3），

在翼裂缝张拉扩展的基础上，岩桥中产生大致平行于翼裂缝的次生张性拉裂缝，致使岩桥破坏，这种岩桥破坏并没有贯通性的剪切裂隙，但这种张性次生裂缝会逐渐增多，进而使得岩桥碎裂，导致岩桥最终张拉断裂，同时这种拉张碎裂后，也可能演化为碎裂岩桥剪切破坏。其发展过程如图 3. 26 中（c）所示。

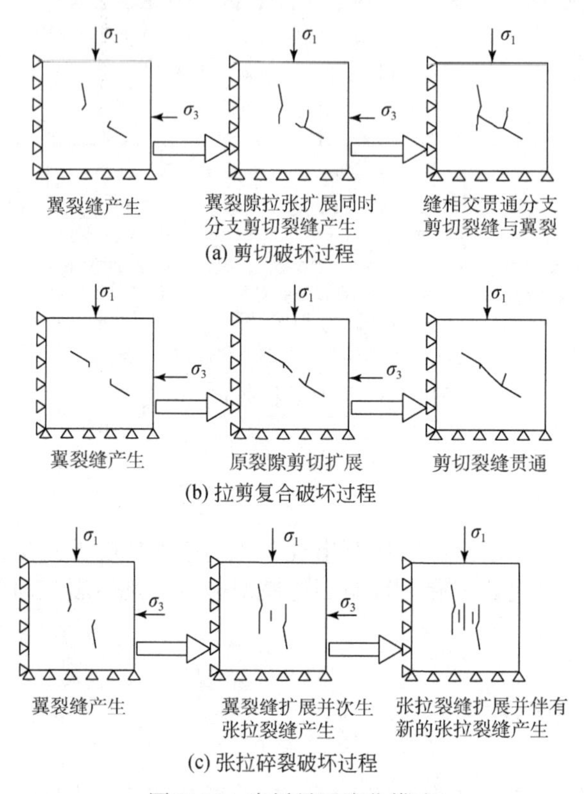

图 3. 26　岩桥贯通演化模式

通过对岩桥的破坏模式及其演化过程的分析认为：卸荷条件下岩桥是以拉剪破坏为主，剪切破坏次之；而张拉破坏仅仅只在陡倾角组合时偶有出现。这与加载条件下岩桥的破坏形式是不同的：朱维申等（1998）基于物理模型试验对雁形裂纹在双向压缩条件下的破坏形态进行了分析，发现岩桥破坏是以剪切及翼裂纹扩展破坏为主；张平等（2006）对不同裂隙组合的不同倾角岩桥模型进行了静态和动态加载条件下的单轴压缩试验，同样发现岩桥的破坏是以剪切破坏为主。

3. 6　多尺度破裂体系

3. 6. 1　宏观破裂模式

图 3. 27 为三个不同初始围压（σ_3^0）和卸荷速率（v_u）条件下大理岩试件三轴卸荷破裂的典型照片。

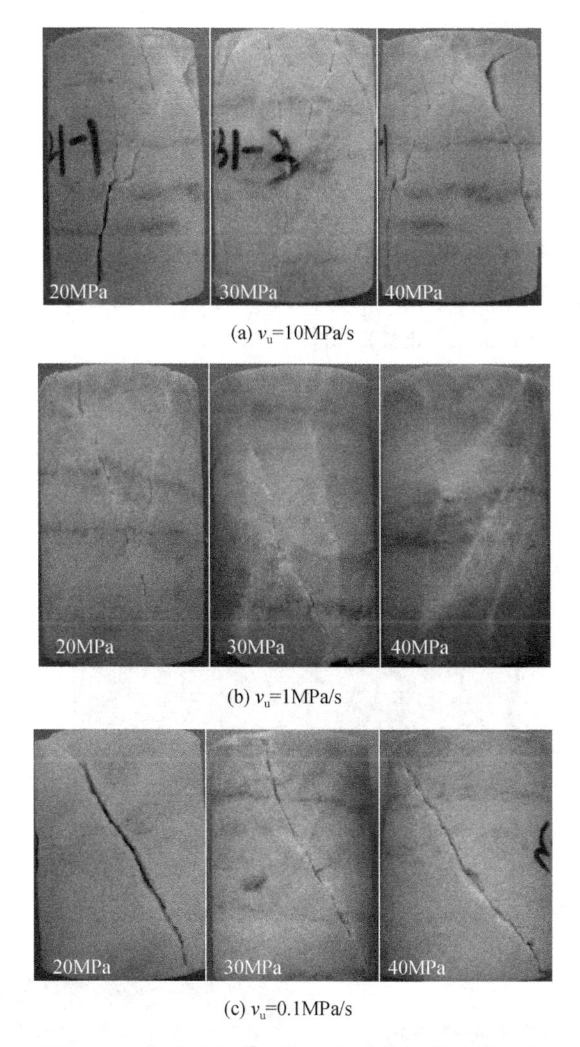

(a) v_u=10MPa/s

(b) v_u=1MPa/s

(c) v_u=0.1MPa/s

图 3.27　高应力条件下大理岩试件卸荷破裂照片

从图 3.27 中岩样破裂后的宏观裂隙分布及力学性质的角度来分析，可发现如下四点规律：

（1）当卸荷速率 $v_u = 10\text{MPa/s}$ 时，岩样主要为张性拉裂或劈裂，且随着初始围压（σ_3^0）的增大，张性宏观裂隙发育，主破裂面倾角（也即与卸荷方向的夹角）近直立（80°～90°），即近平行于轴向最大主应力方向。

（2）当卸荷速率 $v_u = 1\text{MPa/s}$ 时，岩样表现为张剪复合破裂特征，初始围压 $\sigma_3^0 = 20\text{MPa}$ 或 30MPa 时，主破裂面或二级主破裂面张拉破坏特征相对明显（特别是 $\sigma_3^0 = 30\text{MPa}$ 时），但 σ_3^0 达到 40MPa 时，宏观破裂面张性特征却相对较弱。

（3）当卸荷速率 $v_u = 0.1\text{MPa/s}$ 时，岩样基本上为单面剪切破坏（少数共轭剪切破坏），且破裂面倾角随 σ_3^0 增大而逐渐减小。

（4）高围压卸荷条件下相同初始围压（σ_3^0）时，岩样主破裂面的张裂性质随卸荷速率（v_u）的增大而明显增强，岩样的宏观裂隙越多，相对较大体积的碎块数量越多，也即其碎裂程度越强；而随着卸荷速率的减小岩样逐渐由张性破裂转向剪切破坏。

3.6.2　破裂面微观形态

前述分析表明卸荷速率（v_u）对岩样主破裂面的影响较大，以初始围压 $\sigma_3^0=30\text{MPa}$ 为例，阐述 v_u 对主破裂面微观形态及性质的影响规律。图 3.28 为 $\sigma_3^0=30\text{MPa}$ 时三个不同卸荷速率下岩样典型主破裂面不同放大尺度（分别放大 300 倍和 1200 倍）的扫描电子显微镜（scanning electron microscope，SEM）图像。

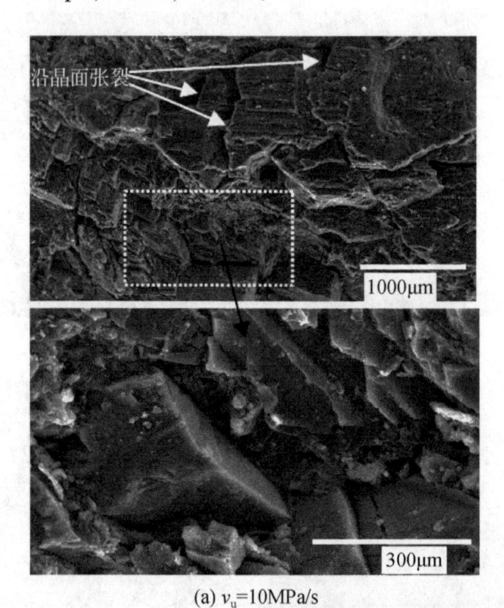

(a) v_u=10MPa/s

(b) v_u=1MPa/s

(c) v_u=0.1MPa/s

图 3.28　初始围压为 30MPa 时多重放大尺度破裂面 SEM 图像

对比分析图3.28中的图像，可发现三个不同卸荷速率下主破裂面的微观破裂特征存在明显的差别：①当v_u=10MPa/s时，破裂面在微观上主要表现为晶体颗粒沿结晶面张性拉裂，在300倍放大图像上可发现明显的沿晶面的张裂缝，在1200倍放大图像上可观察到完整的方解石矿物晶粒凸体；②当v_u=1MPa/s时，破裂面在微观上主要表现为晶体颗粒沿结晶面张性拉裂和穿晶断裂复合形态，在300倍放大图像上可发现沿晶面断裂的张裂纹和块状的方解石晶粒，在1200倍放大图像上明显看到晶粒间的穿晶剪切错断；③当v_u=0.1MPa/s时，破裂面在微观上表现为穿晶剪切断裂形态，在300倍放大图像上可发现明显的排列较一致的规律性剪切错动微台阶，在1200倍放大图像上可观察到穿晶断裂面上的流线型擦痕和剪磨碎片；④高应力条件下岩石卸荷破裂面的细微观甚至宏观特征，与岩石本身的结晶程度、晶粒间空间排列、晶粒大小及形态也密切相关，特别是快速卸荷条件下的沿晶面间断裂的张裂或劈裂面。

3.6.3　破裂面粗糙度及其分形特征

为得到卸荷破裂面的三维坐标信息，进而建立破裂面的三维数字模型和分形维数求解，采用美国Corporation公司的Z-SCAN800型高精度三维激光扫描仪对岩样的主破裂面进行扫描测试。由于岩样破裂面样品的尺寸比较小，选取典型破裂面的典型区域［有效扫描区域为方形（四角点定位），选取时尽量包含能较真实地反映岩石力学性质的岩样中部区域，并兼顾能反映破裂面主要力学性质（剪、拉、拉剪复合）］，通过标靶标示定义有效扫描范围，这种缩域技术可实现高密度测量。

图3.29为三个不同初始围压（σ_3^0）和卸荷速率（v_u）条件下大理岩试件卸荷主破裂面的典型三维扫描表面图和相应的破裂面，图中，破裂面虚线方框内为有效扫描区。结合岩石宏观破裂模式分析，由图3.29可判断，对于同一岩石，张拉性破裂面的粗糙或起伏程度明显较剪切破裂面大，而且试件主破裂面的起伏形态与卸荷速率（v_u）和初始围压（σ_3^0）也存在一定的相关性：①卸荷速率（v_u）对主破裂面起伏形态和粗糙程度的影响明显较初始围压（σ_3^0）明显，v_u越快，破裂面凸凹起伏程度越强，当v_u=10.0MPa/s时，张性劈裂的主破裂面在三维表面形态图中明显呈现较大“山峰或山梁”与“凹地”相间的“山地”地形特征；当v_u=1.0MPa/s时，主破裂面主要为张剪性复合破裂，在三维表面形态图中呈现类似“丘陵”地形的小“山包”或浅“洼地”形态；当v_u=0.1MPa/s时，剪切主破裂面在三维表面形态图中相对显得比较平坦，近似“平原”地形的“缓坡”、“矮山”或“盆地”形态。②初始围压（σ_3^0）对主破裂面表面形态的影响规律跟卸荷速率（v_u）密切相关。当v_u=10.0MPa/s时，σ_3^0越大，主破裂面起伏的高度和跨度一般相应越大，由相对较小规模的“山峰”向相对较大规模的“山梁”变化，表明破裂面越粗糙，但当v_u=0.1MPa/s时，随σ_3^0增大，主破裂面越平坦光滑，起伏粗糙程度越小；当v_u=1.0MPa/s时，随σ_3^0并不存在明显的规律，仅就测试的试件来看，σ_3^0=30MPa时，“山包”或浅“洼地”规模相对较大，而σ_3^0=40MPa时相对最为平缓。

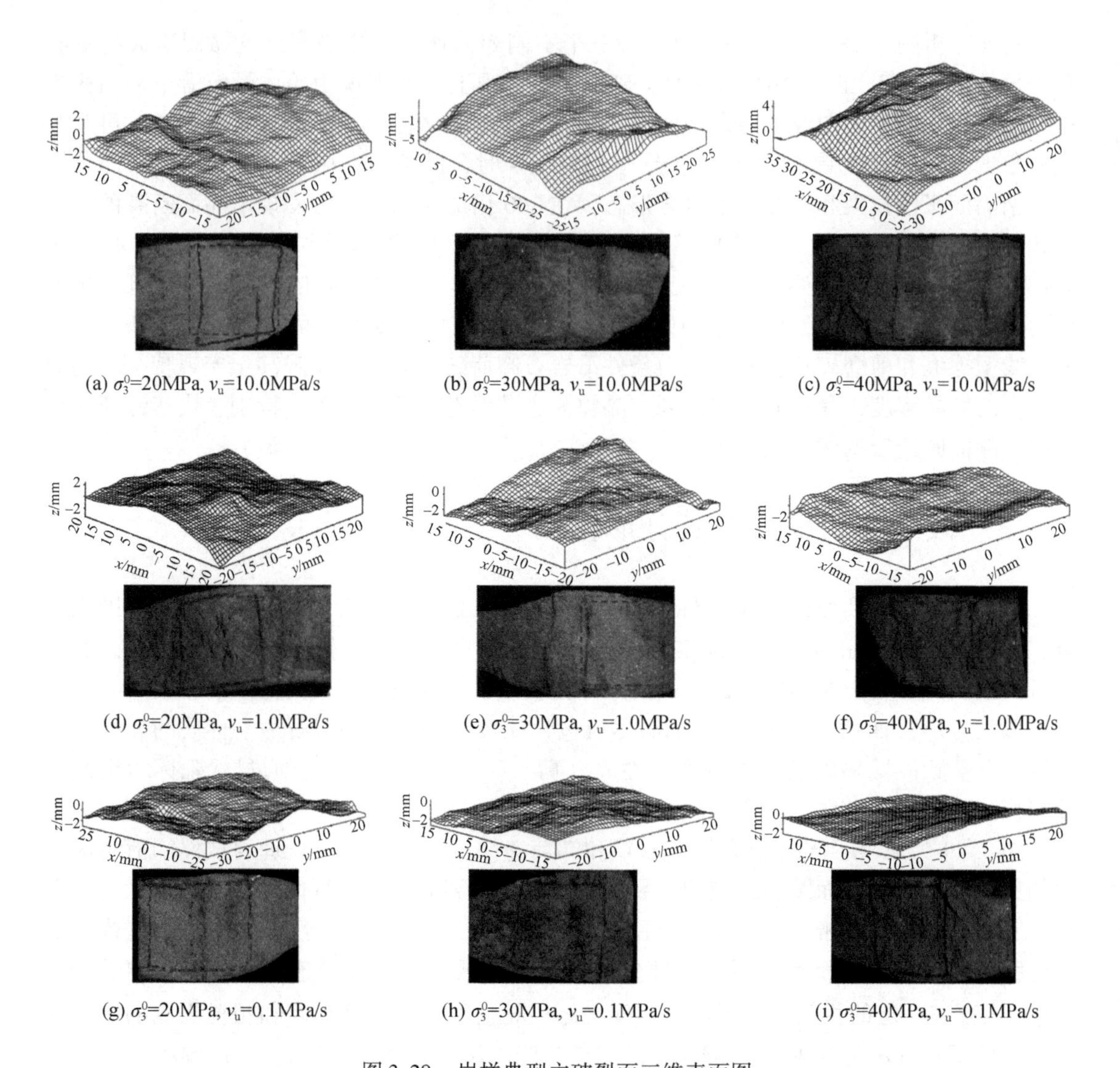

(a) σ_3^0=20MPa, v_u=10.0MPa/s　(b) σ_3^0=30MPa, v_u=10.0MPa/s　(c) σ_3^0=40MPa, v_u=10.0MPa/s

(d) σ_3^0=20MPa, v_u=1.0MPa/s　(e) σ_3^0=30MPa, v_u=1.0MPa/s　(f) σ_3^0=40MPa, v_u=1.0MPa/s

(g) σ_3^0=20MPa, v_u=0.1MPa/s　(h) σ_3^0=30MPa, v_u=0.1MPa/s　(i) σ_3^0=40MPa, v_u=0.1MPa/s

图 3.29　岩样典型主破裂面三维表面图

盒维数法（box-dimension method 或者 box-counting method）在粗糙度分形理论中有着广泛的应用，也叫覆盖法（covering method），采用边长为 δ 的正方体盒子覆盖试样的断裂表面，得到

$$N=a\delta^{-D} \tag{3.19}$$

式（3.19）等号两边取对数可得

$$\lg N(\delta)=\lg a-D\lg\delta \tag{3.20}$$

式中，δ 为立方体盒子边长；$N(\delta)$ 为覆盖断裂表面需要的边长 δ 的立方体的盒子总数；a 为常数；D 为断裂面的粗糙度分形维数。

由式（3.20）可知，采用特定尺寸（边长为 δ）的立方体，依次覆盖某一岩体结构面的表面，所需的盒子数目 $N(\delta)$ 是恒定的，将 $N(\delta)$ 和 δ 双对数数值拟合成直线，直线斜率的相反数即为结构面的粗糙度分形维数。故岩体结构面越粗糙，起伏越大，所需要覆盖的盒子数相对越多，分形维数（D）就越大，即分形维数能较好地定量描述岩体结构面的粗糙程度。

在上述三轴高围压卸荷试验的基础上，选取各个岩样的主破裂面典型代表区域（尽量包含岩样中部破裂面区域）进行表面三维激光扫描。以分形理论为基础，通过 MATAB 编制相应盒维数法程序对扫描数据进行处理。根据破裂面起伏特征，选取盒子尺寸 δ 分别为 0.05mm、0.1mm、0.2mm、0.4mm、0.8mm、1.6mm、3.2mm、6.4mm、12.8mm、25.6mm、51.2mm 进行覆盖，得到 $N(\delta)$ 与 δ 之间的相关关系，如图 3.30 所示。

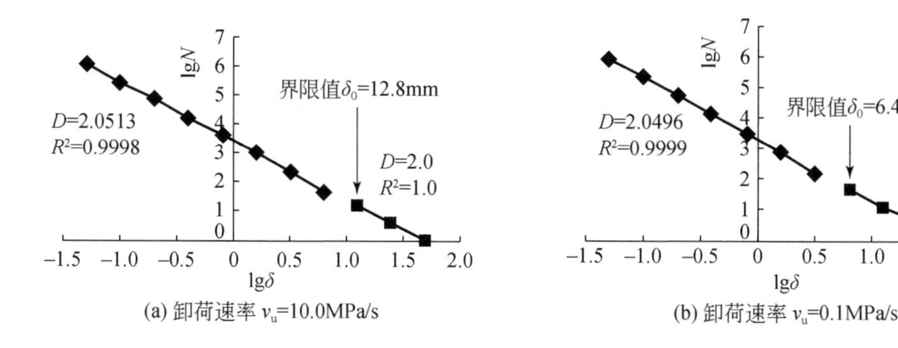

图 3.30　初始围压 20MPa 大理岩卸围压主破裂面典型分形维数

对大理岩的破裂面盒维数法分析发现，采用盒子尺寸 δ 越小，越接近破裂面的真实分形维数，而当 δ 增加到一定值后，已经不能反映破裂面的真实情况。由图 3.30 可知，盒子尺寸 δ 存在着一个界限值 δ_0，当 $\delta>\delta_0$ 时，分形维数为 2.0 且拟合度 $R^2=1$，意味着破裂面为欧氏几何中的平面，而事实上破裂面为粗糙不平的不规则面。因此，只有当盒子尺寸在一定限值之内，才能体现破裂面的粗糙度性质，当大于该特征尺寸 δ_0 时，测出的分形维数已没有意义。对于本书的大理岩卸荷的主破裂面，$\delta_0=6.4$mm 或 $\delta_0=12.8$mm，相同扫描面积的破裂面，δ_0 越大，破裂面越粗糙。文中后续分析的破裂面分形维数均是当覆盖盒子尺寸小于 δ_0 所求得的，能较好地表征实际破裂面粗糙程度的分形维数。图 3.31 和图 3.32 分别为破裂面分形维数与卸荷速率和初始围压的散点统计图。

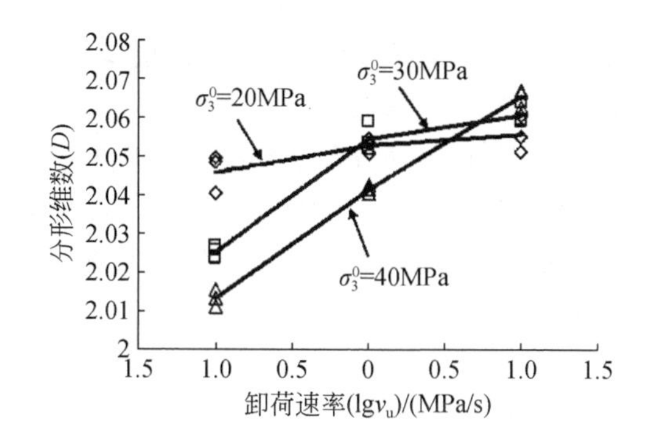

图 3.31　主破裂面粗糙度分形维数与卸荷速率的关系

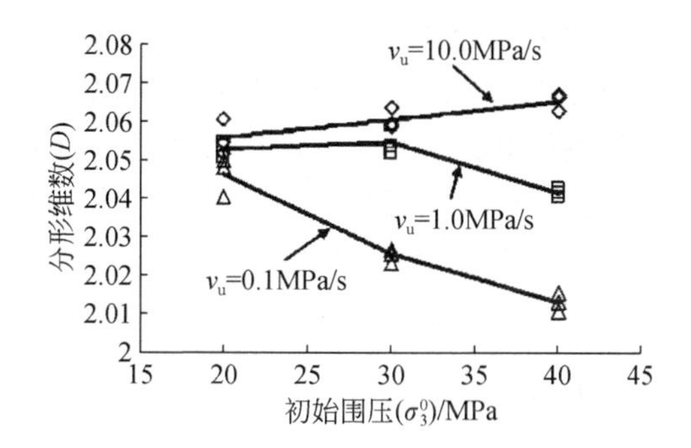

图 3.32　主破裂面粗糙度分形维数与初始围压的关系

由图3.31和图3.32可见：①当初始围压（σ_3^0）相同时，随着卸荷速率（v_u）加快破裂面的分形维数（D）逐渐增大，且σ_3^0越高，D增幅越大；当$\sigma_3^0=40$MPa时，随（v_u）提高基本呈直线增大。当$\sigma_3^0=20$MPa或30MPa时，v_u从1.0MPa/s增大至10.0MPa/s时，D增大幅度较v_u从0.1MPa/s增大至1.0MPa/s时相对小些，特别是$\sigma_3^0=30$MPa时；②破裂面的分形维数D随初始围压（σ_3^0）的变化规律与卸荷速率（v_u）密切相关：当$v_u=$0.1MPa/s，分形维数（D）随σ_3^0增高而明显减小；当$v_u=1.0$MPa/s，D随σ_3^0增高呈现先略增大再减小的变化特征，而当$v_u=10.0$MPa/s，D随σ_3^0增高略有所增大。

基于大理岩卸荷破裂面的分形维数的统计和细观形态的分析，结合分形维数与岩石破裂面粗糙度间的相关性，表明高地应力条件下硬脆性岩石卸荷破裂面的粗糙程度与初始应力状态和卸荷速率均密切相关，对于具体的工程岩体：开挖卸荷速率越快，卸荷破裂面的张性劈裂特性越强，起伏粗糙程度越大；而不同开挖卸荷速率条件下初始应力大小（特别是卸荷方向）对破裂面的粗糙程度影响规律却不尽一致，快速开挖卸荷时初始应力越高破裂面越起伏粗糙，而慢速开挖卸荷时正好相反。

3.6.4　碎块分布的分形描述及特征

1. 分形描述方法

假定岩样碎块密度恒定，可将筛分法测得的碎块质量作为对象，研究破碎块度的分布规律。利用碎块的质量-等效粒径进行分形维数（D）计算，公式如下：

$$D=3-\alpha \tag{3.21}$$

其中，

$$\alpha=\frac{\lg[M(r)/M]}{\lg r} \tag{3.22}$$

式中，r为统计区间等效粒径特征尺寸，一般取倍数区间；M为计算尺度内碎块（屑）的总质量；$M(r)$为等效粒径小于r的碎块（屑）质量；$M(r)/M$为等效粒径小于r的碎块（屑）质量的累计百分含量。

按照上述计算分形维数（D）值的方法，可以利用筛分法称取大理石试样破碎碎块，获得粒径小于r的碎块岩样质量占总质量的百分含量$M(r)/M$，若双对数$\lg[M(r)/M]-\lg r$线性相关性好，则碎块分形性质明显，若数据有多个不同的较好分段线性相关，则其分布具有多重尺度下的统计自相似。此方法得出的块度分形维数$0<D<3$，且意味着在分形尺度区间内：当$D=2$时，各尺度区间的碎块质量比例相等；当$0<D<2$时，大尺度碎块所占质量比例较大；当$2<D<3$时，小尺度区间碎块所占质量比例较大。

2. 碎块分形的基本特征

对碎块采用筛分法分类，根据岩样破碎特征，确定块度分形的特征尺寸从小到大分别为0.60mm、1.18mm、2.36mm、4.75mm、9.50mm、19.00mm、38.00mm、76.00mm。特征尺寸不大于9.50mm的采用相应孔径的分筛分选，而对于特征尺寸大于9.50mm的碎块采用游标卡尺测量并利用天秤称取质量，进而换算成等效直径。初始围压 $\sigma_3^0=30\text{MPa}$ 时，三轴高应力条件下卸围压大理岩破坏后的岩样碎块质量分布实测典型数据如表3.6所示，图3.33为其对应的分布图。σ_3 分别为10MPa和20MPa时（$\sigma_3\geqslant30\text{MPa}$，试验过程中峰值点附近产生很大的塑性流动，甚至应变硬化特征，结束试验时取出的岩样没有明显的开裂或剪切破裂），常规三轴压缩岩样破坏后的碎块质量分布实测数据如表3.8所示，图3.34为其对应的分布图。图3.33和图3.34均分别对小于一定尺度范围内碎块（出现特征尺寸间断或最优直线拟合）和整个破裂块度尺寸范围内进行了分形维数拟合，图中 D 表示小于某特征尺寸范围内的分形维数，而 D_1 表示整个破裂块度尺寸范围内的分形维数。由表3.7、表3.8及图3.33、图3.34可知如下三点结论。

表3.7　高围压卸荷条件下大理岩碎块质量分布

特征尺寸(r)/mm	碎块（屑）质量/g		
	$v_u=10.0\text{MPa/s}$	$v_u=1.0\text{MPa/s}$	$v_u=0.1\text{MPa/s}$
0.60	2.15	1.86	0.69
1.18	2.81	2.34	0.72
2.36	3.42	2.70	0.76
4.75	4.26	3.4	1.31
9.50	9.91	8.03	1.61*
19.00	21.23	12.09*	1.61
38.00	78.87*	57.8	1.61
76.00	516.99	511.75	513.21

*对应的特征尺寸为分形特征尺寸的阈值。

表3.8　常规三轴压缩大理岩碎块质量分布

特征尺寸(r)/mm	碎块（屑）质量/g	
	围压10MPa	围压20MPa
0.60	0.59	0.51
1.18	0.97	0.7
2.36	1.13	0.79
4.75	1.52	1.13*
9.50	1.88*	1.13
19.00	1.88	1.13
38.00	1.88	1.13
76.00	516.29	521.31

*对应的特征尺寸为分形特征尺寸的阈值。

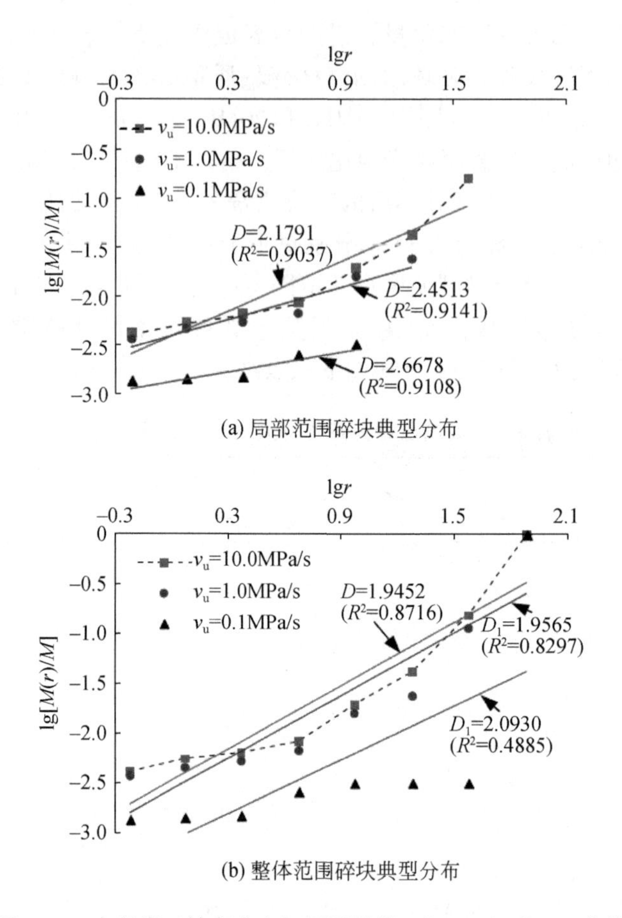

(a) 局部范围碎块典型分布

(b) 整体范围碎块典型分布

图 3.33　大理岩三轴高应力卸围压岩样 lg[$M(r)/M$]-lg$r$ 曲线

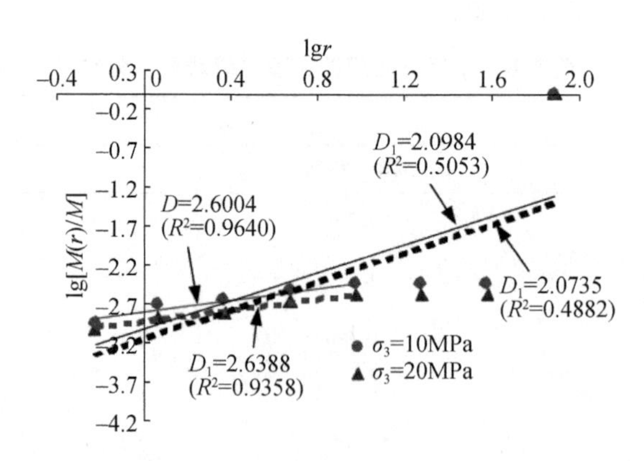

图 3.34　大理岩常规三轴压缩岩样 lg[$M(r)/M$]-lg$r$ 曲线

（1）三轴高应力卸围压大理岩岩样破裂碎块在整体块度尺寸范围内，lg[$M(r)/M$]-lg$r$ 线性相关性较差，分形性质不明显，且卸荷速率越慢，相关性越差。而当特征尺寸 r 小于某定值时，lg[$M(r)/M$]-lg$r$ 存在较好的线性相关性，分形性质较为明显。这一特征对相对较高围压的常规三轴压缩破裂岩样更为突出。图 3.33（b）水平坐标轴上的点［至最

大特征尺寸 r=76.00mm 时，其对应的 $M(r)/M=1$] 及连续几个纵坐标不变的点，其规律性与其他点反映的规律明显有差异，因此必定存在分形特征尺寸阈值。

（2）高应力条件下三轴卸围压和常规三轴压缩试验的大理岩试样碎块分形性质体现出较强的局部性，仅在相对小尺度范围内分形性质较明显，具有明显的分形特征尺寸最大阈值特征。表3.7、表3.8中带“*”的碎块（屑）质量对应的特征尺寸即为分形特征尺寸的阈值，超过此值的岩样碎块不再具有明显的分形特性。一般情况下，超过分形特征尺寸阈值以后，出现紧跟的几个特征尺寸不存在符合此尺寸的岩块，如图3.33（b）和图3.34中连续几个纵坐标不变的点，而是直接跃至1~2块尺寸（38.00mm<r≤76.00mm）非常大的岩块，见图3.33（b）和图3.34中水平坐标轴上的点。

（3）其实岩石破碎块度自相似分形特性并不一定在整个破裂块度范围内存在，许多学者已发现这一问题，岩石碎块分形规律不仅与其本身的微结构相关，也与其受力状态及路径密切相关。邓涛等（2007）的研究表明，单轴压缩条件下大理岩试件碎块的分布普遍表现为双重尺度下的自相似特征，碎块分形性质具有分段性，但在整体范围内分形性质很不明显。

3. 分形最大特征尺寸阈值问题探讨

对27个三轴高应力卸围压岩样和9个常规三轴压缩破裂岩样的破碎情况统计分析发现：破裂岩样均存在1~2块尺寸明显较其他碎块尺寸大得多的岩块，体现了块度分形相关性的大特征尺寸分布比较集中的特征，尤其是相对较高围压下常规三轴压缩试验。

本书将表现较强分形规律，为了量化起见，约定双对数 $\lg[M(r)/M]-\lg r$ 线性拟合相关系数（R^2）≥0.9的特征尺寸最大值定义为分形特征尺寸阈值（r_{max}）。经统计发现，至少在 $r>r_{max}$ 时出现邻近特征尺寸区间没有相应尺寸的碎块。本书的分形特征尺寸阈值具有重要的理论意义：其值越大，不仅直接表明岩样碎块的几何自相似性尺度范围越大，也间接意味着破裂岩样碎块大于阈值尺寸的数量越少，也即质量集中于少量远大于阈值尺寸的岩块。统计表明：27个三轴高应力卸围压破裂大理岩岩样分形特征尺寸阈值为4.75mm的1个，9.50mm的共12个，19.00mm的共7个，38.00mm的共7个；9个常规三轴压缩破裂岩样分形特征尺寸阈值为4.75mm的共3个，9.50mm的共4个，19.00mm的共2个。

各个试验工况下出现的破裂碎块的分形特征尺寸阈值或区间共8个，图3.35为各个试验工况下破裂岩样块度分形特征尺寸阈值分布统计图，图中充填圆的面积越大，表明此试验工况下分形特征尺寸阈值越大，充填圆上方的数字含义为：括号前的数字表示特征尺寸阈值大小（mm），括号内数字表示出现这一特征尺寸阈值的试件个数，如19.00(2)-38.00(1)表示阈值为19.00mm的试件2个以及38.00mm的1个，下同。

由图3.35可知：

（1）三轴高应力条件下，卸荷速率越快，分形特征尺寸阈值越大。卸荷速率 v_u = 10.0MPa/s时，阈值为19.00(3)、38.00(6)；v_u = 1.0MPa/s时，阈值为9.50(4)、19.00(4)，初始围压为30MPa时一个试样特征尺寸阈值为38.00mm；v_u = 0.1MPa/s时，阈值为4.75(1)、9.50（8）。

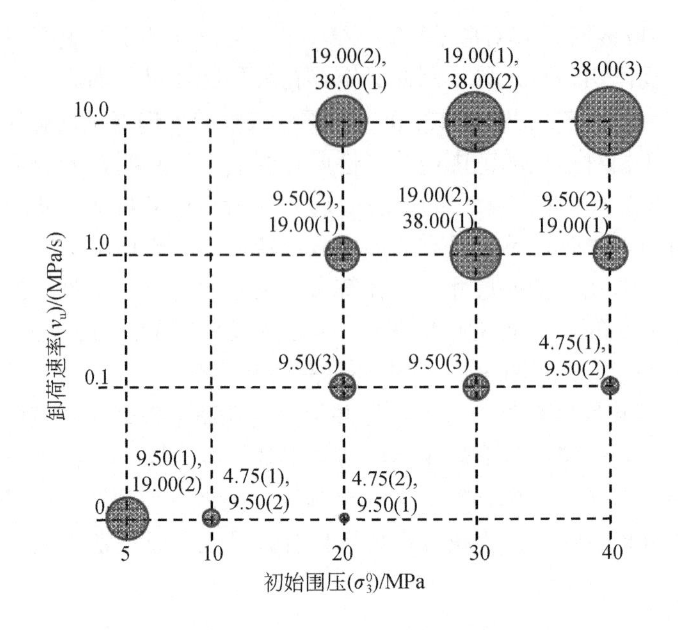

图 3.35　破裂岩样块度分形特征尺寸阈值分布统计图

（2）三轴高应力条件下卸围压，初始围压对分形特征尺寸阈值的影响规律与卸荷速率密切相关：v_u = 10.0MPa/s 时，初始围压（σ_3^0）越大，分形特征尺寸阈值越大；v_u = 1.0MPa/s 时，在 σ_3^0 = 30MPa 时出现相对较大值；而当 v_u = 0.1MPa/s 时，初始围压（σ_3^0）越大，分形特征尺寸阈值越小。

（3）在本次常规三轴压缩试验围压范围内（5～20MPa），分形特征尺寸阈值随围压增大而减小：σ_3^0 = 5MPa 时，为 9.50(1)、19.00(2)；σ_3^0 = 10MPa 时，为 4.75(1)、9.50(2)；σ_3^0 = 20MPa 时，为 4.75(2)、9.50(1)。

（4）相当初始围压时，三轴高应力卸围压条件下的大理岩破裂块度分形特征尺寸阈值较常规三轴压缩破裂岩样明显大些。表明卸围压时将产生更多的具有自相似性的块度尺寸相对较大的碎块。

单个试样和各组分形特征尺寸阈值（r_{max}）分别与单个试件分形维数（D）和各组平均分形维数（D_{av}）间关系的散点统计图如图 3.36 所示，其中，分形维数是在分形特征尺寸阈值范围内求得的，下同；平均分形特征尺寸阈值（$r_{av\text{-}max}$）和平均分形维数（D_{av}）均为各组三个试件的平均值。由图 3.36 可知：分形维数与分形特征尺寸阈值间存在较好的负指数幂函数关系，分形维数随分形特征尺寸阈值的增大而减小，表明：分形特征尺寸阈值越大，具有自相似规律的相对较大尺寸的块体质量比例相对越大。

根据谢和平（1997）的研究结论“不同性质的材料在相同的荷载方式下，其破碎基本上相似，块度分布也具有相似性”，从而可以推知其他种类岩石在常规三轴和三轴高应力卸围压作用下也应具有这一特征，但阈值的大小不仅与岩石本身的矿物及结构特征和试件尺寸相关，也与其受载方式等相关。

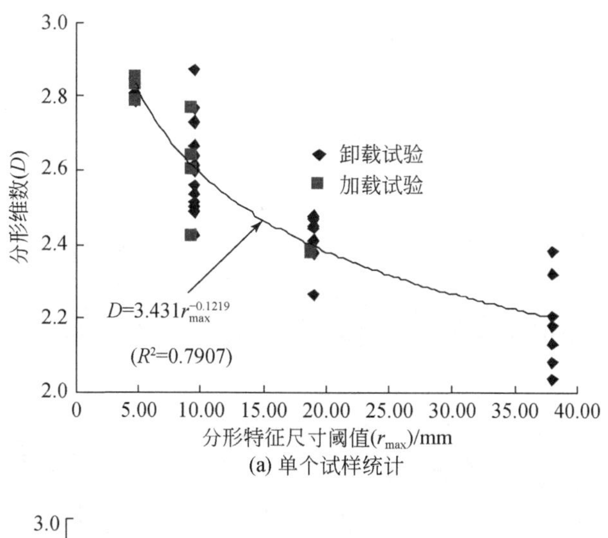

(a) 单个试样统计

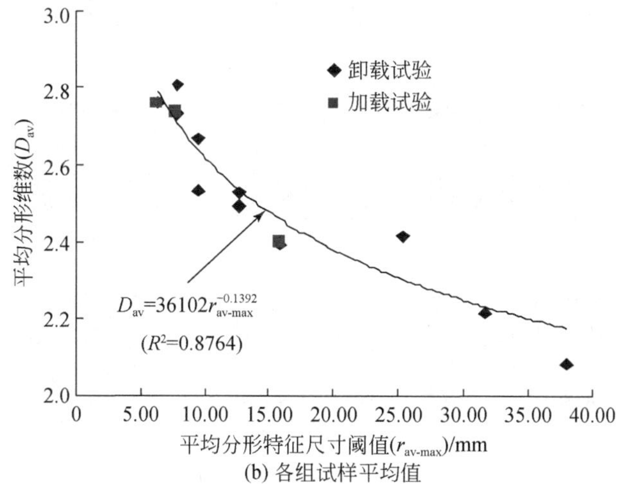

(b) 各组试样平均值

图 3.36　分形特征尺寸阈值与分形维数的关系散点图

4. 块度分形维数与初始围压及卸荷速率的关系

破坏岩样碎块分布的分形维数也是对荷载形式的表征，不同的加、卸载方式直接导致碎块的分布差异。图 3.37 为各试验条件下大理岩岩样碎块照片。其中，图 3.37（a）~（i）为卸围压破裂岩样，各分图名中，括号前的数字表示初始围压（单位：MPa），括号内的数字表示卸荷速率（单位：MPa/s），如 40（10）表示初始围压为 40MPa，卸荷速率为 10.0MPa/s；图 3.37（j）~（l）为常规三轴压缩破裂岩样，各分图名表示围压。从图 3.37 可知：①相同初始围压（σ_3^0）时，卸荷速率（v_u）越快，各级特征尺寸的碎块越多，几何自相似性尺度范围越大，岩样碎裂程度越高；②相同卸荷速率（v_u）时，随初始围压（σ_3^0）的变化，岩样破裂的块度分布规律并非像随 v_u 那样呈现单调变化规律，而是在不同的卸荷速率（v_u）下呈现不同的变化规律，如 $v_u=10.0$MPa/s 时，岩样碎裂程度随 σ_3^0 增大而增大，岩样表现为张性的劈裂破坏；卸荷速率 $v_u = 0.1\mathrm{MPa/s}$ 时，岩样碎裂程度随 σ_3^0 增大而减小，岩样剪切破裂明显，且 σ_3^0 越高其剪切破裂特征越强；而卸荷速率 $v_u = 1.0\mathrm{MPa/s}$ 时，却是 $\sigma_3^0 = 20\mathrm{MPa}$ 和 30MPa 时破裂程度相对较高，特别是 $\sigma_3^0 = 30\mathrm{MPa}$ 时，岩样多以张性劈裂破坏为主；③常规三轴压缩岩样的破裂程度随围压增大而明显减小，几何自相似性尺度范围变小，由张剪性破裂过渡至剪切破坏。

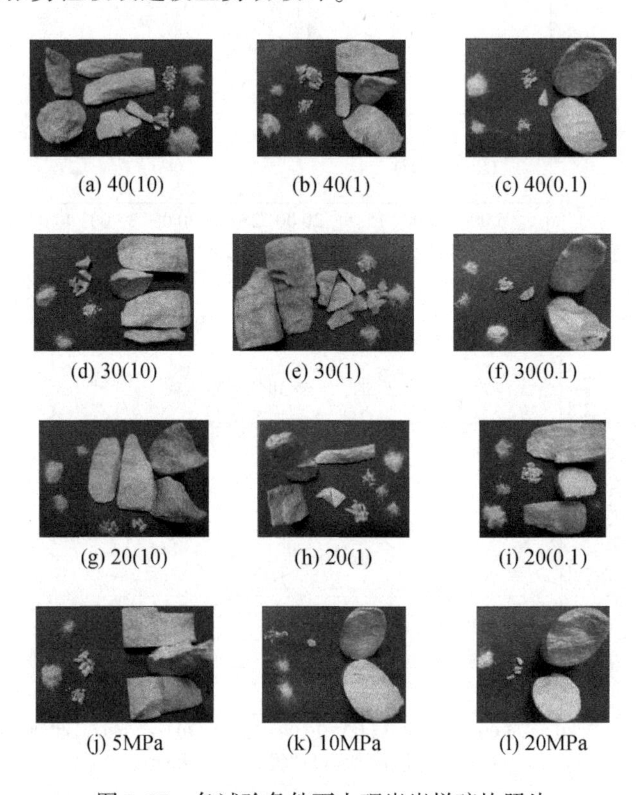

图 3.37　各试验条件下大理岩岩样碎块照片

破裂岩样在分形特征尺寸阈值范围内，各试验条件下分形维数（D）散点分布图如图 3.38 所示。由图 3.38 可知：① $v_u = 10.0\mathrm{MPa/s}$ 时，分形维数（D）随 σ_3^0 的增大而单调减小；$v_u = 0.1\mathrm{MPa/s}$ 时，分形维数（D）随 σ_3^0 的增大而单调增大；$v_u = 1.0\mathrm{MPa/s}$ 时，D 在 $\sigma_3^0 = 30\mathrm{MPa}$ 时最小，$\sigma_3^0 = 40\mathrm{MPa}$ 最大；②相同初始围压下，分形维数（D）随卸荷速率 v_u 的增大而单调减小，且一般 σ_3^0 越大其减小速率越快，也就是说 σ_3^0 越大，分形维数对 v_u 变化的反映越强烈；③常规三轴压缩破裂岩样的分形维数（D）随围压的增大而增大，特别在围压相对较低时；④本次试验得出的分形维数（D）均大于 2.0，表明在各个分形特征尺寸阈值范围内，具有几何自相似性的小尺度区间碎块所占质量比例相对较大；⑤可发现分形维数（D）越小，岩样的碎裂程度越大，分形特征尺寸阈值（$r_{\max}$）越大，碎块几何自相似的块度区间越大，碎块在特征尺寸小于 $r_{\max}$ 的范围内，相对较大尺寸的块体所占质量比例越大。

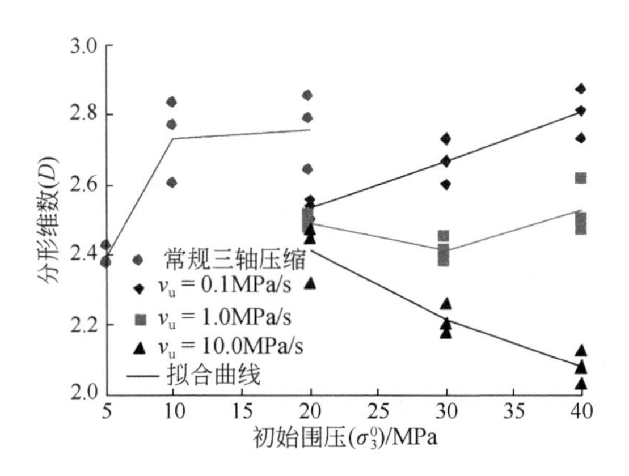

图 3.38　各试验条件下分形维数散点分布图

5. 破碎块度分形规律的力学机制探讨

初始围压为 40MPa 时，三种不同卸荷速率下，大理岩岩样的应力及应变时程曲线如图 3.39 所示，图中照片为相应的岩样碎块。从图 3.39 中可明显看出，三种不同卸荷速率下，岩样峰前损伤和峰后整体破裂历时长短差别很大，围压卸荷速率越快，历时越短。因

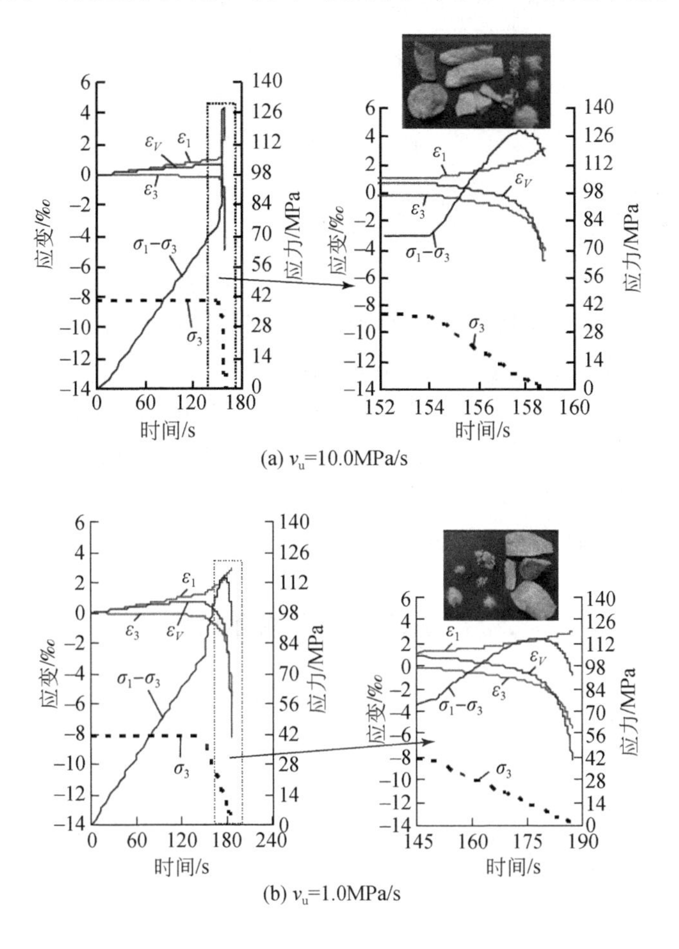

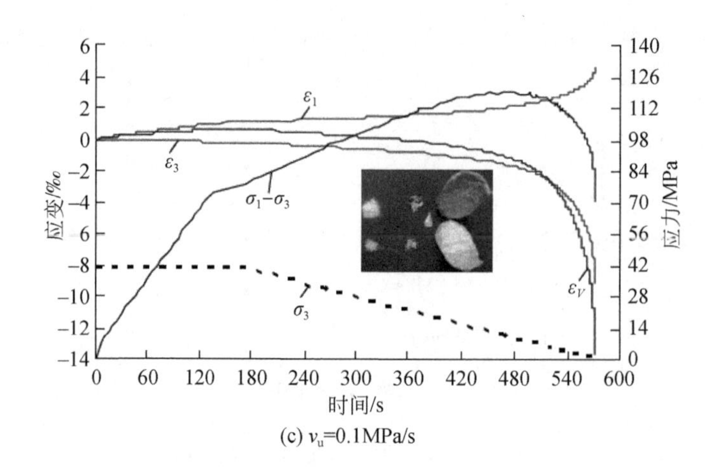

(c) v_u=0.1MPa/s

图 3.39　试验过程中试样典型应力及应变时程曲线（σ_3^0=40MPa）

此，岩样破碎块度的分形维数（D）与峰值点附近应力、应变的变化速率密切相关。围压卸荷速率越快，则应力差增加越快，应力-应变变化速率也越快，进而能量耗散与释放速率越快，因此，试件分形特征尺寸越大，分形维数（D）越小。高应力卸荷条件下破碎块度分形维数规律的力学机制可采用如下公式反映：

$$r_{\max}\propto\frac{\mathrm{d}\sigma_3}{\mathrm{d}t}\approx\frac{\mathrm{d}(\sigma_1-\sigma_3)}{\mathrm{d}t}\propto\frac{\mathrm{d}\varepsilon_i}{\mathrm{d}t} \tag{3.23}$$

$$r_{\max}\propto\frac{\mathrm{d}G}{\mathrm{d}t}\propto\sigma\varepsilon \tag{3.24}$$

$$r_{\max}\propto\frac{1}{D} \tag{3.25}$$

式中，ε_i 为应变，其中 i=1、3、V，相应的 ε_i 分别表示轴向应变、环向应变和体积应变；G 为广义应变能（可表示能量吸收、耗散和释放等分量）；σ、ε 分别为广义应力和应变（可表示各个方向应力及相应的应变）；t 试验时间。

需要指出的是，式（3.23）~式（3.25）并非代表严格意义上的正比关系，仅是示意各参数间递进关系。反映了峰值点附近应力-应变的变化越剧烈，能量转化越快，则分形维数（D）越小，而分形特征尺寸阈值越大的普遍规律。一般来说，初始围压越大，峰值点附近应力-应变的变化越剧烈，能量转化则越快速。

3.7　损伤破裂机制

3.7.1　破裂特征

表 3.9 描述了部分试件的破坏形式，图 3.40 为岩样破坏体系柱面展开素描图，对比分析试件破坏特征，可以得出如下六点结论。

表 3.9　试件破坏时的应力状态的部分试验结果

试验方案	试件编号	初始围压 /MPa	破坏时 σ_3 /MPa	破坏时 σ_1 /MPa	$(\sigma_1-\sigma_3)$ /σ_c	破坏形式
方案Ⅰ	1-5-3	5	2.0	145.7	1.24	张剪性破坏，张裂缝发育，仅在试件端头有一剪切面
	1-10-2	10	5.5	198.5	1.66	张剪性破坏，张裂缝发育，有明显剪切面
	1-20-2	20	11.1	213.9	1.74	剪张性破坏，有明显剪切面及次级剪切面，同时沿剪切面及其附近发育较多规模不一的张性裂缝
	1-30-3	30	12.9	269.4	2.21	剪张性破坏，一组贯穿共轭 X 剪切裂缝，沿剪切面发育较多小规模的张性裂缝
方案Ⅱ	2-5-4	5	0.2	85.6	0.73	张剪性破坏，有一条明显剪切面，剪切面呈张性，较多规模不一张性裂隙发育
	2-10-1	10	4.4	155.8	1.30	张剪性破坏，有一条明显剪切面，剪切面呈张性，较多规模不一张性裂隙发育
	2-20-2	20	7.4	175.9	1.45	剪张性破坏，有一条明显剪切面，剪切面有一定起伏，在剪切面起伏处呈劈裂状，并伴有一定的张裂隙集中
	2-30-2	30	9.7	200.3	1.64	剪张性破坏，有一组半截共轭 X 剪切裂隙，沿剪切面周边发育一定量的张性裂隙，中部有一环形张性裂隙
方案Ⅲ	3-0-1	0	0	111.5	0.96	张性劈裂
	3-10-2	10	10.0	237.6	1.96	剪张复合破坏，剪为主，剪切面上有一定量的微张裂隙
	3-20-3	20	20.0	311.4	2.51	共轭 X 剪切
	3-30-1	30	30.0	350.0	2.75	单面剪切

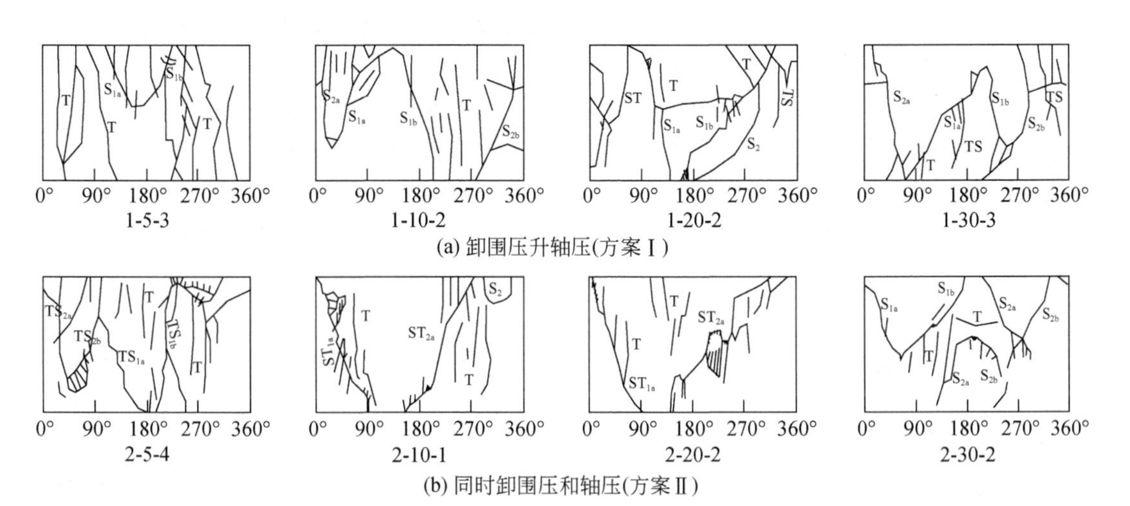

(a) 卸围压升轴压(方案Ⅰ)

(b) 同时卸围压和轴压(方案Ⅱ)

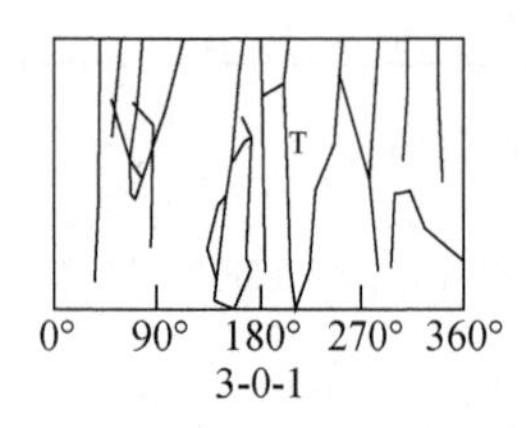

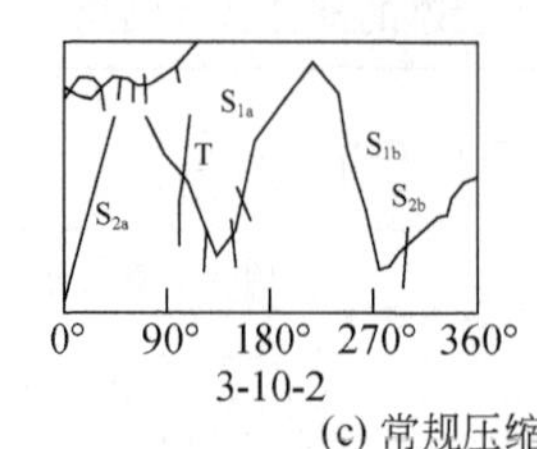

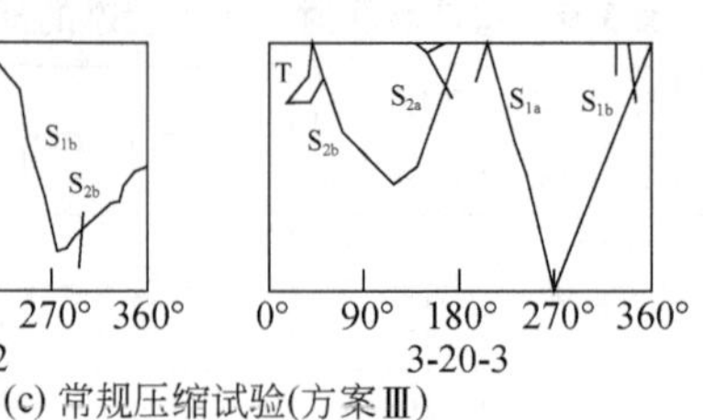

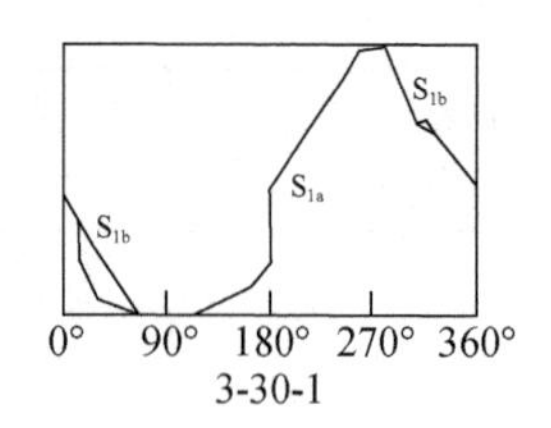

(c) 常规压缩试验(方案Ⅲ)

图 3.40　岩样破坏体系柱面展开素描图

（1）卸荷岩石变形表现为沿卸荷方向强烈扩容或膨胀，与常规三轴加载试验相比，卸荷条件下，更易发生变形破裂，破坏程度也更为强烈。

（2）卸荷岩石破裂性质具有较强的张性破裂特征，并且随着破坏围压的增高，剪切破坏成分比例增大，即由张性破坏过渡到张剪性破坏，由张剪性破坏过渡到剪张性破坏，张剪（剪张）性破裂面往往是追踪张性破裂面发展而成，其破裂角随破坏围压增大有所增大；而在加载试验中，当围压达到一定程度时，岩石基本上表现为剪切破坏，而张性破裂成分很少或没有，张性破裂一般只是在单轴或低围压时才表现明显。

（3）卸荷岩石中往往同时并存有轴向张性裂面 T，主共轭剪裂面 S_{1a} 和 S_{1b} 及次级共轭剪裂面 S_{2a}、S_{2b}（剪张裂面 ST 或张剪裂面 TS 及其共轭组）和夹于剪切裂面间的微张性破裂面等。各种级别、各种力学机制的张性破裂十分发育，除轴向主张裂缝及微张性破裂面外，还有追踪张裂缝、顺阶步的滑移拉张裂缝和单剪状态下的压致拉裂等；剪裂面张性特征随围压增高逐渐降低，但总会带一定程度的张性特征。与加载试验相比，卸荷岩石破裂特征复杂得多，主要表现在两个方面：①各种级别的张裂隙发育；②剪性破裂面以共轭 X 或局部剪切破坏为主，且剪性裂面基本是追随轴向张裂隙剪断岩桥而成。

（4）在较低初始围压时，方案Ⅰ中试件张性破裂面较方案Ⅱ多且强烈，正好与较高初始围压时相反，这说明在低初始围压时，方案Ⅰ中试件破坏还是轴向压缩破坏占主导地位。当初始围压较高时，方案Ⅱ岩样 2-30-2 出现了环向拉裂面，因此当双向卸荷时，岩石可以产生平行于卸荷主方向的卸荷裂隙，即在次卸荷方向上也可能出现张拉裂隙。

（5）卸荷岩体破坏是沿卸荷方向强烈扩容或膨胀的结果，共剪性裂面往往有不同程度的张性特征，破裂面较压缩试验试件粗糙，这也正好解释了卸荷岩体峰值内摩擦角较压缩条件下大而黏聚力大大减小的试验结果。由于卸荷岩体破裂面带有很强的张性特征，因此其残余黏聚力非常小，甚至为 0。

（6）卸荷岩石追随张性面剪断岩桥时，岩桥处一般发育有一定的微小张裂隙，这说明在剪断岩桥的过程中，卸荷也起到了一定的促进作用。

3.7.2　卸荷破坏过程机制

通过前面的变形特征分析，可以将卸荷条件下，岩石的破坏过程概化为如图 3.41 所示的损伤破坏过程。结合前面的强度参数变化特征分析，可以总结出如图 3.42 所示的强度参数在岩石卸荷变形破坏过程中的作用或贡献值变化特征。岩石在卸荷初期会产生大量微小的张裂隙，在这些大量的微小张裂隙出现前只有黏聚力对变形起控制作用，而摩擦强度还没有调动起来，在微裂隙出现时黏聚力达到最大值，同时摩擦强度开始作用；当卸荷到一定程度时，这些微小张裂隙间出现较大的扩展贯通，摩擦强度因素的贡献达到最大值，而黏聚力却出现大幅度的降低；当继续卸荷，在σ_1的压缩作用下，剪断张裂隙间的岩桥，并且沿那些相对较宽长的张裂隙形成一个张剪（剪张）性贯通破裂带，此时黏聚力和摩擦强度都减小至残余强度且残余强度中残余黏聚力的贡献很小。

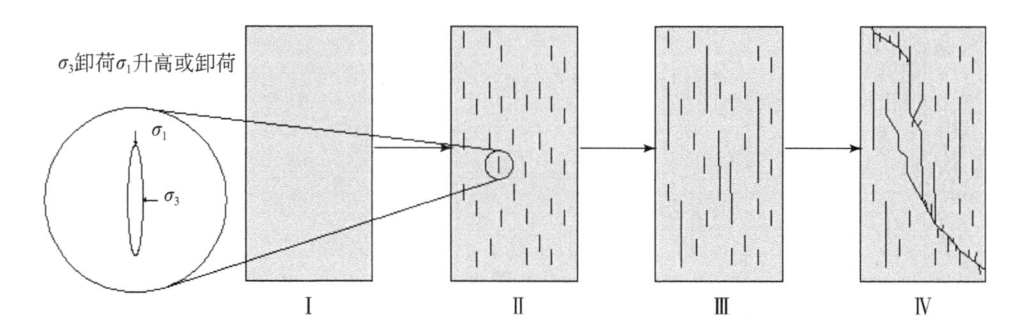

图3.41　岩石卸荷损伤破坏演化过程示意图

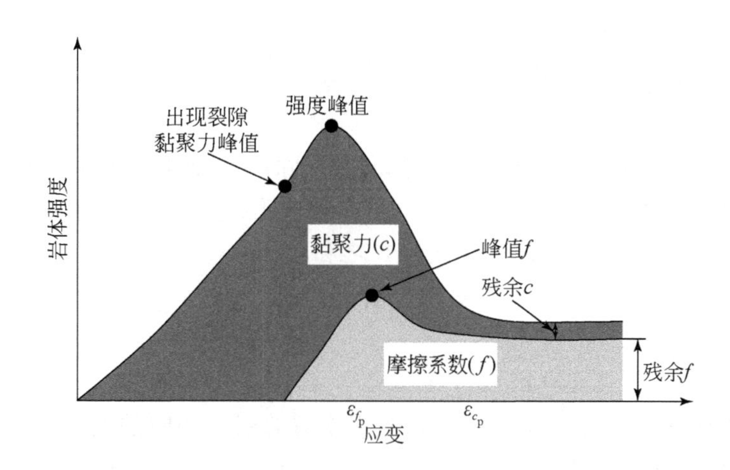

图3.42　强度参数在岩石卸荷变形破坏过程中的作用或贡献值变化特征示意图

3.7.3　强度演化的CWFS模型

根据前面的岩石卸荷破坏过程机制分析，可以建立一个黏聚力（c）、摩擦系数（f）的动态变化与塑性应变相关的动态CWFS（cohesive weakening and frictional strengthening）模型，即黏聚力（c）是随塑性应变增大而逐渐减小的，而摩擦系数（f）是随塑性应变而逐渐增大的，如图3.43所示，因此，可以将卸荷过程抗剪强度参数的变化简化如图3.43所示的直线模型，对于脆性岩体来说，一般残余黏聚力（c）的塑性应变值（ε_{c_p}）较摩擦系数峰值塑性应变值（ε_{f_p}）小，如图3.43所示，从前面的卸荷岩体强度参数分析可知，卸荷岩体的峰值与残余摩擦强度变化不大，因此，ε_{f_p} 可以取应力–应变曲线中的应力峰值点的塑性应变值，而 ε_{c_p} 可取应力残余点的塑性应变值，此时 M-C 屈服准则可以表示为塑性应变（ε_p）的函数：

$$\tau = c(\varepsilon_p) + f(\varepsilon_p)\sigma_n \tag{3.26}$$

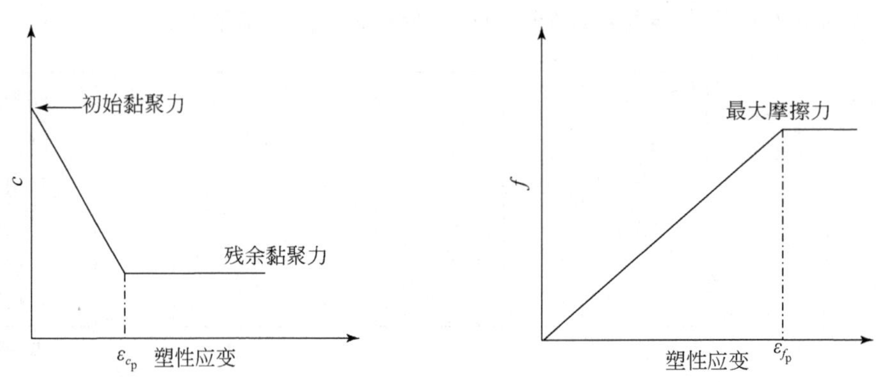

图 3.43　CWFS 模型

3.7.4　卸载变形参数弱化的损伤力学分析

卸荷过程中岩石侧向扩容明显，表明侧向变形除产生弹性回弹外，还存在裂缝变形，同时裂缝的方向基本垂直于卸载方向，因此可认为从比例极限开始卸荷后岩样的侧向应变（ε_3）等于弹性应变（ε_3^e）和裂缝应变（ε_3^j）之和，即

$$\varepsilon_1 = \varepsilon_1^e, \varepsilon_3 = \varepsilon_3^e + \varepsilon_3^j \tag{3.27}$$

由泊松比的定义可得

$$\mu = (\varepsilon_3^e + \varepsilon_3^j)/\varepsilon_1 = \varepsilon_3^e/\varepsilon_1 + \varepsilon_3^j/\varepsilon_1 = \mu^e + \mu^j \tag{3.28}$$

式中，μ^e 为弹性阶段材料泊松比；μ^j 为卸载损伤裂缝引起的附加泊松比，由于卸荷破坏过程中岩样轴向应变很小，故假定为弹性变形，即 $\varepsilon_1 = \varepsilon_1^e$。

岩石卸荷损伤破裂过程是卸载方向强烈张拉扩容的结果，同时也伴随着变形参数逐渐劣变。根据有效应力概念和应变等价原理，可知

$$\tilde{E} = E(\boldsymbol{I} - D) \tag{3.29}$$

式中，E 为弹性模量；$\tilde{E}$ 为卸荷损伤后的等效变形模量；$\boldsymbol{I}$ 为单位矩阵；D 为损伤变量。

由前面假设非卸荷主方向的轴向方向并没损伤，故常规三轴卸荷的损伤变量（D）可表示为

$$D = \begin{bmatrix} 0 & & \\ & w & \\ & & w \end{bmatrix} \tag{3.30}$$

由广义胡克定律，并令 $\sigma_2 = \sigma_3$、$\varepsilon_2 = \varepsilon_3$，得

$$\varepsilon_3^{e}=(1-\mu^{e})\sigma_3/E^{e}-\mu^{e}\sigma_1/E^{e} \tag{3.31}$$

由于损伤主要由卸载方向的拉应变引起，损伤变量可由侧向应变（ε_3）表示为

$$w=\varepsilon_3^{j}/\varepsilon_3=1-\varepsilon_3^{e}/\varepsilon_3 \tag{3.32}$$

图3.44为式（3.32）计算的卸荷过程中峰值点损伤变量（w）随卸荷速率（v_u）的变化规律及相应拟合曲线。由图可知：

（1）峰值点岩样的损伤变量（w）随卸荷速率（v_u）的增大经历了一个先减小再增大的过程且初始围压（σ_3^0）越大越明显，w 随 v_u 基本呈二次多项式规律变化，其拐点处 v_u = 0.5～1.0MPa/s，且 σ_3^0 越大拐点处 v_u 越大。

（2）相同试验条件下初始围压（σ_3^0）越高岩样峰值点损伤变量（w）越大，卸荷过程产生侧向变形越大，方案2岩样的 w 相对方案1较大。

（3）在高初始围压（σ_3^0）条件下岩样在峰值点处卸荷速率（v_u）相对较慢或较快时损伤程度相对较高，但其损伤机理却不同：慢速卸荷过程的峰前损伤主要是由于大量微裂隙扩展所致，这些微裂隙大多呈张剪复合形态；而快速卸荷是微裂隙瞬间张拉贯通的脆性断裂损伤过程，主破裂面张性特征明显。

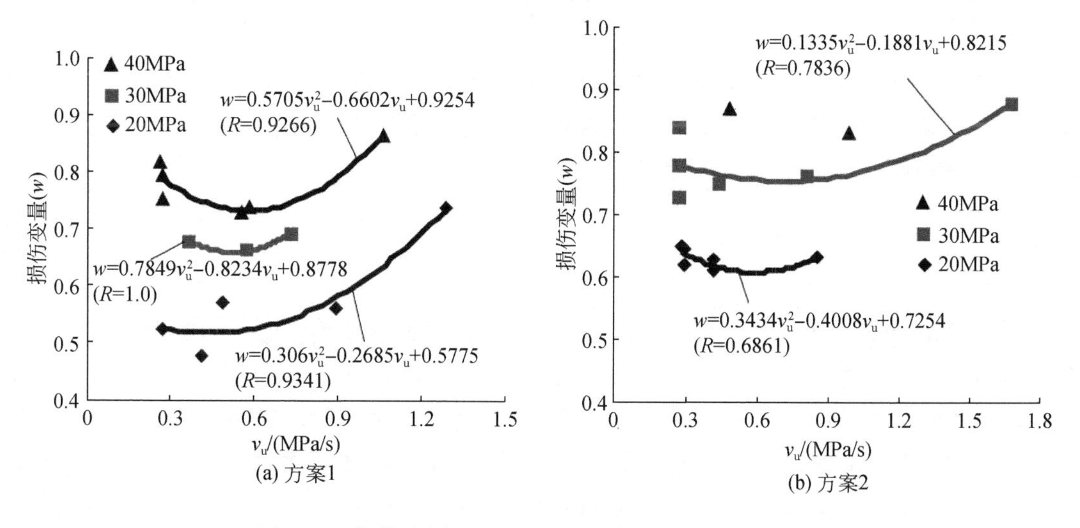

图3.44　损伤变量（w）随卸荷速率（v_u）的变化规律

第4章　法向卸荷-剪切条件下岩体的力学响应试验研究

河谷下切、工程开挖等表生改造作用造成高应力区岩石边坡法向卸荷，导致扰动面附近应力重分布，同时，法向应力的减小导致岩体剪切强度的降低，使得原本稳定的坡体在结构面或者软弱面附近出现较大变形，致使岩体中的不连续面不断地扩展延伸，最终相互贯通形成连通的宏观破裂面，导致边坡失稳破坏。以往的卸荷试验研究缺乏法向卸荷-剪切这一路径下岩体力学行为的系统深入研究。鉴于此，本章采用第2章中所述的法向卸荷-剪切试验方法，系统研究了岩石、裂隙岩体、贯通性结构面的力学特性，揭示了裂隙扩展演化及岩桥破裂模式，为高边坡卸荷破坏机理认识提供支撑。

4.1　试验方案

考虑到自然界中赋存的岩体有完整岩块和裂隙岩体等形态，本章分别对完整、单裂隙、平行双裂隙、非平行双裂隙及硬性接触结构面岩体五种几何结构的岩体开展法向卸荷-剪切试验研究，设计如下的试验方案。

4.1.1　完整岩石

试验采用的完整岩石为红褐色砂岩，无肉眼可见的宏观缺陷，取自中国三峡库区。平均密度为2390kg/m^3。X射线衍射试验结果显示，其矿物成分主要包括石英、伊利石、长石、高岭土和少量的白云石和赤铁矿。通过切割打磨等工序，将采集到的砂岩加工成边长为60mm的立方体试样如图4.1（a）所示。为了确定岩石的基本力学参数，进行单轴压缩试验和直接剪切试验。为了与试验保持一致，单轴压缩试验和直剪试验选用的试样均为边长为60mm的立方体试样。单轴压缩试验中，试样的轴向应力-应变曲线如图4.1（b）所示。三个试样的单轴抗压强度分别为52.42MPa、51.29MPa和51.76MPa，平均单轴抗压强度（σ_0）为51.82MPa。三个试样的压缩弹性模量（E，应力-应变曲线直线段斜率）分别为3.24GPa、3.37GPa和3.34GPa，平均值为3.32GPa。因此，为了保证试样在施加初始剪应力之前不会发生破坏，初始法向应力应小于51.82MPa。在直剪试验中，法向应力分别为5MPa、10MPa、15MPa、20MPa和25MPa［图4.1（c）］。对试验数据进行线性拟合可以得到砂岩试样的黏聚力为11.22MPa，内摩擦角为35.90°。

在初始应力选取时，初始剪应力应小于相应法向应力下的抗剪强度，大于法向应力为零时的抗剪强度。在这个范围内，既可以保证试样在法向卸荷之前不会发生宏观剪切破坏，同时也可以保证在法向应力卸荷至零之前，试样会发生破坏。根据试验结果，法向卸荷直剪试验中，不同试样的初始法向应力（σ_{ni}）和初始剪应力（τ_i）如表4.1所示。试

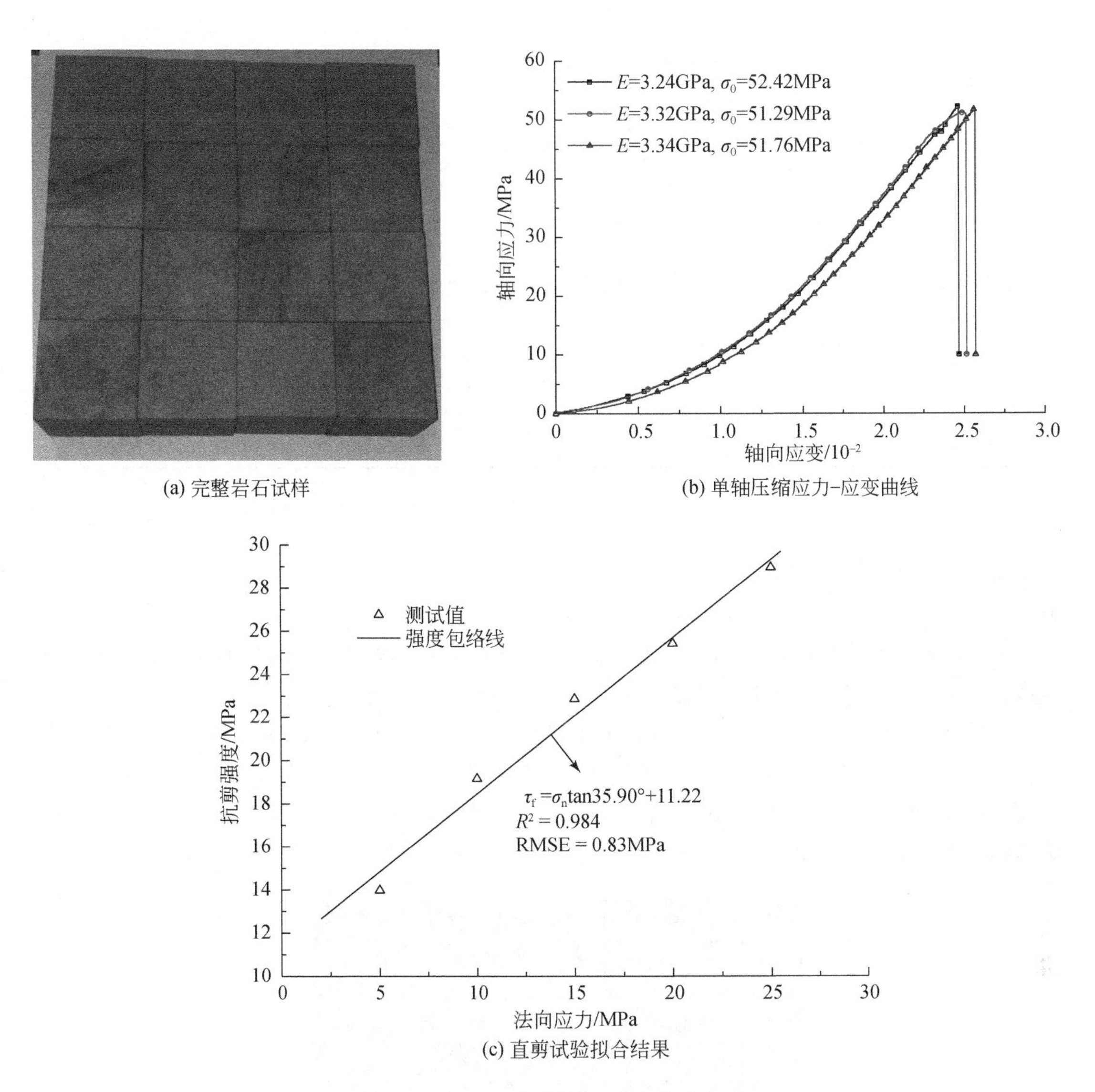

(a) 完整岩石试样　(b) 单轴压缩应力-应变曲线

(c) 直剪试验拟合结果

图 4.1　完整岩石及其力学参数测定结果

样编号中 UDST 代表法向卸荷室内直剪试验，N 代表初始法向应力，S 代表初始剪应力。例如，编号UDSTN20S15 表示法向卸荷室内直剪试验初始法向应力为 20MPa，初始剪应力为 15.00MPa 的试样。

表 4.1　不同试样完整岩石初始法向应力和初始剪应力试验方案

试样编号	σ_{ni}/MPa	τ_i/MPa	试样编号	σ_{ni}/MPa	τ_i/MPa
UDSTN20S15	20	15.00	UDSTN20S23	20	23.00
UDSTN20S17	20	17.00	UDSTN25S15	25	15.00
UDSTN20S19	20	19.00	UDSTN25S18	25	18.00
UDSTN20S21	20	21.00	UDSTN25S21	25	21.00

续表

试样编号	σ_{ni}/MPa	τ_i/MPa	试样编号	σ_{ni}/MPa	τ_i/MPa
UDSTN25S24	25	24.00	UDSTN35S25	35	25.00
UDSTN25S27	25	27.00	UDSTN35S30	35	30.00
UDSTN30S15	30	15.00	UDSTN35S35	35	35.00
UDSTN30S18	30	18.00	UDSTN40S15	40	15.00
UDSTN30S21	30	21.00	UDSTN40S20	40	20.00
UDSTN30S24	30	24.00	UDSTN40S25	40	25.00
UDSTN30S27	30	27.00	UDSTN40S30	40	30.00
UDSTN35S15	35	15.00	UDSTN40S35	40	35.00
UDSTN35S20	35	20.00			

4.1.2 单裂隙岩体

制备的单裂隙砂岩试样为高 $H=60$mm、长 $L=60$mm、厚 $T=40$mm 的长方体。采用高压水射流在试样中心加工贯穿的张开裂隙，高压水射流切割的精度高，对切口周边扰动小，且切割过程中产热极少，可以认为加工过程不会影响试样其他部位。裂隙中心与试样中心点重合，裂隙长度为15mm、宽度为1～1.5mm。为了研究裂隙与剪切方向夹角对法向卸荷条件下岩石剪切力学行为的影响，共加工八种不同的夹角 β（裂隙顺时针旋转至下剪切盒运动方向）：0°、20°、40°、60°、90°、120°、140°、160°，如图 4.2 所示。

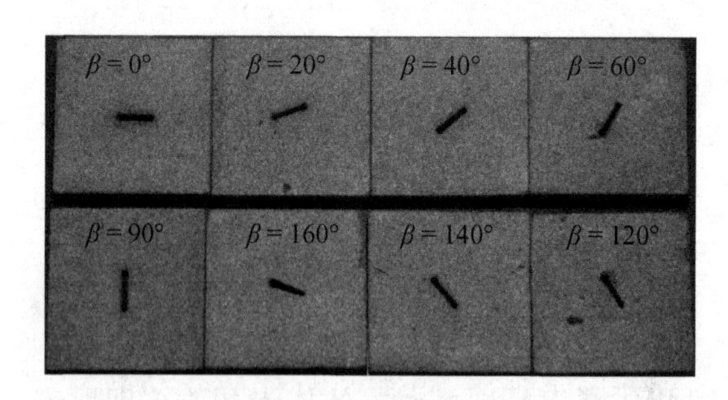

图 4.2 单裂隙砂岩试样

为了研究初始法向应力（σ_{ni}）和初始剪应力（τ_i）对含单裂隙岩石试件力学行为的影响规律，试验分为两组，各组的初始应力如表 4.2 所示。

方案 A：初始剪应力恒定为 10.00MPa，初始法向应力分别取 8MPa、16MPa、24MPa、32MPa 和 40MPa；

方案 B：初始法向应力恒定为 24MPa，初始剪应力分别取 6.00MPa、8.00MPa、10.00MPa、12.00MPa 和 14.00MPa。

表4.2　单裂隙试样法向卸荷-剪切试验初始应力值设计

方案	σ_{ni}/MPa	τ_i/MPa	β/(°)
方案A	8	10.00	0°、20°、40°、60°、90°、120°、140°、160°
	16	10.00	
	24	10.00	
	32	10.00	
	40	10.00	
方案B	24	6.00	
	24	8.00	
	24	10.00	
	24	12.00	
	24	14.00	

4.1.3　平行双裂隙岩体

制备的平行双裂隙砂岩试样为100mm×60mm×40mm的长方体试块。试样几何结构如图4.3（a）所示，裂隙长度固定为20mm，根据实验设计要求，对裂隙间距（两平行裂隙中心点间的水平距离）和裂隙倾角两个几何参数进行改变，分别表示为S和α。所有试样的几何结构如图4.3（a）~（c）所示。

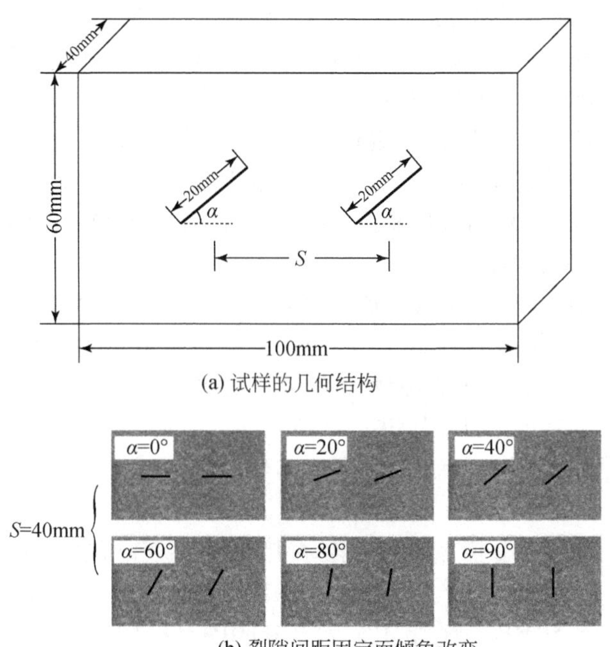

(a) 试样的几何结构

(b) 裂隙间距固定而倾角改变

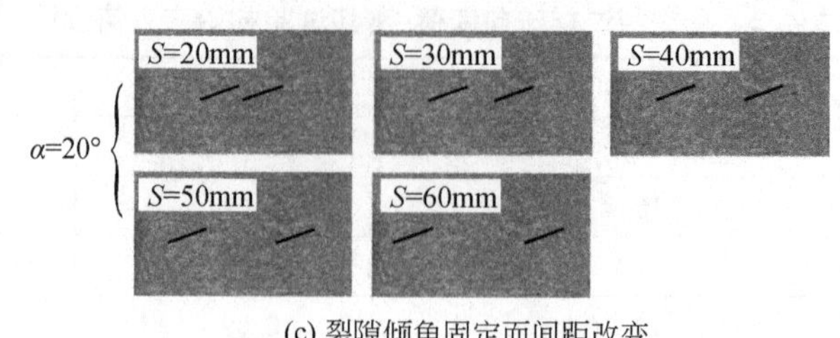

(c) 裂隙倾角固定而间距改变

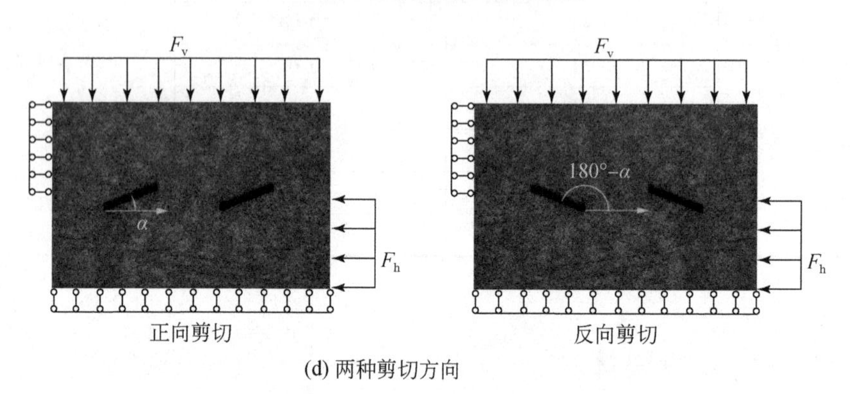

(d) 两种剪切方向

图 4.3　含平行双裂隙砂岩的几何结构及加载方式

进行卸荷实验之前，为了确定初始竖向荷载，首先对裂隙倾角为0°、20°、40°、60°、80°和90°的岩样分别进行单轴压缩试验探究，获取相应试样的峰值荷载为160kN、176kN、185kN、136kN、134kN和142kN，为了保证试验中荷载统一性和防止试样在法向加载阶段破坏，设置不同的初始竖向荷载分别为32kN、56kN、80kN、104kN和128kN，中心面上对应的法向应力分别为8MPa、14MPa、20MPa、26MPa和32MPa。同时，通过直剪试验确定初始剪应力，由于倾角为0°的岩样在中心面上有效面积最小，其抗剪强度应该最低，因此在最小的法向法向应力（8MPa）下进行直剪试验，可得到初始剪应力的下限值，试验得到结果为15.6kN，对应的剪应力为3.9MPa。基于此，本试验拟采用的初始水平荷载分别为16kN、19kN、22kN、25kN和28kN，所对应的剪应力分别为4.00MPa、4.75MPa、5.50MPa、6.25MPa和7.00MPa。

本书中，对五种可能的影响因素开展了试验分析，即裂隙倾角（α）、裂缝间距（S）、初始法向应力（σ_{ni}）、初始剪应力（τ_i）和剪切方向。其中剪切方向分为正向剪切和反向剪切，如图4.3（d）所示，对于裂隙倾角为α的试样，当中心面以上的剪切方向与裂隙间角度为α时，规定为正向剪切；其角度为180°−α时，则为反向剪切。

基于以上五种可能的因素，设计了以下四组试验，试样的几何结构及荷载条件见表4.3，具体如下。

A组：在正向剪切的方式下，变化因素为裂隙倾角（α）和初始剪应力（τ_i）。初始法向应力（σ_{ni}）和裂隙间距（S）分别固定为20MPa和40mm，初始剪应力（τ_i）分别为4.00MPa、4.75MPa、5.50MPa、6.25MPa和7.00MPa，裂隙倾角分别为0°、20°、40°、60°、80°和90°。

B组：在反向剪切的方式下，对含不同裂隙倾角的岩样在不同初始切向应力条件下开展卸荷试验。初始法向应力（σ_{ni}）和裂隙间距（S）分别固定为20MPa和40mm，初始剪应力（τ_i）分别为4.00MPa、4.75MPa、5.50MPa、6.25MPa和7.00MPa，裂隙倾角分别为20°、40°、60°和80°。

C组：研究裂隙间距（S）对岩桥破裂机制的影响，裂隙倾角（α）、初始法向应力（σ_{ni}）和初始剪应力（τ_i）分别固定为20°、20MPa和6.25MPa，裂隙间距分别为20mm、30mm、40mm、50mm和60mm。

D组：本组研究初始法向应力（σ_{ni}）的影响，裂隙倾角（α）、裂隙间距（S）和初始剪应力（τ_i）分别固定为20°、40mm和6.25MPa，而初始法向应力分别为8MPa、14MPa、20MPa、26MPa和32MPa。

表4.3　平行双裂隙试样的法向卸荷-剪切试验方案

试验分组及剪切方向	试样编号	裂隙倾角（α）/（°）	裂隙间距（S）/mm	初始法向应力（σ_{ni}）/MPa	初始剪应力（τ_i）/MPa
A组（正向剪切）	1~5	0	40	20	4.00~7.00
	6~10	20	40	20	4.00~7.00
	11~15	40	40	20	4.00~7.00
	16~20	60	40	20	4.00~7.00
	21~25	80	40	20	4.00~7.00
	26~30	90	40	20	4.00~7.00
B组（反向剪切）	31~35	20	40	20	4.00~7.00
	36~40	40	40	20	4.00~7.00
	41~45	60	40	20	4.00~7.00
	46~50	80	40	20	4.00~7.00
C组（正向剪切）	51~55	20	20~60	20	6.25
D组（正向剪切）	56~60	20	40	8~32	6.25

注：A、B两组中出现的初始剪应力为4.00~7.00MPa指初始剪应力分别4.00MPa、4.75MPa、5.50MPa、6.25MPa和7.00MPa；C组中出现的裂隙间距为20~60mm指裂隙间距分别为20mm、30mm、40mm、50mm、60mm；D组中出现的初始法向应力为8~32MPa指初始法向应力分别为8MPa、14MPa、20MPa、26MPa、32MPa。

4.1.4　非平行双裂隙岩体

非平行双裂隙砂岩试样尺寸与平行双裂隙试样一致，如图4.4所示。其中，裂隙长度均固定为20mm，宽度小于3mm，陡裂隙倾角为α，缓裂隙倾角为β，两裂隙中心间的间距为S。基于以上三个参数的不同，设计了三类试样，第一类固定裂隙间距（S）和陡裂隙倾角（α）分别为30mm和80°，缓裂隙倾角（β）的变化范围为15°~35°，以5°为增量，如图4.4（b）所示；第二类固定裂隙间距（S）和缓裂隙倾角（β）分别为30mm和25°，陡裂隙倾角（α）为60°、65°、70°、75°、80°和90°，见图4.4（c）；第三类固定陡、缓裂隙倾角（α、β）分别为80°和25°，裂隙间距（S）从25~40mm变化，增量为

5mm，如图4.4（d）所示。

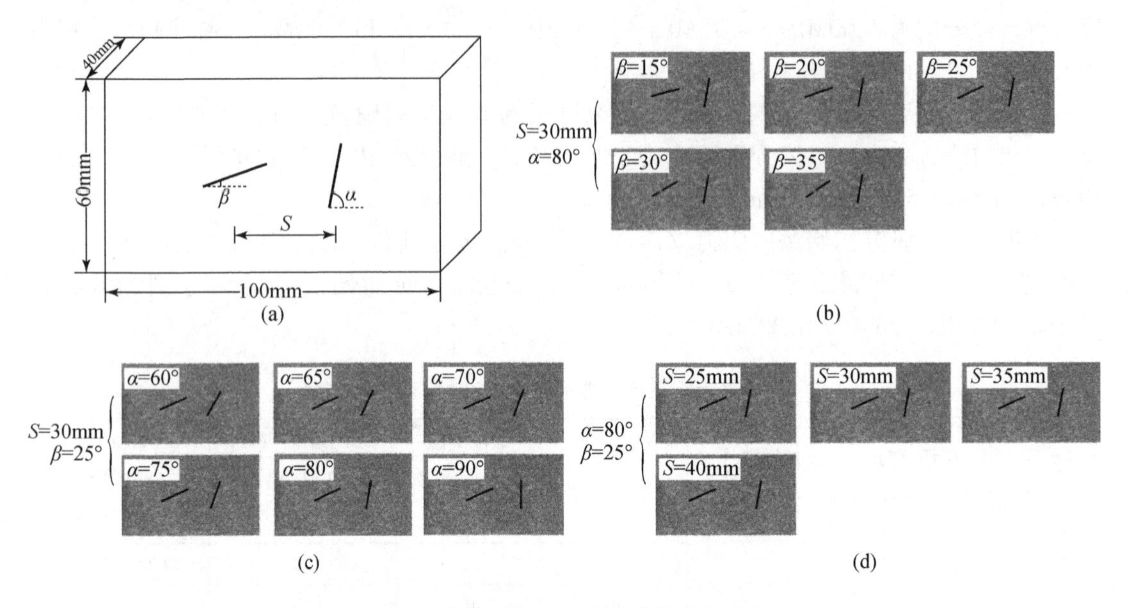

图4.4　含非平行双裂隙试样的几何结构

试样方案的设计中，对五个可能的影响因素进行了研究，分别是陡裂隙倾角（α）、缓裂隙倾角（β）、裂隙间距（S）、初始法向应力（σ_{ni}）和初始剪应力（τ_i）。基于以上五种可能的因素，设计了以下四组试验，试样的几何结构及荷载条件见表4.4，具体如下。

A组：变化因素为陡裂隙倾角（α）和初始剪应力（τ_i）。初始法向应力（σ_i）、缓裂隙倾角（β）和裂隙间距（S）分别固定为20MPa、25°和30mm，初始剪应力（τ_i）分别为4.00MPa、4.75MPa、5.50MPa、6.25MPa和7.00MPa，陡裂隙倾角（α）分别为60°、65°、70°、75°、80°和90°，开展正交试验，试样编号为1～30，试样的几何参数和荷载详情见表4.4中A组所示。

B组：变化因素为缓裂隙倾角（β）和初始剪应力（τ_i）。初始法向应力（σ_i）、陡裂隙倾角（α）和裂隙间距（S）分别固定为20MPa、80°和30mm，初始剪应力（τ_i）分别为4.00MPa、4.75MPa、5.50MPa、6.25MPa和7.00MPa，缓裂隙倾角（β）分别为15°、20°、25°、30°、35°，开展正交试验，试样编号为31～55，试样的几何参数和荷载详情见表4.4中B组所示。

C组：变化因素为裂隙间距（S）对初始剪应力（τ_i）。陡裂隙倾角（α）、缓裂隙倾角（β）和初始法向应力（σ_{ni}）分别固定为80°、25°和20MPa，初始剪应力（τ_i）分别为4.00MPa、4.75MPa、5.50MPa、6.25MPa和7.00MPa，裂隙间距（S）分别为25mm、30mm、35mm和40mm，开展正交试验，试样编号为56～75，试样的几何参数和荷载详情见表4.4中C组所示。

D组：本组研究初始法向应力（σ_{ni}）的影响。裂隙间距（S）和初始剪应力（τ_i）分别固定为30mm和5.50MPa，初始法向应力（σ_{ni}）分别为14MPa、20MPa和26MPa。陡裂隙倾角（α）分别为60°、70°、80°和90°（表4.4中D_1组），缓裂隙倾角（β）分别为

15°、25°和35°（表4.4中D_2组），分别开展正交试验，试样编号为76~96，试样的几何参数和荷载详情见表4.4中D组所示。

表4.4　陡–缓非平行双裂隙岩样在恒剪应力条件下法向应力卸荷试验方案

试验分组及剪切方向		试样编号	陡裂隙倾角 (α)/(°)	缓裂隙倾角 (β)/(°)	裂隙间距 (S)/mm	初始法向应力 (σ_{ni})/MPa	初始剪应力 (τ_i)/MPa
A组		1~5	60	25	30	20	4.00~7.00
		6~10	65	25	30	20	4.00~7.00
		11~15	70	25	30	20	4.00~7.00
		16~20	75	25	30	20	4.00~7.00
		21~25	80	25	30	20	4.00~7.00
		26~30	90	25	30	20	4.00~7.00
B组		31~35	80	15	30	20	4.00~7.00
		36~40	80	20	30	20	4.00~7.00
		41~45	80	25	30	20	4.00~7.00
		46~50	80	30	30	20	4.00~7.00
		51~55	80	35	30	20	4.00~7.00
C组		56~60	80	25	25	20	4.00~7.00
		61~65	80	25	30	20	4.00~7.00
		66~70	80	25	35	20	4.00~7.00
		71~75	80	25	40	20	4.00~7.00
D组	D_1组	76~78	60	25	30	14~26	5.50
		79~81	70	25	30	14~26	5.50
		82~84	80	25	30	14~26	5.50
		85~87	90	25	30	14~26	5.50
	D_2组	88~90	80	15	30	14~26	5.50
		91~93	80	25	30	14~26	5.50
		94~96	80	35	30	14~26	5.50

注：A、B、C三组中出现的初始剪应力为4.00~7.00MPa指初始剪应力分别为4.00MPa、4.75MPa、5.50MPa、6.25MPa和7.00MPa；D组中出现的初始法向应力为14~26MPa指初始法向应力分别为14MPa、20MPa和26MPa。

4.1.5　硬性接触结构面岩体

采用的岩石为硬质青砂岩，呈青灰色，结构均匀且无明显可观察层理面，细粒结构，平均密度为2600kg/m^3。所有的岩样均用同一块母岩沿同一方向切割而成。将岩样经过切割、端面磨平等工序加工成150mm×120mm×50mm的长方体试块，采用水刀切割形成锯齿状结构面，图4.5为试样的几何尺寸。

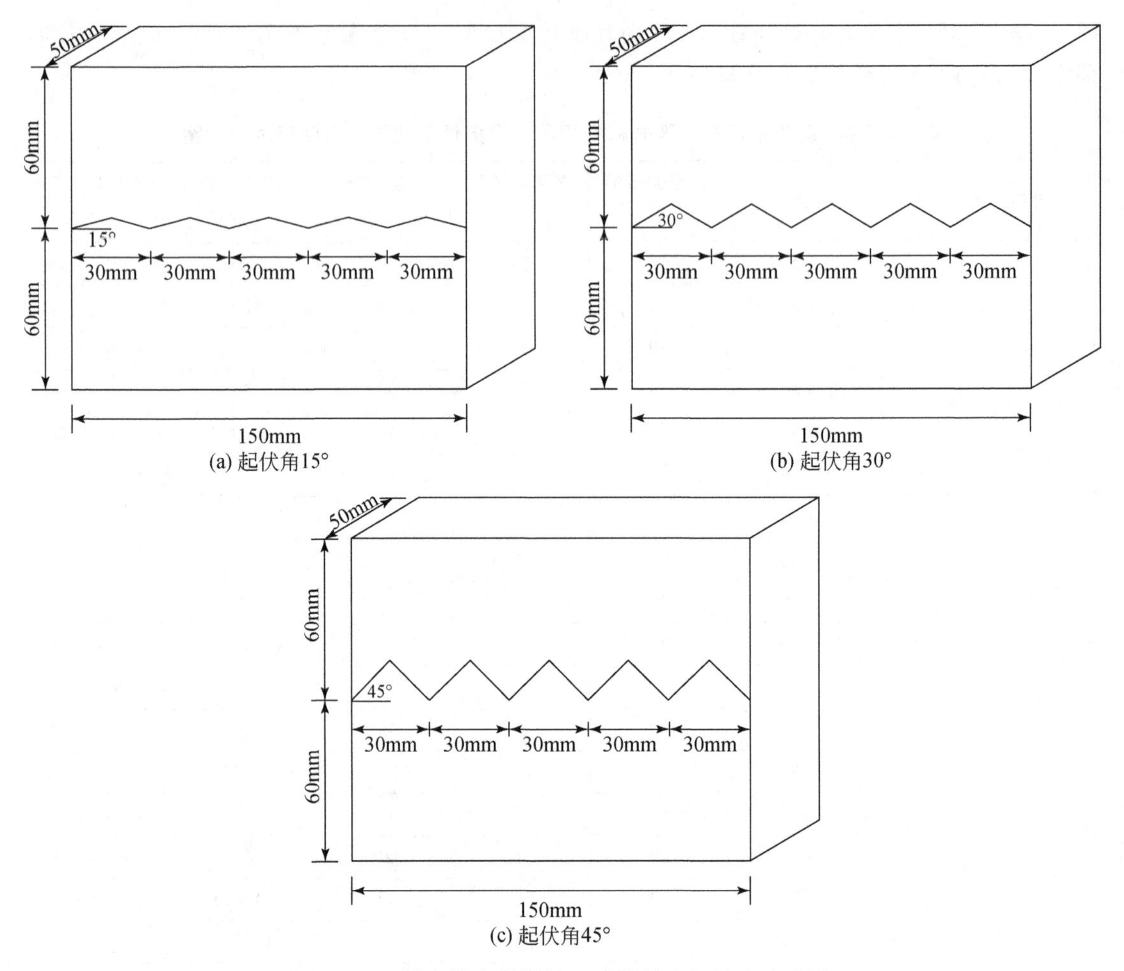

图 4.5 三种含锯齿状结构面试样的几何尺寸示意图

本试验的主要目的是研究法向卸荷条件下岩体结构面的剪切力学行为，进而分析不同因素对岩体结构面剪切特性（剪切强度、法向位移、破坏特征等）的影响。在试验设计中同时考虑了应力水平、起伏角的影响因素，各影响因素在试验中的取值如表 4.5 所示。试验编号中 A 代表起伏角，S 代表初始剪应力，R 代表卸荷速率。例如，编号 UDSTA15S2.7 表示法向卸荷直剪试验结构面起伏角为 15°，初始剪应力为 2.70MPa。

表 4.5 结构面试样法向卸荷-剪切试验分组和试验参数

试样编号	卸荷速率（加载速率）/(kN/min)	起伏角/(°)	初始法向应力(σ_{ni})/MPa	初始剪应力(τ_i)/MPa	试样数
UDSTA15S2.7	5	15	18	2.70	2
UDSTA15S5.3				5.30	2
UDSTA15S8				8.00	2
UDSTA15S10.7				10.70	2
UDSTA15S13.3				13.30	2

续表

试样编号	卸荷速率（加载速率）/(kN/min)	起伏角/(°)	初始法向应力(σ_{ni})/MPa	初始剪应力(τ_i)/MPa	试样数
UDSTA30S2.7	5	30	18	2.70	2
UDSTA30S5.3				5.30	2
UDSTA30S8				8.00	2
UDSTA30S10.7				10.70	2
UDSTA30S13.3				13.30	2
UDSTA45S2.7	5	45	18	2.70	2
UDSTA45S5.3				5.30	2
UDSTA45S8				8.00	2
UDSTA45S10.7				10.70	2
UDSTA45S13.3				13.30	2

4.2　岩石的变形与强度

4.2.1　法向位移和剪位移特征

完整岩石的法向卸荷-剪切试验中，以初始法向应力分别为20MPa和30MPa的砂岩试样为例，试样法向位移（D_n）和剪位移（D_s）随时间的变化曲线如图4.6所示。图中每个加载步骤采用颜色区分，其中，中间灰色区域为第二加载步（加载剪应力），灰色的左侧区域为第一加载步（施加法向应力），灰色的右侧区域为第三加载步（卸载法向应力）。在施加法向应力时，剪应力保持为零，因此将第一加载步的剪位移设为零，即忽略在施加法向应力时试样的侧向膨胀位移。法向位移和剪位移的变化规律主要可以分为三个阶段。

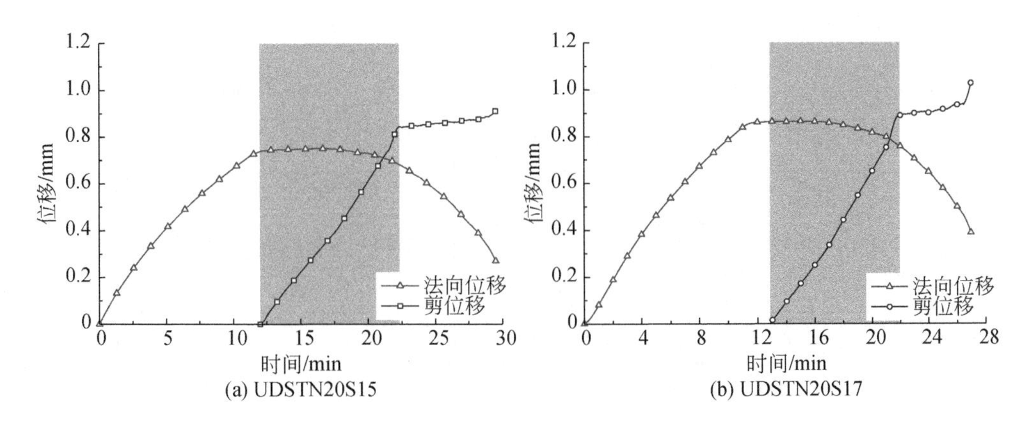

(a) UDSTN20S15　(b) UDSTN20S17

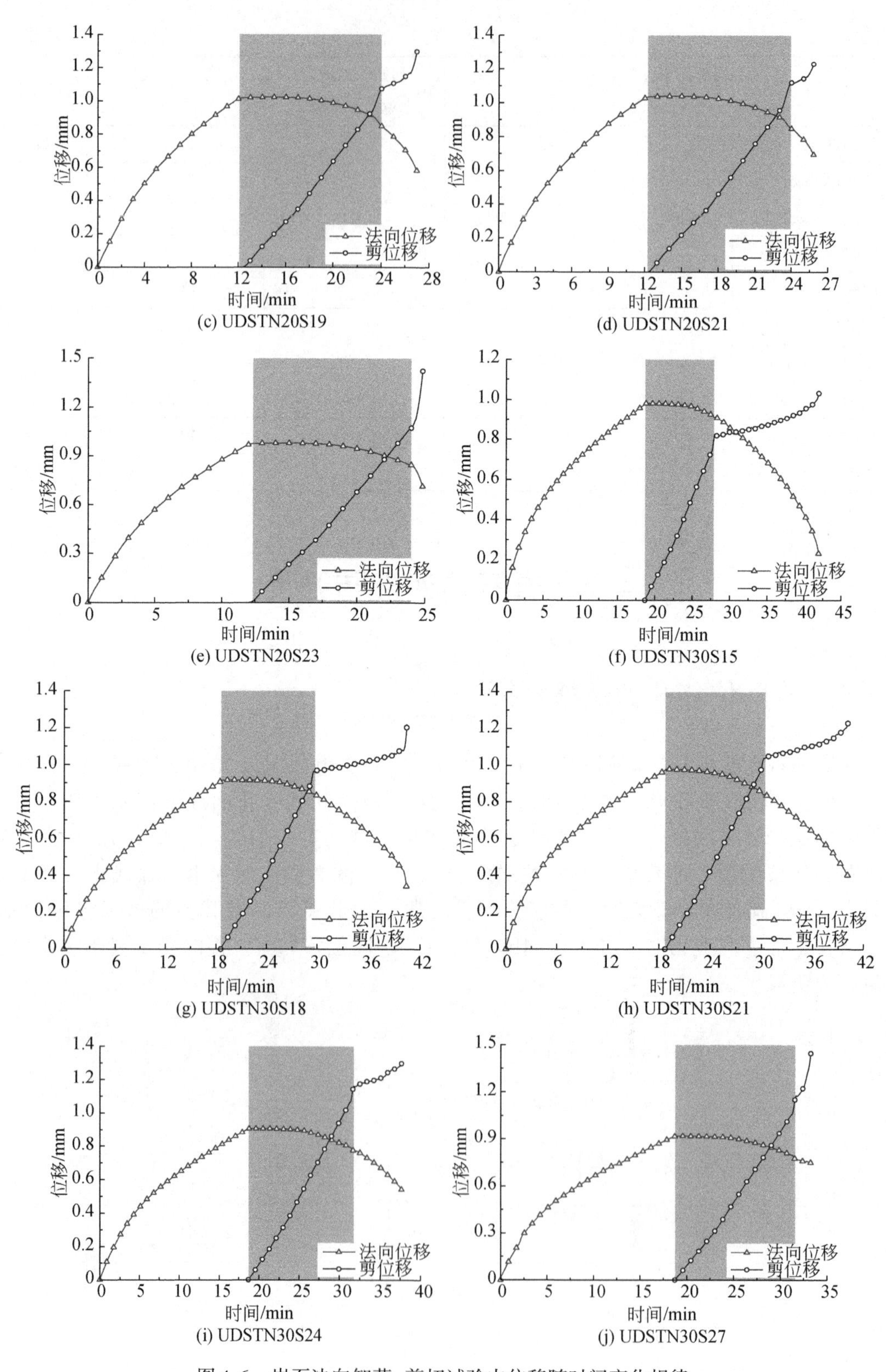

(c) UDSTN20S19
(d) UDSTN20S21
(e) UDSTN20S23
(f) UDSTN30S15
(g) UDSTN30S18
(h) UDSTN30S21
(i) UDSTN30S24
(j) UDSTN30S27

图 4.6　岩石法向卸荷-剪切试验中位移随时间变化规律

（1）施加法向应力时，法向位移随时间呈非线性增大，法向位移的增大速率（法向位移曲线的斜率）逐渐减小。因为加载法向应力时采用应力控制模式，法向应力随时间线性增大。而单轴压缩状态下，岩石的轴向应力和轴向位移呈非线性关系。所以在图 4.6 中施加法向应力时（第一步），法向位移随时间表现为非线性增大。

（2）施加剪应力时，试样承受法向应力和逐渐增大的剪应力。剪应力加载采用位移控制模式，所以砂岩试样的剪位移随时间基本呈线性增大。法向位移随时间逐渐减小，减小速率逐渐增大。法向位移的减小是由两个因素引起的：试样的竖向膨胀和剪胀的发生。剪应力的增大首先使试样在水平方向承受压应力，所以会引起试样在法向方向的膨胀。随着剪应力的增大，试样内部会产生颗粒和颗粒之间的相互错动，并逐渐产生微裂纹。随着剪位移的增大，试样沿倾斜的微裂隙面产生摩擦滑动，从而引起剪胀。所以，在第二加载步中，法向位移随剪应力和剪位移的增大逐渐减小的现象是由试样法向方向的膨胀和剪胀共同引起的。随着剪应力增大，微裂纹逐渐增多，剪胀现象逐渐增强，引起法向位移减小速率增大。

（3）卸载法向应力时，法向应力逐渐减小引起法向的弹性变形释放。另外，随着法向应力的减小和剪位移的增大，试样内部产生更多的微观和宏观的裂纹，试样沿倾斜裂隙面滑动引起剪胀，同样会使试样法向位移减小。所以，在卸载法向应力时，法向位移的减小是由弹性变形回弹和剪胀共同引起的。剪位移随着法向应力的减小逐渐增大。在卸荷初始阶段，剪位移随时间基本呈线性增大。而在卸荷的后期，随着法向应力的减小，试样抵抗剪切变形的能力快速减弱，在试样破坏前，剪位移出现快速增大。

试验过程中，砂岩试样法向位移随剪位移的变化规律如图 4.7 所示。因为在施加法向应力时，剪应力和剪位移为零，所以图 4.7 中曲线表示的是在施加剪应力和卸载法向应力过程中，法向位移随剪位移的变化规律。

施加剪应力时：法向位移随着剪位移的增大逐渐减小，且减小速率逐渐增大。根据岩石材料的基本性质，在一个方向施加荷载时，材料在该方向的收缩（伸长）变形与其垂直方向的伸长（收缩）变形的比值为定值。而图 4.7 所示法向位移在施加剪应力过程中随剪位移呈非线性减小。所以，在该过程中法向位移的减小不仅是剪应力引起的竖向膨胀，而且还产生了一定的剪胀。

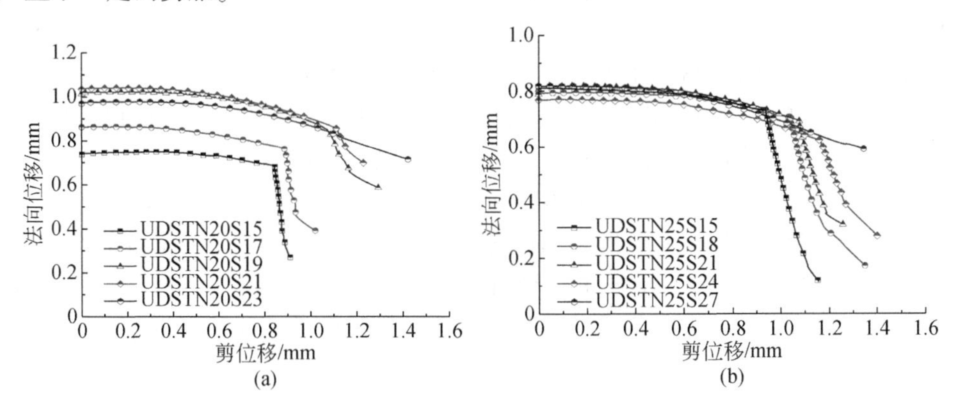

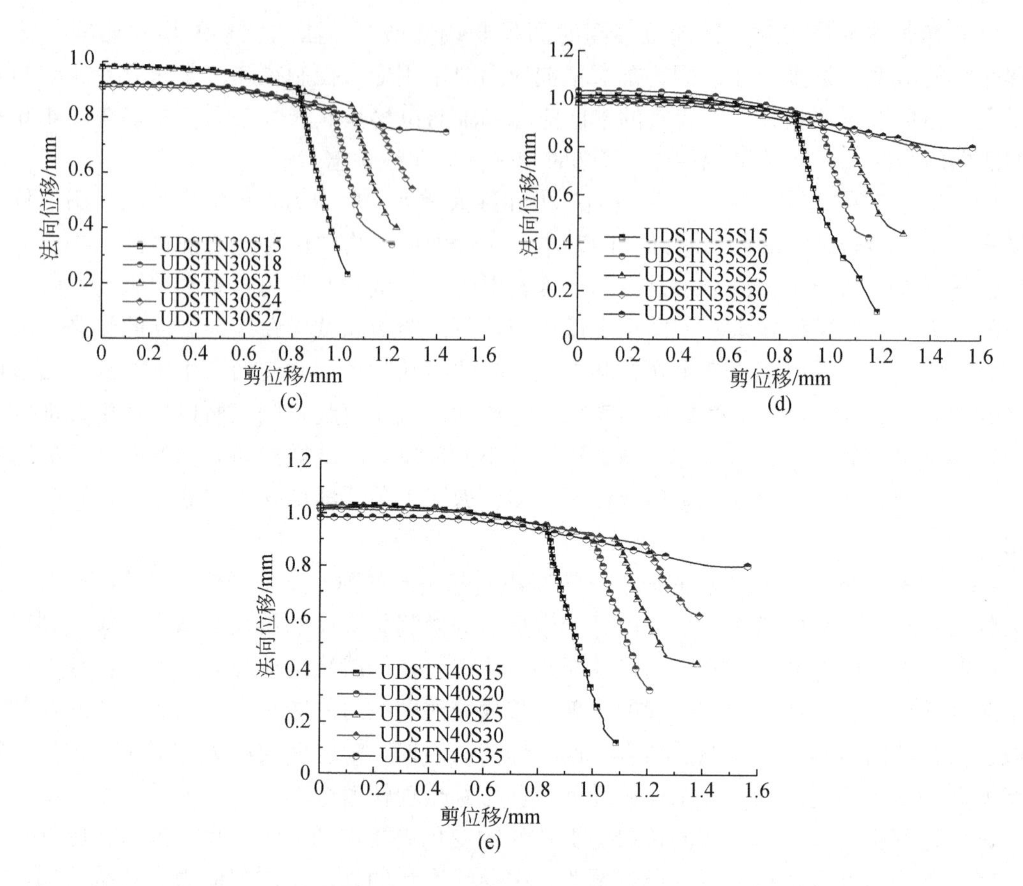

图 4.7　不同初始应力水平下法向位移随剪位移变化曲线

卸载法向荷载时：法向应力的变化规律主要分为两种。

（1）当初始法向应力相对较小时，法向位移快速减小。在卸载法向应力初始阶段，法向位移随剪位移基本呈线性减小。在该阶段，法向位移的减小包括法向弹性变形回弹和部分剪胀变形。在法向应力卸载后期，法向位移的减小速率逐渐减小。这是因为随着剪位移的增大和法向应力的减小，试样剪切面附近产生大量的微观和宏观裂隙。

（2）当初始方向应力较大时，如试样 UDSTN20S23、UDSTN25S27、UDSTN30S27、UDSTN35S35 和 UDSTN40S35，在法向应力卸荷阶段，法向位移并没有快速的减小，而是与加载剪应力阶段变化规律基本一致，或者基本保持不变。这些试样的初始剪应力接近于其对应初始法向应力下的抗剪强度，由图 4.8 可以看出这些试样的法向卸荷量（初始法向应力减去破坏时的法向应力）较小。在试样发生破坏前，试样剪切面上产生大量的塑性变形，齿状裂纹产生更多的齿尖剪断断裂。由于高法向应力、齿尖剪断和塑性变形，试样在法向方向产生较大的压缩变形（引起法向位移增大），而剪胀（引起法向位移减小）减弱。二者和弹性变形回弹相互抵消，最终法向位移表现为缓慢减小或基本保持不变。

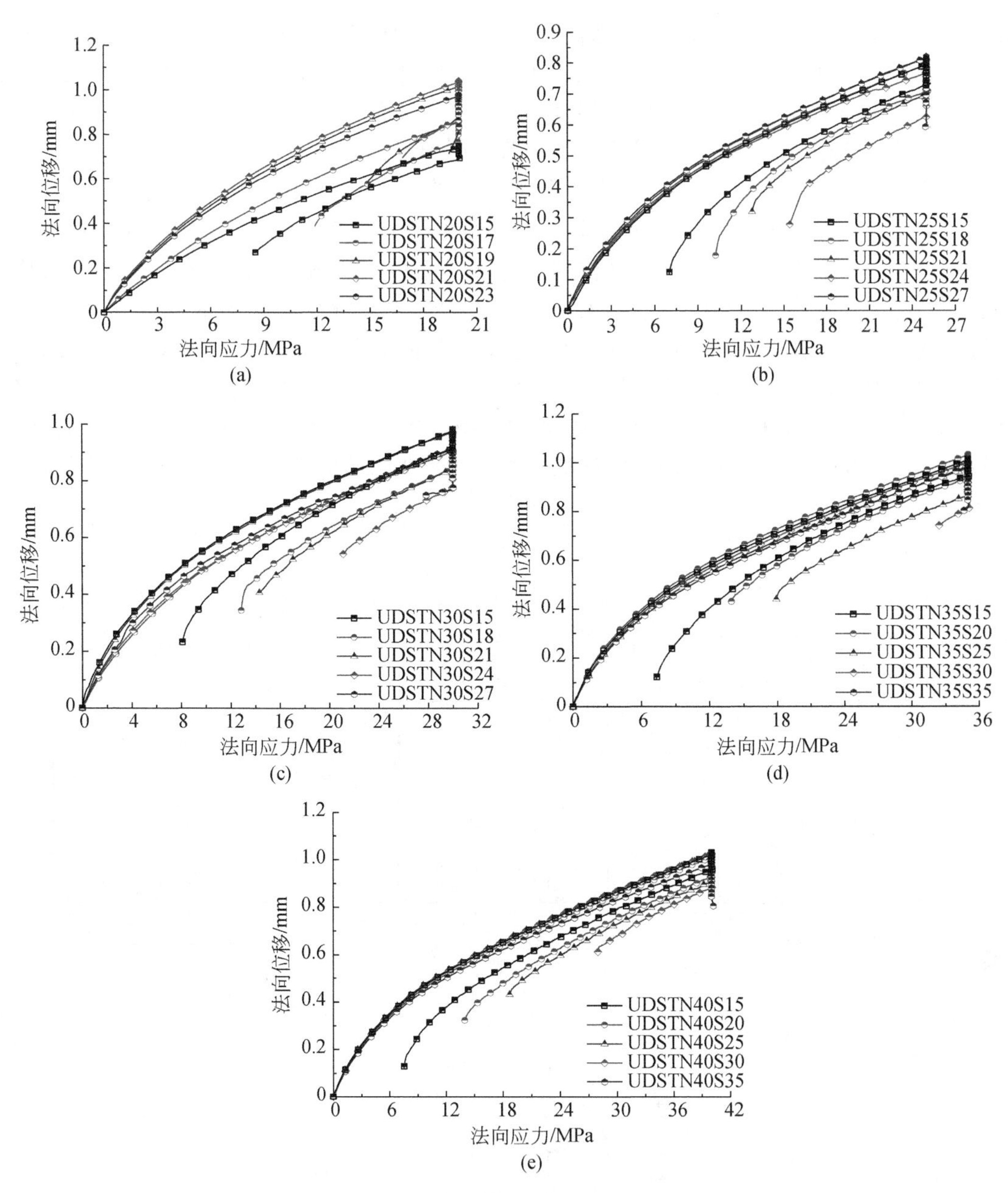

图4.8　不同初始应力下法向位移随法向应力变化曲线

不同初始应力下，法向位移随法向应力的变化曲线如图4.8所示。在施加法向应力时，法向位移随法向应力非线性增大，试样处于单轴压缩状态。当法向应力达到初始法向应力后，法向应力保持不变，剪应力逐渐增大。法向位移逐渐减小，在图4.8中表现为平行于纵轴逐渐减小。卸载法向应力时，法向位移逐渐减小。在卸载初期，试样基本处于弹性状态，法向位移随法向应力基本呈线性变化。当初始法向应力较高时（如25～40MPa），卸荷过程中法向位移与法向应力变化量的比值的绝对值（$|\Delta D_n/\Delta\sigma_n|$，曲线的斜率）与加载过程中相差不大，即卸荷法向刚度（法向应力与法向位移的比值，$|\Delta\sigma_n/\Delta D_n|$）与

加载法向刚度相差不大。但是当初始剪应力较大接近于对应初始法向应力试样的抗剪强度时，试样在很小卸荷量下发生破坏，试样在塑性或弹塑性阶段卸荷，卸荷法向刚度变化较大。而在法向应力卸载后期，法向位移呈非线性变化。因为在这个过程中，试样内部产生大量的裂隙，单位法向应力变化量下产生的剪胀更为明显。

试验过程中剪位移随法向应力的变化规律如图 4.9 所示。因为在施加法向应力过程中，剪应力和剪位移为零。在施加剪应力的过程中，剪位移逐渐增大，法向应力保持不变。所以在图 4.9 中该过程表现为剪位移垂直于横坐标逐渐增大。卸载法向应力过程中，随着法向应力的减小，剪位移逐渐增大。在卸荷初始阶段，剪位移随法向应力的减小基本呈线性增大。在试样破坏前，试样内部产生大量的裂隙和塑性变形，试样抵抗剪切变形的能力减弱，剪位移快速增大。当初始剪应力接近于对应初始法向应力的抗剪强度时（如试样 UDSTN20S23、UDSTN25S27、UDSTN30S27、UDSTN35S35 和 UDSTN40S35），法向卸荷量较小，试样在卸荷过程中很快发生破坏。相同初始法向应力下，初始剪应力越大，卸荷开始时试样的剪位移越大。

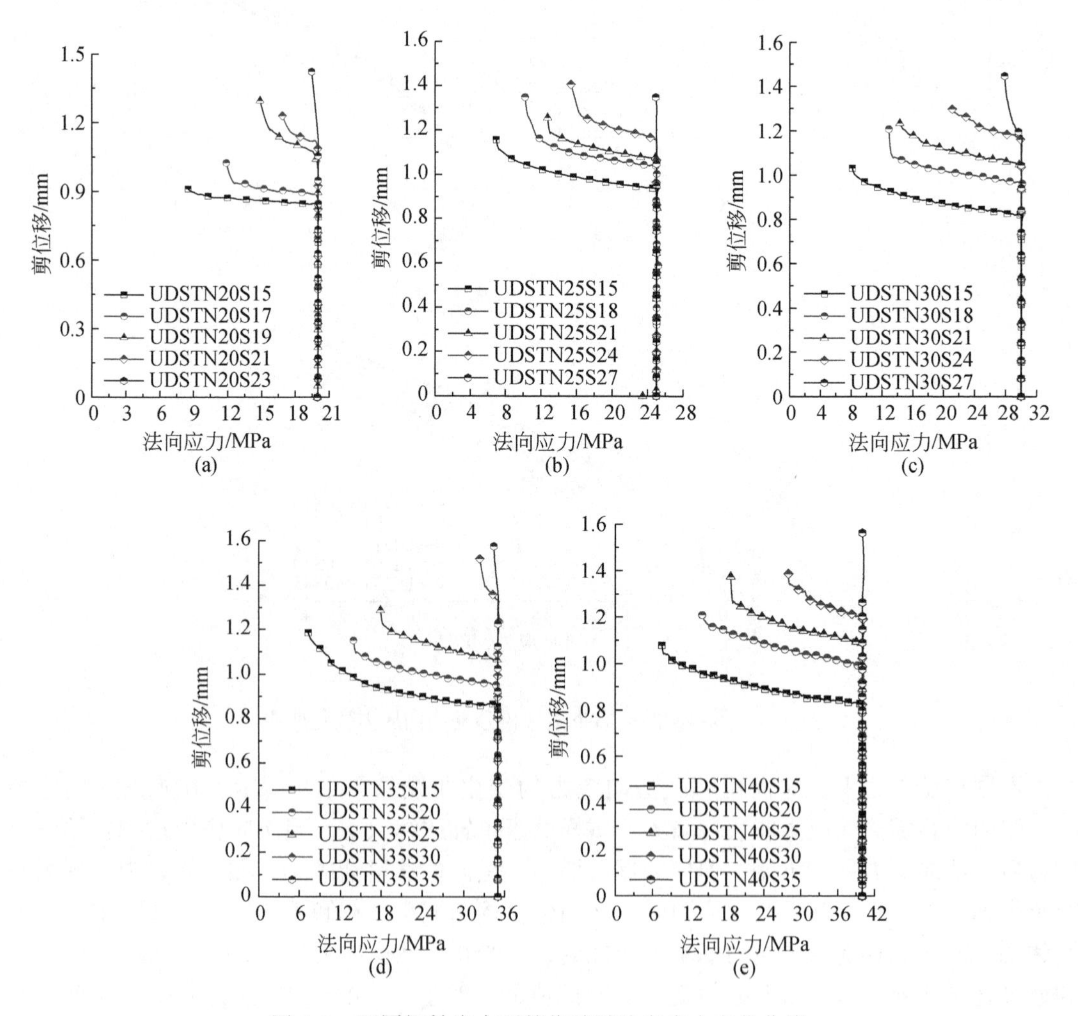

图 4.9 不同初始应力下剪位移随法向应力变化曲线

法向位移和剪位移随法向应力的变化曲线可以简化为如图4.10所示。其中，相同编号的点（如A和a）表示在同一时间点的法向位移和剪位移。法向位移变化曲线为O-A-B-C，剪位移变化曲线为a-b-c。施加法向应力时，法向位移由O点开始逐渐变化到A点，剪应力保持为零。施加剪应力过程中，法向应力由A点变化到B点，剪位移由a点变化到b点。卸载法向应力过程中，法向位移由B点变化到C点，剪位移由b点变化到c点。为了研究初始应力对法向位移和剪位移的影响，分别定义破坏法向位移（D_{nf}）、破坏剪位移（D_{sf}）、卸荷法向位移（D_{nu}）和卸荷剪位移（D_{su}）。其中，破坏法向位移为试样发生破坏时的法向位移，即C点法向位移；破坏剪位移为试样发生破坏时的剪位移，即c点的剪位移；卸荷法向位移为卸荷过程中产生的法向位移，即B点到C点的位移（C点法向位移减去B点法向位移）；卸荷剪位移为卸荷过程中产生剪位移，即b点到c点的位移（c点剪位移减去b点剪位移）。

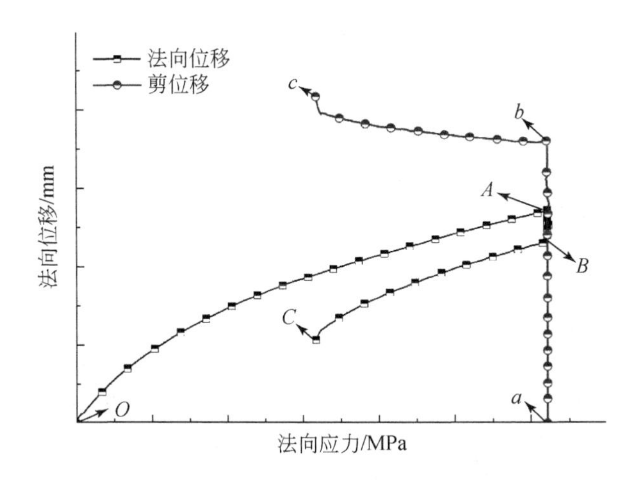

图4.10　法向位移和剪位移随法向应力变化曲线

不同初始应力下，试样的破坏法向位移和破坏剪位移随初始剪应力的变化规律如图4.11所示。相同初始法向应力下，随着初始剪应力的增大，破坏法向位移逐渐增大。相同初始法向应力下，如果将岩石试样看作均质材料，那么在施加初始法向应力的过程中产生的法向位移相同。图4.11的法向位移随法向应力的变化曲线表明在施加法向应力过程中法向位移相差不大。虽然在施加剪应力的过程中，随着初始剪应力的增大，试样产生的法向膨胀和剪胀位移逐渐增大（图4.9）。但是，初始剪应力增大，试样发生破坏时剪切面上承受的剪应力越高，试样就会在更高的法向应力下发生破坏，即相同初始法向应力下，初始剪应力越高，卸荷量越小，在卸荷过程中引起的弹性变形回弹越小。换言之，初始剪应力越大，试样发生破坏时的法向应力越大，试样在法向方向的变形越大。所以，随着初始剪应力的增大，破坏法向位移逐渐增大。而在相同初始剪应力下（如$\tau_i = 15$MPa），破坏法向位移与初始法向应力没有明显的规律，即一方面，初始法向应力对破坏法向位移的影响不大，破坏法向位移对初始法向应力不敏感。另一方面，相同初始法向应力下，破坏剪位移整体表现为随初始剪应力的增大逐渐增大。在相同法向应力下，较高的剪应力会产生较大的剪位移。

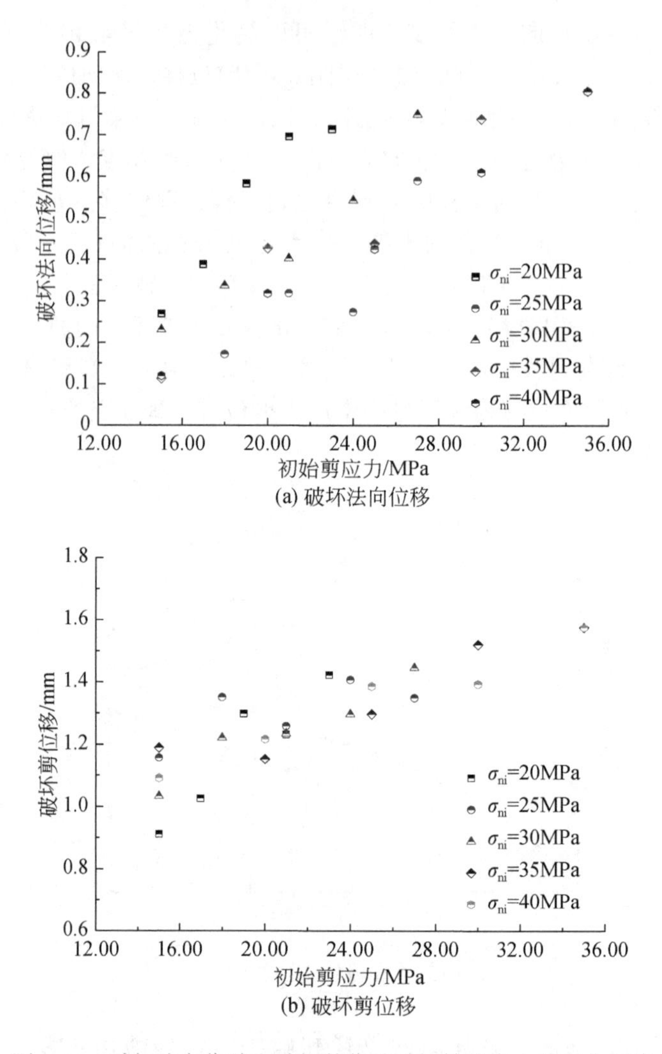

(a) 破坏法向位移

(b) 破坏剪位移

图 4. 11　破坏法向位移和破坏剪位移随初始剪应力的变化规律

卸荷法向位移和卸荷剪位移随初始剪应力的变化规律如图 4. 12 所示。卸荷法向位移表示试样在法向卸荷过程中产生的位移，即图 4. 10 中 C 点的法向位移减去 B 点的法向位移。因为在卸荷过程中，试样会产生剪胀和弹性变形回弹，所以在这个过程中法向位移减小，即卸荷法向位移为负值。为了更好地分析法向位移在卸荷过程中变化量的大小和规律，图 4. 12（a）给出了卸荷法向位移绝对值（$|D_{nu}|$）的变化规律，由图可知，相同初始法向应力下，卸荷法向位移绝对值随着初始剪应力的增大逐渐减小。一方面，在相同初始法向应力下，初始剪应力越大，在法向卸荷过程中产生的塑性变形越大，而塑性变形不能恢复释放。另一方面，初始剪应力越大，试样破坏时的法向应力会越高。相同初始法向应力条件下，卸荷量随初始剪应力的增大而减小，卸荷过程中的弹性变形回弹同样会减小。而卸荷剪位移与初始剪应力的关系并不明显。卸荷剪位移更多地表现为在一个范围内波动。同样的，初始法向应力对卸荷剪应力的影响同样有限。因此，初始剪应力对卸荷剪位移的影响很小，或者说卸荷剪位移对初始剪应力不敏感。

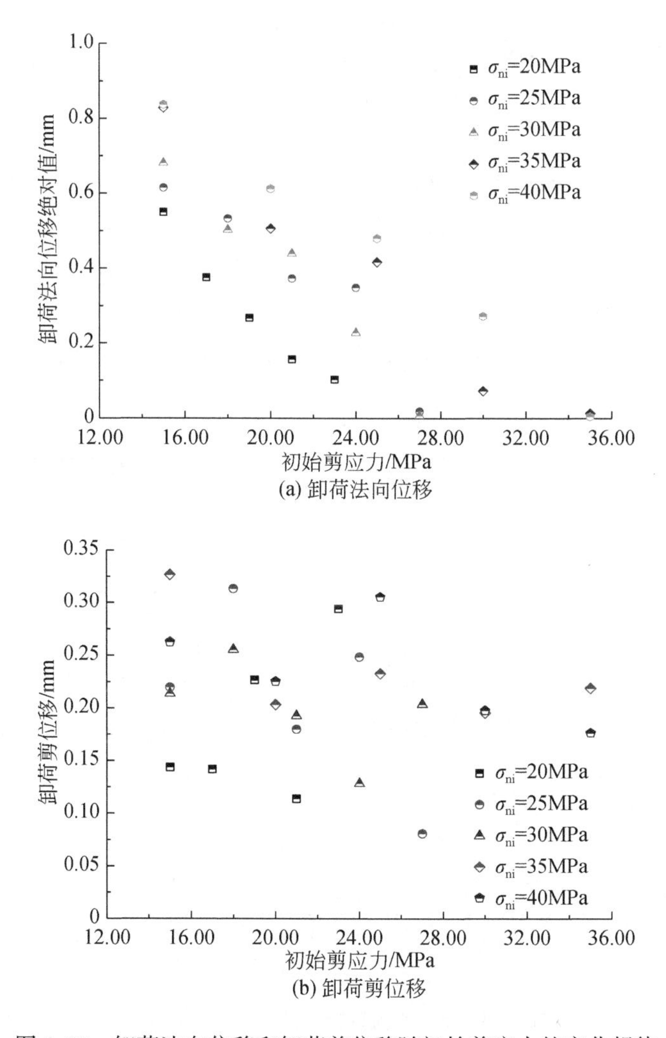

(a) 卸荷法向位移

(b) 卸荷剪位移

图4.12 卸荷法向位移和卸荷剪位移随初始剪应力的变化规律

4.2.2 初始应力对强度的影响

定义卸荷量（$\Delta\sigma_n$）为试样在法向卸荷过程中法向应力的减小量：

$$\Delta\sigma_n = \sigma_{ni} - \sigma_{nf} \tag{4.1}$$

式中，σ_{nf}为破坏法向应力，即试样发生破坏时剪切面上的法向应力。不同初始剪应力下卸荷量的变化特征如图4.13所示。相同初始法向应力下，试样的卸荷量随初始剪应力的增大基本呈线性减小。初始剪应力越高，破坏时的法向应力越大，在相同初始法向应力下，法向的卸荷量就越小。由图4.13同样可以看出，在相同初始剪应力的条件下，初始法向应力越大，卸荷量越大。对卸荷量进行线性拟合可以得到卸荷量与初始剪应力的关系。因为卸荷量与初始剪应力基本呈线性关系，所以卸荷量可以用下式表示：

$$\Delta\sigma_{n}=a\tau_{i}+b \tag{4.2}$$

式中，a 和 b 为和材料相关的拟合常数。等号左右两端分别对 τ_i 求导可得

$$\frac{d\Delta\sigma_{n}}{d\tau_{i}}=a \tag{4.3}$$

由此可知，参数 a 表示卸荷量随初始剪应力的变化速率，代表了卸荷量对初始剪应力的敏感程度。当 a 大于零时，卸荷量随初始剪应力的增大而增大；当 a 小于零时，卸荷量随初始剪应力的增大而减小；当 a 等于零时，卸荷量不随初始剪应力的变化而变化。当卸荷量为零时表示剪应力达到初始剪应力后，法向应力未卸荷试样就发生破坏。因此，卸荷量为零时表示的是加载直剪试验，初始剪应力就是试样的抗剪强度，此时：

$$\tau_{f}=\tau_{i}=-\frac{b}{a} \tag{4.4}$$

所以，参数 b 和参数 a 的比值的绝对值表示试样在对应法向应力下的抗剪强度。

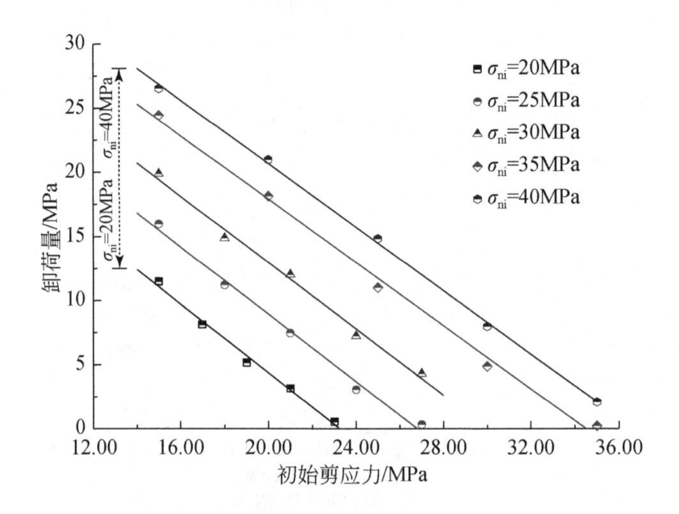

图 4.13　卸荷量随初始剪应力的变化规律

通过线性拟合得到不同初始法向应力下参数 a 和 b 的值如表 4.6 和图 4.14 所示。不同初始法向应力下参数 a 均小于零，且随着初始法向应力的增大逐渐增大。所以，在初始法向应力在 20～40MPa 范围内时，法向卸荷直剪试验中，砂岩的法向卸荷量随初始剪应力的增大而减小。参数 b 均大于零，且随着初始法向应力的增大而逐渐增大。所以，参数 b 和 a 的比值的绝对值，随着初始法向应力的增大逐渐增大。这与岩石抗剪强度随法向应力的增大而增大的基本力学特性相符。两个参数与初始法向应力的关系可分别用下列表达式描述：

$$a=0.0058\sigma_{ni}-1.46 \tag{4.5}$$

$$b=0.72\sigma_{ni}+17.15 \tag{4.6}$$

参数 a 虽然随初始法向应力的增大而增大，但其线性表达式中初始法向应力的系数仅为 0.0058。由此可以看出，初始法向应力对参数 a 的影响很小。

表4.6　不同初始法向应力下参数 a 和 b 的值

初始法向应力/MPa	参数 a	参数 b
20	-1.3425	31.20
25	-1.315	35.23
30	-1.2933	38.83
35	-1.2344	42.60
40	-1.2382	45.45

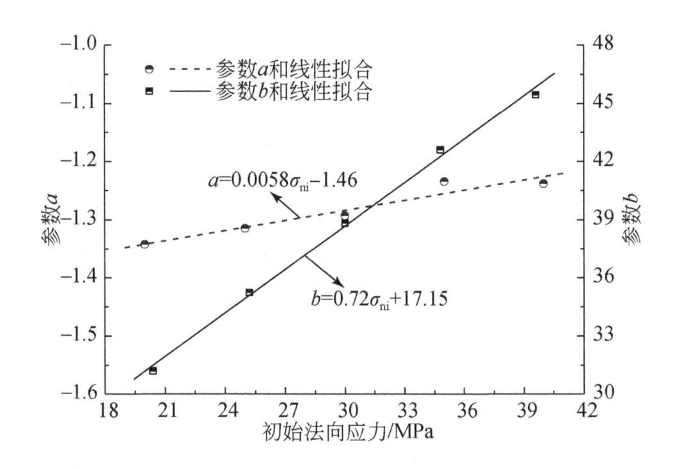

图4.14　拟合参数 a 和 b 与初始法向应力的关系

试样破坏时的法向力为试样发生破坏时的法向应力，其与初始剪应力的关系如图4.15所示。随着初始剪应力的增大，破坏法向应力逐渐增大。在试验过程中，剪应力施加到初始剪应力后保持不变。因此，初始剪应力就是试样破坏时的剪应力，即破坏剪应力。随着初始应力的增大，试样在卸荷过程中越容易发生破坏，试样卸荷量越小。法向卸荷直剪试验中砂岩试样的破坏法向应力和初始剪应力的关系可以用线性表达式描述：

$$\sigma_{\mathrm{nf}}=A\tau_{\mathrm{i}}+B \tag{4.7}$$

或

$$\tau_{\mathrm{i}}=\frac{1}{A}\sigma_{\mathrm{nf}}-\frac{B}{A} \tag{4.8}$$

式中，A 和 B 为拟合参数。如上文所述，破坏法向应力为试样发生破坏时的法向应力，初始剪应力等于试样发生破坏时的剪应力。所以，试样发生破坏时剪切面上承受的法向应力和剪应力之间存在线性相关的关系，因此式（4.8）可以改写为莫尔-库仑（M-C）屈服准则形式：

$$\tau_{\mathrm{f}}=\sigma_{\mathrm{nf}}\tan\varphi+c \tag{4.9}$$

式中，φ 为法向卸荷条件下试样的内摩擦角，（°）；c 为法向卸荷条件下试样的黏聚力，MPa。由此可知，法向卸荷直剪试验中，试样的破坏法向应力和破坏剪应力可以用M-C屈服准则描述，即法向卸荷直剪试验中试样的抗剪强度同样服从M-C屈服准则。

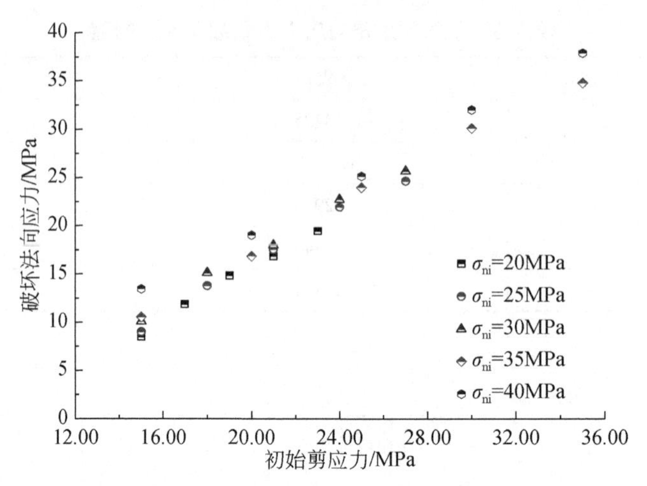

图 4.15　破坏法向应力与初始剪应力的关系

通过试验数据可以得到不同初始法向应力条件下，砂岩试样的内摩擦角和黏聚力如表4.7 和图 4.16 所示。加载直剪条件下，砂岩的黏聚力为 11.22MPa，内摩擦角为35.90°。砂岩试样在加载直剪试验中的抗剪强度可用 M-C 屈服准则描述：

$$\tau_f = \sigma_n \tan 35.90° + 11.22 \tag{4.10}$$

表 4.7　直剪试验中砂岩试样黏聚力和内摩擦角

试验	初始法向应力/MPa	黏聚力/MPa	内摩擦角/(°)
法向卸荷直剪试验	20	8.43	36.87
	25	7.87	37.06
	30	6.94	37.48
	35	6.25	38.88
	40	4.42	38.90
加载直剪试验		11.22	35.90

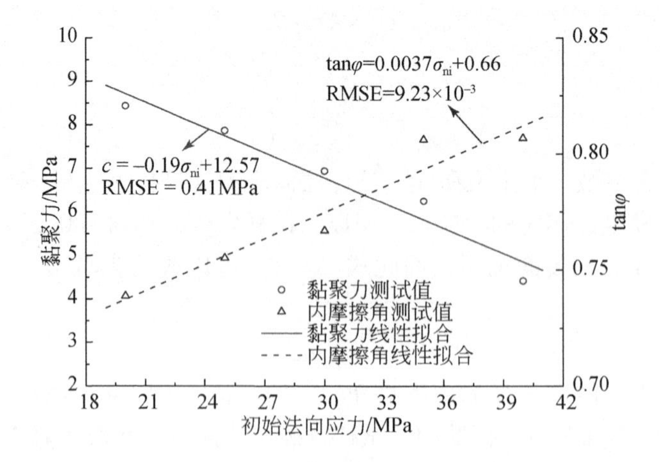

图 4.16　砂岩试样黏聚力、内摩擦角与初始法向应力的关系

在法向卸荷直剪试验中，黏聚力随着初始法向应力的增大逐渐减小。初始法向应力由 20MPa 增大到 40MPa，黏聚力由 8.43MPa 减小到 4.42MPa，减小了 47.57%。而内摩擦角随着初始法向应力的增大逐渐增大，初始法向应力由 20MPa 增大到 40MPa，内摩擦角由 36.46°增大到 38.90°，增大了 6.27%。在所有法向卸荷直剪试验中，试样的黏聚力均小于加载直剪试验中试样的黏聚力，所有法向卸荷直剪试验中试样的内摩擦角均大于加载直剪试验中砂岩试样的内摩擦角。所以，法向卸荷会使试样的黏聚力减小，内摩擦角增大，但初始法向应力对黏聚力的影响明显大于对内摩擦角的影响。如图 4.16 所示，法向卸荷直剪试验中，砂岩试样黏聚力和内摩擦角正切值均随初始法向应力线性变化，可分别用下式描述：

$$c=-0.19\sigma_{ni}+12.57 \tag{4.11}$$

$$\tan\varphi=3.74\times10^{-3}\sigma_{ni}+0.66 \tag{4.12}$$

为了研究初始法向应力和初始剪应力对试样强度的影响，将初始法向应力、初始剪应力和破坏法向应力放在三维坐标系中，如图 4.17 所示。其中初始剪应力等于试样的破坏剪应力，同样可以看作是试样的抗剪强度。在三维坐标系中，三者的关系可以用一个曲面来表示，定义该曲面为强度包络曲面。其中，相同初始法向应力下，曲面在初始剪应力-

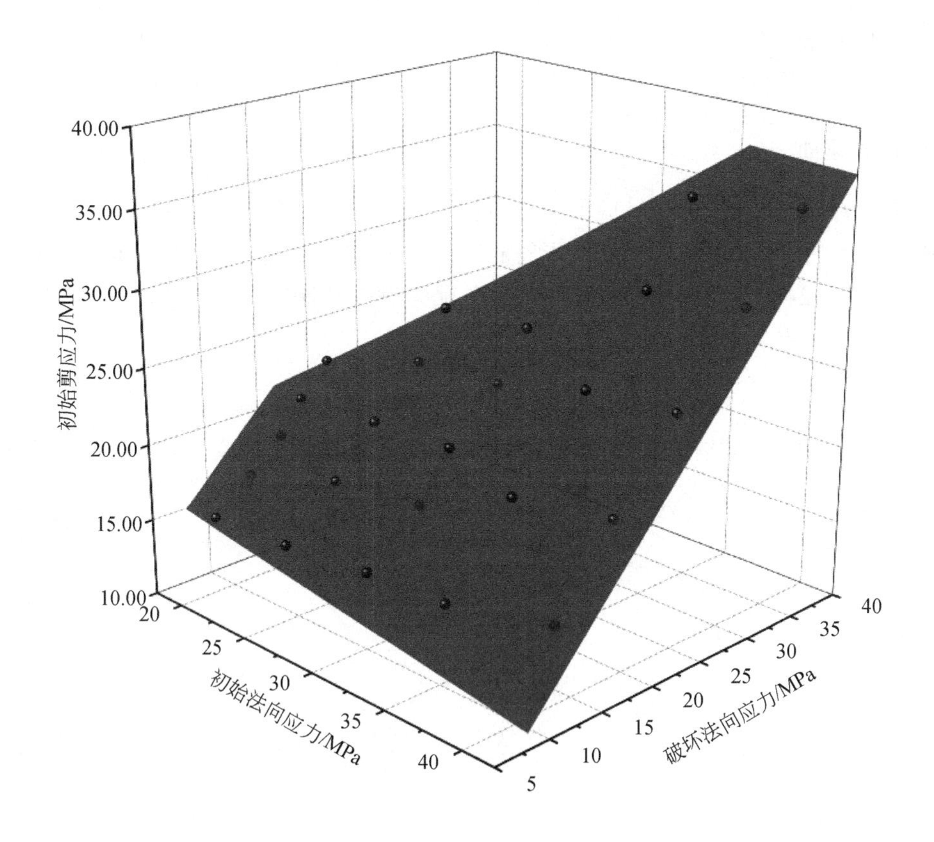

图 4.17　三维坐标系中强度包络曲面和测试数据

破坏法向应力平面上的投影即为该初始法向应力下的强度包络线。因此，图 4.17 的强度包络面可以看作是一条直线在空间移动形成的曲面。所以强度包络面可以用二次曲面方程表示：

$$\tau_f = j\sigma_{ni} + k\sigma_{nf} + l\sigma_{ni}\sigma_{nf} + m, \sigma_{nf} < \sigma_{ni} \tag{4.13}$$

式（4.13）可以改写成 M-C 屈服准则形式：

$$\tau_f = (l\sigma_{ni} + k)\sigma_{nf} + j\sigma_{ni} + m, \sigma_{nf} < \sigma_{ni} \tag{4.14}$$

式中，$l\sigma_{ni}+k$ 为内摩擦角的正切值，是关于初始法向应力的线性方程；$j\sigma_{ni}+m$ 是黏聚力，同样是关于初始法向应力的线性方程。将式（4.11）和式（4.12）代入式（4.14）可以得到强度包络面的表达式：

$$\tau_f = (3.74\times10^{-3}\sigma_{ni} + 0.66)\sigma_{nf} - 0.19\sigma_{ni} + 12.57, \sigma_{nf} < \sigma_{ni} \tag{4.15}$$

采用式（4.15）描述的试验结果，得到的均方根差只有 0.58MPa，所以可以采用二次曲面来表示初始法向应力、初始剪应力和破坏法向应力的关系。

4.3 单裂隙岩体的变形与强度

4.3.1 变形特征

1. 位移时程曲线

单裂隙砂岩法向卸荷-剪切试验的典型时间-位移曲线如图 4.18 所示，不同夹角 β 及应力水平条件下岩样的时间-位移曲线形态相似。以 $\beta=40°$、$\sigma_{ni}=24$MPa、$\tau_i=6.00$MPa 及夹角 $\beta=0°$、$\sigma_{ni}=24$MPa、$\tau_i=10.00$MPa 两类工况为例进行阐述，图 4.18 中虚线是两相邻加载步骤之间的界限。

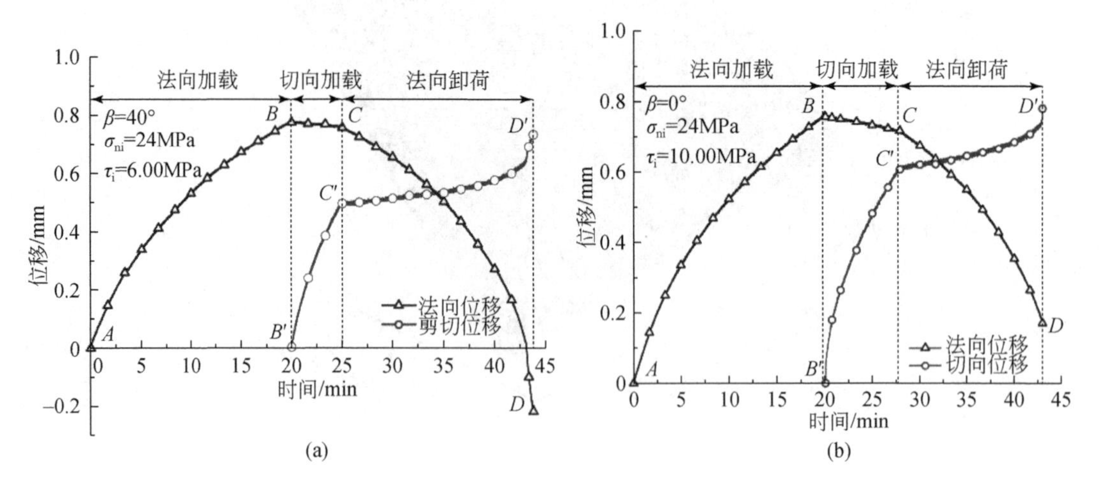

图 4.18　单裂隙岩体法向卸荷-剪切试验的典型时间-位移曲线

(1) 第一阶段，法向应力施加阶段（AB、AB'段）：剪应力为零，法向应力逐渐增加至预定目标值，试样处于单轴压缩状态。初始阶段法向位移曲线起始阶段呈上“凸”状(即压密阶段变形相对较快)。随着法向应力继续增加，法向变形逐渐进入线弹性变形阶段。当法向应力达到目标初始法向应力时，法向位移达到最大值。

(2) 第二阶段，剪应力施加阶段（BC、$B'C'$段）：剪应力逐渐增大，法向应力保持不变，试样处于压剪应力状态。在剪应力加载过程中，随着剪应力的增大，法向位移略有减小。这是因为在剪切过程中，剪切位移随着剪应力的增大近线性增大，剪切面会沿颗粒间微缺陷表面产生“爬升”现象，从而引起微小的剪胀行为，致使法向位移少量减小。

(3) 第三阶段，法向应力卸荷阶段（CD、$C'D'$段）：此阶段剪应力不变，法向应力逐渐减小致试件破坏。此法向卸荷过程，法向位移明显减小，而剪切位移相对较慢速增大。法向变形向卸荷方向上出现明显变形，主要可能有两个原因：①法向卸荷过程中试样向卸荷方向弹性回弹变形；②法向卸荷诱发剪切破坏应力降低，使得剪切位移累积及岩样剪切损伤，增加了剪胀导致法向位移减小的可能性。对比卸荷过程中法向及剪切位移的变化速率，可发现在宏观破裂发生前，剪切变形速率相对较缓慢而法向卸荷变形的速率却相对快得多。临近破坏时，剪切位移突然快速增大，表明法向卸荷降低了试样抵抗剪切破坏的能力，致使试件最终在剪应力作用下破裂贯通。

2. 卸荷过程中的特征位移

在法向卸荷过程中，法向位移逐渐减小，剪切位移逐渐增大。将第三阶段卸荷过程中法向位移和剪切位移变化量的绝对值分别定义为卸荷法向位移和卸荷剪位移（即卸荷起始点 C、C'至试样整体破坏点 D、D'的过程中位移变化量)，计算公式为

$$D_{\mathrm{un}}=\left|D_C-D_D\right| \tag{4.16}$$

$$D_{\mathrm{us}}=\left|D_{C'}-D_{D'}\right| \tag{4.17}$$

式中，D_{un}和 D_{us}分别为卸荷法向位移和卸荷剪切位移；D_C 和 D_D 分别为 C、D 点的法向位移；$D_{C'}$和 $D_{D'}$分别为 C'和 D'点的剪切位移。

卸荷法向位移和卸荷剪切位移受初始应力和夹角 β 的影响显著，如图 4.19 所示。

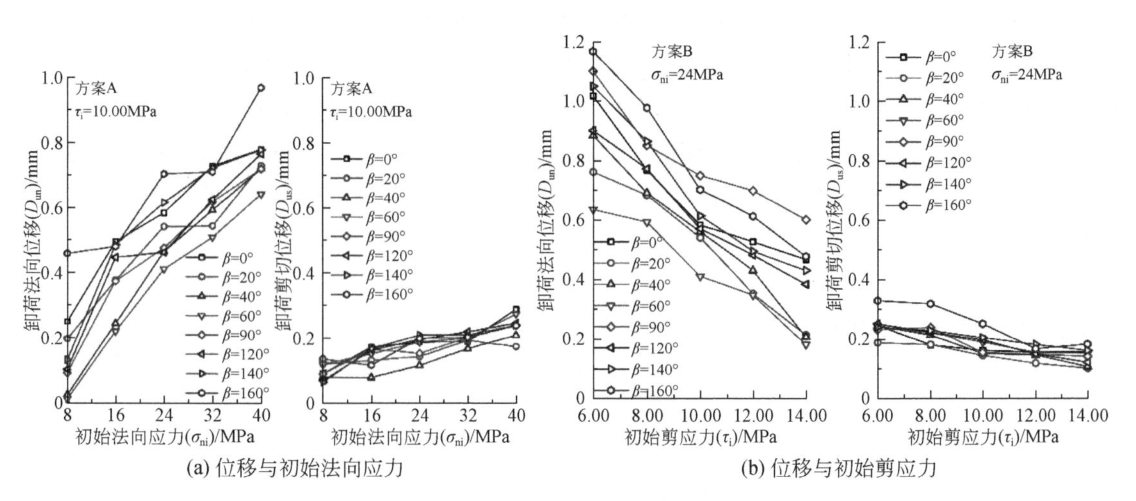

(a) 位移与初始法向应力　(b) 位移与初始剪应力

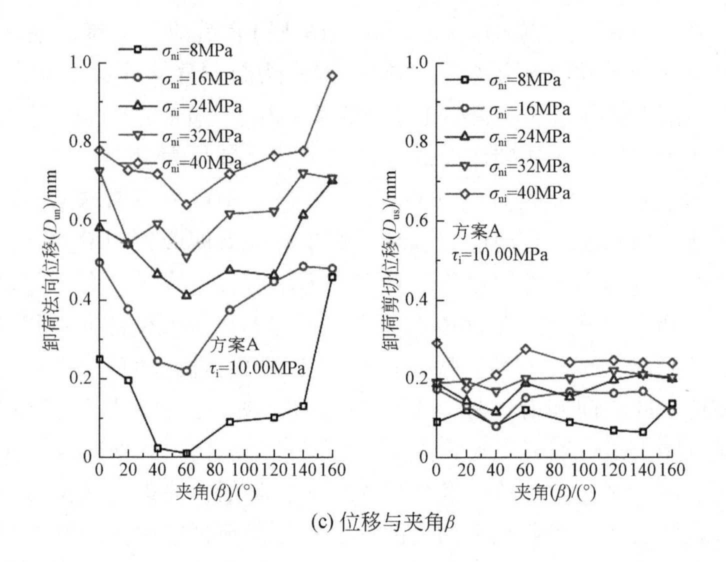

(c) 位移与夹角β

图 4.19　卸荷法向位移和卸荷剪切位移变化

(1) 初始法向应力的影响：如图 4.19（a）所示，方案 A 中（剪应力恒定为 10MPa），卸荷法向位移和卸荷剪切位移随着初始法向应力的增大整体上逐渐增大。特别是初始法向应力越高，卸荷至试件破坏过程中将产生越多法向回弹变形，然而这一过程中剪切变形增加相对较小。

(2) 初始剪应力的影响：如图 4.19（b）所示，方案 B 中（法向应力恒定为 24MPa），卸荷法向位移和卸荷剪切位移随着初始剪应力的增大而逐渐减小。初始剪应力较大时，试样会在较高的法向应力发生破坏，因此卸荷过程产生较小的位移试件就将破坏。在卸荷剪切位移方面，相同初始法向应力条件下，随着初始剪应力的增大，在第一步法向加载和第二步切向加载会产生更大的剪切变形，更接近于岩石的临界破坏点。因此在卸荷阶段，由开始卸荷至试样破坏过程中剪切变形随初始剪应力的增大而减小。

(3) 相同初始应力条件下，卸荷法向位移随夹角 β 的增加，先减小后增大，在 $\beta=60°$ 处达到最小值，如图 4.19（c）所示，而卸荷剪切位移随此夹角的变化幅度较小。

总体来说，法向卸荷条件下岩样剪切破坏过程中，初始应力、裂隙与剪切方向夹角均对法向变形的影响较明显，而对剪切方向的变形影响相对较小。这也许可以说明，法向卸荷不仅使得抗剪能力的降低，也会造成在卸荷方向的变形显著增大。由于卸荷过程中法向卸荷变形与法向应力的方向相反，即岩石克服法向应力做负功，从热力学的角度，这一过程将会造成岩石内部因能量耗散而损伤。

4.3.2　强度特征

1. 卸荷量

定义初始法向应力与试样破坏时的法向应力之差为卸荷量（$\Delta\sigma$），其计算式为

$$\Delta\sigma=\sigma_{ni}-\sigma_{f} \tag{4.18}$$

式中，σ_{ni}为初始法向应力；σ_{f}为破坏法向应力。

卸荷量随初始应力和夹角β的变化规律如图4.20所示。

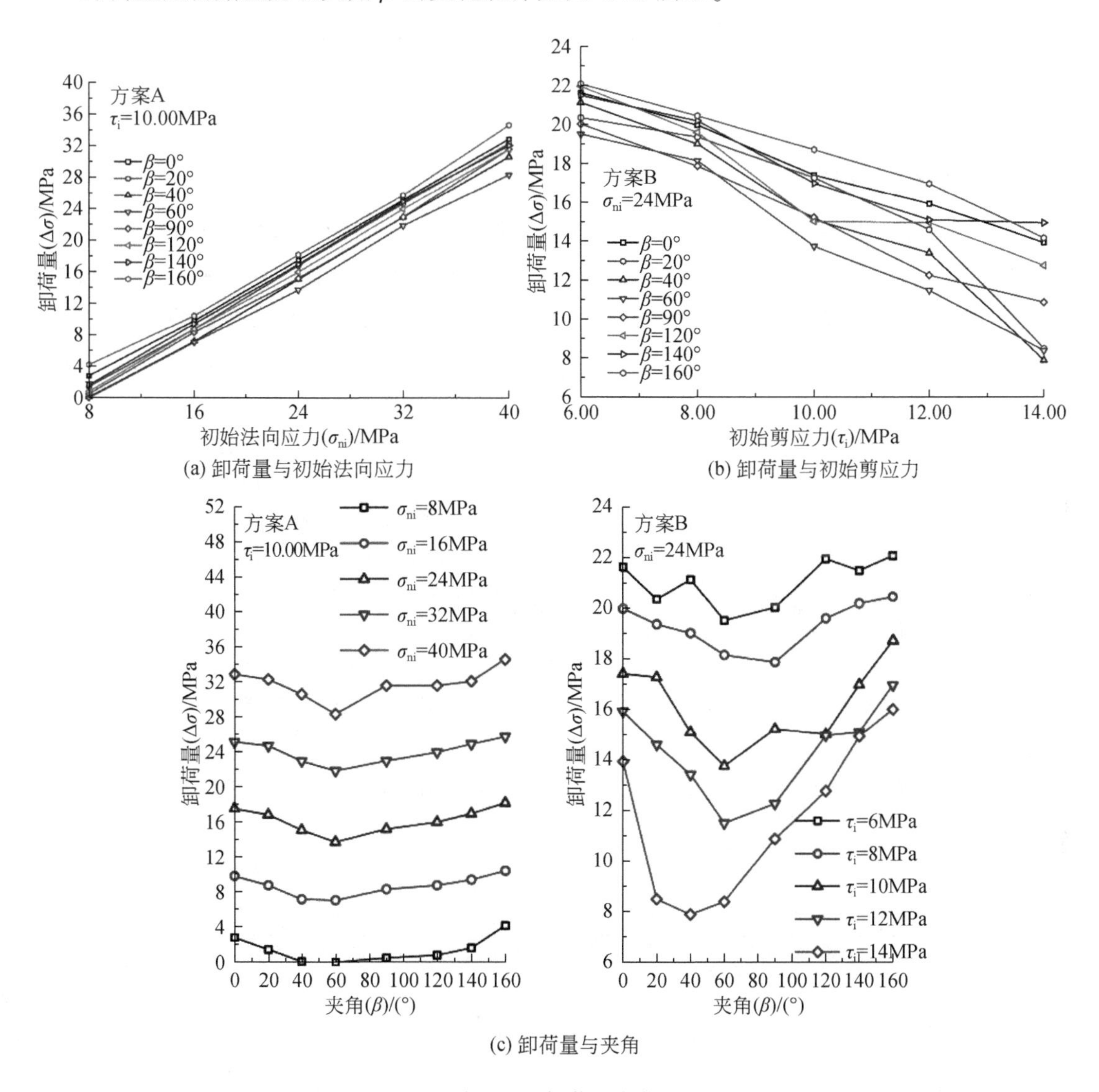

(a) 卸荷量与初始法向应力　(b) 卸荷量与初始剪应力

(c) 卸荷量与夹角

图4.20 卸荷量变化

（1）方案A中，初始剪应力相同，卸荷量随初始法向应力的增大呈线性增加，这是由于相同初始剪应力条件下，试样发生卸荷破坏时的法向应力相近，因此初始法向应力越大，卸荷量也越大。

（2）方案B中，初始法向应力相同，卸荷量随初始剪应力的增大而减小。这是因为随着初始剪应力的增大，试样会在更高的法向应力下发生破坏。因此，法向应力卸荷量会随剪应力的增大而逐渐减小。相同初始法向应力条件下，卸荷量衡量了单裂隙试样发生卸荷破坏的难易程度，卸荷量越大，试样越不容易发生卸荷破坏，即试样强度越高。

（3）相同初始应力条件下，卸荷量随夹角的增大均表现为先减小后增大。九组不同应力水平中，有六组试样的卸荷量在 $\beta=60°$时最小，两组试样的卸荷量在 $\beta=40°$时最小，一组试样的卸荷量在 $\beta=90°$时最小。因此，可以认为夹角为 60°时试样的剪切强度最小，卸荷量最小。夹角为 40°、60°、90°时，试样的破坏模式以张剪混合破坏为主（有少量张拉破坏模式）。试样贯通裂隙中，以张拉裂纹为主，而岩石的抗拉强度小于剪切强度，因此强度较低，即卸荷量较小。

2. 卸荷破坏应力状态

定义发生卸荷破坏瞬间的法向应力为破坏法向应力（σ_f）。破坏法向应力与夹角（β）的关系如图 4.21 所示，破坏法向应力随夹角（β）的增大先逐渐增大再逐渐减小。在相同初始剪应力条件下，破坏法向应力越大代表在卸荷过程中试样越容易发生破坏，即抗剪强度越低。夹角 $\beta=60°$时，试样的破坏法向应力最大，即夹角 $\beta=60°$时，试样的抗剪强度最低。

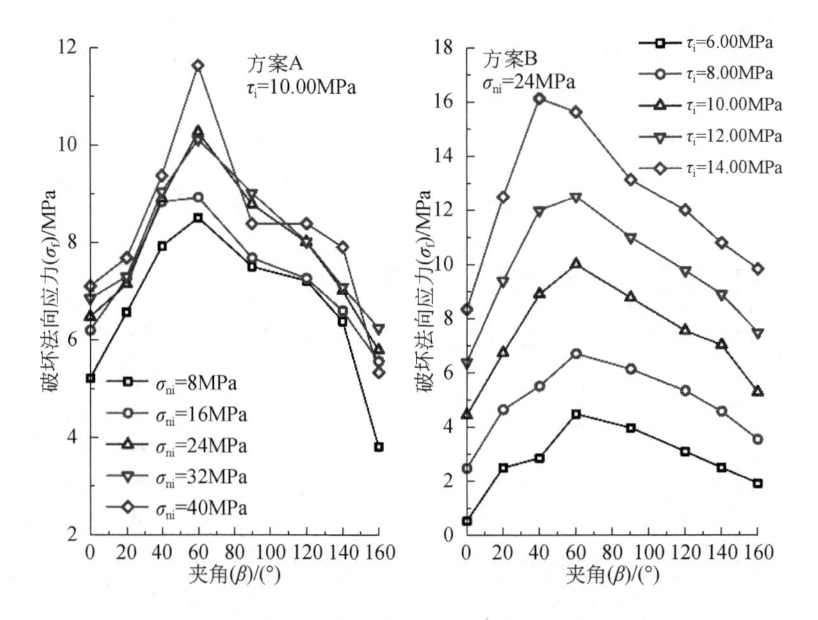

图 4.21　破坏法向应力与夹角关系

单裂隙试样破坏法向应力与剪应力（即初始剪应力，因为卸荷过程中剪应力不变）的关系如图 4.22 所示，破坏法向应力随初始剪应力的增大呈线性增大。按照莫尔–库仑（M-C）屈服准则，通过线性拟合可以得到不同夹角岩样的抗剪强度参数：

$$\tau_i=\sigma_f\tan\varphi+c \tag{4.19}$$

式中，φ 为裂隙岩体内摩擦角；c 为黏聚力。强度包络线及回归参数如图 4.22 所示，抗剪强度参数随夹角（β）的变化规律如图 4.23 所示。

通过多项式拟合得到黏聚力（c）和内摩擦角（φ）与夹角（β）相关的方程式，而 M-C 屈服准则可写为

$$\tau_i=\tan\varphi(\beta)\sigma_f+c(\beta) \tag{4.20}$$

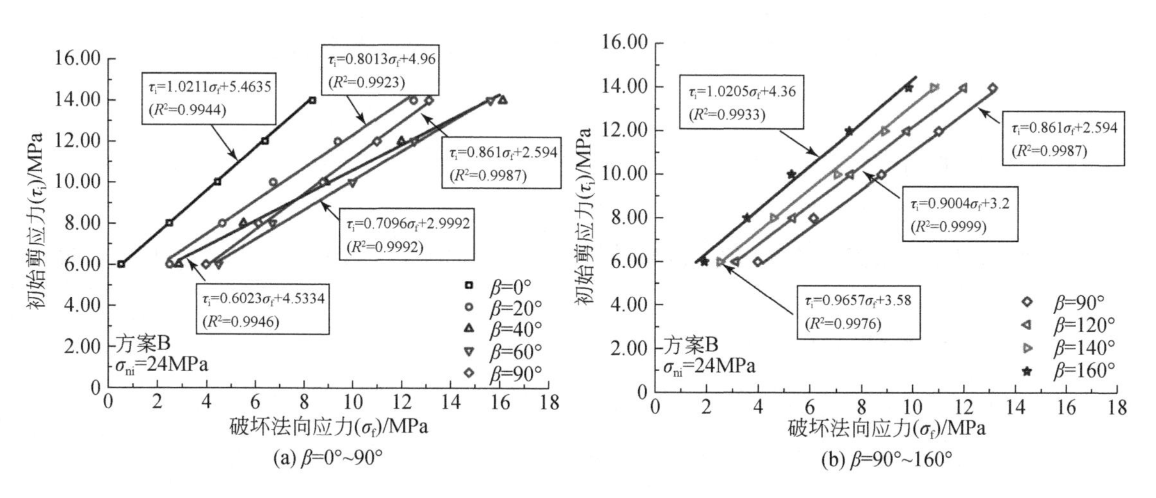

图 4.22 破坏法向应力与剪应力关系

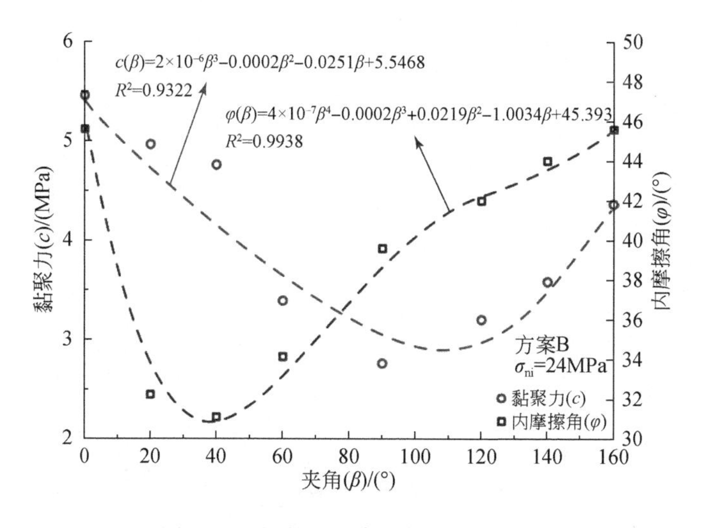

图 4.23 抗剪强度参数与夹角的关系

式中，内摩擦角表达式为 $\varphi(\beta)=4\times10^{-7}\beta^4-0.0002\beta^3+0.0219\beta^2-1.0034\beta+45.393$，$R^2=0.9938$。黏聚力表达式为 $c(\beta)=2\times10^{-6}\beta^3-0.0002\beta^2-0.0251\beta+5.5468$，$R^2=0.9322$。

由图4.20和图4.21分析可知，法向卸荷试验中，相同初始剪应力（τ_i）条件下，破坏法向应力（σ_f）是衡量试样抗剪强度的重要指标，故将式（4.20）改写为

$$\sigma_f=\frac{\tau_i-c(\beta)}{\tan\varphi(\beta)} \tag{4.21}$$

将 $\varphi(\beta)$、$c(\beta)$ 的表达式代入式（4.21），并通过复杂方程求解极值，可得当 $\beta=55.9°$时，破坏法向应力（σ_f）取得极大值，即抗剪强度最低。该结论与图4.20和图4.21的试验结果（$\beta=60°$时抗剪强度最低）基本吻合。

4.4　平行双裂隙岩体的变形与强度

4.4.1　位移时程曲线特征

平行双裂隙砂岩法向卸荷-剪切试验的典型位移-时间曲线如图4.24所示，并附应力-

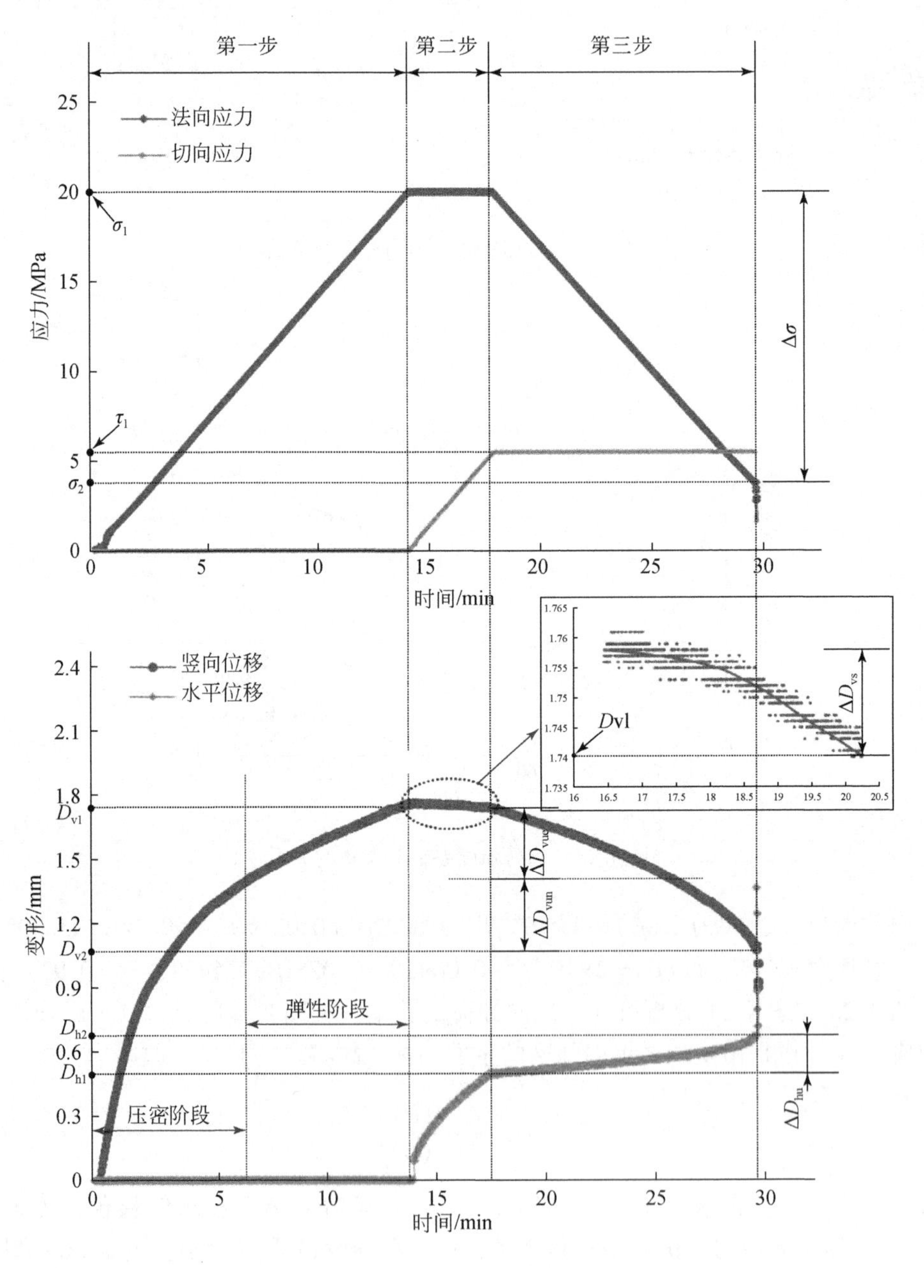

图4.24　法向卸荷-剪切试验的典型位移-时间曲线

时间曲线为参考，选取试样 8（见表 4.3 试验方案）的相关曲线作为典型代表进行分析。从图 4.24 中可看出，试样的位移-时间曲线在试验过程的三个步骤中呈现不同的特征，具体如下。

第一步：法向应力从 0MPa 至 20MPa 随时间线性增加，剪向应力保持为 0MPa，对应的竖向位移-时间曲线呈现先上凸随后逐渐变为线性增长，说明了试样经历了压密阶段（上凸段）后处于弹性阶段（线性段）。

第二步：法向应力保持恒定，剪向应力线性增加，所对应的水平位移-时间曲线也是呈先上凸后线性的趋势，说明水平方向上也是先经历压密后进入弹性阶段（剪切方向上），同时，竖直方向上位移有微量的回弹，回弹量用 ΔD_{vs}表示，如位移-时间曲线图右上角插图所示，从插图中可以发现竖向变形回弹在试样水平变形为压密阶段时很小，而在弹性阶段时的回弹量显著增加，进一步统计分析，发现 ΔD_{vs}量值主要取决于初始剪应力水平和试样的几何结构，表明了竖向位移的回弹是由于水平加载的泊松效应引起的。

第三步：法向应力随时间线性降低，切向应力保持恒定，对应的竖直位移为先缓慢线性降低，然后逐渐变为非线性，斜率缓慢增加，直至临界破坏点后位移发生瞬间跌落；水平向位移则先缓慢线性增加，随后斜率也缓慢增大变为非线性，临界破坏点以后突然增大。以上特征表明：卸荷的初期阶段，两个方向上的位移均线性变化，说明了试样法向上为位移的弹性释放，切向上为弹性位移的积累；当卸荷过程进行到一定程度后，切向变形的积累逐渐由弹性转为非弹性，即导致了岩石材料处于非弹性状态，因此导致了岩样在竖直方向位移释放的非弹性。卸荷阶段末期，两变形-时间曲线斜率迅速攀升，至临界破坏点后，均发生瞬间突变，说明了试样内部能量的瞬间释放，试样发生了脆性破坏。

此外，为了方便后面内容的分析，我们从图 4.24 中提取一些定量的应力或变形指标，具体如下。

（1）破坏法向应力：图 4.24 中 σ_2，代表在临界破坏点试样中心面上的法向应力，结合相应的剪应力可以用来描述试样的强度。

（2）法向应力卸荷量：图 4.24 中 $\Delta\sigma$，为从开始卸载到临界破坏点试样中心面上的法向应力降低量，即 $\Delta\sigma=\sigma_1-\sigma_2$。

（3）卸载初期竖向位移：图 4.24 中 D_{v1}，为开始卸载时试样已经积累的竖向位移；破坏竖向位移：图 4.24 中 D_{v2}，表示试样临界破坏点的竖向位移；卸载阶段的竖向变形：图 4.24 中 ΔD_{vu}，表示从卸荷起始到临界破坏点试样发生的竖向变形，即 $\Delta D_{vu}=D_{v1}-D_{v2}$，包含弹性变形和非弹性变形，分别表示为 ΔD_{vue}和 ΔD_{vun}，非弹性变形是实际上引起岩石破裂的因素。

（4）卸荷初期水平位移：为开始卸荷时试样已经储存的水平位移，如图 4.24 中 D_{h1}所示；破坏水平位移：图 4.24 中 D_{h2}，表示试样临界破坏点的竖向位移；卸载阶段的水平变形：图 4.24 中 ΔD_{hu}，表示从卸荷起始到临界破坏点试样发生的水平变形。

4.4.2　岩桥破裂面变形特征

如前文所述，在法向应力卸荷阶段（图 4.24），岩样竖直方向的变形包括弹性变形

（ΔD_{vue}）和非弹性变形（ΔD_{vun}），弹性变形对岩样的破坏影响很小，非弹性变形被认为是与岩样试样产生较大影响的部分；而水平方向上的变形，在剪向加载和卸荷阶段总是在逐渐积累的，因此认为试样的破坏受水平方向的总变形（D_{h2}）影响。另外，如前文总结的破裂规律所述，岩样的破裂面由三段相互接近平的破裂面组成，倾角与岩桥的倾角相近，均为 θ，而实际测量中，我们所获取的是竖直和水平方向上的变形。为了更加明确破裂面附近的变形响应，我们将垂直的非弹性变形（ΔD_{vun}）和总水平变形分解到平行和垂直破裂面的方向上。因此，引起岩桥破裂的总法向损伤变形（ΔD_{rn}）和总剪切变形（ΔD_{rs}）可表示为

$$\begin{cases} \Delta D_{rn} = \Delta D_{vun} \cdot \cos\theta + D_{h2} \cdot \sin\theta \\ \Delta D_{rs} = D_{h2} \cdot \cos\theta - \Delta D_{vun} \cdot \sin\theta \end{cases} \tag{4.22}$$

此外，为了确定哪种变形分量在破裂面上占主导地位，定义了一个无量纲量，即剪向损伤变形与法向损伤变形的比值（$\Delta D_{rs}/\Delta D_{rn}$），本书简称变形比。

1）裂隙倾角和初始剪应力的影响

通过将测量的位移按照式（4.22）处理，可得到正向剪切条件下不同初始剪应力的法向损伤变形和变形比与裂隙倾角的关系曲线，如图 4.25 所示。对于法向损伤变形［图 4.25（a）］，随着初始剪应力的增大，法向损伤变形（ΔD_{rn}）在 4.00～5.50MPa 范围内呈减小趋势，在 5.50～7.00MPa 范围呈增大趋势。至于裂隙倾角的方面，当裂隙倾角为 0°时，法向损伤变形总是随着剪应力的增大而减小，而当裂隙倾角从 20°增加到 90°，法向损伤变形的演变趋势与初始剪应力是有关的：在低初始剪应力下（如 τ_1 = 4.00MPa 和 4.75MPa），法向损伤变形随裂隙倾角呈现先减后增的趋势，最大值出现在40°～60°，当初始剪应力大于等于 5.50MPa 时，ΔD_{rn}-α 曲线呈现一个“M”形，最大值出现在 60°～80°。

图 4.25（b）为不同初始剪应力下变形比与裂隙倾角的关系，至于图中五条曲线的变化趋势，大体上以初始剪应力为 5.50MPa 的曲线为分界线，呈现有两种形态，当初始法向应力相对较小时（如 4.00～4.75MPa），$\Delta D_{rs}/\Delta D_{rn}$-$\alpha$ 曲线在裂隙倾角为 0°～40°快速下降，在 40°～90°缓慢回升，最小值出现在裂隙倾角为 60°的情况，法向损伤位移占领主导作用，说明破裂面的张性破裂元素居多，这与前文所研究的破坏模式是相一致的。此外，虽然在试验中观察到并确定了拉伸破坏，但并不意味着在破裂面上不存在剪切变形，我们只能根据哪些变形分量在破裂面上占据主导作用，拉伸破裂和拉–剪破裂的 $\Delta D_{rs}/\Delta D_{rn}$ 值比较接近，说明了张拉破裂和拉–剪破裂在位移比上没有明显的差距。当初始剪应力大于等于 5.50MPa 时，$\Delta D_{rs}/\Delta D_{rn}$-$\alpha$ 曲线呈波动状，$\Delta D_{rs}/\Delta D_{rn}$ 的最大值出现在倾角为 0°的情况，$\Delta D_{rs}/\Delta D_{rn}$ 值出现两个最小值时为裂隙倾角等于 40°和 80°，而在裂隙倾角为 60°出现最大值，这恰好与低初始剪应力（τ_1 = 4.00MPa 和 4.75MPa）的情况相反。出现以上的情形是与岩桥的倾角相关的，因为倾角为 40°和 80°的岩样有着共同的岩桥倾角为 28°，结合式（4.22），当初始剪应力较大时，总的水平位移（D_{h2}）较大，则其在破坏面方向上提供的法向和切向损伤变形分量将会占据主导，但是竖直弹性变形（ΔD_{vun}）提供的损伤变形分量又不可忽视，因此，曲线会在多个位置出现最小值。另外，随着初始剪切应力的增大，$\Delta D_{rs}/\Delta D_{rn}$ 的值随之增大，破裂面上的剪切元素在不断增加，除了其中一个例外，

初始剪应力为5.50MPa的$\Delta D_{rs}/\Delta D_{rn}$-$\alpha$曲线整体高于其他曲线，其原因是5.50MPa是破裂形态的临界，低于5.50MPa时，破裂面上仅有一条完整的裂缝，超过5.50MPa以后，剪切破裂面上会出现附加破碎带，由于剪切破碎带的附加破坏，高应力状态下的曲线剪切损伤变形的分量较小，故而6.25MPa和7.00MPa的$\Delta D_{rs}/\Delta D_{rn}$-$\alpha$曲线落在5.50MPa的曲线的下方。

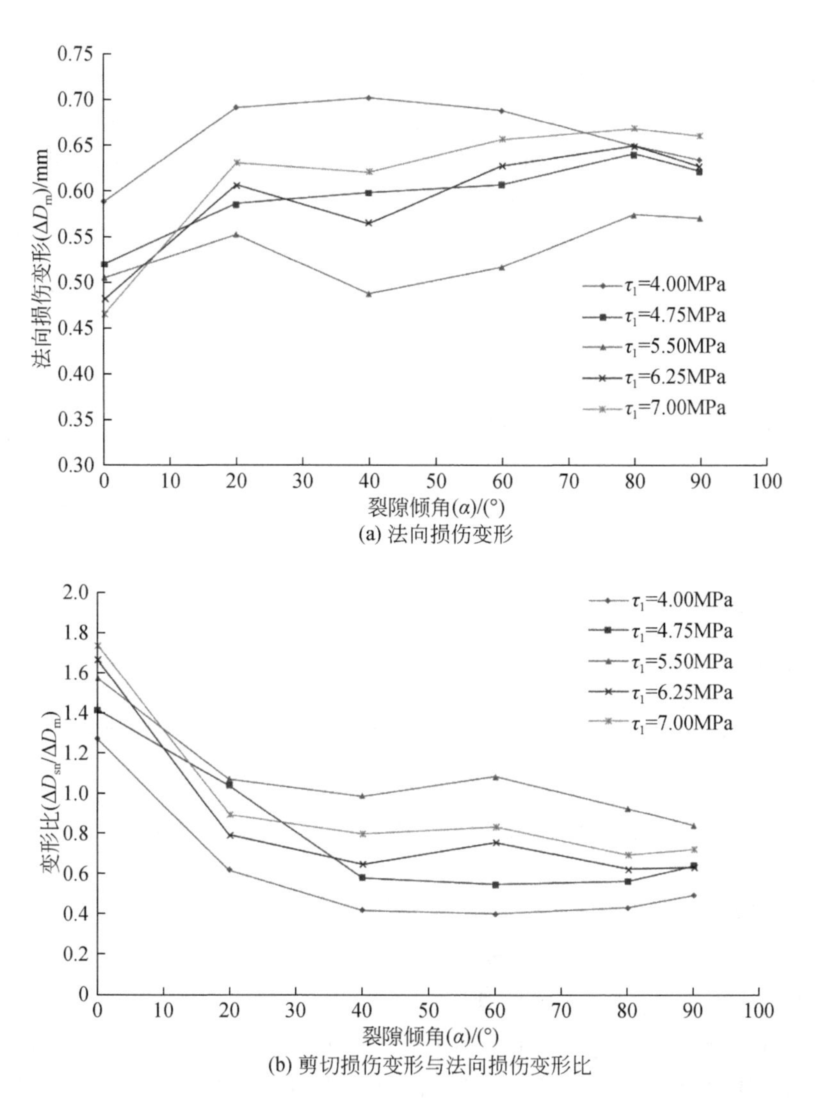

(a) 法向损伤变形

(b) 剪切损伤变形与法向损伤变形比

图4.25　不同初始剪应力的法向损伤变形、变形比与裂隙倾角的关系曲线

2）裂隙间距的影响

图4.26为卸荷试验中法向损伤变形（ΔD_{rn}）、变形比（$\Delta D_{rs}/\Delta D_{rn}$）和裂缝间距（$S$）之间的关系，以初始法向应力为20MPa、初始剪应力为6.25MPa、裂隙倾角为20°的试样为典型代表进行分析。从图4.26中可看出，随着裂隙倾角的增大（从20～60mm），ΔD_{rn}-S曲线呈先下降后上升的趋势，在S=40mm时出现最低值，说明破裂面方向上的张拉变形

随裂隙间距的增大呈现先减小后增大的趋势；$\Delta D_{rs}/\Delta D_{rn}$-$S$ 曲线在裂隙间距为 20～40mm 的范围内迅速上升，在 40～60mm 的范围内保持稳定。上述结果反映的结果与岩样的破坏模式的结果是相一致的，当裂隙间距分别为 20mm 和 30mm 时，破裂面以拉伸变形为主，岩桥呈现张拉破坏，尤其是裂隙间距为 20mm 的岩样，岩桥倾角大致为 80°，岩桥方向上的破裂面几乎全部为拉伸变形，因此在当裂隙间距为 20mm 时 $\Delta D_{rs}/\Delta D_{rn}$的值趋近于 0；当裂隙间距大于等于 40mm 时，岩桥倾角均小于 20°，岩桥部分均为剪切破坏，因此，破裂面上表现出来的变形比（$\Delta D_{rs}/\Delta D_{rn}$）并没有显出太大的区别；然而当裂隙间距大于 40mm 以后，由前文所述，岩桥的破坏分为两阶段，每个阶段都会伴随法向位移的产生，且岩样呈现出的总的水平位移较大，因此它在破裂面法向方向上提供的位移分量也会增大，同时也会增加剪切位移分量，因此，破裂面方向上总的法向损伤变形增加，而呈现出的变形比（$\Delta D_{rs}/\Delta D_{rn}$）保持稳定。

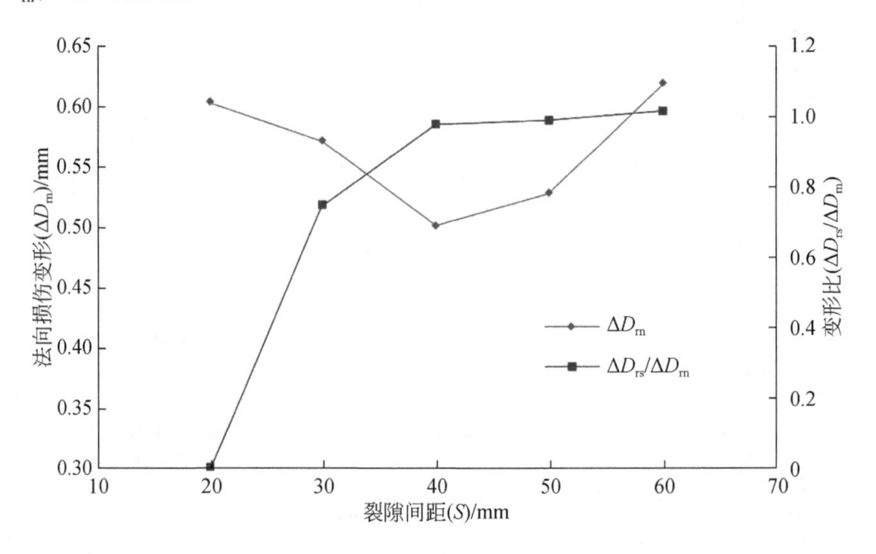

图 4. 26　法向损伤变形、变形比和裂缝间距之间的关系

3）*初始法向应力的影响*

图 4. 27 为卸荷试验中破裂面方向上的法向损伤变形（ΔD_{rn}）、变形比（$\Delta D_{rs}/\Delta D_{rn}$）与初始法向应力（$\sigma_1$）间的关系，以裂隙倾角为 20°、裂隙间距为 40mm、初始剪应力为 6. 25MPa 的岩样为典型代表进行分析。从图 4. 27 中可看出，随着初始法向应力的增加，法向损伤变形在逐渐增加，而变形比在不断减小，表明了随着初始法向应力的增大，破裂面方向上的张拉变形元素的比例在不断增加，剪切变形元素的比例在逐渐减小，这与前文所研究的岩样的破坏模式是相一致的。此外，在初始法向应力较大和较小的条件下，如 $8\text{MPa}<\sigma_1<14\text{MPa}$ 和 $26\text{MPa}<\sigma_1<32\text{MPa}$，$\Delta D_{rs}$-$\sigma_1$ 曲线的梯度相对较大，而在中等初始法向应力条件下，如 $14\text{MPa}<\sigma_1<26\text{MPa}$ 时，曲线的梯度相对平缓。以上现象表明：在低初始法向应力条件下，破裂面方向上的张拉变形对初始法向应力的响应较剪切损伤变形响应更为敏感；在中等初始法向应力下，破裂面方向的张拉变形和剪切变形稳定增长；在高初始法向应力条件下，破裂面上的剪切变形响应对初始法向应力的敏感程度增大。

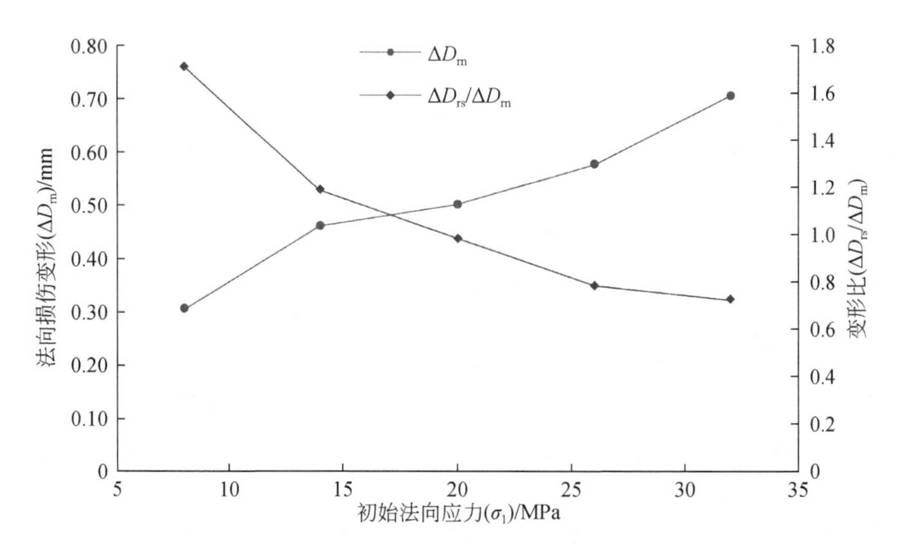

图 4.27　法向损伤变形、变形比和初始法向应力之间的关系

4.4.3　岩体强度特征

1. 卸荷量特征

图4.28为不同初始剪应力条件下法向卸荷量（$\Delta\sigma$）与裂隙倾角（α）之间的关系，各试样几何结构及荷载条件如表4.3中A组所示，各岩样的裂隙间距固定为40mm，初始法向应力均为20MPa。这里，引入莫尔-库仑（M-C）屈服准则对岩样强度特征来进一步分析，其表示形式为

$$\tau_f=\sigma \cdot \tan\varphi+c \tag{4.23}$$

式中，τ_f 为岩体的抗剪强度；σ 为剪切面上的法向应力；c、φ 为岩体的黏聚力和内摩擦角。

在本卸荷试验中，将式（4.23）以差值的形式表示：

$$(\tau_{f1}-\tau_{f2})=(\sigma_1-\sigma_2)\cdot \tan\varphi+c \tag{4.24}$$

式中，τ_{f1}、τ_{f2}分别为卸荷初始和卸荷破坏临界点的抗剪强度；σ_1、σ_2分别为卸荷初始和卸荷临界破坏时的法向应力。

由于试验中，剪切应力（τ_1）是保持恒定的，而法向应力在不断降低，故而式（4.24）中卸荷破坏临界点的抗剪强度与恒定的剪切应力相等，即 $\tau_{f2}=\tau_1$，则式（4.24）可变形为

$$\tau_{f1}=(\sigma_1-\sigma_2)\cdot \tan\varphi+c+\tau_1 \tag{4.25}$$

进一步可以写为

$$\tau_{f1}=\Delta\sigma \cdot \tan\varphi+c+\tau_1 \tag{4.26}$$

对于相同材料的岩样，它们的 c 和 φ 应该是相差不大的，因此，从式（4.26）中可以

看出：对于相同的初始剪应力的试样，岩样的初始抗剪强度（τ_{f1}）与法向卸荷量（$\Delta\sigma$）呈线性正相关。

由图 4.28 中，在相同的初始剪应力下，当裂隙倾角在 0°～60°范围内变化时，岩样的法向卸荷量随裂隙倾角的增大而减小；当裂隙倾角在 60°～90°范围内变化时，试样的法向卸荷量随裂隙倾角的增大而增大；各初始剪应力条件下，法向卸荷量出现最小值均在裂隙倾角为 60°附近。以上试验结果说明了岩样的初始抗剪强度（τ_{f1}）在裂隙倾角为 0°～60°范围内随其增大而减小，而在 60°～90°范围内随之增大而增大，最低值出现在裂隙倾角为 60°的情况；其实，这与岩样的破坏模式是相互关联的，从前文可知，岩桥在裂隙倾角为 60°时发生张拉破裂，在 0°和 20°时发生剪切破裂，在 40°、80°和 90°时发生拉-剪混合破坏；而岩石材料的抗拉强度低的特点，使得岩样在岩桥为剪切破裂所呈现的宏观强度最高，在拉-剪混合破坏时所体现宏观强度次之，为张拉破裂时呈现宏观强度最低，因此 $\Delta\sigma$-α 曲线呈现先下降后缓慢上升的趋势。

对于初始剪应力不同的岩样，它们在卸荷试验中的初始抗剪强度均可用式（4.26）表示，以上标 1 和 2 来表示两个不同的试样：

$$\begin{cases}\tau_{f1}^{1}=\Delta\sigma^{1}\cdot\tan\varphi^{1}+c^{1}+\tau_{1}^{1}\\ \tau_{f1}^{2}=\Delta\sigma^{2}\cdot\tan\varphi^{2}+c^{2}+\tau_{1}^{2}\end{cases}\tag{4.27}$$

式中，τ_{f1}^{1}、$\Delta\sigma^{1}$、φ^{1}、c^{1} 和 τ_{1}^{1} 分别为第一个试样的初始抗剪强度、法向卸荷量、内摩擦角、黏聚力和初始剪应力；同理 τ_{f1}^{2}、$\Delta\sigma^{2}$、φ^{2}、c^{2} 和 τ_{1}^{2} 分别为第二个试样相应的量。

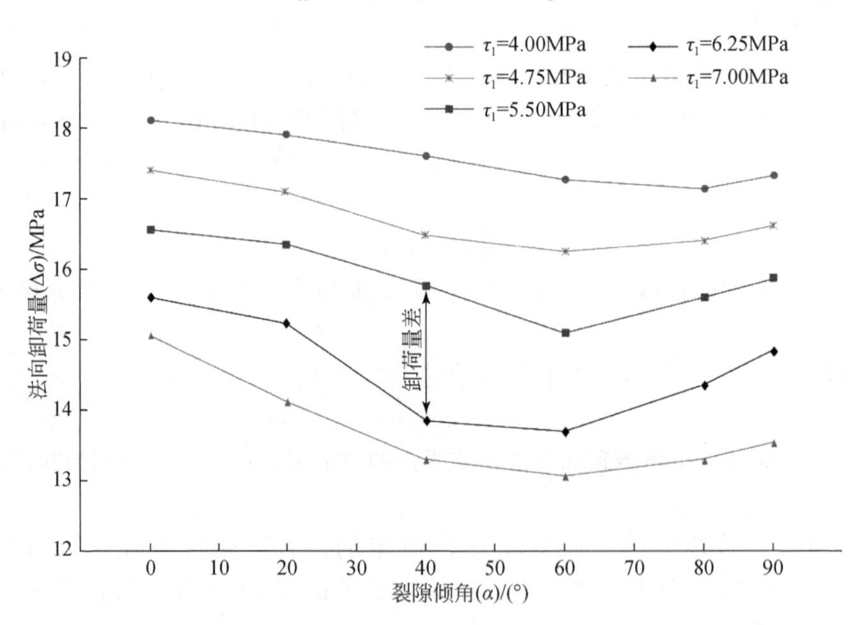

图 4.28　不同初始剪应力条件下法向卸荷量与裂隙倾角间的关系

对于同一种岩石材料，满足：$c^{1}=c^{2}=c$ 且 $\varphi^{1}=\varphi^{2}=\varphi$，将式（4.27）中两个子式左右两边同时作差，可得

$$\tau_{f1}^{1}-\tau_{f1}^{2}=(\Delta\sigma^{1}-\Delta\sigma^{2})\cdot\tan\varphi+(\tau_{1}^{1}-\tau_{1}^{2})\tag{4.28}$$

由式（4.28）可知，对于初始剪应力间距相同的情况下，初始抗剪强度差值与卸荷量差（图4.28）是线性正相关的。根据图4.28可以发现，初始剪应力从4.00～7.00MPa变化间距均为0.75MPa，相邻两初始剪应力为4.00～5.50MPa的三条$\Delta\sigma$-α曲线之间的间距比较均匀，而τ_1=5.50MPa曲线和τ_1=6.25MPa曲线之间间距显著增大，τ_1=6.25MPa曲线和τ_1=7.00MPa曲线之间的间距又回到了较小的水平。说明了当初始剪应力在4.00～5.50MPa范围内变化，图4.28的曲线特征满足式（4.28），而当初始剪应力从5.50MPa增加到6.25MPa，图4.28的曲线特征不满足式（4.28），当初始剪应力从6.25MPa增加到7.00MPa，图4.28的曲线特征又与式（4.28）相一致。以上结果实质上是与岩样的破坏形态相关的，当初始剪应力超过5.50MPa时，岩桥区域经历卸荷破坏之后非常破碎，形成了一个剪切破碎带，而当初始剪应力小于5.50MPa时，岩样的破裂面比较完整，说明岩石的强度特征与其破裂形态是息息相关的，特别地，初始剪应力从5.50MPa增加到6.25MPa，曲线间的间距增大，说明岩样的初始抗剪强度随初始剪应力增加的幅度增大，其原因可能是以剪切破碎带的形式破坏，其破裂路径比较复杂，需要更多的能量输入，比以完整破裂面贯通岩桥的形式更为困难，故而其初始抗剪强度的增加幅度增大。

2. 破坏法向应力特征

破坏法向应力为恒剪应力条件法向卸荷至临界破坏点时的法向应力，其值可以描述岩样当前的抗剪强度。为了更深入地研究卸荷试验中岩样的强度行为，试验中开展了一些在不同法向应力（σ=2MPa、5MPa、10MPa、15MPa和20MPa）下的直剪试验，以裂隙倾角为20°、裂隙间距为40mm的试样为研究对象，试验结果如图4.29（a）所示，与卸荷试验的结果进行对比来评价其强度特征。图4.29（b）为不同初始法向应力下的卸荷试验中的破坏法向应力结果，试样的初始剪应力固定为6.25MPa，通过对图4.29（a）线性插值处理，可得到直剪试验中对应的法向应力为5.68MPa，同时，图4.29（c）为不同初始剪应力下的卸荷试验中的破坏法向应力结果，各剪切强度下对应的法向应力同样可以根据图4.29（a）线性插值获取。从图4.29（b）和（c）可看出，卸荷试验中对应的临界破

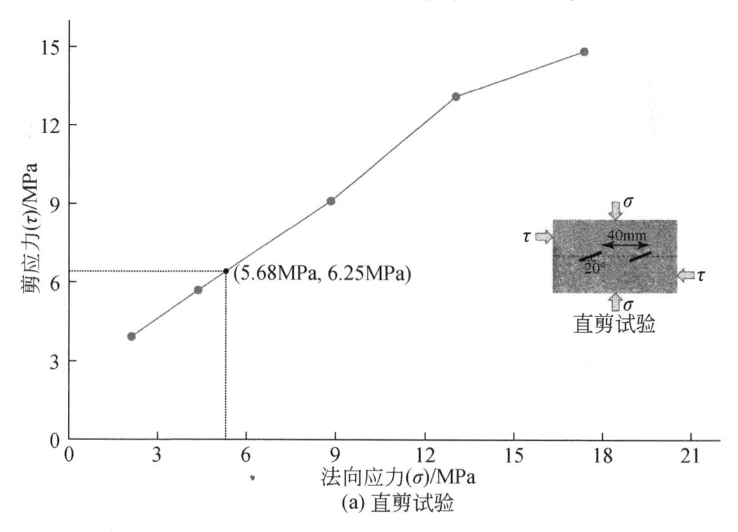

(a) 直剪试验

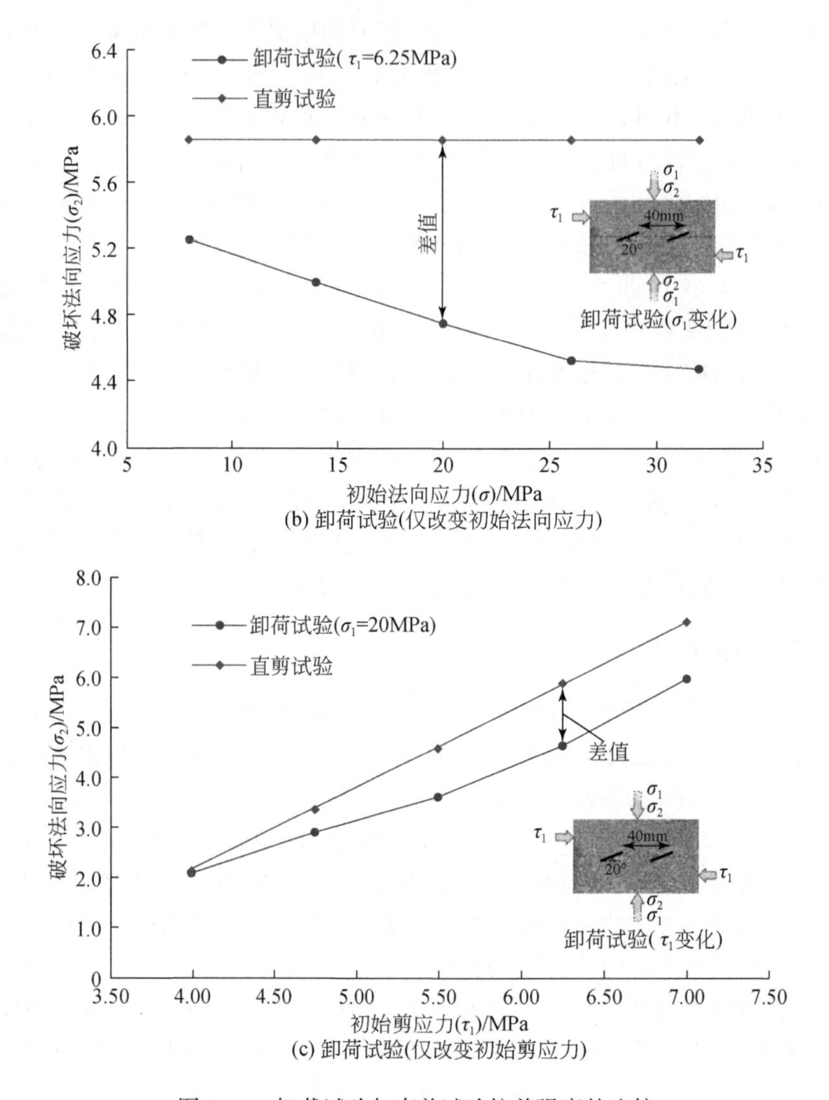

(b) 卸荷试验(仅改变初始法向应力)

(c) 卸荷试验(仅改变初始剪应力)

图 4.29　卸载试验与直剪试验抗剪强度的比较

坏点处法向应力均低于直剪试验中的法向应力，由于在相同的极限剪应力下，卸荷试验中的法向应力小于直剪试验的法向应力，反过来，若我们考虑卸荷试验中的法向应力提升到与直剪试验的情况相同，则其对应的极限剪切应力则高于直剪试验所对应的剪切强度，也就是说，卸荷试验中极限破坏状态下，岩体的抗剪强度较直剪试验有少量的提升，两条曲线在各应力状态下之间的差值可以较好地反映其强度增量，若差值越大，则卸荷试验中岩石的抗剪强度增加越多。

对于图 4.29（b)，随着初始法向应力的增大，直剪试验的破坏法向应力与卸荷试验中的卸荷法向应力直剪的差值越来越大，说明随着初始法向应力的增大，卸荷试验中岩石临界破坏状态下的抗剪强度在不断增大；且当初始法向应力较小时，如在 8 ~ 20MPa，卸荷试验与直剪试验破坏法向应力之间差值近似线性增大，说明卸荷试验中在破坏状态时岩样的抗剪强度随初始法向应力线性增长；而当初始法向应力为中高应力水平时，如 20 ~

32MPa时，两曲线之间的差值增大速率变缓，说明卸荷试验中临界破坏状态时岩石抗剪强度增长趋势放缓。以上试验结果与应力路径及岩石材料所处状态相关，在卸荷试验中，法向荷载首先加载到一个较高的水平，与直剪试验相比，在法向上有更强的压密作用，导致岩样的抗剪强度增大。在中低等初始法向应力下（8～20MPa），材料在卸荷初期处于弹性阶段，对岩样的作用主要是岩石内部微缺陷的压密和弹性能量的积累，几乎不造成损伤，故而随着初始法向应力增大，破坏状态时岩样的抗剪强度线性增长；而在中高等初始法向应力作用时（20～32MPa），卸荷之前的法向加载岩样变形已经进入了非弹性阶段，对岩样的作用不仅表现为压密、变形的积累，而且会对岩样造成损伤，但是损伤引起剪切强度的降低量不及压密引起岩石剪切强度增加量大，因此卸荷试验破坏状态岩石的抗剪强度在整体上增大，只是增加趋势放缓。

至于初始剪应力对卸荷试验中破坏状态的抗剪强度的影响，图4.29（c）给出了破坏法向应力（σ_2）与初始剪应力（τ_1）的关系，试样具有共同的初始法向应力20MPa。各级初始剪应力分别为4.00MPa、4.75MPa、5.50MPa、6.25MPa和7.00MPa，直剪试验相应的法向应力根据图4.29（a）线性插值获取。图中，卸荷试验的σ_2-τ_1曲线落在直剪试验的σ_2-τ_1曲线下方，同样说明了卸荷试验中岩石的抗剪强度有少量的提高。同样地，当初始剪应力较低时（4.00～5.50MPa），卸荷试验与直剪试验破坏法向应力之间的差值随初始剪应力增加呈线性增加的趋势，说明了卸荷试验中破坏状态下岩样的抗剪强度线性增大；当初始剪应力较高时（5.50～7.00MPa），差值仍在增加，但增加速率变缓，说明卸荷试验中破坏状态下岩样的抗剪强度在增大但增大趋势变慢。

3. 剪切方向的影响

图4.30给出了卸荷试验中正向剪切和反向剪切条件下不同裂隙倾角（α）岩样的破坏法向应力（σ_2）与初始剪应力（τ_1）的关系，所有试样的初始法向应力（σ_1）均为20MPa，裂隙间距均为40mm。如前文所述，相同的初始剪应力下，破坏法向应力可以反映岩样在卸荷破坏临界状态下的剪切强度：破坏法向应力越大，岩样的剪切强度越小。从整体上看，随着初始剪应力的增大，正向剪切和反向剪切的σ_2-τ_1曲线的发展趋势相近，破坏法向应力均随初始剪应力的增大而增大，但正向剪切下破坏法向应力的增长趋势更明显，说明了卸荷试验中正向剪切的岩样对初始剪应力的敏感程度更大；这是由于正向剪切中岩桥会出现张拉、剪切、拉-剪三种破坏模式，而反向剪切中岩桥破坏仅有剪切破坏，增大初始剪应力对岩桥的张拉元素的影响较剪切元素的影响大，故而宏观上，岩样的正向剪切较反向剪切对初始剪应力敏感程度大。随着裂隙倾角的增大，正向剪切和反向剪切的破坏法向应力的变化趋势有所差异，从图4.30中可看出，正向剪切下，破坏法向应力在裂隙倾角为20°的情况下最低，而在60°的情况下最高，在40°和80°的两种岩样在不同初始剪应力下互有高低，根据前文分析，这是与它们的破坏模式相关联的；对于反向剪切的情况，所有岩样随着裂隙倾角的增大，岩样的破坏法向应力随着裂隙倾角的增大而增大，说明岩样临界破坏状态的抗剪强度随裂隙倾角的增大而减小；这也和岩样的破坏形态有关，所有反向剪切的岩体岩桥均为剪切破坏，且随着预制裂隙倾角的增大，岩桥的长度在不断减小、倾角在不断增大，如此岩样完整剪切面的有效面积在减小，岩桥倾角增大，会

使得破裂面上有一些拉元素的产生，故而岩样在临界破坏状态下的剪切强度随裂隙倾角的增大而降低。从具体量值上比较，在其他条件相同的情况下，正向剪切的破坏法向应力较反向剪切的大，说明在临界破坏状态下，正向剪切较反向剪切的抗剪强度小。

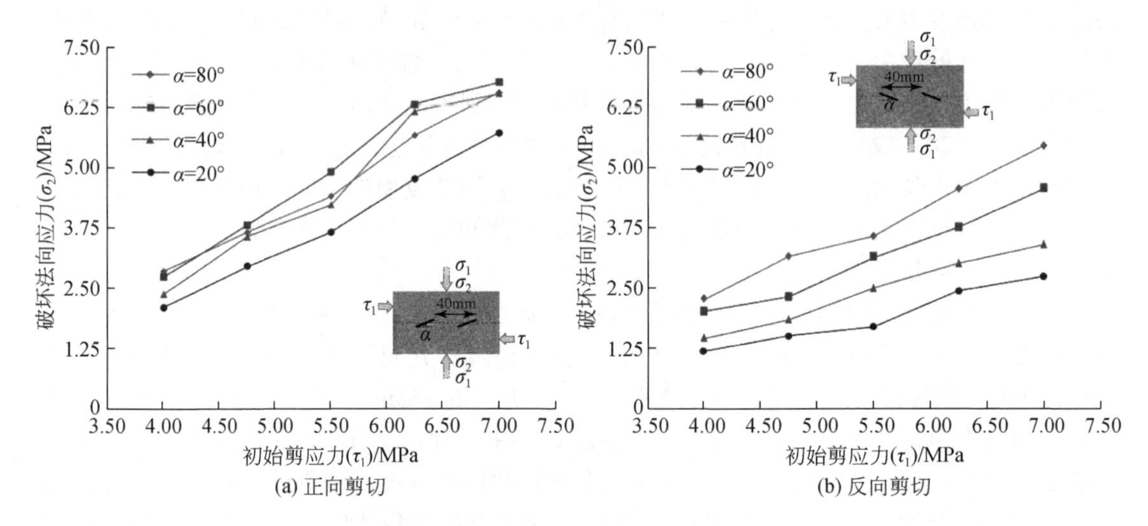

图 4.30　正向和反向剪切条件下不同裂隙倾角岩样的破坏法向应力与初始剪应力的关系

4.5　非平行双裂隙岩体的变形与强度

4.5.1　岩桥破裂面变形特征

陡、缓非平行双裂隙砂岩法向卸荷-剪切试验中，由于法向加载段和切向加载段试样发生的主要是弹性变形，并不导致试样发生破坏，而卸荷过程中的变形是导致岩样破坏的直接原因，因此本节主要对卸荷阶段的法向变形和切向变形进行分析。法向卸荷变形（ΔD_n）为刚开始卸荷时的法向位移（D_{n1}）与试样完全破坏时的法向位移（D_{n2}）之差，即 $\Delta D_n = D_{n1} - D_{n2}$；剪向卸荷变形（$\Delta D_s$）为试样完全破坏时的剪向位移（$D_{s2}$）与刚开始卸荷时的切向位移（$D_{s1}$）之差，即 $\Delta D_s = D_{s2} - D_{s1}$。基于试样裂隙几何结构及受力条件的不同，对岩样法向和剪向卸荷位移特征进行分析。

图 4.31（a）为缓裂隙倾角（β）不同的岩样卸荷变形量（ΔD_n 和 ΔD_s）与初始剪应力（τ_1）之间的关系，所有岩样陡裂隙倾角均固定为 80°，初始法向应力为 20MPa。从图 4.31（a）中可看出，随着初始剪应力的增加，法向卸荷变形逐渐降低，其原因是初始剪应力越大时，破坏时的法向应力越大，即法向卸荷变形越小，因此其引起的岩石回弹量越小，导致法向卸荷变形量降低。对于剪向卸荷变形，多数岩样的剪向卸荷变形均随着初始剪应力的增大而减小，其原因是当初始剪应力越大时，在剪向加载阶段，试样已产生的剪切位移越大，进行法向卸荷之后，初始的剪切位移越逼近破坏位移，因而整体上表现的变形量减小。

此外，从图 4.31（a）还可以发现，β 分别为 15°和 20°的岩样除了在 4.00～5.50MPa 趋势与其他岩样不同，呈现出的剪向卸荷变形较大，这与它们的破坏模式是相关的，这种几何裂隙结构的岩样在初始剪应力为 4.00～5.50MPa 时，破坏面为下凹曲线形，最终破坏剪出口方向与水平方向接近平行，导致岩样在卸荷破坏时沿该方向更容易发生剪切滑移，因此它们最终的剪向卸荷变形量较大。所有岩样中，β 为 30°的岩样呈现的法向卸荷破坏量最大，由于其最终破坏时出现的附加破裂较多；β 为 20°的岩样的剪向卸荷变形与法向卸荷变形间的差值最大，表明该岩样在破坏时更多为剪切破裂。

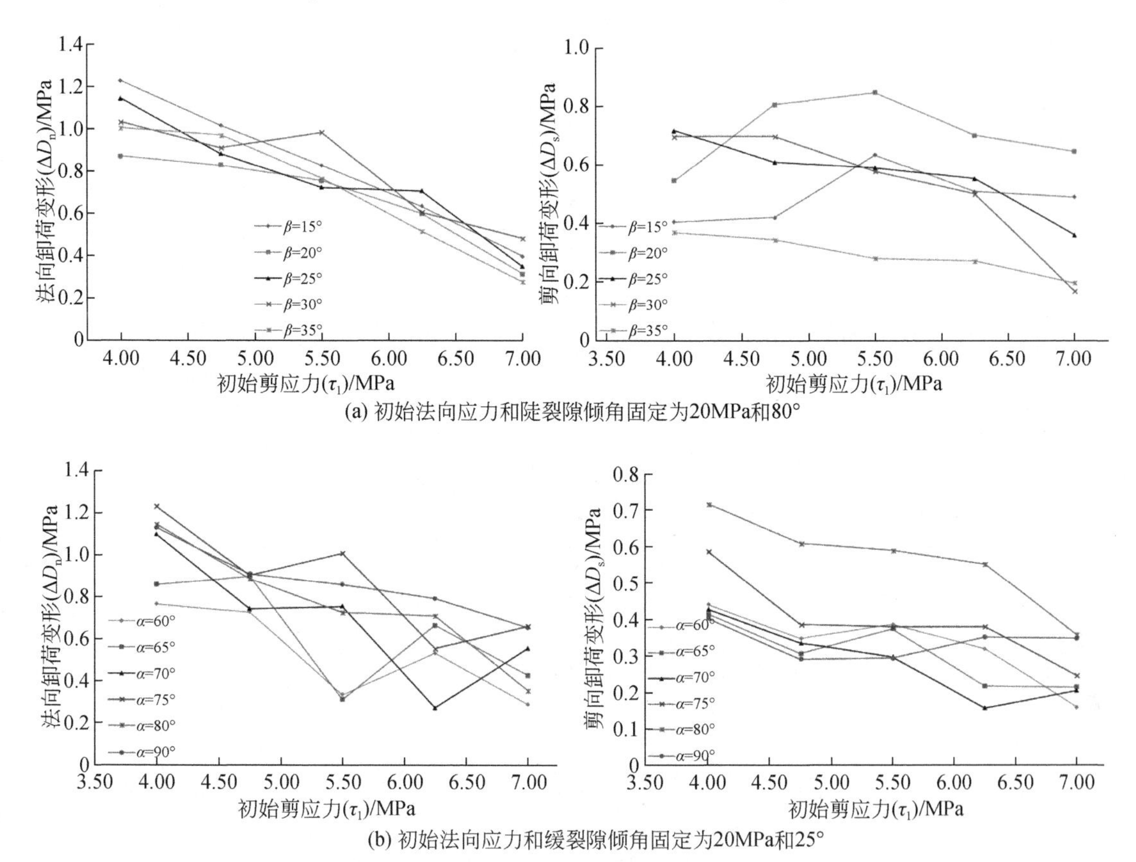

(a) 初始法向应力和陡裂隙倾角固定为20MPa和80°

(b) 初始法向应力和缓裂隙倾角固定为20MPa和25°

图 4.31　不同裂隙倾角的岩体法向、剪切卸荷变形与初始剪应力的关系

图 4.31（b）为陡裂隙倾角（α）不同的岩样卸荷变形量与初始剪应力之间的关系，所有岩样缓裂隙倾角均固定为 25°，初始法向应力也为 20MPa。法向卸荷变形和剪向卸荷变形的变化规律和缓裂隙倾角不同岩样反映的规律一致，都是随初始剪应力的增大，法向卸荷变形和剪向卸荷变形均减小。α 为 90°岩样的法向卸荷变形平均值最大，试样出现了较多的损伤变形；α 为 80°岩样剪向卸荷变形平均值最大，呈现较多的剪切破裂。

图 4.32 为岩样的卸荷变形量（ΔD_n 和 ΔD_s）与初始法向应力（σ_1）间的关系，图 4.32（a）考虑了缓裂隙倾角的影响，陡裂隙倾角固定为 80°，图 4.32（b）考虑了陡裂隙倾角的影响，缓裂隙倾角固定为 25°，所有岩样初始剪切应力均为 5.50MPa。从图 4.32 可看出，随着初始法向应力的增大，岩样的法向卸荷变形和剪向卸荷变形均增大。其

原因是剪应力恒定，而岩样破坏法向应力间的差值与初始法向应力间的差值相比小得多，如果施加的初始法向应力越大，岩样发生破坏时卸荷量越大，岩样回弹量越大，故而法向卸荷变形量越大；如前文所述，初始法向应力越大，对岩样产生的损伤作用越大，导致岩样平均抗剪模量降低，导致其发生更大的卸荷剪切变形。从角度的影响来看，缓裂隙倾角（β）对岩样的法向卸荷变形量影响较小，β 为 15°和 25°岩样呈现的卸荷剪切变形较大；α 为 90°时法向卸荷变形量最大，α 为 70°和 90°的岩样剪向卸荷变形量最大。

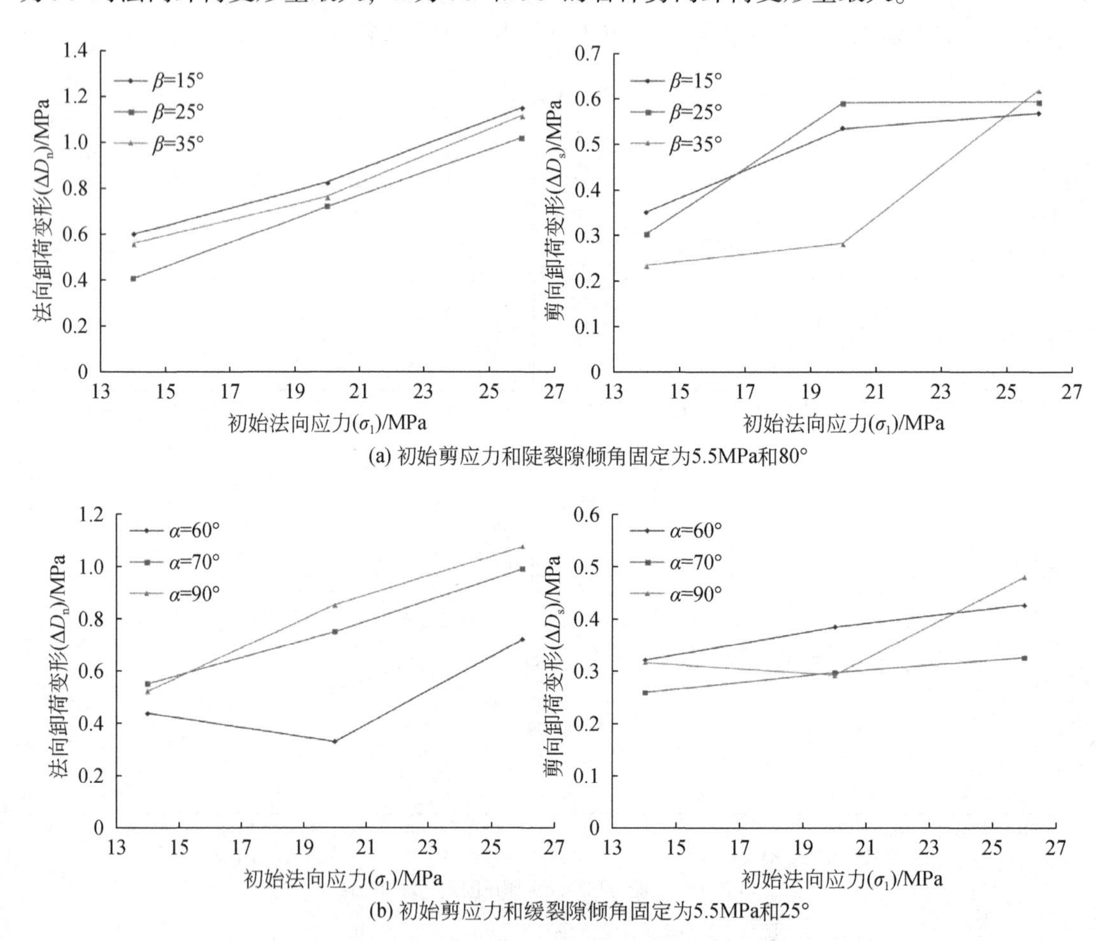

图 4. 32　不同裂隙倾角的岩体法向、剪向卸荷变形与初始法向应力的关系

图 4. 33 为卸荷变形量（ΔD_n和 ΔD_s）与裂隙间距（S）间的关系，各岩样的陡、缓裂隙角分别为 80°和 15°，初始法向应力均为 20MPa。从图 4. 33 中可看到，裂隙间距为 30mm 时的法向卸荷变形量最大，这是因为裂隙间距为 30mm 的岩样发生双裂隙贯通岩桥的破坏模式，远端裂纹倾角较缓，为法向卸荷变形提供了较大的量值。剪向卸荷变形量在裂隙间距为 30mm 和 40mm 时量值较大，这是由于间距为 30mm 岩样两端的破裂面主要为剪切破坏，间距为 40mm 的岩样的岩桥区域为剪切破坏，这些剪切面出现较大的剪切滑移导致整个岩样的剪向卸荷变形量较大。

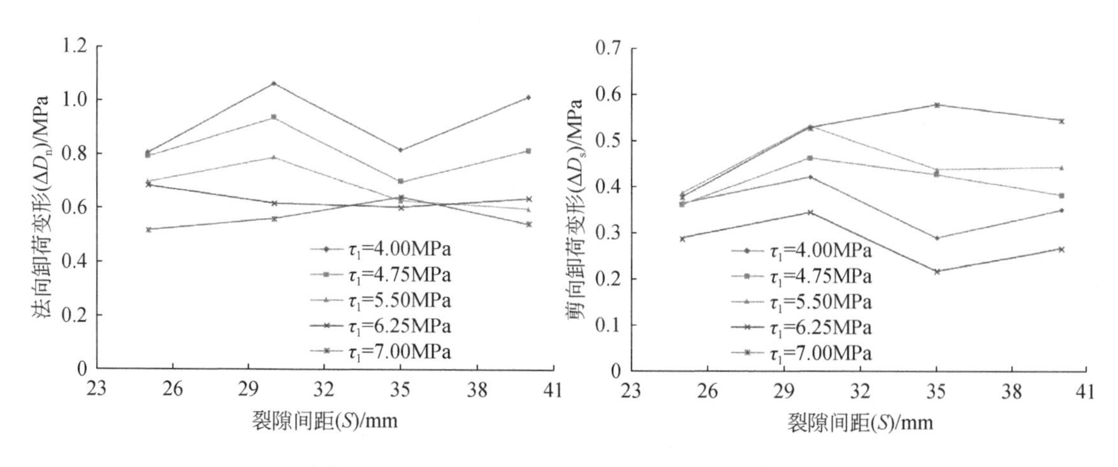

图 4.33　法向、剪向卸荷变形与裂隙间距的关系

4.5.2　岩体强度特征

能够表征岩样强度方面特征的指标有法向卸荷量（$\Delta\sigma$），即为初始法向应力（σ_1）与破坏法向应力（σ_2）的差值，如在初始法向应力相同的情况下，卸荷量可反映岩样在卸荷条件下破坏的难易程度，若卸荷量越大，说明岩样越难发生破坏，试样的强度越高。此外，破坏法向应力也是衡量岩样强度特征的一个指标，在试验方案中保持剪切应力恒定，破坏法向应力即为岩样在该剪切强度下对应的法向应力，若在该法向应力下进行剪切试验，通过剪切强度的对比，即可发现卸荷试验对岩样剪切强度的影响。

1. 卸荷量与几何条件的关系

图 4.34 给出了卸荷量与岩样陡、缓裂隙倾角之间的关系，是试验方案中 A 组和 B 组的内容，缓裂隙倾角为 15°～35°，以 5°为间距，陡裂隙倾角为 60°～80°，以 5°为间距，此外还有 90°的情况；初始法向应力均固定为 20MPa，而初始剪应力在 4.00～4.75MPa，以 0.75MPa 为间隔。图 4.34（a）为岩样卸荷量（$\Delta\sigma$）与陡裂隙倾角（α）的关系，从中可以看出，陡倾角在 60°～75°时，卸荷量随倾角呈增长趋势，在 75°～90°随倾角呈降低趋势，卸荷量在 75°左右获得最大值，且一般而言，80°岩样的卸荷量较 90°小。以上现象与岩样的破坏形态是密切相关的，岩样在陡裂隙倾角为 70°以下时呈弯曲形的拉剪破裂，而在 70°和 75°时呈闭合直线形的拉剪破坏，80°和 90°的情形呈双裂纹贯通岩桥的破坏。从岩样破裂面的剪切破坏面积来看，75°岩样的剪切破坏面积最大，又由于岩石的剪切强度大于抗拉强度，故而岩样在陡裂隙倾角为 75°时出现了卸荷量的最大值，强度最大。图 4.34（b）为岩样卸荷量（$\Delta\sigma$）与缓裂隙倾角（β）的关系，从图中可看出，在不同缓裂隙倾角下，各岩样的卸荷量在相同初始剪应力条件下，大小相差不大，岩样的最不利倾角在 20°左右，当岩样的缓裂隙倾角为 20°时，岩样的破裂面轨迹最单一，为连通各岩桥之间的直线，无附加破坏，整体上破裂面的面积最小，所需要输入的外力或能量越小，因

此整体上所呈现的强度最低，故而岩样在缓倾角裂隙为20°时的卸荷量最低。

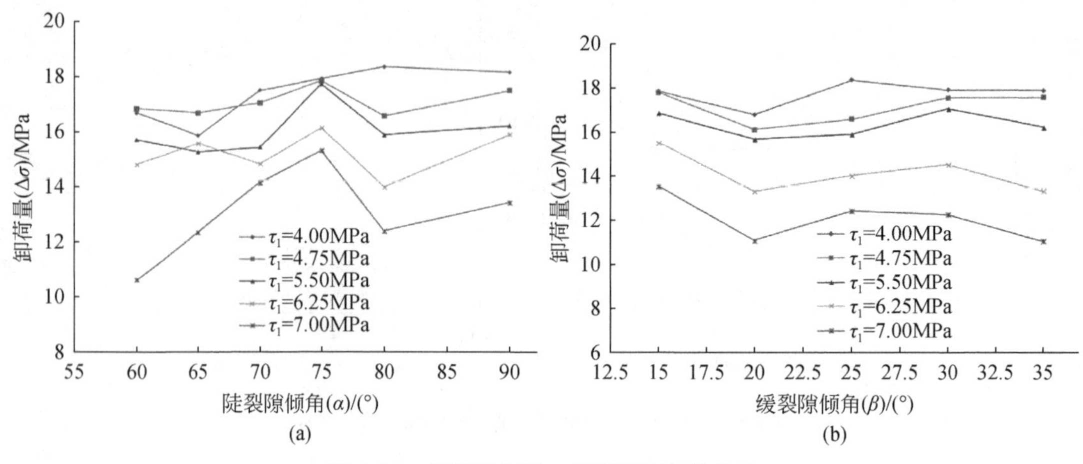

图4.34　卸荷量与陡、缓裂隙倾角的关系

图4.35给出了卸荷量与裂隙间距之间的关系，以陡、缓裂隙倾角分别为80°和25°的岩样为试验对象，初始法向应力固定为20MPa而初始剪应力为4.0～7.0MPa。图中卸荷量随裂隙间距变化趋势比较杂乱，这是受岩桥外侧两端的完整岩石部分影响，由于增加了裂隙间距，则两端完整岩石部分的面积在减小，以裂隙间距为25mm和30mm的两组岩样为例，当裂隙间距为25mm时，岩桥区域表现为裂面为下凹曲线的拉剪破坏，左右端的完整部分为剪切破坏，当增加到30mm时，虽然岩桥区域仍为下凹曲线形态的拉剪破坏，但是该破裂面上的剪切破坏面积增大，并且右端完整岩石部分的破坏模式与25mm的岩样完全不同，变为张拉破坏。岩石强度是受岩桥和左右端完整岩石部分三部分共同控制的，改变岩桥间距，则另外部分的长度也会随之改变。因此，受这三个部分破坏形态的综合控制，裂隙间距对岩样强度的影响比较混乱。从图4.35也可以进一步看出，在两种力学条件下，裂隙间距为40mm的岩样卸荷量最小，这是由于在40mm时，除了岩桥区域为剪切破坏之外，左右两端的完整岩石部分全为张拉破坏。

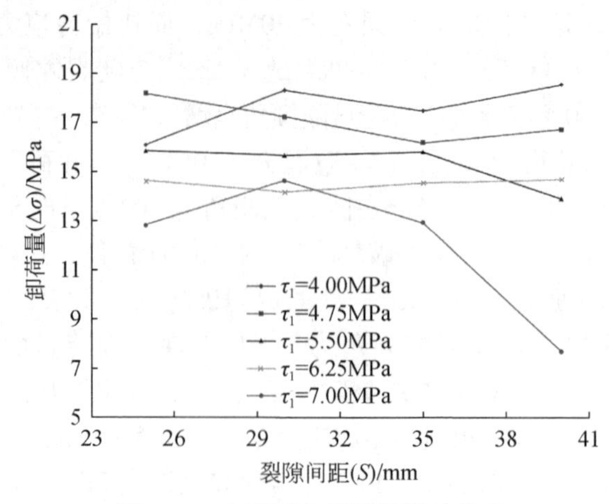

图4.35　卸荷量与裂隙间距的关系

2. 卸荷量与力学条件

图4.36给出了各岩样法向卸荷量与初始剪应力之间的关系，图4.36（a）中陡裂隙倾角和裂隙间距分别固定为80°和30mm，图4.36（b）缓裂隙倾角和裂隙间距分别固定为25°和30mm，所有岩样的初始法向应力均固定为20MPa，初始剪应力为4.00～7.00MPa。从图4.36（a）和（b）中可看出，随着初始剪应力的增大，法向卸荷量逐渐降低，这是由于在越高的初始剪应力条件下，发生破坏需要更高的法向应力，即破坏法向应力越高，因而卸荷量随之降低。此外，通过比较图4.36（a）和（b），当陡裂隙倾角固定时，每一个缓裂隙倾角的岩样的法向卸荷量均随着初始剪应力的增大而减小，变化规律比较一致；而对于缓裂隙倾角固定的岩样，各曲线之间相互穿插，尤其是当剪应力较高时（如6.25MPa和7.00MPa），这种现象更加明显，说明岩样在这种力学条件下，其强度特征对陡裂隙倾角的敏感性较大。需要说明一下的是，裂隙倾角为65°的岩样在5.50MPa和6.25MPa之间出现了反常，这可能是由于该岩样本身的初始缺陷引起的误差。

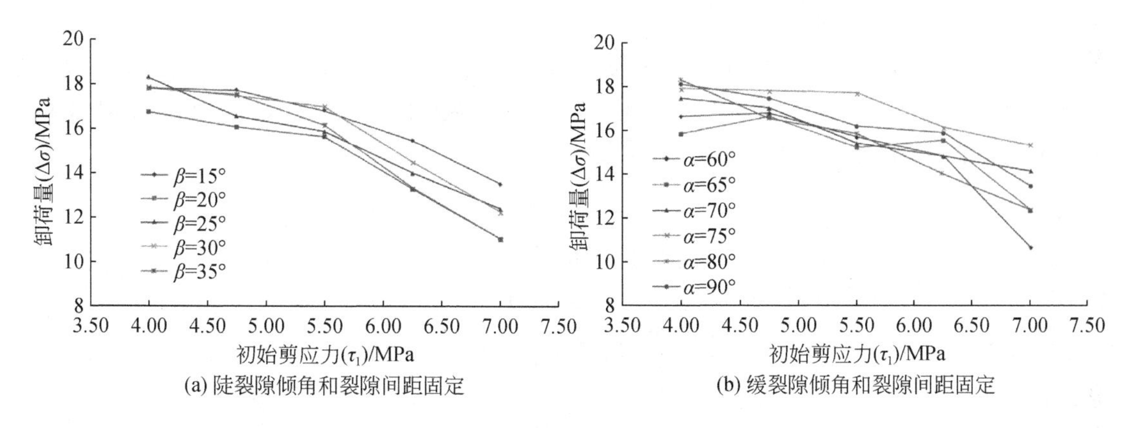

(a) 陡裂隙倾角和裂隙间距固定　(b) 缓裂隙倾角和裂隙间距固定

图4.36　法向卸荷量与初始剪应力的关系

图4.37给出了不同裂隙倾角下岩样的卸荷量与初始法向应力之间的关系，各岩样的初始剪应力均固定为5.50MPa。从图4.37可看出，随着初始法向应力的增大，岩样的卸荷量大致呈线性增长，这是由于在固定的初始剪应力条件下，岩样发生破坏的法向应力接近（在后文的强度分析中可以看出，破坏法向应力稍小于直剪试验中该剪切强度对应的法向应力），又因为初始法向应力是等差距增长的，故而，其破坏法向应力随初始法向应力大致呈线性。此外，从图4.37（a）可看出，随着初始法向应力的增大，各岩样的破坏法向应力越接近，这说明了越低的法向应力下的卸荷剪切强度对缓裂隙倾角越敏感，在高法向应力下，缓裂隙倾角的变化对岩石的卸荷剪切强度影响不大；而对于陡裂隙倾角变化的情形，从图4.37（b）可看到，在高法向应力下，曲线变得发散，而在低法向应力下比较汇集，这说明在高法向应力下，陡裂隙倾角的变化对岩石的卸荷剪切强度影响较大。

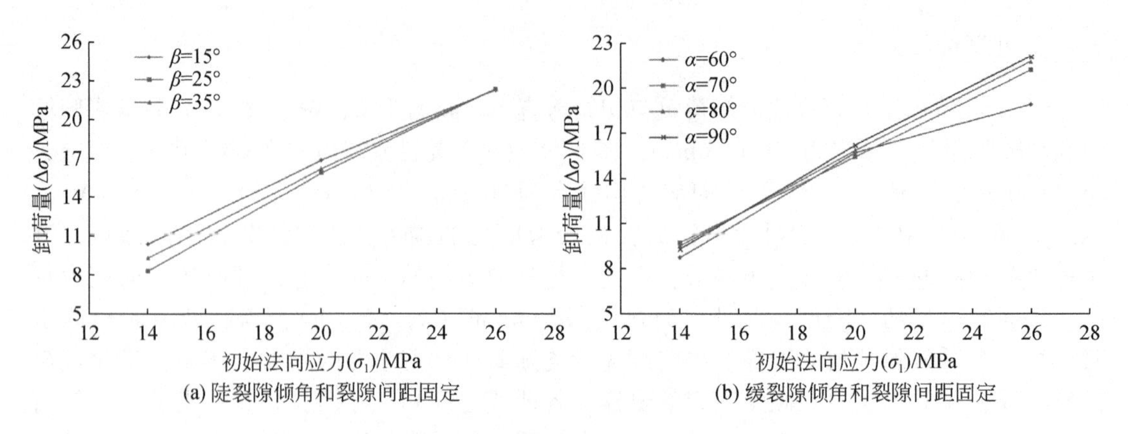

(a) 陡裂隙倾角和裂隙间距固定　　(b) 缓裂隙倾角和裂隙间距固定

图 4.37　法向卸荷量与初始法向应力的关系

3. 破坏法向应力特征

1）初始法向应力固定

图4.38 给出了岩样在不同缓裂隙倾角（β）下岩石的剪切强度（该卸荷试验中，剪切应力固定，可认为初始剪应力即为剪切强度）与破坏法向应力之间的关系，所有岩样陡裂隙倾角均为 80°，初始法向应力固定为 20MPa。

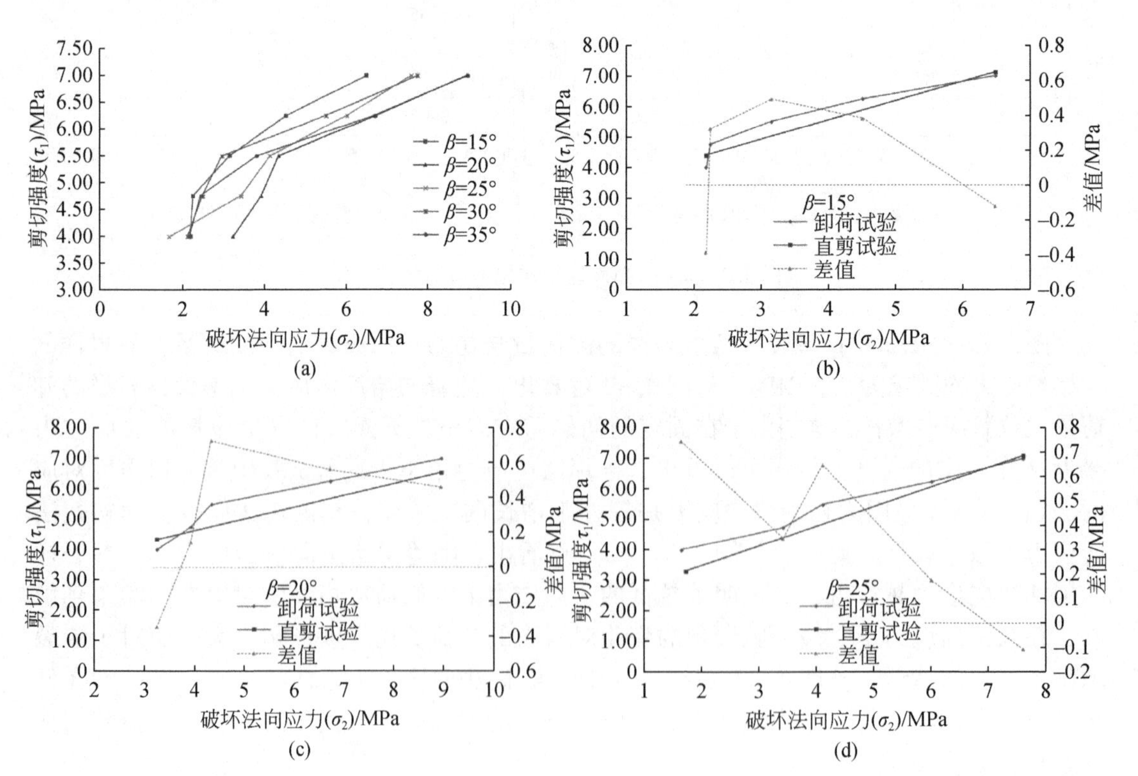

(a)　(b)　(c)　(d)

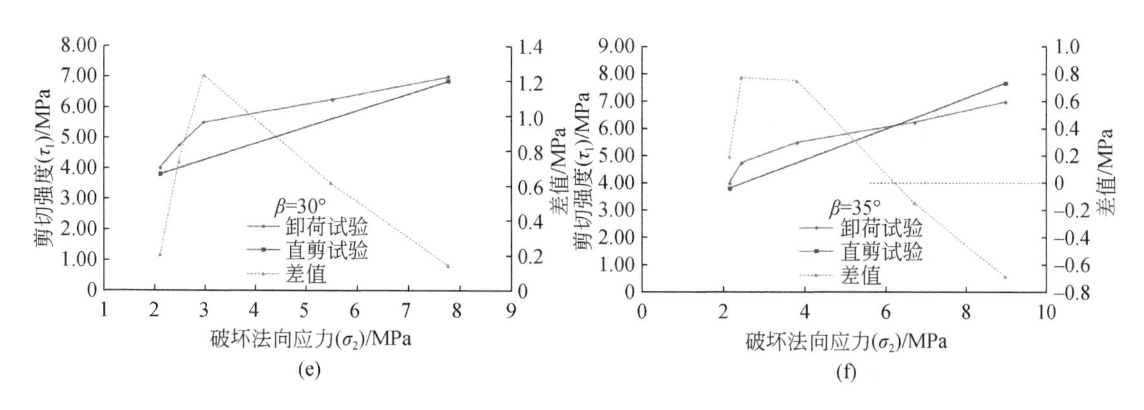

图 4.38　不同缓裂隙倾角岩样的剪切强度与破坏法向应力的关系

图 4.38（a）为所有不同缓裂隙倾角岩样的剪切强度与破坏法向应力关系曲线的汇总，由于各个岩样的剪切强度不同，为了进一步分析卸荷作用对岩样剪切强度的规律，本试验中对各种裂隙岩体又开展了一些额外的直剪试验（法向应力为分别为 2MPa、6MPa 和 10MPa，由于非本章主要内容，不在此赘述），线性回归成莫尔-库仑（M-C）屈服准则，并将剪切强度为 4.00～7.00MPa 进行截取，与卸荷试验结果进行对比，并将卸荷试验得到的抗剪强度与直剪试验的抗剪强度相减，得到了这二者之间的差值，如图 4.38（b）～（f）所示，该差值的大小反映了岩样抗剪强度提升的情况，如该值为负值，这说明卸荷试验得到的抗剪强度较直剪试验的强度有所降低。从这五个子图中可以看到，卸荷试验的抗剪强度和破坏法向应力曲线多数区域落于直剪试验曲线的上方，说明在一般情况下，恒剪条件下的法向应力卸荷对裂隙岩体的抗剪强度有所提高。通过卸荷剪切强度与直剪试验剪切强度的差值曲线可以看出，当初始剪应力较小时（如 4.00MPa），β 为 15°［图 4.38（b）］和 20°［图 4.38（c）］岩样的差值为负值，β 为 30°［图 4.38（e）］和 35°［图 4.38（f）］岩样的为正值，但它们两均接近于 0，仅 β 为 25°岩样［图 4.38（d）］的差值为正向最大（这可能是实验误差引起的），说明在较小的初始剪应力条件下，卸荷试验的剪切强度与直剪试验的剪切强度相差不大；到了中等初始剪应力条件下，如 4.75～5.50MPa 时，这两种实验条件下的强度差值均达到了正向较大水平，几乎所有岩样在初始剪应力为 5.50MPa 时，强度差值出现最大值（β 为 25°岩样差值与最大值接近），说明在中等初始剪应力条件下进行法向卸荷试验，剪切强度较直剪试验的剪切强度提升明显；到了较高的初始剪应力条件时，如 6.25～7.00MPa 时，卸荷剪切强度与直剪试验的剪切强度差值又开始减小，有的甚至变成负值，其中 β 为 15°、25°和 30°的试样差值均接近于 0，而 β 为 20°岩样为正值，β 为 35°岩样为负值，这说明在较高的初始剪应力条件下，卸荷试验的剪切强度在多数情况下与直剪试验剪切强度相近。此外通过比较卸荷试验强度最大提升量可发现，当缓裂隙倾角为 30°左右时，剪切强度提升最大。

图 4.39 给出了岩样在不同陡裂隙倾角（α）下岩石的剪切强度与破坏法向应力之间的关系，所有岩样陡裂隙均为 80°，初始法向应力固定为 20MPa。与不同缓裂隙倾角岩样的情况相似，卸荷试验的抗剪强度多数处于直剪试验剪切强度的上方，仅有陡裂隙倾角（α）为 90°

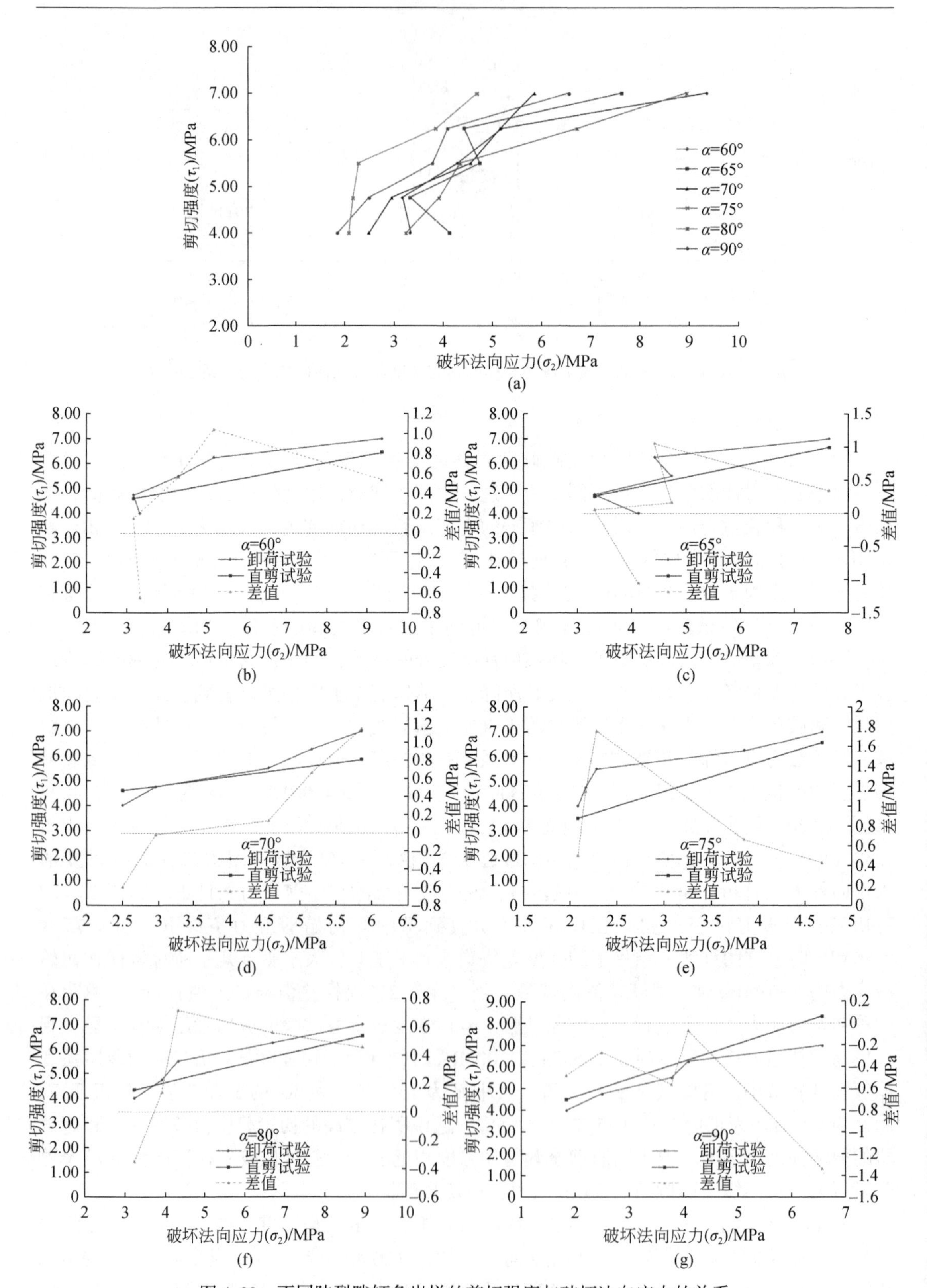

图 4.39　不同陡裂隙倾角岩样的剪切强度与破坏法向应力的关系

的岩样［图4.39（g）］卸荷试验的抗剪强度小于直剪试验的抗剪强度，这可能是由于90°倾角的裂隙与法向荷载方向平行，而施加的初始法向应力明显高于破坏法向应力，对岩体造成的损伤较大，故而卸载试验中岩体所呈现的抗剪强度较直剪试验低。从图4.39（a）~（f）可以发现，当初始剪应力为4.00MPa时，多数岩样的卸荷试验的剪切强度低于直剪试验的剪切强度；随着初始剪应力的增大，这两个强度之间的差值开始缩小，在4.75MPa时，岩样的卸荷剪切强度与直剪剪切强度二者相近；当初始剪应力到达6.25MPa时，两强度间的差值到达了正向最大，说明了岩体在6.25MPa时，卸荷试验的抗剪强度较直剪试验的抗剪强度增大的最明显；当初始剪应力继续增加到7.00MPa时，强度差值又开始降低。通过比较各种陡裂隙倾角条件下岩样卸荷抗剪强度较直剪强度的增加量，发现当陡裂隙倾角为75°时，卸荷剪切强度增加量最大。说明了在高法向应力下，陡裂隙倾角的变化对岩石的卸荷剪切强度影响较大。

综上，陡、缓裂隙岩样在较低初始剪应力（4.00~4.75MPa）条件下，卸荷剪切强度可能低于直剪剪切强度，或者与之接近；在中等初始剪应力（5.50~6.25MPa）条件下，卸荷剪切强度较直剪剪切强度提升明显；在较高初始剪应力（6.25~7.00MPa）条件下，卸荷剪切强度与直剪剪切强度的差值又开始降低。

2）*初始剪应力固定*

图4.40给出了岩样在不同缓裂隙倾角（β）下岩石的破坏法向应力与初始法向应力之

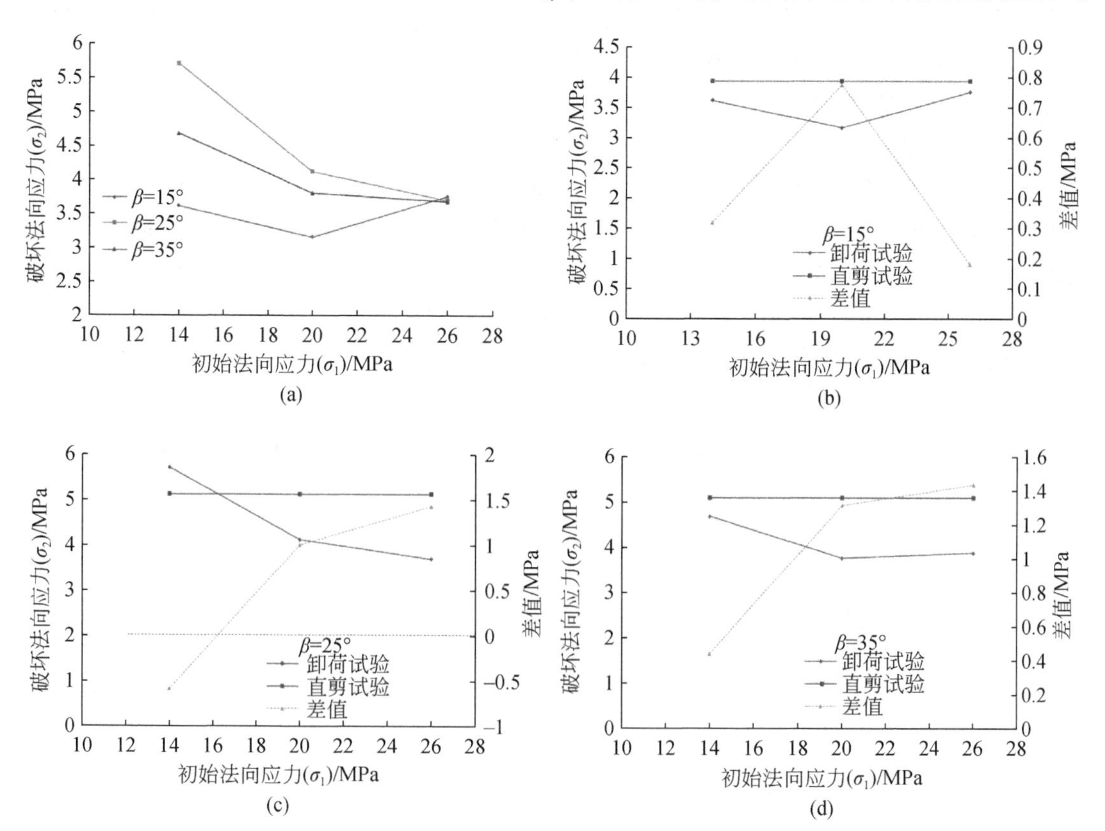

图4.40　不同缓裂隙倾角的岩样破坏法向应力与初始法向应力的关系

间的关系，所有岩样陡裂隙倾角均为 80°，初始剪应力固定为 5. 50MPa。同样，通过对直剪试验获取的强度曲线进行线性插值，得到各种几何裂隙结构的岩样在剪切强度为 5. 50MPa 时对应的法向应力，并将法向应力绘入图 4. 40 各子图中。

通过与破坏法向应力的对比，通过卸荷试验的破坏法向应力与直剪试验中目标剪切强度对应法向应力的差值来分析卸荷剪切强度与直剪剪切强度之间的关系。从图 4. 40（b）~（d）可看出，直剪试验中剪切强度为 5. 50MPa 对应的法向应力多数处于卸荷试验破坏法向应力曲线的上方，仅 β 为 25°的岩样在初始法向应力为 14MPa 的情况与之不同，这说明在这种力学条件下，卸荷剪切强度较直剪剪切强度提高了，其原因是岩样的目标剪切强度相同，卸荷试验的破坏法向应力低于直剪试验的法向应力，若考虑将卸荷的破坏法向应力提升至与直剪试验的法向应力相同，则需要提供更高的初始法向应力，反过来讲，即卸荷试验的抗剪强度较直剪试验的抗剪强度有所提升。因此，直剪试验的法向应力与卸荷试验的破坏法向应力的差值可以反映抗剪强度的增量，若差值为正，说明抗剪强度增加，若差值为负，说明抗剪强度降低。从图 4. 40 可看出，除 β 为 15°外，随着初始法向应力的增加，直剪试验的法向应力与卸荷试验的破坏法向应力间的差值增大，说明法向应力越低，卸荷试验的剪切强度增加越多。这与初始法向应力对岩样的压密作用和损伤作用是相关的，在较低法向应力作用下，初始法向应力对岩石的压密作用越强，造成的损伤作用越小，因此，岩石的宏观上表现抗剪强度提高越大；而在高法向应力作用下，既对岩石有压密作用，又有损伤作用，这两者综合作用下，卸荷试验中岩样呈现的抗剪强度随初始法向应力的升高而降低。另外，通过比较图 4. 40（b）~（d），从差值的量值上看，缓裂隙倾角为 35°的岩样最大，抗剪强度增加也最大。

图 4. 41 为岩样在不同陡裂隙倾角（α）下岩石的破坏法向应力与初始法向应力之间的关系，所有岩样陡裂隙倾角均为 80°，初始剪应力固定为 5. 50MPa。采用图 4. 40 的处理方式引入直剪试验中不同陡裂隙倾角岩样在剪切强度为 5. 50MPa 时对应的法向应力。从图 4. 41 可看出，对于四种不同陡裂隙倾角的岩样，其法向应力差值均随着初始法向应力的增加先增加后减小，这与图 4. 38 中分析的结果是相对应的。另外，α 为 80°时，法向应力差值最大，说明陡裂隙倾角为 80°时，岩样的剪切强度增大最多。

综合图 4. 40 和图 4. 41 分析可以发现：恒剪应力作用下陡、缓裂隙岩体法向卸荷，其抗剪强度有可能提升，且随着初始法向应力的增大，抗剪强度提升量先增加后减小。其本

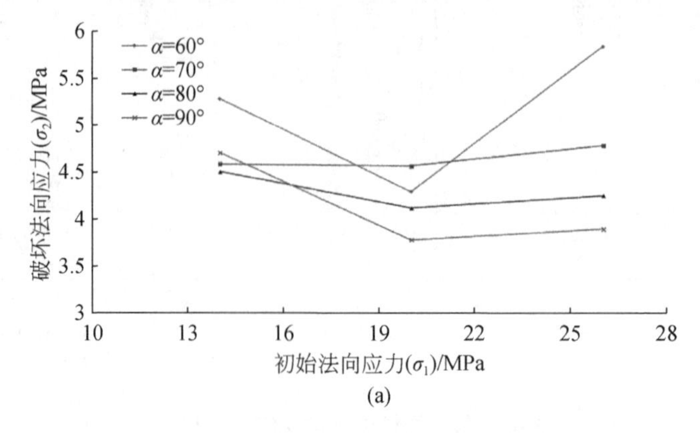

(a)

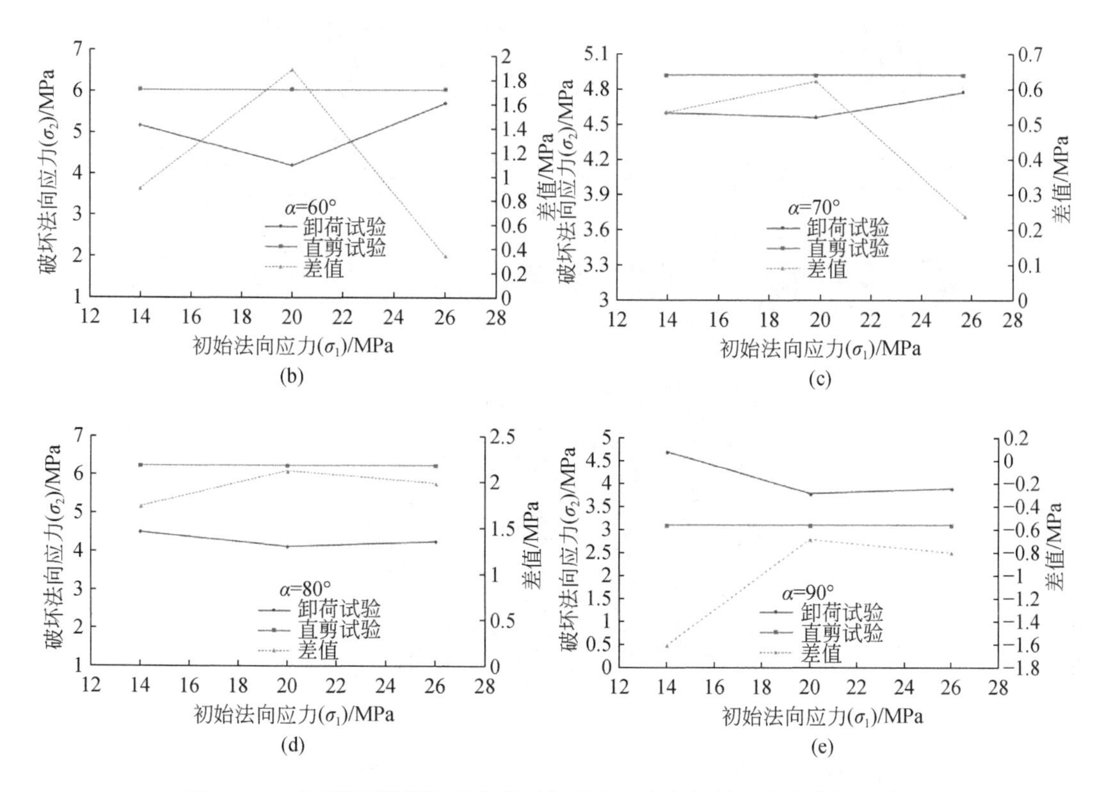

图 4.41　不同陡裂隙倾角的岩样破坏法向应力与初始法向应力间的关系

质是由于初始法向应力对岩样的压密和损伤综合作用的结果，如果压密引起剪切强度的升高大于损伤引起剪切强度的降低，则宏观上表现为岩体抗剪强度的增大；反之，则抗剪强度降低。

4.6　硬性接触结构面的变形破坏与强度

4.6.1　典型破坏模式

对锯齿状硬性接触结构面法向卸荷-剪切试验的破坏模式进行总结，可以分成三种典型破坏模式：爬坡破坏模式、爬坡-啃断破坏模式和啃断破坏模式，如图 4.42 所示。爬坡破坏模式即法向应力卸载至某一值后结构面启动，不断沿迎坡面爬坡滑移同时背坡面脱空；爬坡-啃断破坏模式即结构面在卸荷过程中先产生滑移，后凸起的锯齿被剪断；啃断破坏模式即卸载过程中凸起锯齿直接从迎坡面中点至锯齿根部被啃断形成一个三角形的啃断区。

图 4.43 总结了法向卸荷-剪切试验中所有试样的破坏模式，破坏模式随初始剪应力的变化趋势为：随着初始剪应力的增大，破坏模式逐渐由爬坡破坏、爬坡-啃断破坏向啃断破坏变化。在高初始剪应力（10.70MPa、13.30MPa）条件下，试样表面产生大面积的剥

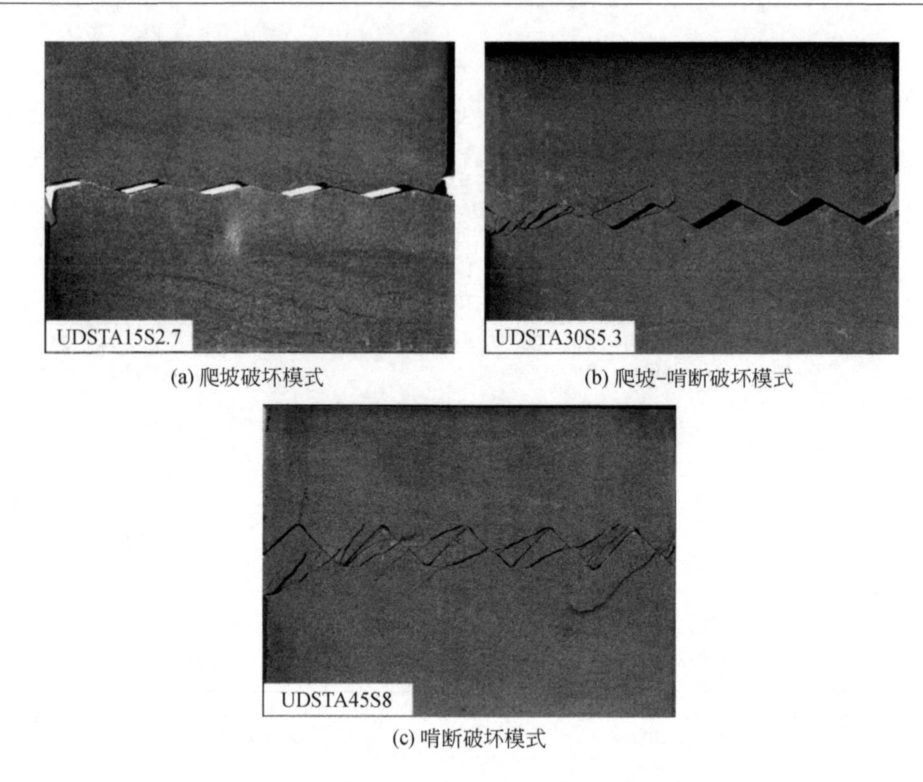

(a) 爬坡破坏模式　　(b) 爬坡-啃断破坏模式

(c) 啃断破坏模式

图 4. 42　法向卸荷-剪切试验中锯齿状结构面的三种典型破坏模式

落，这是由于卸荷过程中高初始剪应力不仅会在法向产生剪胀变形，也会在试样的前后方向产生较大的剪胀变形导致试样表面剥落。破坏模式随着起伏角的变化趋势为：随着起伏角的增大，破坏模式逐渐由爬坡破坏、爬坡-啃断破坏向啃断破坏变化。

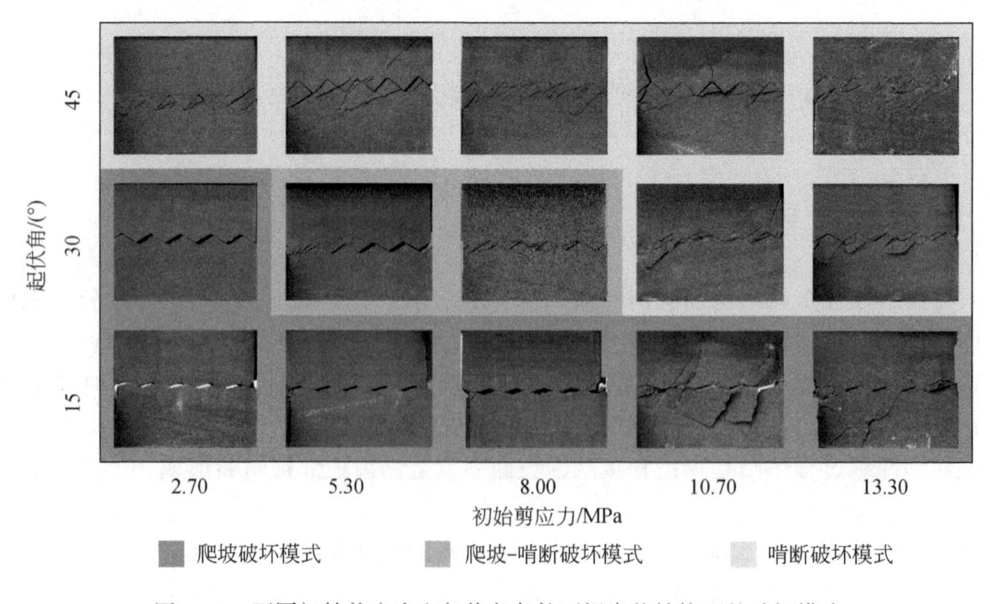

图 4. 43　不同初始剪应力和起伏角条件下锯齿状结构面的破坏模式

4.6.2　变形特征

1. 典型应力、位移时程曲线

图 4.44 ~ 图 4.46 分别为爬坡模式、爬坡-啃断模式及啃断模式的典型应力、位移时程曲线。每种模式选取一个具有代表性的试样进行分析，所选择的试样编号分别为 UDSTA15S10.7、UDSTA30S8、UDSTA45S10.7。各阶段特征如下。

第一步：施加法向应力。此阶段试样处于单轴压缩状态，在应力控制的加载模式下，法向应力线性增加直至达到初始法向应力，同时剪应力为零，如图 4.44（a）、图 4.45（a）、图 4.46（a）所示。法向位移在加载的初始阶段呈快速线性增加，这是由于张开性结构面闭合而后试样产生弹性变形导致的。随着法向加载的进行，法向位移的增长速率逐渐变缓，进入塑性变形阶段直至法向应力达到初始法向应力，法向位移也达到峰值。此阶段剪位移设为零，即不考虑法向应力加载过程中的侧向膨胀位移，如图 4.44（b）、图 4.45（b）、图 4.46（b）所示。

第二步：施加剪应力。在应力控制的加载模式下，剪应力线性增加直至达到初始剪应力，同时法向应力保持为初始法向应力不变，如图 4.44（a）、图 4.45（a）、图 4.46（a）所示。法向位移基本保持不变，剪位移随着剪应力的增加逐渐增加而增加速率逐渐变缓直至剪应力达到初始剪应力，如图 4.44（b）、图 4.45（b）、图 4.46（b）所示。

第三步：卸载法向应力。在应力控制的卸载模式下，法向应力线性减小，同时剪应力保持为初始剪应力。当初始剪应力无法保持不变且出现减小的情况可认为试样发生宏观破坏，图 4.44 ~ 图 4.46 中的右侧灰色区域代表试样破坏后，剪应力出现变化的点被定义为临界破坏点。三种模式在破坏后的剪应力下降趋势表现出截然不同的特性：爬坡模式中剪应力在试样破坏后下降较平缓，下降速率较稳定，如图 4.44（a）所示，这是由于结构面启动后始终沿着迎坡面滑移，并没有发生断裂等脆性破坏；爬坡-啃断模式中剪应力呈台阶状下降，在台阶处小幅度波动，如图 4.45（a）所示，当结构面启动滑移后，剪应力发

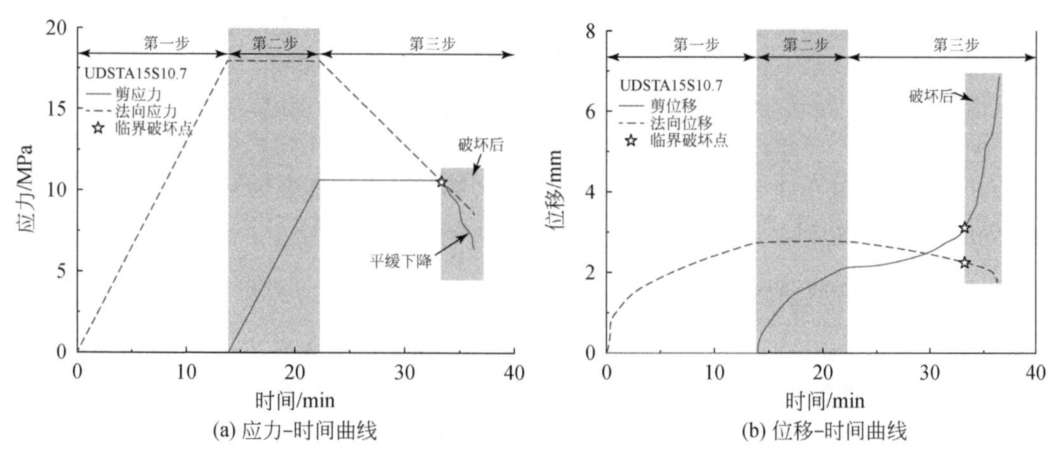

(a) 应力-时间曲线　(b) 位移-时间曲线

图 4.44　爬坡模式的应力、位移时程曲线

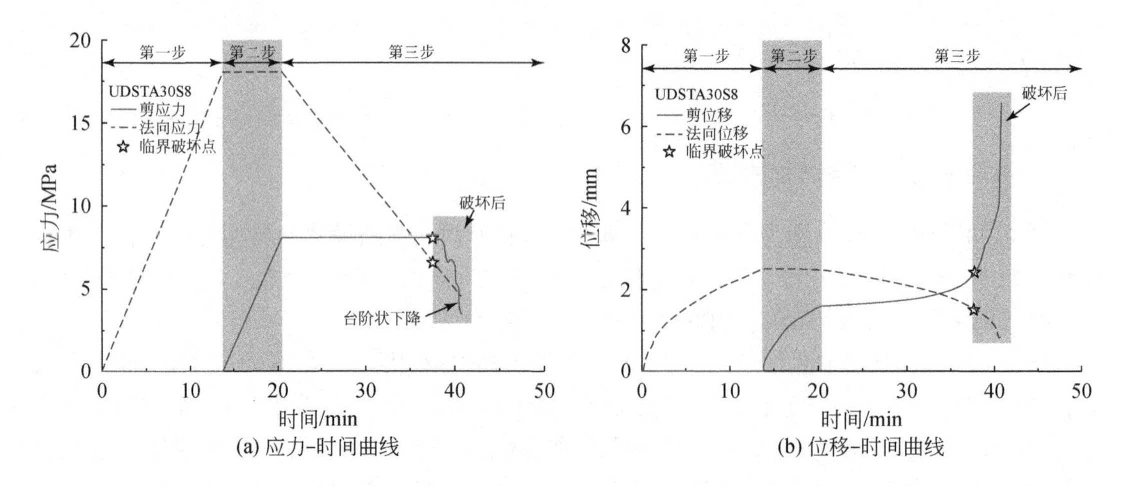

(a) 应力-时间曲线 (b) 位移-时间曲线

图 4.45 爬坡-啃断模式的应力、位移时程曲线

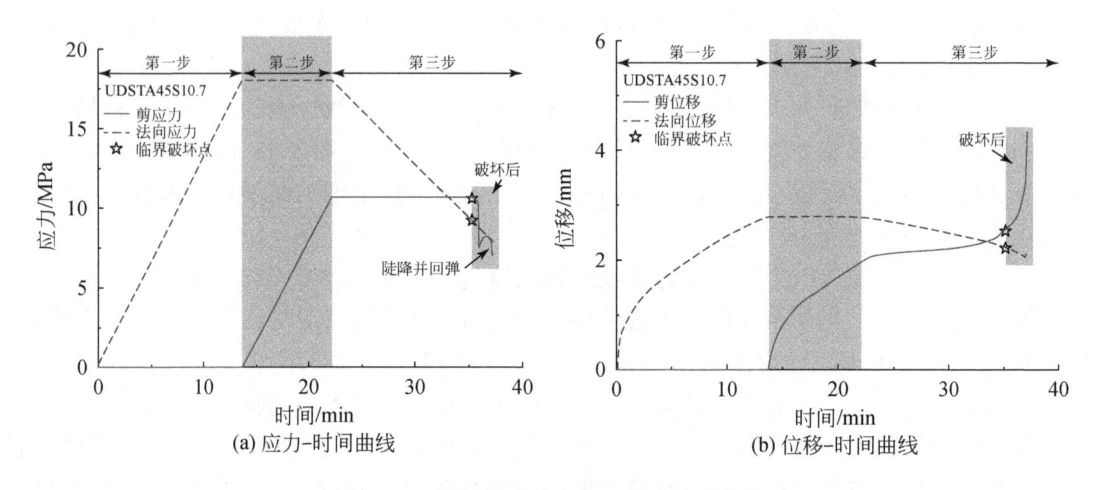

(a) 应力-时间曲线 (b) 位移-时间曲线

图 4.46 啃断模式的应力、位移时程曲线

生小幅度波动，而当锯齿状凸起被啃断，剪应力就会发生脆性跃落；啃断模式中剪应力出现陡降现象但在降到某一值后回弹，回弹后剪应力再次陡降，如图 4.46（a）所示，这是由于锯齿状凸起被啃断后剪应力脆性跃落，随后啃断区被压应力和剪应力挤压密实，剪应力随即回弹直到下一个锯齿状凸起被啃断，再次发生应力脆性跃落。法向位移随着卸荷的进行逐渐减小，且减小速率逐渐增大。剪位移随着卸荷的进行逐渐增加，且在破坏发生后剪位移陡增，如图 4.44（b）、图 4.45（b）、图 4.46（b）所示。

2. 法向应力-应变曲线

图 4.47 为不同初始剪应力条件下，含三种不同起伏角试样的法向应力-应变曲线。图中 OA 段为法向应力加载阶段与剪应力加载阶段，A 点为法向应力与法向应变峰值点，法向卸荷开始后法向应力与法向应变均开始减小。各试样的初始法向应力相同，均为 18MPa。但相同初始剪应力条件下，不同起伏角试样的法向应变峰值不同：法向应变峰值

随着起伏角的增加而增大。这是由于法向应力加载过程中，上下结构面接触并压密时产生的沿坡面的应变在法向的分量随着起伏角的增大而增大。由于 *OA* 段的试样均未产生破坏，故不作为重点分析。*A* 点为卸荷起点，从 *A* 点开始进入法向卸荷阶段直至试样发生破坏，下面重点分析法向卸荷阶段的法向应力-应变曲线，将曲线分为以下三个阶段。

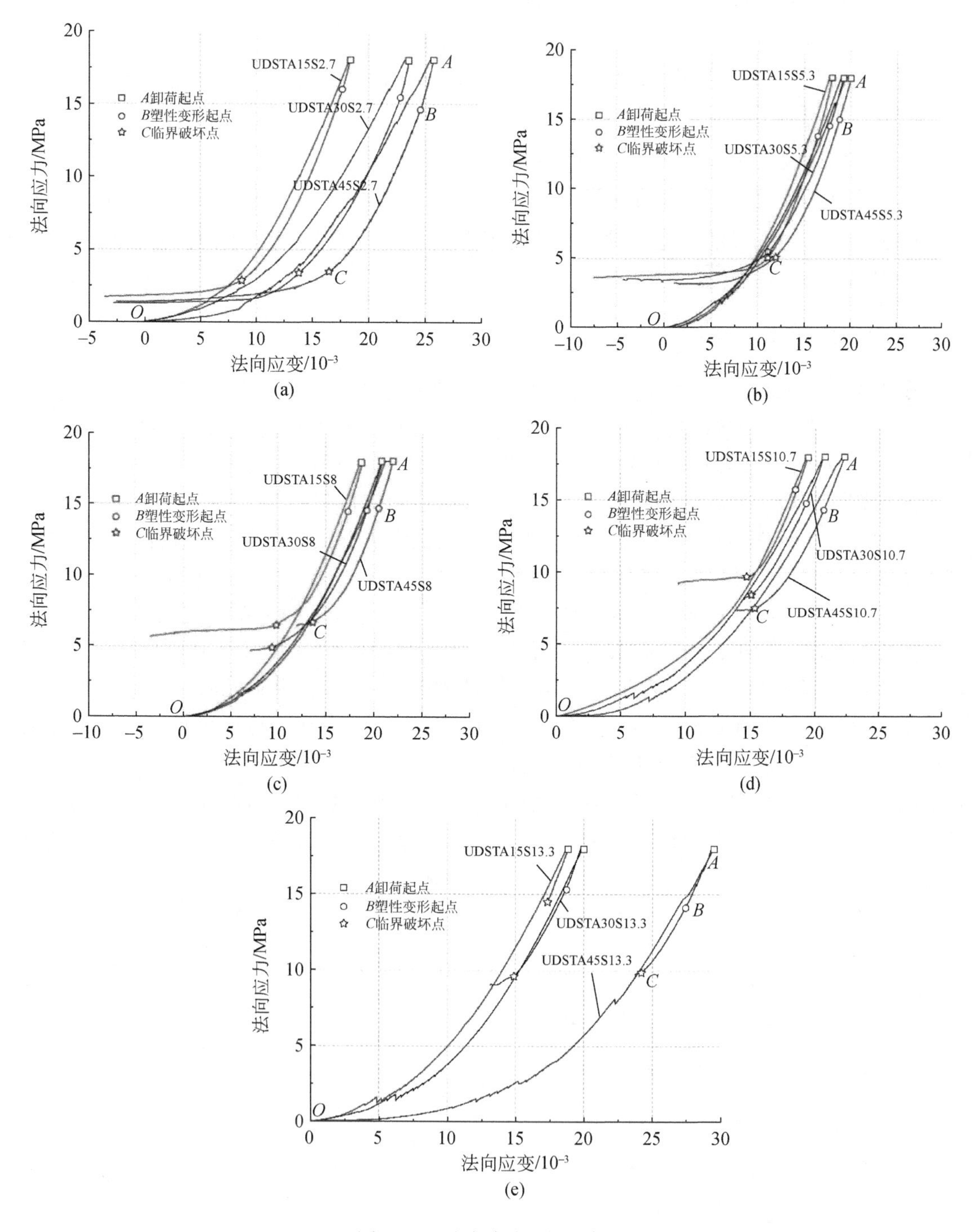

图 4.47　法向应力-应变曲线

1）弹性变形阶段（图 4.47 中 AB 段）

法向应力的范围为 18～15MPa，法向应力-应变曲线近线弹性，在法向应力剪应力加载中所储存的弹性能释放，包括岩石及结构面压密、法向与剪切弹性变形等。

2）塑性变形阶段（图 4.47 中 BC 段）

法向应力减小且剪应力不变的条件下，法向应变的减小速率逐渐增加。随着初始剪应力的增加，塑性变形阶段明显缩短。对于试样 UDSTA15S13.3，基本没有塑性变形阶段，试样在弹性变形阶段后直接破坏。

3）破坏阶段（图 4.47 中 C 点以后）

法向应变的降低速率进一步增加。对于爬坡破坏模式（低起伏角、低初始剪应力），试样的破坏表现出明显的延性；对于啃断破坏模式（高起伏角、高初始剪应力），试样的破坏表现出明显的脆性。

3. 剪应力-剪位移曲线

图 4.48 为施加剪应力和卸载法向应力过程中的剪应力-剪位移曲线。施加剪应力采用的是应力控制模式，初始加载阶段剪位移随着剪应力的施加而快速增加，此时剪位移-剪应力的斜率较小，变形以弹性变形为主。进入塑性变形阶段后，曲线斜率变缓且趋于稳定，剪位移随剪应力的施加而缓慢增加直至剪应力达到初始剪应力。

从卸荷起点至临界破坏点，由于法向应力逐渐减小，在恒定的剪应力作用下，剪位移持续增加。在起伏角分别为 15°和 30°的条件下，如图 4.48（a）、（b）所示，卸荷阶段中产生的剪位移大小随初始剪应力的增加，先增大后减小。这是由于在低起伏角（15°）高初始剪应力（10.70MPa、13.30MPa）条件下，卸荷量较小时试样即发生破坏，此时试样沿迎坡面爬坡的高度较小，因此剪位移相较低初始剪应力条件下反而会减小，如试样 UDSTA15S10.7、UDSTA15S13.3。而在中等起伏角（30°）高初始剪应条件下，试样主要发生啃断破坏，相较于低初始剪应力条件下发生的爬坡破坏的剪位移也会减小，如试样 UDSTA30S10.7、UDSTA30S13.3。与前两种起伏角的规律不同，高起伏角（45°）条件下，如图 4.48（c）所示，剪位移随着初始剪应力的增加逐渐减小。这是由于高起伏角条件下

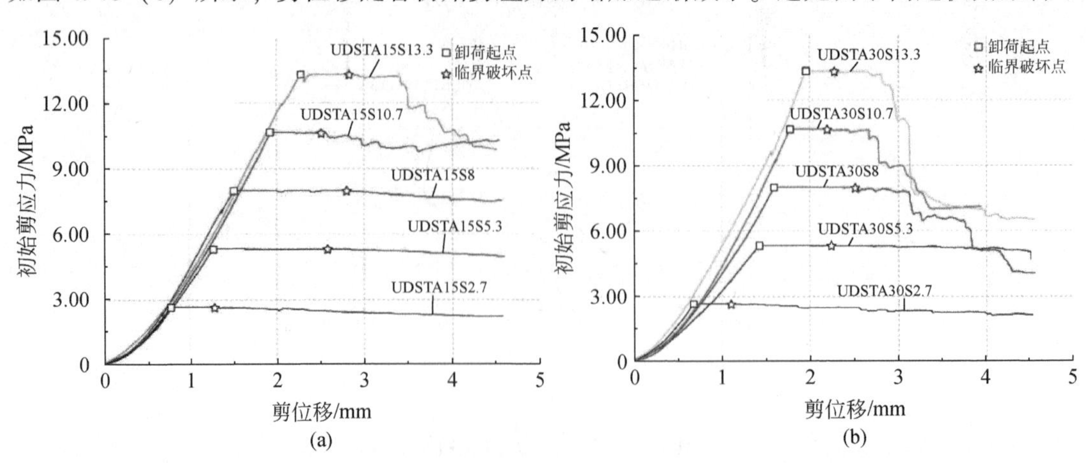

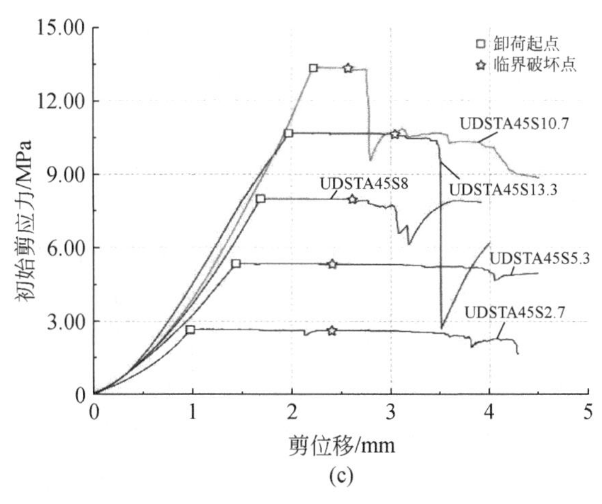

(c)

图4.48　初始剪应力-剪位移曲线

试样主要发生啃断破坏，初始剪应力较小时试样的卸荷量较大，在卸荷过程中锯齿状凸起之间能够充分地咬合密实最后被啃断破坏。反之初始剪应力较大时试样的卸荷量较小，锯齿状凸起被突然剪断导致剪位移较小。

试样破坏后剪位移持续增加同时剪应力无法保持为初始剪应力并开始下降。剪应力随剪位移下降的类型总结为以下四种：①剪应力近线性缓慢下降，如试样UDSTA15S2.7、UDSTA15S5.3、UDSTA15S8、UDSTA30S2.7、UDSTA30S5.3，此种类型均发生于低初始剪应力条件下，对于爬坡破坏模式，结构面沿迎坡面启动爬坡后卸荷仍在继续，此时启动后的上下结构面之间的摩擦力变为滑动摩擦力，滑动摩擦力要小于启动前的静摩擦力即初始剪应力，因此试样承受的剪应力下降；对于啃断破坏模式，微裂纹的起裂扩展导致试样无法承受初始剪应力而使剪应力下降，但是由于剪应力较小，裂纹的扩展过程较平稳且缓慢，剪应力下降过程也较平缓。②剪应力震荡下降，如试样UDSTA15S10.7、UDSTA15S13.3，此种类型均发生于高初始剪应力条件下，这是由于高剪应力条件下，试样在爬坡过程中沿迎坡面会有向上的“冲滑”现象，但是此时卸荷量较小即法向应力仍较大，“冲滑”之后又会有卡顿导致剪应力呈震荡状下降。③剪应力陡降后回弹，如试样UDSTA45S8、UDSTA45S10.7、UDSTA45S13.3。啃断破坏模式中，裂纹扩展贯通后锯齿状凸起被啃断导致剪应力陡降，啃断后的凸起被卡在上下结构面之间并压密使试样的抗剪强度增加，即剪应力回弹。④剪应力震荡下降中伴随陡降，如试样UDSTA30S8、UDSTA30S10.7、UDSTA30S13.3。这种类型发生在爬坡-啃断破坏模式中，综合了爬坡破坏和啃断破坏的特点。

4.6.3　强度特征

1. 卸荷量

引入卸荷量（$\Delta\sigma$），定义为从初始法向应力卸荷至临界破坏点的过程中法向应力的减小量，计算公式为

$$\Delta\sigma=\sigma_{ni}-\sigma_{f} \tag{4.29}$$

式中，σ_{ni}为初始法向应力；σ_{f}为破坏法向应力，即临界破坏点的法向应力。不同初始剪应力条件下，卸荷量随起伏角的变化趋势如图4.49所示。各初始剪应力条件下，起伏角为15°时的卸荷量均为最小。起伏角为15°时，试样均为爬坡破坏模式，在相同初始剪应力和初始法向应力条件下，卸荷量越小代表相同剪应力条件下的破坏法向应力越大，即试样的抗剪强度越低，因此可知爬坡破坏模式是三种破坏模式中抗剪强度最低的。在中低初始剪应力（2.70MPa、5.30MPa、8.00MPa）条件下，卸荷量随着起伏角的增加先增加后减小。结合破坏模式可知，在中低初始剪应力条件下，爬坡-啃断破坏模式的抗剪强度最高，这可能是因为30°起伏角试样启动爬坡所需要的剪应力大于啃断45°起伏角试样的凸起体所需要的剪应力。而在高初始剪应力（10.70MPa、13.30MPa）条件下，卸荷量随起伏角的增加而增加，试样起伏角为30°和45°时在该初始剪应力条件均发生啃断破坏，而起伏角为45°的凸起体被剪断的过程中裂隙扩展路径要长于起伏角为30°的凸起体被剪断的路径，如图4.50所示。因此所需的剪应力更大，抗剪强度也更大。

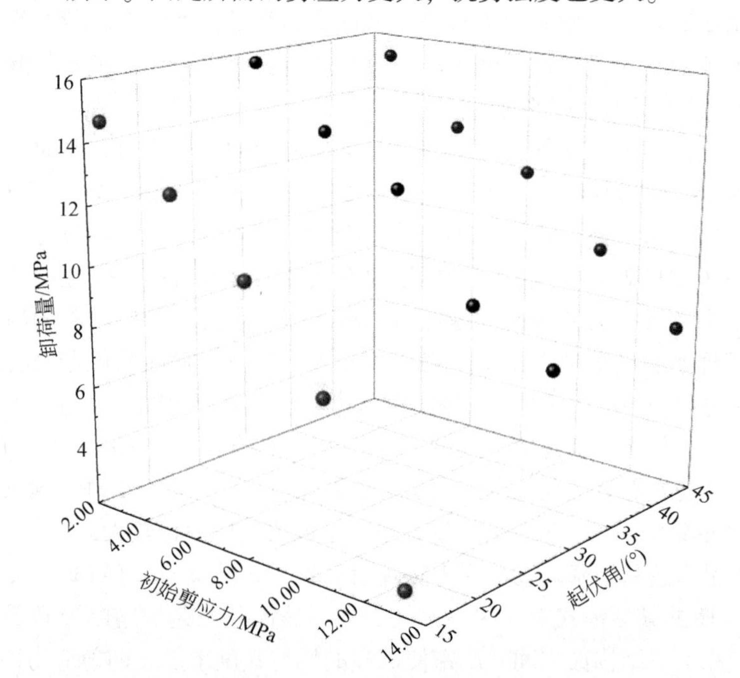

图4.49　卸荷量随起伏角和初始剪应力的变化规律

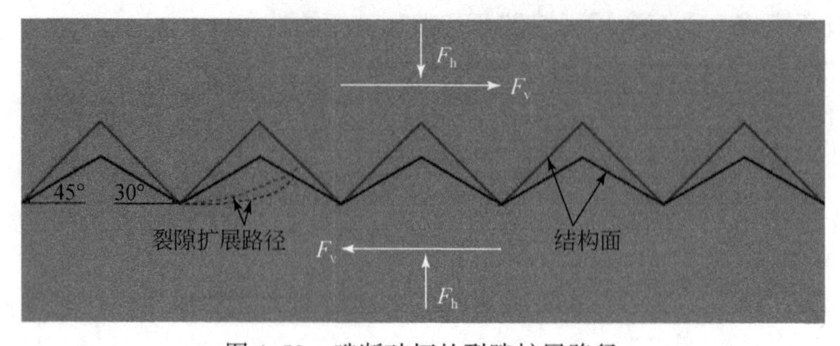

图4.50　啃断破坏的裂隙扩展路径

在相同起伏角的条件下，卸荷量与初始剪应力近似呈线性负相关，即卸荷量随初始剪应力的增加而减小，因此可对卸荷量进行线性拟合，进而得到卸荷量与初始剪应力的表达式如下：

$$\Delta\sigma = m\tau_{\mathrm{i}} + n \tag{4.30}$$

式中，m 和 n 为与材料相关的拟合常数。将式（4.30）的等号两侧分别对 τ_{i} 求导可得

$$\frac{\mathrm{d}\Delta\sigma}{\tau_{\mathrm{i}}} = m \tag{4.31}$$

式中，参数 m 为卸荷量随初始剪应力的变化速率，即卸荷量对初始剪应力的敏感程度。$m>0$ 表示卸荷量随初始剪应力的增加而变大；$m<0$ 表示卸荷量随初始剪应力的增加而变小；$m=0$ 表示卸荷量为常数，即不随初始剪应力的变化而变化。当卸荷量为零时表示的是常规直剪试验，此时试样的初始剪应力就是抗剪强度，式（4.30）可表示为

$$\tau_{\mathrm{f}} = \tau_{\mathrm{i}} = -\frac{n}{m} \tag{4.32}$$

由式（4.32）可知 n 与 m 比值的绝对值表示试样的抗剪强度。通过线性拟合可得到不同起伏角条件下参数 m 和 n 的数值（表 4.8）。参数 m 随着起伏角的增加而增加，而 n 随着起伏角的增加而减小，可知起伏角为 45°时卸荷量对初始剪应力的变化最敏感，而起伏角为 15°时卸荷量对初始剪应力的变化最不敏感。$|n/m|$ 随起伏角的增大而增大，即岩石的抗剪强度随起伏角的增大而增大。

表 4.8　不同起伏角条件下参数 m 和 n 的值

起伏角/(°)	参数 m	参数 n	$\|n/m\|$
15	−1.0847	18.545	17.097
30	−0.7854	18.073	23.011
45	−0.7146	17.137	23.981

2. 破坏法向应力

破坏法向应力是试样在临界破坏点时的法向应力，由于在法向卸荷直剪试验中初始剪应力保持恒定，因此在相同初始剪应力条件下，破坏法向应力是评价岩石破坏时抗剪强度的重要指标。破坏法向应力与初始剪应力呈正相关关系，如图 4.51 所示，这也与岩石抗剪强度随法向应力的增加而增加这一力学特性相符。但是，在不同起伏角条件下，破坏法向应力随初始剪应力的增加速率明显不同。高初始剪应力（10.70MPa、13.30MPa）时，15°起伏角试样的破坏法向应力的增长明显大于其他两种起伏角，这也说明 15°起伏角试样的抗剪强度在高初始剪应力条件下会急剧降低。

为了研究卸荷对岩体结构面抗剪强度的影响，在破坏法向应力的条件下开展常规直剪试验，将两者进行对比，如图 4.52 所示。在极限强度状态下，卸荷直剪试验与常规直剪试验的法向应力相同，此时的破坏剪应力可直观地反映试样的抗剪强度高低。由图 4.52 可知，三种不同起伏角条件下，卸荷直剪试样的破坏剪应力均小于常规直剪试样的破坏剪

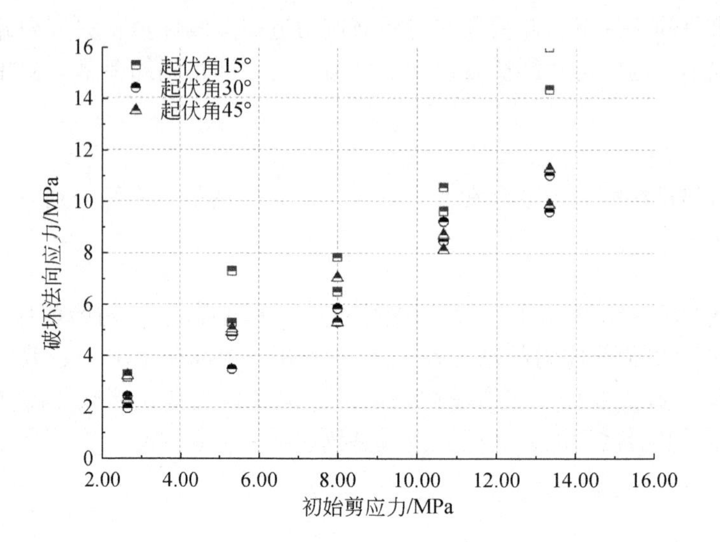

图 4.51　破坏法向应力与初始剪应力的关系

应力，说明卸荷对于岩体结构面的抗剪强度具有一定程度的弱化效果。而对于不同起伏角的岩体结构面，这一弱化效果存在一定差异。通过线性拟合可将常规直剪试验和卸荷直剪试验中的抗剪强度与破坏法向应力的公式表示为

$$\tau_f=\sigma_f\tan\varphi_1+c_1 \tag{4.33}$$

$$\tau_i=\sigma_f\tan\varphi_2+c_2 \tag{4.34}$$

式中，τ_f、τ_i 分别为常规直剪试验的抗剪强度和卸荷直剪试验中的初始剪应力；φ_1、φ_2、c_1、c_2 分别为常规直剪试验和卸荷直剪试验中的内摩擦角和黏聚力。将式（4.33）和式（4.34）等号两边相减可得抗剪强度弱化量公式：

$$\Delta\tau=\sigma_f(\tan\varphi_1-\tan\varphi_2)+c_1-c_2 \tag{4.35}$$

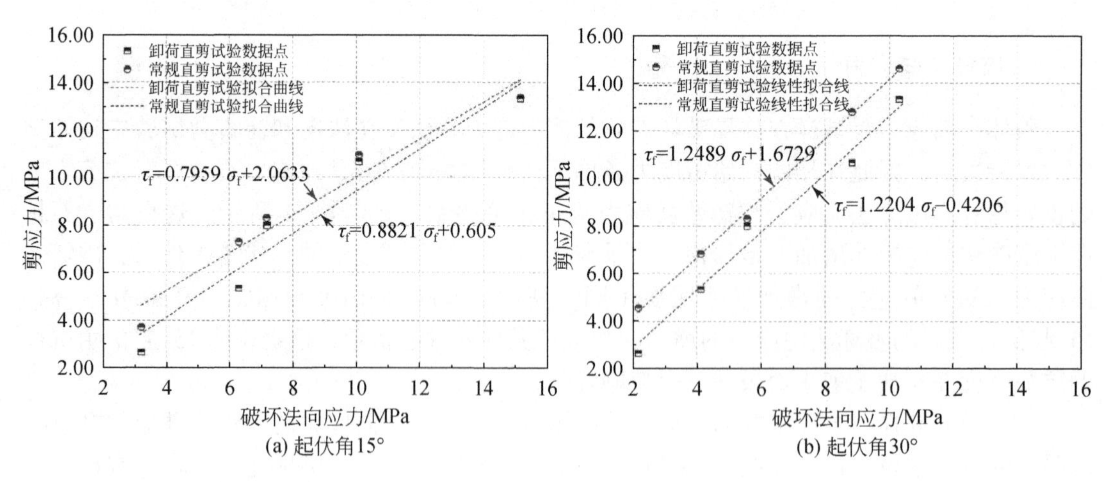

(a) 起伏角15°　　(b) 起伏角30°

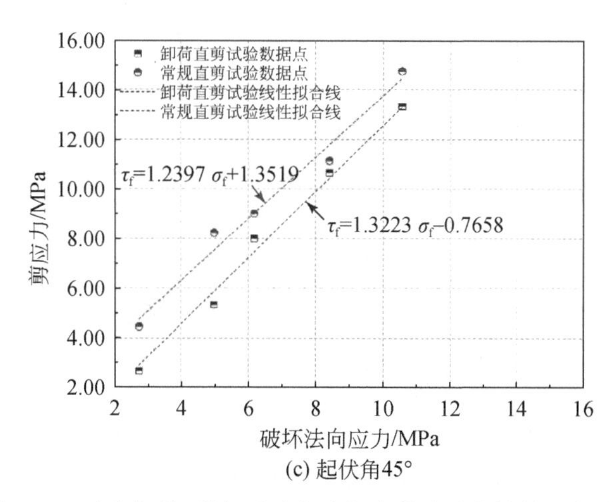

(c) 起伏角45°

图 4.52　法向卸荷-剪切试验与常规直剪试验的抗剪强度对比

将图 4.52 中各起伏角的线性拟合公式代入式（4.35）中可得

$$\begin{cases}\Delta\tau_{15}=-0.0682\sigma_{\mathrm{f}}+2.0633\\ \Delta\tau_{30}=0.0285\sigma_{\mathrm{f}}+1.2523\\ \Delta\tau_{45}=-0.0826\sigma_{\mathrm{f}}+2.1177\end{cases}\tag{4.36}$$

式中，$\Delta\tau_{15}$、$\Delta\tau_{30}$、$\Delta\tau_{45}$分别为起伏角 15°、30°、45°时的抗剪强度弱化量；σ_{f} 为破坏法向应力。起伏角为 15°和 45°时，抗剪强度弱化量与破坏法向应力成反比。在高破坏应力（即对应的高初始剪应力）条件下，卸荷直剪试样中的抗剪强度与常规直剪试验中的抗剪强度相差较小，卸荷对抗剪强度的弱化效果较小。

起伏角为 15°时，抗剪强度的降低比例$\left(\dfrac{\tau_{\mathrm{f}}-\tau_{\mathrm{i}}}{\tau_{\mathrm{i}}}\right)$随着破坏法向应力的增加从 39.6% 降低至 0.4%；起伏角为 45°时，抗剪强度的降低比例随着破坏法向应力的增加从 67.2% 降低至 10.4%。当破坏法向应力增加至某一值（小于试样的单轴抗压强度），卸荷对抗剪强度的弱化效果可忽略不计。当起伏角为 30°时，抗剪强度弱化量与破坏法向应力虽然呈反比，但是抗剪强度弱化量增加速率较小，抗剪强度的降低比例随着破坏法向应力的增加从 71.3% 降低至 9.6%。

4.7　单裂隙岩体裂隙扩展演化与模式

4.7.1　典型破坏模式

法向卸荷-剪切试验单裂隙代表性试件的最终破裂形态、破裂断面（下半部分）及裂纹扩展演化素描图如图 4.53 所示，图中 T 表示张拉裂纹，S 表示剪切裂纹。裂纹类型的判断主要通过对高速摄像机记录下的岩样破坏全过程进行分析，张拉裂纹表现为具有一定程度的张开位移，剪切裂纹表现为破裂面上下侧有相对错动位移且常伴随表面岩石碎屑剥落。结合试样破坏后的断面特点：张拉破坏岩样的断面凹凸不平，没有摩擦痕迹；剪切破坏岩样的断面较平滑，有明显条状的摩擦痕迹。基于此，试样破坏模式可总结为如下三种。

（1）剪切破坏模式：大多从裂隙尖端首先剪切起裂，也可能出现从试件边界向裂隙尖端剪切扩展裂纹，这些新生的剪切裂纹与裂隙搭接形成贯通性剪切破裂面，如图 4.53（a）所示，多发生于夹角 $\beta=0°$、$20°$、$160°$。

（2）张拉破坏模式：新生裂纹均为张拉裂纹，这些张拉裂纹从裂隙两尖端以翼裂纹的形式起裂，并逐渐向试件边界扩展贯通，形成的拉破裂面与剪切方向夹角相对较小，如图 4.53（b）所示，此情况常出现在夹角 $\beta=60°$、$90°$、$120°$。

（3）张剪混合破坏模式：扩展裂纹中既有剪切裂纹也有张拉裂纹。根据张拉裂纹和剪切裂纹的扩展演化过程及分布区域的不同，张剪混合破裂可以细化为以下三个亚类：①3. a 类裂隙尖端拉裂-剪切贯通模式：裂纹从裂隙尖端张拉起裂，张拉裂纹扩展至试样中部某点后转变为剪切裂纹扩展至试件边部贯通，且剪切裂纹的扩展方向转向为近平行于剪切方向，如图 4.53（c）所示。这种破坏模式在 $\beta=20°\sim140°$ 范围内均有出现。②3. b 类试件边界拉裂-剪切贯通模式：裂纹从试件两侧端面张拉起裂（常为剪应力施加端先张裂），进而向试件中部传播，然后转为剪切裂纹向裂隙尖端扩展贯通（剪切裂纹的方向也近平行于剪切方向），如图 4.53（d）所示。此种破坏模式在 $\beta=0°\sim40°$ 范围内均有出现。③3. c 类剪-拉-剪三段式混合裂纹贯通模式：裂纹从剪应力施加端张拉起裂，并沿近水平方向延伸一定距离后，转变为剪切裂纹与裂隙尖端搭接；同时在裂隙非剪应力施加一端的尖端，首先剪切扩展然后转向拉张裂缝向试件边界传播，破裂面裂纹表现为剪-拉-剪三段式分布特征，如图 4.53（e）所示，主要发生在 $\beta=0°$、$90°$、$120°$、$140°$。

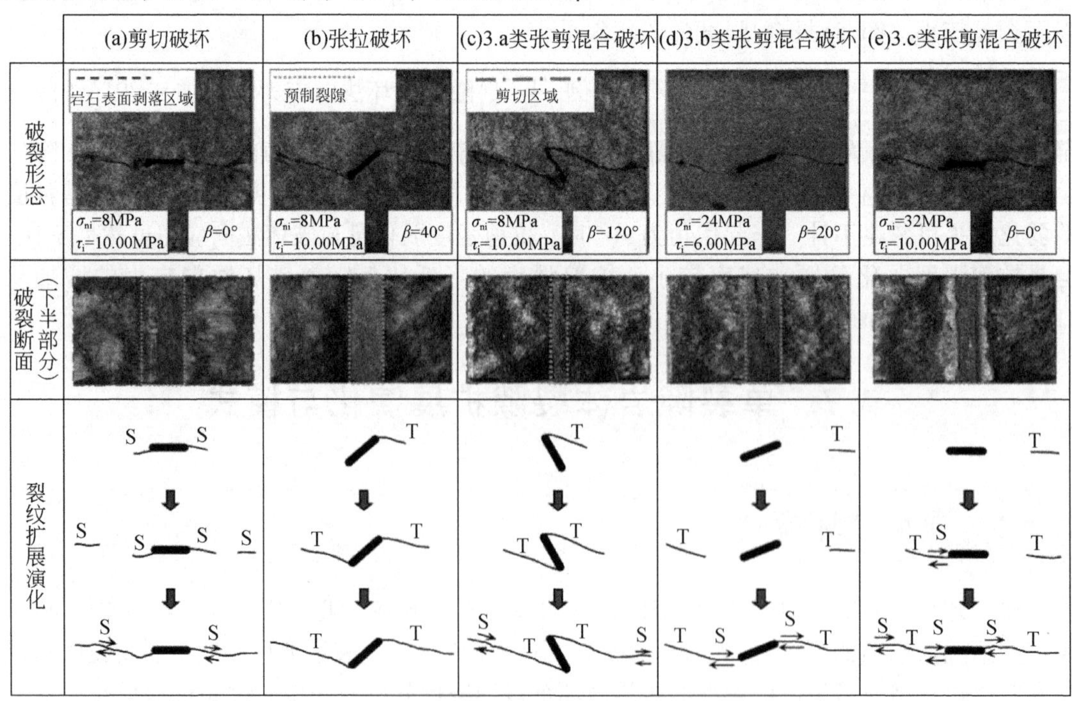

图 4.53　法向卸荷-剪切试验单裂隙砂岩典型破坏模式

4.7.2　裂隙倾角对破坏模式的影响

不同裂隙倾角对单裂隙试样破坏模式的影响如图4.54所示。随着裂隙倾角的增加，岩石表面的剥落区域面积越来越小。当裂隙倾角大于60°后，随着裂隙倾角的增加，压实表面的剥落区域面积越来越大。剥落区域主要存在于试样边界，远离预制裂隙尖端。而剪切区域面积的变化趋势与岩石表面剥落区域的变化趋势相似。从破坏模式上看，随着裂隙倾角增加至60°的过程中，变化趋势为从混合拉剪破坏向张拉破坏转变；裂隙倾角继续增加，破坏趋势又向混合拉剪破坏转变；最终，当裂隙倾角达到160°时，发生剪切破坏。

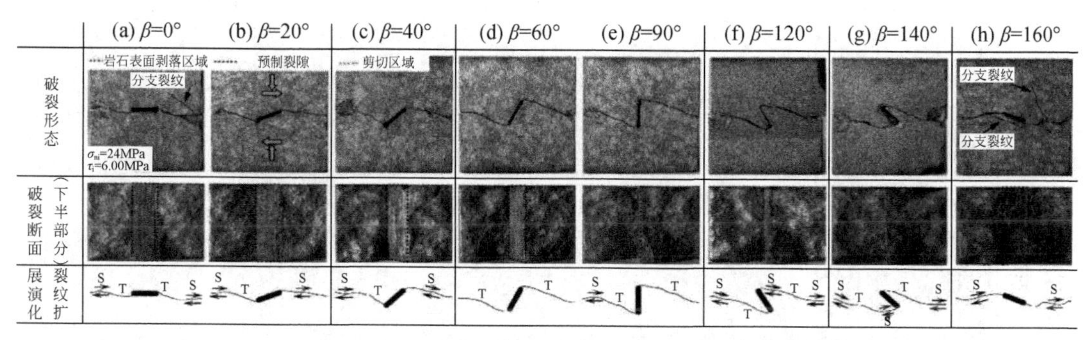

图4.54　不同裂隙倾角对单裂隙试样的破坏模式

4.7.3　初始应力对破坏模式的影响

不同初始法向应力的破坏模式如图4.55所示。在低初始法向应力条件下（8MPa、

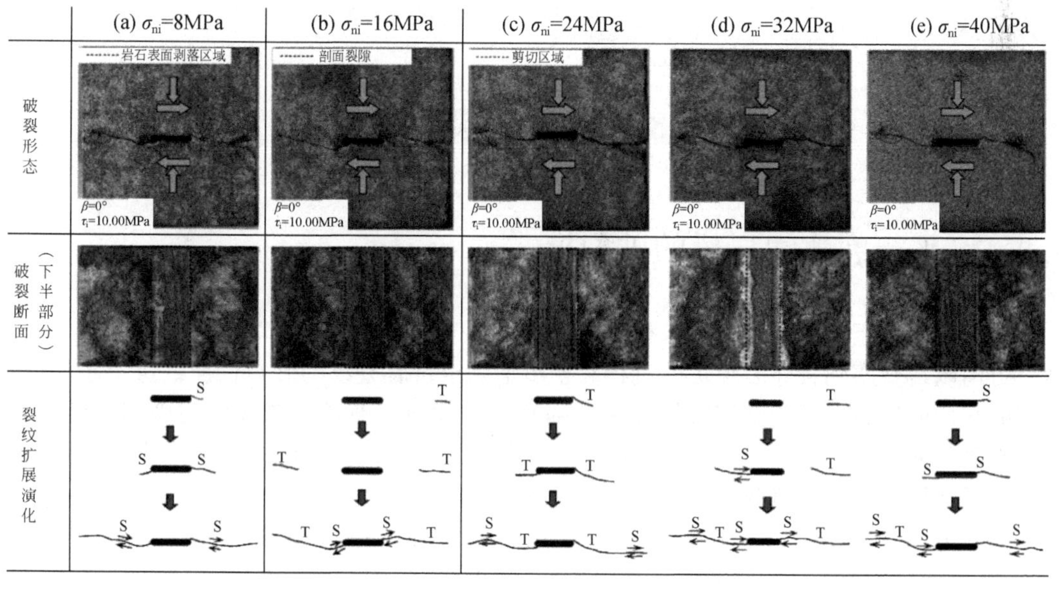

图4.55　不同初始法向应力的破坏模式

16MPa），岩石表面的剥落区域主要存在于预制裂隙尖端和试样边界处；在中等初始法向应力条件下（24MPa），岩石表面剥落只发生在试样边界附近；在高初始法向应力条件下（32MPa、40MPa），预制裂隙尖端和试样边界附件均发生剥落现象，剪切划痕的分布与剥落区域的分布相对应。随着初始法向应力的增加，破坏模式呈现出由剪切破坏向拉剪混合破坏变化的趋势。

不同初始剪应力的破坏模式如图 4.56 所示。随着初始剪应力的增加，岩石表面剥落区域的面积明显增大，剥落位置从试样的边界逐渐扩展至预制裂隙尖端。相应地，剪切划痕的面积也增加了。破坏模式按张拉破坏、拉剪混合破坏、剪切破坏的顺序依次变化。

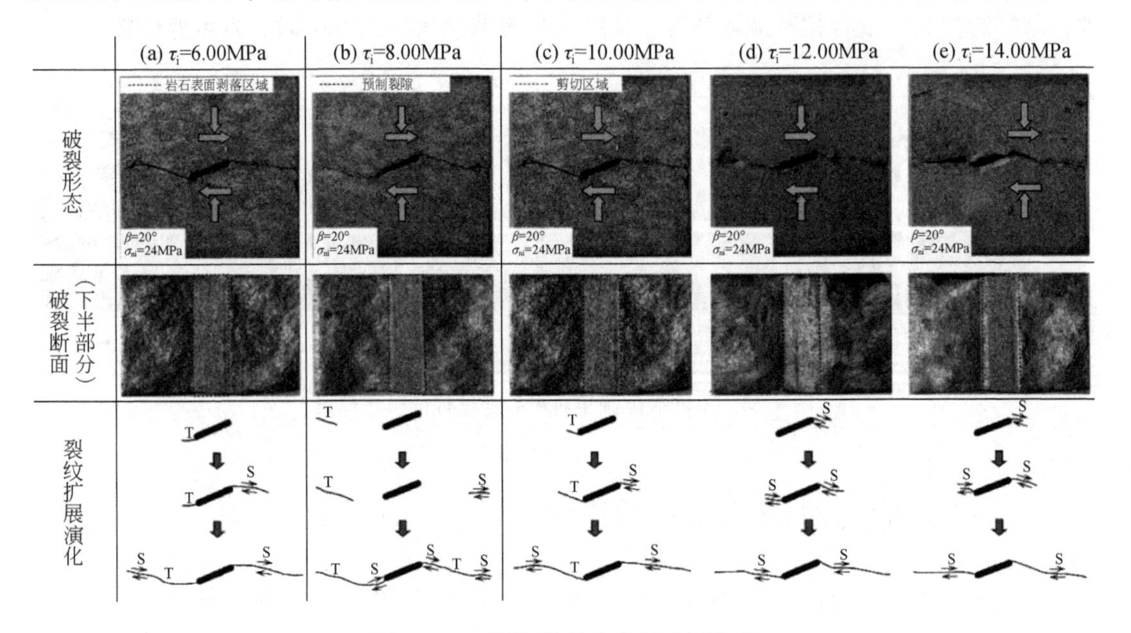

图 4.56　不同初始剪应力的破坏模式

4.8　岩桥破裂模式

4.8.1　平行裂隙间岩桥的破裂模式

一方面，基于试验过程的记录视频，以 0.1 倍于正常播放速度对岩样失效过程进行回放，可清晰地观察到岩样裂隙扩展过程和初步地判定扩展裂纹的破裂性质。进一步，通过观察断裂面的形态，发现剪切破坏往往伴随着剪切擦痕、剪切碎屑或剪切破碎带的出现，而拉破裂的断面往往比较粗糙。基于以上特征，本节对不同几何结构的岩样在不同荷载条件下的破坏形态进行了研究，总结了其破裂规律。

另一方面，岩桥的破裂性质还可以通过岩桥内部的任意点的应力状态来确定，如图 4.57 所示，岩桥内任一点 $P(x, y)$ 受到正应力 σ_y 和剪应力 τ_{xy} 的作用（坐标系以岩桥中点为原点，水平方向为 x 轴，竖直方向为 y 轴），分别为

$$\begin{cases}\sigma_y=\sigma \\ \tau_{xy}=\dfrac{h-|y|}{h}\tau\ (-a\sin\alpha\leqslant y\leqslant a\sin\alpha)\end{cases} \tag{4.37}$$

式中，σ 和 τ 分别为试样中心面上的正应力和剪应力；h 为试样的半高。

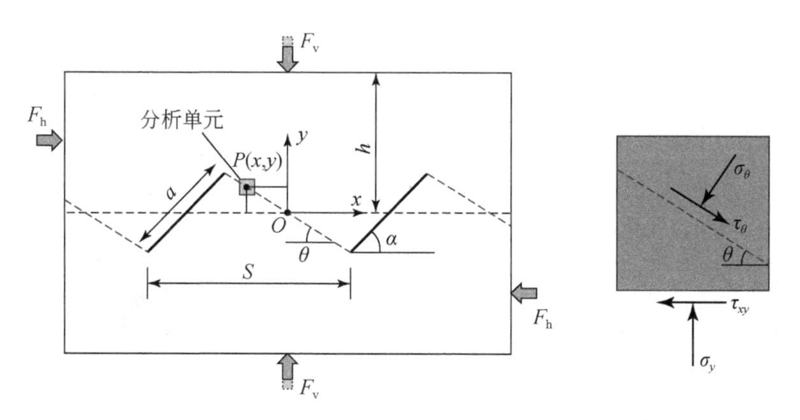

图 4.57　岩桥内任一点的应力状态

分析单元破裂面方向上的法向应力（σ_θ）和剪切应力（τ_θ）分别为

$$\begin{cases}\sigma_\theta=\dfrac{1+\cos 2\theta}{2}\sigma_y-\tau_{xy}\sin 2\theta \\ \tau_\theta=-\dfrac{\sigma_y}{2}\sin 2\theta-\tau_{xy}\cos 2\theta\end{cases} \tag{4.38}$$

式中，θ 为破裂面方向的倾角，即岩桥倾角；σ_θ为正表示该单元受压，为负则表示单元体受拉。

1. 裂隙几何结构的影响

本书中的所有试样考虑的裂隙几何结构包括裂隙倾角和裂隙间距两个方面，以下就岩样在不同裂隙倾角和不同裂隙间距下的条件下岩桥的破裂模式进行描述和分析，以典型试样组为代表，总结岩桥的破坏规律及影响因素。

1）不同裂隙倾角

图 4.58 中给出了岩桥应力分布、岩桥平均应力与对应强度以及岩样破坏模式与断面形态，图中，“T” 表示拉裂纹段，“S” 表示为剪裂纹段，水平箭头表示剪切方向（以下所有图中类同）。为了获得岩桥的破裂性质，有必要对岩桥各点的应力状态进行分析。以试样 6 为例 [图 4.58（a）]，在临界破坏状态，σ_y 等于法向破坏应力（即 σ_2）。根据式（4.37）和式（4.38），可以求出岩桥上各点的法向应力及剪切应力 [图 4.58（a）]。结果表明，岩桥的法向应力和剪切应力在两端最小，中点处最大，对于实例试样，法向应力呈现为张拉应力。正是由于岩桥两端的拉应力小，而中部的拉应力大，故而岩桥破裂面上呈现出的剪切划痕主要分布在岩桥的两端，而岩桥中部并无擦痕出现，为张拉破坏 [图 4.58（c）]。同时，可以根据图 4.58（a）求出岩桥上的平均法向应力及平均剪切

应力，图 4.58 中所有试样对应的初始法向应力和初始剪应力分别为 20MPa 和 4.00MPa。各裂隙倾角下岩体的抗剪强度（图 4.58（b）中的 τ_{fm}）可通过直剪试验得出，结果如图 4.58（b）所示，砂岩的张拉起裂应力［图 4.58（b）中的 σ_{tc}］为 1.41MPa。图 4.58（b）中的四条曲线可以将裂隙倾角划分成四个区域，各区域特征如下。

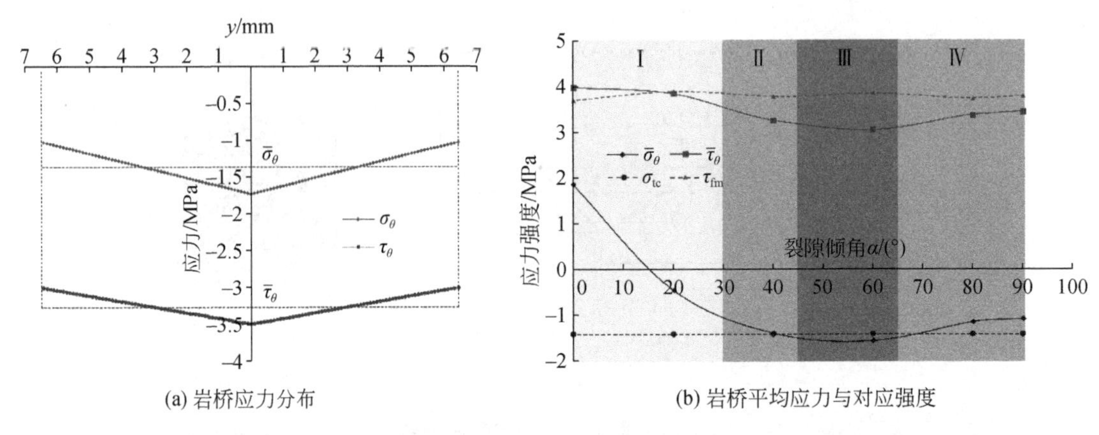

(a) 岩桥应力分布　　(b) 岩桥平均应力与对应强度

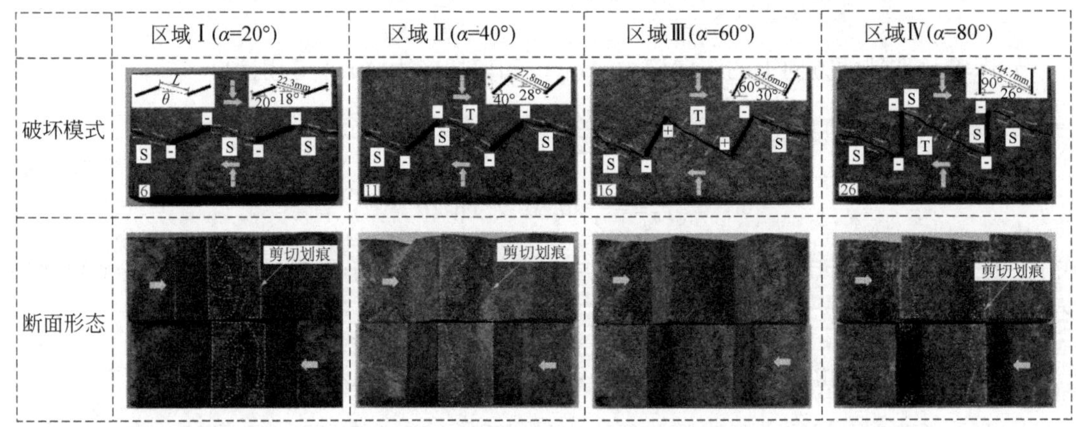

(c) 岩样破坏模式与断面形态

图 4.58　岩桥应力分布、岩桥平均应力与对应强度以及岩样破坏模式与断面形态

（1）区域Ⅰ内［α∈(0°，30°)］，岩桥区域的平均法向应力为压应力［α∈(0°，15°)］或者较小的拉应力［α∈(15°，30°)］，而岩桥的平均剪应力接近于或者大于岩体的抗剪强度（τ_{fm}），故而裂隙倾角处于区域Ⅰ的岩体岩桥呈现为剪切破坏模式，具体如图 4.58（c）中岩样 6 所示。

（2）区域Ⅱ内［α∈(30°，45°)］，岩桥区域的平均法向应力为张拉应力，量值接近于张拉起裂应力，且岩桥的平均剪应力接近于岩体的抗剪强度（τ_{fm}）。因此，裂隙倾角在区域Ⅱ内的岩样，岩桥呈现为拉-剪混合破坏，如图 4.58（c）中岩样 11 所示。

（3）区域Ⅲ内［α∈(45°、65°)］，岩桥区域的平均法向应力为张拉应力，且量值大于岩石的张拉起裂应力，而岩桥的平均剪切应力小于岩体的抗剪强度（τ_{fm}）。故而，裂隙倾角处于区域Ⅲ内的岩样岩桥呈现为张拉破坏模式，如图 4.58（c）中试样 16 所示。

（4）区域Ⅳ内 [$\alpha\in(80°, 90°)$]，岩桥的应力分布类似于裂隙倾角处于区域Ⅱ内的岩样，岩桥区域的平均法向应力为张拉应力，平均法向应力和平均剪切应力均与各自的强度量值接近。因此，裂隙倾角处于区域Ⅳ内的岩样岩桥呈现为拉-剪混合破坏模式，如图 4.58（c）中试样 26 所示。

从整体上来看，内置裂隙外两端的部位均为剪切破坏，破坏面方向大致与岩桥方向平行，而岩桥的破坏形态随着裂隙倾角的变化会有所差异，因此，本小节主要集中于岩桥破坏模式的分析。从表面形态来看，随着裂隙倾角的增加，岩桥从剪切失效（$\alpha=0°$和 20°）到拉-剪混合破坏（$\alpha=40°$），到张拉断裂（$\alpha=60°$），最后又回到了拉-剪混合破坏（$\alpha=$80°和 90°）。如果根据裂隙倾角的大小来归纳岩桥的破裂规律则会显得不够明确，如拉-剪混合破坏的模式下的岩样裂隙倾角有 40°、80°和 90°，而中间有夹杂了 60°的张拉破裂，破裂规律不清晰。因此，这里以岩桥长度（记为 L）和裂隙倾角（记为 θ）为对象来概述岩桥破坏模式。根据几何关系，岩桥长度（L）和裂隙倾角（θ）可用裂隙间距（S）和裂隙倾角（α）来表示：

$$\begin{cases}\theta=\arctan\dfrac{a\sin\alpha}{S-a\cos\alpha}\\ L=\sqrt{S^2-2aS\cos\alpha+a^2}\end{cases}\tag{4.39}$$

本书中固定 $a=20\text{mm}$，由式（4.39）可以看出，当$\alpha\in(0°, 60°)$时，θ 随 α 单调递增，而当$\alpha\in(60°, 90°)$时，θ 随 α 单调递减，当 $\alpha=60°$时，θ 出现最大值为 30°；而岩桥长度 L 随 α 的增加总是单调递增的。此时，再回顾图 4.58 中 4 个代表性岩样的破坏形态，结果发现：当岩桥长度较小时（如试样 6、11 和 16），岩桥的破坏模式主要由岩桥倾角控制，具体的破裂规律为：当岩桥倾角小于 20°时（如试样 6），岩桥发生剪切破坏；当岩桥倾角为 20°～30°时（如试样 11），岩桥发生拉剪破坏；当岩桥倾角大于 30°时（如试样 16），岩桥发生张拉破坏。当岩桥长度较大时（如试样 26），岩桥的破坏可以看作是两阶段破坏的叠加，第一阶段为裂纹在预制裂隙尖端萌生和局部扩展，第二阶段为新岩桥（经过第一阶段裂隙扩展后岩桥剩余的部分）按照短岩桥的规律破坏。

综合图 4.58 中 4 个岩样的破坏形态，岩桥的破坏模式主要与岩桥倾角相关，随着岩桥倾角 θ 增大，岩桥从剪切破坏（试样 6，$\theta=0°$和 18°），到拉剪混合破坏（试样 11 和 26，$\theta=$28°、28°和 26°），最后到张拉破坏（试样 16，$\theta=30°$）。图 4.58（c）中每个子图的右侧部分给出了裂纹萌生角度，结果发现预制裂隙尖端裂纹的萌生角度与岩桥的长度有关。

另外，对于岩桥两侧的裂纹尖端，规定靠近岩桥的一侧为裂纹的内侧，远离岩桥的一侧为外侧；对于岩样预制裂隙外侧两个端部的裂纹尖端，规定靠近外侧自由面的一侧为裂纹内侧，而远离试样自由面的一侧为外侧。图 4.58 中裂隙内侧用“+”表示，外侧用“-”表示，可以发现，剪切裂纹均在裂隙尖端的外侧起裂（如试样 6、11 和 26），张拉裂纹在裂纹尖端的内侧起裂（如试样 16）。说明了剪切裂纹在起裂时选择光滑的破裂路径，而张拉裂纹在起裂时则选择最短的破裂路径。

2）不同裂隙间距

图 4.59 为不同裂隙间距的岩样在初始法向应力为 20MPa、初始剪应力为 6.25MPa 的

法向卸荷-剪切试验后的情形，以裂隙倾角为20°的试样为典型代表，具体的几何参数及荷载情况见表4.3（C组）。根据式（4.37）和式（4.38），同样可以得到试样在临界破坏状态下的平均法向应力和平均剪切应力，其结果如图4.59（a）所示，根据岩样裂隙间距的不同，呈现出三种不同破坏形态的区域。

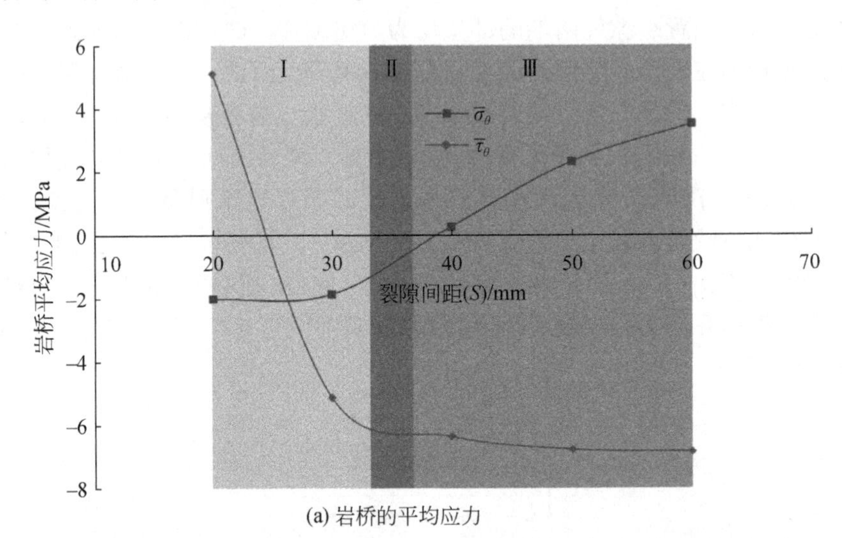

(a) 岩桥的平均应力

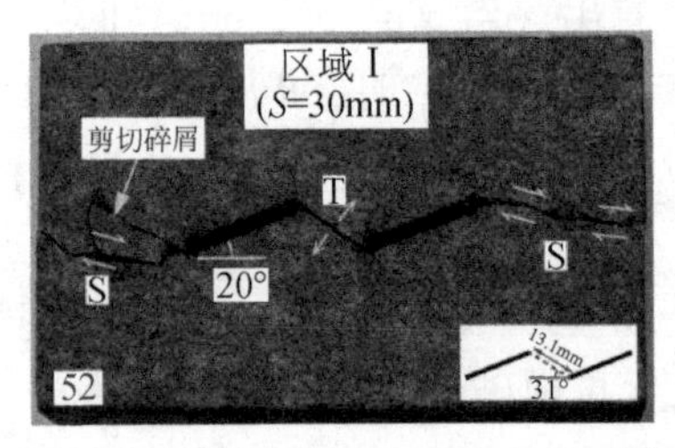

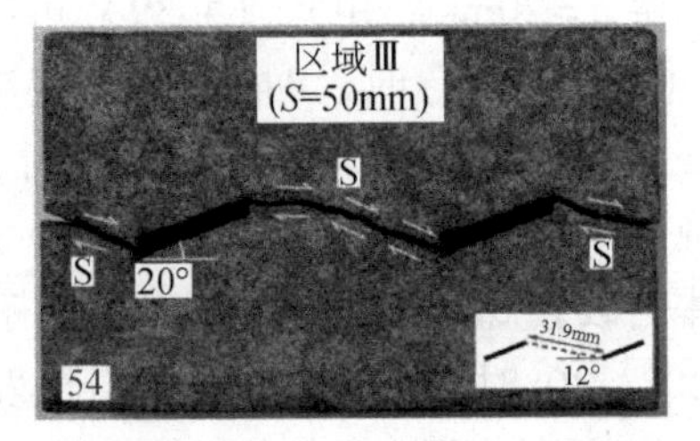

(b) 岩桥破坏形态

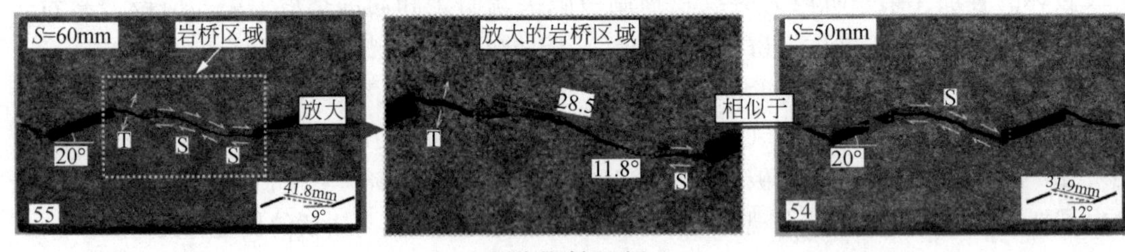

(c) 两阶段破坏分解

图4.59　不同裂隙倾角岩样的破坏形态

（1）区域Ⅰ内（$S\in[20, 33)$ mm），岩桥区域的平均法向应力为张拉应力且较大，而岩桥的平均剪应力较小，故而裂隙间距处于区域Ⅰ的岩体岩桥呈现为张拉破坏模式，具体如图4.59（b）中岩样52所示。

（2）区域Ⅱ内（$S\in[33, 37)$ mm），岩桥区域的平均法向应力为张拉应力，且岩桥的平均法向应力和平均剪应力均接近于各自对应的强度值。因此，裂隙间距在区域Ⅱ内的岩样，岩桥呈现为拉-剪混合破坏，由于这种破坏模式的裂缝间距范围很短，因此此次试验不包括这种试件。

（3）区域Ⅲ内（$S\in[37, 60]$ mm），岩桥区域的平均法向应力为压应力或较小的张拉应力，而岩桥的平均剪切应力处于较高水平。故而，裂隙间距处于区域Ⅲ内的岩样岩桥呈现为剪切破坏模式，如图4.59（c）中试样54所示。

以岩桥本身的几何特征（倾角θ和长度L）为变量来归纳岩桥的破坏模式，其破裂规律与不同裂隙倾角的岩样类似，具体如下。

岩桥长度较小（试样52）时，岩桥破坏模式由岩桥倾角控制。当裂隙倾角大于30°时（试样52，$\theta=31°$），岩桥发生张拉破坏；岩桥倾角小于20°时，岩桥发生剪切破坏。从图中可以看到，张拉裂纹的迹线比较粗糙，且破裂面比较单一，附近无附加的损伤或者破碎出现［图4.59（a）、（b）］；而剪切裂纹，从破裂面两侧缺口和突出部分的位置来看，破裂面两端的组分有相互错动的迹象，且断面上伴随有擦痕出现。岩桥长度较大（试样54和55）时，岩桥破坏模式受岩桥的倾角和长度共同影响，最后呈现为两阶段的破坏。试样55由于岩桥长度比较大，卸荷破坏时，首先在预制裂隙的内部尖端萌生裂纹并向岩桥中部扩展，当新的岩桥长度和倾角与试样54接近时，剩余部分以类似于54岩桥破坏的形式失效［图4.59（c）］。

至于预制裂隙外侧的两个端部完整部分，当裂隙间距较小时，如试样52，端部发生剪切破坏伴随有斜向次级裂纹的出现；对于裂隙间距较大的岩样（试样54和55），端部破裂部分为一条完整的裂纹，无较明显的剪切破碎出现。其原因是裂隙间距较短的试样两侧端部的完整部分长度较大，试样的端部在局部荷载作用下，对试样的端部岩石有横向挤压作用，另外，竖向方向上荷载在不断地减小，在以上两者的作用下，易出现倾斜向上的次级张拉裂纹，但是该裂纹并不是贯通岩桥的裂纹，贯通岩桥的破裂面为倾角更缓的剪切裂纹，它是由于法向应力降低，材料的抗剪强度降低，当其降低到当前剪应力以下后，即发生了剪切破坏；而对于裂隙间距较大的岩样（试样54和55），端部完整岩石部分由于长度较小，法向卸荷时易发生断裂，一旦断裂，该部分已经失效，不能够再存储余能，故而无附加裂纹出现。

2. 荷载条件的影响

本书中给试样破坏的应力条件是恒剪力作用下的法向卸荷，法向卸荷破坏与直剪试验破坏在破坏形态上到底有什么区别，是本节首先需要阐明的内容；其次，剪切方向对岩桥破裂形态的具体影响，也就是相同几何结构的岩样在相同的应力水平下，其正向剪切破坏与反向剪切破坏的区别，需要进行分析；初始法向应力和初始剪应力对岩桥破坏模式的影响，也是要进行说明的部分。

1）与直剪试验的区别

为了比较恒剪应力作用下的法向应力卸荷试验（以下简称卸荷试验）与直剪试验岩样破坏形态的区别，开展了一些常规直剪试验，以裂隙倾角分别为20°、40°和60°，裂隙间距固定为40mm的岩样为典型代表，直剪试验采用的轴向应力为卸荷试验中岩石失效时的法向应力。如图4.60所示，左侧部分为卸荷试验的岩样的破坏形态，右侧部分为直剪试验破坏的岩样。图中可以看出，卸荷试验中岩样的破裂面往往比较单一，都是岩桥部分单裂隙的直接贯通，主裂缝周围几乎没有其余的附加裂纹出现，在裂隙外侧的两端，以近似于平行岩桥的方向破坏；根据岩桥倾角的不同，岩样的岩桥呈现剪切、拉-剪及张拉破裂，两端的完整岩石部分为剪切破裂。而直剪试验中，岩样破裂中则会出现更多的剪切响应，如破裂面上会出现更明显的剪切擦痕，剪切破裂面附近有近似于平行破裂面的斜向裂纹出现，剪切错动过程中表层岩块的剥落，裂隙尖端附近岩块棱角被磨圆，岩桥间完整部分近似于平行剪应力的方向被切断，以及裂隙附近的岩块被磨碎出现宏观较大的孔洞等。通过比较这两者的破坏形态，可以得出结论：直剪试验中裂隙岩体的剪切破裂面的影响带较直剪试验范围大得多，其原因是卸荷试验是脆性破坏，为能量的瞬间释放，裂隙贯通之后不再能存储余能，故而无附加的破坏；而直剪试验是一个剪切变形逐渐累加的过程，主破裂面发生错动之后，会带动其周围的岩石颗粒变形，出现一段较宽的剪切破碎带。

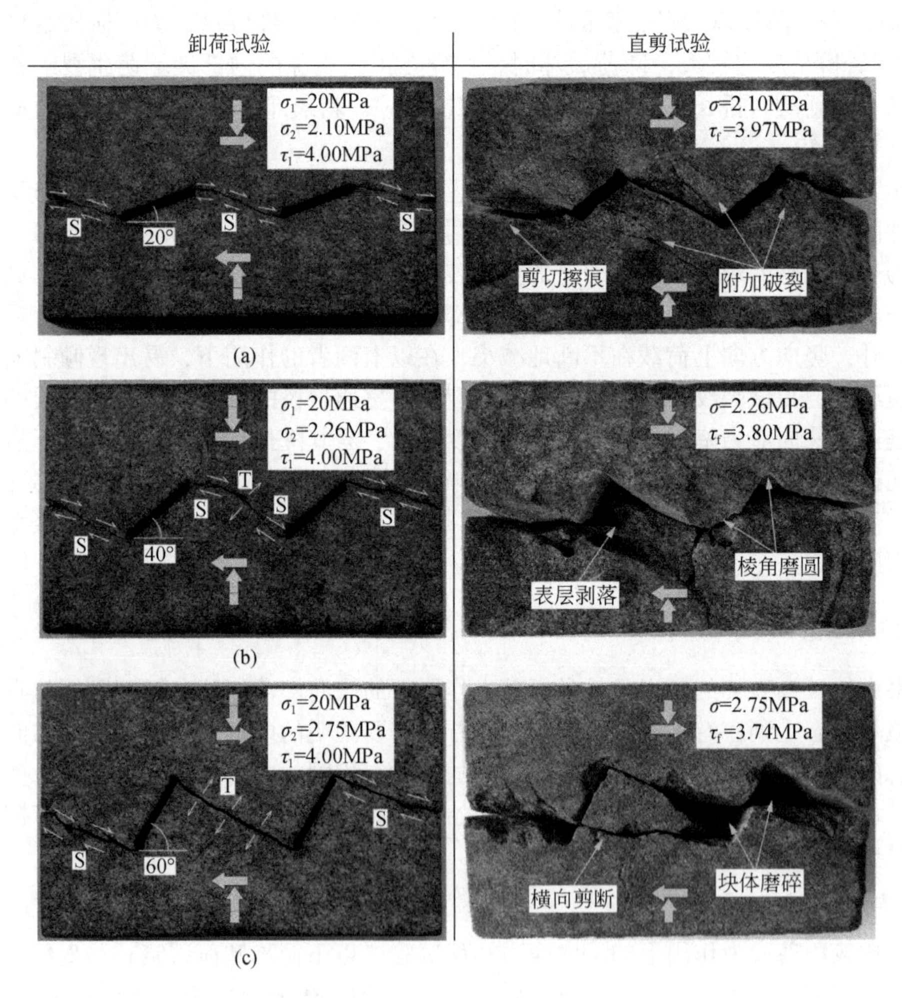

图 4.60　卸荷试验和直剪试验岩样的破坏形态的对比

另外，裂隙倾角对岩样的直剪破坏形态是有影响的，随着裂隙倾角的增大，岩桥部分的破碎程度越大，裂隙倾角为 20°的岩样在主贯通面附近出现一些闭合的次级裂纹；裂隙倾角为 40°的岩样中岩桥的主破裂面附近，边角处的岩石被磨碎，裂隙尖端的棱角被磨圆甚至有些部分直接脱落；裂隙倾角为 60°的岩样，破碎更为严重，除边角处的岩石被磨碎之外，岩桥部分除了被一条斜向的主裂缝贯通之外，在两预制裂隙的下端岩桥区域被横向剪断，另外，在右侧预制裂隙的下部尖端左侧和上部尖端右侧，岩块被直接磨碎，出现两个三角形的孔洞。还有一个可以直观比较的指标，就是卸荷试验岩石剪切强度与直剪试验岩石剪切强度直剪的关系，通过每一排左右两个试样的比较，在临界破坏的时刻，左右两试样的法向应力大小相等，而直剪试验的岩样峰值剪向应力较直剪试验的稍小，说明恒剪应力下法向应力卸荷的岩样抗剪强度有稍微提高，且随着裂隙倾角的增大，提高的幅度越大。

2）剪切方向的影响

边坡岩体中局部区域赋存的裂隙，在相同的倾角条件下，有正倾裂隙，也有反倾裂隙，但是稳定的边坡中岩体整体的应力分布规律是相对固定的，尤其是应力的方向，即使发生了变形会出现稍许改变，但不影响整体上的趋势。因此，在相同的荷载条件下，对于正倾和反倾断续裂隙间的岩桥的力学响应如何，我们有必要进行研究。基于室内小规模岩块试验研究，可以将其概化成相同裂隙结构的岩体在相反的剪切荷载作用下的试验模型，比较其破坏模式的异同。

图 4.61 为卸荷试验中不同裂隙倾角的岩样在正向剪切和反向剪切条件下的破坏形态，以其中的裂隙间距为 40mm，初始法向应力为 20MPa，初始剪应力为 5.50MPa 岩样为典型代表，根据表 4.3 得到的各岩样编号标注在各子图的左下角。从图中可以看出，正向剪切和反向剪切下岩体的破裂路径不同，正向剪切条件下，岩桥的破裂路径为左右预制裂隙上、下端较近的路径相连接，而反向剪切，岩桥的破裂路径为左右预制裂隙上、下端较远的路径相连接（试样 43 和试样 48），或者是预制裂隙同侧尖端直接横向连接，如裂隙倾角较小（20°和 40°）的两种试样（试样 33 和试样 38），由于它们远端的岩桥长度过长，在裂隙贯通时，直接在两预制裂隙的上端或下端直接横向剪断，而不像其他岩样一样，破裂路径为两预制裂隙上下端的斜向贯通。实际上，这两种宏观裂隙的形成是与水平荷载的施加方式有关的，试验机的左侧（试样的上半部分）为固定测力端，右侧（试样下半部分）为施力制动端，如此在试样的左右端，局部受压区域与自由区域的界面，易出现剪切错动变形。因此可以看到所有试样端部破坏的裂纹起裂位置均在水平加载区域与自由区域的界面附近，裂纹起裂后朝自由区域的方向扩展（其原因是加载区域的岩石材料实际上处于双轴压缩状态，裂隙向该方向的扩展受到限制），直至与预制裂隙的外侧尖端相连接，形成端部宏观破裂面。因此，试样两侧端部的贯通裂隙破裂规律为：以端部水平荷载的边界处为起点，朝局部受力区的对立面斜向扩展，直至与预制裂隙的外侧端部相贯通。而对于岩桥区域，由于水平荷载向岩石内部传递，传递路径上的预制裂隙尖端，由于应力集中易发生新裂纹的萌生，萌生后的裂纹朝岩石的中部扩展，最后两侧的裂纹在岩桥的中间区域会合。因此，岩桥区域的贯通裂隙的破裂规律为：两侧的裂纹萌生于水平荷载方向上裂隙尖端，向岩桥中心区域相向扩展，最后在岩桥的中部某区域贯通。

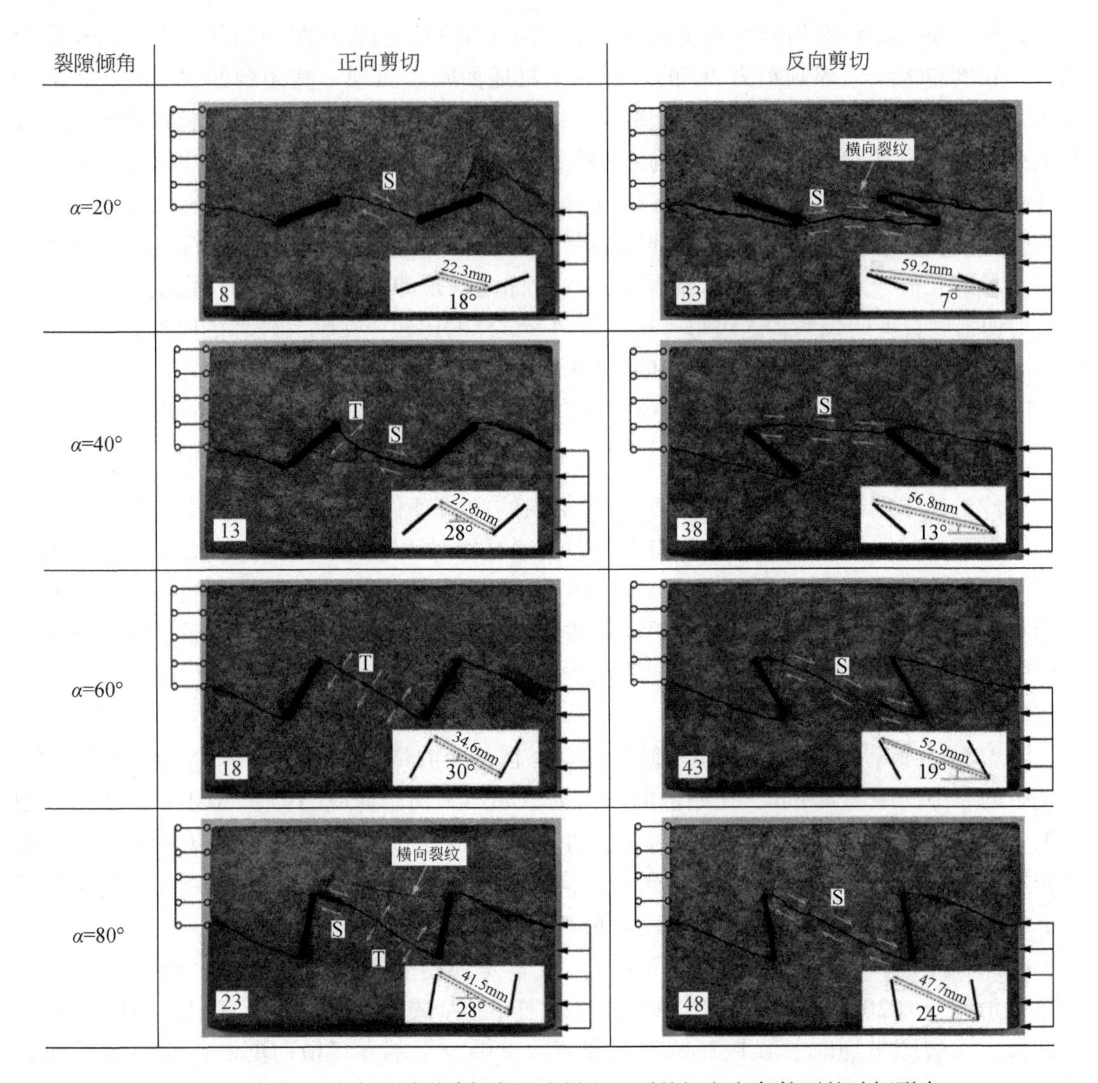

图 4.61　卸荷试验中不同裂隙倾角的岩样在不同剪切方向条件下的破坏形态

就裂纹的破裂性质，正向剪切和反向剪切由于岩桥的破裂路径不同，导致其破裂路径在倾角和长度上存在差异，结果为正向剪切破裂路径的倾角比反向剪切破裂路径的倾角大，而长度则相反。根据上述岩桥破裂规律，正向剪切的破裂模式有剪切破裂（$\alpha=20°$）、张拉破裂（$\alpha=60°$）和拉-剪复合破裂（$\alpha=40°$ 和 80°），而反向剪切，以连接预制裂隙上、下尖端为破裂路径的试样（试样 43 和 48），由于其破裂路径本身较小的倾角和较大的长度，岩桥贯通裂纹均为剪切裂纹；以连接预制裂隙同侧尖端为破裂路径的试样（试样 33 和 38），破裂路径与岩样中心面的剪切方向接近平行，破裂面的性质也均为剪切破裂面。

3）*初始剪应力的影响*

为了研究初始剪应力（τ_1）的影响，以岩桥张拉破裂的试样（裂隙倾角为 60°的试样）为典型代表，初始剪应力为 4.00～7.00MPa，结果如图 4.62 所示。临界破坏状态下岩桥的法向应力和剪切应力均根据式（4.37）和式（4.38）计算得到。从图4.62中可以看出，随着初始剪应力的增大，各岩样岩桥的平均法向应力是相互接近的，但是剪应力随初始剪应力的增大而显著增大。因此，随着初始剪应力的增大，岩桥从张拉破坏逐渐发展到拉剪破坏，最后到剪切破坏，也就是说，岩桥的剪切破坏程度随初始剪应力的增大而越加明显。

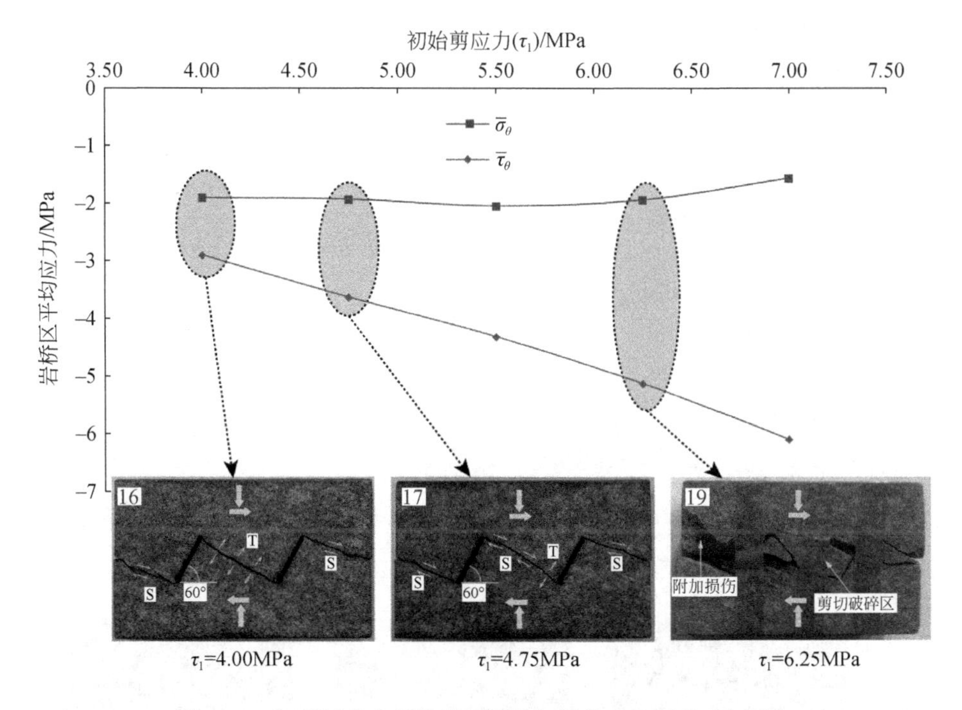

图4.62　卸荷试验中岩体在不同的初始剪应力下的破坏形态

具体地，随着初始剪应力的增大，岩桥破裂模式从张拉破裂（试样16，τ_1 = 4.00MPa），到拉-剪破坏（试样17，τ_1 =4.75MPa），到剪切破坏（试样18～20，τ_1 =5.50～7.00MPa），说明了卸荷试验中，随着初始剪应力的增大，岩桥破裂的剪切元素在不断增加。此外，试样16～20，岩石的破碎程度在不断增加，如试样16，岩桥破坏轨迹为连接两预制裂隙上下尖端近似于直线的破坏；到试样17，岩桥在左侧预制裂隙的上部尖端萌生剪切裂纹，以略微呈弧形的形式向岩桥中部扩展，直至与起裂与左侧预制裂隙下部剪短的拉裂纹贯通；试样18整个岩桥破裂面在形态上接近呈一个反“S”形，裂纹在两预制裂隙的尖端以缓倾角的形式起裂，逐渐向岩桥中部扩展并贯通，岩桥贯通裂纹均为剪切裂纹，并在主裂纹上方的附近区域引起了附带的破坏，同时，右侧端部的剪切破坏也引起了局部区域的岩块破碎；试样19和20，由于较大的剪切应力作用，岩桥区域的平行四边形区域破碎比较严重，主要由三条裂隙将其分隔，分别是两条连接预制裂隙尖端同侧的近似于平行剪切方向的横向裂隙和一条连接左侧预制裂隙上部尖端和右侧预制裂隙下部尖端的斜向裂纹，此时，岩桥已经不是由单一裂隙贯通，而是由一个剪切破碎区构成，分隔开的岩块已经错动比较严重有些甚至都已经发生转动，此外，岩桥外侧两端的完整部分，破碎也比较严重，破裂面的两侧部分，表层岩块已经局部脱落，原有的棱角被磨圆，岩桥区域和两侧端部破坏均表现出强烈的剪切破坏特征。

4）初始法向应力的影响

至于初始法向应力的影响，图 4.63 给出了岩桥的平均正应力和平均剪应力与初始法向应力之间的关系，通过获取岩桥的应力状态来分析岩桥的破坏模式。随着初始法向应力的增大，岩桥的平均法向应力逐渐增大（表现为拉应力），而平均剪应力逐渐减小，这与岩桥的破坏模式是一致的，从图 4.63 中可以看出，随着初始法向应力的增大，岩桥的剪切破坏单元数逐渐减小。

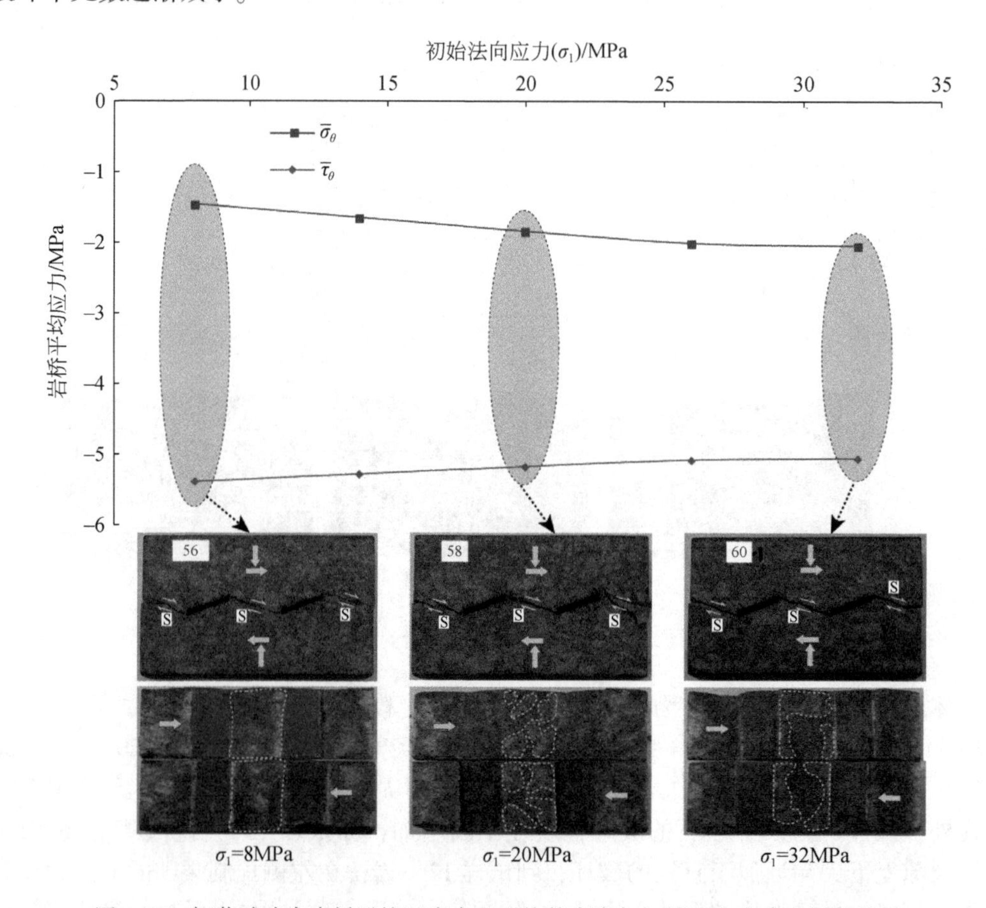

图 4.63　卸荷试验中岩桥平均正应力和平均剪应力与初始法向应力之间的关系

具体来说，在各法向应力下，从侧面的角度看，岩样的破裂形态比较接近，整个破裂面由三段近似相互平行的贯通裂纹和预制裂隙组成，所有的贯通裂纹破裂性质均为剪切破裂。然而，当分开破裂后的岩样，观察其破裂断面的形态，会发现它们直剪的差异，当初始法向应力较小时（如试样 56 和 57，$\sigma_1 = 8$MPa 和 14MPa），岩桥及两端的破裂面上剪切擦痕非常明显，几乎布满了整个破裂面，岩样两端部完整部分的破裂面剪切擦痕更为突出，表面出现一层粉状破碎的岩粒，说明破裂面上的剪切特性非常突出；当初始法向应力增长到 20MPa，岩桥区域的剪切擦痕数减少，不再是全部破裂面上分布，在厚度方向上靠近前后表面的区域比较突出，但是岩桥外侧的两端部破裂面上擦痕仍然比较明显；当法向应力继续增长到26MPa时，岩桥部分的擦痕进一步变得微弱，同时，岩样端部两侧的剪切擦痕也在减弱；当法向应力为30MPa时，岩桥破裂面上的剪切擦痕主要分布在靠近岩桥尖端附近，岩桥中部区域几乎没有肉眼可见的擦痕，并且，岩样两端区域的剪切擦痕更少了，只是在靠近外侧的端部有少部分摩擦区域。以上现象刚好与直剪试验的结果相反（直剪试验为法向应力越大，剪切擦痕越明显），说明在卸荷试验中，随着初始法向应力的增大，破裂面断面上的剪切损伤元素在逐渐减少，其原因可能是，岩样经历法向荷载的卸荷，若初始法向应力越高，岩石内部积累的法向变形和能量越大，再将法向应力卸下之后，岩石会表现出差异性变形越大，呈现出更强的张拉特性，故而导致破裂面上的剪切性能减弱。

4.8.2　非平行裂隙间岩桥的破裂模式

对非平行双裂隙砂岩破裂面的性质进行判断，并对不同几何参数和荷载水平下岩样的破坏模式进行归纳总结。

1. 裂隙几何结构的影响

本试验中考虑的裂隙几何结构包括陡裂隙倾角（α）、缓裂隙倾角（β）以及裂隙间距（S），下面分别以这三个影响因素为分析目标进行说明。

1）陡裂隙倾角（α）的影响

试验中对于不同陡裂隙倾角的岩样，采用了五种初始剪应力。为了方便分析，本书以中等初始剪应力（$\tau_1=5.50\text{MPa}$）条件下六组岩样的破裂形态为典型代表，进行分析。

彩图4.1（文后，下同）给出了不同陡倾角裂隙岩样（缓倾角固定为25°）在初始法向应力为20MPa初始剪应力为5.50MPa的破坏形态图，从图中可以看出：当陡裂隙倾角α为60°~70°时［彩图4.1（a）、（b）］，岩桥区域的贯通裂纹呈现下凹的曲线形，上陡下缓，在左边缓倾预制裂纹的尖端张拉起裂，扩展至岩桥长度一半时，逐渐转为剪切裂纹，岩桥是拉剪复合贯通模式；岩桥左端的完整岩石部分破裂面呈现为两种形态：第一种近似为“L”形，在岩样左侧的边界面中上部张拉起裂，扩展至与缓倾裂隙的下部尖端齐平时，与缓倾裂隙横向剪切贯通［彩图4.1（a）］，第二种为直接平缓的剪切贯通［彩图4.1（b）］；岩桥右端的完整岩石部分破裂面轨迹与岩桥破裂面平行，α为60°的岩样该破裂面从形态上甚至与岩桥破裂面非常相似，从该破裂面的性质来说，多数区域表现为剪切破坏。当陡裂隙倾角α为70°~80°时［彩图4.1（c）、（d）］，岩桥区域的贯通裂纹为闭合直线形，岩桥上部剪切起裂，往岩桥下部扩展后变为张拉裂纹，为拉剪破坏，且随着该倾角的增大，张拉裂纹面积越小而剪切面积越大；岩桥左端的完整岩石部分同样以缓倾角裂隙剪切破坏，右端的破裂面也大致与岩桥平行，裂纹在右侧预制裂纹尖端张拉起裂，扩展至接近岩样边界时，为剪切破坏，破裂面上主要表现剪切破坏。当陡裂隙倾角α为80°~90°时［彩图4.1（d）、（e）］，岩桥区域往往出现两条贯通裂纹，其中一条裂纹的方向为连接左侧预制裂纹尖端与岩样右侧边界面的中心，裂纹轨迹线大致相交于右侧陡倾预制裂隙的中间位置，因为裂纹路径较远，将其称为远端裂纹，裂纹倾角较缓，呈闭合形态，为剪切破坏模式；另外一条裂纹形态与陡裂隙倾角为60°~70°岩样的岩桥破坏形态相似，也呈下凹曲线形，破裂面的左侧起裂位置不在缓倾预制裂隙的尖端，而是在其附近，起裂后向下扩展直至贯通至右侧陡倾预制裂隙的下部尖端，破裂性质为上拉下剪的拉剪混合贯通模式；岩桥左侧的完整岩石部分呈现一个反“S”形，倾角较缓，主要为剪切破坏模式；岩桥右侧的完整岩石部分接近于直线形，破裂面方向仍然与岩桥大致平行，破裂面主要表现为张拉破坏模式，仅在接近于岩样右侧边界区域由于局部受压呈现为剪切破坏。综上，当陡倾预制裂隙倾角为60°~70°时，岩桥区域主要表现裂面呈下凹曲线形为拉剪破坏；当陡倾预制裂隙倾角为70°~80°时，岩桥区域主要表现为裂面呈闭合直线形的拉剪破坏；当陡倾预制裂隙倾角为80°~90°时，表现为岩桥区域的双裂纹贯通。

2）缓裂隙倾角（β）的影响

与分析陡裂隙倾角对岩样的破坏模式的影响类似，此处采用中等初始剪应力（τ_1 = 5.50MPa）条件下五组岩样的破裂形态为典型代表进行分析，并固定初始法向应力为20MPa，裂隙间距及陡裂隙倾角固定为30mm和25°，代表性岩样的破坏形态见彩图4.2。

从图中可以看出：当缓裂隙倾角为15°时［彩图4.2（a)］，岩桥破裂面呈现为下凹曲线形，表现为上拉下剪的拉-剪混合破坏模式；岩桥左侧的完整岩石部分破裂面与彩图4.2（a）情形类似，也是呈“L”形，裂纹从外侧边界张拉起裂，扩展至与缓裂隙下部尖端齐平横向剪切贯通，为拉-剪破坏模式；岩桥右侧的完整岩石部分破裂面接近直线形，方向同样与岩桥方向接近平行，主要为张拉破裂。当缓裂隙倾角为20°时［彩图4.2（b)］，岩桥区域破裂面稍微呈弧形，为拉剪混合贯通破坏；岩桥左侧的完整岩石部分仍为剪切贯通，岩桥右侧的完整岩石部分与岩桥破裂面非常相似，为拉剪破坏。当裂隙倾角大于25°时［彩图4.2（c）~(e)］，岩桥区域出现两条贯通裂纹，主裂纹起始于左侧缓倾裂纹的上部尖端（或附近)，最终与右侧陡倾裂纹的下部尖端相贯通，而另一条为远端裂纹，裂纹起始于缓倾裂纹的上部尖端，最终与岩样右侧边界的中心相接，其间与右侧陡裂纹相交于其中间附近；其中当缓裂隙倾角为25°时［彩图4.2（c)］，岩桥的主贯通裂纹的形态与缓裂隙倾角为15°的情形相似，也呈下凹曲线形，为拉剪破坏，左侧和右侧完整岩石部分分别为剪切破坏和拉剪破坏；当缓裂隙倾角分别为30°和35°时［彩图4.2（d)、(e)］，岩桥的主贯通裂纹为张拉裂纹，呈直线形，左、右侧完整岩石部分均为拉剪破坏。综上，当缓裂隙的倾角小于20°时，岩桥区域呈现为拉剪混合贯通；当缓裂隙倾角β为20°~35°时，岩桥区域呈现为双裂隙贯通模式，且随着β的增大，裂纹的剪切元素降低，张拉元素增加。

3）裂隙间距（S）的影响

彩图4.3给出了不同裂隙间距的含陡、缓裂隙岩样的破坏形态，以陡、缓裂隙倾角分别固定为25°和80°，初始法向和剪切应力值分别为20MPa和5.50MPa的岩样为典型代表。

从图中可以看出，当裂隙间距为25mm时［彩图4.3（a)］，岩桥贯通裂纹形态为直线形，为拉剪破坏，左、右侧的完整岩石部分均为剪切破裂。当裂隙间距为30mm时［彩图4.3（b)］，岩桥区域也出现双贯通裂纹，主贯通裂纹的轨迹与上述的几种情形相似，也是起始于左侧缓倾预制裂隙的上部尖端附近，与右侧陡倾预制裂隙的下部尖端相连接，为拉-剪贯通，左侧完整部分为剪切破坏，而右侧破坏形态与岩桥的破坏形态相近，为拉剪破坏，此外，岩样的远端裂纹形态相似，均是起始于左侧预制裂隙的上部尖端，另一个端点为右侧预制裂隙的中部附近。当裂隙间距分别为35mm和40mm时［彩图4.3（c）、（d）］，岩桥区域为剪切贯通破坏，裂纹起裂于两预制裂隙的尖端，分别向岩桥中部扩展，最终在岩桥区域的中上部位置贯通。而这两个岩样左右侧完整岩石部分的破坏形态有一定差距，裂隙间距为35mm的岩样［彩图4.3（c）］，左侧完整部分为剪切破坏，右侧部分外为上拉下剪的拉剪破坏；裂隙间距增大到40mm时［彩图4.3（d）］，左侧完整部分为拉剪破坏，而右侧则为张拉破坏。综上，当裂隙间距为小于30mm时，岩桥呈现为双裂纹贯通形态，且随着裂纹间距的增大，主贯通裂纹的剪切元素增多；当裂隙倾角为35mm和40mm时，岩桥呈现剪切贯通破坏。

综合上述分析，可归纳出岩样的破坏规律及以上三个几何因素对岩桥破坏模式的综合影响。由于所施加的初始法向应力和初始剪应力不变，均为20MPa和5.50MPa，故应力因素对岩桥破坏模式影响认为是相同的，在此可以不考虑。通过比较，我们可以得到以下规律。

（1）通过对所有岩样破裂形态的观察，可总结如图4.64所示的最终岩样破裂形态几何概化模型。图4.64（b）中*AB*、*CD*分别为岩样的缓、陡预制裂隙，*BC*为两裂隙间的岩桥，*AE*、*DF*分别为岩样的左、右端破裂面，*BD*为连接左侧缓倾预制裂隙上部尖端与右端破裂面终点的贯通裂纹，即上述的远端裂纹，*AG*为起裂于缓倾预制裂隙左侧的次级裂纹。可以发现，岩桥主破裂面、右端破裂面和次级裂纹三者的轨迹是相互接近平行的，左端破裂面与远端裂纹是相互接近平行的，换句话来讲，岩桥对已存在裂隙近侧尖端的裂

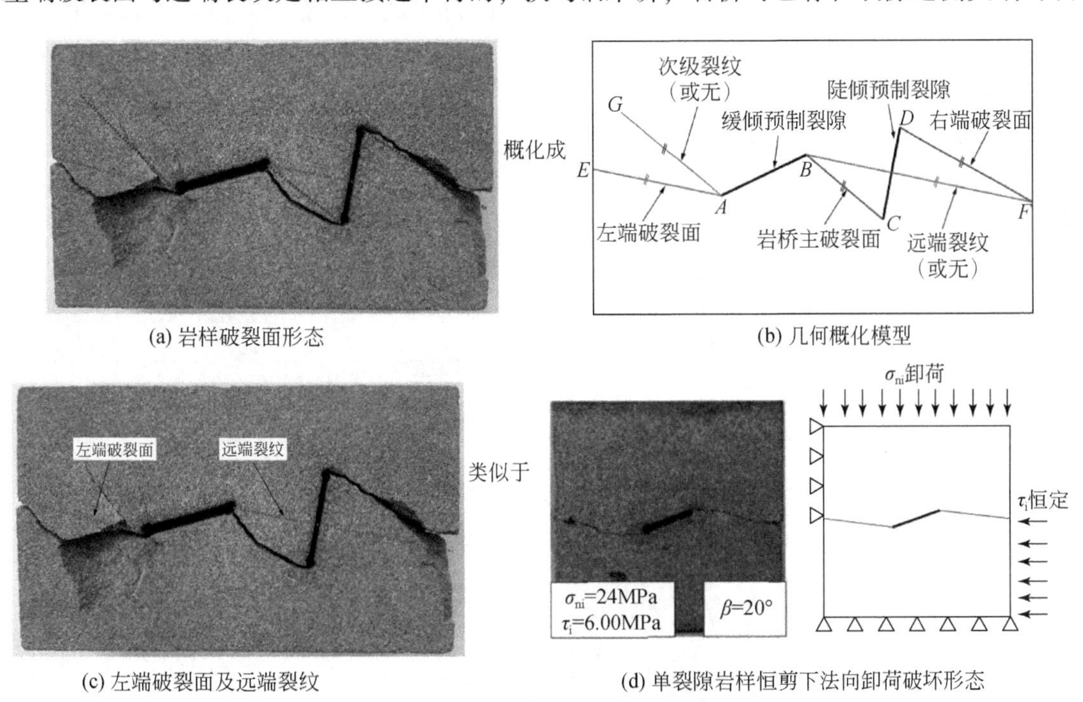

(a) 岩样破裂面形态　(b) 几何概化模型

(c) 左端破裂面及远端裂纹　(d) 单裂隙岩样恒剪下法向卸荷破坏形态

图4.64　岩样破裂形态的几何概化模型

纹起裂及扩展影响较大，而对其远侧的裂纹尖端的裂纹起裂及扩展影响较小。而左端破裂面和远端裂纹的形成，从形态上看，与单裂隙岩样在恒剪应力条件下法向卸荷的破坏形态相似，图 4. 64（d）给出了单裂隙在该力学条件下的破坏形态。综上，右端破裂面及次级裂纹的方向主要取决于岩桥，而左端破裂面和远端裂纹的方向主要取决于缓倾裂纹。

（2）岩桥的破裂形态及破裂性质与岩桥本身的倾角和长度有关，根据彩图 4. 2、彩图 4. 3 和图 4. 64 中所有岩样的破坏形态，对相关形态进行归纳统计，结果如表 4. 9 所示，从表中可以看出，岩样的破坏模式是受岩桥长度和岩桥倾角共同控制的，可得到以下相关规律。

表 4. 9　岩样破坏形态统计归纳

破坏模式	岩桥破坏形态	岩桥破裂性质	所属岩样标号	岩桥长度范围（L）/mm	岩桥倾角范围（θ）/(°)
模式 1	下凹曲线	拉剪破坏	3、8、33、38	20. 5 ~ 23. 1	34 ~ 39
模式 2	闭合直线	拉剪破坏	13、18、53	20. 0 ~ 23. 0	37 ~ 45
模式 3a、3b	双裂纹贯通	拉剪（主）、剪切（远）	23、28、43、63	24. 0 ~ 25. 3	34 ~ 36
		张拉（主）、剪切（远）	48、53	24. 6 ~ 25. 4	37 ~ 38
模式 4	反“S”形	剪切破坏	68、73	28. 0 ~ 32. 4	26 ~ 30

①当岩桥长度（L）较短时（为 20. 0 ~ 23. 0mm），岩桥可能表现破坏模式有拉剪破坏或张拉破坏，对应的岩桥破裂面分别为下凹曲线形和闭合直线形。当岩桥倾角 θ 稍小（34° ~ 39°）时，岩桥表现为裂面呈下凹曲线形的拉剪破坏，整个岩样具体破坏模式见图 4. 65 中模式 1；当岩桥倾角稍大（37° ~ 45°）时，岩桥表现为裂面呈闭合直线形的拉剪破坏，岩样的具体破坏模式见图 4. 65 中模式 2。

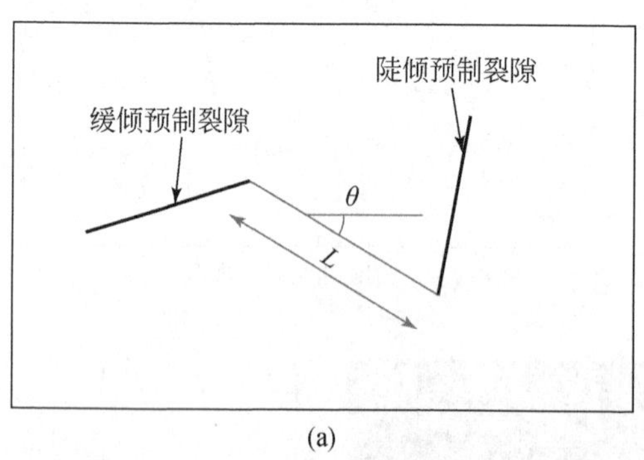

(a)

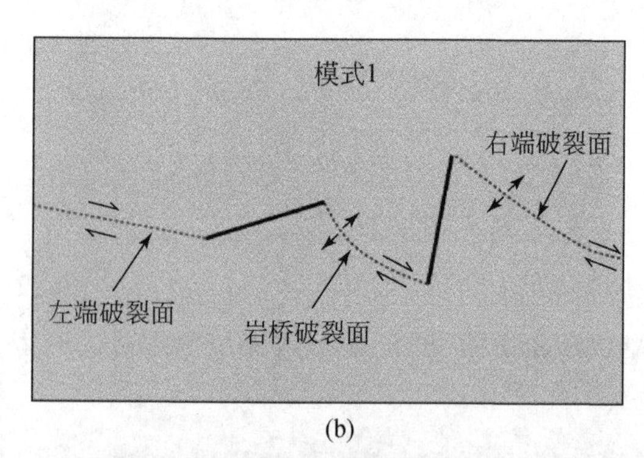

(b)

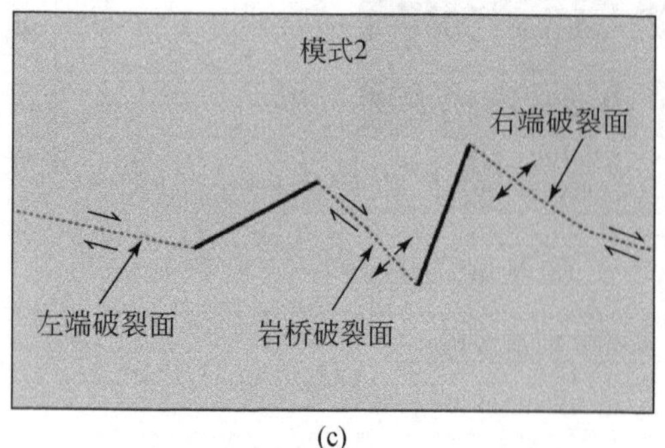

(c)

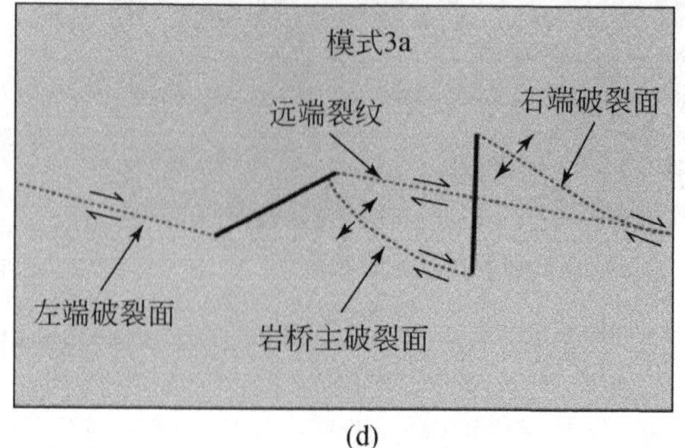

(d)

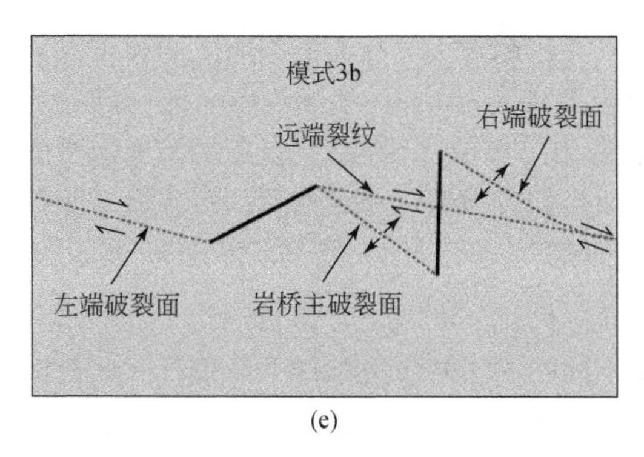

(e)

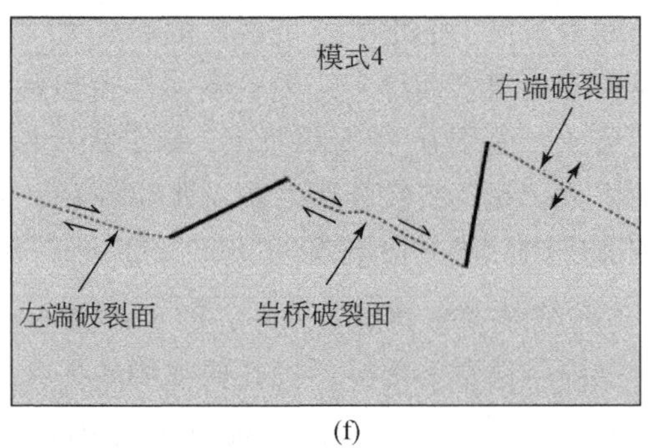

(f)

图 4.65　岩样四种破坏模式

②当岩桥长度（L）的范围为 24.0～26.0mm 时，岩桥破坏形态为双裂纹贯通，这两条裂纹分别为岩桥的主破裂面裂纹和远端裂纹，远端裂纹为连接左侧预制裂隙上部尖端与岩样右侧边界破坏口间的连线，破裂性质为剪切破坏。根据主破裂裂纹形态及性质的不同，又包括两种子模式，破坏模式 3a 和 3b：当岩桥倾角（θ）稍小（34°～36°）时，主破裂面为拉剪破坏，整个岩样的破坏模式如图 4.65 中模式 3a 所示；当岩桥倾角 θ 稍大（37°～38°）时，主破裂面为张拉破坏，岩样的破坏模式如图 4.65 中模式 3b 所示。

③当岩桥长度（L）较大（28.0～32.0mm）且岩桥倾角 θ 较小时（26°～30°），岩桥表现为剪切破坏，岩样的破坏模式见图 4.65 中模式 4。

2. 荷载条件的影响

本节考虑的荷载条件主要是针对初始剪应力和初始法向应力对岩样破坏模式的影响。

1）*初始剪应力*

以陡裂隙倾角为 80°、缓裂隙倾角为 15°、裂隙间距为 30mm 的岩样为典型代表，初始法向应力固定为 20MPa，初始剪应力为 4.00～7.00MPa。岩样的破坏形态如彩图 4.4 所示，从图中可以看出，当初始剪应力为 4.00～5.50MPa 时，岩桥区域的破裂面形态为下凹曲线型，破裂性质为上拉下剪的拉剪破坏［彩图 4.4（b）～(d)］；当其增大到 6.25MPa 时，岩桥破裂面变成了上凸曲线，破裂性质为上剪下拉［彩图 4.4（e)］；当增大到 7.00MPa 时，岩桥区域为直线，为张拉破坏［彩图 4.4（f)］。从破裂面上剪切元素面积的大小来看，初始剪应力为 4.00～5.50MPa 时，岩桥破裂面上的剪切元素在不断增加，当初始剪应力超过 5.50MPa 后，岩桥破裂面上的剪切元素随初始剪应力的增大而减小，张拉元素增加，这与平行裂隙岩体的破坏规律有些差距。

究其原因，可根据彩图 4.4（a）中的裂纹起裂时预制裂隙上的应力状态来说明。由于这种力学条件下，破裂面上任意一点的应力状态可表示为

$$\begin{cases}\sigma_\gamma=\sigma_{\mathrm{n}}\cos^2\gamma-\tau\sin2\gamma\\ \tau_\beta=\tau\cos2\gamma-\sigma_{\mathrm{n}}\sin\gamma\cos\gamma\end{cases}\tag{4.40}$$

式中，γ 为破裂面与初始剪应力（τ）方向的夹角。一方面裂隙在扩展的过程中 γ 在不断减小，且岩样的法向应力（σ_{n}）也在不断减小。当初始剪应力较小（4.00～5.50MPa）

时，随着剪应力的增大，破裂面的剪应力（τ_β）在不断增大，故而破裂面上的剪切元素随初始剪应力增大而增多；另一方面，当初始剪应力较大（5.50～7.00MPa）时，随着剪应力的增大，由于σ_n在不断减小，破裂面上法向应力为负值（受拉），且随初始剪应力的增大而增大，超过抗拉强度后出现张拉破裂，故而当剪应力超过一定值后，破裂面的张拉元素随剪应力的增大而增多。

2）*初始法向应力*

试验中研究了多种不同几何结构的岩样在不同初始法向应力条件下的情况，此处以缓裂隙倾角分别为25°和35°、陡裂隙倾角固定为80°的岩样为典型代表进行说明，初始剪应力固定为5.50MPa，初始法向应力分别为14MPa、20MPa和26MPa三种情况，各岩样的破裂形态如彩图4.5所示。对于$\beta=25°$的岩样，随着初始法向应力的增大，岩桥破坏形态由下凹曲线形裂纹贯通转为双裂纹贯通，破裂面上剪切破坏的面积增多而张拉破坏的面积增加。对于$\beta=35°$的岩样，当初始法向应力为14MPa时，在岩桥的下部有少部分的剪切破坏区域，而对于20MPa和26MPa的情形，整个岩桥表现为张拉破裂，为直线形，也说明了岩桥破裂面上张拉破坏区域的面积增大了。以上现象与平行裂隙岩体所反映的规律是一致的。此外，还发现随着初始法向应力的增大，岩样的破裂程度越严重，岩样经历法向荷载的卸荷，若初始法向应力越高，对岩石内部结构造成的损伤越大，卸载破坏后表现出更多岩块的解体，因此，岩体的破坏程度越严重。

第 5 章　拉剪条件下岩体的力学响应试验研究

由于岩石在拉应力作用下的强度远小于其在压应力作用下的强度，在人类工程活动和地质作用下，岩石常常发生拉伸或拉剪破坏。尤其在深部地下硐室开挖过程中，由于强卸荷作用，硐室围岩应力会快速减小甚至产生拉应力。在拉应力作用下，岩石会发生破坏甚至引起岩体失稳。另外，高边坡开挖或河谷下切会引起坡体深部和坡体后缘产生拉剪破坏。拉剪破坏已经成为工程开挖卸荷岩体破坏甚至失稳的重要破坏形式。然而，目前岩石力学的研究主要集中在压应力作用下的岩石压缩破坏或剪切破坏，对岩石的拉剪破坏的研究相对较少。本章基于拉剪试验及数值模拟试验，研究了拉剪条件下岩石力学特性、破裂形貌、细观破裂演化机制及裂隙扩展模式。

5.1　试验方案

5.1.1　岩石的拉剪试验方案

1. 室内试验方案

采用第 2 章介绍的拉剪试验装置及方法开展岩石的单面及双面拉剪试验研究，拉剪试验在 WDAJ-600 型电液伺服岩石直剪试验机上进行。单面拉剪试样为边长为 60mm 的砂岩立方体，双面拉剪试样为 60mm×60mm×120mm 的灰岩、花岗片麻岩和玄武岩长方体。试验开始前，采用高强度结构胶将拉头和试样粘贴在一起并充分凝固，然后安装试样和试验装置。进行拉剪试验时，首先在试样法向和剪切方向施加一个很小的预接触力，使装置各部分与试验机充分接触，然后分两步施加荷载：①施加法向拉应力至目标值并保持法向应力不变，采用应力控制模式，加载速率为 0.1kN/s；②施加剪应力直到试样发生破坏，采用位移控制模式，位移加载速率为 0.2mm/min。为了研究加载速率效应，单面拉剪试验还设计了 1mm/min、5mm/min 和 10mm/min 三种较快的剪切速率。此外，还开展了单轴拉伸试验和压剪试验进行比较分析。

另外，为了研究拉剪试验中，法向拉应力对破裂面的影响，采用 Cronos 三维光学扫描仪对试验后岩石破裂面进行光学扫描。该扫描仪扫描点距为 0.2mm，扫描精度为 0.02mm。扫描仪和破裂面扫描图像如图 5.1 所示。

2. 数值模拟试验方案

为了分析细观力学性质，还采用 PFC2D 颗粒流软件开展双面拉剪数值试验，数值模型如图 5.2 所示。数值模型尺寸与双面拉剪室内试验试样截面尺寸相同，最小颗粒半径为

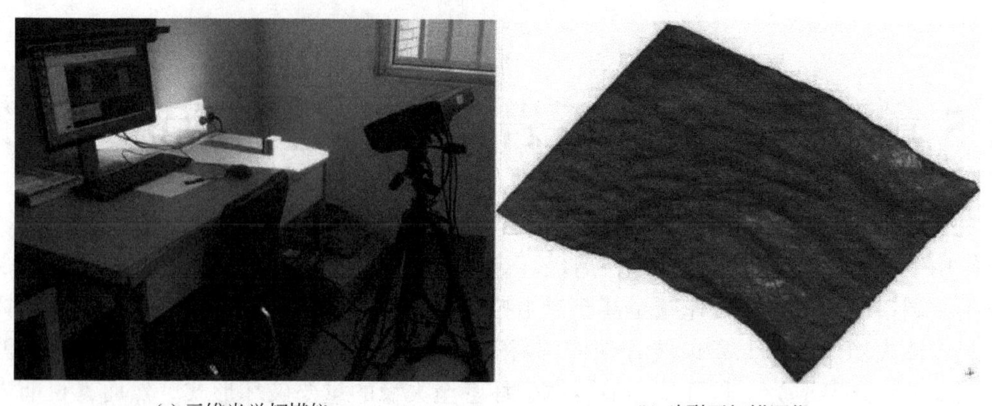

图 5.1　三维光学扫描仪和破裂面扫描图像

0.4mm，最大最小半径比为 1.5。数值模拟中，试样的轴向加载采用控制表面颗粒位移的方法。在模拟过程中，每一步返回试样的轴向拉应力，通过返回值与目标值的对比来判断下一步的加载方向。剪应力采用中间位置墙体控制，通过增加墙体的竖向位移来施加剪应力。颗粒单元之间采用平行黏结接触模型，相应的细观参数确定方法为不断调试细观参数使得数值模拟的宏观力学性质与试验结果一致。本书拉剪数值模拟以砂岩作为研究对象，数据校核以砂岩的宏观力学参数作为目标，采用单轴拉伸试验和拉剪试验同时进行校核，得到一组比较理想的细观参数，如表 5.1 所示。数值模拟得到的单轴拉伸和拉剪颗粒流模拟的宏观参数与室内试验结果的误差如表 5.2 所示（法向应力-0.25MPa），最大相对误差（拉伸模量）仅为 3.41%，说明表 5.1 所示参数能够对室内试验所选用的砂岩进行模拟研究。

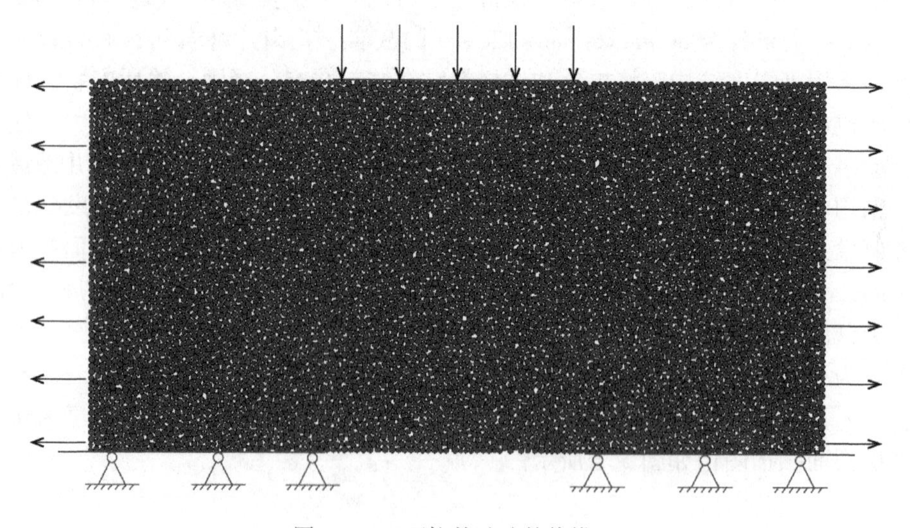

图 5.2　双面拉剪试验数值模型

表 5.1　单轴拉伸和拉剪颗粒流模拟细观参数

细观参数	取值	细观参数	取值	细观参数	取值
平行黏结抗拉强度/MPa	2.40	平行黏结内摩擦角/(°)	10.50	摩擦系数	0.58
平行黏结黏聚力/MPa	10.50	平行黏结刚度比	38.00	半径比	1.50

表 5.2　单轴拉伸和拉剪颗粒流模拟的宏观参数与室内试验结果的误差

试验方案	参数	相对误差/%
直接拉伸	抗拉强度	0.68
	拉伸模量	3.41
拉剪	抗剪强度	0.66
	剪切刚度	1.33

5.1.2　裂隙岩体的拉剪试验方案

1. 试样制备

采用的单、双裂隙砂岩试样分别取自同一块母岩，质地均匀，无明显的层理。单、双裂隙试样分别为尺寸 50mm×50mm×100mm 和 70mm×70mm×35mm 的长方体。在单裂隙试样中部预制一条裂隙，裂隙倾角 α（逆时针方向）考虑 0°（180°）、30°、60°、90°、120°、150°，裂隙长度 10mm，宽度 1mm，中心点位于试样正中心。双裂隙试样除了考虑以上裂隙倾角，还考虑不同裂隙间距 s 为 10mm、20mm、30mm。试样尺寸和加工完成的照片如图 5.3 所示。

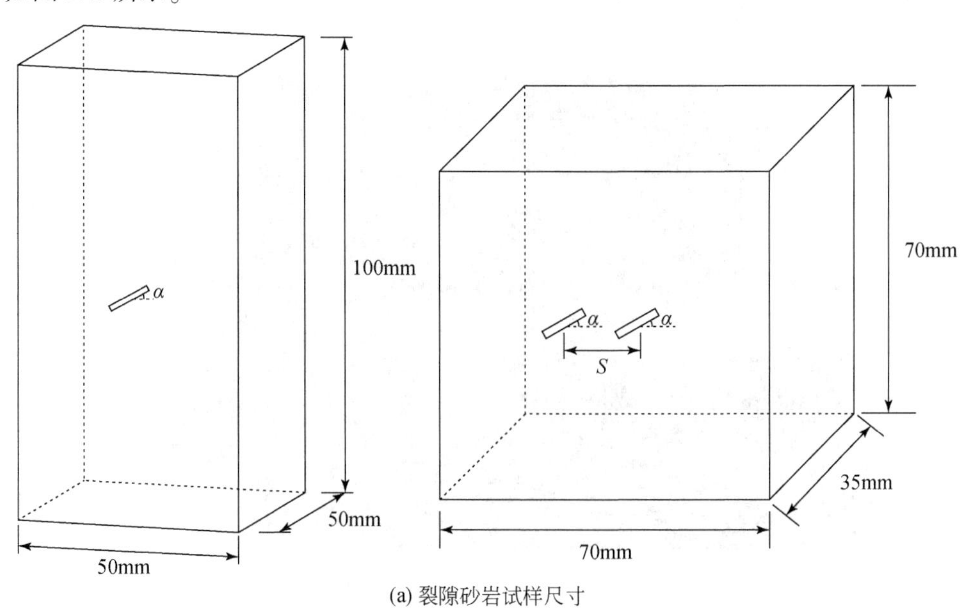

(a) 裂隙砂岩试样尺寸

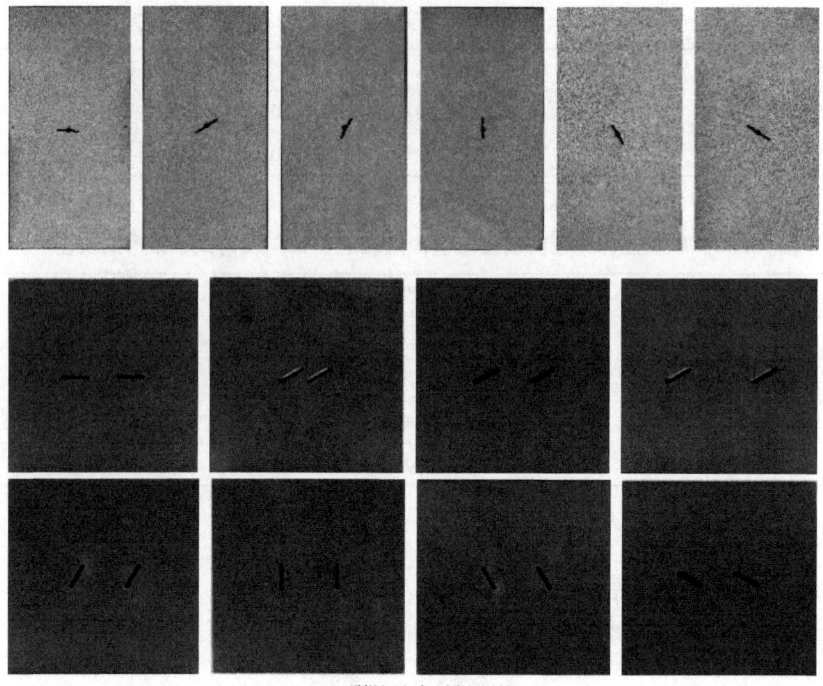

(b) 裂隙砂岩试样照片

图 5.3　制备的单、双裂隙砂岩试样

2. 试验设备

如图 5.4 所示，采用长春机械科学研究院生产的岩石双轴试验机进行加载，该试验机可以实现竖直方向拉伸及水平方向压缩的功能，试验机竖向轴最大加载能力为 250kN，水平轴最大加载能力为 300kN，变形测量范围为 0 ~ 20mm，变形测量精度≤±1%，可以满足试验需求。

图 5.4　岩石双轴加载试验机

为了获得较好的试验效果，设计了一套与双轴试验机配合使用的岩石拉剪辅助装置，如图5.5所示。该装置利用试验机的竖向轴对试样施加法向拉应力，利用水平轴施加剪应力，通过设置如图5.5所示的球铰和减摩滚珠可以实现剪切过程中法向拉力的实时对中，避免偏心拉伸对试验结果产生影响。考虑到试样黏结胶水的端头附近存在变形约束，在远离端头，即试样中部范围对称施加剪切推力，试样的受力状态如图5.6所示。

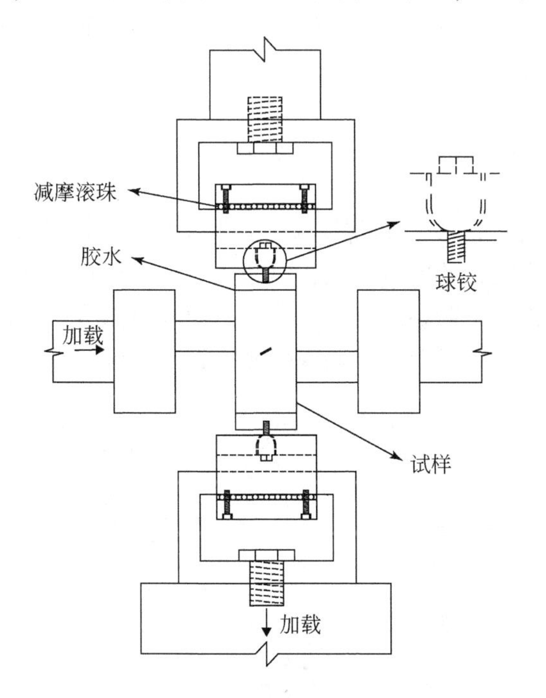

图5.5　岩石拉剪辅助装置

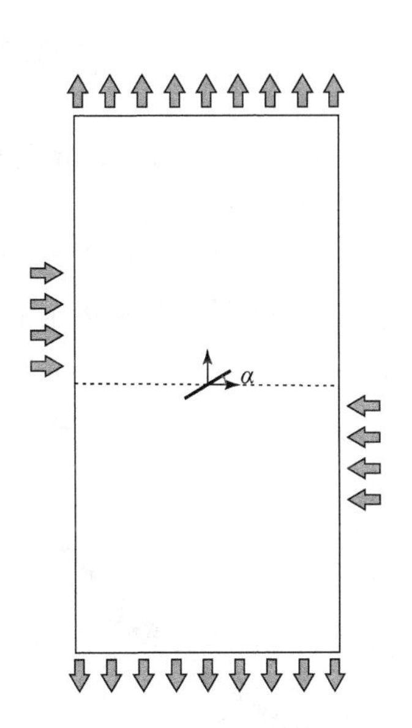

图5.6　试样受力示意图

试验过程中采用数字图像相关（digital image correlation，DIC）技术进行变形场监测。DIC通过分析材料表面变形前后的数字图像进行计算获得表面变形信息，以往被广泛应用于材料力学试验，用以检测材料变形破坏过程中的应变演化及失效机理等，近年来已逐渐应用于岩石力学试验研究。其工作原理为在被测物表面制作特征点（散斑），通过采集被测物体变形前后的散斑图像来捕捉特征点在像素级别的移动，通过散斑图像匹配找到数字灰度场在变形前后的图像灰度场相关性，采用优化的数字图像相关性运算法则求解出变形，进一步求解应变，为试验提供全局位移及应变数据测量。本实验所使用的DIC设备为北京睿拓时创科技生产的VIC-3D非接触全场应变测量系统，该系统增添了3D的数字图像相关分析功能，能够更好地避免试样受力过程中体积变化及平面弯曲所带来的影响。

3. 试验程序及方案

试样安装后先施加轻微的预拉力和预剪力，使加载构件与试样充分接触上，并进行一些仪器调整等准备工作。准备完毕后即可进行法向拉伸剪切试验，DIC拍摄和试验机加载的同时保证试验数据和DIC测量数据一一对应。首先以荷载控制方式施加法向拉应力至预定值，然后以0.05mm/min的位移控制方式施加剪应力直至试样断裂，试样破坏后试验机加载和 DIC 拍摄同时停止，并导出数据及试样拍照等后续工作。

5.2　变形与强度

本节主要分析不同剪切速率下（v = 0.2mm/min、1mm/min、5mm/min、10mm/min）砂岩单面拉剪变形及强度等基本力学特性。选取法向应力 σ_n = −3MPa、−2MPa 和 −1MPa 工况进行分析。

5.2.1　剪切应力–位移曲线

图 5.7 为砂岩在不同法向拉应力和剪切速率下的剪切应力–位移曲线。不同工况下的曲线总体变化趋势是相似的，即剪切应力在初始阶段增长相对缓慢，但之后逐渐加快并近似呈直线状到达峰值点，峰前剪切刚度折减不明显或仅少量折减，而峰后曲线因法向拉伸力的作用使试件断裂时迅速断开而几乎垂直跌落至零，呈现明显的脆性破坏。

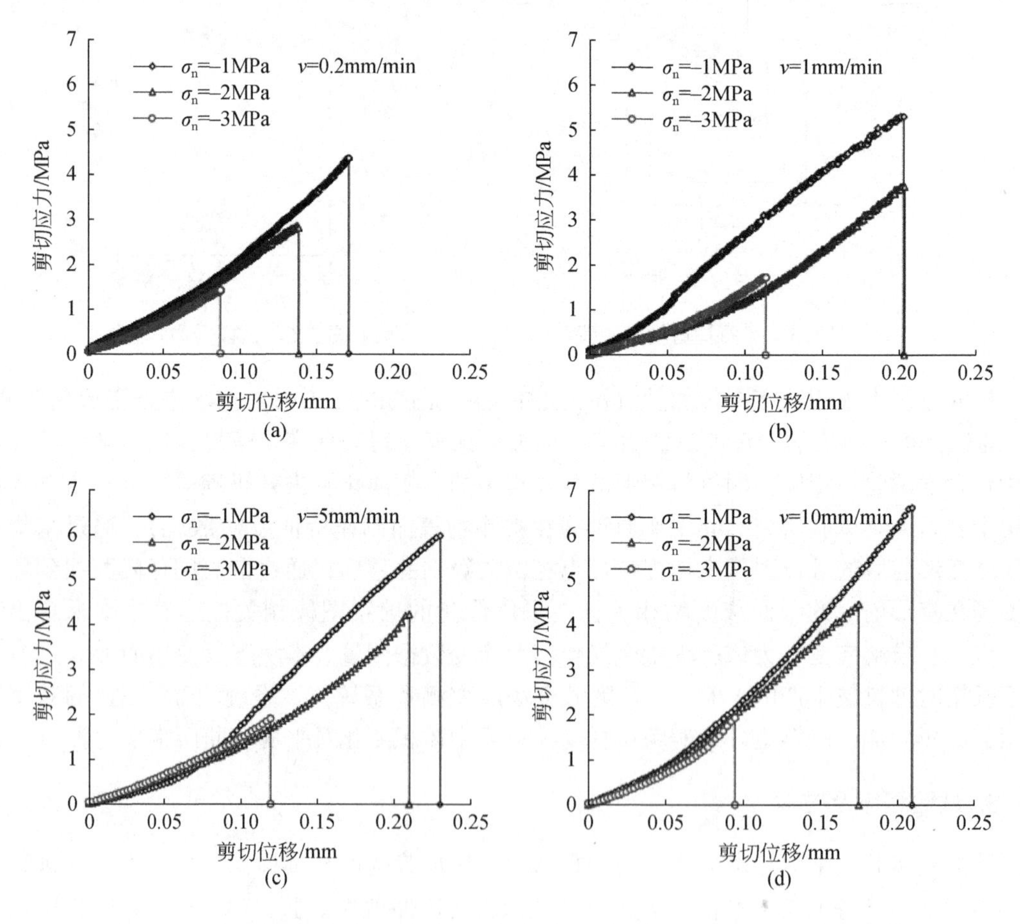

图 5.7　不同法向拉应力和不同剪切速率下砂岩拉剪试验剪切应力–位移曲线

5.2.2　弹性段剪切刚度

剪切刚度即为峰前剪切应力-位移曲线的斜率，反映了岩石在峰值强度之前抵抗剪切变形的能力。图5.8为砂岩弹性段剪切刚度（$k_{elastic}$）与法向拉应力和剪切速率的关系。由图5.8（a）可知，$k_{elastic}$随着法向拉应力的增加而近似线性减小，并且减小量较大。以5mm/min剪切速率工况为例，从法向应力-1MPa至-3MPa减小了54.38%。总体上，$k_{elastic}$对法向拉应力的减小率（即曲线斜率）随剪切速率的增大而增加。表明对法向应力的敏感性受到剪切速率的影响。由图5.8（b）可知，尽管个别数据具有一定离散性，总体上$k_{elastic}$随剪切速率增加而轻微地增加，其平均增长率约为0.91（MPa · min)/mm^2。此外，增长率总体上随法向拉应力的增加而减小，表明$k_{elastic}$对剪切速率的敏感性同样也受到法向拉应力的一定影响。

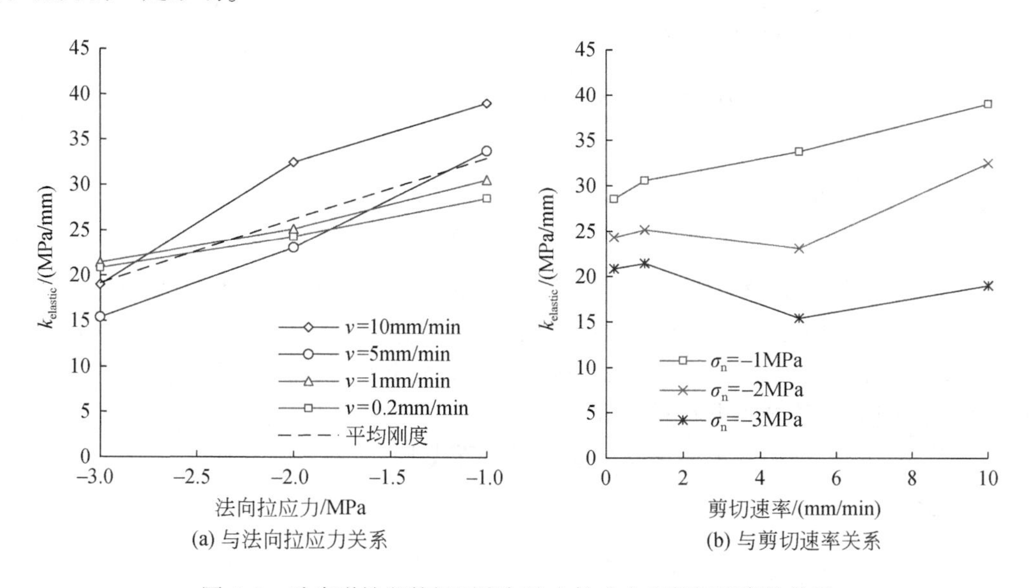

图5.8　砂岩弹性段剪切刚度与法向拉应力和剪切速率的关系

5.2.3　峰前平均剪切刚度

峰前平均剪切刚度（$k_{average}$）定义为峰值剪切应力与峰值剪切位移的比值，反映了岩石在破坏之前抵抗剪切变形的总体能力。图5.9为砂岩峰前平均剪切刚度与法向拉应力和剪切速率的关系。由图5.9（a）可知，与$k_{elastic}$相似，$k_{average}$随着法向拉应力的增加而近似线性减小，并且减小量也较大。以5mm/min剪切速率工况为例，$k_{average}$从法向应力-1MPa至-3MPa减小了38.67%。但与$k_{elastic}$不同的是，总体上$k_{average}$对法向拉应力的减小率（即曲线斜率）受剪切速率影响很小。由图5.9（b）可知，总体上$k_{average}$随剪切速率增加而少量增加，增长率总体上受法向拉应力的影响较小。

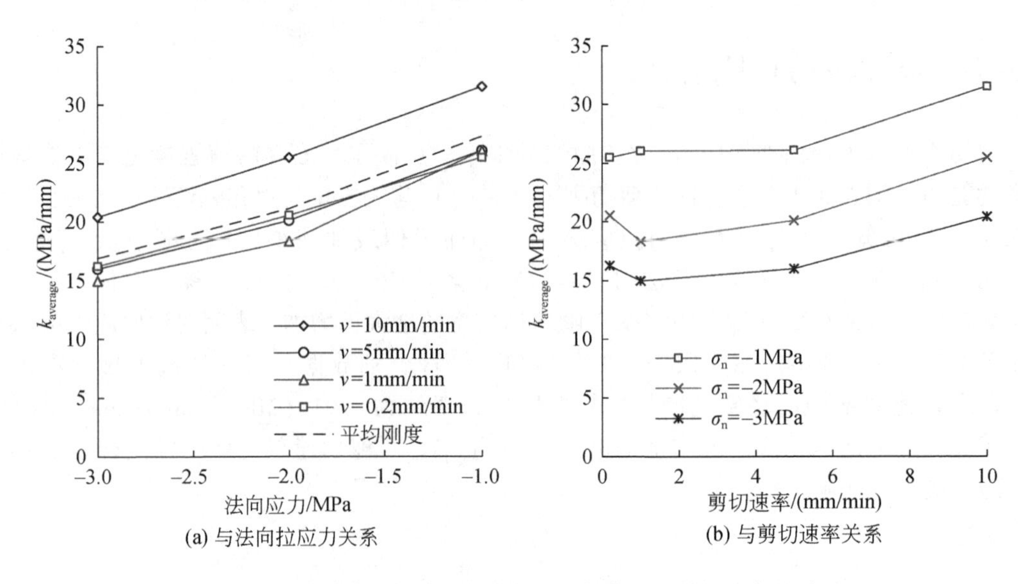

(a) 与法向拉应力关系　　(b) 与剪切速率关系

图 5.9　砂岩峰前平均剪切刚度与法向拉应力和剪切速率的关系

5.2.4　峰值位移

图 5.10 为砂岩峰值位移与法向拉应力和剪切速率的关系。由图 5.10（a）可知，峰值位移随着法向拉应力的增加呈非线性减小，且减小越来越快，减小量大。以 5mm/min 剪切速率工况为例，峰值位移从法向应力从−1MPa 至−3MPa 减小了 47.83%。由图 5.10（b）可知，峰值位移随剪切速率增加呈非线性变化，首先随剪切速率的增加而增加并至 5mm/min 剪切速率时达最大值，随后随剪切速率增加反而有所减小。

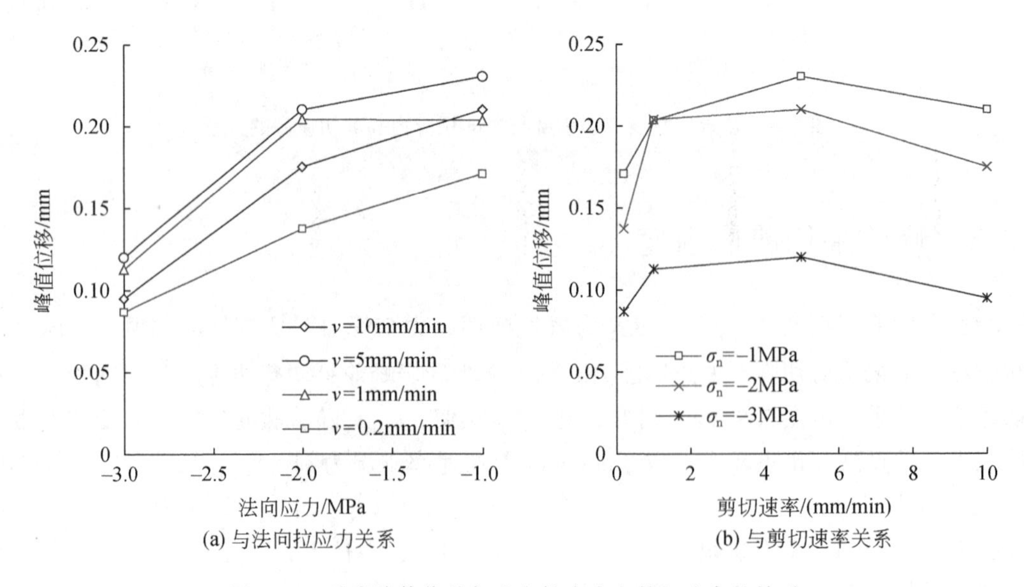

(a) 与法向拉应力关系　　(b) 与剪切速率关系

图 5.10　砂岩峰值位移与法向拉应力和剪切速率的关系

5.2.5　强度特征

图5.11为砂岩剪切强度与法向拉应力和剪切速率的关系。其中剪切力为零所对应的法向拉应力为单轴拉伸强度。由图5.11（a）可见，各剪切速率下剪切强度与法向拉应力关系趋势线交会于单轴拉伸应力点，且敏感性（即趋势线斜率）随剪切速率的提高而增强。由图5.11（b）可知，剪切强度随剪切速率增加呈非线性增加，但增长率逐渐减小，符合对数函数关系，这与岩体结构面动态拉伸下的抗拉强度与应变率的变化规律类似。此外，增长率总体上随法向拉应力的增加而减小，表明剪切强度对剪切速率的敏感性受到法向拉应力的一定影响。

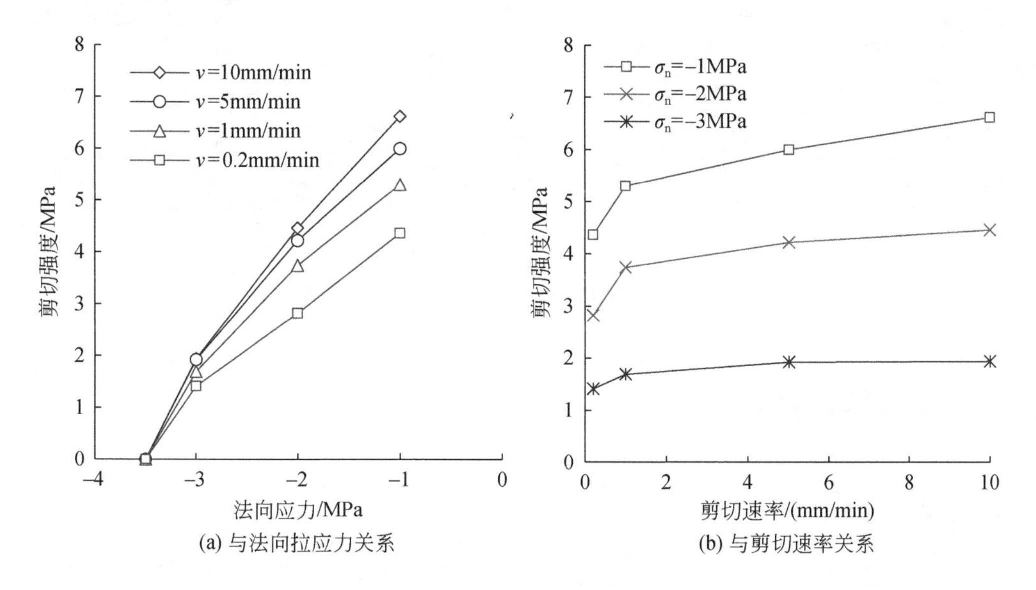

图5.11　砂岩剪切强度与法向拉应力和剪切速率的关系

5.3　破裂面形貌

5.3.1　破裂形态特征

不同双面拉剪试验条件下，砂岩试样破裂形态如图5.12所示。单轴拉伸条件下，试样在垂直于轴向应力方向产生一条裂纹。根据岩石的基本力学特征可知，该裂纹并不一定在试样的中心位置，而是在岩石试样比较脆弱的地方。在拉剪试验中，岩石产生了两条水平方向的裂纹。这两条裂纹并不是平行裂纹，而是表现为曲线形式。同时，拉剪试验中，在主裂纹附近产生了一定的剪切擦痕和表面剥落现象。随着法向应力的增大，剪切擦痕逐渐明显。当法向拉应力为-1.5MPa时，试样只在两条裂纹的端部产生的轻微的擦痕。而随着法向应力的增大，在裂纹的中部也会产生剪切擦痕。另外，随着法向应力的增大，主裂纹附近的表面剥落现象逐渐明显。当法向应力小于-1.5MPa 或单轴拉伸时，试样表面没有剥落现象产生。综上所述，随着法向应力的增大，试样的剪切破坏特征逐渐明显，而随着法向应力的减小，试样的拉伸断裂特征逐渐明显。所以，由单轴拉伸到拉剪再到压剪，岩石逐渐由拉伸破坏演化为拉剪混合破坏再演化为压剪破坏。

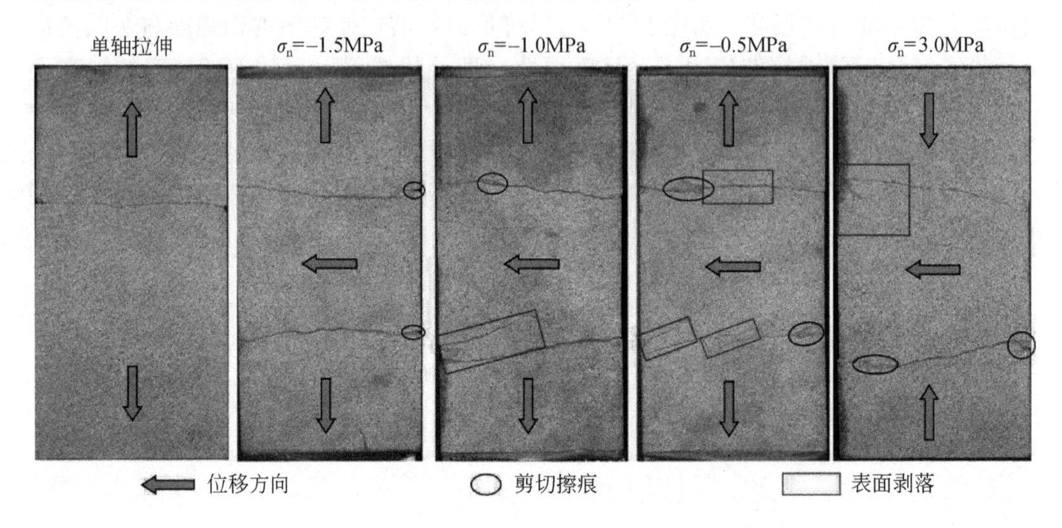

图 5.12　不同法向应力作用下砂岩试样破裂形态

5.3.2　破裂面粗糙度

1. 三维粗糙度参数

Belem 等（2000）提出了五个三维粗糙度参数来描述岩石断裂面的粗糙度特征。其中四个参数分别为三维平均倾角（θ_s）、表面相对粗糙度系数（R_s）、表面扭曲参数（T_s）和表面平均梯度模（$Z2_s$）。采用光学扫描仪对岩石断裂面进行扫描时，将多个点的 x、y、z 坐标记录在点云文件中。扫描得到的相邻三个点可以组成一个三角形单元平面，如图 5.13 所示。该三角形的法向方向和 z 坐标的夹角为 α_k。三维平均倾角用 α_k 的平均值来描述断裂面的粗糙程度，代表了粗糙断裂面的平均空间指向。其计算方法为

$$\theta_s = \frac{1}{m}\sum_{i=1}^{m}(\alpha_k)_i \tag{5.1}$$

式中，m 为整个断裂面上三角形单元平面的数量。三维平均倾角的值在 0～90°。表面相对粗糙度系数表示节理面相对于投影面的不平整度，其定义为粗糙断裂面的真实面积与断裂面投影面积的比值：

$$R_s = \frac{A_t}{A_n}, R_s \geqslant 1 \tag{5.2}$$

式中，A_t 为粗糙断裂面的真实面积；A_n 为粗糙断裂面的投影面积；R_s 的取值大于等于 1，当 R_s 等于 1 时表示断裂面为平行于投影面的平面。R_s 的值越大，表示断裂面越粗糙。表

面扭曲参数代表粗糙断裂面的扭曲程度，断裂面与 π 平面的偏离程度。其中 π 平面为通过断裂面四个角点拟合得到的平面。表面扭曲参数的定义为粗糙断裂面的真实面积与 π 平面面积的比值：

$$T_s = \frac{A_t}{A_p} = R_s \cos\gamma \tag{5.3}$$

式中，A_p 为 π 平面的面积；γ 为 π 平面与投影面的夹角。表面平均梯度模是粗糙断裂面一阶导数的均方根，其计算方程为

$$Z2_s = \left\{ \frac{1}{(N_x - 1)(N_y - 1)} \left[\frac{1}{\Delta x^2} \sum_{i=1}^{N_x-1} \sum_{j=1}^{N_y-1} \frac{(z_{i+1,j+1} - z_{i,j+1})^2 + (z_{i+1,j} - z_{i,j})^2}{2} + \frac{1}{\Delta y^2} \sum_{j=1}^{N_y-1} \sum_{i=1}^{N_x-1} \frac{(z_{i+1,j+1} - z_{i+1,j})^2 + (z_{i,j+1} - z_{i,j})^2}{2} \right] \right\}^{\frac{1}{2}} \tag{5.4}$$

式中，$z_{i,j}$为扫描点云中第 i 行第 j 列点的 z 坐标；N_x 和 N_y 分别为扫描得到的点的行数和列数；Δx 和 Δy 为两个点的 x 和 y 坐标的差值。

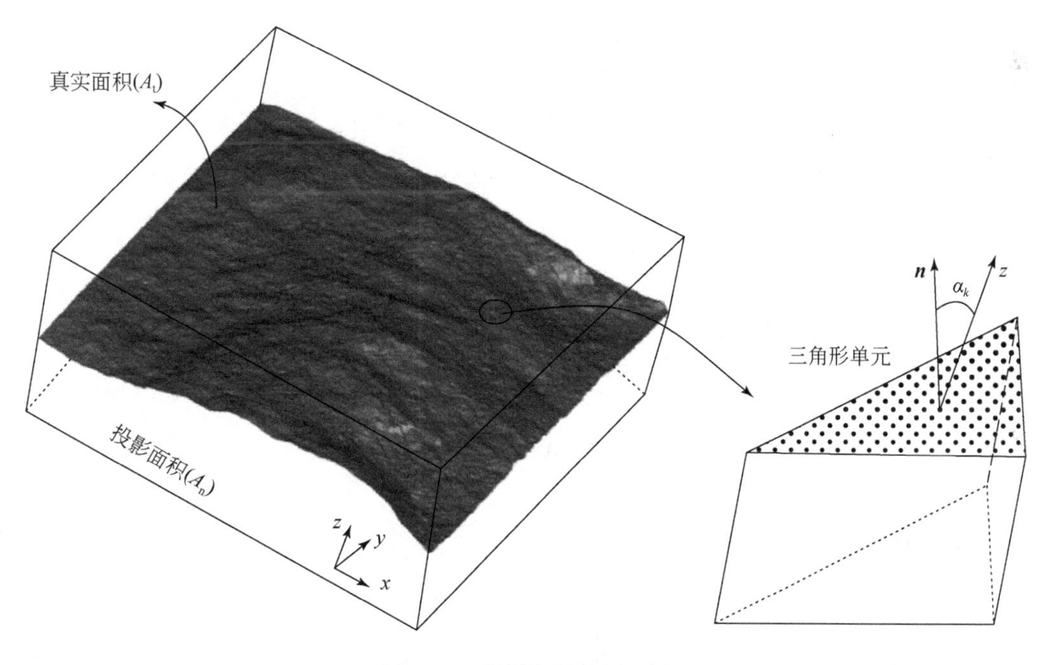

图 5.13　粗糙度计算原理图

2. 点云有序化

采用 Cronos 三维光学扫描仪扫描岩石断裂面时得到的点云为如图 5.14 所示的无序点云。在三维粗糙度参数计算过程中，需要通过相邻行和列的点的坐标来计算三角形单元的空间参数，而无序点云在计算过程中无法实现。因此，需要将无序点云有序化处理才能进一步分析法向拉应力对断裂面粗糙度的影响。为了将无序点云进行有序化处理，采用 MATLAB 软件，开发三维粗糙度计算软件，界面如图 5.15 所示。其中，取样间距为有序化后点云在 x 和 y 坐标上的间距，试样尺寸为试样的真实尺寸。另外，如图 5.12 所示，

试样表面在试验过程中会产生表面剥落现象，表面剥落会影响断裂面的形貌特征。因此，本书在计算过程中为了避免表面剥落对断裂面粗糙度的影响，将断裂面的四周各删除5mm，即只取试样中心50mm×50mm的范围内的点云进行计算。图5.15中取样范围为由断裂面中心为坐标原点的计算范围。采用岩石断裂面粗糙度参数计算软件计算断裂面的三维粗糙度参数的流程图如图5.16所示，具体计算过程如下：

(1) 采用光学扫描仪对岩石断裂面进行光学扫描，得到岩石断裂面系列点在坐标系 $o\text{-}xyz$ 中的 x、y、z 坐标，形成点云文件。

(2) 读取点云文件，将点云的数据赋值给数组Original。其中，数组Original的第一列为点云 x 坐标，第二列为点云 y 坐标，第三列为点云 z 坐标。

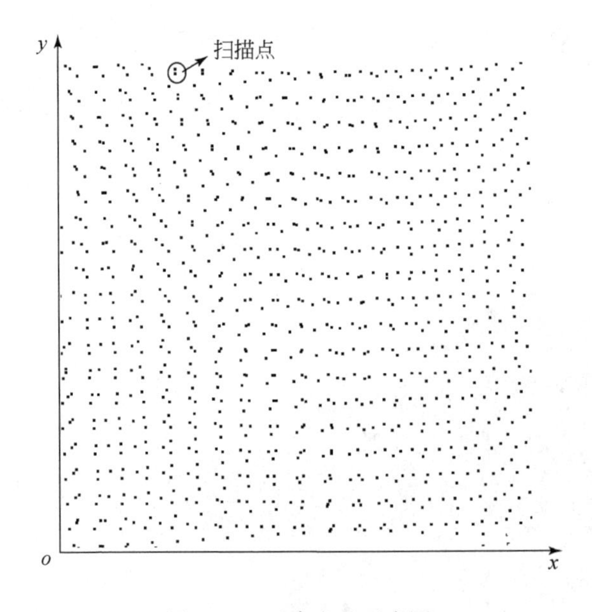

图5.14 无序点云示意图

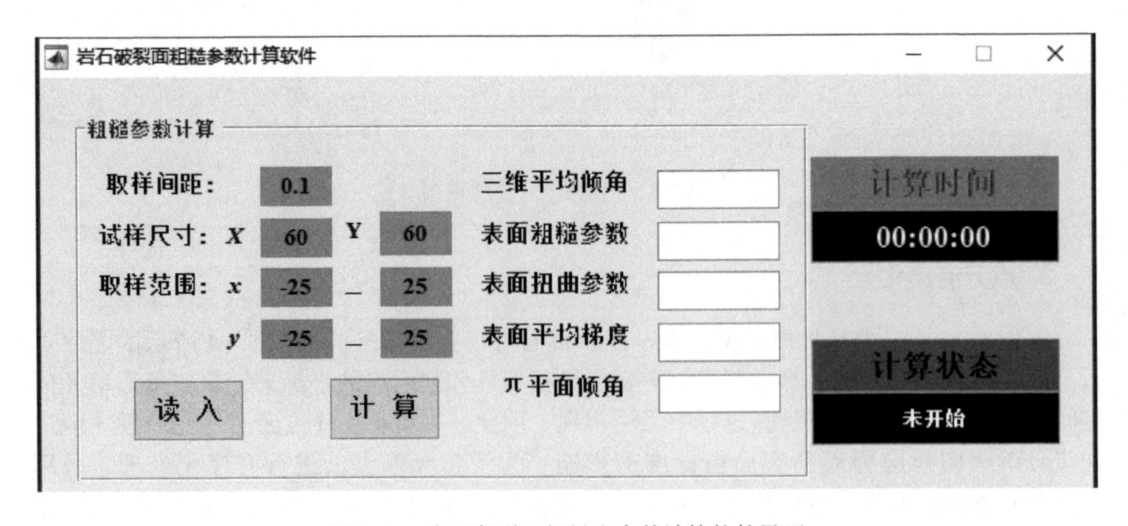

图5.15 岩石断裂面粗糙度参数计算软件界面

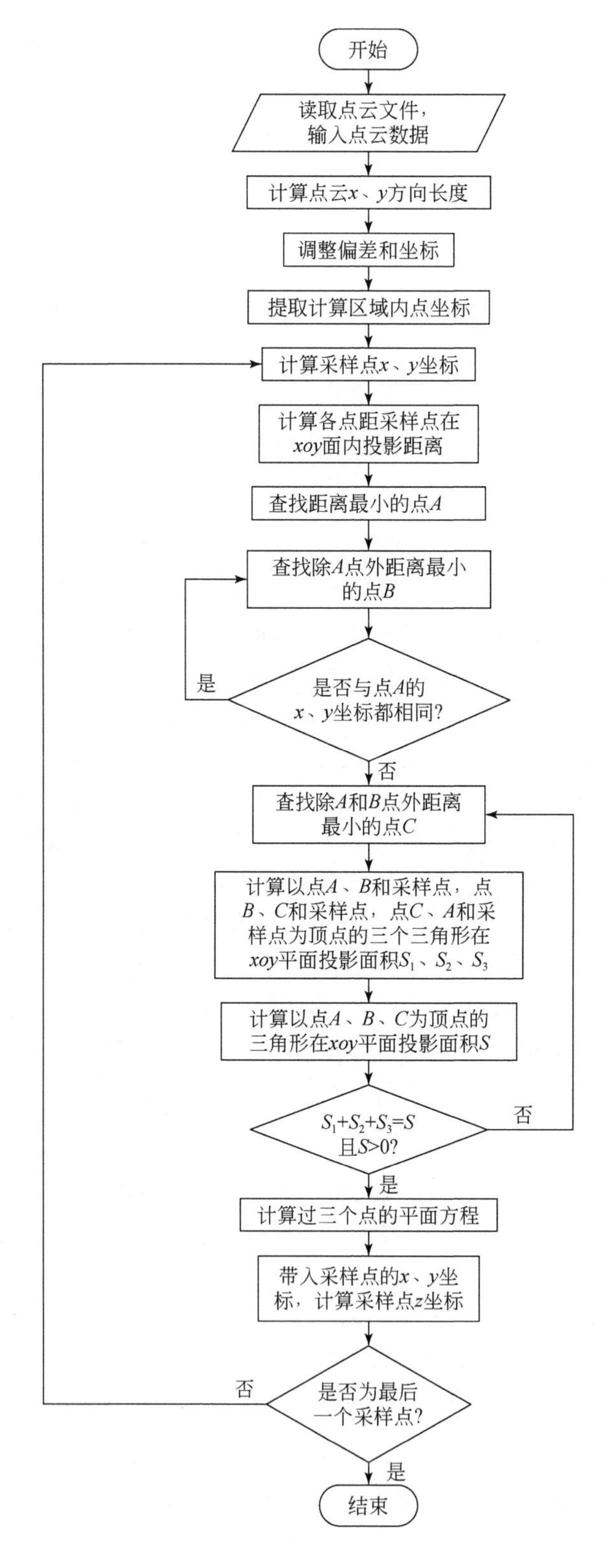

图 5.16　无序点云有序化方法流程图

采用光学扫描仪对断裂面扫描时，由于扫描角度等会引起尺寸误差，所以需要先将点云尺寸与试样实际尺寸相匹配。采用的是水平方向线性调整，z 坐标保持不变的方法。

（3）遍历数组 Original 的第一列和第二列，查找 x、y 坐标的最大值和最小值，按下式计算得到点云在 x 方向的长度 x_{width} 和 y 方向的长度 y_{width}。其中，

$$\begin{cases} x_{width} = x_{max} - x_{min} \\ y_{width} = y_{max} - y_{min} \end{cases} \tag{5.5}$$

式中，x_{max} 为 x 坐标的最大值；x_{min} 为 x 坐标的最小值；y_{max} 为 y 坐标的最大值；y_{min} 为 y 坐标的最小值。

（4）调整扫描数据与实际试样的偏差并重新调整坐标，使试样中心坐标为零。并按下式计算每个点调整后的 x 坐标 $x_{afteramend}$ 和调整后的 y 坐标 $y_{afteramend}$。

$$\begin{cases} x_{afteramend} = (x - x_{min}) * x_{ratio} - \text{specimen}x\text{length}/2 \\ y_{afteramend} = (y - y_{m}\text{in}) * y_{ratio} - \text{specimen}y\text{length}/2 \end{cases} \tag{5.6}$$

式中，specimen$x$length 为试样在 x 方向的长度。specimen$y$length 为试样在 y 方向的长度。x_{ratio} 为试样在 x 方向的长度 specimen$x$length 与扫描点云在 x 方向的长度 x_{width} 的比值；y_{ratio} 为试样在 y 方向长度 $y_{afteramend}$ 与扫描点云在 y 方向的长度 y_{width} 的比值。

（5）将调整后的点坐标记入数组 Amend。其中，数组 Amend 的第一列为调整后的 x 坐标 $x_{afteramend}$，第二列为调整后的 y 坐标 $y_{afteramend}$，第三列为 x、y 坐标对应点的 z 坐标。

（6）选取计算范围。遍历数组 Amend，若第 i 行表示的点在计算范围内，则将数组 Amend 的第 i 行写入数组 Calculatearea。其中，计算范围为一个以试样中心为坐标原点，以 x、y 坐标定义的矩形区域。这个矩形区域的 x 坐标最小值为 mincalculate$x$，x 坐标最大值为 maxcalculate$x$，y 坐标最小值为 mincalculate$y$，y 坐标最大值为 maxcalculate$y$。

（7）根据有序点云采样间隔进行线性插值，得到采样点的 z 坐标，并写入数组 Final。其中，数组 Final 共 $x$samplingnumber 行、$y$samplingnumber 列。$x$samplingnumber 为有序点云在 x 方向的采样数量，$y$samplingnumber 为有序点云在 y 方向的采样数量。$x$samplingnumber 和 $y$samplingnumber 的值利用下式计算得到：

$$\begin{cases} x\text{samplingmumber} = (\text{maxcalculate}x - \text{mincalculate}x) / x\text{samplingstep} + 1 \\ y\text{samplingmumber} = (\text{maxcalculate}y - \text{mincalculate}y) / y\text{samplingstep} + 1 \end{cases} \tag{5.7}$$

式中，$x$samplingstep 为有序点云在 x 方向的采样间隔；$y$samplingstep 为有序点云在 y 方向的采样间隔。

步骤（7）中计算采样点 z 坐标时采用线性插值的方法，方法主要包括以下几个步骤：

①按下式计算有序点云第 i 行第 j 列采样点的坐标（sampling$x$，sampling$y$）：

$$\begin{cases} \text{sampling}x = \text{mincalculate}x + (i-1) * x\text{samplingstep} \\ \text{sampling}y = \text{mincalculate}y + (j-1) * y\text{samplingstep} \end{cases} \tag{5.8}$$

②采用下式计算点云中各点在 xoy 平面内的投影与采样点在 xoy 平面内的投影之间的距离 D。并将点的 x、y、z 坐标和距离 D 分别写入数组 Distance 第 1 ~ 4 列。

$$D = \sqrt{(\text{sampling}x - x_{affercmend})^2 + (\text{sampling}y - y_{affercmend})^2} \tag{5.9}$$

③遍历数组 Distance，查找数组第4列中的最小值，将对应点记为点 A；并记录点 A 的 x、y、z 坐标和在 *Distance* 数组中的行号 R_A；将数组 Distance 赋值给数组 InterDistance，然后赋给数组 InterDistance 中第4列第 R_A 行一个大值。

④遍历数组 InterDistance，查找数组第4列中的最小值，将对应点记为点 B；并记录点 B 的 x、y、z 坐标和在 InterDistance 数组中的行号 R_B；赋给数组 InterDistance 中第4列第 R_B 行一个大值。

⑤检查采样点、点 A 和点 B 的 x 坐标以及 y 坐标；若点 B 的 x 坐标和 y 坐标与点 A 的 x 坐标和 y 坐标都相同，则重复步骤④，直至点 B 与点 A 的 x 坐标或 y 坐标不同。

⑥遍历数组 InterDistance，查找数组第4列中的最小值，将对应点记为点 C；并记录点 C 的 x、y、z 坐标和在 Distance 数组中的行号 R_C；赋给数组 InterDistance 中第4列第 R_C 行一个大值。

⑦分别计算以点 A、点 B，点 B、点 C，点 C、点 A 为顶点的三个三角形在 xoy 平面内投影面积 S_1、S_2 和 S_3，计算以点 A、点 B 和点 C 为顶点的三角形在 xoy 平面内的投影面积 S。

⑧若 $S=0$ 或 $S_1+S_2+S_3\neq S$，则重复步骤⑥和⑦，直至 $S>0$ 且 $S_1+S_2+S_3=S$。

⑨求解同时过点 A、点 B 和点 C 的平面方程。

⑩将采样点的 x、y 坐标代入步骤⑨所述平面方程，求解采样点的 z 坐标。

⑪将步骤⑩所述采样点的 z 坐标写入数组 Final 的第 i 行第 j 列。

⑫重复步骤①～⑪计算下一个采样点的 z 坐标，直至最后一个采样点。数组 Final 内的数据即为 x 方向间隔为 $x$sampling，y 方向间隔为 $y$sampling 的有序点的 z 坐标。

通过上述过程，图5.14的无序点云有序化处理结果如图5.17所示，破裂面点云有序化处理前后的形貌特征对比如图5.18所示。由图可以看出，有序化处理后的点云呈现规律排列，处理后的断面形貌与处理前的形貌基本没有差别。所以，上述无序点云有序化处理方法能够将无序点云进行有序化处理，且可根据需要选取取样间隔。无序点云有序化处理后，断面的形貌特征基本不发生变化，可用于断裂面的细观特征分析。

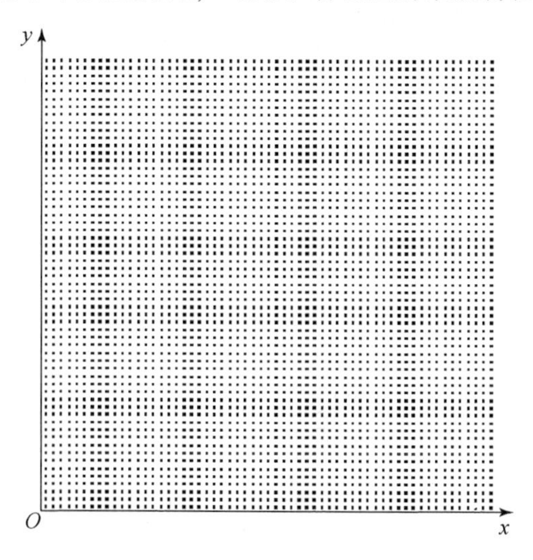

图5.17　有序化处理后点云

图 5.18　破裂面点云有序化处理前后对比

3. 粗糙度变化规律

不同法向应力作用下，断裂面粗糙度参数随法向拉应力的变化规律如图 5.19 所示。如图 5.19（a）所示，断裂面的三维倾角和粗糙度相关系数随着法向拉应力（绝对值，下同）的增大呈非线性增大，可采用以下表达式描述二者与法向应力的关系：

$$\delta=a(\sigma_n-\sigma_t)^2+b \tag{5.10}$$

式中，δ 为粗糙度参数；a 和 b 为拟合常数。采用最小二乘法对试验数据进行拟合得到断裂面三维倾角和粗糙度相关系数与法向应力的关系分别为

$$\theta_s=-1.53(\sigma_n-\sigma_t)^2+19.34 \tag{5.11}$$

$$R_s=-1.35\times10^{-2}(\sigma_n-\sigma_t)^2+1.08 \tag{5.12}$$

砂岩断裂面扭曲系数和一阶导数均方根随法向拉应力的变化规律如图 5.19（b）所

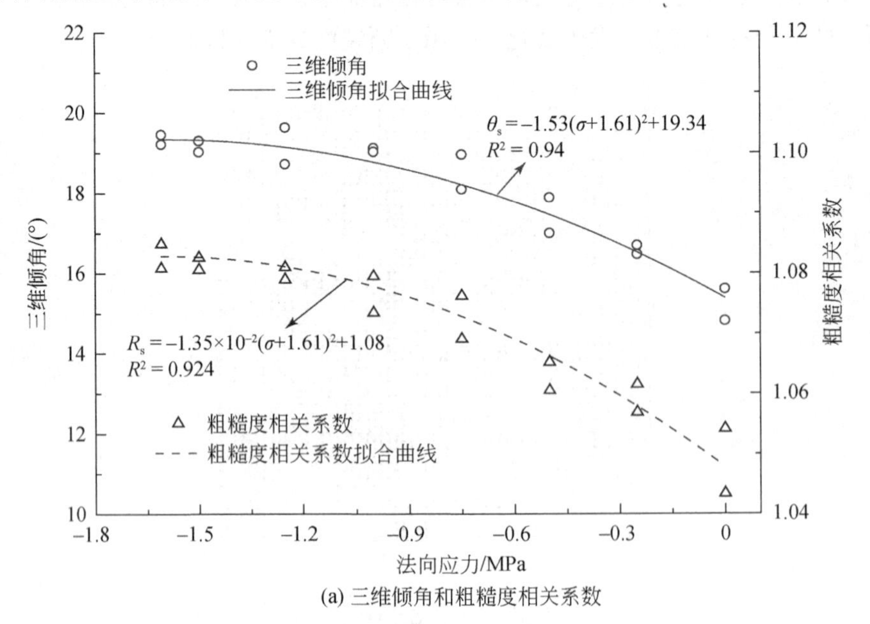

(a) 三维倾角和粗糙度相关系数

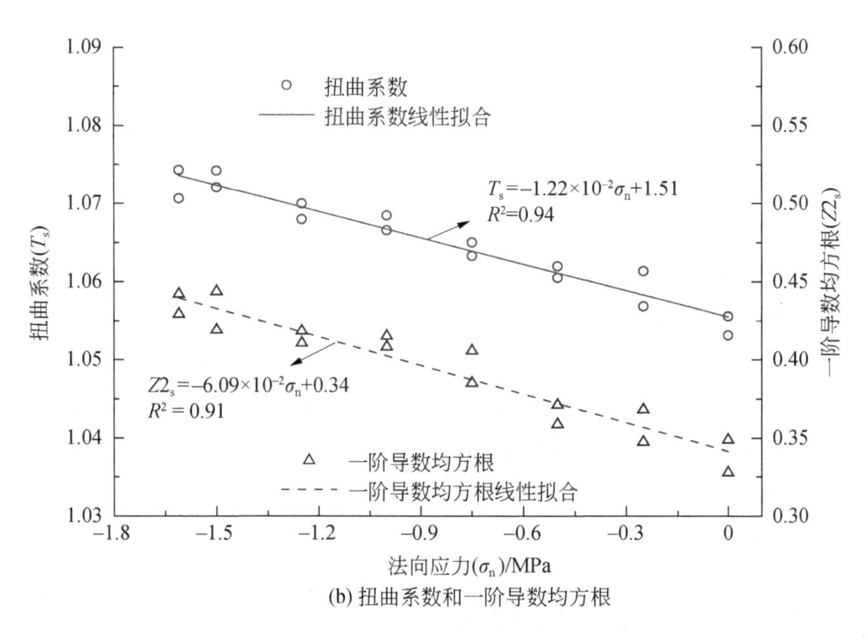

(b) 扭曲系数和一阶导数均方根

图 5. 19　断裂面粗糙度参数随法向拉应力的变化规律

示。随着初始法向应力的增大，断裂面扭曲系数和一阶导数均方根逐渐线性增大，可用线性方程描述两个粗糙度参数随法向应力的变化规律：

$$T_s=-1.22\times10^{-}2\sigma_n+1.51 \tag{5.13}$$

$$Z2_s=-6.09\times10^{-}2\sigma_n+0.34 \tag{5.14}$$

不同法向应力下剪切断裂面高程等值线如彩图 5. 1 所示，其中水平方向为剪切方向，等值线表示断裂面的起伏高度。为了方便进行对比分析，将所有 z 坐标减去该断裂面的最小坐标，即将该断裂面上的最小 z 坐标设置为零。所以，该断裂面上等值线的最大值可以用来表示该断裂面的起伏程度。由彩图 5. 1 可知，随着法向应力的减小，断裂面的起伏逐渐减小。法向应力由 3MPa 减小到−1. 5MPa，断裂面上最大高程由大约 6mm 减小到大约 4. 4mm。如彩图 5. 1 （a） 所示，在法向压应力作用下，等值线整体沿垂直于剪切方向，断裂面在中部位置较高，在剪切面端部位置较低，呈现出中间高两端低的形态。法向拉应力作用下，与法向压应力作用下断裂面相同的是，断裂面的中间位置较高，但与法向压应力作用下断裂面具有明显区别。法向拉应力作用下断裂面表现为“山丘”状，呈中间高四周低的形态。

为了分析断裂面上如图 5. 13 所示的单元平面倾角的分布特征，绘制不同法向应力下的断裂面坡度倾角矢量分布如彩图 5. 2 所示，其中，单元倾角是指单元平面的坡度，即图 5. 13 中夹角 α_k的余角，坡度越大表示 α_k越小，反之 α_k越大。由彩图 5. 2 可知，大部分单元平面的坡度小于 0. 4，坡度大于 0. 4 的单元平面相对较少。当法向应力较大时，坡度较大的单元数量较多，大坡度单元呈区域分布。随着法向应力的减小，大坡度单元区域逐渐减小，呈带状分布。这与图 5. 19 的三维倾角随着法向应力的减小而逐渐增大的规律相一致。

5.4　细观破裂演化机制

5.4.1　细观应力场

采用 PFC 数值模拟研究双面拉剪作用下细观应力场。微观结构及其应力状态决定了岩石的宏观力学参数和破裂特征。在 PFC2D 中，微观结构的应力状态主要是指平行黏结的应力状态。法向应力为-0.25MPa 的试样在剪应力为 0.2 倍的抗剪强度时的力链如彩图 5.3 所示，其中力链越宽表示该平行黏结承受的力的绝对值越大。在模拟的过程中，试样的中间区域向下运动，在两个剪切面附近的圆盘会相互错动、挤压或拉扯。所以，在剪切面上，一部分平行黏结承受拉应力，而另一部分平行黏结会承受压应力。由图可知，在剪切面附近的平行黏结承受的力明显大于其他位置的平行黏结承受的力。

5.4.2　细观破裂的应力演化规律

为了研究剪切破裂面上微观结构受力演化特征，选取彩图 5.3 右侧宏观破裂面附近（虚线框区域）作为研究对象。该研究区域以右侧剪切面为对称线，宽度为 6mm。以法向应力为-0.25MPa 和-1.25MPa 的两个试样为例，断裂面上力链和微裂纹的演化过程如彩图 5.4 所示，其中，力链宽度表示力绝对值的大小；A1 ~ A13 和 B1 ~ B11 为试样内不同时间点的不同区域，局部图为对应编号区域相同时间点的放大图；C 表示裂纹，TC 表示拉裂纹，SC 表示剪裂纹，SCTSS 表示拉剪应力下形成的剪裂纹，SCCSS 表示压剪应力下形成的剪裂纹，P 表示平行黏结。

如彩图 5.4 所示，试样在轴向拉应力作用下，大部分的平行黏结承受拉力。然而，仍然有很多平行黏结承受压应力，特别是当法向拉应力较小时［彩图 5.4（a）］。在破裂面两侧，不同法向应力下相同平行黏结所承受的力不同。例如，法向拉应力较小时［-0.25MPa，彩图 5.4（a）］，很大比例的平行黏结承受压力。而当法向拉应力较大时［-1.25MPa，彩图 5.4（b）］，在同一区域内（B11）的平行黏结主要承受拉力。另外，沿剪切方向，力链可以分为几个具有代表性的区域。在有些区域，如彩图 5.4（a）中区域 A2、A4、A6、A8 和彩图 5.4（b）中区域 B1、B3、B5、B7、B9，平行黏结承受的应力明显较大。而在彩图 5.4（a）中区域 A3、A5、A7、A9 和彩图 5.4（b）中区域 B2、B4、B6、B8、B10，平行黏结所承受的力明显较小。在破裂面附近，所有的剪裂纹和拉裂纹都是在施加剪应力的过程中产生的。

在宏观拉剪应力作用下，平行黏结会承受压剪应力和拉剪应力。在拉剪应力和压剪应力作用下都可能发生剪切破坏而产生剪裂纹。如彩图 5.4（a）所示，区域 A10 内的平行黏结 P1 在发生破坏前承受拉力和剪力，当其承受的剪力大于其自身的抗剪强度时发生剪切破坏，形成剪裂纹 C1（区域 A11）。所以，裂纹 C1 为在拉剪应力条件下形成的剪裂纹。再例如彩图 5.4（a）区域 A12 中的平行黏结 P2，其在发生破坏前承受压剪应力。其承受的剪应力大于其抗剪强度时发生剪切破坏形成一条剪裂纹 C2（区域 A13）。所以，裂纹 C2 是一条在压剪应力条件下形成的剪裂纹。综上所述，在拉剪应力条件下，试样内部形成的裂纹可能是拉裂纹也可能是剪裂纹，而剪裂纹可能是在拉剪应力状态下形成的，也可能是在压剪应力状态下形成的。

裂纹形成后，该裂纹附近的平行黏结承受的力会发生改变。有些平行黏结承受的力会减小，如区域 A10 和 A11［彩图 5.4（a）］内的平行黏结 P2，在裂纹 C1 形成前后，P2 均承受拉力，只是拉力大小发生了变化。有些裂纹附近的黏结在裂纹形成后，其承受力的大小和方向都会发生改变。例如，在裂纹 C1 形成前，区域 A10 内的平行黏结 P3 承受拉力，而裂纹 C1 形成后，不仅 P3 承受的拉的大小发生了改变，P3 承受的力也有拉力变为了压力，即其承受的力的方向发生了改变。类似的另外一个例子是平行黏结 P4，裂纹 C2 和 C3 形成之前，P4 承受压力，C2 和 C3 形成后，P4 承受拉力。

如彩图 5.4 所示，当剪应力处于低水平时，平行黏结不会发生破坏。随着剪应力的增大，平行黏结承受的拉力或建立会超过其对应的强度，进而发生拉伸破坏或剪切破坏形成拉裂纹或剪裂纹。在裂纹多条裂纹形成后，由于试样的法向拉力保持不变和应力集中，未发生破坏的黏结承受的拉力会明显增大。所以，在加载后期，会产生更多的拉裂纹。

5.5 裂隙扩展及岩桥贯通模式

5.5.1 裂隙扩展模式

1. 裂隙扩展模式

图 5.20 和图 5.21 分别为不同裂隙倾角 α 及法向拉应力 σ_n 条件下试样的裂纹扩展形态和裂纹起裂方向（以起裂方向角 θ_1 和 θ_2 表示，分别为裂隙左右端裂纹起裂方向与竖向方向的锐角夹角）。由图 5.20 和图 5.21 可知，当 $\alpha=0°$ 时，裂纹从裂隙端部起裂并扩展至试样边缘，当法向拉应力较小如 -1MPa 时，扩展裂纹总体上呈倾斜状态，即与剪切方向呈一定角度，平均起裂方向角约 70°，但随着法向拉应力增大，裂纹与剪切方向的夹角减小，起裂方向角逐渐接近 90°，当 $\sigma_n=-3$MPa 时，裂纹基本为水平，垂直于法向拉伸方向，平均起裂方向角约 90°；当 $\alpha=30°$ 时，除了从裂隙端部起裂扩展至试样边缘的主裂纹外，还从试样边缘发育了次生裂纹往内部扩展至裂隙端部或主裂纹处（如图 5.20 中箭头所示，根据 DIC 拍摄破坏过程确定），发生成核破坏，主裂纹起裂方向角随法向拉应力增大而减小；当 $\alpha=60°$ 时，对于较小的法向拉应力情况，裂纹从裂隙中部起裂扩展至试样边缘，并且较倾斜，而随着法向拉应力增大，裂纹起裂的位置逐渐靠近裂隙端部，裂纹总体上更加水平，当法向拉应力高至 -3MPa 时主裂纹起裂方向角最小；当 $\alpha=90°$ 时，主裂纹均从试样中部起裂扩展至试样边缘，同时伴有次生裂纹从试样边缘起裂扩展至裂隙端部或主裂纹处，发生成核破坏，主裂纹起裂方向角变化幅度不是很大；当 $\alpha=120°$ 及 150° 时，仅从裂隙端

部发育主裂纹扩展至试样边缘，并且裂纹总体上较水平，裂纹起裂方向角随法向拉应力的增加而增大。总体而言，可以得到结论为：裂隙倾角对裂纹扩展形态有较大影响，当裂隙倾角为锐角时（如 30°和 60°），容易发育从试样边缘开始的次生裂纹与裂隙端部发育的主裂纹形成成核破坏，而当裂隙倾角为钝角时（如 120°和 150°），仅从裂隙端部发育裂纹，裂纹路径相对较水平，随着裂隙倾角从 0°至 180°变化，起裂方向角先减小（即起裂方向更偏离水平方向）后增大（起裂方向逐渐趋向水平方向），裂隙倾角为 30°时最小；法向拉应力对裂纹扩展形态也有影响，随着法向拉应力增大，裂纹较水平，起裂方向角总体上呈增大趋势（即起裂方向更趋向水平方向）。

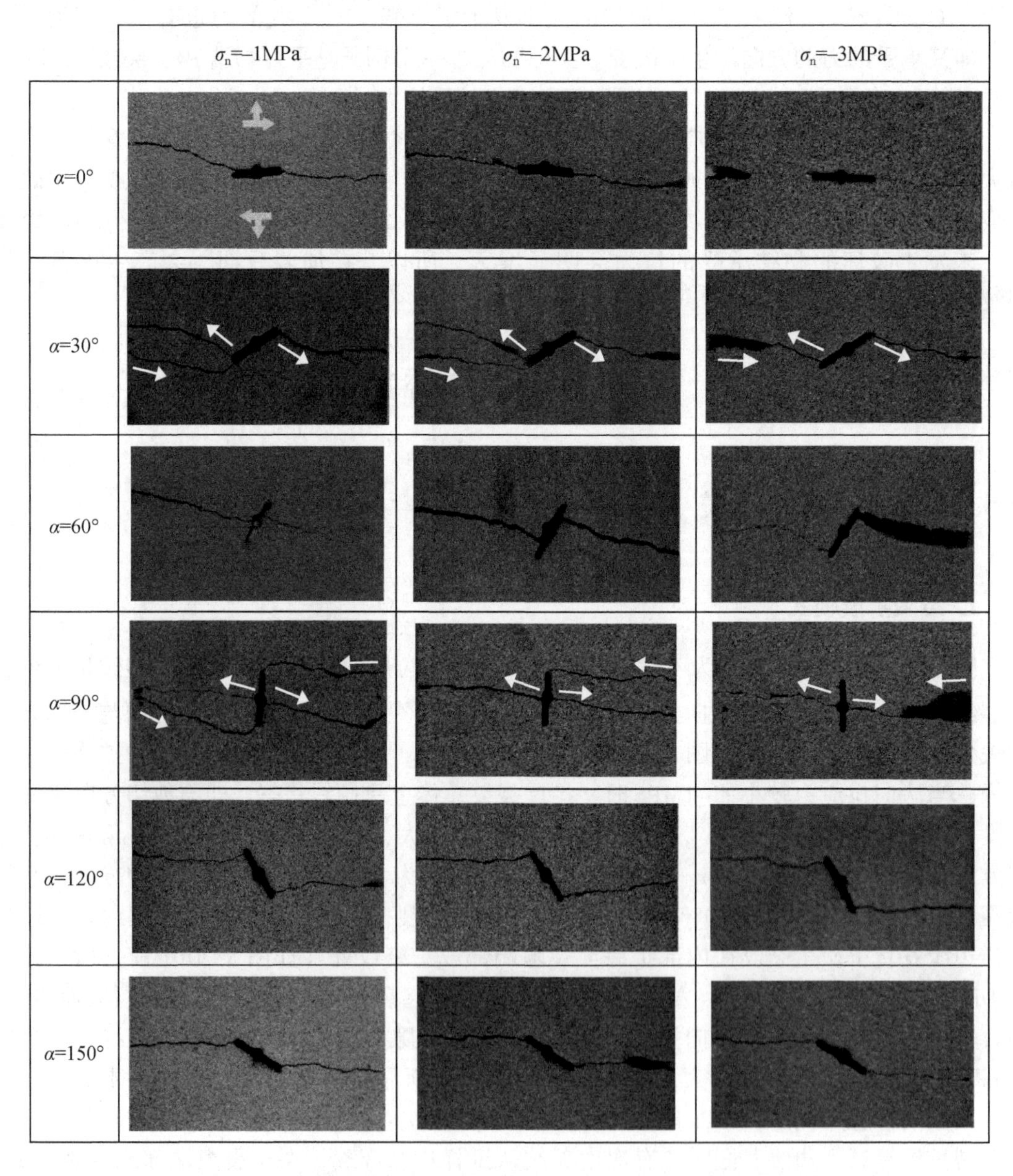

图 5.20　不同裂隙倾角和法向拉应力条件下试样裂纹扩展形态

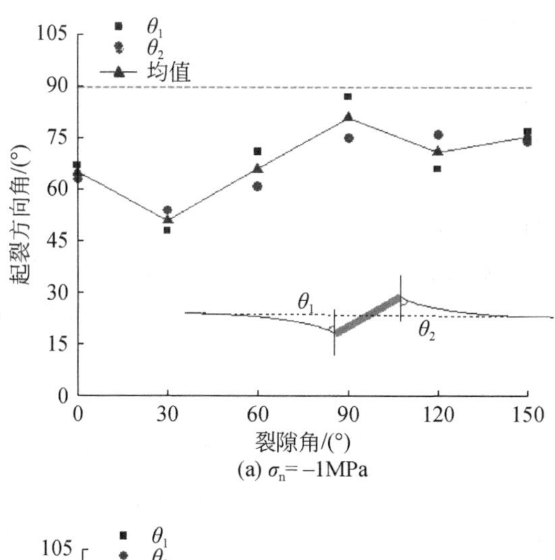

(a) $\sigma_n = -1$MPa

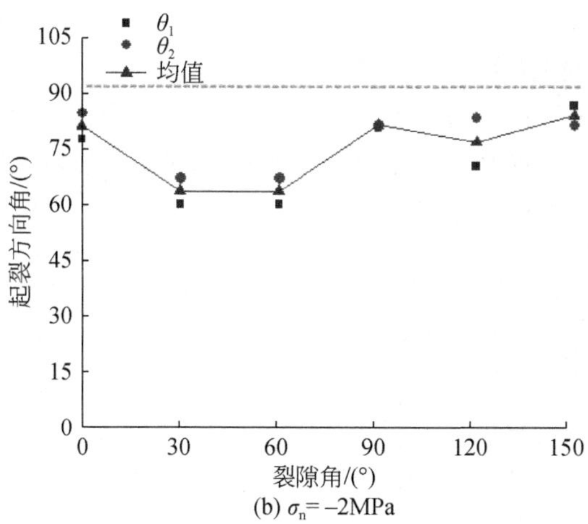

(b) $\sigma_n = -2$MPa

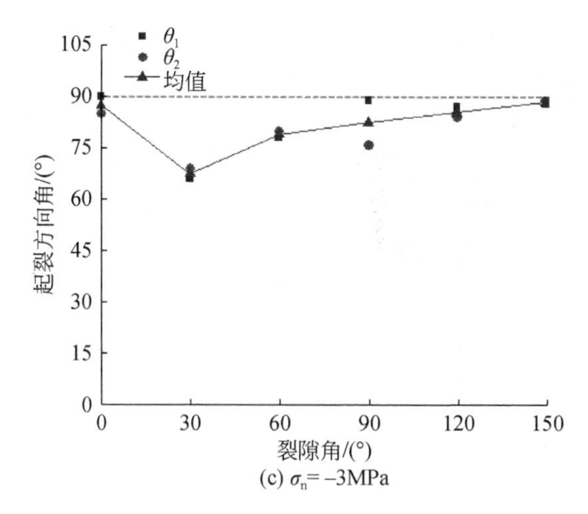

(c) $\sigma_n = -3$MPa

图5.21　不同裂隙倾角和法向拉应力条件下裂纹起裂方向角

2. 裂隙扩展的位移场特征

如图 5.22 所示，以法向拉应力-3MPa 为例，绘制峰值应力状态时刻 DIC 测得的试样位移矢量场，图中裂隙两端的虚线代表裂纹的扩展路径，小箭头代表位移矢量场（为准确判断试样表面各点的微变形位移，计算时去除了试样整体的刚体位移），大箭头代表预制裂隙和扩展裂纹上下侧总体位移趋势。通过位移场可以判断裂纹力学属性，即可将裂纹两侧位移矢量分别沿裂纹走向和垂直裂纹方向进行分解，根据垂直裂纹的两分位移的方向和大小判断断裂纹受拉还是受压，根据沿裂纹走向的两分位移的方向和大小可以判断裂纹是否受剪切。由图 5.22 可知，预制裂隙受到的应力状态与裂隙倾角有较大关系，当裂隙水平时，上下侧位移方向呈“八”字形，主要受到沿裂隙法向方向（即垂直方向）的拉应力；当裂隙倾角较小时如 30°，上下侧位移与裂隙走向呈一定夹角，裂隙既受到沿裂隙法向方向的拉应力，又受到沿裂隙走向方向的剪应力，即受到拉剪应力；当裂隙倾角为 60°时，上下侧位移方向与裂隙走向一致，即裂隙仅受到剪切力；当裂隙倾角为 120°和 150°时，与 30°倾角类似，受到拉剪应力；特殊的，裂隙倾角为 90°时，裂隙法向受压，不受剪应力。而不同裂隙倾角下扩展裂纹的力学属性均以张拉为主，且越靠近裂隙端部的裂纹两侧张拉越明显，这是因为这些翼裂纹是从裂隙端部起裂向试样边缘扩展的，而峰值时刻裂纹尚未完全扩展贯通至试样边缘。

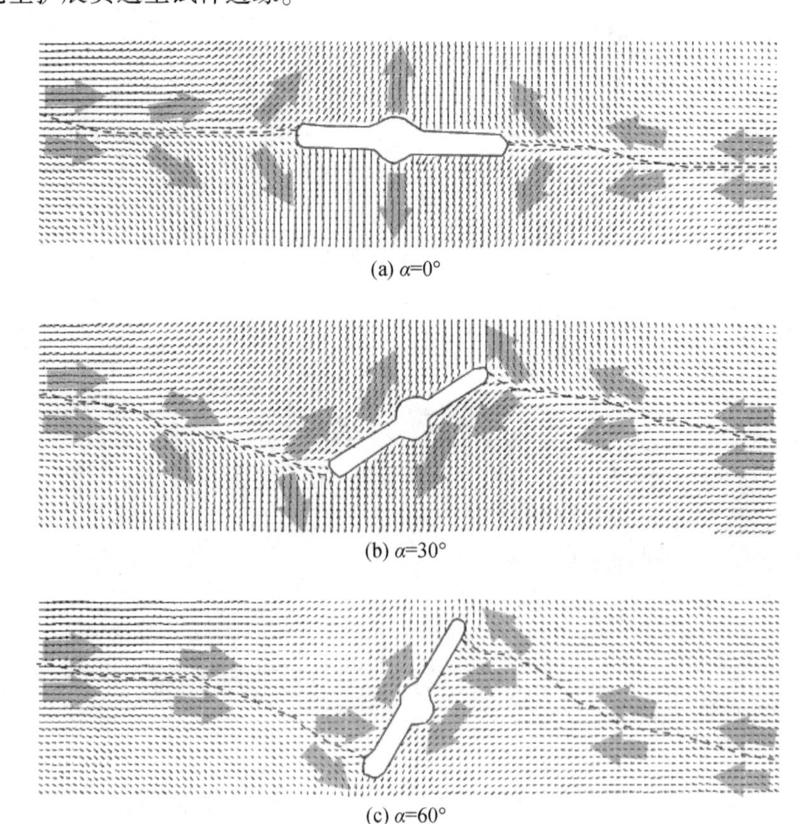

(a) α=0°

(b) α=30°

(c) α=60°

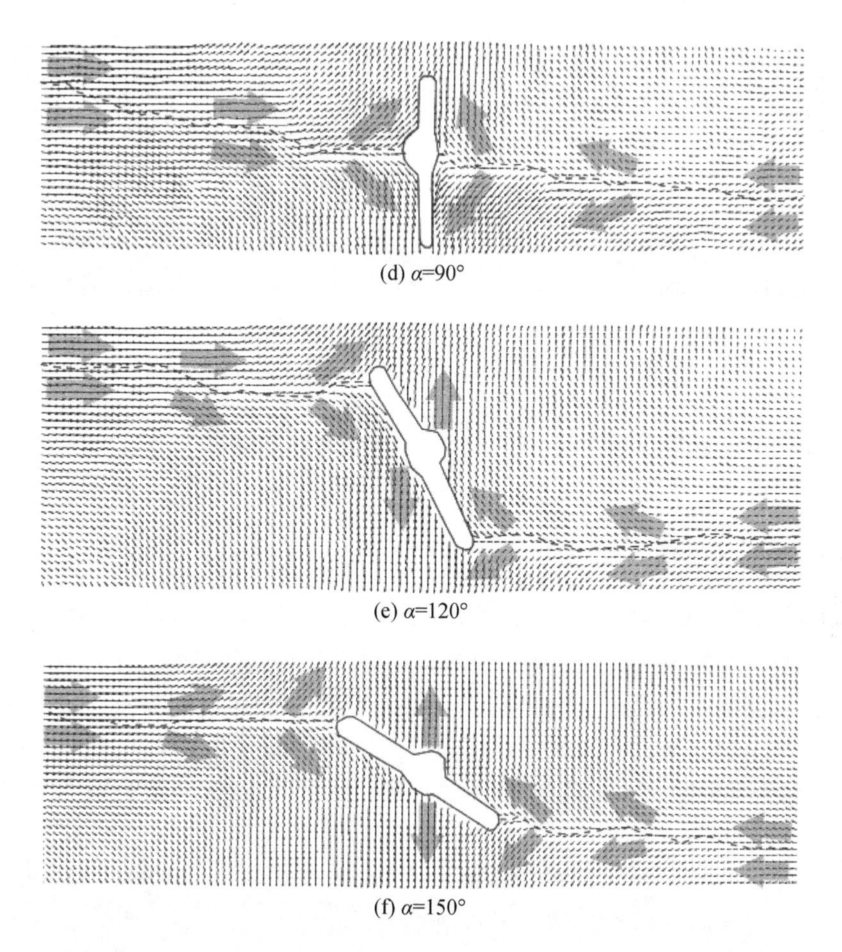

(d) α=90°

(e) α=120°

(f) α=150°

图5.22　σ_n = −3MPa时不同裂隙倾角试样峰值应力状态时的位移矢量场

3. 与压剪破坏的比较

开展了单裂隙砂岩的压剪试验研究，选取法向压应力为24MPa的典型破坏形态与本书法向拉应力为−2MPa时的拉剪结果进行大概比较，如图5.23所示。总体来看，压剪情况下试样破坏以剪切破坏或张拉−剪切混合破坏为主，破裂面处易产生局部崩裂（剪切破裂的典型现象），而拉剪情况下试样破坏以拉伸破坏为主，破裂面局部崩裂不明显。特别的，压剪情况下不同裂隙倾角试样裂纹均从裂隙端部起裂扩展，而拉剪情况下当裂隙较陡时（如裂隙倾角为60°和90°）裂纹可从裂隙内部起裂扩展，说明压剪情况下应力更为集中在裂隙端部，而拉剪情况下应力集中在端部附近的一定区域。此外，压剪情况下当裂隙倾角为钝角且裂隙较陡时（倾角为120°和140°）出现了反翼裂纹，而拉剪情况下均为顺翼裂纹。综上可见，法向应力的方向对裂隙岩体破坏形态和破裂面力学属性有重要影响。

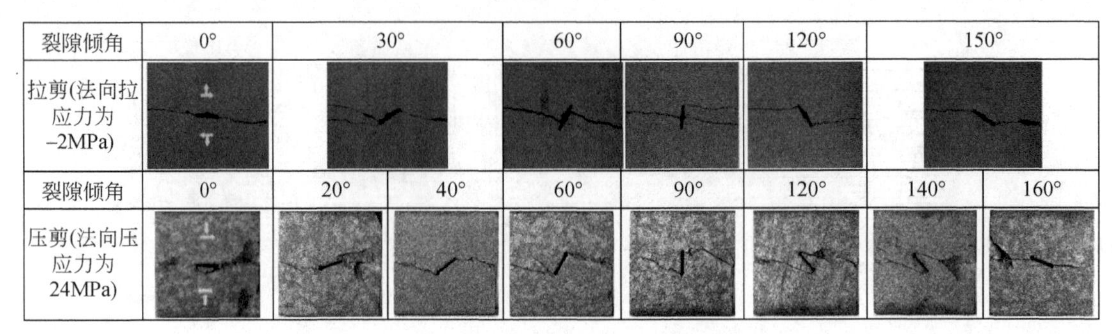

图 5.23　拉剪和压剪试样破坏形态对比

5.5.2　岩桥贯通模式

1. 裂隙倾角对岩桥贯通模式的影响

图 5.24 为裂隙间距 $S=20$mm 时不同裂隙倾角（α）及法向拉应力（σ_n）条件下双裂隙砂岩试样岩桥贯通模式。岩桥区域裂纹贯通走势主要与试验机的剪切加载方向有关。试验机的左侧（试样的下半部分）为剪切推动端，右侧（试样上半部分）为限位端。当剪力加载方向与预制裂隙倾角倾向同向且裂隙倾角为 0°、部分 30°和 90°时，裂隙间岩桥贯通方式倾向于在预制裂隙端部以最短路径近似直接横向贯通，如裂隙倾角为 0°和 30°的试

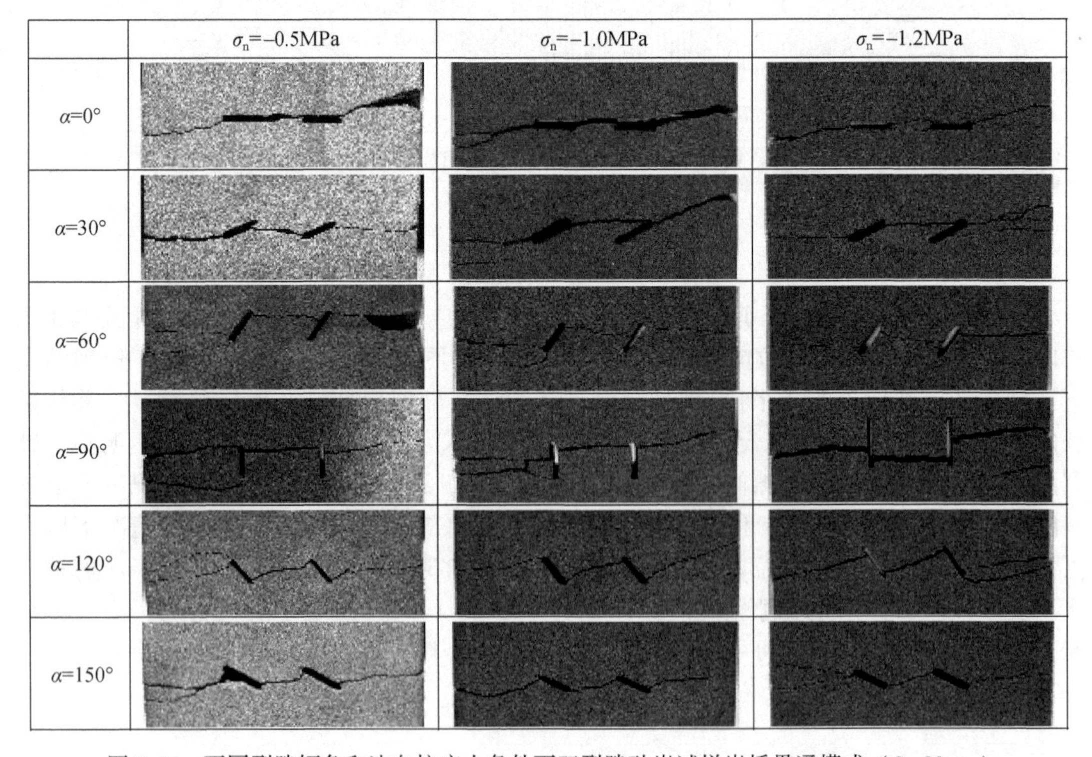

图 5.24　不同裂隙倾角和法向拉应力条件下双裂隙砂岩试样岩桥贯通模式（$S=20$mm）

样，随着剪应力的增大，岩桥贯通过程为：裂纹首先在预制裂隙尖端产生并向另一侧扩展，最终形成一个贯通的破裂面；当剪力加载方向与预制裂隙倾角倾向同向且裂隙倾角为60°及部分 30°时，裂隙间岩桥贯通方式倾向于裂隙尖端与另一侧裂隙中间贯通，岩桥贯通过程为：裂纹首先自裂隙尖端产生，随着剪力的增加，向另一侧裂隙中间位置扩展，最终形成贯通破裂面；当剪力加载方向与预制裂隙倾角倾向相反时，裂隙间岩桥贯通方式倾向于裂隙上、下尖端交错贯通破裂，如裂隙倾角为 120°和 150°的试样，岩桥贯通过程为：裂纹首先自两裂隙尖端萌生，随着剪力的增加，一侧裂隙上尖端裂纹继续向另一侧裂隙下尖端延伸扩展形成贯通破裂面。

总体而言，裂隙间岩桥贯通模式可分为裂隙尖端横向贯通、裂隙尖端-裂隙中部贯通和裂隙上、下尖端交错贯通三种贯通破裂模式。

2. 裂隙间距对岩桥贯通模式的影响

图 5. 25 为裂隙倾角 $\alpha=30°$时不同裂隙间距（S）和法向拉应力（σ_n）条件下双裂隙砂岩试样岩桥贯通模式。如图 5. 25 所示，裂隙间距为 10mm 的试样，在不同法向拉应力作用下，裂隙间岩桥贯通模式为裂隙尖端-裂隙中间贯通破裂，伴随主裂纹，随即在裂隙尖端与主裂纹平行萌生出一条次生裂纹；裂隙间距为 20mm 的试样，在不同法向拉应力作用下，裂隙间岩桥贯通模式为裂隙尖端-裂隙中间贯通破裂和裂隙尖端横向贯通破裂两种贯通模式；裂隙间距为 30mm 的试样，在不同法向拉应力作用下，裂隙间岩桥贯通模式为裂隙尖端-裂隙中间贯通破裂。预制裂隙外侧裂纹扩展路径为自剪力加载面端部萌生向裂隙端部扩展。

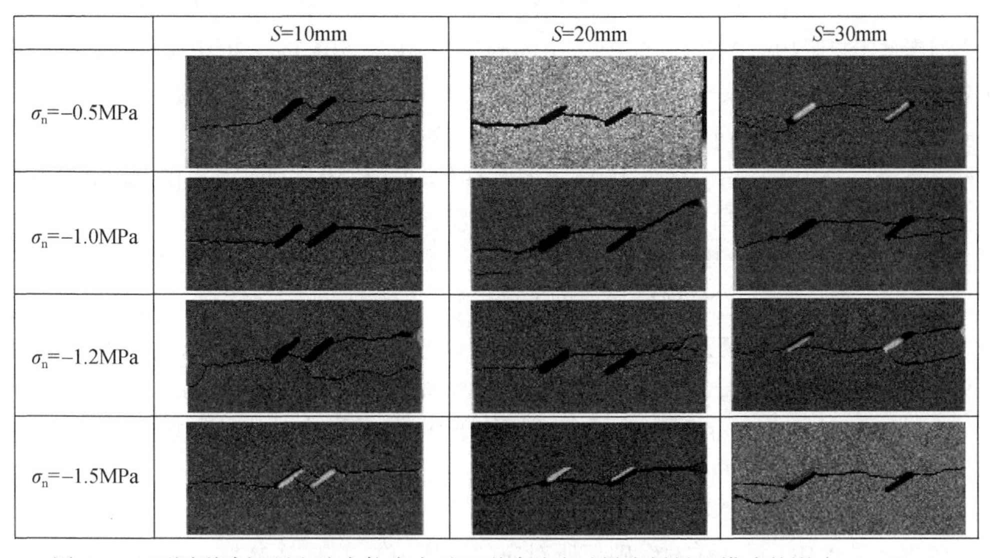

图 5. 25　不同裂隙间距和法向拉应力对双裂隙砂岩试样岩桥贯通模式的影响（$\alpha=30°$）

总体而言，裂隙间距的增大对裂隙间岩桥贯通模式无明显影响，除 $\sigma_n=-1.0$MPa、-1.2MPa 和裂隙间距 $S=20$mm 的试样岩桥破裂模式为裂隙尖端横向贯通外，其他岩样的裂隙岩桥贯通模式均为裂隙尖端-裂隙中间贯通破裂。

第6章　三轴卸荷-拉伸条件下岩体的力学响应试验研究

工程开挖可引起岩体在围压作用下向开挖临空面发生卸荷，而当卸荷很强烈时可能会因为岩体差异变形回弹而产生拉应力，发生拉伸破坏。因此，有必要采用围压条件下卸轴压（或卸轴压之后进行轴向拉伸）的方式研究这种单向卸荷路径下的岩石力学特性，本书将围压作用下的岩石单向（轴向）卸荷、拉伸变形破坏试验统称为岩石三轴卸荷-拉伸试验。本章利用第2章介绍的岩石三轴卸荷-拉伸试验装置及方法，并结合数值模拟试验，以红砂岩、花岗岩为对象，对不同初始静水围压和不同卸荷-拉伸速率条件下的岩石三轴卸荷-拉伸力学特性进行试验研究，分析其变形、强度和破坏特征的围压效应及应变率效应。

6.1　试验方案

6.1.1　室内试验方案

采用直径为50mm、高为100mm的圆柱体作为红砂岩力学特性围压效应研究的试样大小；分别考虑围压 $P_c=0$MPa、5MPa、10MPa、15MPa、20MPa、30MPa、40MPa、50MPa和60MPa，采用0.01mm/s（对应的轴向应变率为 $1.0\times10^{-4}\ s^{-1}$）的加载速率进行位移加载，研究红砂岩在三轴卸荷-拉伸作用下的变形、强度及破坏特征。

同样选择直径为50mm、高为100mm的圆柱体试样作为红砂岩三轴卸荷-拉伸破坏应变率效应的研究对象。梁昌玉等（2013）以大量硬岩在不同应变率加载条件下的试验结果为基础，通过统计分析，得到加载应变率 $\dot{\varepsilon}<5\times10^{-4}\ s^{-1}$ 时为静态试验，$5\times10^{-4}\ s^{-1}<\dot{\varepsilon}<1\times10^{2}\ s^{-1}$ 时为准动态试验，考虑到试验条件的限制，本书选取 $1\times10^{-7}\ s^{-1}$、$1\times10^{-6}\ s^{-1}$、$1\times10^{-5}\ s^{-1}$ 和 $1\times10^{-4}\ s^{-1}$ 四种应变率水平进行位移加载，研究红砂岩在静态加载条件下卸荷-拉伸破坏的应变率效应，对应的位移加载速率分别为0.00001mm/s、0.0001mm/s、0.001mm/s和0.01mm/s。同时，为了获得拉伸破坏-拉剪混合破坏-剪切破坏的连续过渡，以及不同应变率条件下拉伸破坏临界围压（σ_{tc}）（将峰值应力值 $|\sigma_{ut}|$ 保持基本不变的围压范围与其随着围压而逐渐减小的围压范围的分界值）和剪切破坏临界围压（σ_{sc}）（轴向应力恰好卸荷到0MPa而试样发生破坏所对应的围压值）等有关参数，选择0MPa、5MPa、10MPa、15MPa、20MPa、30MPa、40MPa和50MPa八种围压水平进行试验。因此，一共有32种工况，具体的试验方案见表6.1。

表6.1　红砂岩三轴卸荷-拉伸破坏应变率效应研究的试验方案设计

试样编号	围压(P_c)/MPa	卸荷-拉伸加载速率/(mm/s)
P0i	0	1×10^{-5}；1×10^{-4}；1×10^{-3}；1×10^{-2}
P5i	5	1×10^{-5}；1×10^{-4}；1×10^{-3}；1×10^{-2}
P10i	10	1×10^{-5}；1×10^{-4}；1×10^{-3}；1×10^{-2}
P15i	15	1×10^{-5}；1×10^{-4}；1×10^{-3}；1×10^{-2}
P20i	20	1×10^{-5}；1×10^{-4}；1×10^{-3}；1×10^{-2}
P30i	30	1×10^{-5}；1×10^{-4}；1×10^{-3}；1×10^{-2}
P40i	40	1×10^{-5}；1×10^{-4}；1×10^{-3}；1×10^{-2}
P50i	50	1×10^{-5}；1×10^{-4}；1×10^{-3}；1×10^{-2}

注：表中i为A、B、C和D四种应变率代号之一，对应的卸荷-拉伸加载速率分别为1×10^{-5}mm/s、1×10^{-4}mm/s、1×10^{-3}mm/s和1×10^{-2}mm/s，相应的应变率为1×10^{-7} s^{-1}、1×10^{-6} s^{-1}、1×10^{-5} s^{-1}和1×10^{-4} s^{-1}。

此外，还对花岗岩试样开展三轴卸荷-拉伸试验，设计了0MPa、3MPa、6MPa、9MPa、12MPa五个围压水平和0.005mm/s、0.01mm/s、0.02mm/s和0.03mm/s四个轴向拉伸速率。

6.1.2　数值模拟试验方案

1. 数值模型

采用PFC2D进行上述砂岩三轴卸荷-拉伸试验的模拟。考虑到圆柱体试样在卸荷-拉伸过程中的轴对称受力状态和计算效率问题，本书采用二维平面模型模拟红砂岩卸荷-拉伸变形破坏。建立50mm×100mm（宽×高）的标准二维岩石试样，根据红砂岩的颗粒粒径大小，同时考虑颗粒数量及大小对模拟时间的影响，确定模型试样的最小颗粒半径为0.3mm，最大颗粒半径为0.4mm。再根据红砂岩的密度大小确定的孔隙比参数，最终生成如图6.1所示的红砂岩三轴卸荷-拉伸数值计算模型，共有11873个颗粒单元。

在PFC软件中，可采用测量圆来提取模拟过程中相应的应力-应变值。测量圆大小选取的不同对提取的参数值有所影响，根据章春炜等（2017）的研究，当PFC模型的颗粒最大半径和最小半径分别为30mm和5mm时，测量圆半径确定为0.3m是比较合理的。结合本书模型的具体尺寸，测量圆的半径确定为20mm，按照等比例原则，该测量圆适合的模型颗粒最大最小半径分别为2mm和0.33mm。因此，20mm半径测量圆是基本符合图6.1的数值模型测量要求的。本书采用三个测量圆分别提取模拟数据，然后取平均值作为模拟结果，测量圆大小及位置如图6.1（a）所示。

2. 加载方式

在卸荷-拉伸试验过程中，需要保持围压恒定，而轴压通过卸载-拉伸作用从压应力状态逐渐减小到无应力状态，再到拉应力状态直到试样破坏。当然，试样也可能在轴压变为

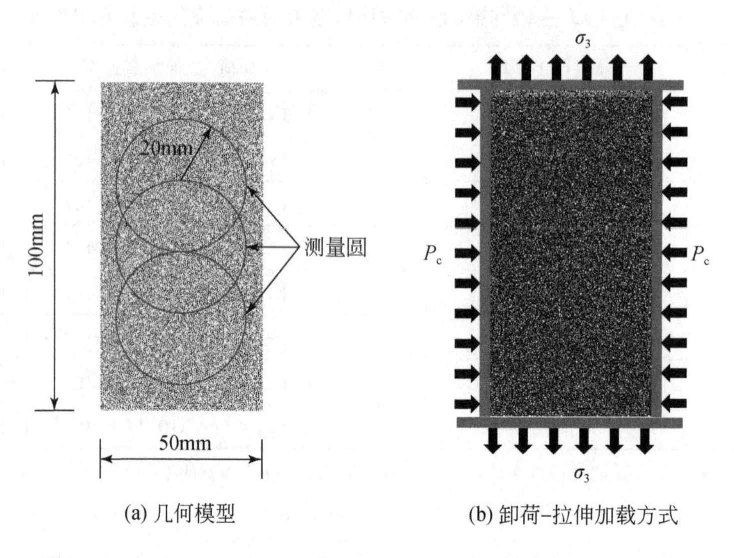

(a) 几何模型　　(b) 卸荷-拉伸加载方式

图 6.1　红砂岩三轴卸荷-拉伸数值计算模型

拉应力状态前就破坏。因此，在初始应力条件下，试样达到应力平衡后，通过伺服机原理保持侧边墙围压不变，然后将上下边墙与墙边颗粒黏结，并搜索到上下两端 3mm 高度范围内的所有颗粒，同时赋予上下边墙及搜索到的颗粒一个上下相向的运动速度，模拟试样在位移加载方式下卸荷-拉伸变形破坏过程。图 6.1（b）展示了卸荷-拉伸过程的加载方式。为了与室内试验结果进行对比，卸荷-拉伸的加载速率取为 0.6mm/min。

3. 细观参数标定

为了模拟红砂岩卸荷-拉伸变形破坏过程，需要给数值模型中相关参数赋值，使数值模拟的结果尽量与红砂岩实际变形过程吻合，即细观参数标定。本书采用平行黏结接触模型，将单轴拉伸变形（单轴拉伸强度、拉伸模量及泊松比）和卸荷-拉伸过程中轴向应力恰好为 0MPa 时试样破坏所对应的初始静水压力作为平行黏结接触模型细观参数标定的目标。通过不断调试，最后拟定的各细观参数值如表 6.2 所示。由这些细观参数模拟得到的红砂岩单轴拉伸数值模拟结果与试验结果如图 6.2 所示。初始静水应力为 40MPa 条件下的卸荷-拉伸数值模拟结果如图 6.3 所示。可见数值模拟结果与试验结果是基本吻合的。

表 6.2　红砂岩 PFC 数值模拟的细观参数

参数	物理含义	标定值
cm_Dlo	最小颗粒半径/mm	0.3
cm_Dup	最大颗粒半径/mm	0.4
pbm_emod	平行黏结刚度/GPa	3.5
pbm_krat	平行黏结法向刚度/切向刚度	1.5
pbm_fric	平行黏结摩擦系数	0.8

续表

参数	物理含义	标定值
pbm_coh_m	平行黏结黏聚力/MPa	20
Inm_krat	接触连接法向刚度/切向刚度	1.5
pbm_bemod	平行黏结颗粒刚度/GPa	3.5
pbm_bkrat	平行黏结颗粒法向刚度/切向刚度	1.5
pbm_mcf	平行黏结扭转折减系数	0.8
pbm_ten_m	颗粒抗拉强度/MPa	4.5
Inm_fric	颗粒间摩擦系数	0.8
pbm_rmul	平行黏结半径因子	1.0

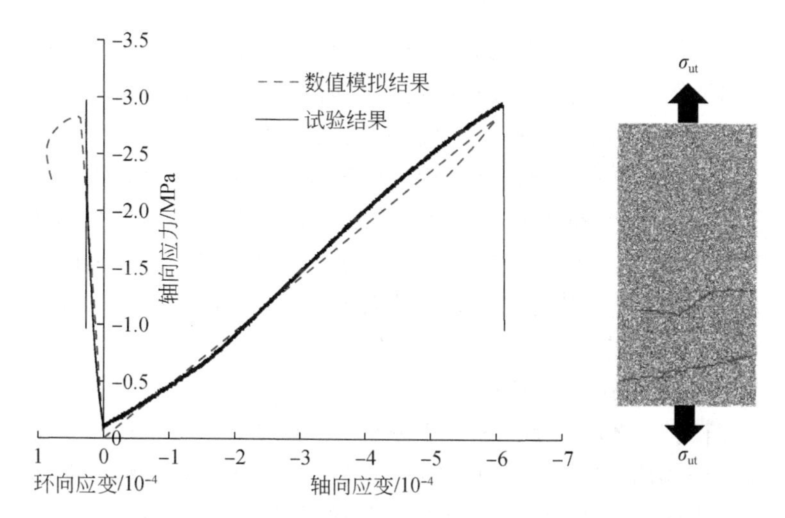

图 6.2　红砂岩单轴拉伸数值模拟结果与试验结果的比较

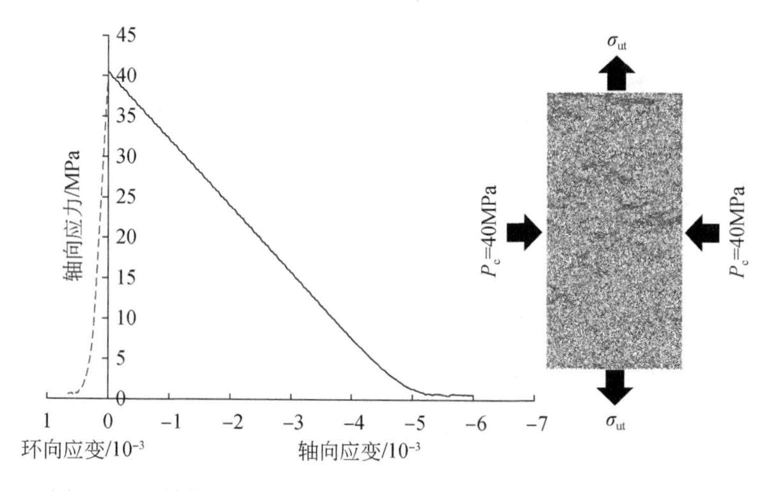

图 6.3　初始静水应力为 40MPa 时红砂岩卸荷-拉伸数值模拟结果

6.2　变形与强度

6.2.1　变形特征的围压效应

图6.4展示了不同围压水平下红砂岩试样卸荷-拉伸试验过程中轴向应力-轴向应变曲线和轴向应力-环向应变曲线。由图6.4可知，一方面，对于围压 P_c=0MPa 的单轴拉伸试验，轴向应力在初始阶段增加得相对缓慢，之后增加较快并呈线性增长，直至达到峰值应力并破坏。当 0MPa<P_c<40MPa，在轴向加载的整个过程中，红砂岩试样的轴向应力先由最初的压应力状态减小到0MPa（卸荷阶段），然后变为拉应力状态并逐渐达到峰值应力状态（拉伸阶段），最后在峰值应力状态下试样破坏，轴向应力瞬间消散。当 P_c>40MPa，红砂岩试样的轴向应力由最初的压应力状态逐渐卸荷，在卸荷到0MPa之前试样便发生破坏，轴向应力瞬间消散，整个过程只有卸荷一个阶段，无拉伸阶段。另一方面，当 P_c<20MPa，轴向应力在初始阶段缓慢变化，然后应力变化速度达到一定值后呈线性变化，最后在轴向应力达到峰值应力后试样破坏。相应的轴向应力-轴向应变曲线与单轴拉伸试验中试样的轴向应力-轴向应变曲线类似。当 P_c>20MPa，轴向应力在初始阶段变化缓慢，当应力变化速度达到一定值后，轴向应力呈线性变化，在试样破坏前，轴向应力的变化速度又逐渐降低，变形曲线呈非线性特征，直至轴向应力达到峰值应力，试样破坏。特别是当 P_c>40MPa，试样破坏前的非线性变化特征已相当明显。

当围压为0MPa（单轴拉伸试验）时，轴向应力-环向应变曲线呈“上凸”型，环向应变（ε_1）先增加较快，然后增加速率逐渐减小。除此之外的非零围压条件下，轴向应力-环向应变曲线整体上均呈“下凸”型，环向应变（ε_1）先增加较慢，然后增加速率逐渐增加。这是因为在轴向卸荷-拉伸试验开始之前，红砂岩试样中的孔隙、裂隙、微裂纹等初始缺陷已在围压作用下发生变形，而对于单轴拉伸试验，初始缺陷的变形是在试验开始之后发生的。

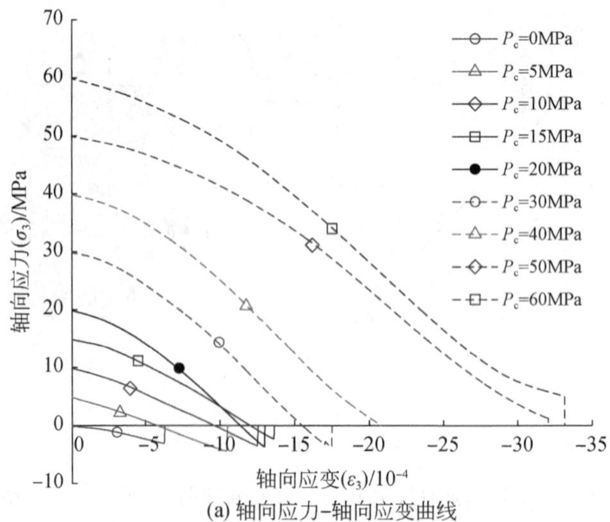

(a) 轴向应力-轴向应变曲线

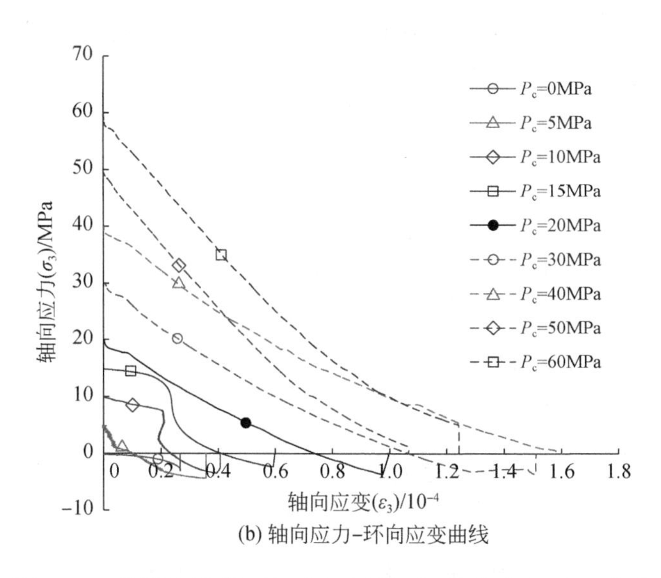

(b) 轴向应力-环向应变曲线

图 6.4　不同围压条件下红砂岩试样卸荷-拉伸应力-应变曲线

这里采用 σ_{ut} 表示围压作用下红砂岩卸荷-拉伸试验中试样破坏时的轴向应力（称为“峰值应力”，对应的轴向应变与环向应变分别称为“峰值轴向应变”和“峰值环向应变”），对于围压为 0MPa 的单轴拉伸试验，σ_{ut} 退化为单轴拉伸强度。将轴向应力-轴向应变曲线线性变化段的曲线斜率表示为卸荷-拉伸弹性模量（E）。将轴向应力 $\sigma_3=(\sigma_{ut}-P_c)\times 50\%+P_c$ 时对应的环向应变（ε_1）与轴向应变值（$|\varepsilon_3|$）的比值定义为泊松比（μ）。不同围压条件下，σ_{ut}、E、μ、ε_{1max} 和 ε_{3max} 等参数的试验结果列于表 6.3 中。

表 6.3　红砂岩卸荷-拉伸试验结果

围压 (P_c)/MPa	变形参数		破坏参数			
	弹性模量 (E)/GPa	泊松比 (μ)	峰值应力 (σ_{ut})/MPa	峰值轴向应变 (ε_{3max})/10^{-4}	峰值环向应变 (ε_{1max})/10^{-4}	$\lvert\varepsilon_{3max}\rvert/\varepsilon_{1max}$
0	6.09	0.0615	-3.08	-6.30	0.266	23.64
5	10.03	0.0155	-4.42	-10.44	0.356	29.30
10	11.71	0.0282	-3.50	-12.54	0.406	30.88
15	15.40	0.0305	-2.28	-13.62	0.593	22.99
20	23.09	0.0485	-3.68	-13.00	0.976	13.32
30	24.89	0.0467	-3.72	-17.48	1.511	11.57
40	25.32	0.0469	0.15	-20.74	1.600	12.96
50	20.71	0.0210	1.27	-32.04	1.067	30.03
60	23.41	0.0250	5.08	-33.14	1.243	26.66

图 6.5 为弹性模量（E）和泊松比（μ）与围压（P_c）的关系。当 P_c<20MPa 时，E 和 μ 均随着 P_c 的增加大幅度增大，但对于单轴拉伸条件下（P_c=0MPa）的 μ，其值比有

围压条件下的大得多；当 20MPa<P_c<40MPa，弹性模量（E）随着围压（P_c）的增加有小幅度的增大，而泊松比（μ）几乎保持一定值；当 P_c>40MPa，弹性模量（E）和泊松比（μ）均有一个跳跃式的减小，然后随着围压（P_c）的增加而增大。

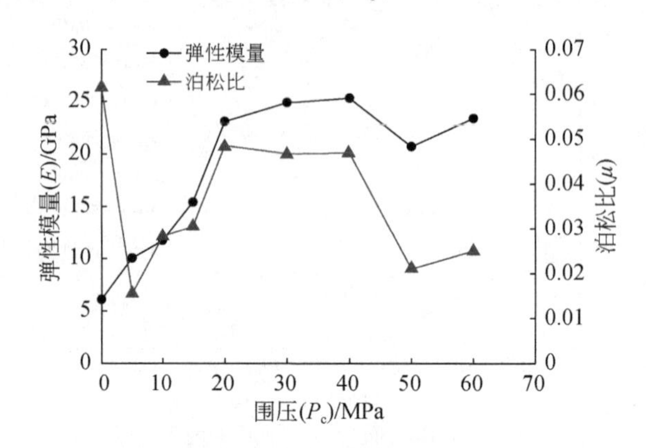

图 6.5　不同围压条件下红砂岩卸荷-拉伸弹性模量和泊松比

图 6.6 为峰值轴向应变值和峰值环向应变与围压（P_c）的关系。当 P_c<20MPa 时，峰值轴向应变值（$|\varepsilon_{3\max}|$）和峰值环向应变（$\varepsilon_{1\max}$）均随着围压（P_c）的增加而增大，但是$|\varepsilon_{3\max}|$ 的增长率逐渐减小而 $\varepsilon_{1\max}$ 的增长率逐渐增加；峰值轴向应变值（$|\varepsilon_{3\max}|$）与峰值环向应变（$\varepsilon_{1\max}$）之比先增加后减小，其值为 20∶1～30∶1。当 20MPa<P_c<40MPa 时，随着围压（P_c）增加，$|\varepsilon_{3\max}|$ 近似地线性增加，而 $\varepsilon_{1\max}$ 呈非线性增加，且增加速率逐渐减小；$|\varepsilon_{3\max}|/\varepsilon_{1\max}$ 的值近似地保持恒定（约为 12∶1）。当 P_c>40MPa 时，随着围压（P_c）增加，$|\varepsilon_{3\max}|$ 呈非线性增加，且增加速率逐渐减小，而 $\varepsilon_{1\max}$ 呈跳跃式减小，然后随围压增加而增大。$|\varepsilon_{3\max}|/\varepsilon_{1\max}$ 的值先增加而后减小。

综合以上变形特征，可将红砂岩卸荷-拉伸力学特性按试验范围内围压条件分为四类描述，其分类特征总结如下。

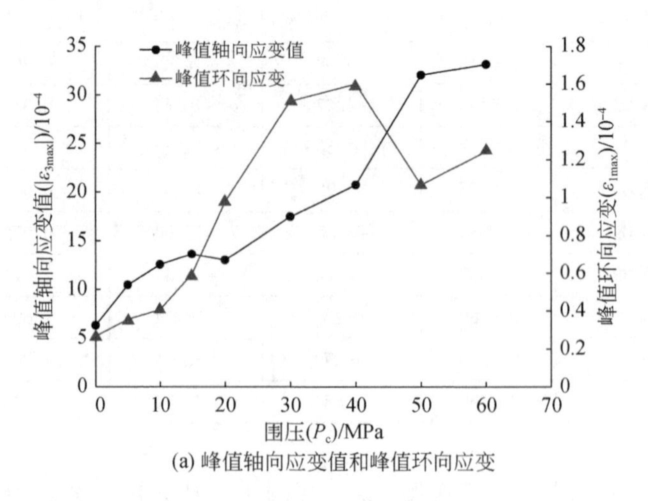

(a) 峰值轴向应变值和峰值环向应变

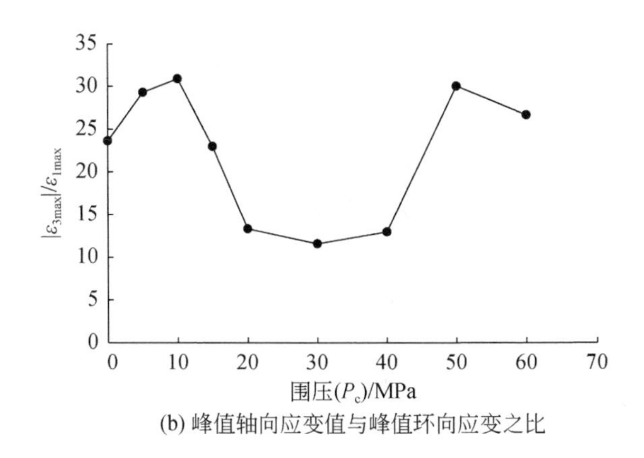

(b) 峰值轴向应变值与峰值环向应变之比

图6.6　不同围压条件下红砂岩卸荷-拉伸应变特征

（1）无围压条件（P_c=0MPa）：即单轴拉伸条件，试样破坏前的轴向应力-轴向应变曲线呈两段式（初始变形阶段和线弹性变形阶段），轴向应力-环向应变曲线呈“上凸”型；弹性模量较有围压条件下的均小，而泊松比较有围压条件下的均大；峰值轴向应变值（$|\varepsilon_{3max}|$）与峰值环向应变（ε_{1max}）较有围压条件下的均小。

（2）低围压条件（0MPa<P_c<20MPa）：试样破坏前的轴向应力-轴向应变曲线呈两段式（初始变形阶段和线弹性变形阶段），轴向应力-环向应变曲线呈“下凸”型；弹性模量（E）和泊松比（μ）均随着围压（P_c）的增大而大幅度增大；峰值轴向应变值（$|\varepsilon_{3max}|$）与峰值环向应变（ε_{1max}）均随围压增大而增大，但前者的增长率逐渐减小，后者的增长率逐渐增加；$|\varepsilon_{3max}|/\varepsilon_{1max}$的值逐渐增大。

（3）中等围压条件（20MPa<P_c<40MPa）：试样破坏前的轴向应力-轴向应变曲线呈三段式（初始变形阶段、线弹性变形阶段和非线性变形阶段），其中非线性变形阶段还不太明显，轴向应力-环向应变曲线呈“下凸”型；弹性模量（E）随围压（P_c）增加而小幅度增大，泊松比（μ）近似地保持不变；峰值轴向应变值（$|\varepsilon_{3max}|$）随围压呈线性增加，而峰值环向应变（ε_{1max}）逐渐增大，且增长率逐渐减小；$|\varepsilon_{3max}|/\varepsilon_{1max}$的值近似地保持恒定。

（4）高围压条件（P_c>40MPa）：试样破坏前的轴向应力-轴向应变曲线呈三段式（初始变形阶段、线弹性变形阶段和非线性变形阶段），其中非线性变形阶段较为明显，轴向应力-环向应变曲线呈“下凸”型；弹性模量（E）、泊松比（μ）和峰值环向应变（ε_{1max}）均跳跃式的减小，然后随着围压（P_c）的增大而增大；峰值轴向应变值（$|\varepsilon_{3max}|$）逐渐增大，但增长率逐渐减小；$|\varepsilon_{3max}|/\varepsilon_{1max}$的值跳跃式增加，然后随围压的增大而减小。

对四类围压条件下红砂岩卸荷-拉伸力学变形特征的围压效应进行总结归纳，结果列于表6.4中。

表6.4　红砂岩卸荷-拉伸力学特性的围压效应

类别	无围压条件	低围压条件	中等围压条件	高围压条件
围压特征	P_c=0MPa	0MPa<P_c<20MPa	20MPa<P_c<40MPa	P_c>40MPa

续表

类别	无围压条件	低围压条件	中等围压条件	高围压条件
轴向应力－轴向应变曲线	两阶段变形：初始变形阶段和线弹性变形阶段	两阶段变形：初始变形阶段和线弹性变形阶段	三阶段变形：初始变形阶段、线弹性变形阶段和非线性变形阶段（不太明显）	三阶段变形：初始变形阶段、线弹性变形阶段和非线性变形阶段（较为明显）
轴向应力－环向应变曲线	"上凸"型	"下凸"型	"下凸"型	"下凸"型
弹性模量（E）	最小	大幅增加	小幅增加	跳跃式减小，然后增加
泊松比（μ）	最大	大幅增大	保持不变	跳跃式减小，然后增加
峰值轴向应变值（$\lvert\varepsilon_{3max}\rvert$）	最小	逐渐增加，增长率逐渐减小	线性增加	逐渐增加，增长率逐渐减小
峰值环向应变（ε_{1max}）	最小	逐渐增加，增长率逐渐增大	逐渐增加，增长率逐渐减小	跳跃式减小，然后增加
$\lvert\varepsilon_{3max}\rvert/\varepsilon_{1max}$	中等水平	逐渐增加	保持不变	跳跃式增加，然后减小
峰值应力（σ_{ut}）	为单轴拉伸强度	保持恒定，即名义拉伸强度（σ_{nt}）	由 σ_{nt} 逐渐变为 0MPa，$\lvert\sigma_{ut}\rvert$ 减小	压应力状态，由 0MPa 逐渐增大
破坏特征	破裂面倾角接近于0°，断面粗糙，岩片撕裂痕迹密集，无摩擦痕迹	破裂面倾角接近于0°，断面粗糙，岩片撕裂痕迹密集，无（明显）摩擦痕迹	破裂面倾角由0°逐渐增大，断面较粗糙，岩片撕裂痕迹和摩擦痕迹均较明显	破裂面倾角较大且逐渐递增，断面（较）光滑，岩片撕裂痕迹渐少，摩擦痕迹渐多
破坏形式	拉伸破坏	拉伸破坏	拉剪混合破坏	剪切破坏

6.2.2　破坏强度的围压效应

图6.7为红砂岩卸荷-拉伸试验条件下峰值应力（σ_{ut}）与围压（P_c）的关系。当P_c=0MPa（无围压条件）时，试验得到的σ_{ut}即为单轴拉伸强度σ_t=−3.09MPa，这与采用多组单轴拉伸试验得到的平均单轴拉伸强度−3.06MPa是基本吻合的。当0MPa<P_c<20MPa（低围压条件）时，峰值应力（σ_{ut}）与单轴拉伸强度（σ_t）比较接近，且基本保持恒定。在此，将该围压范围内的峰值应力平均值定义为名义拉伸强度（σ_{nt}），并通过计算得到σ_{nt}=−3.39MPa。当20MPa<P_c<40MPa（中等围压条件）时，峰值应力值（$\lvert\sigma_{ut}\rvert$）将随着围压增加逐渐减小至接近于0MPa。将$\lvert\sigma_{ut}\rvert$保持基本不变的围压范围与其随着围压而逐渐减小的围压范围的分界值称为拉伸破坏临界围压，以σ_{tc}表示。当P_c>40MPa（高围压条件）时，试样在轴向应力卸荷到0MPa之前便破坏，σ_{ut}均为压应力，且随着围压增加σ_{ut}越大。特别地，当P_c=40MPa时，试验得到的峰值应力σ_{ut}=0.15MPa，接近于0MPa。这里，将

围压条件下岩石卸荷-拉伸试验中，轴向应力恰好卸荷到 0MPa 而试样发生破坏所对应的围压值称为剪切破坏临界围压，以 σ_{sc} 表示。从图 6.7 的试验结果可看出，本书所研究的红砂岩的拉伸破坏临界围压（σ_{tc}）和剪切破坏临界围压（σ_{sc}）分别约为 20MPa 和 40MPa。

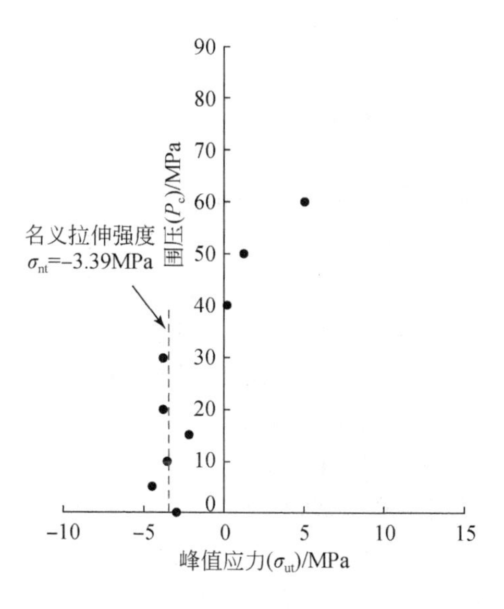

图 6.7　不同围压条件下红砂岩卸荷-拉伸破坏强度

值得注意的是，剪切破坏临界围压（σ_{sc}）与通常讲的单轴抗压强度（σ_{uc}）具有完全不一样的意义。将红砂岩卸荷-拉伸破坏强度采用最大最小主应力表示，并与常规压缩强度进行对比，如图 6.8 所示。从图 6.8 可看出，本书研究的红砂岩，其剪切破坏临界围压

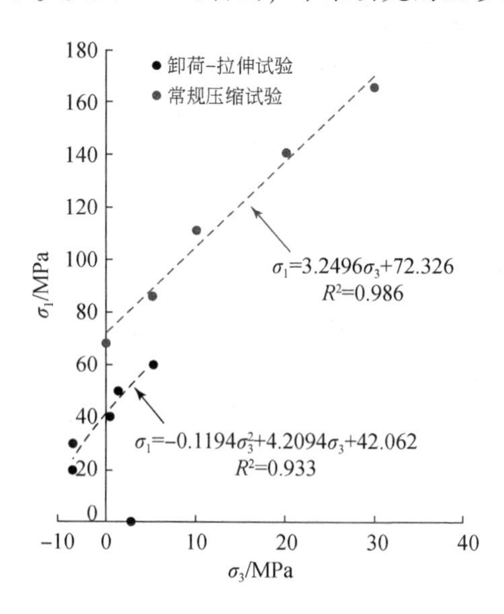

图 6.8　红砂岩卸荷-拉伸破坏强度与常规压缩强度的比较

(σ_{sc}) 小于单轴抗压强度 (σ_{uc}) (对于不同岩石，σ_{sc} 与 σ_{uc} 的大小关系可能不同)，而最大主应力 (σ_1) 随最小主应力 (σ_3) 的变化趋势基本一致。从应力状态角度讲，剪切破坏临界围压 (σ_{sc}) 对应的岩石破坏状态为 $\sigma_3 = 0\text{MPa}$，$\sigma_1 = \sigma_2 = \sigma_{sc}$，而单轴抗压强度 ($\sigma_{uc}$) 对应的岩石破坏状态为 $\sigma_3 = \sigma_2 = 0\text{MPa}$，$\sigma_1 = \sigma_{uc}$，而且前者是由轴向卸荷引起的破坏，后者是由轴向加压引起的破坏，这是完全不一样的应力路径。

6.2.3 变形特征的应变率效应

图 6.9 为不同围压和应变率条件下红砂岩卸荷-拉伸试验得到的轴向应力-轴向应变曲线。从图 6.9 可看出，在同一围压条件下，应变率对轴向应力-应变曲线的影响不太大，四种应变率水平下曲线的形状基本一致。当 $P_c \leqslant 20\text{MPa}$ 时 [图 6.9 (a) ~ (e)]，不同应变率条件下岩样均在拉伸阶段破坏 (拉伸破坏或拉剪混合破坏)；当 $P_c \geqslant 40\text{MPa}$ 时 [图 6.9 (g) ~ (h)]，不同应变率条件下岩样均在卸荷阶段破坏 (剪切破坏)；当 $20\text{MPa} < P_c < 40\text{MPa}$ 时 [图 6.9 (f)]，试样在较低应变率条件下 ($\dot{\varepsilon} = 1\times10^{-7}\text{s}^{-1}$) 出现卸荷过程中的剪切破坏，而较高应变率水平下 ($\dot{\varepsilon} = 1\times10^{-6}\text{s}^{-1}$ ~ $1\times10^{-4}\text{s}^{-1}$) 在拉伸阶段破坏 (拉伸破坏或拉剪混合破坏)。由此可得到，静态试验条件下，红砂岩卸荷-拉伸试验的破坏模式主要

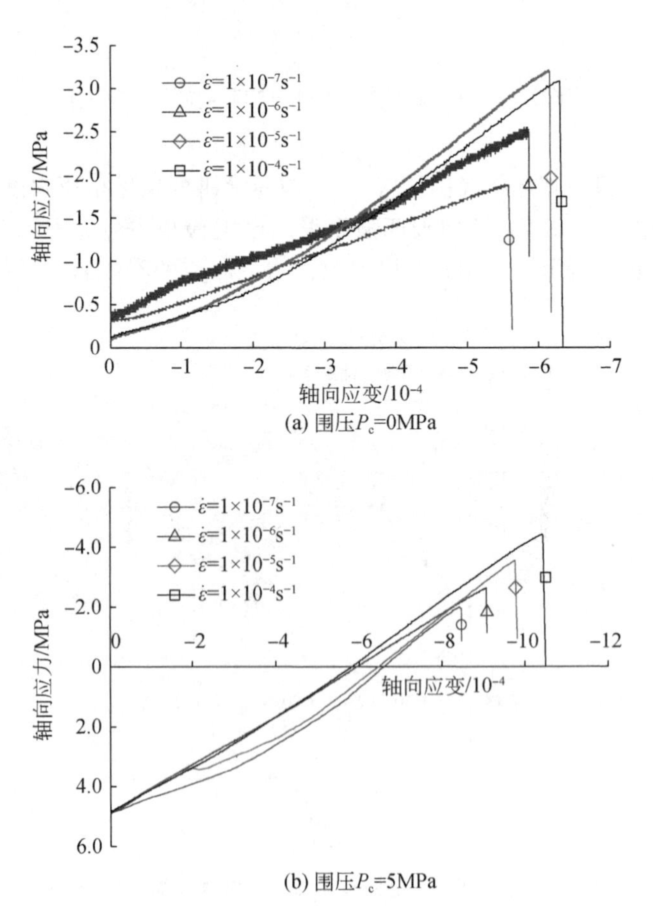

(a) 围压 P_c=0MPa

(b) 围压 P_c=5MPa

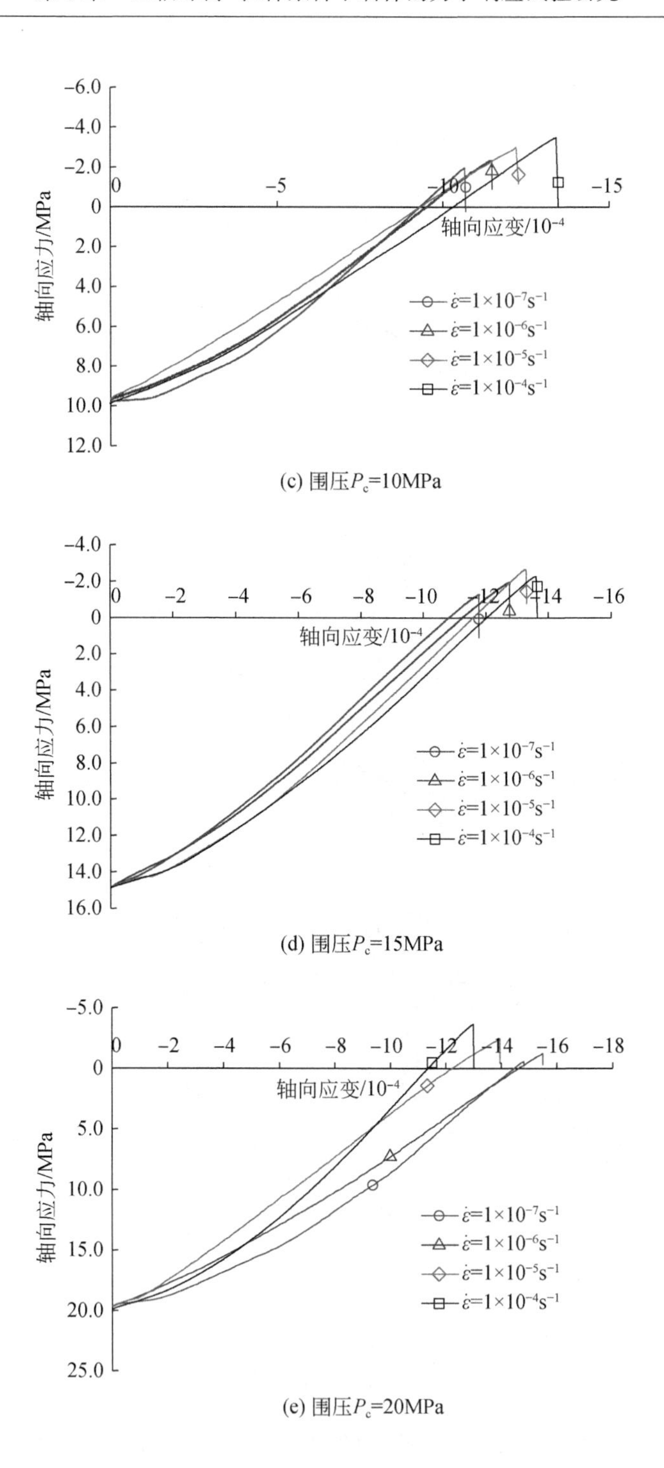

(c) 围压P_c=10MPa

(d) 围压P_c=15MPa

(e) 围压P_c=20MPa

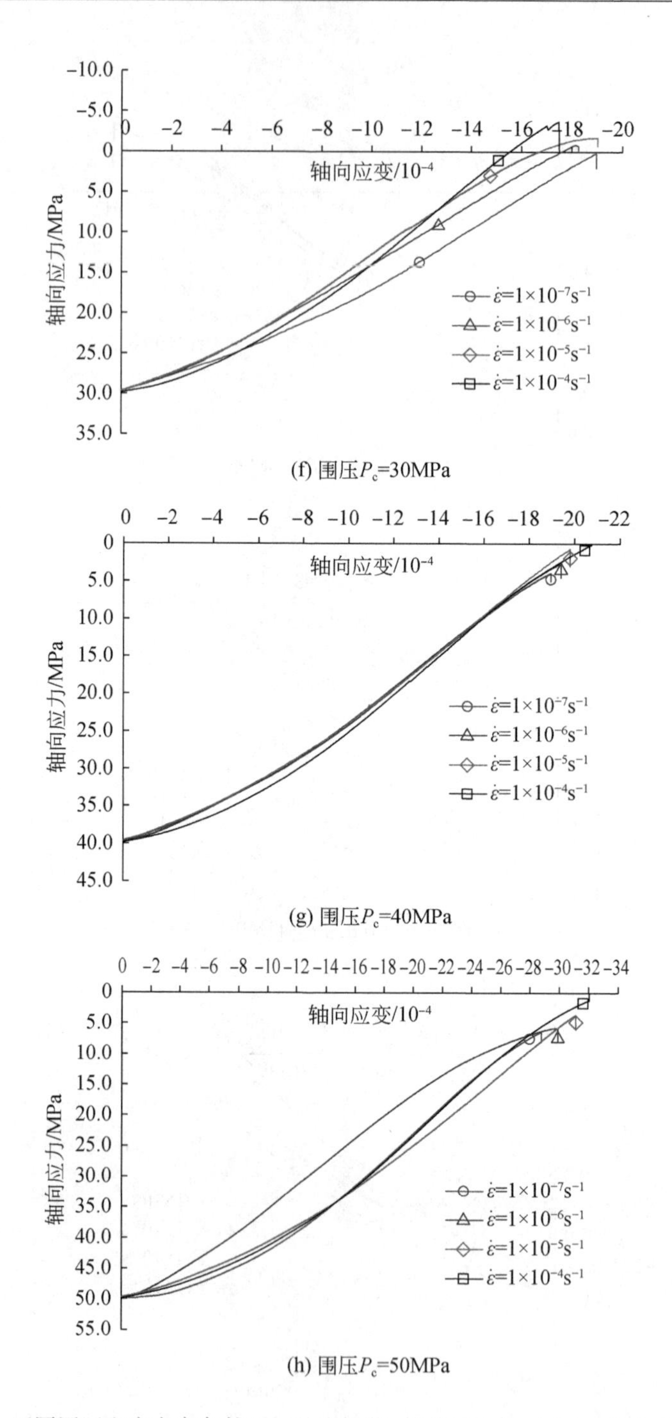

(f) 围压P_c=30MPa

(g) 围压P_c=40MPa

(h) 围压P_c=50MPa

图 6.9　不同围压和应变率条件下红砂岩卸荷-拉伸试验轴向应力-轴向应变曲线

由围压水平控制，对于低围压和高围压水平，应变率基本上不能影响岩样的破坏模式，但在中等围压水平下，应变率的增加可能将低应变率条件下的剪切破坏转变为较高应变率条件下的拉剪混合破坏，或者将拉剪混合破坏转变为拉伸破坏。此外，与常规试验条件下的应变率效应类似，应变率还对破坏强度、弹性模量、峰值轴向应变等参数有一定影响。

各工况条件下红砂岩卸荷–拉伸试验得到的弹性模量（E）、峰值轴向应变（$\varepsilon_{3\max}$）等变形参数列于表 6.5 中。图 6.10 展示了不同围压条件下，红砂岩卸荷–拉伸弹性模量（E）与应变率的关系。从图 6.10（a）中可看出，总体上而言，围压为 0MPa、20MPa、30MPa 和 40MPa 时，随着应变率的增加，弹性模量稍有增加；围压为 10MPa、50MPa 时，弹性模量随应变率的增加稍有降低；而围压为 5MPa、15MPa 时，弹性模量基本保持不变。各围压水平下弹性模量（E）与应变率对数（$\lg\dot{\varepsilon}$）的线性拟合关系列于表 6.5 中。从图 6.10（b）可看出，不同应变率条件下，弹性模量随围压增加的变化规律基本一致，即当围压 P_c<40MPa 时，随着围压增加，弹性模量逐渐增加；当 P_c>40MPa 时，弹性模量随围压增加迅速减小。同时，在 P_c<40MPa 条件下，应变率增加越快，弹性模量的增速越快。

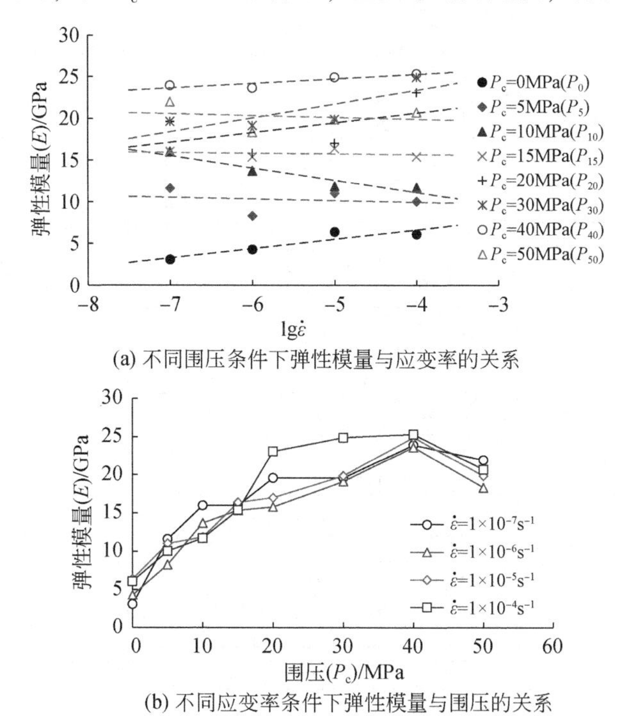

(a) 不同围压条件下弹性模量与应变率的关系

(b) 不同应变率条件下弹性模量与围压的关系

图 6.10　不同围压和应变率条件下红砂岩卸荷–拉伸弹性模量

表 6.5　不同围压和应变率条件下红砂岩卸荷–拉伸试验结果

试样编号	围压（P_c）/MPa	应变率（$\dot{\varepsilon}$）/s^{-1}	弹性模量（E）/GPa	峰值轴向应变（$\varepsilon_{3\max}$）/10^{-4}	峰值应力（σ_{ut}）/MPa	不同围压条件下各参数与应变率对数（$\lg\dot{\varepsilon}$）的线性拟合关系式
P0A	0	1×10^{-7}	3. 05	−5. 63	−1. 89	$E=1.12\lg\dot{\varepsilon}+11.12$ $\varepsilon_{3\max}=(-0.23\lg\dot{\varepsilon}-7.27)\times10^{-4}$ $\sigma_{ut}=-0.42\lg\dot{\varepsilon}-5.02$
P0B	0	1×10^{-6}	4. 27	−5. 87	−2. 55	
P0C	0	1×10^{-5}	6. 37	−6. 18	−3. 22	
P0D	0	1×10^{-4}	6. 09	−6. 30	−3. 08	

续表

试样编号	围压 (P_c)/MPa	应变率 $(\dot{\varepsilon})$/s^{-1}	弹性模量 (E)/GPa	峰值轴向应变 (ε_{3max})/10^{-4}	峰值应力 (σ_{ut})/MPa	不同围压条件下各参数与应变率对数 $(\lg\dot{\varepsilon})$ 的线性拟合关系式
P5A	5	1×10^{-7}	11. 59	-8. 47	-2. 00	$E=-0.19\lg\dot{\varepsilon}+9.16$ $\varepsilon_{3max}=(-0.67\lg\dot{\varepsilon}-13.11)\times10^{-4}$ $\sigma_{ut}=-0.82\lg\dot{\varepsilon}-7.65$
P5B	5	1×10^{-6}	8. 28	-9. 09	-2. 64	
P5C	5	1×10^{-5}	11. 02	-9. 82	-3. 56	
P5D	5	1×10^{-4}	10. 03	-10. 44	-4. 42	
P10A	10	1×10^{-7}	16. 00	-9. 99	-1. 97	$E=-1.47\lg\dot{\varepsilon}+5.23$ $\varepsilon_{3max}=(-0.84\lg\dot{\varepsilon}-15.81)\times10^{-4}$ $\sigma_{ut}=-0.52\lg\dot{\varepsilon}-5.59$
P10B	10	1×10^{-6}	13. 70	-10. 71	-2. 36	
P10C	10	1×10^{-5}	11. 85	-11. 47	-3. 00	
P10D	10	1×10^{-4}	11. 71	-12. 54	-3. 50	
P15A	15	1×10^{-7}	16. 00	-11. 80	-1. 29	$E=-0.08\lg\dot{\varepsilon}+15.37$ $\varepsilon_{3max}=(-0.60\lg\dot{\varepsilon}-16.18)\times10^{-4}$ $\sigma_{ut}=-0.37\lg\dot{\varepsilon}-4.07$
P15B	15	1×10^{-6}	15. 37	-12. 78	-1. 96	
P15C	15	1×10^{-5}	16. 39	-13. 32	-2. 66	
P15D	15	1×10^{-4}	15. 40	-13. 62	-2. 28	
P20A	20	1×10^{-7}	19. 59	-14. 82	-0. 57	$E=1.17\lg\dot{\varepsilon}+25.32$ $\varepsilon_{3max}=(0.70\lg\dot{\varepsilon}-10.46)\times10^{-4}$ $\sigma_{ut}=-1.05\lg\dot{\varepsilon}-7.80$
P20B	20	1×10^{-6}	15. 80	-15. 50	-1. 26	
P20C	20	1×10^{-5}	17. 02	-13. 94	-2. 48	
P20D	20	1×10^{-4}	23. 09	-13. 00	-3. 68	
P30A	30	1×10^{-7}	19. 59	-18. 97	0. 19	$E=1.66\lg\dot{\varepsilon}+30.02$ $\varepsilon_{3max}=(0.37\lg\dot{\varepsilon}-16.39)\times10^{-4}$ $\sigma_{ut}=-1.26\lg\dot{\varepsilon}-8.47$
P30B	30	1×10^{-6}	19. 14	-18. 26	-0. 87	
P30C	30	1×10^{-5}	19. 87	-19. 01	-1. 75	
P30D	30	1×10^{-4}	24. 89	-17. 48	-3. 72	
P40A	40	1×10^{-7}	23. 92	-18. 96	3. 91	$E=0.55\lg\dot{\varepsilon}+27.46$ $\varepsilon_{3max}=(-0.57\lg\dot{\varepsilon}-22.88)\times10^{-4}$ $\sigma_{ut}=-1.32\lg\dot{\varepsilon}-5.44$
P40B	40	1×10^{-6}	23. 64	-19. 41	2. 64	
P40C	40	1×10^{-5}	24. 91	-19. 81	0. 67	
P40D	40	1×10^{-4}	25. 32	-20. 74	0. 15	
P50A	50	1×10^{-7}	21. 95	-28. 78	6. 37	$E=-0.22\lg\dot{\varepsilon}+19.01$ $\varepsilon_{3max}=(-1.10\lg\dot{\varepsilon}-36.52)\times10^{-4}$ $\sigma_{ut}=-1.74\lg\dot{\varepsilon}-5.35$
P50B	50	1×10^{-6}	18. 34	-29. 92	5. 73	
P50C	50	1×10^{-5}	19. 86	-31. 14	3. 59	
P50D	50	1×10^{-4}	20. 71	-32. 04	1. 27	

图 6. 11 为不同围压条件下峰值轴向应变（ε_{3max}）与应变率的关系。从图 6. 11（a）可看出，同一围压水平下，峰值轴向应变（ε_{3max}）与应变率对数（$\lg\dot{\varepsilon}$）具有较好的线性关系。当围压为 5MPa、10MPa、15MPa、40MPa 和 50MPa 时，随着应变率的增加，$|\varepsilon_{3max}|$ 逐渐增大；当围压为 20MPa 时，$|\varepsilon_{3max}|$ 随应变率的增加有所减小；而当围压为 0MPa 和 30MPa 时，$|\varepsilon_{3max}|$ 几乎不发生变化。各围压水平下 $|\varepsilon_{3max}|$ 与 $\lg\dot{\varepsilon}$ 之间的线性拟合关系列

于表6.5中。从图6.11（b）中可看出，不同应变率条件下，$|\varepsilon_{3\max}|$ 随围压增加的变化规律基本一致，总体上均呈增加的趋势，当围压 P_c<40MPa 时，增加的速率较缓，而当 P_c>40MPa 时，增加的速率较快。总体而言，相同围压条件下，不同应变率水平得到的峰值轴向应变（$\varepsilon_{3\max}$）差异较小。

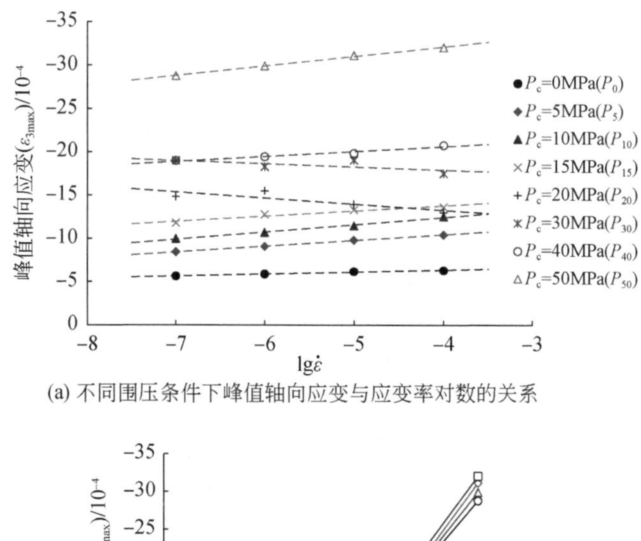

(a) 不同围压条件下峰值轴向应变与应变率对数的关系

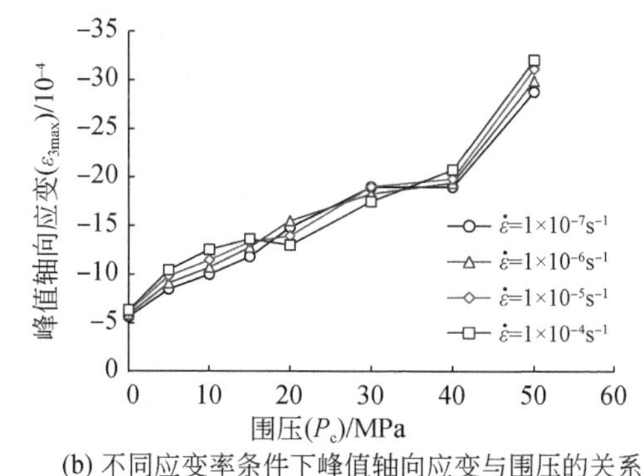

(b) 不同应变率条件下峰值轴向应变与围压的关系

图6.11　不同围压和应变率条件下红砂岩卸荷-拉伸峰值轴向应变

6.2.4　破坏强度的应变率效应

表6.5和图6.12展示了不同围压和应变率条件下红砂岩卸荷-拉伸破坏强度。从图6.12（a）可看出，同一围压水平下，随着应变率的增加，红砂岩卸荷-拉伸破坏对应的峰值应力（σ_{ut}）基本上呈减小的趋势，而且随着围压增加，峰值应力（σ_{ut}）随应变率增加而减小的趋势更为严重，如在试验的四种应变率条件下，当 P_c=0MPa 时，σ_{ut}由-1.89MPa减小到-3.08MPa，而当 P_c=50MPa 时，σ_{ut}由6.37MPa减小到1.27MPa。特别地，当 P_c=0MPa 时，σ_{ut}即为单轴拉伸强度，其绝对值（$|\sigma_{ut}|$）随着应变率的增加而增大，图中还可看出红砂岩卸荷-拉伸破坏强度 σ_{ut}与应变率对数（lg$\dot{\varepsilon}$）基本上呈线性关系，各围压水平下其拟合得到的线性关系式见表6.5。

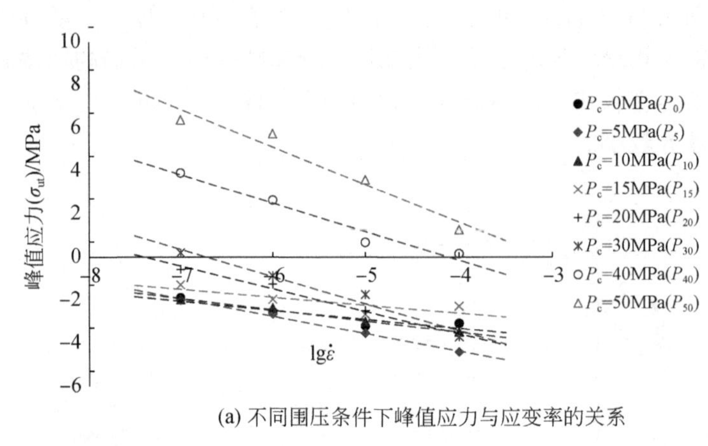

(a) 不同围压条件下峰值应力与应变率的关系

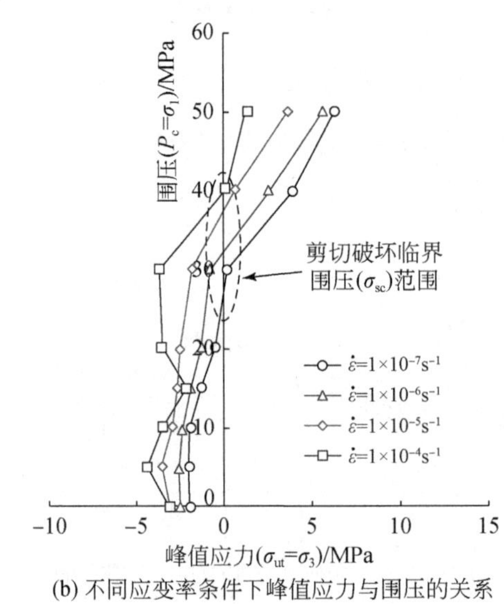

(b) 不同应变率条件下峰值应力与围压的关系

图 6.12　不同围压和应变率条件下红砂岩卸荷-拉伸破坏强度

从图 6.12（b）可看出，相同应变率条件下，峰值应力（σ_{ut}）与围压（P_c）的关系曲线基本一致，即当围压较低时，σ_{ut}为拉应力，而当围压较高时，σ_{ut}为压应力；存在着某一低围压范围，在该范围内σ_{ut}总体上不随围压发生变化，而当围压超过这一范围，σ_{ut}值将随围压的增加而增大。不同应变率条件下剪切破坏临界围压（σ_{sc}）的分布范围如图 6.12（b）所示，可见随着应变率增加，σ_{sc}将逐渐增大。图 6.8 中已分析过，单轴压缩试验得到的抗压强度（σ_{uc}）与剪切破坏临界围压（σ_{sc}）对应的应力状态是不同的，但它们破坏时的最小主应力（σ_3）都等于 0MPa，且σ_{uc}与σ_{sc}都为最大主应力。

6.3 损伤破裂演化

6.3.1 破裂面形态

图 6.13 为不同围压条件下红砂岩卸荷-拉伸试验典型破坏形态图。总体而言，红砂岩试样在卸荷-拉伸试验下的破裂面均呈完整单一形态，破裂面比较平整，接近于一个平面。对于单轴拉伸和低围压条件下卸荷-拉伸试验（0MPa≤P_c<20MPa），试样的破裂面接近垂

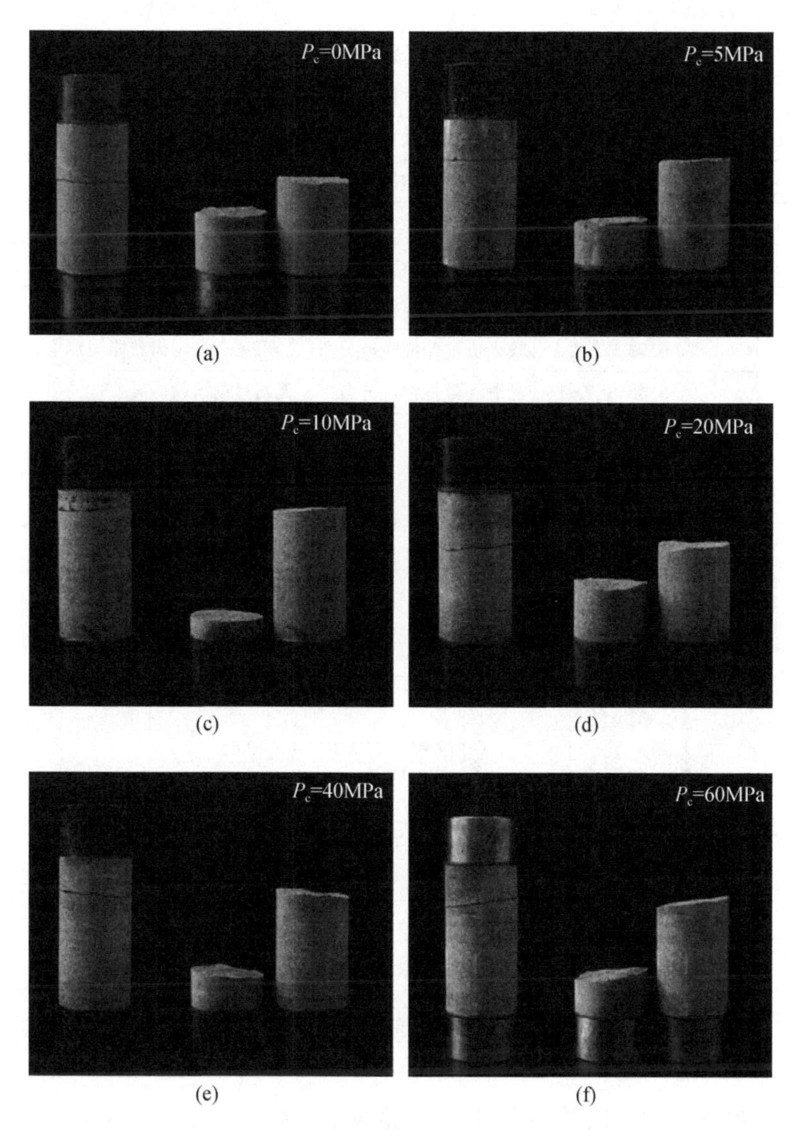

图 6.13　不同围压条件下红砂岩卸荷-拉伸试验典型破坏形态图

直于试样轴向的一平面，其法向与试样轴线方向的夹角（后文称为“破裂面倾角”）为0°～3°，如图6.13（a）～(d）所示。对于P_c>20MPa 的中等围压和高围压条件，随着围压的增加，破裂面倾角逐渐增大，如图 6.13（d）～(f）所示。各试验围压水平下岩样破裂面倾角大小列于表6.6 中。对中等围压和高围压条件下破裂面倾角与围压的关系进行拟合，发现破裂面倾角随围压的增加呈抛物线增加，如图6.14 所示，拟合关系式如下：

$$\theta=0.001P_c^2+0.0376P_c+2.65,\quad R^2=0.998\ (P_c>20\text{MPa}) \tag{6.1}$$

式中，θ 为红砂岩试样的破裂面倾角，(°)。

表6.6　不同围压条件下红砂岩卸荷-拉伸破坏特征

围压(P_c)/MPa	破裂面倾角(θ)/(°)	破坏断面粗糙形态
0	2.34	粗糙（锯齿状撕裂痕迹分布密集，无摩擦痕迹）
5	2.21	粗糙（锯齿状撕裂痕迹分布密集，无摩擦痕迹）
10	2.86	粗糙（锯齿状撕裂痕迹分布密集，无摩擦痕迹）
15	2.40	粗糙（锯齿状撕裂痕迹分布密集，无明显摩擦痕迹）
20	3.75	粗糙（锯齿状撕裂痕迹分布密集，可见少量摩擦痕迹）
30	4.76	较粗糙（锯齿状撕裂痕迹分布密集，可见一些摩擦痕迹）
40	5.68	较粗糙（摩擦痕迹和锯齿状撕裂痕迹均较多）
50	6.93	较光滑（摩擦痕迹分布广，可见少量锯齿状撕裂痕迹）
60	8.46	光滑（摩擦痕迹分布广，无明显锯齿状撕裂痕迹）

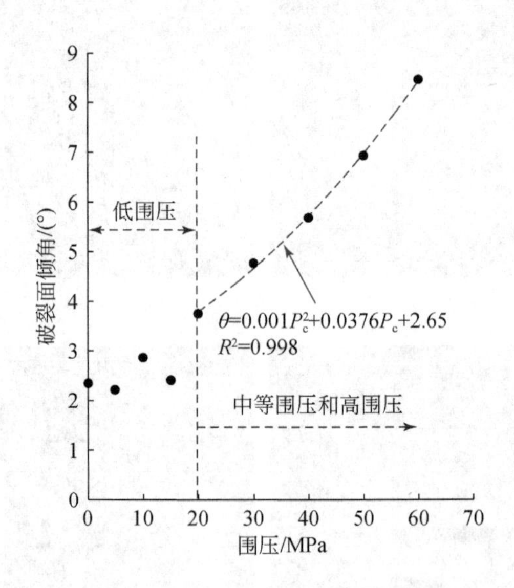

图6.14　红砂岩卸荷-拉伸破裂面倾角与围压的关系

不同围压条件下红砂岩试样卸荷-拉伸试验典型破坏断面图如图6.15 所示，图中虚线围成的区域表示明显可见的岩片撕裂或断裂形成的锯齿状痕迹，实线围成的区域表示岩石破裂面分割形成的两端面由于剪切作用而造成的摩擦痕迹。宏观上讲，这两种破坏形态所形成的破裂面粗糙度具有明显差异，前者形成粗糙的破裂断面，属于典型的拉伸破坏表征，而后者形成光滑的破裂断面，属于典型的剪切破坏表征。从图 6.15 可看出，当 P_c<20MPa 时，红砂岩试样破裂面分布着比较密集的锯齿状撕裂痕迹，而几乎没有摩擦痕迹，因此岩样的破坏形式应为拉伸破坏。当 P_c>40MPa 时，破裂面上分布着大面积的摩擦痕迹，而锯齿状撕裂痕迹比较少，且随着围压的增加撕裂痕迹越发稀少，因此试样的破坏形式应为剪切破坏。当 20MPa<P_c<40MPa 时，破裂面上同时分布着撕裂痕迹和摩擦痕迹，且

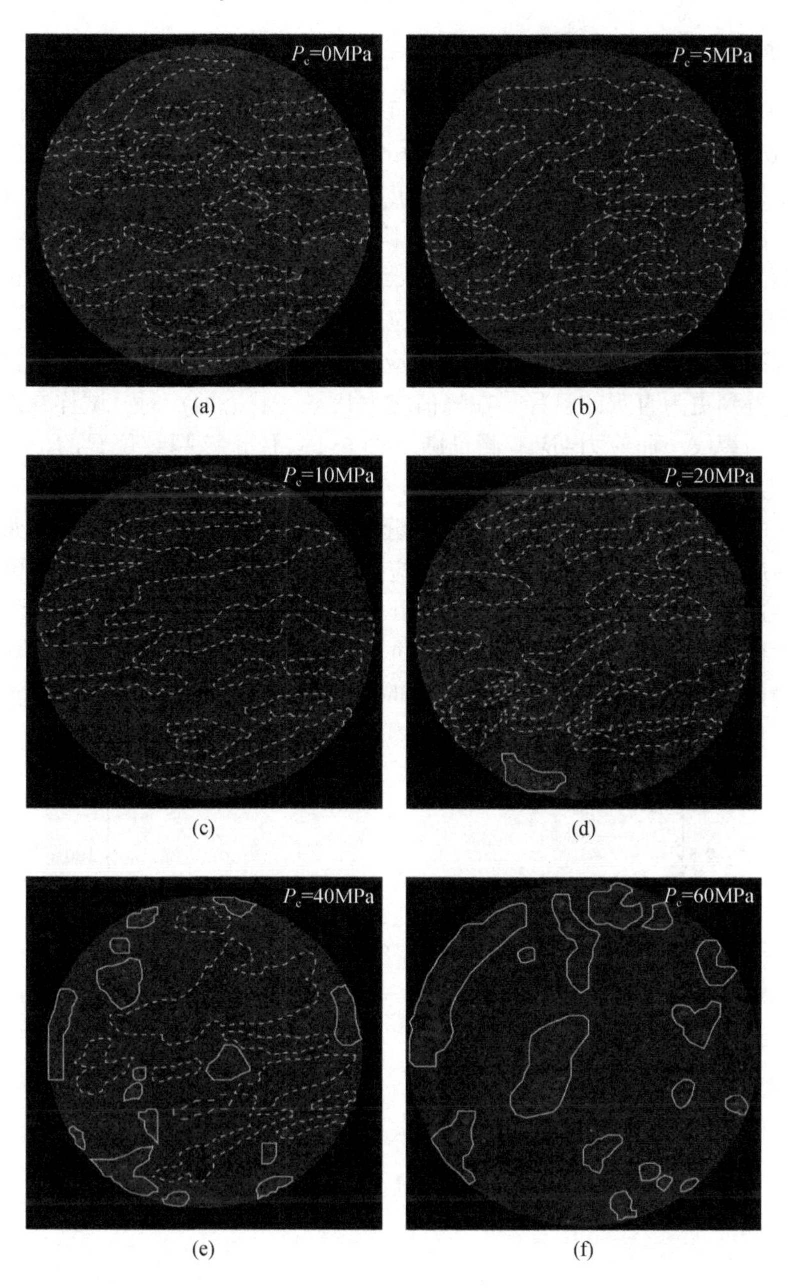

(a)　(b)　(c)　(d)　(e)　(f)

图 6.15　不同围压条件下红砂岩试样卸荷-拉伸试验典型破坏断面图

随着围压的增加，撕裂痕迹逐渐减少、摩擦痕迹逐渐增多，表明岩样的破坏形式为拉剪混合破坏。总体而言，在红砂岩卸荷-拉伸试验中，随着围压的递增，岩样的破坏形式表现为拉伸破坏—拉剪混合破坏—剪切破坏的连续过渡。

6.3.2　不同初始静水应力的损伤演化

1. 初始静水应力为 0MPa

图 6.16 为初始静水应力为 0MPa 时，红砂岩试样单轴拉伸变形破坏的损伤演化模拟图。从图 6.16 可看出，试样在达到峰值应力$\sigma_{ut}=-2.82$MPa 前，基本上无实质性损伤裂纹产生，峰前试样的变形为比较理想的弹性变形。在达到峰值应力的前夕，试样内产生了具有实质性损伤的裂纹，然后轴向应力随即下降，同时裂纹极速扩展，最后当裂纹数达到 105 条时裂纹沿横断面形成一条完全贯通的裂缝，试样破坏。整个变形破坏过程中无剪裂纹产生，只产生拉裂纹。需说明的是，峰后应力和应变跌落的原因是因为数值模拟中应力和应变监测方法造成的（数值模拟中应力和应变通过测量圆监测得到），这在此处的损伤演化图中能够得到更为直观的解释。在峰值应力状态（状态 C）时，试样在左下角位置产生了实质性损伤裂纹，而应力-应变测量圆（图 6.1）位于该裂纹位置的上方，裂纹产生之后，裂缝上方的颗粒出现回弹变形，同时应力释放，这导致测定的应力和应变均减小。而且由破坏时的状态 D 可看出，正是这条裂缝沿横断面不断扩展贯通，导致最终的试样破坏，因此，峰后整个阶段监测得到的应力和应变一直呈下降的状态。同时，峰后变形过程中，在试样右边缘及前述主裂缝的上方萌生并扩展了一条次生裂缝。

总之，试样的损伤破坏过程：首先试样进行弹性变形；然后在试样侧边缘某薄弱处形成一个撕裂的口子；接着在外荷载和试样内部颗粒回弹的双重作用下，裂纹沿着这个口子迅速沿横断面扩展贯通；最终，试样在该主裂缝贯通情况下被撕裂拉断。

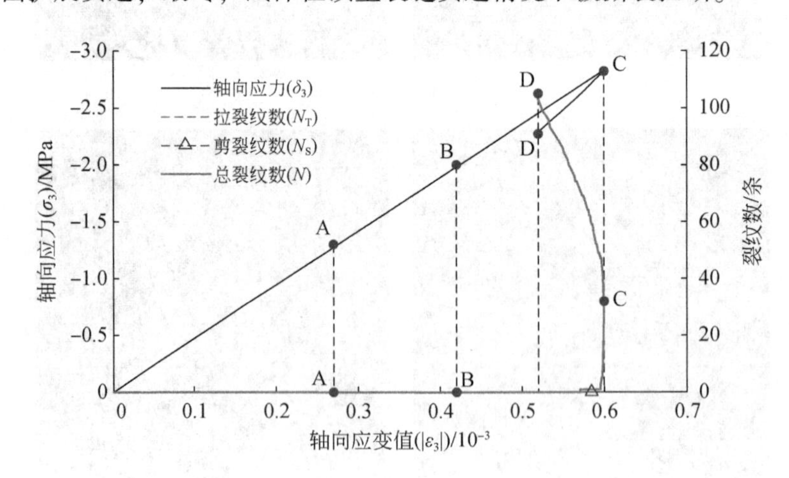

图 6. 16　初始静水应力为 0MPa 时试样的损伤演化模拟图

2. 初始静水应力为 5MPa

图 6. 17 为初始静水应力为 5MPa 时，红砂岩卸荷-拉伸变形破坏的损伤演化模拟图。从图 6. 17 可看出，试样在卸荷阶段均无裂纹产生，在轴向应变值 $|\varepsilon_3| = 0.8\times10^{-3}$ 附近(对应的轴向应力约为-1. 0MPa）开始起裂，然后进入非线性变形阶段，但裂纹数增加缓慢，非线性变形不太明显。当轴向应力达到-2. 5MPa 时，试样变形破坏达到峰值应力状态(状态 D)，此时裂纹数为 50 条，试样破坏损伤程度不大。在试样达到峰值应力状态前夕，裂纹数迅速增加，其位置集中在试样的右上方侧边缘附近。峰后出现应力跌落现象，裂纹数增长速度更快，右上方的裂纹沿横断面迅速扩展贯通，最终在贯通的主裂纹下试样破坏。试样变形破坏的整个过程几乎不产生剪裂纹，而只出现拉裂纹。与图 6. 16 中单轴拉伸变形破坏有所不同：一是这里峰后变形破坏只有应力跌落现象，无应变跌落现象，这是因为受到环向侧压力的作用，主裂纹附近颗粒的回弹变形作用消失，但裂纹两边颗粒之间的力链已破坏，所以测量圆测得的应力减小，而应变没有减小；二是裂纹形成的贯通主裂缝附近出现明显的支裂缝，不像单轴拉伸破坏的主裂缝那样单一；三是破坏时监测的轴向应力甚至达到压应力状态，说明应力回弹作用比较厉害。

总之，初始静水应力为 5MPa 的损伤破坏演化过程：首先试样进行弹性变形；然后在试样侧边缘某薄弱处形成一个撕裂的口子；接着在外荷载的作用下，裂纹沿着这个口子快速沿横断面扩展贯通，同时在该裂缝附近发展一些支裂缝；最终，试样在主裂缝贯通情况下被撕裂拉断。

3. 初始静水应力为 30MPa

图 6. 18 为初始静水应力为 30MPa 时，试样在卸荷-拉伸条件下的损伤演化模拟图。从图 6. 18 可看出，试样在轴向应变值 $|\varepsilon_3| = 3.0\times10^{-3}$ 附近开始出现裂纹，此时的轴向应力约为 5MPa，处于压应力状态，说明试样在卸荷阶段便开始损伤破坏，在起裂之前的卸荷变形仍为弹性变形，起裂后为非线性变形。起裂后，裂纹便加速增长。当轴向应力卸荷至 0MPa 时（状态 C)，试样中的裂纹数已达到 802 条，但都是拉裂纹，无剪裂纹出现。当达

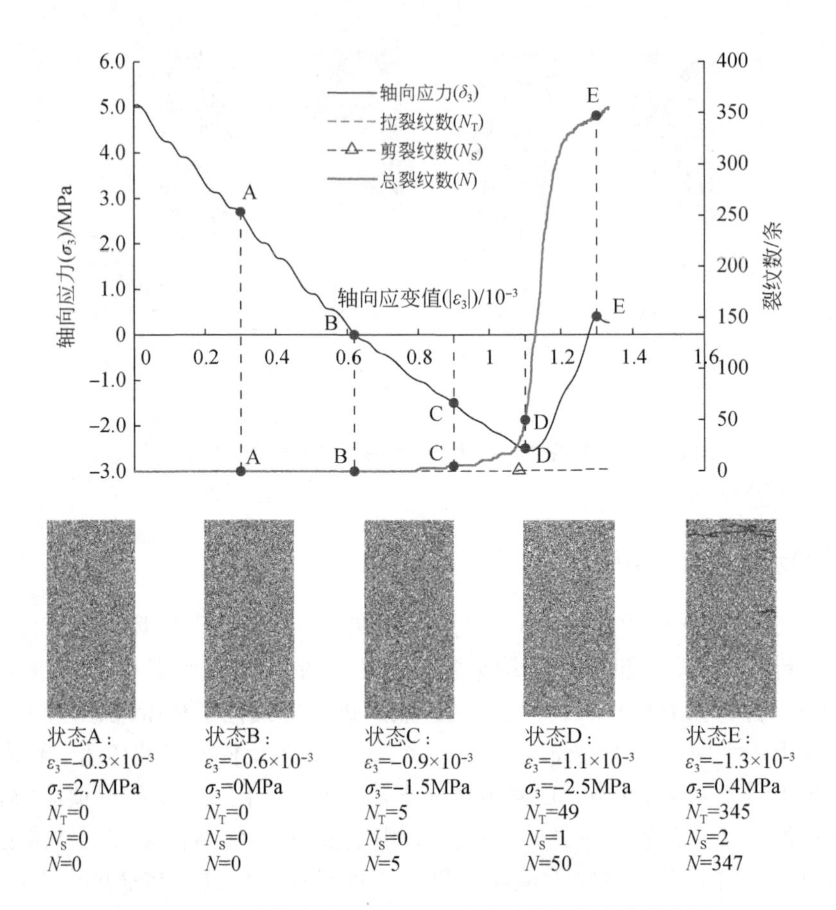

图 6.17　初始静水应力为 5MPa 时试样的损伤演化模拟图

到峰值应力状态（状态 D）时，裂纹数为 1263 条，其中包含 4 条剪裂纹，对于状态 C 到状态 D 的演变，虽然轴向应力只相差 0.33MPa，但裂纹数却增加了 50% 以上。然后裂纹继续萌生、扩展，轴向应力稍微回弹跌落，最终在轴向应力接近于 0MPa 时试样破坏，裂纹数达到 1532 条，其中剪裂纹有 11 条。与初始静水应力为 0MPa 和 5MPa 的损伤演化过程相比，有四个明显的不同：一是试样在卸荷阶段便已开始产生裂纹，然后进入非线性变形阶段；二是裂纹的分布比较分散，没有严格意义上的主裂缝，包括裂纹的起裂形态也比较分散，而不是明显地从边缘某个薄弱处开始起裂扩展；三是有少部分剪裂纹产生；四是应力和应变均无明显跌落现象。在损伤演化过程中，尽管裂纹分布总体上比较分散，但随着裂纹的萌生和扩展，逐渐形成一个明显可见的接近于平行横截面分布的相对集中的裂纹区。正是这个裂纹区对该区域内岩石材料强度的弱化作用，最终导致了试样沿该区域断面破坏。

总之，损伤破坏演化过程：首先试样在卸荷初期进行弹性变形，当卸荷到一定水平后在试样内多个位置开始萌生裂纹，但没有明显的主导破裂位置，同时试样进入非线性变形阶段；然后裂纹在试样内广泛地萌生、扩展，逐渐形成一个接近于平行横截面分布的相对集中的裂纹区，并造成该区域内岩石材料强度的弱化；最终导致试样沿着该裂纹区破坏。

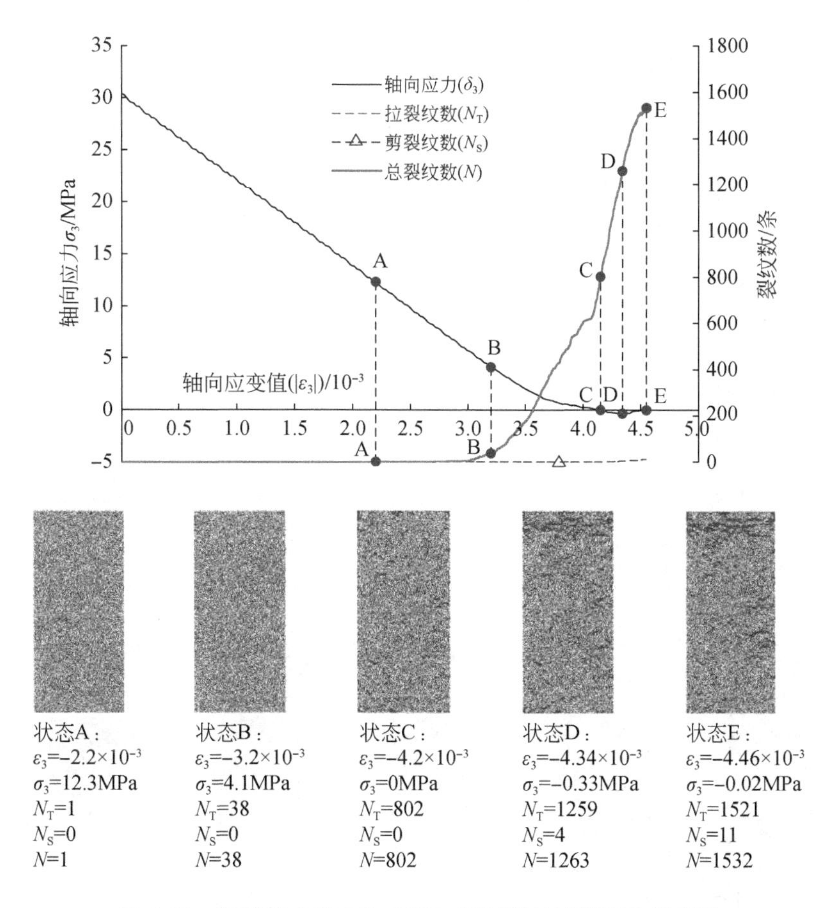

图 6.18　初始静水应力为 30MPa 时试样的损伤演化模拟图

4. 初始静水应力为 70MPa

图 6.19 为初始静水应力为 70MPa 时，红砂岩卸荷-拉伸过程的损伤演化模拟图。从图 6.19 可看出，试样自卸荷开始至完全破坏的整个过程其轴向应力均为压应力状态，即只有卸荷阶段，无拉伸阶段。卸荷前期，试样变形为弹性变形，当轴向应变值（$|\varepsilon_3|$）接近于 5.5×10^{-3} 时（对应的轴向应力约为 25MPa），裂纹开始萌生，包括拉裂纹和剪裂纹，试样进入非线性变形阶段。非线性变形初期，剪裂纹萌生和扩展的速度大于拉裂纹萌生和扩展的速度，但不久之后，后者便超过了前者，拉裂纹迅猛发展。当轴向应力卸荷至 8.5MPa 时达到峰值状态，此时裂纹数为 2599 条，其中拉裂纹 1783 条、剪裂纹数 816 条。此后，轴向应力稍有回弹，而裂纹一直在快速扩展，直到裂纹数达到 5675 条（其中拉裂纹 4013 条、剪裂纹 1662 条）时，试样完全破坏。从状态 C 的裂纹分布可看出，裂纹起裂位置也没有明显的主导位置，初始阶段裂纹分布比较分散。而状态 C 演化到状态 D 再到状态 E 的过程显示，随着损伤演化的发展，裂纹的萌生、扩展逐渐集中在与横断面呈一定角度的斜向区域内，试样高度范围内的多个斜向区域连接成折线型的楼梯状，形成一组裂纹比较集中的楼梯状裂纹区。最终，该组楼梯状裂纹区的材料由于裂纹集中而造成强度弱化，使

得试样沿组内某一斜向区域破坏。同时，从状态 E 的裂纹分布可看出，在这组具有主导破坏作用的楼梯状裂纹区附近，还分布着一些次生斜向裂纹区。

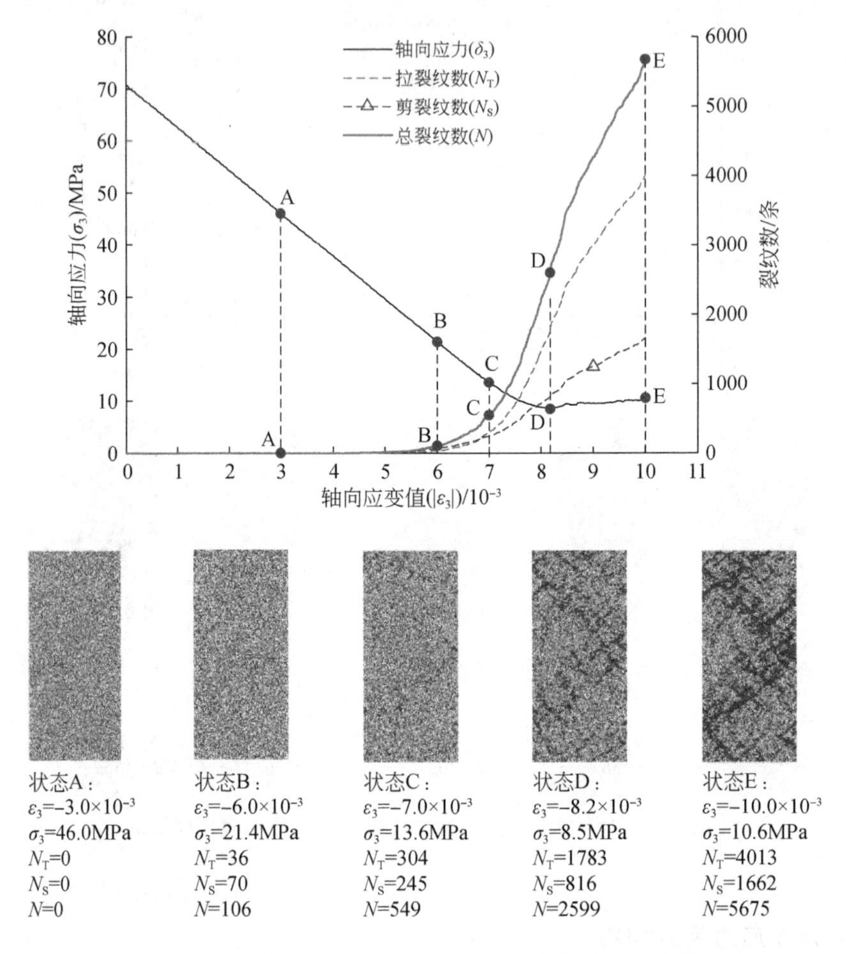

图 6.19 初始静水应力为 70MPa 时试样的损伤演化模拟图

总之，初始静水应力为 70MPa 时，试样的卸荷–拉伸损伤破坏演化过程：首先，试样在卸荷初期进行弹性变形，当卸荷到一定水平后开始萌生剪裂纹和拉裂纹，试样进入非线性变形阶段；非线性变形初期，剪裂纹较快萌生、扩展，拉裂纹萌生、扩展的速度较慢，且裂纹萌生的位置比较分散，没有主导作用的起裂裂纹；随着非线性变形的进一步发展并进入延性阶段，拉裂纹迅速萌生、扩展，剪裂纹发展相对较慢，裂纹的分布逐渐集中在多个斜向区域连接形成的一组楼梯状区域内；最后，该区域内的岩石材料由于裂纹对强度的弱化作用，而使试样沿着组内某一斜向区域破坏。

5. 初始静水应力为 100MPa

图 6.20 为初始静水应力为 100MPa 时，红砂岩卸荷–拉伸变形破坏的损伤演化模拟图。从图 6.20 可看出，在卸荷初期，试样发生弹性变形，当轴向应变值（$|\varepsilon_3|$）接近于 6.0×

10^{-3} 时（对应的轴向应力约为 50MPa），剪裂纹开始萌生，无拉裂纹产生，试样进入非线性变形阶段。直到 $|\varepsilon_3|$ 接近于 7.5×10^{-3} 时（对应的轴向应力约为 35MPa），拉裂纹从开始萌生。此后，拉裂纹与剪裂纹以近乎相同的速率快速萌生、扩展。当轴向应力卸荷至 19.3MPa 时，试样达到峰值应力状态 D，此时裂纹数为 9370 条，其中拉裂纹 4158 条、剪裂纹 5212 条。然后试样进入延性变形阶段，裂纹继续发展，当裂纹数达到 10128 条时（其中拉裂纹 4572 条、剪裂纹 5556 条），试样完全破坏。从状态 C 的裂纹分布来看，非线性变形初期萌生、扩展的剪裂纹主要按与水平横断面呈一定角度的斜向区域分布，且具有多条剪裂纹分布带。从状态 D 和状态 E 的裂纹分布可看出，非线性变形阶段中后期萌生、扩展的剪裂纹和拉裂纹也基本上按照前期剪裂纹分布的斜向区域进行相对集中地分布，并逐渐形成了多组类似于图 6.20 中裂纹分布形态的楼梯状裂纹区，各组楼梯状裂纹区交织在一起，形成了比较复杂的裂纹分布形态，并且可能存在多组具有主导作用的楼梯状裂纹区。最终，具有主导作用的楼梯状裂纹区内的岩石材料由于强度的弱化而导致试样沿其斜向裂纹区破坏。由此可见，非线性变形阶段前期萌生、扩展的剪裂纹分布特征奠定了试样最终的破裂形态。尽管整个变形过程也只存在卸荷阶段，但与图 6.19 的 70MPa 初始静水应力条件下的损伤演化过程相比，主要有三个方面的区别：一是剪裂纹先萌生、扩展，而拉裂纹后萌生、扩展，且整个非线性变形过程中，剪裂纹的数量始终大于拉裂纹数；二是非线性阶段前期的剪裂纹具有明显的斜向分布特征，且这种分布奠定了最后破坏形态的基础；三是随着损伤演化的发展，试样内逐渐形成多组具有主导作用的楼梯状裂纹区，并且相互交织在一起形成比较复杂的裂纹分布形态，而不是简单的只有一组楼梯状裂纹区。

总之，100MPa 初始静水应力条件下的卸荷–拉伸损伤演化过程：首先，试样在卸荷初期进行弹性变形，当卸荷至一定水平后，剪裂纹开始萌生、扩展，试样进入非线性变形阶段，并且前期发展的这些剪裂纹按与横断面呈一定角度的斜向区域分布；继续卸荷一定程度后，拉裂纹开始萌生、扩展，此后拉裂纹与剪裂纹以比较接近的速度同时发展，以前面的剪裂纹斜向分布形态为基础进行相对集中地分布；最后，试样内形成了多组具有破裂主

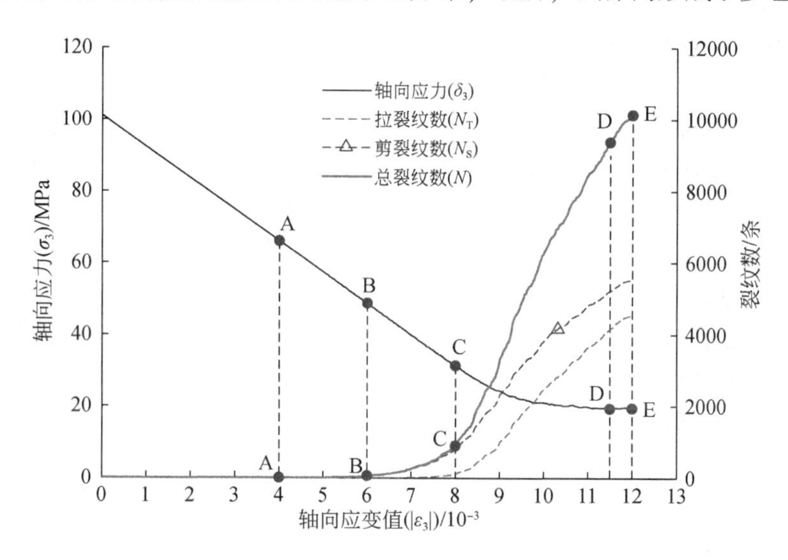

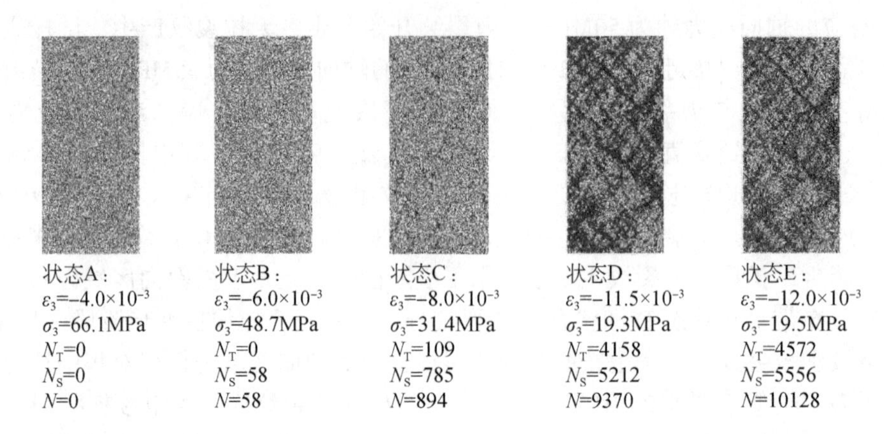

图 6.20　初始静水应力为 100MPa 时试样的损伤演化模拟图

导作用的楼梯状裂纹区，这些区域内的岩石材料由于强度弱化而使试样沿着该区域内某些斜向裂纹区破坏。

6.3.3　不同初始轴压的损伤演化

1. 初始围压为 30MPa、初始轴压为 0MPa

图 6.21 为初始围压为 30MPa、初始轴压为 0MPa 条件下红砂岩卸荷-拉伸变形破坏过程的损伤演化模拟图。从图 6.21 可看出，试样一开始就进入轴向拉伸状态，并产生裂纹，然后裂纹近乎以均速增长的方式萌生、扩展，其中绝大部分为拉裂纹，只有极个别的剪裂纹。这说明试样没有严格意义上的弹性变形阶段。当卸荷-拉伸至轴向应力为-0.34MPa时，试样达到峰值应力状态，相应的裂纹数为 409 条，其中拉裂纹 402 条、剪裂纹 7 条。此后，轴向应力出现应力跌落，当裂纹发展到 576 条时（其中拉裂纹 568 条、剪裂纹 8 条），试样破坏。尽管初始轴压都为 0MPa，但与图 6.16 的单轴拉伸损伤破坏演化图相比，其损伤演化特征完全不一样，主要有以下四个方面：一是裂纹一开始便产生，无严格的弹性变形阶段；二是峰后只有应力跌落现象，无应变回弹现象（其原因在图 6.17 的描述中已解释）；三是裂纹从一开始产生便以近似匀速的方式发展，且有少许剪裂纹产生；四是裂纹的分布相对分散，无明显的主导性起裂位置，也没有严格的贯通横断面的裂纹面。这里的裂纹演化分布形态与图 6.18 中初始静水应力为 30MPa 的裂纹演化分布形态类同。实际上，初始围压为 30MPa、初始轴压为 0MPa 条件下，试样在卸荷-拉伸开始之前应该已经出现损伤了，这就相当于在图 6.18 中起裂出现在卸荷阶段，而不是拉伸阶段，尽管此处并无表观上的卸荷阶段。这一点从“变形一开始就进入非线性阶段”及“裂纹一开始就产生”两个侧面也能够看出，真正的起裂和非线性变形实际上从卸荷-拉伸开始前就产生了。

因此，初始围压为 30MPa、初始轴压为 0MPa 条件下试样损伤破坏演化过程：在卸荷-拉伸开始前，试样便已起裂并进入非线性变形阶段；在卸荷-拉伸开始之后，裂纹近乎匀速地发展，但并没有明显的主导性起裂位置，裂纹分布较为分散，但随着裂纹的萌生、扩展，逐渐形成一个接近于平行横断面分布的裂纹集中区，并造成该区域内岩石材料强度弱化，最终导致试样沿该裂纹集中区破裂。

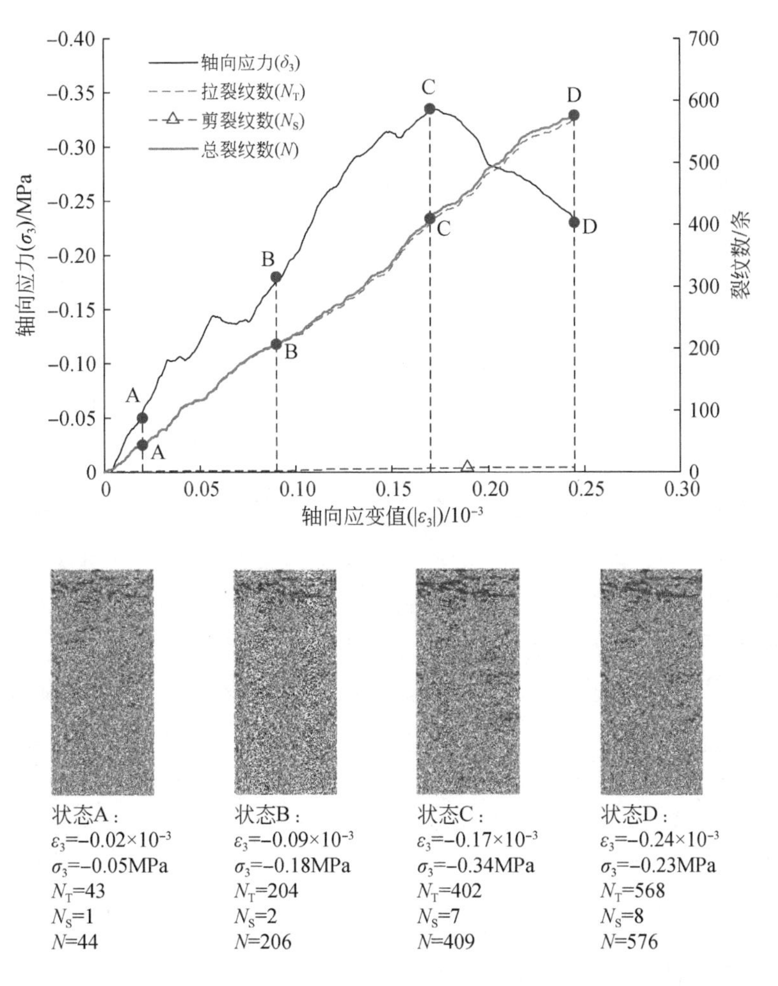

图 6.21　初始围压为 30MPa、初始轴压为 0MPa 条件下试样的损伤演化模拟图

2. 初始围压为 30MPa、初始轴压为 15MPa

图 6.22 为初始围压为 30MPa、初始轴压为 15MPa 条件下红砂岩卸荷-拉伸变形破坏的损伤演化模拟图。从图 6.22 可看出，试样在卸荷前期产生弹性变形，当轴向应变值（$|\varepsilon_3|$）接近于 1.0×10^{-3} 时（相应的轴向应力约为 7MPa），拉裂纹开始萌生、扩展，试样进入非线性变形阶段。随后拉裂纹加速增长，当轴向应力为−0.32MPa 时，试样达到峰值应力状态，相应的裂纹数为 1312 条，其中拉裂纹 1310 条、剪裂纹 2 条。然后轴向应力稍有跌落，裂纹继续发展，当裂纹数达到 1428 条（其中拉裂纹 1425 条、剪裂纹 3 条）时，试样破坏。试样的损伤演化过程与图 6.18 中 30MPa 初始静水应力条件下的损伤演化

过程基本一致，这里不再赘述。

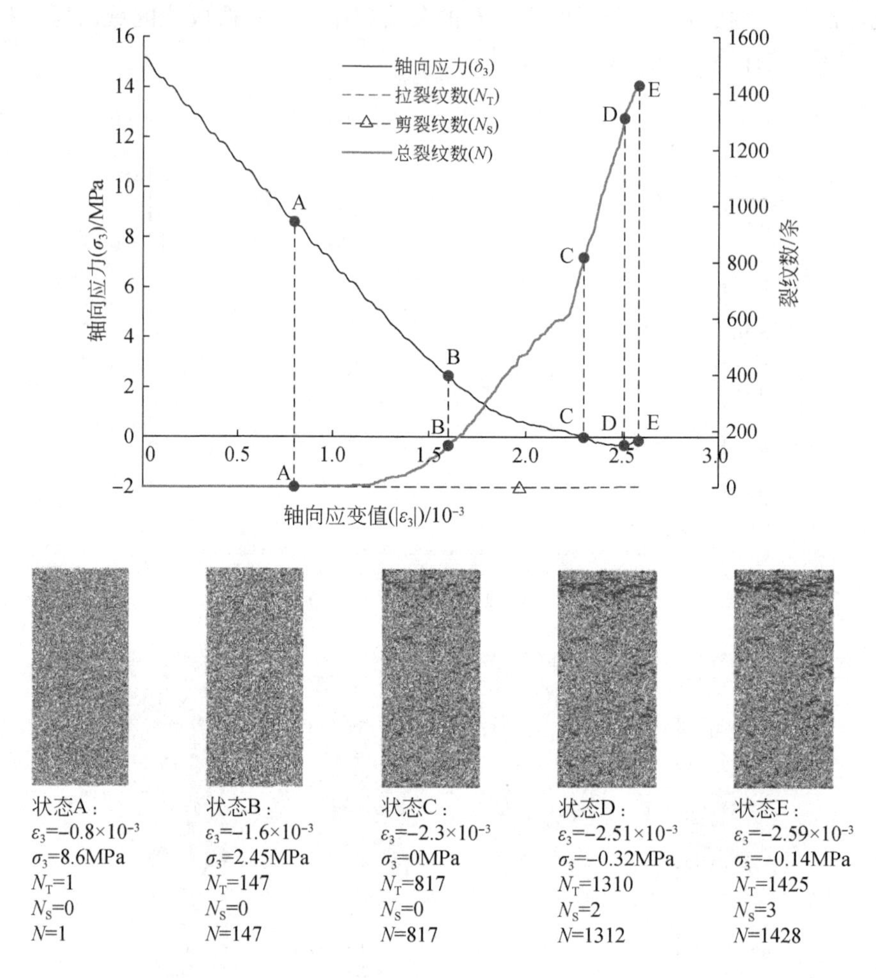

图 6.22　初始围压为 30MPa、初始轴压为 15MPa 条件下试样的损伤演化模拟图

3. 初始围压为 30MPa、初始轴压为 45MPa

图 6.23 为初始围压为 30MPa、初始轴压为 45MPa 条件下红砂岩卸荷-拉伸变形破坏的损伤演化模拟图。从图 6.23 可看出，试样在卸荷前期产生弹性变形，当轴向应变值（$|\varepsilon_3|$）接近于 4.7×10^{-3} 时（相应的轴向应力约为 5MPa），拉裂纹开始萌生、扩展，试样进入非线性变形阶段。随后，拉裂纹加速增长，当轴向应力为-0.30MPa 时，试样达到峰值应力状态，相应的裂纹数为 1252 条，其中拉裂纹 1249 条、剪裂纹 3 条。然后，轴向应力稍有跌落，裂纹继续发展，当裂纹数达到 1464 条（其中拉裂纹 1460 条、剪裂纹 4 条）时，试样破坏。试样的损伤演化过程与图 6.18 中 30MPa 初始静水应力条件下的损伤演化过程基本一致，这里不再赘述。

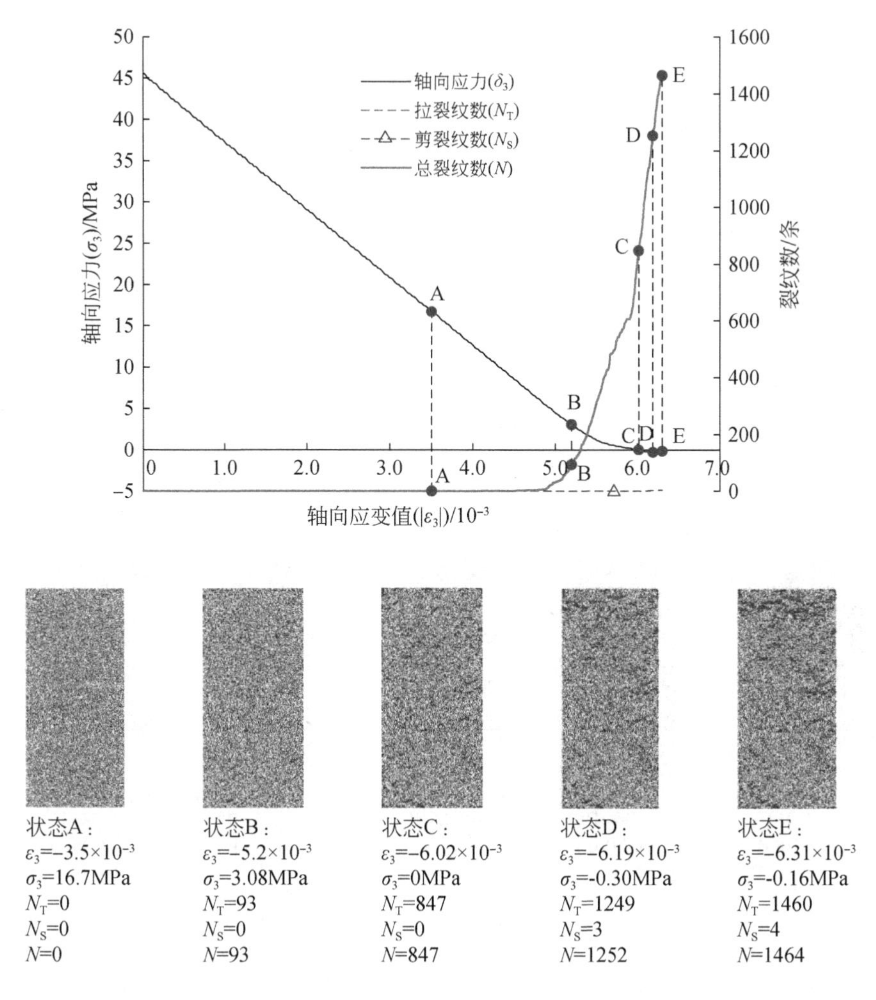

图 6. 23　初始围压为 30MPa、初始轴压为 45MPa 条件下试样的损伤演化模拟图

4. 初始围压为 30MPa、初始轴压为 60MPa

图 6. 24 为初始围压为 30MPa、初始轴压为 60MPa 条件下红砂岩卸荷-拉伸变形破坏的损伤演化模拟图。从图 6. 24 可看出，试样在卸荷前期产生弹性变形，当轴向应变值（$|\varepsilon_3|$）接近于 6. 5×10^{-3} 时（相应的轴向应力约为 7MPa），拉裂纹开始萌生、扩展，试样进入非线性变形阶段。随后，拉裂纹加速增长，当轴向应力为-0. 34MPa 时，试样达到峰值应力状态，相应的拉裂纹数为 1209 条，无剪裂纹产生。然后，轴向应力稍有跌落，裂纹继续发展，当裂纹数达到 1675 条（其中拉裂纹 1671 条、剪裂纹 4 条）时，试样破坏。试样的损伤演化过程与图 6. 18 中 30MPa 初始静水应力条件下的损伤演化过程基本一致，这里不再赘述。

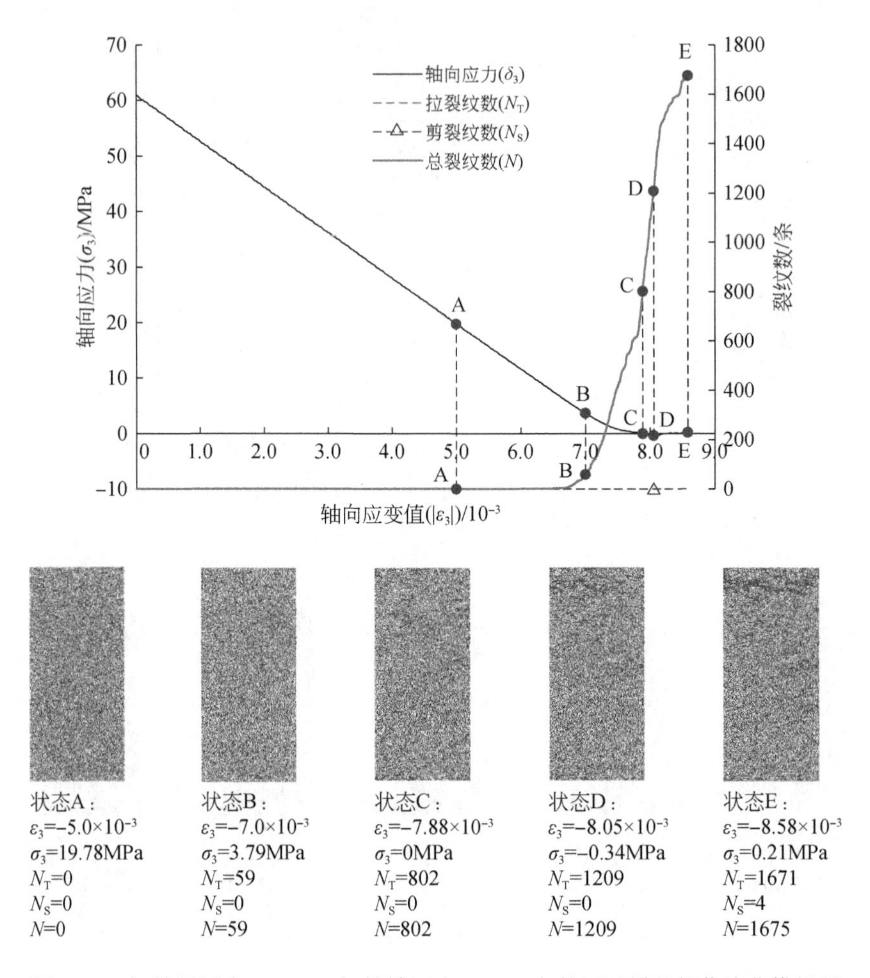

图 6.24　初始围压为 30MPa、初始轴压为 60MPa 条件下试样的损伤演化模拟图

6.3.4　不同初始围压的损伤演化

1. 初始围压为 0MPa、初始轴压为 30MPa

图 6.25 为初始围压为 0MPa、初始轴压为 30MPa 条件下红砂岩卸荷-拉伸变形破坏的损伤演化模拟图。从图 6.25 可看出，试样在峰值应力前基本上都是进行弹性变形，无任何裂纹产生。当卸荷-拉伸到轴向应力为-6.94MPa 的峰值应力状态前夕，试样的右上角出现了具有实质性损伤拉裂纹，轴向应力迅即跌落，右上角的裂缝迅速被撕裂，沿着横断面扩展贯通，并在主裂缝旁撕裂产生了一些支裂缝。最后，当裂纹数达到 135 条时，试样破坏，整个损伤破坏过程中无剪裂纹产生。试样的损伤演化过程与图 6.16 中无围压条件下的单轴拉伸损伤演化过程基本一致，这里不再赘述。只不过这里的峰后阶段没有出现图 6.16 中的应变回弹现象，这可能是受到初始轴压作用的影响。

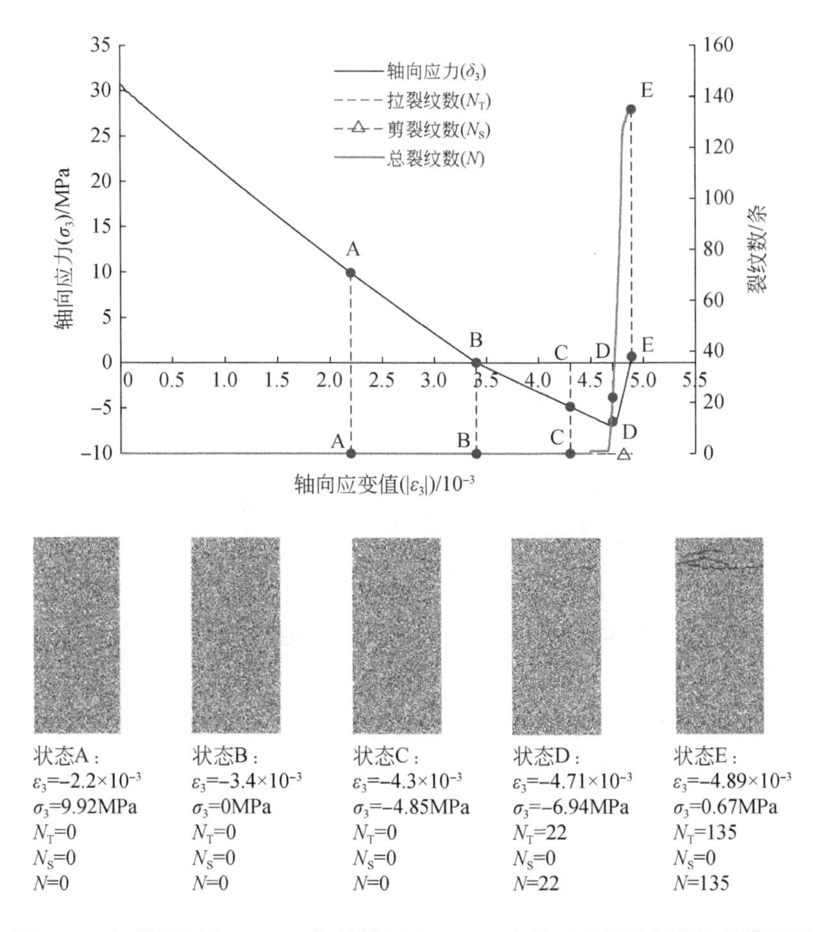

图 6. 25　初始围压为 0MPa、初始轴压为 30MPa 条件下试样的损伤演化模拟图

2. 初始围压为 15MPa、初始轴压为 30MPa

图 6. 26 为初始围压为 15MPa、初始轴压为 30MPa 条件下红砂岩卸荷-拉伸变形破坏的损伤演化模拟图。从图 6. 26 可看出，试样在绝大部分卸荷阶段都进行弹性变形，当轴向应变值（$|\varepsilon_3|$）接近于 3. 5×10^{-3} 时（相应的轴向应力约为 2MPa），拉裂纹开始萌生、扩展，试样进入非线性变形阶段。随后，拉裂纹加速增长，而试样在达到峰值应力前还有少许剪裂纹产生。当轴向应力为-1. 45MPa 时，试样达到峰值应力状态，相应的裂纹数为 391 条，其中拉裂纹 381 条、剪裂纹 10 条。然后，轴向应力有所跌落，裂纹继续发展，当裂纹数达到 742 条（其中拉裂纹 708 条、剪裂纹 34 条）时，试样破坏。试样的损伤演化过程与图 6. 18 中 30MPa 初始静水应力条件下的损伤演化过程基本一致，这里不再赘述。只不过这里的非线性变形阶段比较短，在峰前阶段的裂纹数量比较少，通过峰后继续损伤变形后，破坏时的裂纹数也不太多。

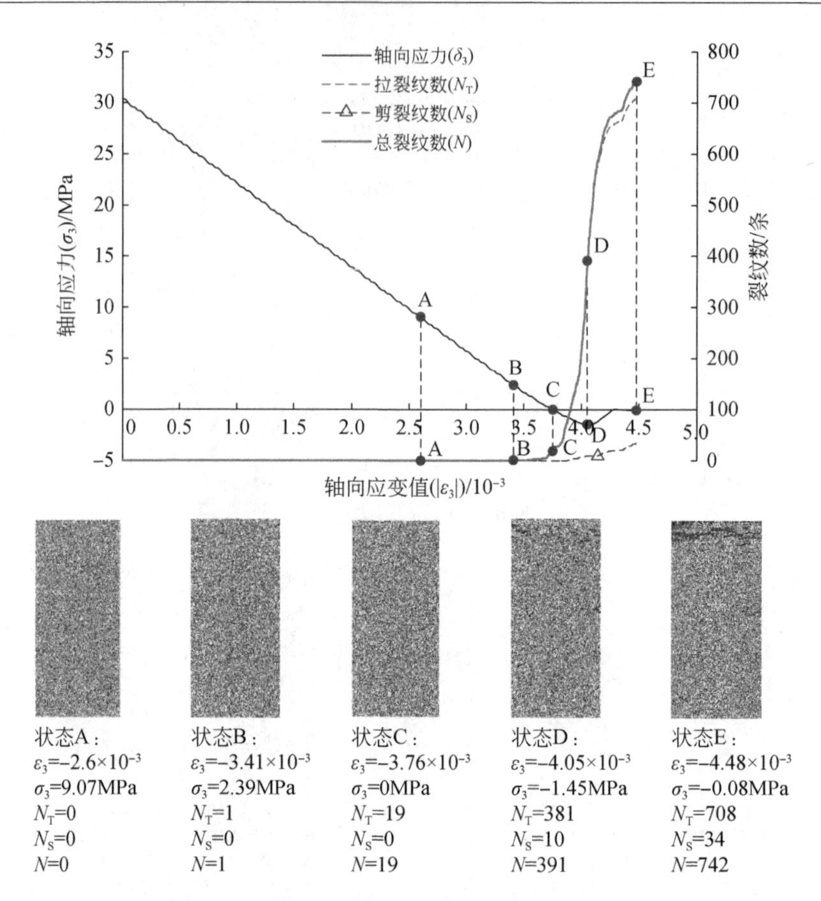

图 6. 26　初始围压为 15MPa、初始轴压为 30MPa 条件下试样的损伤演化模拟图

3. 初始围压为 45MPa、初始轴压为 30MPa

图 6. 27 为初始围压为 45MPa、初始轴压为 30MPa 条件下红砂岩卸荷-拉伸变形破坏的损伤演化模拟图。从图 6. 27 可看出，试样自卸荷开始至完全破坏的整个过程其轴向应力均为压应力状态，即只有卸荷阶段，无拉伸阶段。卸荷前期，试样的变形为弹性变形，当轴向应变值（$|\varepsilon_3|$）接近于 2.2×10^{-3} 时（相应的轴向应力约为 12MPa），拉裂纹开始萌生、扩展，试样进入非线性变形阶段。随后，拉裂纹加速增长，而试样在达到峰值应力前还产生一些剪裂纹。当轴向应力卸荷至 1. 22MPa 时，试样达到峰值应力状态，相应的裂纹数为 2067 条，其中拉裂纹 2019 条、剪裂纹 48 条。然后，试样进入延性变形阶段，裂纹继续发展，当裂纹数达到 2243 条（其中拉裂纹 2181 条、剪裂纹 62 条）时，试样破坏。从状态 C 的裂纹分布可看出，裂纹起裂位置没有明显的主导位置，非线性变形初始阶段裂纹分布比较分散。而状态 C 演化到状态 D 再到状态 E 的过程显示，随着损伤演化的发展，裂纹的萌生、扩展逐渐集中在与横断面成一定角度的斜向区域内，多条斜向裂纹带沿着试样高度按一定间距平行分布排列，形成一组斜向裂纹带。最终，该组斜向裂纹带内的岩石材料由于裂纹集中而造成强度弱化，使得试样沿组内某一斜向区域破坏。

总之，初始围压为 45MPa、初始轴压为 30MPa 条件下试样卸荷-拉伸损伤破坏演化过程：首先，试样在卸荷初期进行弹性变形，当卸荷到一定水平后开始萌生拉裂纹，试样进入非线性变形阶段；非线性变形初期，只有拉裂纹萌生、扩展，无剪裂纹产生，且裂纹萌生的位置比较分散，没有主导作用的起裂裂纹，而到非线性变形阶段后期，有少许的剪裂纹产生；随着非线性变形的进一步发展并进入延性阶段，拉裂纹迅速萌生、扩展，剪裂纹发展比较慢，裂纹的分布逐渐集中在多个斜向区域连接形成的一组斜向裂纹带内；最后，该组裂纹带内的岩石材料由于裂纹对强度的弱化作用，而使试样沿着组内某一斜向区域破坏。

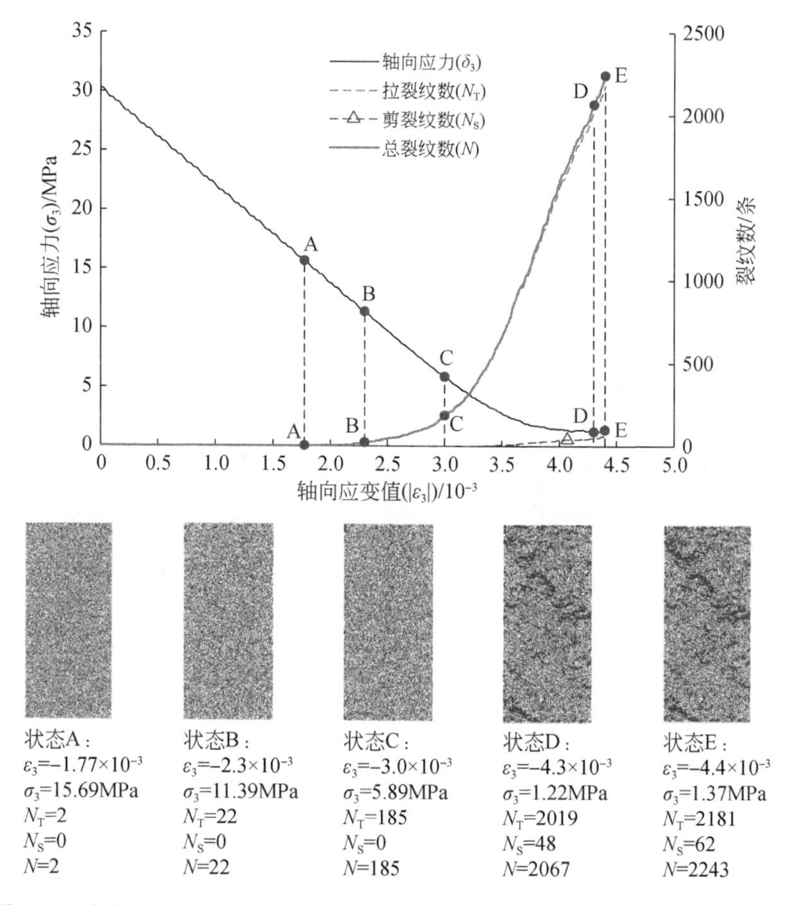

图 6.27　初始围压为 45MPa、初始轴压为 30MPa 条件下试样的损伤演化模拟图

4. 初始围压为 60MPa、初始轴压为 30MPa

图 6.28 为初始围压为 60MPa、初始轴压为 30MPa 条件下红砂岩卸荷-拉伸变形破坏的损伤演化模拟图。从图 6.28 可看出，试样自卸荷开始至完全破坏的整个过程其轴向应力均为压应力状态，即只有卸荷阶段，无拉伸阶段。卸荷前期，试样变形为弹性变形，当轴向应变值（$|\varepsilon_3|$）接近于 1.0×10^{-3} 时（对应的轴向应力约为 22MPa），裂纹开始萌生，包括拉裂纹和剪裂纹，试样进入非线性变形阶段。然后拉裂纹迅猛发展，剪裂纹发展速度较

慢。当轴向应力卸荷至 5.45MPa 时达到峰值状态，此时裂纹数为 2026 条，其中拉裂纹 1687 条、剪裂纹数 339 条。此后，试样进入延性变形阶段，裂纹仍快速扩展，直到裂纹数达到 2322 条（其中拉裂纹 1931 条、剪裂纹 391 条）时，试样完全破坏。试样的损伤演化过程与图 6.19 中 70MPa 初始静水应力条件下的损伤演化过程基本一致，这里不再赘述。

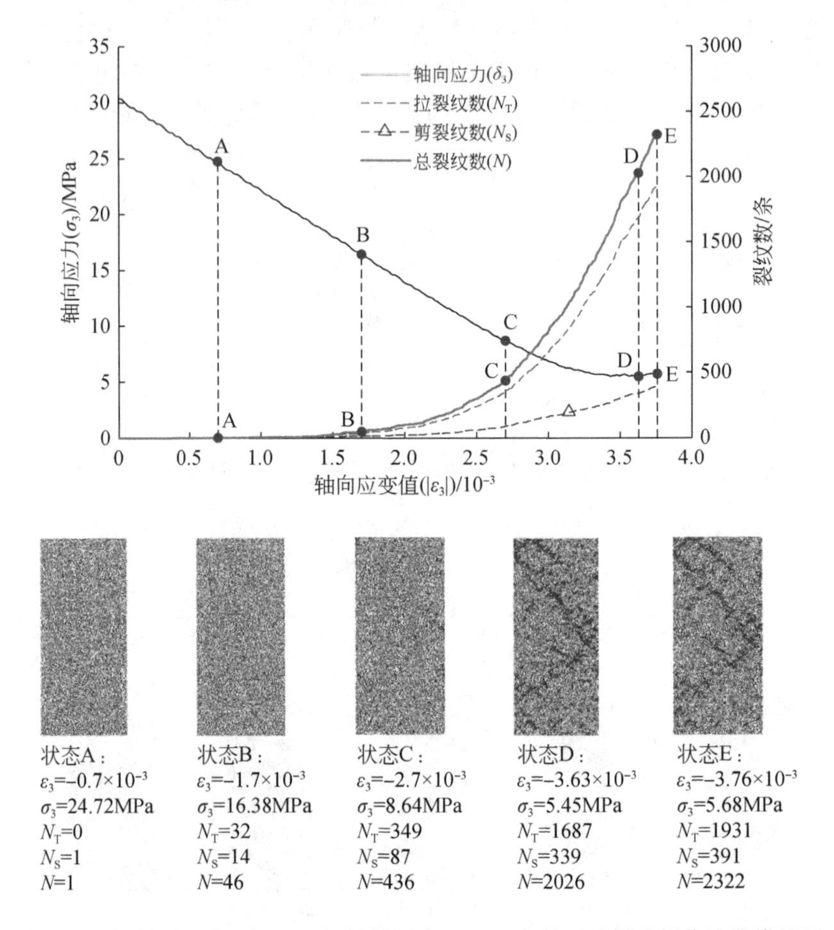

图 6.28　初始围压为 60MPa、初始轴压为 30MPa 条件下试样的损伤演化模拟图

6.4　破裂面粗糙度

图 6.29 为花岗岩试样在围压条件下的直接拉伸三维断裂表面形貌，从图 6.29 可看出，断裂表面的粗糙度随着围压的增加而明显减小，而随着加载速率的增加而增大。相比之下，裂隙表面粗糙度随围压的变化比加载速率的变化更明显，说明围压对裂隙表面粗糙度的影响大于加载速率。

为了定量和准确地比较断裂表面的粗糙度，采用 ArcGIS（近年来广泛用于岩石的三维粗糙度分析软件）建立高精度三维断裂表面形态模型，使用来自三维激光扫描的数据建立初始点云模型，如图 6.30（a）所示。本书选择轮廓面积比 JRC_A（断口表面粗糙度系数）

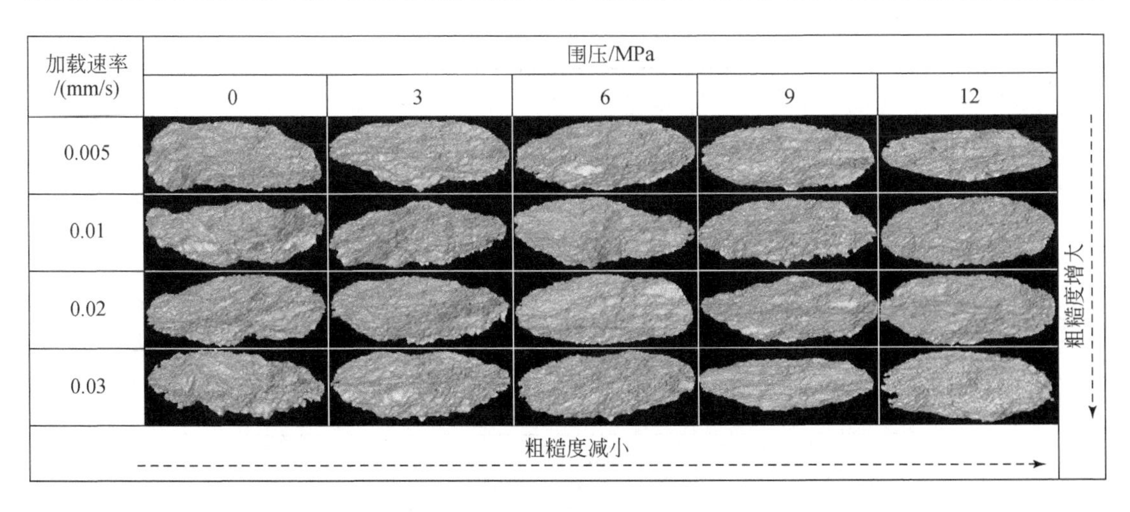

图 6.29　花岗岩试样在围压条件下的直接拉伸三维断裂表面形貌

来描述断口表面粗糙度，其表达式如下：

$$\mathrm{JRC}_A = \frac{A_{3\mathrm{D}}}{A_{2\mathrm{D}}} \tag{6.2}$$

式中，$A_{2\mathrm{D}}$为二维断面面积，mm^2，其大小近似等于断面水平投影面积；$A_{3\mathrm{D}}$为断口的三维面积，mm^2，等于断口表面上所有面积之和；JRC_A为轮廓面积比，可以反映断口表面粗糙度，JRC_A越大，断口表面越粗糙。花岗岩试样断裂表面粗糙度见表 6.7。

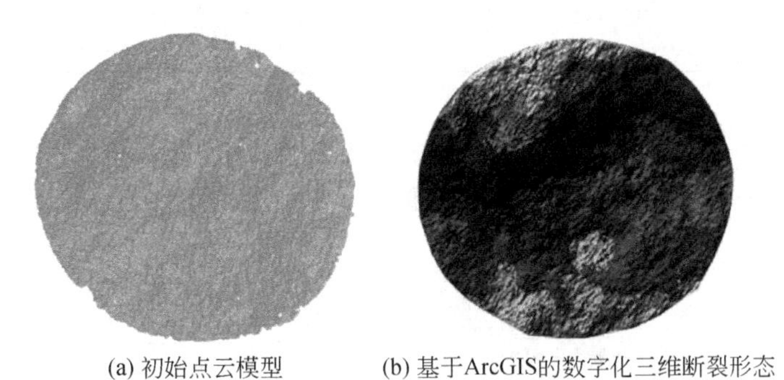

(a) 初始点云模型　　(b) 基于ArcGIS的数字化三维断裂形态

图 6.30　断裂表面凹凸体几何特征的可视化

表 6.7　花岗岩试样断裂表面粗糙度

L_r/(mm/s)	σ_r/MPa	$A_{2\mathrm{D}}$/mm^2	$A_{3\mathrm{D}}$/mm^2	JRC_A
0.005	0	1961.58	2339.82	1.193
	3	1962.97	2325.33	1.185
	6	1963.54	2278.02	1.160
	9	1966.82	2271.09	1.155
	12	1967.36	2267.15	1.152

续表

L_r/(mm/s)	σ_r/MPa	A_{2D}/mm²	A_{3D}/mm²	JRC_A
0.01	0	1962.50	2346.68	1.196
	3	1962.57	2331.46	1.188
	6	1963.51	2329.38	1.186
	9	1963.88	2286.49	1.164
	12	1965.50	2273.13	1.157
0.02	0	1961.75	2372.05	1.209
	3	1962.71	2356.96	1.201
	6	1964.86	2300.46	1.171
	9	1964.51	2309.03	1.175
	12	1966.37	2299.90	1.167
0.03	0	1962.36	2386.68	1.216
	3	1963.47	2389.37	1.217
	6	1963.51	2359.56	1.202
	9	1966.37	2322.41	1.181
	12	1968.45	2294.61	1.166

断裂表面粗糙度与围压、加载速率的关系如图6.31所示，可以看出，粗糙度系数JRC_A随围压和加载速率的变化趋势相反。随着围压的增大，断裂面表面更加光滑，而随着

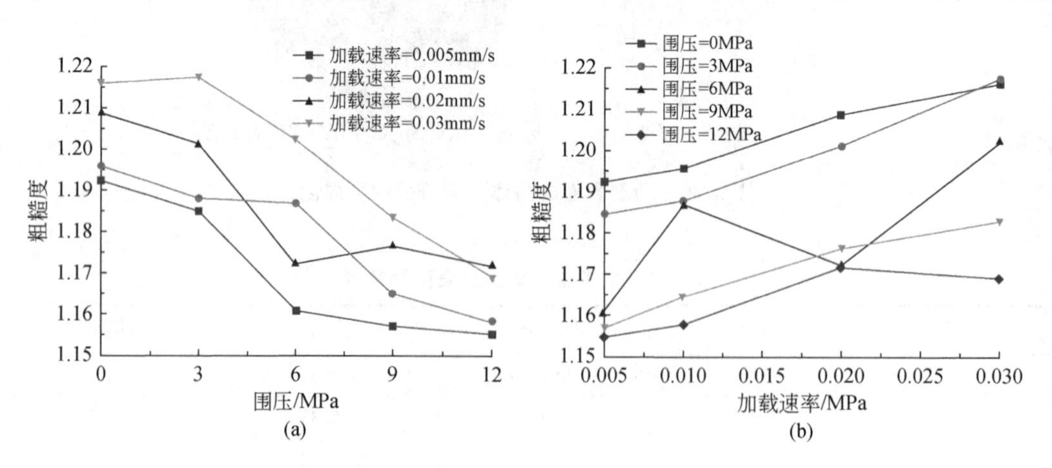

图6.31　断裂表面粗糙度与围压（a）、加载速率（b）的关系

加载速率的增大，断裂面表面更加粗糙。当围压每增加3MPa，粗糙系数JRC_A平均降低1.06%，当加载速率从0.005mm/s增大到0.01mm/s，并逐渐增大到0.03mm/s，粗糙系数JRC_A平均分别增加0.56%、0.69%和0.91%。因此，这可以合理地解释为什么围压对断裂表面粗糙度的影响要比加载速率的影响明显得多。ArcGIS得到的计算结果与图6.29中的宏观现象一致。

第7章　卸荷蠕变条件下裂隙岩体的力学响应试验研究

蠕变试验是研究岩石蠕变特性的重要手段，是建立岩石蠕变本构模型的基础。通常蠕变试验有两种加载方式，即分别加载和分级加载。工程实际来看，岩体工程如边坡开挖、地下硐室或隧道的施工，大多并非一次开挖完成，而采用的是分层开挖的方式，每层开挖完成后，由于工艺、组织等方面的原因，均需间隔一段时间再进行下一层的施工。岩体工程中，除常见的加载受力情况外，许多工程如岩体的开挖，甚至是支护结构的损伤失效过程均为至少一个方向的应力卸荷过程。鉴于此，本章采用分级卸载的方式对大理岩、单裂隙模型试件及双裂隙砂岩等进行不同加卸载应力路径下的三轴蠕变试验，重点分析裂隙类型和应力状态等对裂隙岩体蠕变特性的影响。

7.1　试验方案

7.1.1　试验方案设计

硬质岩石材料中存在的各种裂隙、节理、层理等构造面，以及所受到的应力水平和加载方式是引起岩体工程中硬岩呈现较强时效特征的主要因素。回顾我国建设过程中有明显突出时效变形问题的大型岩体工程，一方面，如锦屏Ⅰ级水电工程边坡及地下硐室、小湾水电站等，许多工程的岩体处于高地应力环境中（如锦屏Ⅰ级水电站实测最大应力超过30MPa）。另一方面，无论是边坡工程中的河谷下切或开挖，还是地下工程的施工过程均为至少一个方向的应力卸荷过程。这种高应力下的卸荷过程直接导致了岩体裂缝形成、变形与破坏，如锦屏Ⅰ级水电站普斯罗沟左岸高边坡由于河谷快速下切产生强烈侧向卸荷而形成的深部裂缝，边坡浅部由于卸荷产生的压致-拉裂破坏。基于此，试验方案中除考虑三轴加载蠕变外，也设计了大量的三轴卸荷蠕变试验。

试验中采用分级加卸载的方式，其中分级加载采用恒定围压（σ_3）逐级增加轴压（σ_1）的方式，分级卸载则采用恒定轴压（σ_1）逐级卸围压（σ_3）的方式，分级加卸载与卸荷应力路径示意图如图7.1所示。设计的具体试验方案如下：

1. 不同分级卸荷量条件下完整大理岩三轴卸荷蠕变试验

实际岩体工程如边坡开挖、地下硐室或隧道的施工，大多并非一次开挖完成，而采用的是分层开挖的方式，因此岩体在开挖卸荷过程中的力学特性除受初始应力水平影响外，显然还受分层开挖量的影响。考虑到不同初始应力水平下锦屏水电站大理岩的卸荷蠕变特性已经有了较为详细的研究（朱杰兵等，2008；夏才初等，2009），本书主要通过试验设计研究分级卸荷量对完整大理岩三轴卸荷蠕变特性的影响。为保证可比性，试件的初始应力状态保持一致，根据锦屏Ⅰ级水电站的高地应力环境将初始围压设置为 $\sigma_3=40\text{MPa}$，轴压 $\sigma_1=135\text{MPa}$（为保证试样在试验过程中发生破坏，约为 $\sigma_c+\sigma_3$）。每级围压卸荷量 $\Delta\sigma_3$ 考虑-12MPa、-8MPa 及-4MPa 三个水平。三轴分级卸围压蠕变试验试件编号及应力控制参数如表 7.1 所示。

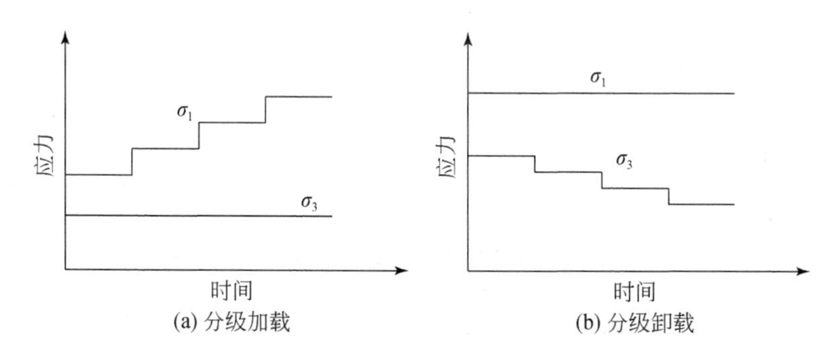

图 7.1　分级加卸载与卸荷应力路径示意图

表 7.1　完整大理岩三轴卸围压蠕变试验应力控制参数

试件编号	轴压（σ_1）/MPa	每级围压卸荷量（$\Delta\sigma_3$）/MPa	围压（σ_3）/MPa										
			1 级（初始）	2 级	3 级	4 级	5 级	6 级	7 级	8 级	9 级	10 级	11 级
MB1	135	-12	40	28	16	4	3.0						
MB2	135	-8	40	32	24	16	8	2.5					
MB3	135	-4	40	36	32	28	24	20	16	12	8	4	1.7

注：表中 3.0、2.5 和 1.7 表示实际卸荷过程中破坏时对应的应力。

2. 单裂隙岩体相似材料三轴卸荷蠕变试验

单裂隙岩体相似材料则主要考虑裂隙倾角的影响，根据相似材料与对应原样的相似比，取初始围压 $\sigma_3=10\text{MPa}$，轴压 $\sigma_1=33.75\text{MPa}$。为便于对比分析，对完整相似材料进行了相同应力路径下的蠕变试验。三轴分级卸围压蠕变试验试件编号及应力控制参数如表 7.2 所示。

3. 双裂隙砂岩三轴卸荷蠕变试验

为系统地分析裂隙岩体在常规三轴压缩、三轴加载蠕变与卸荷蠕变条件下的变形、强度与破坏模式的变化规律。双裂隙砂岩考虑了三轴加载与卸荷两种蠕变试验。其中加载蠕变取围压与三轴压缩一致，即 $\sigma_3=5\text{MPa}$、10MPa 和 20MPa，初始轴压 $\sigma_1=40\text{MPa}$，每级加载量 $\Delta\sigma_1=10\text{MPa}$，直至试样破坏。卸荷蠕变则取初始高围压 $\sigma_3=40\text{MPa}$，取轴压 $\sigma_1=80\text{MPa}$。具体的试件编号及应力控制参数如表 7.3 所示。

表 7.2　单裂隙岩体相似材料三轴卸围压蠕变试验应力控制参数

试件编号	裂隙特征	轴压 (σ_1)/MPa	围压 (σ_3)/MPa				
			1 级 (初始)	2 级	3 级	4 级	5 级
XS1	完整岩石	33.75	10	7.5	5	2.5	1.25
XS2	30°		10	7.5	5	2.5	
XS3	60°		10	7.5	5	2.5	1.25
XS4	90°		10	7.5	5	2.5	1.25

表 7.3　双裂隙砂岩三轴卸荷蠕变试验应力控制参数

试件编号	裂隙特征	轴压 (σ_1)/MPa	围压 (σ_3)/MPa				
			1 级 (初始)	2 级	3 级	4 级	5 级
SY1	完整岩石	80	40	30	20	10	5
SYX1	缓缓裂隙岩体	80	40	30	20	10	
SYX2	陡缓裂隙岩体		40	30	20	10	
SYX3	陡陡裂隙岩体		40	30	20	10	5

7.1.2　试验设备及试件准备

蠕变试验在长春朝阳仪器厂生产的 RLW-2000 岩石流变试验机上进行，设备见图 7.2，工作原理见图 7.3。该设备主要由机架、轴向稳压系统、侧向稳压系统、数字控制系统及微机系统等五部分组成，采用先进的伺服控制、滚珠丝杠和液压等技术组合，达到了良好

图 7.2　RLW-2000 岩石材料试验机

的稳压效果，可进行单轴压缩试验、三轴压缩试验、蠕变试验、松弛试验、渗流试验以及循环荷载试验等。该设备最大轴向荷载为 2000kN，有效测力范围为 10～2000kN，测力分辨率为 20N，测力误差≤0.5%；最大围压为 60MPa，围压测量误差≤1%，分辨率为 0.001MPa。

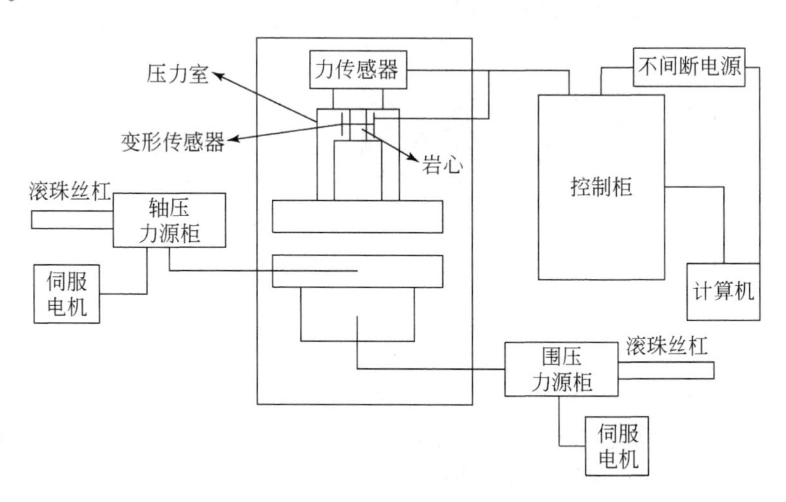

图 7.3　RLW-2000 岩石材料试验机工作原理

试验基本步骤：①取出准备好的岩石试件，将试件与上、下垫块安装在同一条轴线上，用热缩橡皮套将试件及垫块套住，垫块与热缩橡皮套之间用“o”型圈密封，用大功率电吹风对橡皮套均匀加热使其收缩与试件和垫块密贴，并用钢丝圈拧紧“o”型圈密封的两侧，这样可以防止岩样破碎后的碎屑污染设备的压力室或堵塞油路系统。②将密封好的岩样放入三轴压力室中，调整好中心位置，使岩样的轴线与试验机加载中心线相重合，避免偏心受压影响岩石蠕变试验结果。③根据设定的围压值同步施加轴压和围压至静水应力状态，加载速率为 0.05MPa/s。④待变形稳定后以同样的加载速率增加轴压至第一级应力水平，然后保持应力恒定，测量并记录试件的蠕变变形过程；利用监测屏上描绘的蠕变曲线可以确定试件何时进入稳态蠕变，进入稳态蠕变后，再持续一段时间；之后提高轴压或卸载围压至下一级应力水平（加载与卸荷速率均为 0.05MPa/s），以此类推，直至试验结束。⑤取出岩样，整理试验数据。

所选取的岩石原样为锦屏Ⅰ级水电站大理岩和重庆江北机场砂岩。所有岩石通过室内钻孔取心、切割、断面精磨等工序加工成直径 50mm×高 100mm 的岩石力学标准试件。试件加工精度按照《水利水电工程岩石试验规程》（SL 264—2001）执行，断面不平整度允许偏差为±0.05mm，端面垂直于试件轴线，允许偏差为±0.25°。部分岩石试样如图 7.4 所示。

单裂隙岩体的制作是以大理岩为原样，从相似理论入手制作的模型材料。锦屏Ⅰ级水电站地下厂房硐室群规模巨大，主要由引水硐、主厂房、母线硐、主变室、尾水调压室和尾水硐等组成。地下厂房区节理裂隙发育的优势方向：①N30°～60°E，NW∠30°～40°，层面裂隙，一般间距 1～3m，延伸 2～4m，部分大于 10m；②N50°～70°E/SE∠60°～80°，

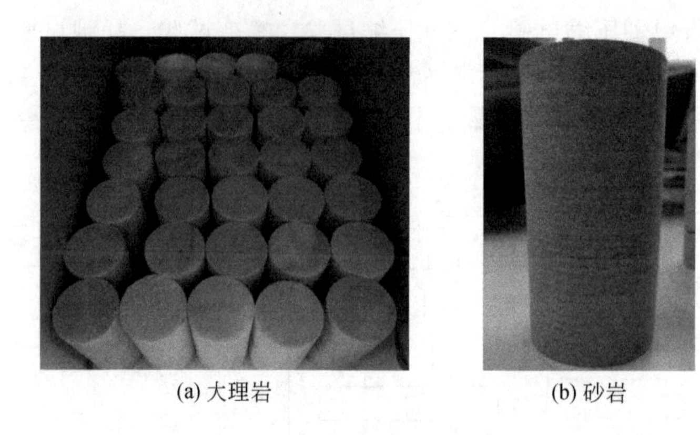

(a) 大理岩　　(b) 砂岩

图 7.4　岩石试样

一般间距 1 ~ 3m；③N25° ~ 40°W/NE(SW)∠80° ~ 90°，主要见于安装部位；④N60° ~ 70° W/NE(SW)∠80° ~ 90°，一般间距较大。该组裂隙走向与厂房、主变室边墙几近平行，对边墙稳定不利。基于工程资料统计，概化出倾角分别为 30°、60°和 90°三种单裂隙模型，试件尺寸仍采用直径 50mm×高 100mm 的标准尺寸，裂隙长度为 10mm。图 7.5 为大理岩相似材料单裂隙几何分布示意图。

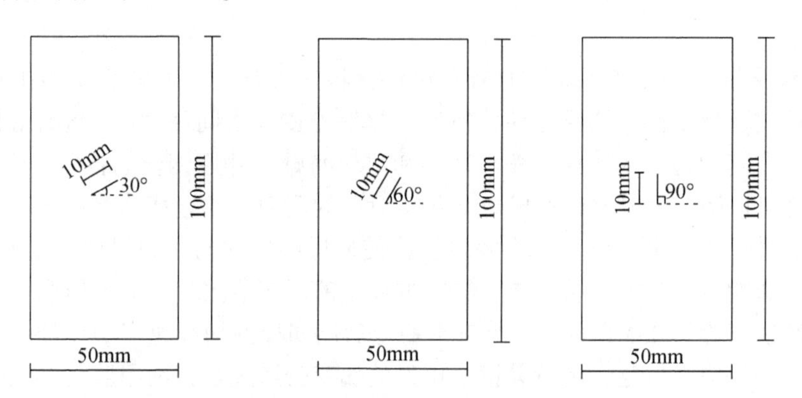

图 7.5　大理岩相似材料单裂隙几何分布示意图

相似模型材料是多种材料的混合物。按用途主要分为骨料（如砂、重晶石、铁粉等）、胶凝材料（如水泥、石膏、环氧树脂等）和为改进混合物的某些性质而掺加的其他材料（如减水剂、缓凝剂等）。单裂隙岩体的制备主要分两个步骤：第一步是根据相似理论通过大量的试配试验确定混合物的成分和配比，模型制作步骤：①按试配的配合比配置混合体并搅拌均匀；②将混合体倒入模具（高 100mm×直径 50mm 的圆柱体）内，并以适当的频率振捣以使混合体中的气泡溢出；③试件制作完成后，约 24h 后拆模即可成型；④将试件在标准条件下养护 28 天后进行端部打磨使其符合相关试验规程要求。第二步则是根据试配试验确定的材料配合比制备单裂隙岩体模型试件。根据设计的裂隙几何模型制作三个三开钢制模具。裂隙岩体相似模型制作时首先将擦拭机油的厚 0.3mm 的高强薄钢片插入模具预留刻槽位置，将按设计配合比配合并搅拌均匀的相似材料导入模具内，并振捣使材料内的气泡溢出，然后在材料初凝前抽出预先插入的薄钢片从而形成预制张开型裂隙，继续养护约24h后脱模，最后在标准条件下养护28天后对试件的端部进行打磨，使其满足试验规程要求。

双裂隙岩体的制作是以砂岩为原样，通过在真实岩石材料中预制裂隙，从而制成裂隙岩样。已有工程资料和相关研究成果均表明，由于河谷下切或工程开挖，硬性岩质边坡中常形成走向近平行于坡面的陡、缓两组卸荷裂隙，如图7.6所示，坡体在重力作用下沿卸荷裂隙滑移，导致陡、缓裂隙间岩桥贯通而最终整体失稳。基于此，为分析裂隙倾角间的相互关系对岩体变形破坏特征的影响规律，共设置了三种方案：①裂隙角度为30°~30°；②裂隙角度为65°~10°；③裂隙角度为65°~65°，其分别代表了缓缓裂隙组合岩体、陡缓裂隙组合岩体和陡陡裂隙组合岩体三种类型（下文中简称为缓缓裂隙岩体、陡缓裂隙岩体和陡陡裂隙岩体）。三种方案中，裂隙长度均为25mm，裂隙间距（两裂隙内部顶端之间的距离）均为30.1mm。图7.7为三种方案裂隙砂岩几何模型及相应裂隙岩体试样图。双裂隙岩体的具体制作步骤为：①采用高速电动切割机对加工成标准尺寸的完整砂岩试样进行切割，切割轮片厚度约为0.5mm，制成裂隙厚度为0.6~0.8mm；②采用水泥砂浆对裂隙进行填充。

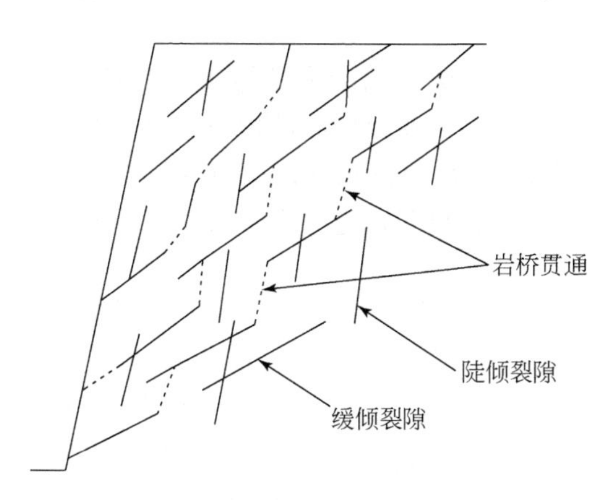

图7.6　硬性岩质边坡裂隙分布特征地质模型

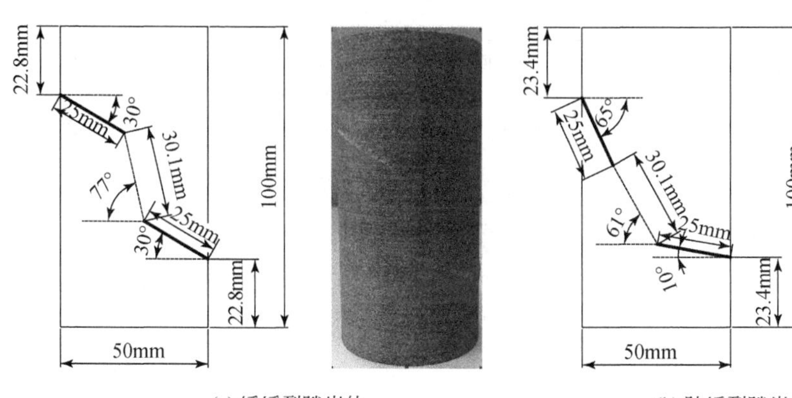

(a) 缓缓裂隙岩体　　(b) 陡缓裂隙岩体

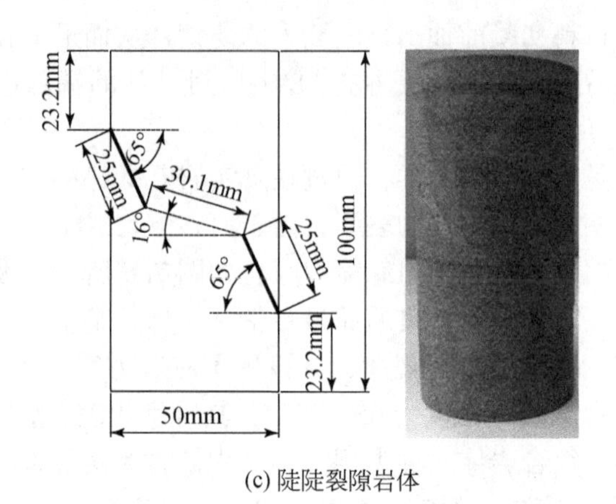

(c) 陡陡裂隙岩体

图 7.7　三种方案裂隙砂岩几何模型及相应裂隙岩体试样图

7.1.3　三轴卸荷应力路径及试验数据处理方法

采用分级加卸载的方式获得的蠕变曲线为阶梯状，不能直接使用，需对其进行转化。目前常用的有 Botltzmann 叠加原理和陈氏加载法两种方法。Botltzmann 叠加原理是解决岩石线黏弹性行为的一种处理方法，陈氏加载法适用范围更广，其不论是在线性或非线性条件下均适用。陈氏加载法整理蠕变数据处理方法如图 7.8 所示。

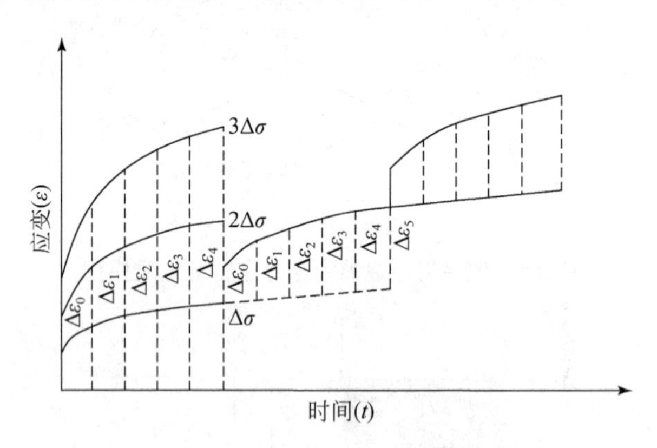

图 7.8　陈氏加载法整理蠕变数据处理方法

7.2　卸荷蠕变特征及参数

7.2.1　完整岩石

1. 时效变形及破裂模式

完整大理岩三轴卸荷蠕变试验曲线及破坏照片如图 7.9 所示，图中曲线上方数字表示所对应围压值的大小。

岩石在恒定应力作用下的蠕变曲线分为衰减蠕变阶段、稳定蠕变阶段和加速蠕变阶段三个阶段，如图 7.10 所示。*AB* 段为衰减蠕变阶段，该阶段内蠕变速率逐渐递减；*BC* 段为稳定蠕变阶段，蠕变速率成定值稳定状态；*CD* 段为加速蠕变阶段，该阶段蠕变速率呈加速增长状态，加速蠕变将导致岩石试件的迅速破坏。

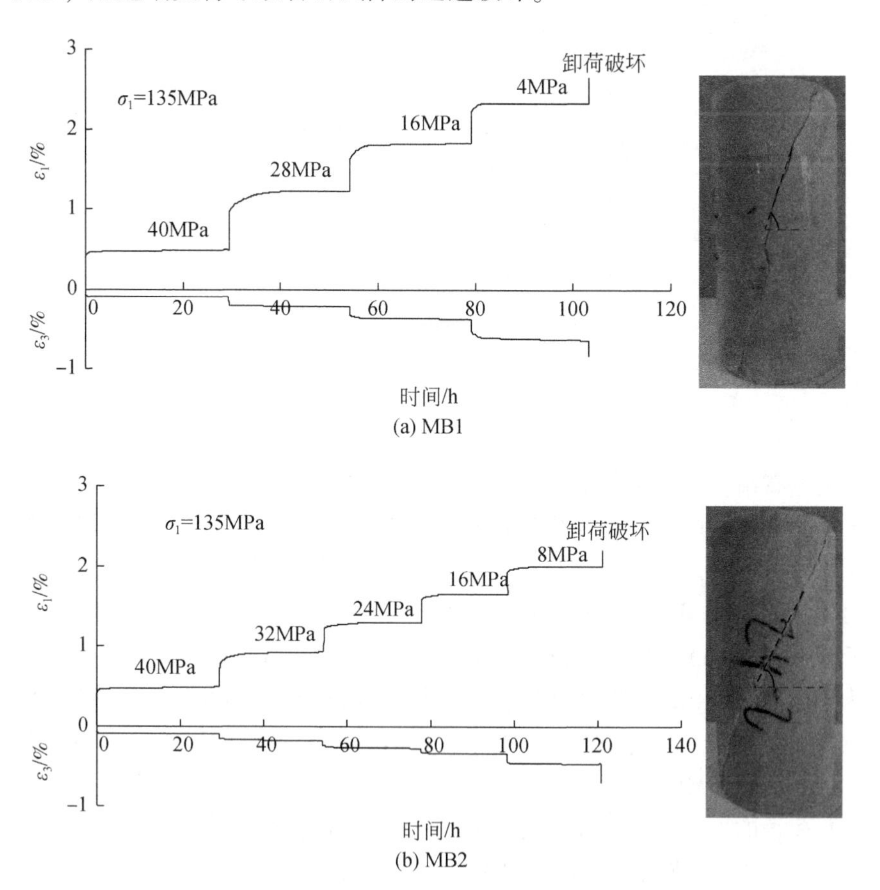

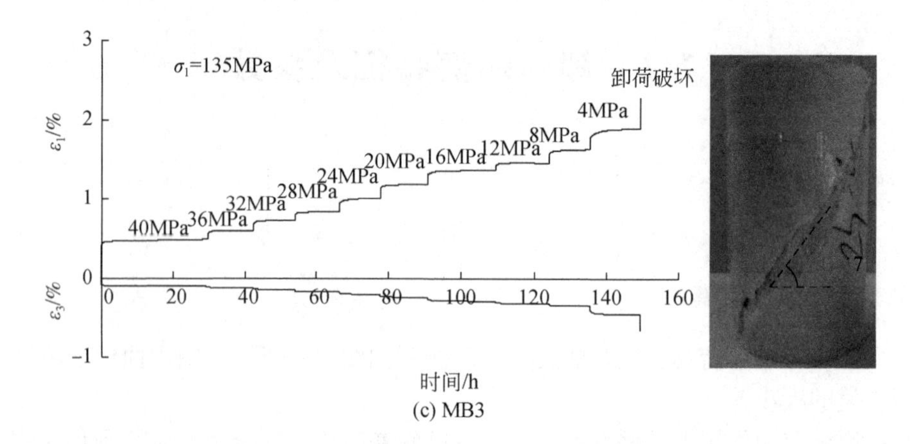

(c) MB3

图 7.9 完整大理岩三轴卸荷蠕变试验曲线及破坏照片

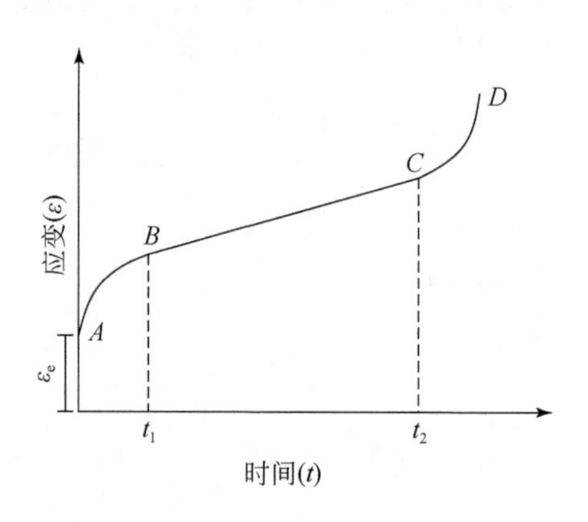

图 7.10 岩石蠕变曲线

从图 7.9 可看出，三个试件的蠕变曲线均未出现加速蠕变阶段，都是在分级卸荷的过程中发生破坏。从试验结果分析可以看出不同分级卸荷量条件下大理岩卸荷蠕变性质及破坏形态表现出较大区别，具体为①分级卸荷量越大，每一级荷载作用下蠕变变形趋于稳定所需的时间越长；试样 MB1（$\Delta\sigma_3=-12$MPa）在卸荷后平均约 14h 趋于稳定（观测到的位移增量小于 0.001mm/h），MB2（$\Delta\sigma_3=-8$MPa）和 MB3（$\Delta\sigma_3=-4$MPa）平均需要的时间则分别约为 10h 和 7h。②分级卸荷量越大，大理岩卸荷蠕变破坏时对应的破坏围压越大（即偏应力越小），试样 MB1、MB2 和 MB3 在最后一级卸围压过程中发生破坏时对应的围压分别为 3.0MPa、2.5MPa 和 1.7MPa（表 7.1）。③各岩样均以宏观单剪切面破坏为主，但随着分级卸荷量的增大，破裂角（主破裂面与最大主应力作用平面之间的夹角）逐渐增大，MB1、MB2 和 MB3 的破裂角分别约为 82°、79°和 75°。

2. 蠕变特征参数

图 7.11 为不同分级卸荷量、相同应力水平下大理岩蠕变曲线比较。表 7.4 为不同分

级卸荷量、相同应力水平下大理岩的蠕变特性指标，其中相同应力水平不同卸荷量下各试样蠕应变的计算取相等的蠕变时间。

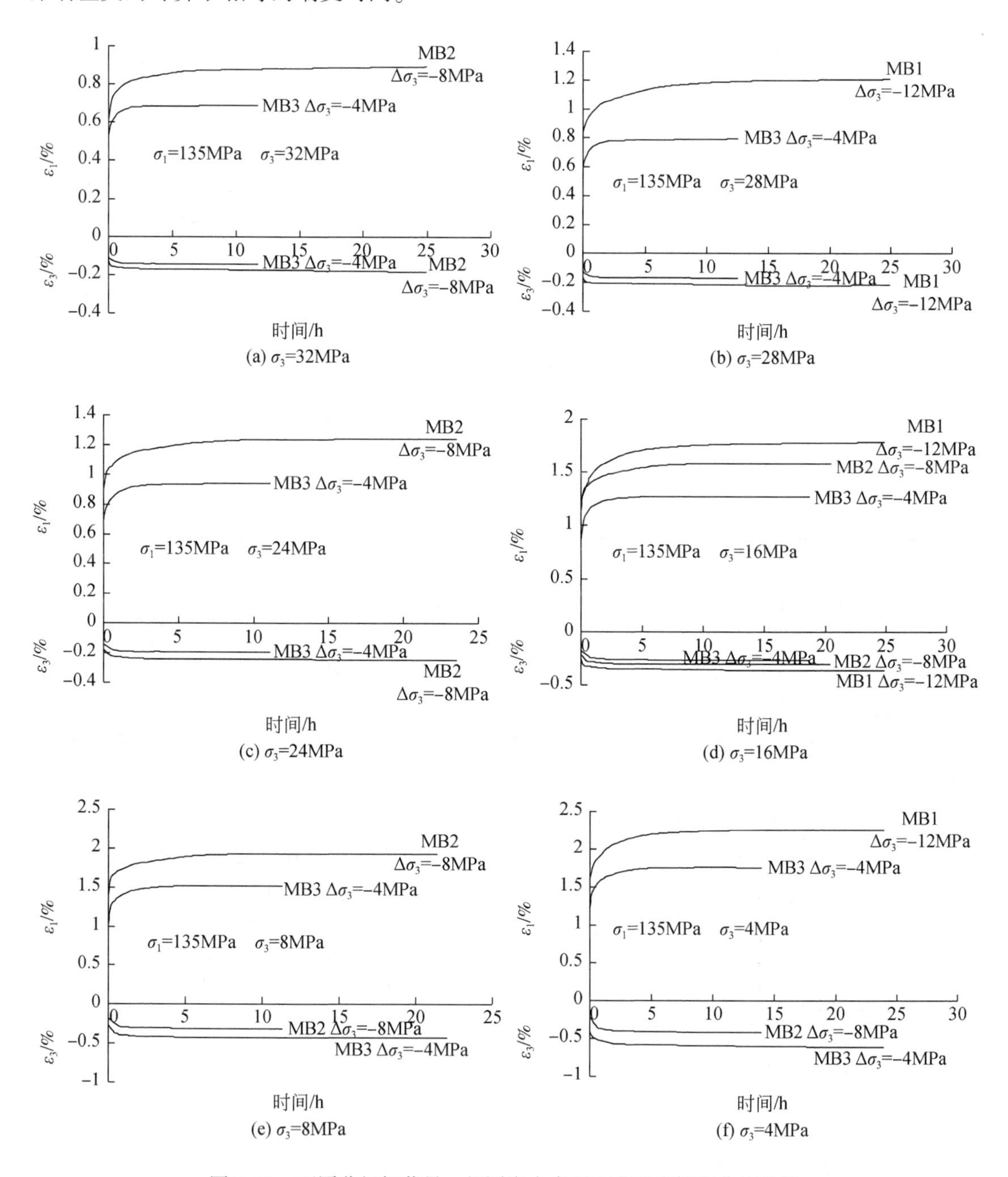

图7.11　不同分级卸荷量、相同应力水平下大理岩蠕变曲线比较

表 7.4　不同分级卸荷量、相同应力水平下大理岩试样蠕变特性指标

轴压/MPa	围压/MPa	卸荷量/MPa	瞬时应变/%		蠕变时间/h	蠕应变/%	
			轴向	侧向		轴向	侧向
135	32	-8	0.608	0.129	11.8	0.272	0.045
		-4	0.506	0.101		0.183	0.043
	28	-12	0.845	0.165	12.5	0.362	0.057
		-4	0.553	0.112		0.241	0.053
	24	-8	0.897	0.179	11.1	0.340	0.072
		-4	0.646	0.124		0.299	0.064
	16	-12	1.238	0.261	18.7	0.541	0.100
		-8	1.136	0.217		0.446	0.092
	8	-4	0.869	0.186		0.409	0.087
		-8	1.406	0.275	11.3	0.526	0.149
		-4	1.023	0.181		0.499	0.133
	4	-12	1.616	0.395	13.9	0.642	0.208
		-4	1.158	0.210		0.600	0.204

从图 7.11 和表 7.4 可看出，不同分级卸荷量条件下大理岩的蠕变特性表现为①分级卸荷量越大，在相同应力水平下大理岩的瞬时应变越大；②经历相同的卸荷蠕变时间后，卸荷量越大，岩样的蠕应变也越大，如在应力水平 $\sigma_1=135\text{MPa}$ 和 $\sigma_3=16\text{MPa}$ 时，MB1（$\Delta\sigma_3=-12\text{MPa}$）、MB2（$\Delta\sigma_3=-8\text{MPa}$）和 MB3（$\Delta\sigma_3=-4\text{MPa}$）的轴向瞬时应变分别为 1.238%、1.136% 和 0.869%，经历 18.7h 的卸荷蠕变后各试样的轴向蠕应变则分别为 0.541%、0.446% 和 0.409%。

对于相同分级卸荷量的岩石在不同围压条件下，岩石的瞬时应变、蠕应变均随围压的减小而增大，即随偏应变的增大而增大。以分级卸荷量 $\Delta\sigma_3=-8\text{MPa}$ 的试样 MB2 为例，围压在 32MPa、24MPa、16MPa 和 8MPa 时，对应的轴向瞬时应变分别为 0.608%、0.897%、1.136% 和 1.406%，侧向瞬时应变分别为 0.129%、0.179%、0.217% 和 0.275%，对应的轴向蠕应变分别为 0.272%、0.340%、0.446% 和 0.526%，侧向蠕应变分别为 0.045%、0.072%、0.092% 和 0.149%。

7.2.2　单裂隙岩体

1. 时效变形及破裂模式

单裂隙岩体相似材料三轴卸荷蠕变试验曲线如图 7.12 所示，图中曲线上方数字表示所对应围压值的大小。

从图 7.12 可看出，仅 60°裂隙试件 XS3 在 $\sigma_3=1.25\text{MPa}$ 出现了加速蠕变阶段并最终破坏，其他模型均是在卸荷过程中破坏。完整岩石试件 XS1 在由围压 $\sigma_3=1.25\text{MPa}$ 卸荷至 0

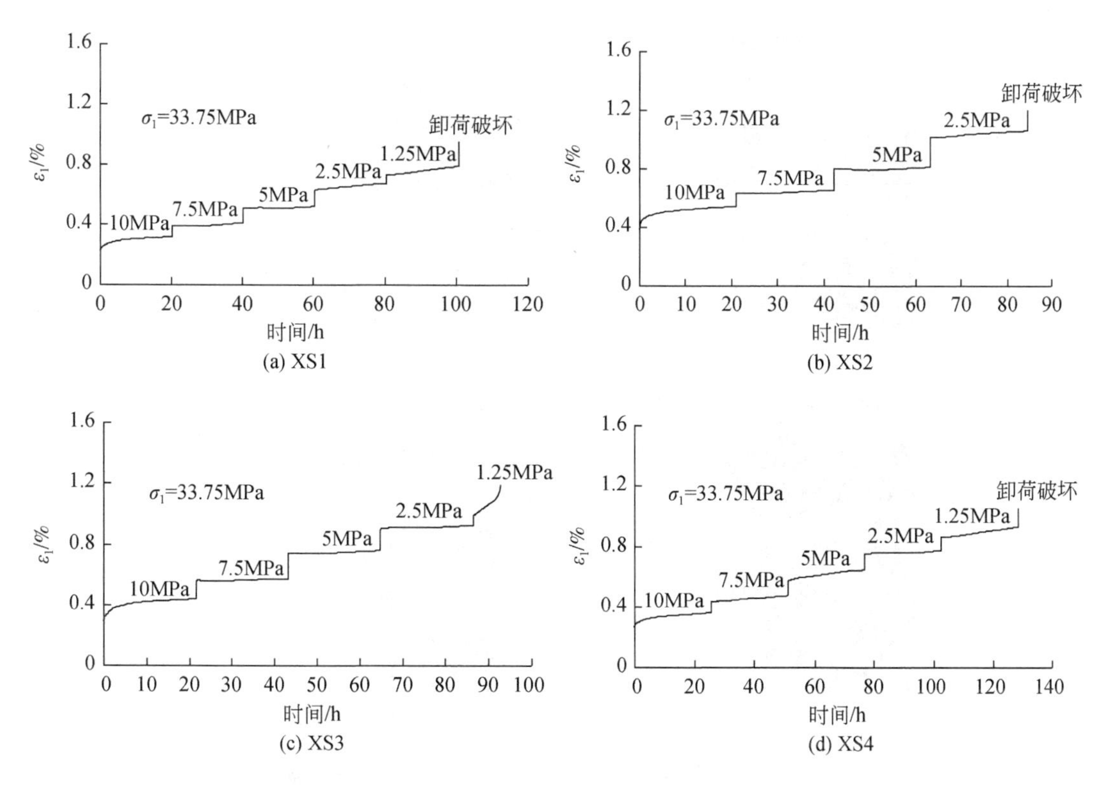

图 7.12　单裂隙岩体相似材料三轴卸荷蠕变试验曲线

的过程中出现破坏，30°裂隙试件 XS2 在由围压 2.5MPa 卸荷至 1.25MPa 的过程中出现破坏，90°裂隙试件 XS4 在由围压 $\sigma_3=1.25$MPa 卸荷至 0 的过程中出现破坏。可以看出，试件在破坏时对应围压值最大（应力差最小）的是 30°裂隙试样，其次为 60°裂隙试样，90°和完整裂隙试样最小，这与裂隙试件在常规单轴压缩破坏时的强度大小顺序基本一致。

单裂隙岩体相似模型三轴卸荷蠕变破坏照片及素描图如图 7.13 所示。从图 7.13 可看出，在三轴卸荷蠕变条件下，完整岩样破坏时以端部剪切破坏（裂缝 a）为主，同时也发展竖向的劈裂张拉裂缝 b 和 c；30°裂隙岩样裂隙尖端发育顺翼裂纹 a 和 b 并偏向外侧扩展至贯通破坏；60°裂缝岩样裂隙尖端无明显的顺翼裂纹发育，而是发育反翼裂纹 a 和 b 并扩展至贯通破坏，且试样还发育一条张拉裂缝 c 与 b 相交；90°裂隙岩样的裂隙并不在裂隙尖端扩展，而是类似完整岩样发生整体性剪切破坏且横切裂隙。

2. 蠕变特征参数

按陈氏加载法处理后得到分别加载下的蠕变试验曲线如图 7.14 所示。

表 7.5 为各模型在不同应力水平下单裂隙岩体模型试件三轴卸荷蠕变特性指标。从表中可以看出，同类试件的不同应力状态下：①试件的瞬时变形随偏应力（$\sigma_1-\sigma_3$）的增大而增大；②蠕应变随偏应力的变化规律并不显著，四个试件在初始应力水平 $\sigma_1=33.75$MPa、$\sigma_3=10$MPa 时的蠕应变均较下一级即 $\sigma_1=33.75$MPa、$\sigma_3=7.5$MPa 时的蠕应变

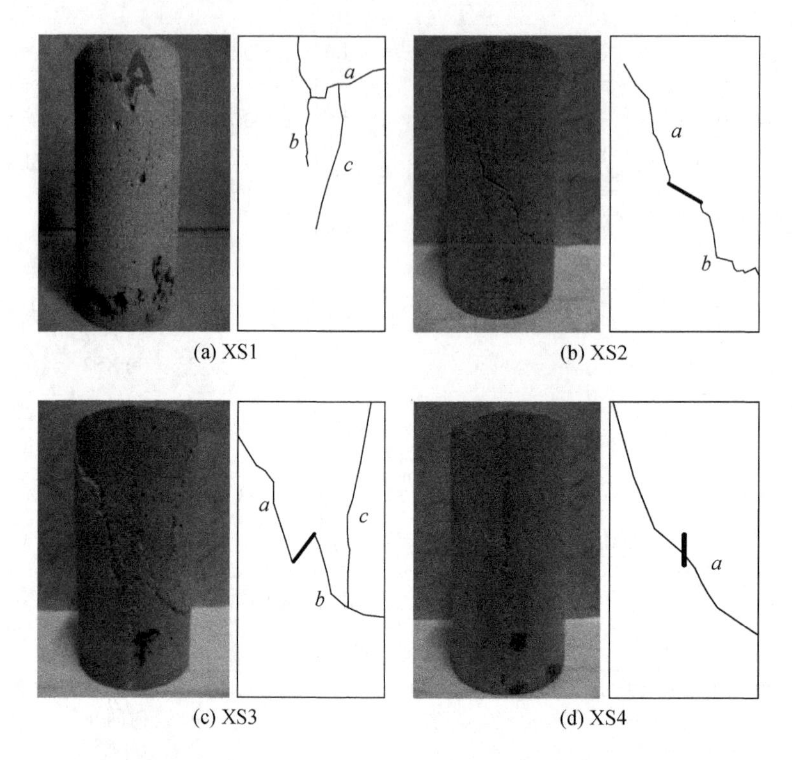

(a) XS1　(b) XS2
(c) XS3　(d) XS4

图 7.13　单裂隙岩体相似模型三轴卸荷蠕变破坏照片及素描图

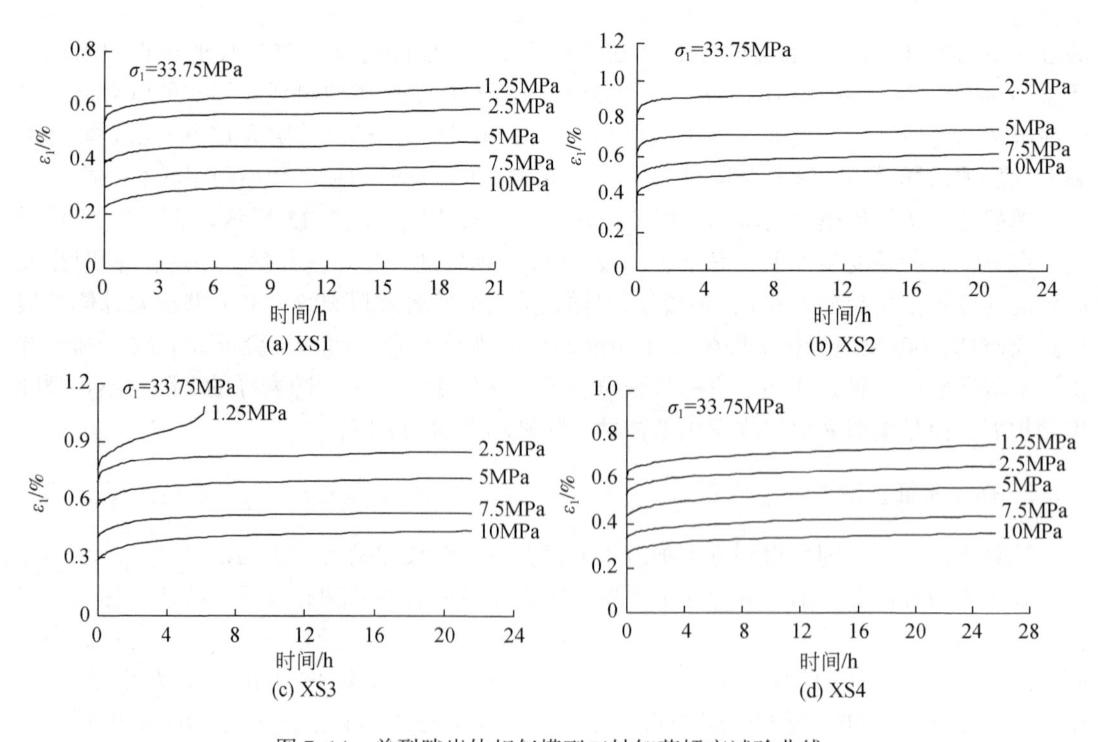

(a) XS1　(b) XS2
(c) XS3　(d) XS4

图 7.14　单裂隙岩体相似模型三轴卸荷蠕变试验曲线

大，分析其原因可能是相似材料制作后内部仍存在一些气泡，在第一级应力的作用下闭合，由于采用单体分级应力加载的方式，第二级应力加载时原有气泡较多已在第一级荷载作用下闭合，因此产生的蠕应变较第一级小。

而对相同应力状态下的不同类型试件，每级荷载作用下 XS2 即 30°的瞬时应变最大，其后依次为 60°、90°和完整试样；除在 $\sigma_3=5$MPa 和 $\sigma_3=2.5$MPa 时 60°裂隙模型的蠕应变较 30°裂隙模型大外，其他应力状态下的蠕应变也按 30°、60°、90°和完整试样的顺序从大到小变化。

表 7.5　不同应力水平下单裂隙岩体模型试件三轴卸荷蠕变特性指标

轴压/MPa	试件编号	围压/MPa	瞬时应变/%	蠕变时间/h	蠕应变/%
33.75	XS1	10	0.2218	20	0.0930
		7.5	0.2926		0.0879
		5	0.3860		0.0814
		2.5	0.4944		0.0936
		1.25	0.5348		0.1326
	XS2	10	0.3773	20	0.1614
		7.5	0.4634		0.1492
		5	0.6121		0.1309
		2.5	0.8150		0.1416
	XS3	10	0.2843	20	0.1507
		7.5	0.4029		0.1261
		5	0.5540		0.1544
		2.5	0.6854		0.1608
		1.25	0.7517		—
	XS4	10	0.2600	20	0.0905
		7.5	0.3337		0.0926
		5	0.4337		0.1273
		2.5	0.5313		0.1179
		1.25	0.5793		0.1437

7.2.3　双裂隙岩体

1. 时效变形及岩桥贯通模式

双裂隙砂岩分级三轴卸荷蠕变试验曲线如图 7.15 所示，图中曲线上方数字表示所对应围压值的大小。

从图 7.15 可看出，完整岩石和陡陡裂隙岩体在整个卸荷蠕变过程中没有出现破坏，

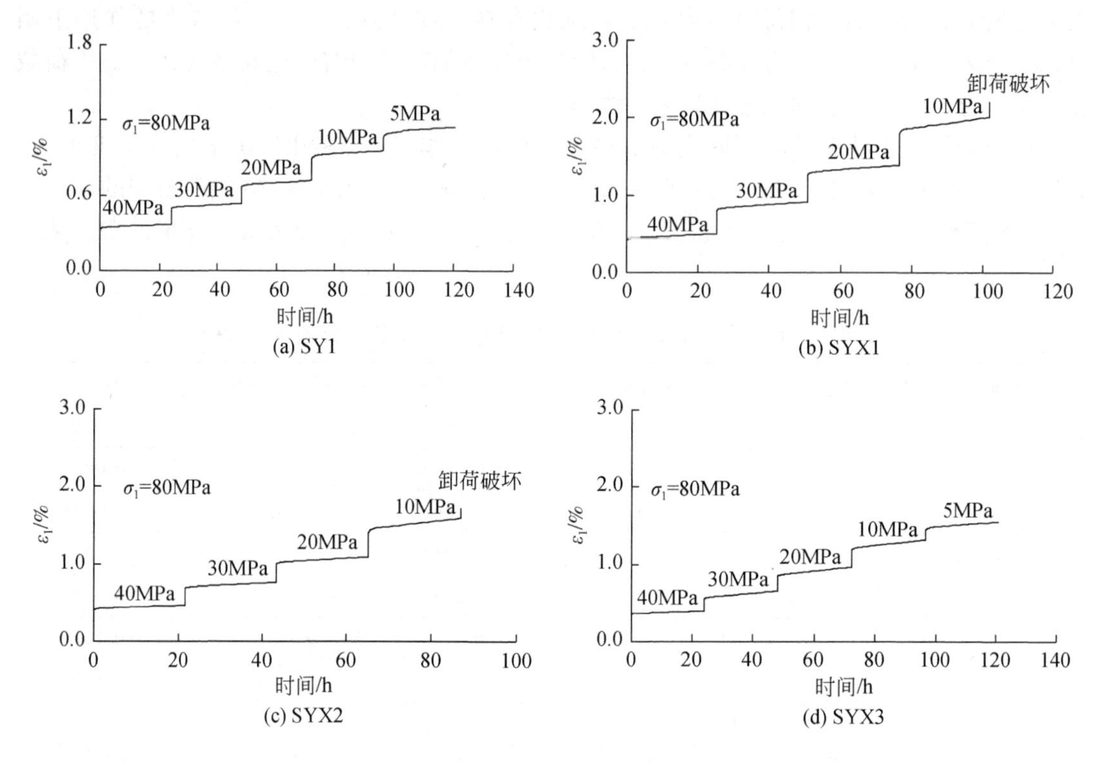

图 7.15　双裂隙砂岩分级三轴卸荷蠕变试验曲线

缓缓和陡缓裂隙岩体均在围压从 10MPa 卸荷至 5MPa 的过程中出现破坏，分级卸荷蠕变条件下双裂隙砂岩的强度仍为完整岩石、陡陡裂隙岩体强度大于陡缓裂隙岩体和缓缓裂隙岩体。

缓缓和陡缓裂隙砂岩三轴分级卸荷蠕变破坏照片及素描图如图 7.16 所示。从图 7.16 可看出，在分级卸荷蠕变条件下：①缓缓裂隙在预制裂隙Ⅰ和Ⅱ的尖端出现剪切裂纹 a 并发展至岩桥直接贯通破坏，呈现为剪切贯通破坏模式，另外在预制裂隙Ⅰ发育有剪切裂纹 b 并扩展至试件表面，预制裂隙Ⅱ的尖端发育有剪切裂纹 c 并扩展至试件表面；②陡缓裂

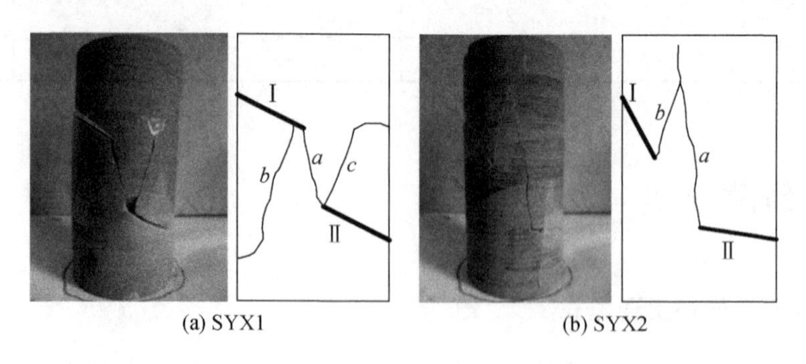

图 7.16　双裂隙砂岩三轴分级卸荷蠕变破坏照片及素描图

隙在预制裂隙 I 尖端发育有拉裂纹 b 并沿最大主应力方向向上延伸，同时在预制裂隙 II 尖端发育剪切裂纹 a 并与 b 搭接贯通破坏，呈现为拉剪贯通模式。

2. 蠕变特征参数

双裂隙砂岩三轴卸荷蠕变试验曲线如图 7.17 所示。表 7.6 为裂隙岩体在不同应力水平下双裂隙砂岩三轴卸荷蠕变特性指标。不同裂隙类型的双裂隙砂岩三轴卸荷蠕变时的瞬时应变和蠕应变的对比如图 7.18 所示。

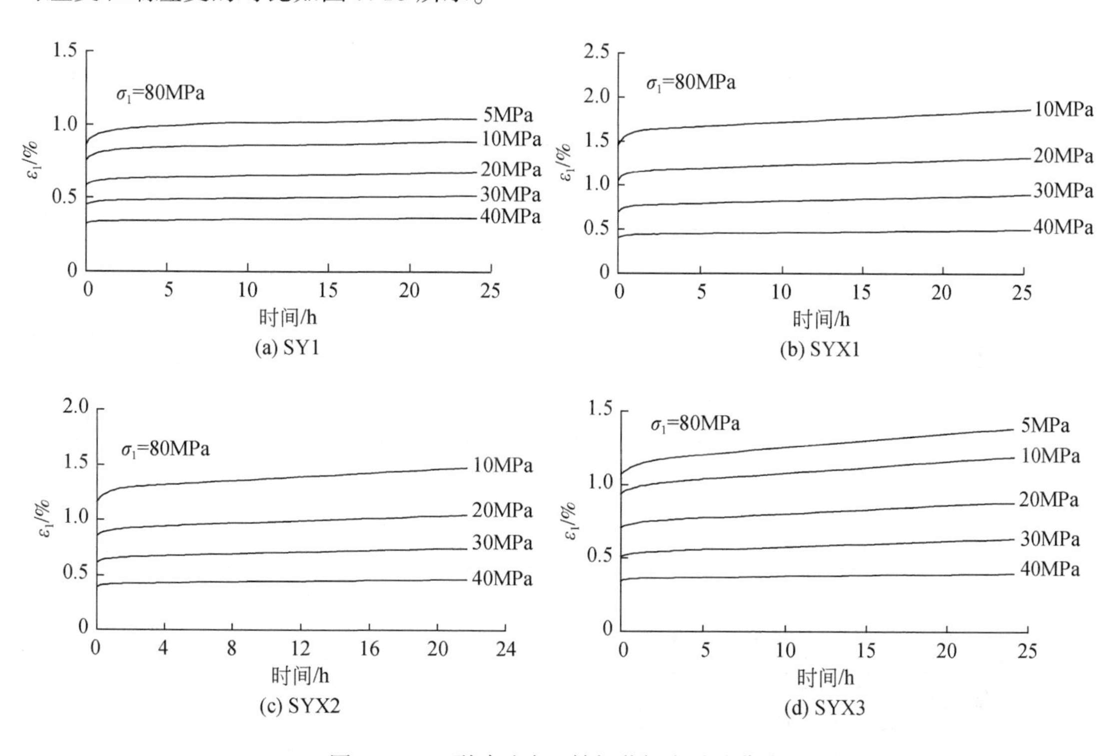

图 7.17　双裂隙砂岩三轴卸荷蠕变试验曲线

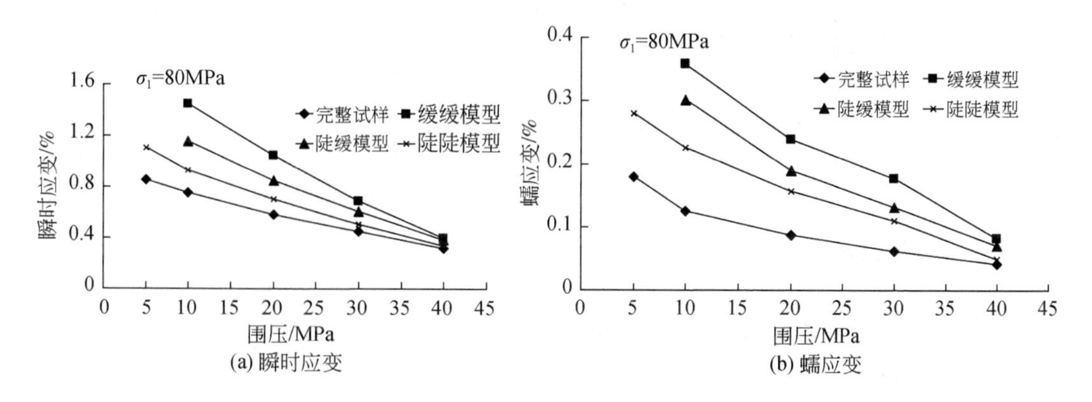

图 7.18　不同类型双裂隙砂岩三轴卸荷蠕变时的瞬时应变和蠕应变的对比

表 7.6　不同应力水平下双裂隙砂岩三轴卸荷蠕变特性指标

轴压/MPa	试件编号	围压/MPa	瞬时应变/%	蠕变时间/h	蠕应变/%
80	SY1	40	0.3198	20	0.0411
		30	0.4485		0.0617
		20	0.5817		0.0875
		10	0.7521		0.1245
		5	0.8544		0.1795
	SYX1	40	0.3988	20	0.0824
		30	0.6887		0.1766
		20	1.0431		0.2382
		10	1.4503		0.3579
	SYX2	40	0.3826	20	0.0701
		30	0.6053		0.1313
		20	0.8455		0.1890
		10	1.1555		0.3015
	SYX3	40	0.3405	20	0.0487
		30	0.5054		0.1095
		20	0.7017		0.1569
		10	0.9303		0.2262
		5	1.1066		0.2804

从表 7.6 可看出：①同类试件的不同应力状态下，试件的瞬时变形和蠕应变均随偏应力（$\sigma_1-\sigma_3$）的增大而增大，且每条曲线均基本呈上凹型，表明应力差越大，试件的瞬时变形和蠕应变的增大量也在增加；②相同应力状态下不同类型试件，瞬时应变与蠕应变从大到小的顺序均为缓缓、陡缓、陡陡裂隙岩体和完整岩石。对比前文的三轴加压蠕变试验、常规单、三轴压缩试验可以看出，双裂隙砂岩的强度与变形指标均呈现较为一致的顺序，强度从大到小顺序均为完整岩石、陡陡、陡缓和缓缓裂隙岩体；变形从大到小则为缓缓、陡缓、陡陡裂隙岩体和完整岩石。

7.3　本构模型与参数反演

7.3.1　完整岩石

根据大理岩蠕变曲线的特点（图 7.9），大部分曲线主要表现为衰减蠕变阶段特征，比较符合广义 Kelvin 模型的蠕变曲线特点，但部分曲线如图 7.9（b）中试样 MB2 的侧向蠕变曲线等还具有较为明显的稳态蠕变阶段特征，比较符合 Burgers 模型的蠕变曲线特点。为此，本书分别采用广义 Kelvin 模型和 Burgers 模型对大理岩在各个应力水平下的蠕变曲线进行拟合，并对拟合效果进行分析。根据最小二乘法对试验数据进行拟合，拟合相关系数（R^2）如表 7.7 所示。

表 7.7　广义 Kelvin 和 Burgers 模型对大理岩三轴卸荷蠕变拟合对比

轴压 /MPa	围压 /MPa	卸荷量 /MPa	R^2			
			轴向		侧向	
			Burgers 模型	广义 Kelvin 模型	Burgers 模型	广义 Kelvin 模型
135	32	-8	0.983	0.964	0.996	0.877
		-4	0.993	0.990	0.993	0.984
	28	-12	0.994	0.991	0.946	0.884
		-4	0.987	0.981	0.990	0.981
	24	-8	0.981	0.977	0.996	0.948
		-4	0.992	0.988	0.992	0.986
	16	-12	0.996	0.992	0.969	0.906
		-8	0.973	0.970	0.990	0.988
		-4	0.990	0.986	0.993	0.971
	8	-8	0.973	0.971	0.996	0.975
		-4	0.982	0.976	0.997	0.989
	4	-12	0.995	0.993	0.994	0.952
		-4	0.980	0.976	0.994	0.963

从表 7.7 可看出，广义 Kelvin 模型和 Burgers 模型对大理岩三轴卸荷蠕变曲线的拟合均较好，Burgers 模型各项拟合相关系数（R^2）均高于广义 Kelvin 模型，这主要是由于 Burgers 模型比广义 Kelvin 模型多一个元件。广义 Kelvin 模型和 Burgers 模型对大理岩轴向蠕变变形的拟合相关系数（R^2）均大于 0.96，说明拟合程度均相当好。但对与侧向蠕变变形的拟合中，广义 Kelvin 在几项的拟合相关系数（R^2）要明显小于 Burgers，如围压为 32MPa，卸荷量为-8MPa 时，Burgers 模型的 R^2 为 0.996，而广义 Kelvin 模型的 R^2 仅为 0.877，图 7.19 为此应力条件下广义 Kelvin 模型和 Burgers 模型的拟合对比图，可以看出，采用 Burgers 模型对其进行描述更合理一些。

模型参数随分级卸荷量变化规律如下：

(1) 瞬时弹性模量（轴向和侧向，E_1 和 E_1'）反映的是试样的瞬时变形，E_1 和 E_1' 越大，大理岩的瞬时变形越小。从表 7.8 和表 7.9 可看出，对于瞬时弹性模量 E_1 和 E_1'，在相同的应力状态下，分级卸荷量越小，E_1 和 E_1' 值越大，表明大理岩的瞬时应变随分级卸荷量的增大而增大。图 7.20 为瞬时弹性模量 E_1 和 E_1' 随分级卸荷量变化的曲线图。由于图 7.20 中大部分曲线上仅有两个点，不能体现一般性规律，因而下文以试验中的三个点，即 $\Delta\sigma_3=-12$MPa、-8MPa 和-4MPa 展开分析。

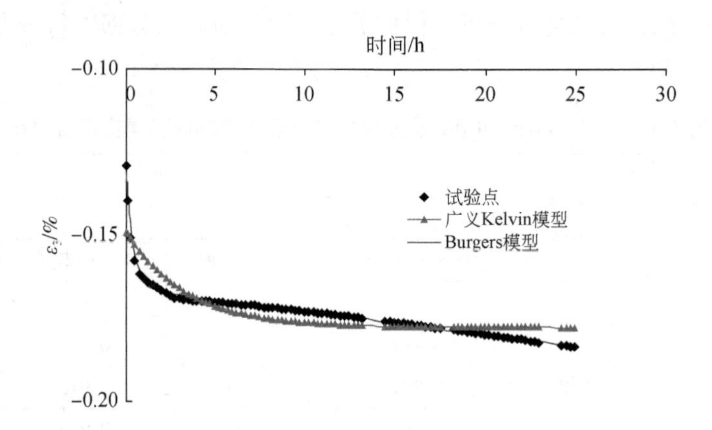

图 7.19　广义 Kelvin 模型和 Burgers 模型对大理岩三轴卸荷蠕变试验曲线拟合对比图（$\sigma_3=32$MPa）

表 7.8　大理岩三轴不同分级卸荷量蠕变条件下轴向 Burgers 模型参数

应力状态		分级卸荷量 /MPa	轴向 Burgers 模型参数				
轴压 /MPa	围压 /MPa		E_1/MPa	η_1/(MPa · h)	E_2/MPa	η_2/(MPa · h)	R^2
135	32	−8	18793	2042056	39352	15989	0.983
		−4	23078	3518419	54194	10200	0.993
	28	−12	13981	1951600	30116	29186	0.994
		−4	21024	2192425	45394	7979	0.987
	24	−8	12995	2587272	35189	22282	0.981
		−4	18428	2660264	36681	7841	0.992
	16	−12	9973	1733635	21402	15707	0.996
		−8	10433	2193468	29529	16469	0.973
		−4	14312	3323960	26404	6250	0.990
	8	−8	8642	2463408	27088	15745	0.973
		−4	12310	2277875	24851	4771	0.982
	4	−12	7938	2416475	19545	12855	0.995
		−4	10740	2579038	22065	6014	0.980

从图 7.20 可看出，大部分曲线均处于近乎平行的状态，即斜率相差不大，若除去由于岩石试样差异的影响，可以认为各曲线的斜率基本上是相等的。这表明分级卸荷量在 $\Delta\sigma_3=-12$MPa、−8MPa 和−4MPa 时对瞬时弹性模量 E_1 和 E_1' 的影响与应力状态的关系不大。经计算可知瞬时弹性模量 E_1 和 E_1' 随分级卸荷量变化的平均斜率分别为 752.27 和 551.72，因此可得锦屏 Ⅰ 级水电站大理岩卸荷蠕变参数 E_1 和 E_1' 在分级卸荷量为 $\Delta\sigma$ 时的计算公式为

$$E_1=E_{10}+752.27(\Delta\sigma-\Delta\sigma_0)$$

$$E_1' = E_{10}' + 551.72(\Delta\sigma - \Delta\sigma_0) \tag{7.1}$$

式中，E_{10}和E_{10}'为根据卸荷试验得到的瞬时弹性模量E_1和E_1'；$\Delta\sigma_0$为卸荷试验中的分级卸荷量；$\Delta\sigma = -4$MPa、-8MPa 或-12MPa，$\Delta\sigma_0 = -4$MPa、-8MPa 或-12MPa。

表 7.9 大理岩三轴不同分级卸荷量蠕变条件下侧向 Burgers 模型参数

应力状态		分级卸荷量 /MPa	侧向 Burgers 模型参数				
轴压 /MPa	围压 /MPa		E_1'/MPa	η_1'/(MPa·h)	E_2'/MPa	η_2'/(MPa·h)	R^2
135	32	−8	3610	2498294	120542	19945	0.996
		−4	4502	4262365	117374	18953	0.993
	28	−12	4760	2764026	105780	17730	0.946
		−4	6660	4044460	94650	13958	0.990
	24	−8	6086	3960858	78658	16525	0.996
		−4	8406	3427669	75432	11182	0.992
	16	−12	6324	2225066	67488	16435	0.969
		−8	7762	8028942	61616	14456	0.990
		−4	9781	4053931	58667	13153	0.993
	8	−8	8459	2857300	36619	6782	0.996
		−4	12903	2043197	42073	7095	0.997
	4	−12	6515	1221809	31961	9017	0.994
		−4	12555	1699602	28255	5521	0.994

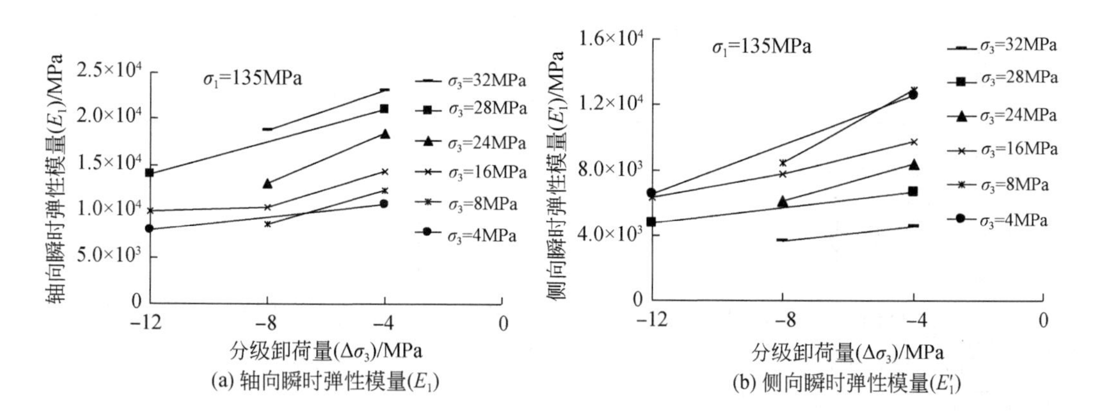

图 7.20 大理岩三轴卸荷蠕变 Burgers 模型瞬时弹性模量随分级卸荷量变化曲线图

（2）根据式（7.1），黏滞系数（轴向和侧向，η_1 和 η_1'）主要反映试样在稳定蠕变状态的稳态蠕变速率，η_1 和 η_1'越大，稳态蠕变速率越小。从表 7.8 和表 7.9 可看出，除了在应力状态 $\sigma_3 = 24$MPa、$\sigma_3 = 16$MPa 时的侧向黏滞系数（η_1'），$\sigma_3 = 8$MPa 时时轴向黏滞系数（η_1）和侧向黏滞系数（η_1'）随分级卸荷量的减小有一定减小外，其余均是随分级卸荷量的减小而增大，即试样的稳态蠕变速率随分级卸荷量的减小而减小。

(3) 黏滞系数 η_2、η_2'与黏弹性模量（轴向和侧向，G_2 和 G_2'）的比值 η_2/G_2、η_2'/G_2' 反映了试样达到稳定蠕变阶段所经历的时间。根据表 7.8 和表 7.9，得到各试样在不同分级卸荷量条件下达到稳定蠕变阶段所经历的时间如表 7.10 所示。从表 7.4 可以看出，在相同的应力水平下，分级卸荷量越小，试样达到稳定蠕变阶段所经历的时间越小。

表 7.10　不同分级卸荷量条件下大理岩达到稳定蠕变阶段所经历的时间

应力状态		卸荷量/MPa	(η_2/G_2) /h	(η_2'/G_2') /h
轴压/MPa	围压/MPa			
135	32	-8	0.991	0.404
		-4	0.459	0.394
	28	-12	2.365	0.409
		-4	0.429	0.360
	24	-8	1.545	0.513
		-4	0.522	0.362
	16	-12	1.791	0.594
		-8	1.361	0.572
		-4	0.578	0.547
	8	-8	1.418	0.452
		-4	0.468	0.411
	4	-12	1.605	0.688
		-4	0.665	0.477

7.3.2　单裂隙岩体

采用与模型材料对应的原样材料大理岩一致的 Burgers 元件模型对模型试件的蠕变曲线进行拟合，各应力条件下拟合得到的单裂隙模型试件三轴卸荷蠕变 Burgers 模型参数如表 7.11 所示。

从表 7.11 可看出，对于不含加速蠕变阶段的单裂隙模型试样和完整试样的蠕变曲线，采用 Burgers 模型的拟合相关系数（R^2）均达到了 0.95 以上，表明 Burgers 模型可以较好地描述其蠕变变形特征。从另一方面表明可以用同一形式的本构模型来描述完整岩石试件和对应的裂隙试件，只是参数上会有所区别。

表 7.11　单裂隙模型试件三轴卸荷蠕变 Burgers 模型参数

应力状态		试样编号（裂隙特征）	Burgers 模型参数				
轴压 /MPa	围压 /MPa		E_1/MPa	η_1/(MPa·h)	E_2/MPa	η_2/(MPa·h)	R^2
135	10	XS1（完整）	10557	575211	30360	24946	0.979
		XS2（30°）	5982	290853	21254	8985	0.982
		XS3（60°）	8112	422297	18018	14086	0.978
		XS4（90°）	8916	501580	36412	28462	0.988
	7.5	XS1（完整）	8411	488212	42577	22283	0.989
		XS2（30°）	5173	334613	25048	7856	0.963
		XS3（60°）	6021	757507	21806	14878	0.987
		XS4（90°）	7212	506862	42770	40548	0.986
	5	XS1（完整）	6653	785281	44688	18900	0.984
		XS2（30°）	4166	432344	28838	4976	0.985
		XS3（60°）	4533	427103	23905	11989	0.987
		XS4（90°）	5871	372510	36026	32321	0.997
	2.5	XS1（完整）	5382	683873	43879	18029	0.965
		XS2（30°）	3257	355544	31794	5414	0.956
		XS3（60°）	3800	488827	25103	9361	0.973
		XS4（90°）	4960	477583	37864	23530	0.988
	1.25	XS1（完整）	5010	346485	43743	12960	0.986
		XS4（90°）	4406	375439	38956	18148	0.974

同样对参数 E_1、η_1 和 η_2/G_2 的变化进行分析。经分析表明，①轴向瞬时弹性模量（E_1）随应力状态和试件裂隙类型呈较为明显的规律。对同类裂隙试件在不同应力状态时，参数 E_1 随围压的减小（偏应力增大）而减小，即瞬时变形随围压的减小而增大。在相同应力状态时的不同裂隙类型试件，参数 E_1 从大至小依次均为完整试件、90°试件、60°试件和 30°试件，即瞬时变形从大至小依次为 30°试件、60°试件、90°试件和完整试件。②轴向黏滞系数（η_1）与轴向瞬时弹性模量（E_1）相比，其变化规律较不明显，对同类裂隙试件在不同应力状态时，或对相同应力状态时的不同裂隙类型，其变化没有呈现规律性。③对于参数 η_2/G_2，在相同应力状态下的不同裂隙类型，基本上从大至小排列的次序为 90°试件、60°试件、完整试件和 30°试件。

7.3.3　双裂隙岩体

根据双裂隙砂岩卸荷蠕变曲线（图 7.17）的特点，同样选用 Burgers 模型对蠕变曲线进行拟合，各应力条件下拟合得到的蠕变参数如表 7.12 所示。

表 7.12　双裂隙砂岩三轴卸荷蠕变 Burgers 模型参数

应力状态		围压/MPa	Burgers 模型参数				
轴压/MPa	试样编号（裂隙特征）		E_1/MPa	η_1/(MPa·h)	E_2/MPa	η_2/(MPa·h)	R^2
80	SY1（完整）	40	19739	1290565	159180	30701	0.986
		30	14973	1107675	134774	40520	0.998
		20	12241	1080503	102457	39205	0.998
		10	9999	1001579	74349	28717	0.997
		5	8975	855067	56138	23376	0.974
	SYX1（缓缓）	40	15755	602965	90637	17468	0.993
		30	9732	334831	55181	9666	0.999
		20	6810	319793	45953	9522	0.998
		10	5227	241213	34336	7504	0.974
	SYX2（陡缓）	40	16434	668801	100160	18314	0.990
		30	11061	400662	89280	23196	0.978
		20	8410	333778	76098	24030	0.959
		10	6504	261209	49871	13815	0.978
	SYX3（陡陡）	40	18524	949568	158479	24594	0.988
		30	13307	419252	141936	40593	0.999
		20	10186	353207	119820	41127	0.979
		10	8126	289819	92844	36449	0.999
		5	7311	257913	69472	28278	0.986

可以看出，采用 Burgers 模型拟合决定相关系数（R^2）均较高，表明 Burgers 模型均可较好地描述相似模型材料的蠕变特征。由此也可以看出，对于完整砂岩、裂隙砂岩，其在加载蠕变和卸荷蠕变条件下 Burgers 模型均可对未出现加速蠕变阶段的曲线进行较好的描述，即对岩石和对应的裂隙岩体，不论是加载或卸荷蠕变，其蠕变本构模型可采用一致的形式，只是在参数上有所区别。参数 E_1、η_1 和 η_2/G_2 的变化曲线图如图 7.21 所示。

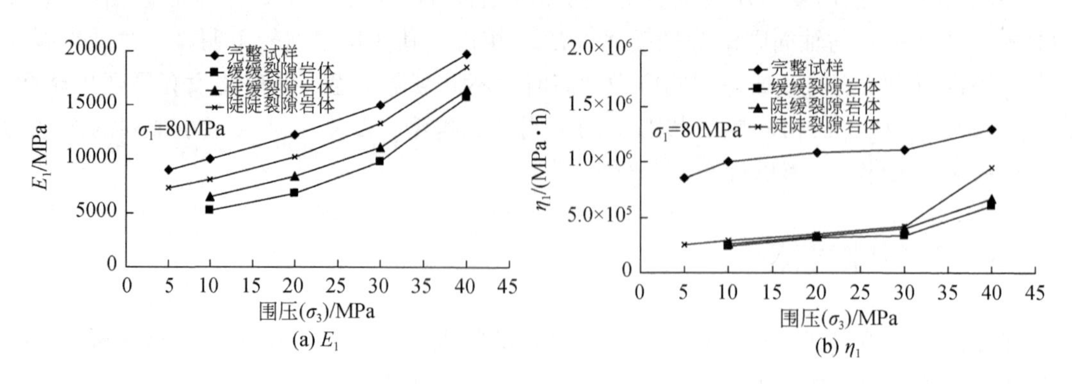

(a) E_1　　(b) η_1

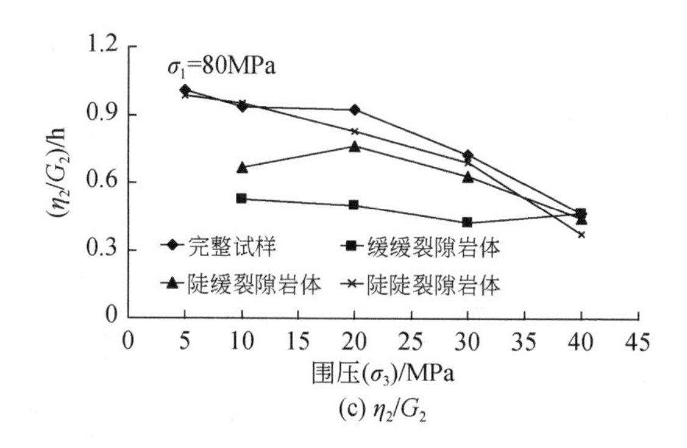

(c) η_2/G_2

图 7.21　相同应力水平下双裂隙砂岩三轴卸荷蠕变 Burgers 模型参数变化图

从表 7.12 可看出，①同类型砂岩下，轴向瞬时弹性模量（E_1）随围压的减小而减小；相同应力水平条件下，E_1 值从大到小的顺序依次为完整岩石、陡陡、陡缓和缓缓裂隙岩体。②同类型砂岩下，轴向黏滞系数（η_1）随围压的减小而减小；相同应力水平条件下，η_1 值从大到小的顺序依次为完整岩石、陡陡、陡缓和缓缓裂隙岩体。③围压越小，η_2/G_2 值越大，即进入稳态蠕变的时间越长，总体来讲，相同应力水平下，进入稳定蠕变时间从小到大依次为完整岩石、陡陡、陡缓和缓缓裂隙岩体。

将双裂隙砂岩三轴加载和卸荷蠕变试验中在同一应力水平时的 Burgers 模型参数进行对比，如表 7.13 所示。从表 7.13 可看出，相同应力水平下，分级卸围压应力路径除陡陡裂隙岩体在 $\sigma_3=5$MPa 时的轴向瞬时弹性模量（E_1）略大于分级加轴压应力路径，其他情况下均是分级卸围压应力路径下的 E_1 值要小，轴向黏滞系数（η_1）也呈同样的趋势。而 η_2/G_2 值除在 $\sigma_3=10$MPa 时分级卸围压路径下小于分级加轴压路径，其他情况下均是分级卸围压路径下的 η_2/G_2 值要大。从三个参数物理意义来看，分级卸围压蠕变条件下的瞬时变形、稳态蠕变速率以及进入稳态蠕变的时间都要大于分级加轴压蠕变环境。显然，裂隙岩体在高应力条件下的卸荷较加载情况会表现出更强的蠕变变形特征。

表 7.13　双裂隙砂岩三轴加载和卸荷蠕变 Burgers 模型参数对比

裂隙特征	应力状态		应力路径	Burgers 模型参数				
	轴压/MPa	围压/MPa		E_1/MPa	η_1/(MPa·h)	E_2/MPa	η_2/(MPa·h)	(η_2/G_2)/h
缓缓	80	10	加轴压	7264	567649	42444	10939	0.6237
			卸围压	5227	241213	34336	7504	0.5289
		20	加轴压	11492	699796	41169	6910	0.4062
			卸围压	6810	319793	45953	9522	0.5015
陡缓	80	10	加轴压	8066	593924	83105	17540	0.5108
			卸围压	6504	261209	49871	13815	0.6704
		20	加轴压	12383	913918	59396	10209	0.4160
			卸围压	8410	333778	76098	24030	0.7642

续表

裂隙特征	应力状态		应力路径	Burgers 模型参数				
	轴压/MPa	围压/MPa		E_1/MPa	η_1/(MPa·h)	E_2/MPa	η_2/(MPa·h)	(η_2/G_2)/h
陡陡	80	5	加轴压	6917	730636	75237	16841	0.5417
			卸围压	7311	257913	69472	28278	0.9850
		10	加轴压	8268	783112	89789	18555	0.5001
			卸围压	8126	289819	92844	36449	0.9501
		20	加轴压	12071	952414	79505	11262	0.3428
			卸围压	10186	353207	119820	41127	0.8306

7.3.4 关于卸荷蠕变模型选取的讨论

常规单、三轴以及三轴加载与卸荷蠕变试验均表明，裂隙特征对岩体的变形、强度以及破坏模式有非常大的影响。而蠕变条件下，当裂隙岩体所受恒定应力小于一定水平时将不会出现裂纹的扩展及蠕变破坏，其蠕变曲线只含有第一或第二阶段，而没有加速蠕变阶段的出现。也就是说，此时不同裂隙类型岩体在蠕变条件下的区别只表现在蠕变变形方面。蠕变试验结果表明，对于未出现破坏的不同裂隙类型岩体，其加载及卸荷蠕变曲线虽有区别但均表现出相似的形状特征。这使得采用同一形式的蠕变模型来描述不同裂隙特征及不同蠕变条件下的岩体变形成为可能，而各种条件下的蠕变变形差异主要通过模型参数变化来体现。根据几种典型的元件模型特点，Burgers 模型可以实现对岩石衰减蠕变和稳定蠕变阶段的模拟，从试验结果来看，Burgers 模型对本书两类裂隙岩体，以及完整岩石的不含第三阶段的三轴加载及卸荷蠕变变形进行了较好的拟合。而当应力较小岩体只表现出衰减蠕变时，同样可以选用 Burgers 模型，只是拟合的参数轴向黏滞系数（η_1）较大，即稳定蠕变速率非常低，这从工程实际角度来讲也偏于保守和安全。采用相对简单且形式同一的模型对不同裂隙类型岩体甚至是对应的完整岩石进行描述，蠕变变形的区别主要通过参数变化来体现，一方面可以通过相对较少的试验得到的模型及参数变化规律推导实际工程中更为复杂条件下裂隙岩体的蠕变模型及参数，另一方面也更容易被实际工程人员所接受，提高其实用价值，本章以此为思路进行了一些有益的尝试。

第 8 章　岩体卸荷强度准则及本构模型

目前关于加载状态下的岩石强度理论及本构模型研究已较为成熟，而卸荷路径下的岩石破坏机制是不同于加载破坏的。因此，对于岩石卸荷条件下的强度准则及本构模型的研究是一个重要问题，目前相关研究较少，已有成果也基本上是围绕卸围压条件进行探讨的，而且对于卸荷过程中的张拉特性考虑不充分。本章在试验研究的基础上，建立了拉剪强度准则、三轴卸荷–拉伸强度准则及本构模型、侧向卸荷条件下岩石屈服准则及本构模型以及卸荷蠕变损伤本构模型。

8.1　拉剪强度准则

8.1.1　考虑剪切率的强度准则

通过砂岩的单面拉剪试验研究发现，总体上双曲线准则和霍克–布朗（Hoek-Brown，H-B）准则对全法向应力区（低压应力区）的剪切强度拟合较好，现对这两种准则在不同剪切速率下的适用性进行比较以取其最优。

双曲线准则如下：

$$\left(\frac{\sigma_n-\sigma_t+a}{a}\right)^2-\left(\frac{\tau}{b}\right)^2=1 \tag{8.1}$$

式中，a、b 为待定参数（双曲线渐进线常数），通过试验数据拟合确定。

H-B 准则如下：

$$\tau=A\ (\sigma_n-\sigma_t)^B \tag{8.2}$$

式中，A、B 为待定参数，通过试验数据拟合确定。

如图 8.1 所示为两种准则对砂岩强度的拟合结果。由试验研究得到不同剪切速率下的剪切强度特征为：在法向压应力区随剪切速率的增加内摩擦角增加非常小，仅约 1.7°，而黏聚力增加显著；在法向拉应力区各剪切速率下的强度变化趋势为汇聚于单轴拉伸强度点。由图 8.1（a）可知，因双曲线具有渐进线，因此其斜率随数据的上移是必然要增大的，从而导致对法向压应力区剪切强度拟合偏差随剪切速率增大而逐渐增大。而与之不同的是，由图 8.1（b）可知，H-B 准则对法向压应力区剪切强度拟合效果相对较好，压剪区曲线具有良好调控能力，能满足斜率（即内摩擦角）基本不变的剪切率效应特征。故采用 H-B 准则来描述本书砂岩单面剪切试验的动态剪切强度准则更加合理。

图 8.2 为 H-B 准则参数 A、B 的变化对其曲线形状的影响，以进一步阐述其自我调控能力。由图 8.2（a）可知，参数 A 的变化将引起曲线全区段的斜率改变，而由图 8.2（b）可知，参数 B 对 σ_n<−2.5MPa 段曲线影响很小（各曲线均过特定点 $\sigma_n=-2.5$，$\tau=A$），而

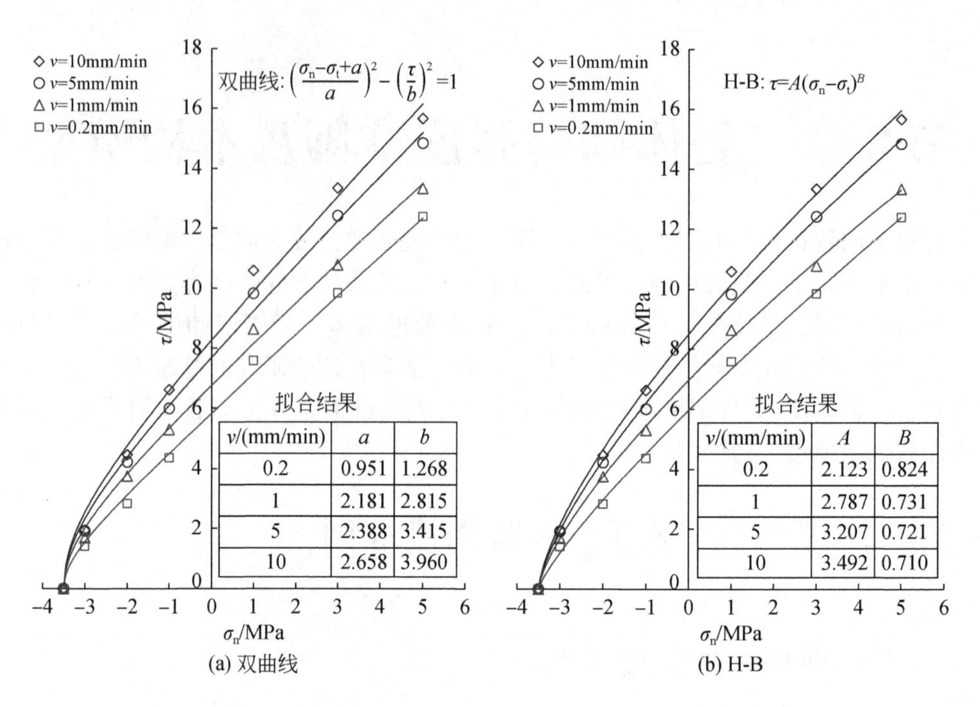

图 8.1　不同剪切速率下双曲线和 H-B 准则拟合效果比较

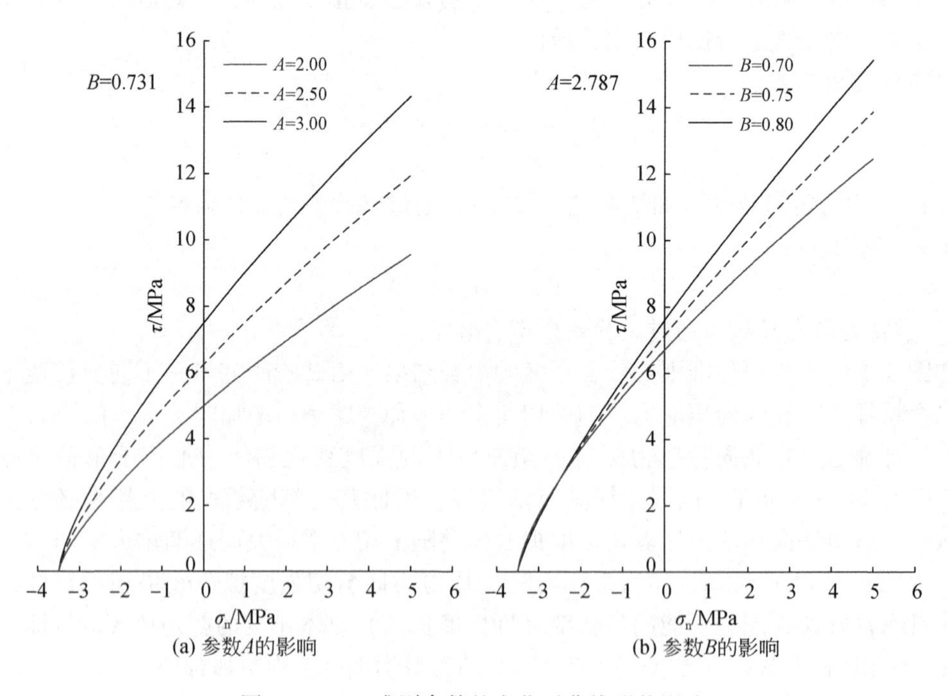

图 8.2　H-B 准则参数的变化对曲线形状影响

主要对 σ_n>−2.5MPa 段曲线产生影响。由于参数 A、B 的变化相互独立，因此可以联合调整法向压应力区段曲线使其斜率改变很小。

对图 8.1（b）中各剪切速率下拟合得到的参数 A、B 与剪切速率的关系进行分析，如图 8.3 所示，将其代入 H-B 准则即得到考虑剪切率效应的强度准则。参数 A、B 均可用对数函数拟合，其一般式如下：

$$A=a_1\lg v+a_2 \tag{8.3}$$

$$B=b_1\lg v+b_2 \tag{8.4}$$

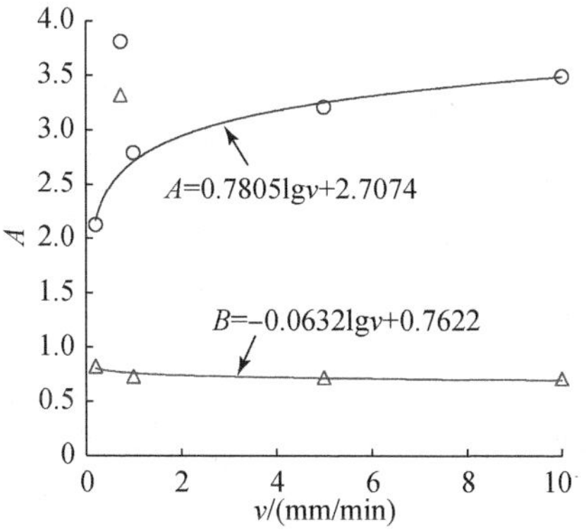

图 8.3　H-B 准则参数与剪切速率的关系

8.1.2　拉剪–压剪分段强度准则

如图 8.4 所示双面拉剪及压剪试验结果，随着法向应力的增大，砂岩试样的抗剪强度逐渐增大。法向为拉应力时，砂岩试样的抗剪强度随法向拉应力的变化呈现明显的非线性变化特征。根据实验数据，分别采用 H-B 准则和 M-C 准则对法向拉应力段和压应力段的数据进行拟合来验证两个强度准则的适用性，如图 8.4 所示。其中，H-B@T 和 M-C@T 分别表示 H-B 准则和 M-C 准则根据拉剪数据得到的强度包络线，H-B@C 和 M-C@C 分别表示 H-B 准则和 M-C 准则根据压剪数据得到的强度包络线。如图 8.4（a）所示，采用 H-B准则分别对拉应力段和压应力段砂岩抗剪强度进行拟合，得到两条砂岩抗剪强度包络线 H-B@T 和 H-B@C。H-B@T 和 H-B@C 对抗剪强度随法向拉应力的变化趋势的表征效果相近。而在压应力段，H-B@T 包络线预测值明显偏离了抗剪强度试验实测值。H-B@C 在压应力段的预测值与试验实测值相对较为吻合。H-B@T 和 H-B@C 两条包络线预测值之间的差异随着法向应力的增大逐渐增大。如图 8.4（b）所示，采用 M-C 准则分别对砂岩试样的拉剪强度和压剪强度进行预测，得到两条 M-C 强度包络线 M-C@T 和 M-C@C。由图可知，M-C@T 同样能够较好地预测砂岩及抗剪强度随法向拉应力的变化趋势，但是在压应力段，M-C@T 的预测值明显偏离实验实测值，所以 M-C@T 在压应力段并不适用。M-C@C 对压应力段抗剪强度的预测值与实测值之间较为吻合，而在拉应力段明显偏离实测值。另外，采用 M-C@C 对法向拉应力条件下砂岩抗剪强度进行预测时，得到的单轴抗拉强度绝对值明显大于其真实值。所以，通常做法是在单轴抗拉强度位置对 M-C 包络线折断，如图 8.4（b）所示。M-C@T 和 M-C@C 两条包络线预测值的差值随着法向应力的增大先减小后增大。

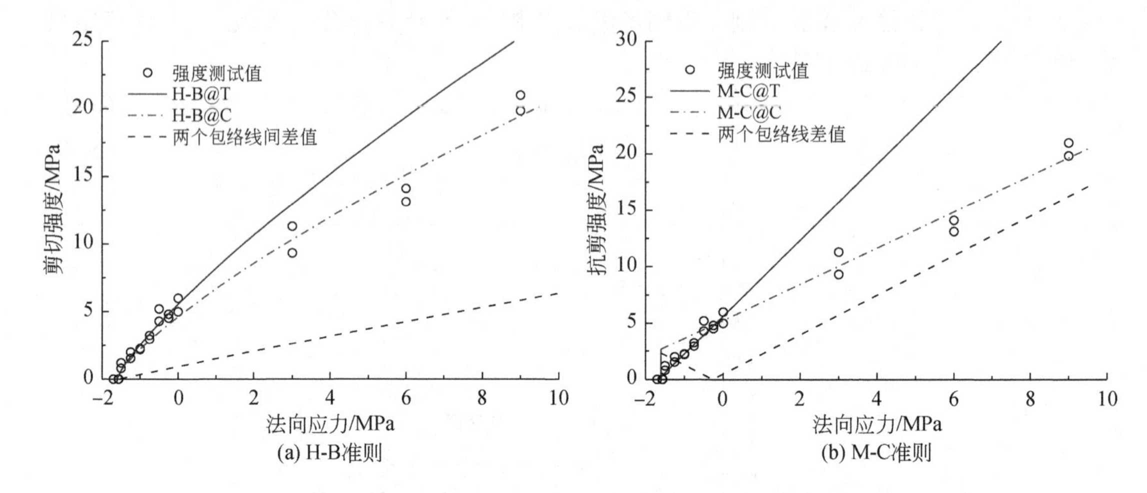

图 8.4　不同法向应力下砂岩剪切强度和抗剪强度准则适用性

结合表 8.1 可知，H-B@T 包络线的决定系数为 0.952，均方根误差为 0.423MPa，而 M-C@T 包络线的决定系数和均方根误差分别为 0.940MPa 和 0.447MPa。两个拟合参数均表明 H-B@T 比 M-C@T 能更好地描述砂岩试样抗剪强度随法向拉应力的变化规律，即 H-B准则能更好地描述拉应力段岩石抗剪强度。在压应力段，H-B@C 和 M-C@C 的决定系数分别为 0.952 和 0.966，均方根误差分别为 1.197MPa 和 1.008MPa。由此可知，M-C@C 能够更好地预测砂岩抗剪强度随法向压应力的变化趋势。所以，H-B 准则和 M-C 准则均不能采用拉剪（压剪）强度变化趋势来预测压剪（拉剪）强度水平。而在拉应力段，H-B 准则更加适用，在压应力段，M-C 准则更加适用。所以，可以采用分段函数的方式来对砂岩拉剪强度和压剪强度进行预测：采用 H-B 准则来描述砂岩试样在法向拉应力下的抗剪强度变化趋势，采用 M-C 准则来描述砂岩试样在法向压应力条件下的抗剪强度变化规律，在采用不同强度准则进行数据拟合时，法向应力为零时采用实测强度平均值。

表 8.1　H-B 准则和 M-C 准则在拉、压应力段的相关系数（R^2）和均方根误差（RMSE）

强度准则	包络线	R_t^2	$RMSE_t$/MPa	R_c^2	$RMSE_c$/MPa
H-B 准则	H-B@T	0.952	0.423	0.887	4.057
	H-B@C	0.806	0.680	0.952	1.197
M-C 准则	M-C@T	0.940	0.447	0.595	10.272
	M-C@C	0.014	1.450	0.966	1.008

注：下标 t 和 c 分别代表在拉应力段和在压应力段对应的值。

根据上述方法，得到三个分段强度包络线对比如图 8.5 所示，其表达式为

$$\begin{cases}\tau_f = 3.77(\sigma_n - \sigma_t)^{0.79}, & \sigma_n \leq 0 \\ \tau_f = \sigma_n \tan 57.46 + 5.50, & \sigma_n \geq 0\end{cases} \tag{8.5}$$

决定系数和均方根误差分别为 0.986 和 0.697MPa。由此可知，该分段强度准则能够很好地预测砂岩抗剪强度随法向应力变化的趋势。为了与常用的 H-B 准则和 M-C 准则进行对比，分别采用单一的 H-B 准则和 M-C 准则对全应力段试验数据进行拟合，得到全应力段上的强度包络线。三种强度包络线的表达式和相关拟合参数如表 8.2 所示。H-B 准则和 M-C 准则的决定系数（0.980 和 0.969）均小于分段强度准则的决定系数 0.986，均方根误差（2.470MPa 和 2.421MPa）均大于分段强度准则的均方根误差 0.697MPa。所以，式（8.5）所示的分段强度准则对砂岩抗剪强度的预测优于单一的 H-B 准则和 M-C 准则。

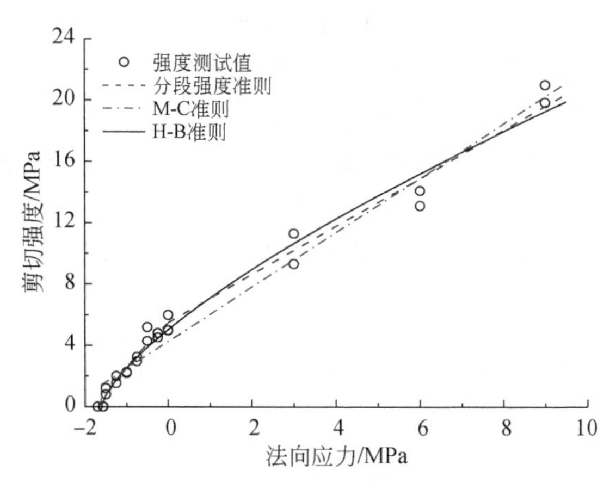

图 8.5　三个分段强度包络线对比

表 8.2　三个强度准则表达式和相关拟合参数

强度准则	表达式	R^2	RMSE
分段强度准则	$\begin{cases}\tau_f = 3.77(\sigma_n - \sigma_t)^{0.79}, & \sigma_n \leq 0 \\ \tau_f = \sigma_n \tan 57.46 + 5.50, & \sigma_n \geq 0\end{cases}$	0.986	0.697
H-B 准则	$\tau_f = 3.59\ (\sigma_n - \sigma_t)^{0.71}$	0.980	2.470
M-C 准则	$\tau_f = \sigma_n \tan 60.59 + 4.26$	0.969	2.421

8.1.3　不同种类岩石的强度准则及其最简方程

对火成岩（玄武岩）、沉积岩（砂岩和灰岩）、变质岩（花岗片麻岩）岩石试样进行拉剪试验，探讨不同种类岩石在拉剪力学行为方面的异同点。

1. H-B 准则

不同法向应力下三种岩石抗剪强度变化规律如图 8.6 所示，需要说明的是，在单轴拉伸条件下，没有施加剪应力。将单轴拉伸条件下的岩石抗剪强度设置为零。另外，为了方便进行数据拟合，三种岩石的单轴抗拉强度采用平均值。如前文所述，在法向拉应力下，H-B 准则更能准确地描述岩石的抗剪强度与法向拉应力的关系。因此，采用 H-B 准则分别对三种岩石的拉剪强度平均数据进行拟合，得到三种岩石的抗剪强度包络线如表 8. 3 所示。由于岩石自身的力学性质的原因，三种岩石室内直接拉剪试验数据存在一定的离散性。但依然能够清晰地看出，随着法向拉应力的增大（绝对值），岩石的抗剪强度逐渐非线性减小。通过采用 H-B 准则拟合得到的包络线可以看出，在相同法向应力下，灰岩的抗剪强度最小，玄武岩的抗剪强度最大。H-B 准则的强度包络线是一条幂函数曲线，其斜率随法向应力的变化而变化。所以，在 H-B 准则中没有引入黏聚力和内摩擦角的概念。但是，M-C 准则中黏聚力和内摩擦角能够很好地描述岩石的力学行为。而且，在上文中提出的分段强度准则指出，在拉应力段和压应力段分别采用 H-B 准则和 M-C 准则是很好的解决方法。因此，可以将 M-C 准则中的黏聚力和内摩擦角的概念引入 H-B 准则。但是，在 H-B 准则中，这两个参数只是对压应力段岩石抗剪强度的预测和描述，对拉应力段的岩石强度不具有实际意义。采用 H-B 准则拟合时，强度包络线与抗剪强度坐标轴的交点处的值和斜率分别为黏聚力和内摩擦角。法向应力为零时三种岩石的抗剪强度（黏聚力）分别为 5. 93MPa、12. 81MPa 和 14. 43MPa，三种岩石的内摩擦角分别为 36. 81°、46. 02°和 41. 26°。

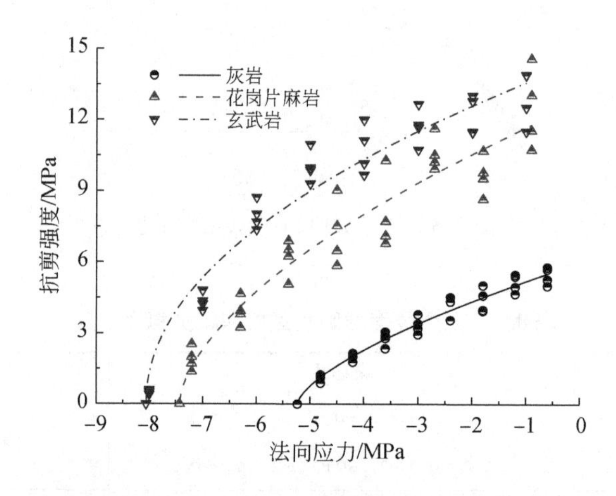

图 8. 6　三种岩石拉剪强度变化规律图

表 8. 3　三种岩石 H-B 抗剪强度包络线参数和表达式

岩石种类	参数 A	参数 B	表达式	R^2	RMSE /(MPa/mm)	黏聚力 /MPa	内摩擦角 /(°)
灰岩	1. 99	0. 66	$\tau_f=1.99(\sigma_n+5.23)^{0.66}$	0. 997	0. 11	5. 93	36. 81
花岗片麻岩	3. 85	0. 60	$\tau_f=3.85(\sigma_n+7.42)^{0.60}$	0. 974	0. 66	12. 81	46. 02
玄武岩	5. 19	0. 49	$\tau_f=5.19(\sigma_n+8.06)^{0.49}$	0. 979	0. 73	14. 43	41. 26

如上所述，岩石的非均质和非连续性特征导致岩石室内试验存在一定的离散性。相同

岩石在某法向应力下的抗剪强度并非完全一样。为了分析岩石在法向拉应力下的强度分布特征，如图 8.7 所示，分别采用所有不同法向拉应力下岩石抗剪强度的最大值和最小值进行拟合，可以得到相同岩石抗剪强度的分布范围。采用所有抗剪强度最大值进行拟合得到的包络线可以认为是该岩石拉剪强度的上限，采用最小值拟合得到的包络线可以认为是该岩石拉剪强度的下限。三种岩石上下限包络线参数和表达式如表 8.4 所示。由图 8.6 和表 8.4 可知，上限包络线参数 A 大于下限包络线参数 A，而上限包络线的参数 B 均小于下限包络线的参数 B。另外，上限包络线的黏聚力和内摩擦角均大于下限包络线的黏聚力和内摩擦角。

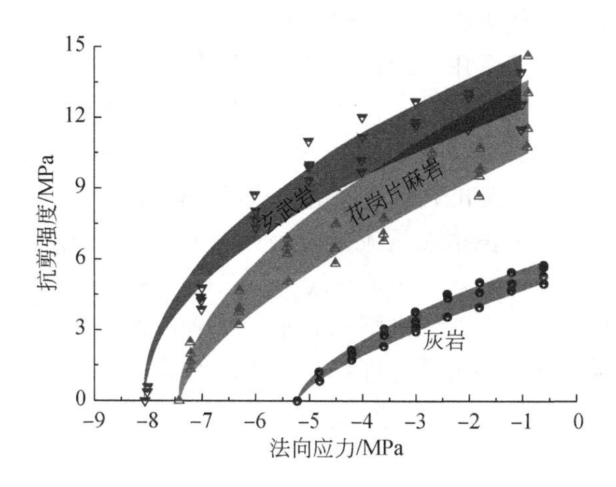

图 8.7　法向拉应力下岩石抗剪强度分布范围

表 8.4　三种岩石 H-B 准则上下限包络线

岩石种类		参数 A	参数 B	表达式	黏聚力 /MPa	R^2	RMSE /(MPa/mm)	内摩擦角 /(°)
灰岩	上限	2.25	0.64	$\tau_f=2.25(\sigma_n+5.23)^{0.64}$	6.49	0.997	0.11	38.44
	下限	1.67	0.72	$\tau_f=1.67(\sigma_n+5.23)^{0.72}$	5.50	0.998	0.07	37.11
花岗片麻岩	上限	4.77	0.55	$\tau_f=4.77(\sigma_n+7.42)^{0.55}$	14.36	0.968	0.84	46.79
	下限	3.07	0.66	$\tau_f=3.07(\sigma_n+7.42)^{0.66}$	11.52	0.964	070	45.71
玄武岩	上限	5.77	0.48	$\tau_f=5.77(\sigma_n+8.06)^{0.48}$	15.71	0.975	0.86	43.10
	下限	4.79	0.49	$\tau_f=4.79(\sigma_n+8.06)^{0.49}$	13.32	0.974	0.75	39.00

2. 不同强度准则适用性验证

学者们对岩石拉剪力学行为的研究过程中，除 H-B 准则外，还提出了双曲线强度准则［式（8.1）］抛物线强度准则等。抛物线准则的表达式为

$$\tau_f^2=N(\sigma_t-\sigma_n) \tag{8.6}$$

为了检验不同强度准则对岩石拉剪强度的表征效果，对 H-B 准则、抛物线准则和双曲线准则进行比对分析，分别采用三个强度准则对测试数据进行拟合，强度包络线对比如图

8.8 所示，拟合参数和表达式如表 8.5 所示。由图 8.8 可知，H-B 准则、抛物线准则和双曲线准则对三种岩石拉剪强度都具有较好的描述效果，而且三种强度包络线比较相近，特别是玄武岩，三条包络线基本重合。从表 8.5 可看出，对灰岩拉剪强度进行拟合时，H-B 准则的决定系数最大，均方根误差最小。所以 H-B 准则最适用于描述灰岩的拉剪强度变化规律。由图 8.8（a）可知，当法向拉应力较大时，抛物线准则包络线明显偏离测试数据点。而当法向拉应力较小时，双曲线准则明显偏离数据点。相反，对花岗片麻岩测试数据进行拟合时，双曲线准则的决定系数最大，均方根误差最小，所以双曲线准则最适用于描述花岗片麻岩的拉剪强度变化特征。三种包络线描述玄武岩拉剪强度变化特征时，三条曲线基本重合，其决定系数和均方根误差也相差很小。虽然三种强度包络线在描述不同岩石拉剪强度时存在优劣性，但是采用三种包络线对三种岩石的拉剪强度拟合时最小决定系数为 0.891，最大均方根误差为 1.2MPa。所以，在法向拉应力作用下，岩石的抗剪强度准则仍可以采用 H-B 准则、抛物线准则和双曲线准则进行描述。然而，三种准则的使用限制主要是在压应力段。因为三种强度准则包络线的斜率随法向拉应力的增大逐渐减小，如果引入内摩擦角的概念，那么内摩擦角在压应力段是逐渐减小的。相对于线性 M-C 准则将压应力段岩石的抗剪强度包络线简化为一条直线，这三种岩石强度准则在实际应用过程中会相对复杂。而且，H-B 准则、抛物线准则和双曲线准则表达式依赖于岩石的抗拉强度，而 M-C 准则只需对压剪强度进行线性拟合即可。所以，如前文所述，在压应力段，M-C 准则更适用。

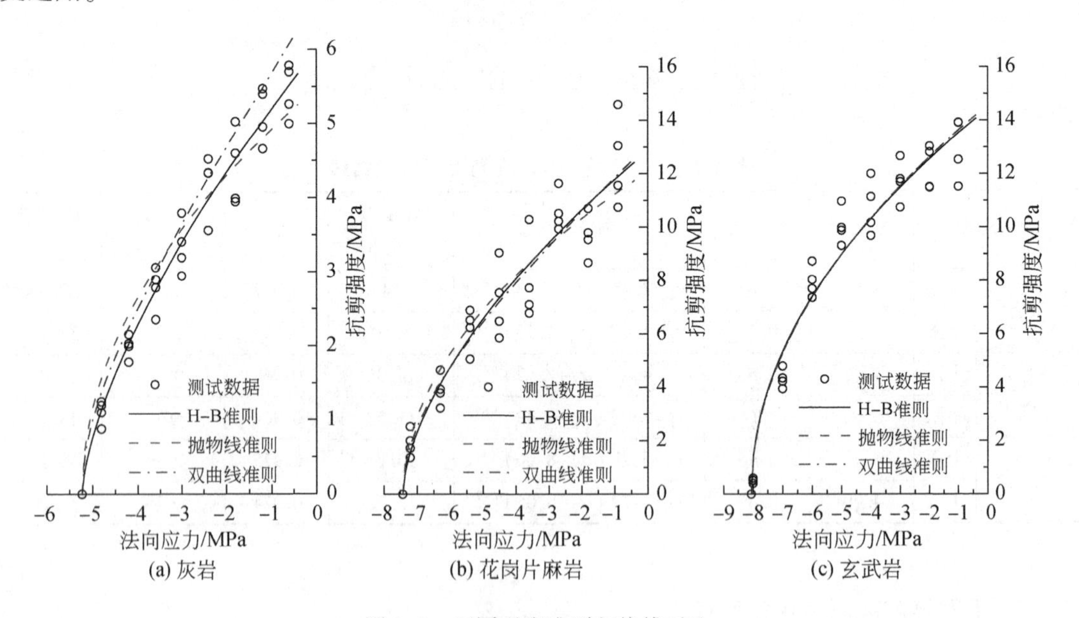

图 8.8　不同强度准则包络线对比

表 8.5　不同强度准则及拟合精度对比

岩石种类	强度准则	表达式	R^2	RMSE/MPa
灰岩	H-B 准则	$\tau_f=1.99\ (\sigma_n-\sigma_t)^{0.66}$	0.957	0.33
	抛物线准则	$\tau_f^2=5.73\ (\sigma_n-\sigma_t)$	0.925	0.43
	双曲线准则	$\left(\frac{\sigma_n-\sigma_t+2.41}{2.41}\right)^2-\left(\frac{\tau_f}{2.03}\right)^2=1$	0.954	0.34
花岗片麻岩	H-B 准则	$\tau_f=3.86\ (\sigma_n-\sigma_t)^{0.60}$	0.899	1.16
	抛物线准则	$\tau_f^2=19.65\ (\sigma_n-\sigma_t)$	0.891	1.20
	双曲线准则	$\left(\frac{\sigma_n-\sigma_t+6.09}{6.09}\right)^2-\left(\frac{\tau_f}{6.60}\right)^2=1$	0.900	1.15
玄武岩	H-B 准则	$\tau_f=5.19\ (\sigma_n-\sigma_t)^{0.49}$	0.952	0.97
	抛物线准则	$\tau_f^2=26.31\ (\sigma_n-\sigma_t)$	0.953	0.952
	双曲线准则	$\left(\frac{\sigma_n-\sigma_t+13630}{13630}\right)^2-\left(\frac{\tau_f}{423.40}\right)^2=1$	0.952	0.97

3. 抛物线强度准则空间最简方程

如上所述，抛物线准则和双曲线准则同样可以描述岩石的拉剪强度的变化规律。在自然状态下，岩石处于三向应力状态。分别以三个主应力为坐标轴建立三维坐标系统，如图 8.9 所示。根据应力平衡条件，任意平面上的应力为

$$\begin{cases}p_x=\sigma_x l+\tau_{xy}m+\tau_{xz}n\\p_y=\tau_{yx}l+\sigma_y m+\tau_{yz}n\\p_z=\tau_{zx}l+\tau_{zy}m+\sigma_z n\end{cases}\tag{8.7}$$

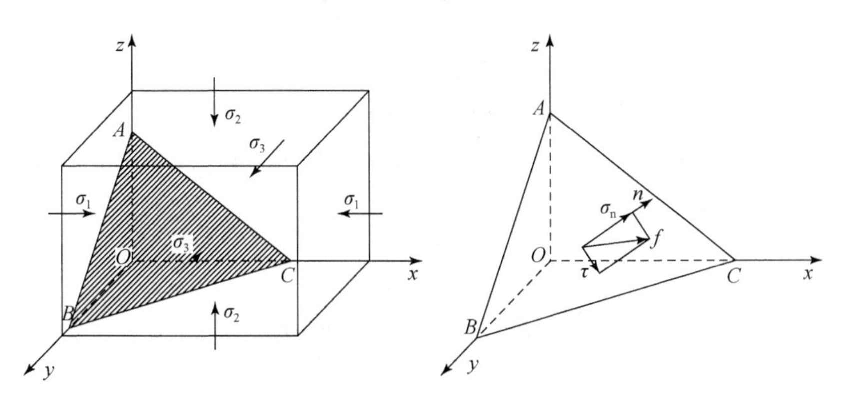

图 8.9　任意平面三维应力状态

式中，p_x、p_y、p_z分别为该平面在 x、y、z 方向上的应力分量；l、m、n 为该平面的方向余弦，即

$$l=\cos(n,x)\, m=\cos(n,y)\, n=\cos(n,z) \tag{8.8}$$

n 为该平面的法向单位向量，$l^2+m^2+n^2=1$。根据三个方向的应力在法向方向的投影可以得到该平面的法向应力为

$$\sigma_n=l^2\sigma_1+m^2\sigma_2+n^2\sigma_3 \tag{8.9}$$

该平面上的总应力为

$$p^2=p_x^2+p_y^2+p_z^2=\sigma_1^2\, l^2+\sigma_2^2m^2+\sigma_3^2n^2 \tag{8.10}$$

所以，在该平面上的剪应力为

$$\tau^2=p^2-\sigma_n^2=\sigma_1^2\, l^2+\sigma_2^2m^2+\sigma_3^2n^2-(\sigma_1\, l^2+\sigma_2m^2+\sigma_3n^2)^2 \tag{8.11}$$

如前文所述，抛物线准则能够较为准确地描述岩石拉剪强度的变化规律。假定岩石的拉剪强度服从抛物线准则，那么当岩石发生拉剪破坏时：

$$\tau^2=\tau_f^2 \tag{8.12}$$

那么

$$F(\sigma_1,\sigma_2,\sigma_3)=\tau^2-\tau_f^2=0 \tag{8.13}$$

将式（8.6）和式（8.10）代入式（8.13）可得

$$\begin{aligned}F(\sigma_1,\sigma_2,\sigma_3)=&(\sigma_1^2l^2+\sigma_2^2m^2+\sigma_3^2n^2)-(\sigma_1l^2+\sigma_2m^2+\sigma_3n^2)^2\\&-N[(\sigma_1l^2+\sigma_2m^2+\sigma_3n^2)-\sigma_1]\end{aligned} \tag{8.14}$$

将式（8.14）展开成空间二次曲面方程的形式为

$$\begin{aligned}F(\sigma_1,\sigma_2,\sigma_3)=&(l^2-l^4)\sigma_1^2+(m^2-m^4)\sigma_2^2+(n^2-n^4)\sigma_3^2\\&-2\, l^2m^2\sigma_1\sigma_2-2m^2\, n^2\sigma_2\sigma_3-2\, n^2\, l^2\sigma_3\sigma_1\\&-N\, l^2\sigma_1-Nm^2\sigma_2-N\, n^2\sigma_3+N\sigma_t\end{aligned} \tag{8.15}$$

令

$$\begin{cases}a=l^2-l^4, & b=m^2-m^4\\c=n^2-n^4, & f=-m^2\, n^2\\g=-l^2\, n^2, & h=-l^2m^2\\u=-N\, l^2, & v=-Nm^2\\w=-N\, n^2, & d=N\sigma_t\end{cases} \tag{8.16}$$

则 $F(\sigma_1,\ \sigma_2,\ \sigma_3)$ 可以改写成空间二次曲面的标准方程：

$$F(\sigma_1,\sigma_2,\sigma_3)=a\sigma_1^2+b\sigma_2^2+c\sigma_3^2+2h\sigma_1\sigma_2+2f\sigma_2\sigma_3+2g\sigma_3\sigma_1+2u\sigma_1+2v\sigma_2+2w\sigma_3+d \tag{8.17}$$

二次曲面的不变量分别为

$$I_1=a+b+c \tag{8.18}$$

$$I_2=\begin{vmatrix}a & f\\ f & c\end{vmatrix}+\begin{vmatrix}c & g\\ g & a\end{vmatrix}+\begin{vmatrix}a & h\\ h & b\end{vmatrix} \tag{8.19}$$

$$I_3=\begin{vmatrix}a & h & g\\ h & b & f\\ g & f & c\end{vmatrix} \tag{8.20}$$

$$I_4=\begin{vmatrix} a & h & g & u \\ h & b & f & v \\ g & f & c & w \\ u & v & w & d \end{vmatrix} \tag{8.21}$$

$$K_2=\begin{vmatrix} b & f & v \\ f & c & w \\ v & w & d \end{vmatrix}+\begin{vmatrix} c & g & w \\ g & a & u \\ w & u & d \end{vmatrix}+\begin{vmatrix} a & h & u \\ h & b & v \\ u & v & d \end{vmatrix} \tag{8.22}$$

将式（8.16）代入式（8.18）~式（8.22）可得

$$I_1=l^2-l^4+m^2-m^4+n^2-n^4 \tag{8.23}$$

$$I_2=3\left(m^4+m^2n^2-m^2+n^4-n^2\right)^2 \tag{8.24}$$

$$I_3=-l^2m^2n^2\left(l^2+m^2+n^2-1\right) \tag{8.25}$$

$$I_4=-N^2l^2m^2n^2 \tag{8.26}$$

$$K_2=3N\sigma_t\left(I_2+2N\sqrt{3I_2}\right) \tag{8.27}$$

在二次曲面的不变量中，$I_3=0$，如果 $I_2=0$，则 $K_2=0$。那么，二次曲面不变量的取值可以分为三种情况。

（1）$I_3=0$，$I_4\neq0$ 时：则 $I_4<0$，$F(\sigma_1,\sigma_2,\sigma_3)$ 表示椭圆抛物面；

（2）$I_3=0$，$I_4=0$，$I_2\neq0$ 时：$F(\sigma_1,\sigma_2,\sigma_3)$ 表示柱面或平面；

（3）$I_3=0$，$I_4=0$，$I_2=0$，$K_2=0$ 时：$F(\sigma_1,\sigma_2,\sigma_3)$ 表示平面。

岩石的力学行为与静水压力相关，而第（2）和第（3）种情况明显与这一点不相符。所以，$F(\sigma_1,\sigma_2,\sigma_3)$ 只有在第（1）种情况下所表示的椭圆抛物面符合岩石的空间屈服面形式。因此，岩石屈服面方程的最简形式为

$$F(\sigma_1,\sigma_2,\sigma_3)=k_1x'^2+k_2y'^2\pm2\sqrt{\frac{-I_4}{I_2}}z' \tag{8.28}$$

式中，k_1 和 k_2 分别为 $F(\sigma_1,\sigma_2,\sigma_3)$ 的两个特征根，可以根据式（8.29）的非零解计算得

$$k^3-I_1k^2+I_2k-I_3=0 \tag{8.29}$$

所以，抛物线准则在三维应力空间内的屈服面是一个椭圆抛物面。

8.1.4　岩桥贯通强度准则

基于双裂隙砂岩拉剪试验研究结果，在拉剪应力作用下岩桥贯通模式总体分为三种：①裂隙上、下尖端交错贯通；②裂隙尖端-裂隙中间位置贯通；③裂隙尖端横向贯通。针对以上三种破坏模式，分别建立岩桥贯通强度准则如下。

1. 裂隙上、下尖端交错贯通型强度准则

图 8.10 为岩桥沿裂隙上、下尖端交错贯通型计算简图。其中 θ 为岩桥破裂面与水平方向的夹角，τ 为作用在试样的剪切应力，σ_n 为法向拉应力，σ_θ 为岩桥破裂面上的法向应力，τ_θ 为岩桥破裂面上的剪切应力。将作用在试样的剪切应力和法向拉应力投影转化到

岩桥破裂面上，即作用在岩桥破裂面上的剪切应力（τ_θ）和法向应力（σ_θ）分别为

$$\tau_\theta=\frac{1+\cos2\theta}{2}\tau-\frac{1}{2}\sin2\theta\sigma_n \tag{8.30}$$

$$\sigma_\theta=\frac{1+\cos2\theta}{2}\sigma_n+\frac{1}{2}\sin2\theta\tau \tag{8.31}$$

基于M-C准则，设拉-剪应力状态下岩石的黏聚力和内摩擦角分别为c和φ，则岩桥贯通时应满足：

$$\tau_\theta=c-\sigma_\theta\tan\varphi \tag{8.32}$$

将式（8.30）与式（8.31）代入式（8.32）中，整理后得到岩桥沿裂隙上、下尖端交错贯通型强度准则为

$$\begin{cases}\tau=Ac-B\sigma_n\\ A=\dfrac{2}{1+\cos2\theta+\sin2\theta\tan\varphi}\\ B=\dfrac{(1+\cos2\theta)\tan\varphi-\sin2\theta}{1+\cos2\theta+\sin2\theta\tan\varphi}\end{cases} \tag{8.33}$$

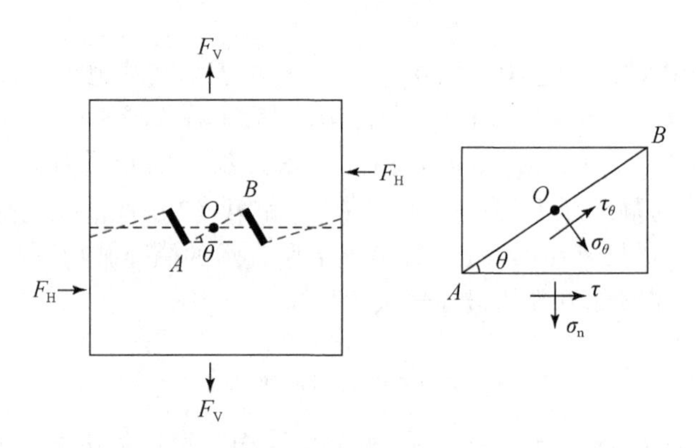

图8.10　岩桥沿裂隙上、下尖端交错贯通型计算简图

2. 裂隙尖端-裂隙中间位置贯通型强度准则

图8.11为岩桥沿裂隙尖端-裂隙中间位置贯通型计算简图。作用在岩桥破裂面上的剪切应力（τ_θ）和法向应力（σ_θ）分别为

$$\tau_\theta=\frac{1+\cos2\theta}{2}\tau+\frac{1}{2}\sin2\theta\sigma_n \tag{8.34}$$

$$\sigma_\theta=\frac{1+\cos2\theta}{2}\sigma_n-\frac{1}{2}\sin2\theta\tau \tag{8.35}$$

将式（8.34）与式（8.35）代入式（8.32）中，整理后得到岩桥沿裂隙尖端-裂隙中间位置贯通型强度准则为

$$
\begin{cases}
\tau = Ac - B\sigma_{\mathrm{n}} \\
A = \dfrac{2}{1+\cos2\theta-\sin2\theta\tan\varphi} \\
B = \dfrac{(1+\cos2\theta)\tan\varphi+\sin2\theta}{1+\cos2\theta-\sin2\theta\tan\varphi}
\end{cases}
\tag{8.36}
$$

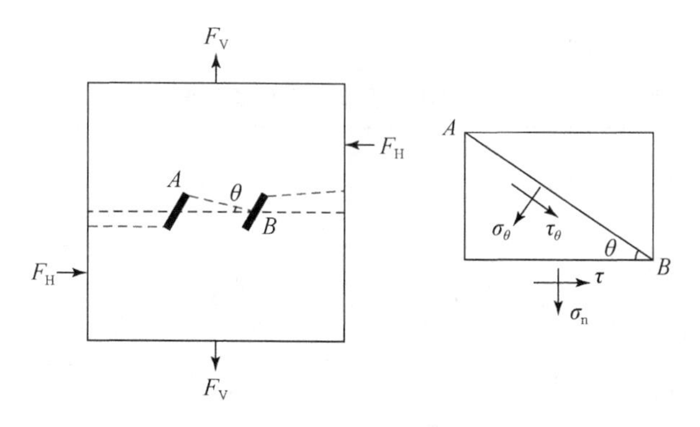

图 8.11　岩桥沿裂隙尖端-裂隙中间位置贯通型计算简图

3. 裂隙尖端横向贯通型强度准则

图 8.12 为岩桥沿裂隙尖端横向贯通型计算简图。此时岩桥破裂面为水平状态，作用在岩桥破裂面上的剪切应力（τ_θ）和法向应力（σ_θ）与作用在试样上的剪切应力（τ）和法向拉应力（σ_{n}）相同，即

$$\tau_\theta = \tau \tag{8.37}$$

$$\sigma_\theta = \sigma_{\mathrm{n}} \tag{8.38}$$

将式（8.37）与式（8.38）代入式（8.32）中，得到岩桥沿裂隙尖端横向贯通型强度准则为

$$\tau = c - \sigma_{\mathrm{n}}\tan\varphi \tag{8.39}$$

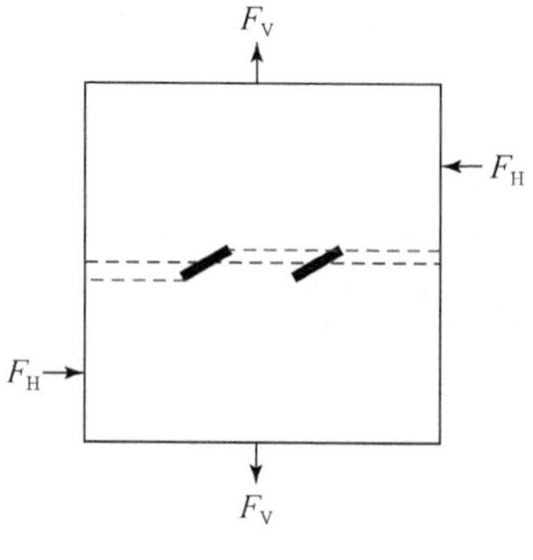

图 8.12　岩桥沿裂隙尖端横向贯通型计算简图

4. 与试验结果比较

由于法向拉应力的存在，一旦岩桥贯通也即意味着试样的整体强度丧失，因此可将岩桥贯通强度作为试样整体强度。表 8.6 为根据以上三种岩桥贯通模式的强度准则计算得到的双裂隙砂岩试样岩桥贯通剪切强度理论值与试验值峰值剪切强度的比较，并绘于图 8.13，可知计算值与试验值总体上较接近。

表 8.6　岩桥贯通剪切强度准则理论值与试验值的比较

法向拉应力	剪切强度	裂隙倾角					
		0°	30°	60°	90°	120°	150°
-0.5MPa	试验值/MPa	2.71	1.93	2.83	3.08	3.23	2.68
	理论值/MPa	3.30	3.00	3.23	3.30	3.14	2.45
-1.0MPa	试验值/MPa	1.98	1.32	2.26	2.94	2.71	1.7
	理论值/MPa	2.40	2.40	2.49	2.40	2.69	2.04
-1.2MPa	试验值/MPa	1.66	1.63	1.62	2.05	2.19	2.0
	理论值/MPa	2.04	2.04	2.1	2.04	1.85	1.91
图　例		岩桥裂隙上、下尖端交错贯通型强度准则；岩桥裂隙尖端-裂隙中间位置贯通型强度准则；岩桥裂隙尖端横向贯通型强度准则					

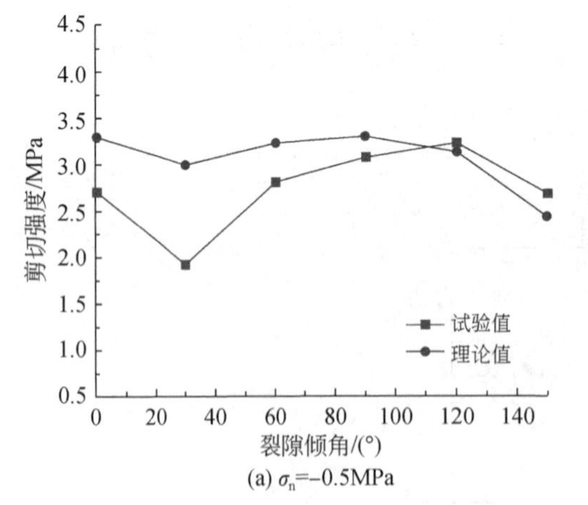

(a) σ_n=-0.5MPa

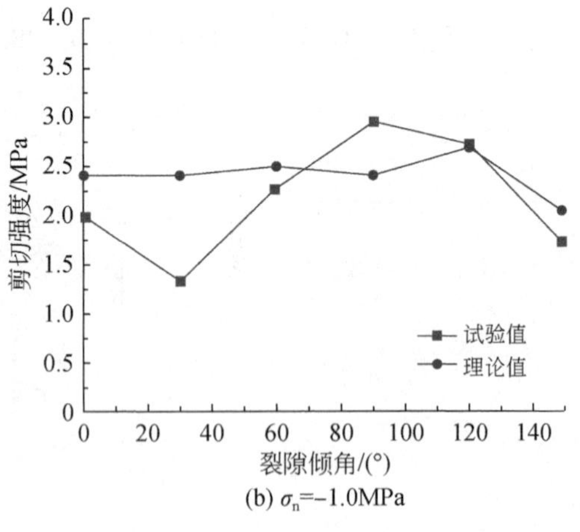

(b) σ_n=-1.0MPa

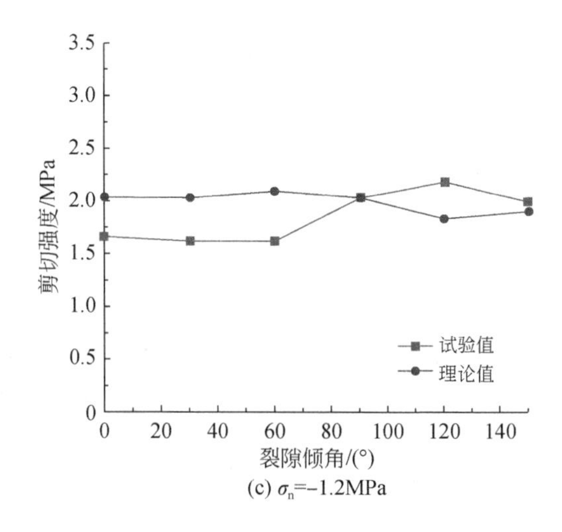

(c) σ_n=−1.2MPa

图 8.13　岩桥贯通理论值与试验值剪切强度的比较

8.2　三轴卸荷-拉伸强度准则及本构模型

8.2.1　M-C 准则和 H-B 准则的适用性评价

岩石的三轴卸荷-拉伸强度特征已在 6.2 节详细描述（图 6.7）。评价岩石强度准则优劣最重要的指标就是其理论强度与实际岩石破坏强度的吻合度，评估过程如下。

首先，以红砂岩卸荷-拉伸试验结果为数据基础，采用通用全局优化法，通过 1stOpt 拟合软件确定出各准则相应的拟合参数，结果如图 8.14 所示，从而得到各准则的具体数学表达式如下：

$$\text{M-C 准则}: \sigma_1 = 37.44 + 7.54\sigma_3 \tag{8.40}$$

$$\text{H-B 准则}: \sigma_1 = \sigma_3 + 40.21\sqrt{0.23\sigma_3 + 1} \tag{8.41}$$

通过式（8.40）、式（8.41）可计算得到各初始静水围压条件下的红砂岩卸荷-拉伸强度理论值，计算结果列于表 8.7 中，表中平均绝对偏差和平均绝对误差可以评估各强度准则适用于红砂岩卸荷-拉伸破坏的优劣。

从表 8.7 可看出，一方面，尽管 M-C 准则和 H-B 准则对于红砂岩卸荷-拉伸破坏强度评估的平均绝对偏差较小（分别为 1.07MPa 和 0.84MPa），但总体的平均绝对误差非常大，分别达到 45.37% 和 41.12%，同时绝大部分范围内初始静水围压所对应的理论强度，其与试验结果的偏差都达到 20% 以上。另一方面，本书用于两个强度准则适用性评价的数据基础以轴向拉应力下的破坏强度为主，其破坏模式为拉伸破坏和拉剪混合破坏，而 M-C 准则和 H-B 准则是以压缩作用下的剪切破坏为基础得到的，这说明两个强度准则对于拉伸破坏和拉剪混合破坏情况下的破坏强度适用性不强，过去将它们的剪切破坏强度包络线直

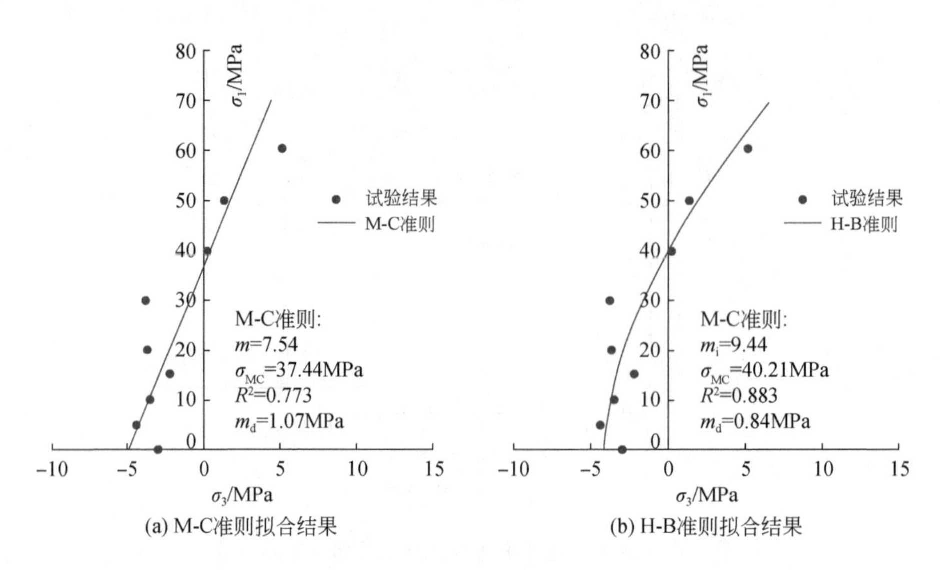

图 8.14　红砂岩卸荷–拉伸试验下 M-C 准则和 H-B 准则的拟合结果

接延伸到拉伸破坏和拉剪混合破坏范围内的做法是值得商榷的。而且，从图 8.14 可看出，传统的 M-C 准则和 H-B 准则不能反映低围压条件下红砂岩卸荷–拉伸强度接近于单轴拉伸强度，且基本保持恒定，不随围压的变化而改变这一特性，同时，两个准则得到的单轴拉伸强度与试验结果相差较大。

表 8.7　红砂岩卸荷–拉伸条件下 M-C 准则和 H-B 准则适用性评估结果

围压(σ_1)/MPa	试验强度(σ_3)/MPa	M-C 准则			H-B 准则		
		理论强度/MPa	绝对偏差/MPa	绝对误差/%	评估强度/MPa	绝对偏差/MPa	绝对误差/%
0	-3.09	-4.96	1.88	60.88	-4.21	1.13	36.51
5	-4.42	-4.30	0.12	2.72	-4.04	0.38	8.55
10	-3.50	-3.64	0.14	3.96	-3.76	0.26	7.44
15	-2.28	-2.97	0.70	30.51	-3.37	1.09	47.84
20	-3.68	-2.31	1.36	37.09	-2.88	0.80	21.64
30	-3.72	-0.99	2.73	73.49	-1.62	2.09	56.32
40	0.15	0.34	0.19	127.00	-0.04	0.19	124.58
50	1.27	1.67	0.40	31.51	1.85	0.58	45.92
60	5.08	2.99	2.09	41.17	4.00	1.08	21.32
平均值		—	1.07	45.37	—	0.84	41.12

8.2.2　修正 Fairhurst 强度准则

鉴于传统的 M-C 准则和 H-B 准则对岩石卸荷-拉伸破坏的适用性差，建立了修正 Fairhurst 强度准则：

当 $w(w-2)\sigma_3+\sigma_1\leqslant 0$ 时，$\sigma_3=\sigma_t$；

当 $w(w-2)\sigma_3+\sigma_1\geqslant 0$ 时，

$$\frac{(\sigma_1-\sigma_3)^2}{(\sigma_1+\sigma_3)}=-2\sigma_t(w-1)^2\left\{1+\frac{2\sigma_t}{\sigma_1+\sigma_3}\left[\left(\frac{w-1}{2}\right)^2-1\right]\right\} \tag{8.42}$$

式中，$w=\sqrt{\sigma_c/\sigma_t+1}$。

拟合结果如图 8.15 所示，其拟合效果好于 M-C 准则和 H-B 准则，可以较好地描述拉伸破坏到拉剪破坏的转换。

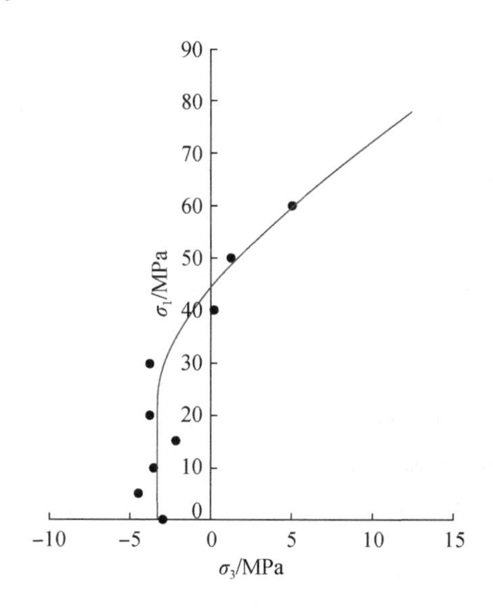

图 8.15　红砂岩卸荷-拉伸试验下修正 Fairhurst 强度准则拟合曲线

8.2.3　弹塑性本构模型

1. 弹塑性理论基础

弹塑性本构模型是最早引入岩石材料的力学理论，也是发展比较完善、实际应用最广的岩石本构模型，主要有以下四种类型。

1）线弹性模型

线弹性模型假定材料完全服从虎克定律，是线弹性的，并且应变是在应力的作用下瞬时发生的，如图 8.16（a）所示。其应力（σ）与应变（ε^e）的关系可用下式表示：

$$\varepsilon^e = \frac{1}{E}\sigma \tag{8.43}$$

式中，E 为材料弹性模量，只与材料性质有关，可通过试验得到（应力–应变曲线斜率）。

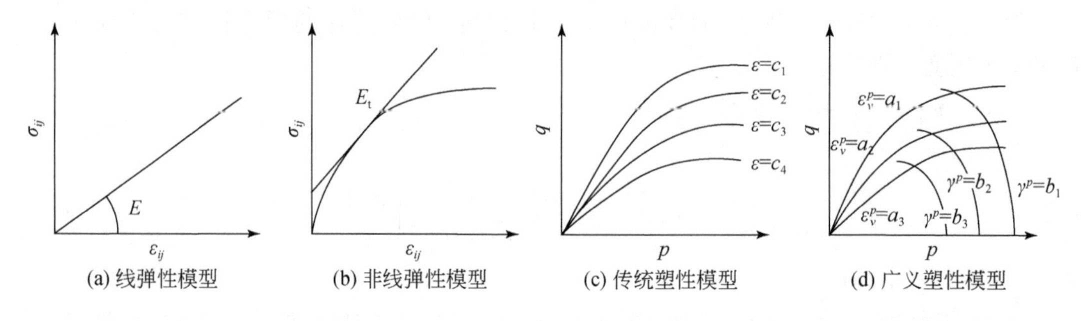

图 8.16　常见的四种弹塑性本构模型

2）非线弹性模型

非线弹性模型是弹性的，但应力（σ）与应变（ε^e）呈非线性关系，如图 8.16（b）所示。其应力（σ）与应变（ε^e）的关系为

$$\varepsilon^e = \frac{1}{E_t}\sigma \tag{8.44}$$

式中，E_t为材料切线模量，即应力–应变曲线的切线斜率，与材料性质及应力状态有关，也可由试验求得。

3）传统塑性模型

传统塑性模型的塑性应变增量的方向与应力具有唯一性，而且塑性应变增量的各分量成比例，可采用一个势函数 Φ 来表征。当岩石处于塑性状态时，应力与应变的关系是多值的，取决于材料性质、应力状态及应力历史，如图 8.17（c）所示。其应力（σ）与应变（ε^p）的关系可表示为

$$\begin{cases} \mathrm{d}\varepsilon_{ij}^p = \dfrac{1}{A}\dfrac{\partial\Phi}{\partial\sigma_{ij}}\mathrm{d}\sigma_{ij}\dfrac{\partial\Phi}{\partial\sigma_{ij}} \\ A = -\dfrac{\partial\Phi}{\partial\varepsilon_{ij}^p}\dfrac{\partial\Phi}{\partial\sigma_{ij}} \end{cases} \tag{8.45}$$

塑性应变（ε_{ij}^p）的方向由屈服面的法线确定，塑性系数与 $\Phi(\sigma_{ij},\ \varepsilon_{ij}^p)$ 有关，即与材料性质、应力状态及应力历史有关，也只能由试验所得的一组曲线确定。

4）广义塑性模型

广义塑性模型的塑性应变增量的方向与应力增量的方向有关，因而无法用一个塑性势函数确定塑性应变总量的方向，但可确定三个分量的方向，即以三个分量作势面，如图 8.16（d）所示。其应力（σ）与应变（ε^p）的关系可表示为

$$
\begin{cases}
\mathrm{d}\varepsilon_{ij}^{p} = \sum\limits_{k=1}^{3} \dfrac{1}{A_k} \dfrac{\partial \Phi_k}{\partial \sigma_{ij}} \mathrm{d}\sigma_{ij} \\
A = \dfrac{\partial \Phi_{ij}}{\partial \varepsilon_{ij}^{p}} (k = 1, 2, 3)
\end{cases}
\tag{8.46}
$$

式中，Φ_k 为三个分量的屈服函数，屈服条件由几组试验曲线确定。

2. 弹塑性本构模型的建立

下面基于红砂岩卸荷-拉伸变形特征，建立相应的弹塑性本构模型。试验中的圆柱形红砂岩试样经历的应力路径为：零应力状态（初始）→静水压力状态（围压水平）→恒围压下轴向卸荷→恒围压下轴向拉伸（围压较大时无此状态），如图 8.17 所示。本书针对恒围压下轴向卸荷与恒围压下轴向拉伸（如果存在此阶段）两个阶段，建立红砂岩卸荷-拉伸本构模型。

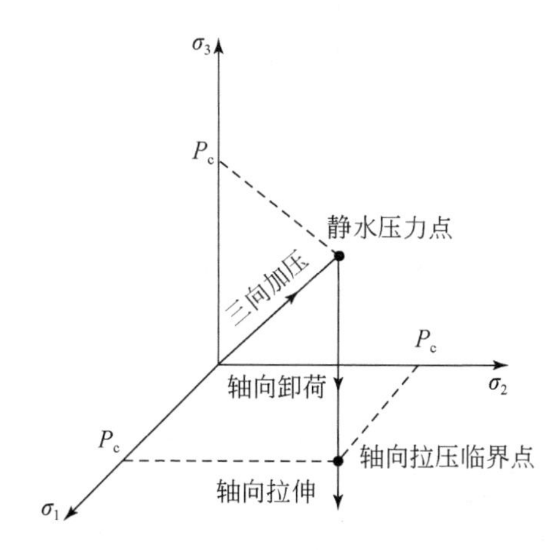

图 8.17　红砂岩试样的应力路径示意图

岩石试样由零应力状态加载到静水应力水平过程中，由弹塑性理论可知，主要使岩石产生体积压缩，呈现弹性性质，其应力及应变为

$$
\{\boldsymbol{\sigma}\} = \begin{bmatrix} p_c & 0 & 0 \\ 0 & p_c & 0 \\ 0 & 0 & p_c \end{bmatrix}, \{\boldsymbol{\varepsilon}\} = \begin{bmatrix} \varepsilon_c & 0 & 0 \\ 0 & \varepsilon_c & 0 \\ 0 & 0 & \varepsilon_c \end{bmatrix}
\tag{8.47}
$$

随后，岩石试样在围压不变的条件下进行轴向卸荷。设卸荷量为 $\Delta\sigma$，此时，岩石内部任一点的应力为

$$
\{\boldsymbol{\sigma}\} = \begin{bmatrix} p_c - \Delta\sigma & 0 & 0 \\ 0 & p_c & 0 \\ 0 & 0 & p_c \end{bmatrix}
\tag{8.48}
$$

与传统的三轴卸围压试验不同的是，红砂岩卸荷-拉伸过程中，始终保持第一主应力（σ_1）与第二主应力（σ_2）相等，且均等于围压应力，即 $\sigma_1 = \sigma_2 = P_c$，而第三主应力为轴

向应力，其值为 $\sigma_3=P_c-\Delta\sigma$。

假定卸荷过程中引起轴向应变的改变量为 $\Delta\varepsilon$，岩石的泊松比为 μ，则岩石内部任一点的应变为

$$\{\boldsymbol{\varepsilon}\}=\begin{bmatrix}\varepsilon_c-\Delta\varepsilon & 0 & 0\\ 0 & \varepsilon_c+\mu\cdot\Delta\varepsilon & 0\\ 0 & 0 & \varepsilon_c+\mu\cdot\Delta\varepsilon\end{bmatrix} \tag{8.49}$$

在红砂岩卸荷-拉伸变形破坏过程中，不同的初始静水围压对应的应力-应变响应有所不同，总体而言，可归纳为如下三种情况。

1）低围压条件（这里包含无围压的情况，即 0MPa≤P_c≤20MPa）

在低围压条件下，认为岩石试样在达到峰值应力状态前始终处于弹性变形状态，忽略初始阶段的孔隙压密过程，而达到峰值应力状态后，试样呈极强的脆性断裂。其典型的应力-应变全过程曲线如图 8.18 所示。由图可知，曲线可分为以下三个阶段：*AB* 为线弹性卸荷段，*BC* 为线弹性拉伸段，*CD* 为脆性破坏段，可采用应变软化来描述。各个阶段的变形特征及本构关系分析如下。

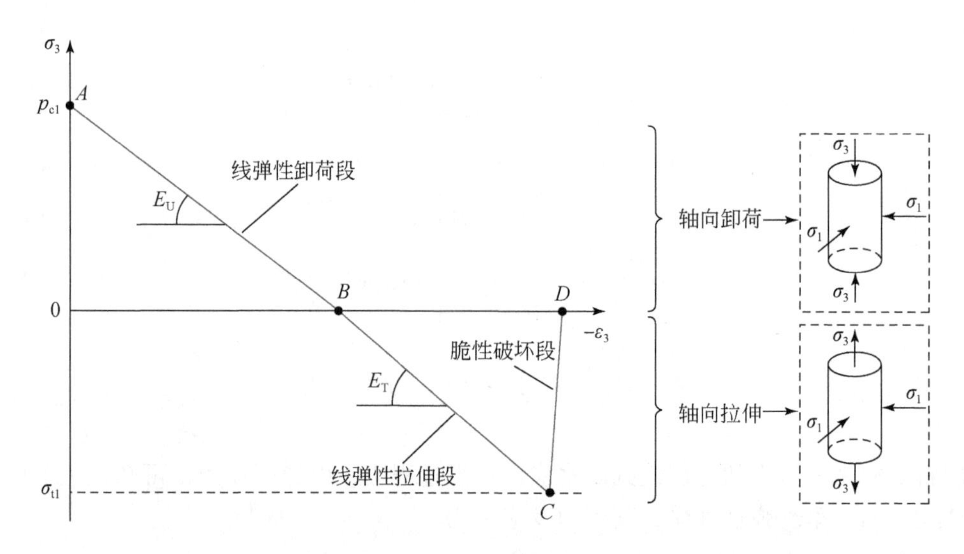

图 8.18　低围压条件下红砂岩卸荷-拉伸应力-应变全过程曲线图

A. 线弹性卸荷段（*AB* 段）

其本构关系可表示为

$$\{\boldsymbol{\sigma}\}=\boldsymbol{D}_e\{\boldsymbol{\varepsilon}\} \tag{8.50}$$

式中，$\boldsymbol{D}_e$ 为线弹性卸荷刚度矩阵。

在本书中可具体表示为

$$\sigma_3-\sigma_1=E_U\cdot\Delta\varepsilon_3 \tag{8.51}$$

式中，E_U 为围压作用下的弹性卸荷模量。

B. 线弹性拉伸段（BC 段）

其本构关系可表示为

$$\{\boldsymbol{\sigma}\}=\boldsymbol{D}_{\mathrm{T}}\{\boldsymbol{\varepsilon}\} \tag{8.52}$$

式中，$\boldsymbol{D}_{\mathrm{T}}$为线弹性拉伸刚度矩阵。

在本书中同样可表示为

$$\Delta\sigma_3=E_{\mathrm{T}}\cdot\Delta\varepsilon_3 \tag{8.53}$$

式中，E_{T}为围压作用下的弹性拉伸模量。

C. 脆性破坏段（CD 段）

在低围压条件下，岩石主要表现为拉裂，呈拉伸破坏模式。根据试验结果及数值模拟的细观损伤演化分析，红砂岩在脆性破坏段表现出强烈的应变软化特征，认为岩石微元体是受拉应力破坏，破裂产生的裂纹基本上为拉裂纹，服从 Griffith 准则，且破坏后的残余强度为 0MPa，则其峰值破坏函数为

$$f_G=J_2-4\sigma_{\mathrm{t}}I_1=0 \tag{8.54}$$

式中，σ_{t}为岩石试件的抗拉强度，根据试验结果其值为−3.08MPa；I_1 和J_2 为应力张量第一不变量和应力偏量第二不变量，其值按下式求得：

$$\begin{cases}I_1=\sigma_1+\sigma_2+\sigma_3\\ J_2=\dfrac{1}{6}[(\sigma_1-\sigma_2)^2+(\sigma_2-\sigma_3)^2+(\sigma_1-\sigma_3)^2]\end{cases} \tag{8.55}$$

在脆性破坏阶段，体积应变迅速增大，假设脆性破坏段岩体的屈服函数随体积应变（ε_V）在 0 和f_G之间线性变化，则可以在应变空间构造出岩石脆性破坏段的屈服函数，表达式为

$$F=\frac{\varepsilon_V-\varepsilon_V^{\mathrm{F}}}{\varepsilon_V^{\mathrm{S}}-\varepsilon_V^{\mathrm{F}}}\cdot 0+\frac{\varepsilon_V^{\mathrm{S}}-\varepsilon_V}{\varepsilon_V^{\mathrm{S}}-\varepsilon_V^{\mathrm{F}}}f_G=\frac{\varepsilon_V^{\mathrm{S}}-\varepsilon_V}{\varepsilon_V^{\mathrm{S}}-\varepsilon_V^{\mathrm{F}}}f_G=0 \tag{8.56}$$

式中，$\varepsilon_V^{\mathrm{S}}$为脆性破坏起点（图 8.18 中点 C）的体积应变；$\varepsilon_V^{\mathrm{F}}$为脆性破坏终点（图 8.18 中点 D）的体积应变。

根据弹塑性理论，脆性破坏应力跌落段（CD 段）的本构方程可以写成：

$$\{\mathrm{d}\sigma\}=\left(\boldsymbol{D}_{\mathrm{e}}-\frac{\boldsymbol{D}_{\mathrm{e}}\left\{\dfrac{\partial F}{\partial\sigma}\right\}\left\{\dfrac{\partial F}{\partial\sigma}\right\}^{\mathrm{T}}D_{\mathrm{e}}}{A_1+\left\{\dfrac{\partial F}{\partial\sigma}\right\}^{\mathrm{T}}D_{\mathrm{e}}\left\{\dfrac{\partial F}{\partial\sigma}\right\}}\right)\{\mathrm{d}\varepsilon\} \tag{8.57}$$

式中，A_1 为硬化模量，在应变软化阶段，A_1 应该是负值，可根据 Owen 等（1980）给出的公式计算：

$$A_1=\frac{E_R}{1-\dfrac{E_R}{E}} \tag{8.58}$$

式中，E_R为软化系数，可根据试验及f_G得到。

2）中等围压条件（20MPa≤P_{c}≤40MPa）

与低围压条件相比，在中等围压作用下，卸荷初始阶段的非线弹性变形已比较显著，而峰值应力状态前的非线性变现不太明显，因此，对于卸荷初始阶段之后的变形过程按低

围压条件下的简化方式处理，即采用如图 8.19 所示的由一段曲线和三段直线描述的应力-应变全过程曲线来建立弹塑性本构模型。其应力-应变曲线的四个阶段分别为 *AB* 段表示卸荷初始阶段，为非线弹性卸荷段；*BC* 段为线弹性卸荷段；*CD* 段为线弹性拉伸段；*DE* 段为脆性破坏段。各阶段的变形特征及本构关系分析如下。

非线弹性卸荷段（*AB* 段）：其本构关系可表示为

$$\{\boldsymbol{\sigma}\}=\boldsymbol{D}_{\mathrm{t}}\{\boldsymbol{\varepsilon}\} \tag{8.59}$$

式中，$\boldsymbol{D}_{\mathrm{t}}$为非线弹性卸荷刚度矩阵。

岩石在较高围压下的轴向卸荷非线性变形可以用切线模量的变化来描述，岩石的变形主要集中在轴向，轴向应变（ε_3）比环向应变（ε_1）高出了一个数量级（指绝对值大小），在非线性变形过程中，认为岩石的切线模量主要随轴向应变（ε_3）的变化而变化，而对环向应变（ε_1）的响应较小。同时，由于是在卸荷初始阶段发生非线性变形，岩石的缺陷（损伤）很小，认为岩石仍处于弹性阶段，即该切线卸荷模量$E_{\mathrm{U}i}$为非线弹性模量。因此，在本书中，非线弹性卸荷段（*AB* 段）的本构关系可写为如下表达形式：

$$\sigma_3-\sigma_1=\sum E_{\mathrm{U}i}\cdot\Delta\varepsilon_{3i} \tag{8.60}$$

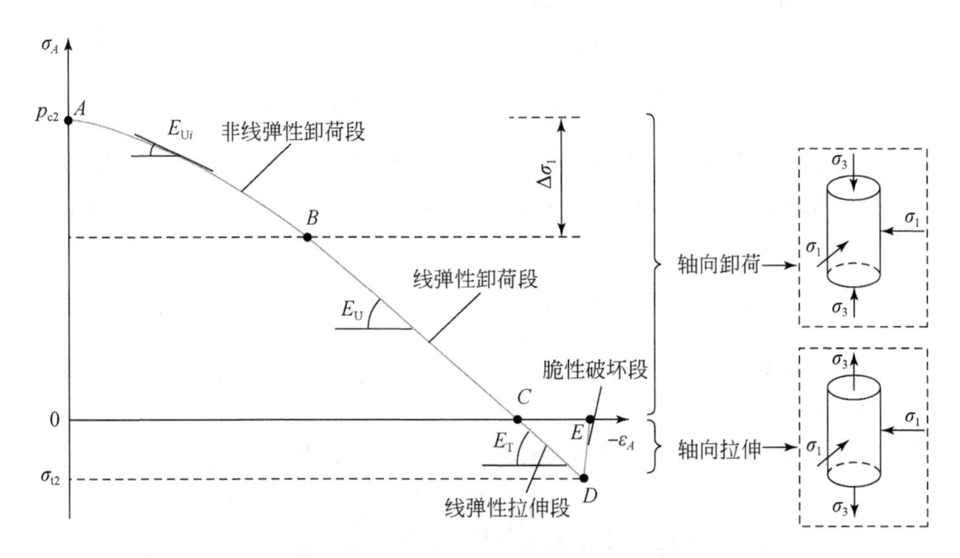

图 8.19　中等围压作用下红砂岩卸荷-拉伸应力-应变全过程曲线图

通过提取不同围压下（20～60MPa 初始围压范围）各岩样应力-应变曲线的非线性变形段切线模量（$E_{\mathrm{U}i}$）和轴向应变（ε_3），并建立其对应关系，结果如图 8.20 所示，发现切线模量（$E_{\mathrm{U}i}$）和轴向应变（ε_3）呈线性关系，其拟合关系式可表示为

$$E_{\mathrm{U}i}=A\varepsilon_{3i}+B \tag{8.61}$$

式中，*A*、*B* 为拟合系数。

系数 *A* 表征卸荷过程中初始静水围压对切线模量的影响。系数 *B* 的大小表示卸荷起始状态的卸荷模量，由于各围压条件下卸荷起始状态的岩石试样均处于静水应力状态，由图 8.20 可以看出，各拟合方程中系数 *B* 的值相差不大，主要与应力状态、卸荷速率和材料

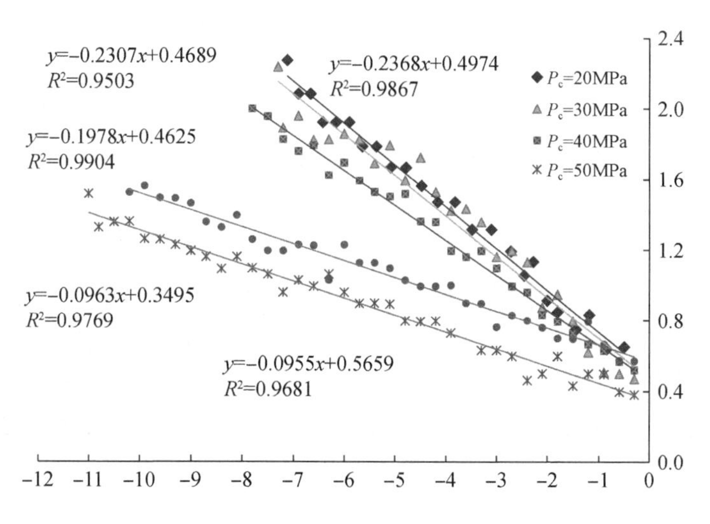

图 8.20　非线性弹性模量与轴向应变的关系

性质等有关。具体来说，在静水应力作用下，当静水应力超过一定水平时，岩石内部的空隙或微裂缝均已闭合，并且认为各试样内部的结构相同，因此，在轴向卸荷初始阶段各试样的内部空隙或微裂隙产生回弹，只要各试样的轴向卸荷速率相同，则 B 值应该是相近的。

假设用参数 α 表示初始静水围压（P_c）与该围压条件下红砂岩常规三轴压缩强度（σ_{cc}）之比。根据常规三轴压缩强度线性关系，可得到各初始静水围压下所对应的 α 值，从而可得到系数 A 和参数 α 的对应关系，如图 8.21 所示。从图 8.21 可发现，A 与 α 的关系近似为二次抛物线，其拟合关系式为

$$\begin{cases} A=-352.83\alpha^2+110.26\alpha-6.1854 \\ \alpha=\dfrac{P_c}{3.25P_c+72.33} \end{cases} \tag{8.62}$$

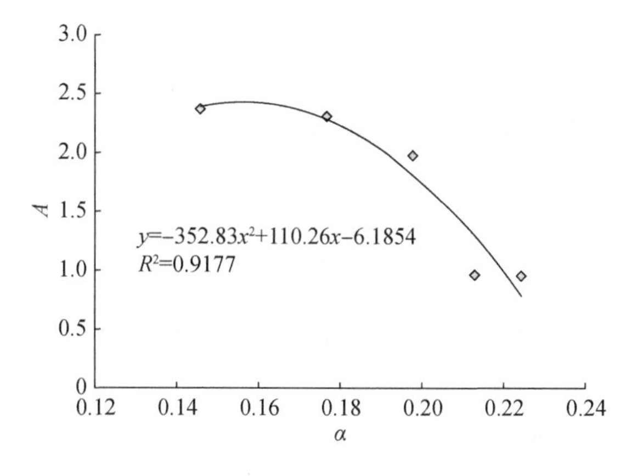

图 8.21　系数 A 与参数 α 的对应关系

将式（8.61）与式（8.62）代入式（8.60）中，则可得到非线弹性卸荷段（AB 段）的本构关系：

$$\sigma_3 - \sigma_1 = \sum (A\varepsilon_{3i} + B) \cdot \Delta\varepsilon_{3i} \tag{8.63}$$

线弹性卸荷段（BC 段）、线弹性拉伸段（CD 段）和脆性破坏段（DE 段）的本构模型与低围压条件的对应段类似，这里不再详述。

3）高围压条件（$P_c \geqslant 40\text{MPa}$）

在高围压条件下，不仅卸荷初始阶段的非线弹性变形非常明显，而且峰值应力前的非线性塑性变形也比较明显，但是峰前整个过程都处于卸荷阶段，没有拉伸阶段。其应力-应变全过程曲线可简化为如图 8.22 所示的由两段曲线和两段直线描述的四个阶段，分别为 AB 段表示卸荷初始阶段，为非线弹性卸荷段；BC 段为线弹卸荷段；CD 段为塑性卸荷段；DE 段为脆性破坏段。

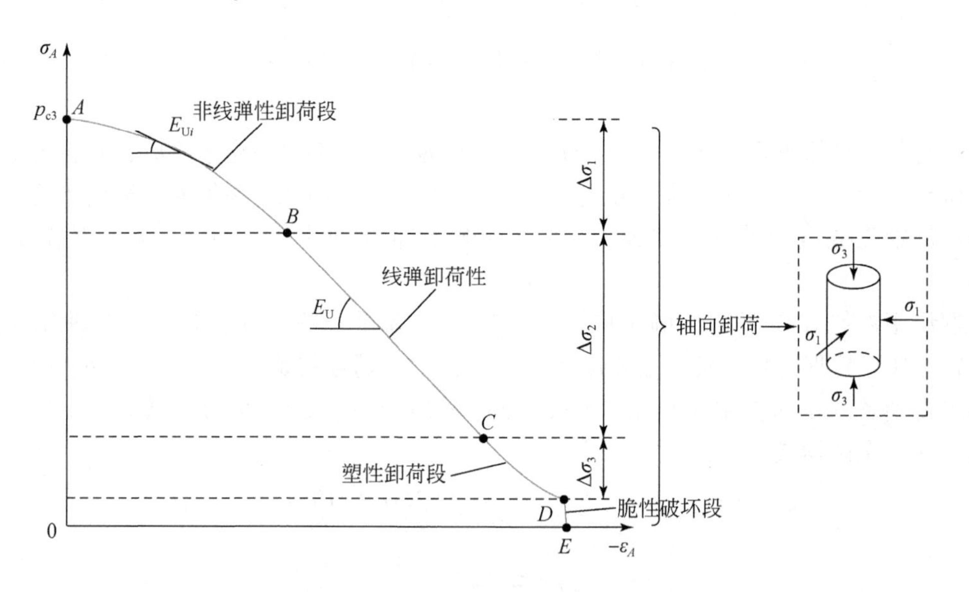

图 8.22　高围压条件下红砂岩卸荷-拉伸本构示意图

在这种条件下，非线弹性卸荷段（AB 段）和线弹性卸荷段（BC 段）与前文所述的对应段本构模型类似，这里不再详述。下面着重介绍卸荷塑性变形段（CD 段）与脆性破坏段（DE 段）的本构关系建立过程。

A. 卸荷塑性变形段（CD 段）

由弹塑性力学理论，其本构模型可以写为

$$\{d\boldsymbol{\varepsilon}\} = \{d\boldsymbol{\varepsilon}^e\} + \{d\boldsymbol{\varepsilon}^p\} = \frac{\{d\boldsymbol{\sigma}\}}{\boldsymbol{D}_e} + \{d\boldsymbol{\varepsilon}^p\} \tag{8.64}$$

式中，$\boldsymbol{D}_e$ 为弹性刚度矩阵。

根据塑性理论的流动法则，有

$$\{d\boldsymbol{\varepsilon}^p\} = d\lambda \frac{\partial F}{\partial \boldsymbol{\sigma}} \tag{8.65}$$

式中，F 为塑性屈服函数；$\mathrm{d}\lambda$ 为塑性流动因子，可用以下公式表示：

$$\mathrm{d}\lambda=\frac{\left\{\dfrac{\partial F}{\partial \varepsilon}\right\}^{\mathrm{T}}}{\left\{\dfrac{\partial F}{\partial \varepsilon}\right\}^{\mathrm{T}}\boldsymbol{D}_{\mathrm{e}}^{-1}\left\{\dfrac{\partial F}{\partial \varepsilon}\right\}+A_2}\{\mathrm{d}\varepsilon\} \tag{8.66}$$

式中，A_2 为硬化函数，可根据下式计算：

$$A_2=\frac{\partial F}{\partial \varepsilon_V^{\mathrm{p}}}\boldsymbol{D}_{\mathrm{e}}^{-1}\frac{\partial F}{\partial \varepsilon} \tag{8.67}$$

下面问题的关键是确定屈服函数 F。根据试验结果，在高围压条件下，其断面不仅有受拉撕裂痕迹，更有大片的剪切摩擦痕迹，而从数值模拟的细观损伤演化也可看出，高围压条件下岩石内部除大量的拉裂纹萌发、扩展以外，还有大量的剪裂纹出现。因此，这里认为岩石的塑性屈服起于其内部微小张裂纹的出现，即在图 8.22 中 C 点，岩石内部出现压致张裂纹，其屈服准则符合 Griffith 准则，而在接近脆性破坏的临界点（D 点），岩石的屈服主要表现为贯通张裂隙的剪切破坏，其屈服准则服从 M-C 准则，故而此阶段的塑性屈服是由 Griffith 屈服面向 M-C 屈服面的过渡。

Griffith 屈服面函数为

$$f_G=J_2-4\sigma_{\mathrm{t}}I_1 \tag{8.68}$$

M-C 屈服面函数为

$$f_{\mathrm{M}}=\frac{1}{3}J_1\sin\varphi+\sqrt{J_2}\left(\cos\theta-\frac{1}{\sqrt{3}}\sin\theta\sin\varphi\right)-c\cos\varphi \tag{8.69}$$

式中，c 为岩石黏聚力；φ 为内摩擦角；θ 为洛德角，此处取 $\theta=\pi/6$。

则式（8.69）变为

$$f_{\mathrm{M}}=\frac{1}{3}J_1\sin\varphi+\sqrt{J_2}\left(\frac{\sqrt{3}}{2}-\frac{1}{2\sqrt{3}}\sin\varphi\right)-c\cos\varphi \tag{8.70}$$

假定该塑性屈服函数随轴向卸荷量在 Griffith 屈服面与 M-C 屈服面的过渡过程中呈线性变化。轴向卸荷量（$\Delta\sigma_3$）可表示为

$$\Delta\sigma_3=\sigma_0-\sigma_3 \tag{8.71}$$

式中，σ_0 为初始轴向应力。

则该塑性变形段的屈服函数（F）可表示为

$$F=\frac{\Delta\sigma_3-\Delta\sigma_3^{\mathrm{S}}}{\Delta\sigma_3^{\mathrm{F}}-\Delta\sigma_3^{\mathrm{S}}}f_M+\frac{\Delta\sigma_3^{\mathrm{F}}-\Delta\sigma_3}{\Delta\sigma_3^{\mathrm{F}}-\Delta\sigma_3^{\mathrm{S}}}f_G \tag{8.72}$$

式中，$\Delta\sigma_3^{\mathrm{S}}$ 与 $\Delta\sigma_3^{\mathrm{F}}$ 分别为起始点和终止点对应的轴向卸荷量。

结合以上各式，并代入式（8.64），可得卸荷塑性变形段（CD 段）的本构方程为

$$\{\mathrm{d}\sigma\}=\left(\boldsymbol{D}_{\mathrm{e}}-\frac{\left\{\dfrac{\partial F}{\partial \varepsilon}\right\}^{\mathrm{T}}\left\{\dfrac{\partial F}{\partial \varepsilon}\right\}}{\left\{\dfrac{\partial F}{\partial \varepsilon}\right\}^{\mathrm{T}}\boldsymbol{D}_{\mathrm{e}}^{-1}\left\{\dfrac{\partial F}{\partial \varepsilon}\right\}+A_2}\right)\{\mathrm{d}\varepsilon\} \tag{8.73}$$

B. 脆性破坏段（DE 段）

与低围压条件下脆性拉破坏段不同的是，高围压条件下岩石的破裂主要表现为贯通张

裂隙的剪切破坏，故而其破坏函数不再是 Griffith 屈服函数f_G，而应该是 M-C 屈服函数f_M。假设岩石的残余强度为 0，脆性破坏段岩石的屈服函数随体积应变 ε_V在 0 和f_M之间线性变化，可以在应变空间构造出岩石脆性破坏段屈服函数：

$$F=\frac{\varepsilon_V-\varepsilon_V^{\mathrm{F}}}{\varepsilon_V^{\mathrm{S}}-\varepsilon_V^{\mathrm{F}}}\cdot 0+\frac{\varepsilon_V^{\mathrm{S}}-\varepsilon_V}{\varepsilon_V^{\mathrm{S}}-\varepsilon_V^{\mathrm{F}}}f_M=\frac{\varepsilon_V^{\mathrm{S}}-\varepsilon_V}{\varepsilon_V^{\mathrm{S}}-\varepsilon_V^{\mathrm{F}}}f_M \tag{8.74}$$

式中，$\varepsilon_V^{\mathrm{S}}$为脆性破坏起点（图 8.22 中 D 点）的体积应变；$\varepsilon_V^{\mathrm{F}}$为脆性破坏终点的体积应变。

根据弹塑性理论，脆性破坏应力跌落段的本构方程可以写为

$$\{\mathrm{d}\boldsymbol{\sigma}\}=\left(\boldsymbol{D}_{\mathrm{e}}-\frac{\boldsymbol{D}_{\mathrm{e}}\left\{\dfrac{\partial F}{\partial \sigma}\right\}\left\{\dfrac{\partial F}{\partial \sigma}\right\}^{\mathrm{T}}\boldsymbol{D}_{\mathrm{e}}}{A_1+\left\{\dfrac{\partial F}{\partial \sigma}\right\}^{\mathrm{T}}\boldsymbol{D}_{\mathrm{e}}\left\{\dfrac{\partial F}{\partial \sigma}\right\}}\right)\{\mathrm{d}\boldsymbol{\varepsilon}\} \tag{8.75}$$

式中，A_1 为硬化模量，按式（8.58）计算。

3. 模型验证

本节将提出的红砂岩卸荷-拉伸本构模型理论计算结果与试验得到的应力-应变曲线进行对比，以验证所推导的本构模型的可靠性。由于本书建立的弹塑性本构模型是根据初始静水围压水平的不同而进行分类构建的，其分类标准为：低围压条件的弹塑性本构模型（0MPa≤P_c≤20MPa），中等围压条件的弹塑性本构模型（20MPa≤P_c≤40MPa）和高围压条件的弹塑性本构模型（P_c≥40MPa）。因此，这里选取 P_c = 10MPa、P_c = 30MPa 和 P_c = 50MPa 分别作为低围压条件、中等围压条件和高围压条件的典型代表，计算三类弹塑性本构模型所对应的理论应力-应变曲线，结果如图 8.23 所示。

由图 8.23 可以看出，三种初始静水围压条件下的弹塑性本构理论曲线与试验得到的应力-应变曲线比较吻合，说明采用本书建立的弹塑性本构模型来描述红砂岩在恒围压卸轴压条件下卸荷-拉伸变形破坏的应力-应变关系是可靠的。

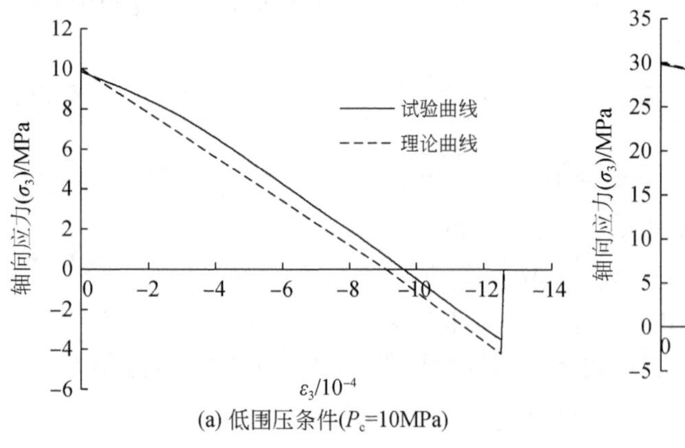

(a) 低围压条件(P_c=10MPa)

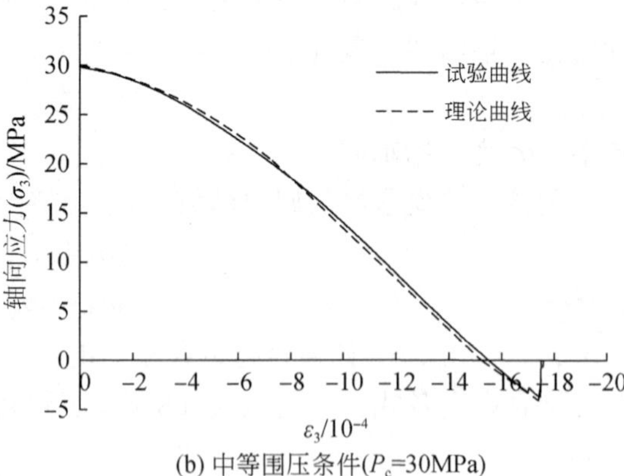

(b) 中等围压条件(P_c=30MPa)

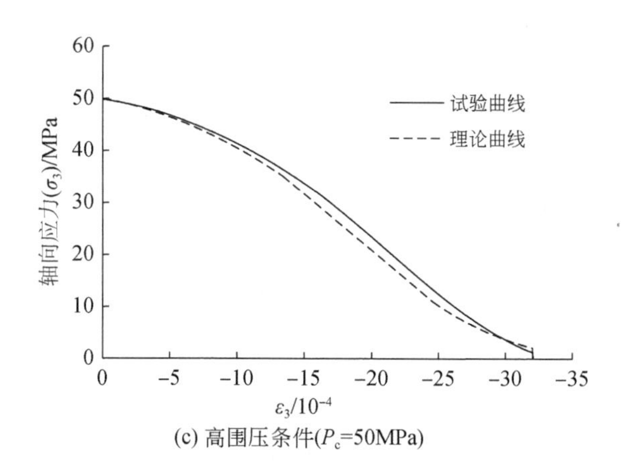

(c) 高围压条件(P_c=50MPa)

图 8.23　不同初始静水围压下红砂岩卸荷–拉伸弹塑性本构曲线与试验结果的对比

8.2.4　损伤本构模型

1. 损伤理论基础

研究及工程实践表明，岩石对其本身细观缺陷比较敏感，它的总体失稳既不是其中某个单元的破坏，也不是所有单元同时进入破坏状态，而是岩石中一系列相邻单元的相继破裂，在整个变形过程中裂纹不断扩展、贯通形成破裂面。而损伤力学是研究受损材料的损伤演变规律及其破坏的理论，其核心问题是建立损伤模型，即确定损伤变量及其转化问题。损伤理论对经典弹塑性力学的渗透，在一定程度上弥补了其微观和细观研究的不足。基于损伤力学理论，定义损伤变量是一个关键问题，到目前为止，大致可以归为以下两类。

1）按损伤面积定义损伤变量

假定岩石横截面有效面积的减少是造成岩石材料损伤的主要因素，Rabotnov（1969）在 Kachanov（1958）提出的连续性因子概念的基础上，通过横截面损伤面积定义损伤变量，如图 8.24（a）所示，其表达式为

$$D=\frac{A-\tilde{A}}{A}=1-\frac{A}{A} \tag{8.76}$$

式中，D 为损伤变量；A 为受损后材料横截面的表观总面积；$\tilde{A}$ 为受损后材料横截面的有效承载面积或称净面积；$A-\tilde{A}$ 为受损后材料横截面的缺陷面积。初始无损伤时，$A=\tilde{A}$，$D=0$；完全损伤破坏时，$\tilde{A}=0$，$D=1$。

2）按变形模量的变化定义损伤变量

假定损伤的宏观力学效果可以用损伤体的变形模量降低来表示，Lematire（1985）从损伤材料的应力–应变特点引入损伤变量，即将有效应力理解为使非损伤体元获得与损伤

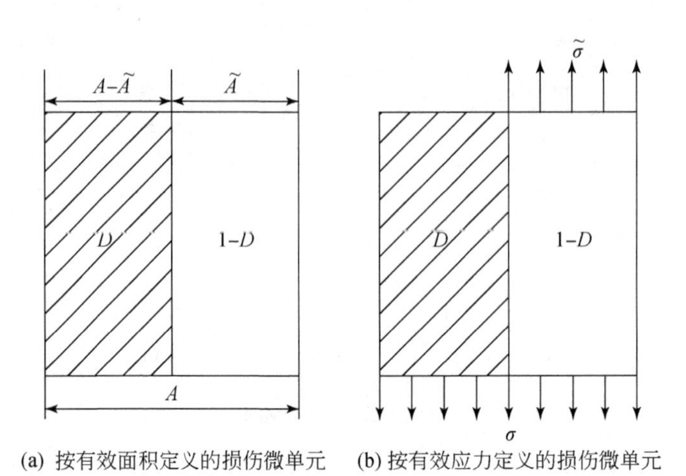

(a) 按有效面积定义的损伤微单元　(b) 按有效应力定义的损伤微单元

图 8. 24　损伤微单元示意图

体元在名义应力作用下产生同等的应变，如图 8. 24（b）所示，从而建立如下损伤模型：

$$\tilde{\sigma}=\frac{\sigma}{1-D} \tag{8.77}$$

式中，$\tilde{\sigma}$ 为有效应力；σ 为名义应力；D 为损伤变量。

2. 损伤本构模型的建立

本书基于有效应力定义的损伤变量以及有效面积定义的损伤变量，建立围压作用下红砂岩卸荷–拉伸损伤本构模型。

根据式（8. 77）的有效应力表达式，通过变形可得

$$\sigma=\tilde{\sigma}(1-D) \tag{8.78}$$

在红砂岩卸荷–拉伸过程中，无论是轴向卸荷还是反向拉伸，都可以采用卸荷量（$\Delta\sigma_3$）来描述，其表达式为

$$\Delta\sigma_3=\sigma_0-\sigma_3 \tag{8.79}$$

式中，σ_0为初始状态下的轴向应力。

从而，可得到以卸荷量（$\Delta\sigma_3$）表示的红砂岩卸荷–拉伸损伤模型，其关系式为

$$\Delta\sigma_3=\Delta\tilde{\sigma}_3(1-D)+\mu(\sigma_1+\sigma_2)=\Delta\tilde{\sigma}_3(1-D)+2\mu\sigma_1 \tag{8.80}$$

式中，$\Delta\tilde{\sigma}_3$ 为轴向有效应力的改变量；μ 为泊松比；σ_1 为围压应力。

基于应变等效性假说，损伤单元体与非损伤单元体的应变相等，如图 8. 25 所示，则轴向有效应力的改变量（$\Delta\tilde{\sigma}_3$）可表示为

$$\Delta\tilde{\sigma}_3=E\cdot\Delta\varepsilon_3 \tag{8.81}$$

式中，E 为非损伤岩石的卸荷弹性模量。

从而，式（8. 81）变为

$$\Delta\sigma_3=E\cdot\Delta\varepsilon_3(1-D)+2\mu\sigma_1 \tag{8.82}$$

将上式进一步变换，得到损伤变量的计算公式为

$$D=1-\frac{\Delta\sigma_3-2\mu\sigma_1}{E\cdot\Delta\varepsilon_3}=\frac{E\cdot\Delta\varepsilon_3-(\Delta\sigma_3-2\mu\sigma_1)}{E\cdot\Delta\varepsilon_3} \tag{8.83}$$

引入一个轴向名义卸荷变形模量E'，满足以下计算公式：

$$E'=\frac{\Delta\sigma_3-2\mu\sigma_1}{\Delta\varepsilon_3} \tag{8.84}$$

将式（8. 84）代入式（8. 83）中，可得损伤变量 D 的另一种表达形式，为

$$D=\frac{E\cdot\Delta\varepsilon_3-E'\cdot\Delta\varepsilon_3}{E\cdot\Delta\varepsilon_3}=1-\frac{E'}{E} \tag{8.85}$$

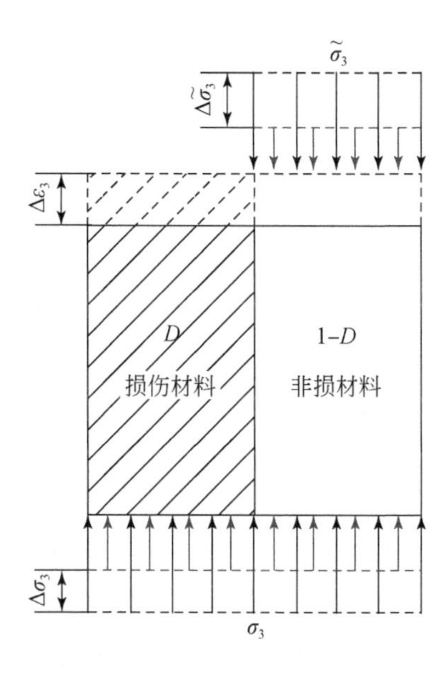

图 8. 25　轴向卸荷条件下岩石损伤微单元受力状态

由式（8. 85）可以将岩石在围压作用下的轴向卸荷损伤或轴向拉伸损伤转化到变形模量衰减的研究范畴。因此，问题的关键就是对卸荷弹性模量（E）和卸荷变形模量（E'）的确定。任取一个岩石试样的轴向卸荷量（$\Delta\sigma_3$）和对应的轴向应变量（$\Delta\varepsilon_3$）的关系进行分析，如图 8. 26 所示，轴向卸荷弹性模量取线弹性卸荷段的反向延长线，与 $\Delta\varepsilon_3$ 轴相交，令交点为 $\Delta\varepsilon_{30}$，线弹性卸荷段最低点处的卸荷量为 $\Delta\sigma_{30}$，对应的轴向应变为 $\Delta\varepsilon'_{30}$，则卸荷弹性模量 E 可表示为

$$E=\frac{\Delta\sigma_{30}-2\mu\sigma_1}{\Delta\varepsilon'_{30}-\Delta\varepsilon_{30}} \tag{8.86}$$

对于轴向卸荷量（$\Delta\sigma_3$）与轴向应变量（$\Delta\varepsilon_3$）关系曲线上任一点 $P(\Delta\sigma_3,\Delta\varepsilon_3)$，其轴向名义卸荷变形模量（$E'$）可表示为

$$E'=\frac{\Delta\sigma_3-2\mu\sigma_1}{\Delta\varepsilon_3-\Delta\varepsilon_{30}} \tag{8.87}$$

一方面，对于试验中各岩样的破坏，无论是中、低围压下轴向卸荷至反向拉伸阶段破坏，还是高围压下的轴向卸荷阶段破坏，都表现出很强的脆性。为了确定损伤模型的终点

$Q(\Delta\sigma_{3r},\Delta\varepsilon_{3r})$，假定各岩样残余强度为0，则对于轴向拉伸阶段破坏情形：$\Delta\sigma_{3r}=\sigma_1=P_c$；而对于轴向卸荷阶段破坏：$\Delta\sigma_{3r}=\Delta\sigma_{3c}$。其中，$P_c$为围压应力，$\Delta\sigma_{3c}$为轴向卸荷量峰值。

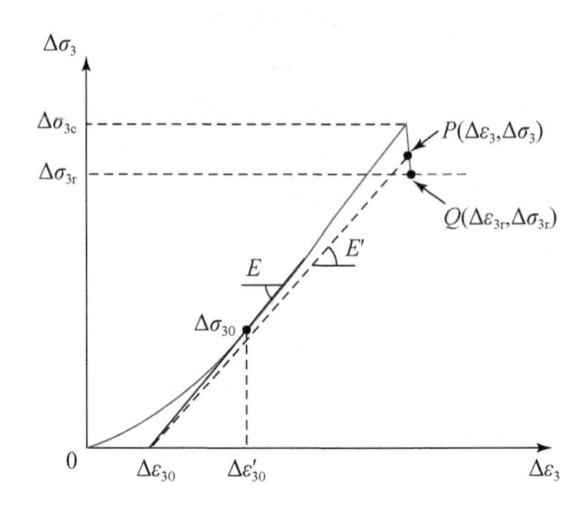

图 8.26　轴向卸荷量（$\Delta\sigma_3$）与轴向应变量（$\Delta\varepsilon_3$）关系示意图

则损伤变量可变换为

$$D=\frac{E(\Delta\varepsilon_3-\Delta\varepsilon_{30})-(\Delta\sigma_3-2\mu\sigma_1)}{E(\Delta\varepsilon_3-\Delta\varepsilon_{30})} \tag{8.88}$$

另一方面，对于卸荷–拉伸过程中的岩石材料，假设由无穷多微元体组成，在卸荷–拉伸变形过程中，微元体仅有无损和损伤两种类型，对试样某一横截面，将其分解成n个单元，如图8.27所示，假定无损单元数量为i，损伤单元数为j，满足关系$n=i+j$。进一步假设：①各微元体的面积相等，均为A_0；②在损伤演化过程中，无损单元可以向有损单元转化，而有损单元不能转化为无损单元；③损伤演化过程中，有损单元和无损单元的变形相等，即符合应变等效假设。则式（8.88）表示的损伤变量（D）可转化为如下表达：

$$D=\frac{A-\tilde{A}}{A}=\frac{jA_0}{nA_0}=\frac{j}{n}\quad(0\leqslant j\leqslant n) \tag{8.89}$$

岩石的变形及破坏是一个循序渐进、累积损伤的过程，从内部微元体角度来看，是无损单元逐步向有损单元转化的过程。也就是说，有损微元体的数目（j）是与变形（ε）有关的，即j是ε的函数，记为$j(\varepsilon)$。假设岩石在某时刻其变形（ε）发生一个新的、微小的变形（$\Delta\varepsilon$），则变形后的有损单元个数为$j(\varepsilon+\Delta\varepsilon)$，在损伤演化过程中满足以下关系：

$$j(\varepsilon+\Delta\varepsilon)=j(\varepsilon)+i(\varepsilon)\cdot k\Delta\varepsilon=j(\varepsilon)+[n-j(\varepsilon)]\cdot k\Delta\varepsilon \tag{8.90}$$

式中，k为单位应变条件下无损单元转化为有损单元的生成率。

将式（8.90）进行适当的变换，可得

$$\frac{\Delta j}{\Delta\varepsilon}=\frac{j(\varepsilon+\Delta\varepsilon)-j(\varepsilon)}{\Delta\varepsilon}=k[n-j(\varepsilon)] \tag{8.91}$$

已有的研究表明，岩石损伤的增长与岩石本身已有的损伤数目密切相关，已有的损伤越多，越容易产生新的损伤，因而，单位应变条件下无损单元转化为有损单元的生成率

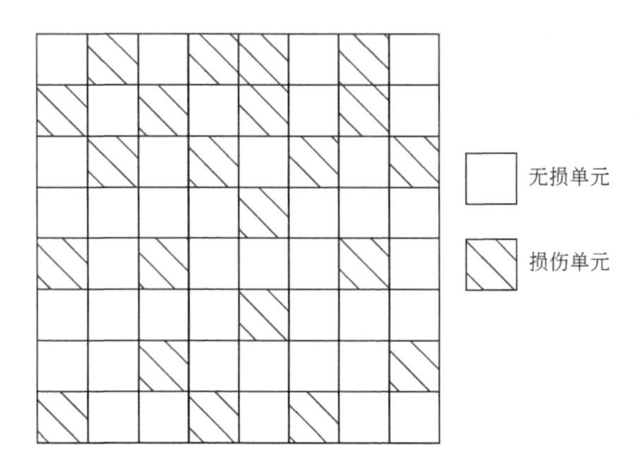

图 8. 27　岩石微元结构示意图

(k) 与有损单元的相对数量是有关的，可表示为

$$k=a\frac{j(\varepsilon)}{n} \tag{8.92}$$

式中，a 为岩石发生损伤的环境参数。

将式（8.92）代入式（8.91），可得

$$\frac{\Delta j}{\Delta\varepsilon}=a\frac{j(\varepsilon)}{n}[n-j(\varepsilon)] \tag{8.93}$$

由于 $\Delta\varepsilon$ 是微小的应变，故上式又可以写成微分形式：

$$\frac{\mathrm{d}j}{\mathrm{d}\varepsilon}=a\frac{j(\varepsilon)}{n}[n-j(\varepsilon)]=a\cdot j(\varepsilon)\left[1-\frac{j(\varepsilon)}{n}\right] \tag{8.94}$$

将损伤变量的表达式（8.89）代入式（8.94），得到关于损伤变量的微分方程：

$$\frac{\mathrm{d}D}{\mathrm{d}\varepsilon}=\frac{1}{n}\frac{\mathrm{d}j(\varepsilon)}{\mathrm{d}\varepsilon}=a\frac{j(\varepsilon)}{n}\left[1-\frac{j(\varepsilon)}{n}\right]=aD(1-D) \tag{8.95}$$

对式（8.95）的微分方程进行求解，便得到损伤变量的表达式：

$$D=\frac{1}{1+\mathrm{e}^{\ln\left(\frac{n}{n_0}-1\right)-a\varepsilon}} \tag{8.96}$$

式中，n_0为初始时刻的有损单元数目。

将式（8.96）代入式（8.88）中，得到围压作用下红砂岩卸荷-拉伸的损伤本构方程为

$$\frac{E(\Delta\varepsilon_3-\Delta\varepsilon_{30})-(\Delta\sigma_3-2\mu\sigma_1)}{E(\Delta\varepsilon_3-\Delta\varepsilon_{30})}=\frac{1}{1+\mathrm{e}^{\ln\left(\frac{n}{n_0}-1\right)-a\Delta\varepsilon_3}} \tag{8.97}$$

对上式进行适当变形，即得到本构方程的标准形式为

$$\Delta\sigma_3=E(\Delta\varepsilon_3-\Delta\varepsilon_{30})\left[1-\frac{1}{1+\mathrm{e}^{\ln\left(\frac{n}{n_0}-1\right)-a\Delta\varepsilon_3}}\right]+2\mu\sigma_1 \tag{8.98}$$

3. 模型验证

同样地，这里以 $P_c=10$MPa、$P_c=30$MPa 和 $P_c=50$MPa 三种初始静水围压水平作为代

表，对提出的红砂岩卸荷-拉伸损伤本构模型理论计算结果与试验结果进行对比，以验证所推导的本构模型的可靠性。

首先，根据式（8.96）~式（8.98），确定各初始静水围压对应的几个参数，包括 $\Delta\varepsilon_{30}$、$\Delta\varepsilon'_{30}$、$\Delta\sigma_{30}$ 以及卸荷弹性模量（E），计算结果见表8.8。

表8.8　损伤本构模型相关参数计算结果

围压 (P_c)/MPa	$\Delta\varepsilon_{30}$ /10^{-4}	$\Delta\varepsilon'_{30}$ /10^{-4}	$\Delta\sigma_{30}$ /MPa	E /GPa	a	β
10	1.067	4.013	3.43	11.64	2.0469	29.119
30	3.625	8.625	12.05	24.10	0.7074	15.059
50	7.632	16.368	19.53	22.36	0.2355	9.5241

然后，根据式（8.88），求出各轴向应变（$\Delta\varepsilon_3$）所对应的损伤变量（D）。

接着，将式（8.96）进行适当变形，令

$$\beta=\ln\left(\frac{n}{n_0}-1\right) \tag{8.99}$$

则式（8.96）可变形为

$$\ln\left(\frac{1}{D}-1\right)=\beta-a\cdot\Delta\varepsilon_3 \tag{8.100}$$

由上式可以发现，$\ln(1/D-1)$ 与 $\Delta\varepsilon_3$ 呈线性关系，经过线性拟合，可以得出 a 和 β 的值，结果见表8.8。由此，可得出初始静水围压分别为10MPa、30MPa和50MPa对应的红砂岩卸荷-拉伸损伤演化方程，分别为

围压为10MPa时：

$$D=\frac{1}{1+e^{29.119-2.0469\cdot\Delta\varepsilon_3}} \tag{8.101}$$

围压为30MPa时：

$$D=\frac{1}{1+e^{15.059-0.7074\cdot\Delta\varepsilon_3}} \tag{8.102}$$

围压为50MPa时：

$$D=\frac{1}{1+e^{9.5241-0.2355\cdot\Delta\varepsilon_3}} \tag{8.103}$$

将式（8.101）~式（8.103）表示的理论曲线和各初始静水围压对应的试验曲线进行对比，结果如图8.28所示。从图8.28可看出，各初始静水围压下红砂岩卸荷-拉伸损伤本构模型计算的理论曲线和试验曲线吻合良好，说明本书所提出的损伤本构模型是可靠的。

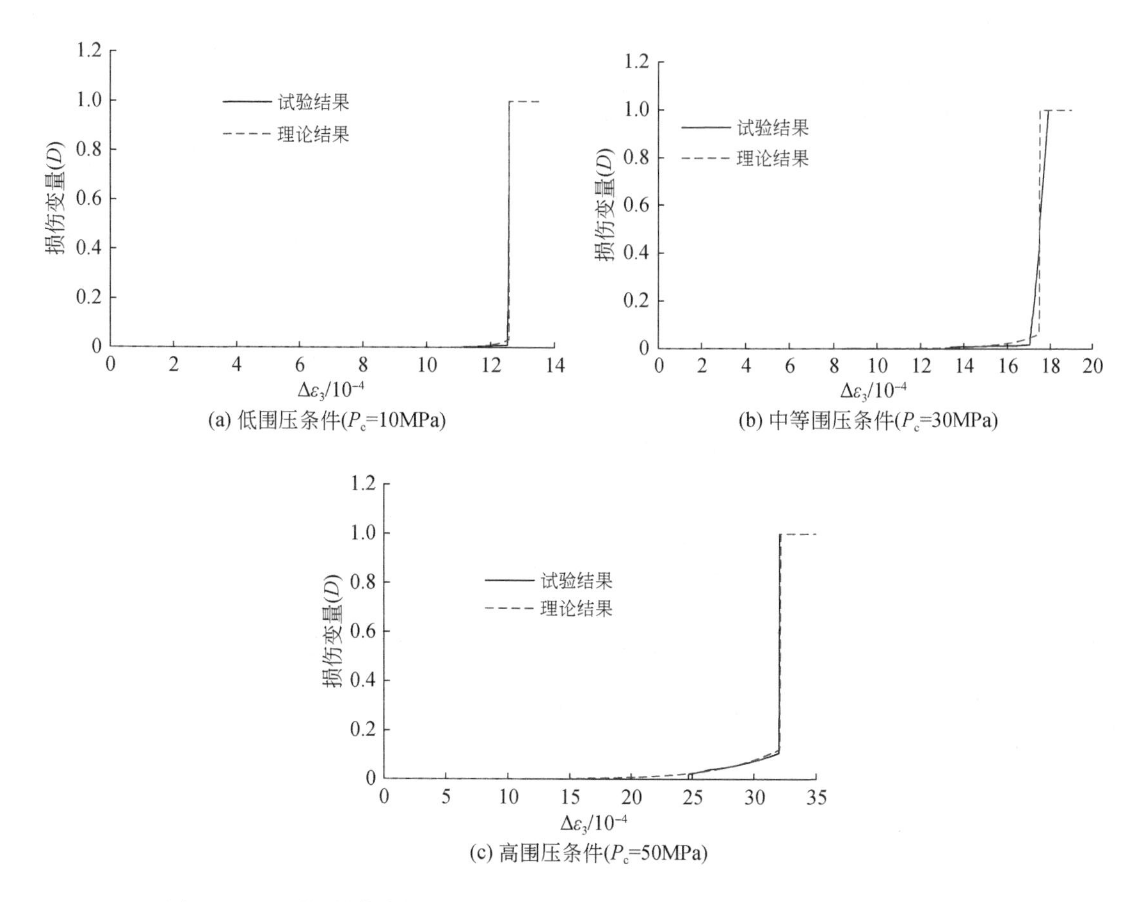

图 8.28　不同初始静水围压下红砂岩卸荷-拉伸损伤本构曲线与试验结果的对比

8.3　侧向卸荷条件下岩石屈服准则及本构模型

8.3.1　屈服准则及本构模型假设

图 8.29 为三峡地下电站区闪云斜长花岗岩侧向卸荷试验的典型全过程应力-应变曲线，图中 *OA* 段为压密段，*AB* 段为弹性段，*BC* 段为卸荷屈服段，*CD* 段为峰后至残余之间的应力脆性跌落段，*DE* 段为残余段。根据应力-应变曲线及卸荷岩体破坏机制分析，提出如下假设。

（1）岩石卸荷的峰值及残余强度满足 M-C 屈服准则。

（2）岩石卸荷的屈服点附近满足 Griffith 屈服准则。

（3）卸荷过程中岩石的屈服函数是随体积应变（ε_V）在 Griffith 及 M-C 屈服准则间线性变化。

（4）卸荷过程中变形模量及泊松比是体积应变（ε_V）的连续函数。

（5）除卸荷屈服段应力-应变为非线性关系外，其他段均为直线变化，即应力-应变关系可以简化为如图 8.30 所示的三条直线和一条曲线来表示。

该本构模型的特点是：岩体在卸荷屈服之前（*OB* 段）与加载过程的本构模型一致，其应力-应变关系为线弹性，符合广义胡克定律；卸荷屈服点至峰值强度点采用弹塑性模型（*BC* 段）；峰后区，*CD* 段为应力跌落区，脆性特征较强，采用连续线性应变软化来表示，假定其屈服函数是最大主应变（ε_1）的线性函数；*DE* 段为残余段，按理想塑性处理。

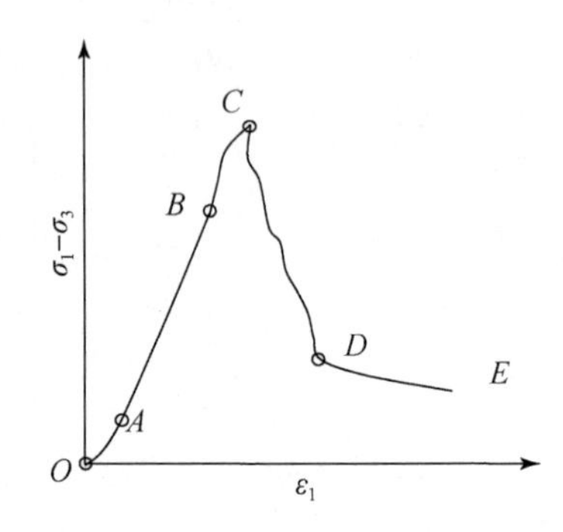

图 8.29　试验中的典型全过程应力-应变曲线

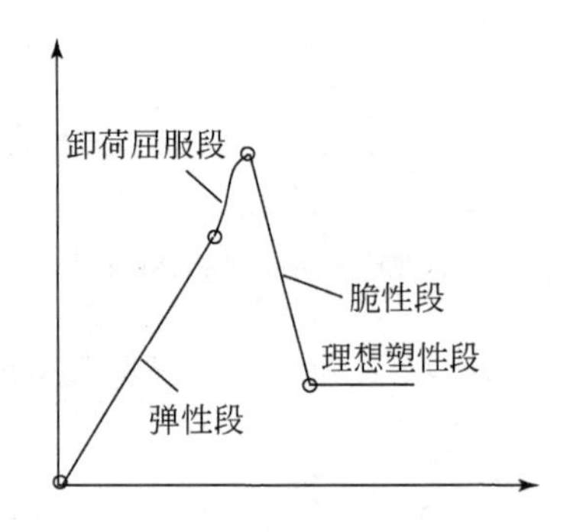

图 8.30　岩石卸荷的本构模型示意图

8.3.2　卸荷各阶段的本构模型

下面对卸荷岩体各阶段的本构模型进行分析。

1）弹性段 *AB*

$$\{d\varepsilon\} = \boldsymbol{C}_e \{d\sigma\} \tag{8.104}$$

2）卸荷屈服段 *BC*（非线性弹塑性）

由塑性理论及相关流动法则，可得

$$d\sigma^P = d\lambda \frac{\partial F}{\partial \varepsilon} \tag{8.105}$$

式中，*F* 为屈服条件（为应变的函数）；$d\lambda$ 为塑性流动因子。$d\lambda$ 可表示为

$$
\mathrm{d}\lambda = \frac{\left\{\frac{\partial F}{\partial \varepsilon}\right\}^{\mathrm{T}}}{\left\{\frac{\partial F}{\partial \varepsilon}\right\}^{\mathrm{T}} \boldsymbol{C}_{\mathrm{e}} \left\{\frac{\partial F}{\partial \varepsilon}\right\} + A} \{\mathrm{d}\varepsilon\} \tag{8.106}
$$

式中，$\boldsymbol{C}_{\mathrm{e}}$为弹性柔度矩阵；$A$ 为硬化函数，若将塑性体积应变（ε_V^P）定义为硬化参量，也即假设在屈服面上塑性体应变增量是常数，那么 A 可以表示为

$$
A = \left\{\frac{\partial F}{\partial \varepsilon_V^P}\right\}^{\mathrm{T}} \boldsymbol{C}_{\mathrm{e}} \left\{\frac{\partial F}{\partial \varepsilon}\right\} \tag{8.107}
$$

将式（8.106）代入式（8.105）得

$$
\mathrm{d}\lambda = \frac{\left\{\frac{\partial F}{\partial \varepsilon}\right\}^{\mathrm{T}}}{\left\{\frac{\partial F}{\partial \varepsilon}\right\}^{\mathrm{T}} \boldsymbol{C}_{\mathrm{e}} \left\{\frac{\partial F}{\partial \varepsilon}\right\} + \left\{\frac{\partial F}{\partial \varepsilon_V^P}\right\}^{\mathrm{T}} \boldsymbol{C}_{\mathrm{e}} \left\{\frac{\partial F}{\partial \varepsilon}\right\}} \{\mathrm{d}\varepsilon\} \tag{8.108}
$$

根据岩石卸荷破坏机制分析，岩石卸荷破坏过程中，在初始微小张裂隙出现阶段（起始端为卸荷屈服起始点，即图 8.29 的 B 点），可以认为这些张性裂隙是在 σ_1 压缩及 σ_3 卸荷作用下出现的压至拉裂现象，岩石的屈服准则是符合 Griffith 屈服准则。而当卸荷至接近峰值破坏时，此时破坏以追踪张裂隙剪切破坏为主，其屈服准则符合 M-C 准则，岩石卸荷破坏是由张性破坏向剪性破坏发展，其屈服准则是由 Griffith 准则向 M-C 准则过渡。岩石卸荷破坏是因为强烈扩容所致，这样，可以假定岩石卸荷的屈服函数随体积应变 ε_V 在 Griffith 准则和 M-C 准则间呈线性变化。

以应力张量、偏张量不变量及洛德参数表示的 M-C 屈服准则：

$$
f_{\mathrm{M}} = \frac{1}{3} I_1 \sin\varphi + \sqrt{J_2}\left(\cos\theta_\sigma - \frac{1}{\sqrt{3}}\sin\theta_\sigma \sin\varphi\right) - c\cos\varphi = 0 \tag{8.109}
$$

卸荷过程中，岩石实际上还是处于近三向压缩状态，因此洛德角 $\theta_\sigma = \frac{\pi}{6}$，这样式（8.109）可化为

$$
f_{\mathrm{M}} = \frac{1}{3} I_1 \sin\varphi + \sqrt{J_2}\left(\frac{\sqrt{3}}{2} - \frac{1}{2\sqrt{3}}\sin\varphi\right) - c\cos\varphi = 0 \tag{8.110}
$$

Murrel 推广的三维应力空间修正 Griffith 准则为

$$
f_{\mathrm{G}} = (\sigma_1 - \sigma_3)^2 + (\sigma_2 - \sigma_3)^2 + (\sigma_3 - \sigma_1)^2 - 24T_{\mathrm{o}}(\sigma_1 + \sigma_2 + \sigma_3) = 0 \tag{8.111}
$$

式中，T_{o}为抗拉强度。

将应力张量、偏张量不变量代入式（8.111），可得

$$
f_{\mathrm{G}} = 6J_2 - 24T_{\mathrm{o}} I_1 = 0 \tag{8.112}
$$

应力空间中的不变量与应变空间中不变量有如下的转换公式：

$$
\begin{cases} I_1 = \dfrac{E}{1-2\mu} I_1' = 3KI_1' \\ J_2 = \left(\dfrac{E}{1+\mu}\right)^2 J_2' = 4G^2 J_2' \end{cases} \tag{8.113}
$$

式中，K、G 分别为体积模量和剪切模量。

将式（8.113）分别代入式（8.110）及式（8.112），可以得到应变空间中的 M-C 及修正的 Griffith 准则：

$$\begin{cases} f_{\mathrm{M}}=KI_1'\sin\varphi+G\sqrt{J_2'}\left(\sqrt{3}-\dfrac{1}{\sqrt{3}}\sin\varphi\right)-c\cos\varphi=0 \\ f_{\mathrm{G}}=G^2J_2'-3KI_1'T_{\mathrm{o}}=0 \end{cases} \tag{8.114}$$

这样按前面的线性变化假设，可以构造出岩石卸荷过程中的屈服准则：

$$F=\frac{\varepsilon_V-\varepsilon_V^{\mathrm{q}}}{\varepsilon_V^{\mathrm{f}}-\varepsilon_V^{\mathrm{q}}}f_M+\frac{\varepsilon_V^{\mathrm{f}}-\varepsilon_V}{\varepsilon_V^{\mathrm{f}}-\varepsilon_V^{\mathrm{q}}}f_{\mathrm{G}} \tag{8.115}$$

式中，$\varepsilon_V^{\mathrm{q}}$ 为初始裂隙出现时的体积应变，即岩样开始屈服时的 ε_V，$\varepsilon_V^{\mathrm{f}}$ 为峰值强度时的体积应变 ε_V，$\varepsilon_V^{\mathrm{q}}$、$\varepsilon_V^{\mathrm{f}}$ 可以通过试验求出，对于特定的材料其值与卸荷方式及初始围压有关。此卸荷岩体的屈服函数 F 是随体积应变逐渐变化的动态函数。

由弹塑性理论可知，弹塑性本构模型可写为

$$\{\mathrm{d}\boldsymbol{\varepsilon}\}=\{\mathrm{d}\boldsymbol{\varepsilon}^{\mathrm{e}}\}+\{\mathrm{d}\boldsymbol{\varepsilon}^{\mathrm{p}}\}=\boldsymbol{C}_{\mathrm{e}}\{\mathrm{d}\boldsymbol{\sigma}\}+\{\mathrm{d}\boldsymbol{\varepsilon}^{\mathrm{P}}\} \tag{8.116}$$

也可以表示为

$$\boldsymbol{D}_{\mathrm{e}}\{\mathrm{d}\boldsymbol{\varepsilon}\}=\{\mathrm{d}\boldsymbol{\sigma}\}+\boldsymbol{D}_{\mathrm{e}}\{\mathrm{d}\boldsymbol{\varepsilon}^{\mathrm{P}}\} \tag{8.117}$$

式中，$\boldsymbol{D}_{\mathrm{e}}$ 为弹性矩阵，$\boldsymbol{D}_{\mathrm{e}}\ \{\mathrm{d}\boldsymbol{\varepsilon}^{\mathrm{P}}\}$ 就是塑性应力 $\{\mathrm{d}\boldsymbol{\sigma}^{\mathrm{P}}\}$，结合式（8.105），式（8.117）可变为

$$\boldsymbol{D}_{\mathrm{e}}\{\mathrm{d}\boldsymbol{\varepsilon}\}=\{\mathrm{d}\boldsymbol{\sigma}\}+\mathrm{d}\lambda\left\{\frac{\partial F}{\partial \boldsymbol{\varepsilon}}\right\} \tag{8.118}$$

将式（8.108）和式（8.115）代入式（8.118）可得卸荷屈服段岩体的本构方程：

$$\{\mathrm{d}\boldsymbol{\sigma}\}=\left(\boldsymbol{D}_{\mathrm{e}}-\frac{\left\{\dfrac{\partial F}{\partial \boldsymbol{\varepsilon}}\right\}^{\mathrm{T}}}{\left\{\dfrac{\partial F}{\partial \boldsymbol{\varepsilon}}\right\}^{\mathrm{T}}\boldsymbol{D}_{\mathrm{e}}^{-1}\left\{\dfrac{\partial F}{\partial \boldsymbol{\varepsilon}}\right\}+\left\{\dfrac{\partial F}{\partial \boldsymbol{\varepsilon}_V^{P}}\right\}^{\mathrm{T}}\boldsymbol{D}_{\mathrm{e}}^{-1}\left\{\dfrac{\partial F}{\partial \boldsymbol{\varepsilon}}\right\}}\right)\{\mathrm{d}\boldsymbol{\varepsilon}\} \tag{8.119}$$

因为卸荷屈服过程中，岩体的弹性模量（E_U）及泊松比（μ_U）是变化的，从前面的试验结果可知：

$$\begin{cases} E_U=a_1\exp(a_2\varepsilon_V) \\ \mu_U=a_3\varepsilon_V^2+a_4\varepsilon_V+a_5 \end{cases} \tag{8.120}$$

式中，a_1、a_2、a_3、a_4、a_5为与卸荷方式及材料特征有关的特定常数。

当然，随岩石材料及卸荷方式的不同，式（8.120）可能有所不同，因此，可以用一个与体积应变相关的普遍函数来代替，其相应的函数关系可以通过卸荷试验求得

$$\begin{cases} E_U=f_E(\varepsilon_V) \\ \mu_U=f_\mu(\varepsilon_V) \end{cases} \tag{8.121}$$

故将式（8.121）或式（8.120）代入式（8.119），即为卸荷岩体屈服阶段的非线性弹塑本构方程，这里的非线性是指材料的参数非线性变化。当然，还可以根据试验结果，指定本构模型中的黏聚力和内摩擦角的函数变化。

3）峰后应力脆性跌落段 CD

还是按照传统的方法，将峰后应力脆性跌落段采用连续线性应变软化来处理。岩石的峰值及残余强度符合 M-C 屈服准则，可表示为

$$\text{峰值屈服函数}: f_{\mathrm{f}}=\sigma_1-k_1\sigma_3+b_1 \tag{8.122}$$

$$\text{残余屈服函数}: f_{\mathrm{r}}=\sigma_1-k_2\sigma_3+b_2 \tag{8.123}$$

对于软化阶段的屈服形式，假定屈服函数随最大主应变（ε_1）在 f_{f} 和 f_{r} 之间呈线性变化，即

$$F(\sigma_1,\sigma_3)=\sigma_1-k(\varepsilon_1)-b(\varepsilon_1) \tag{8.124}$$

其中，

$$k(\varepsilon_1)=k_1+\frac{\varepsilon_1-\varepsilon_1^{\mathrm{f}}}{\varepsilon_1^{\mathrm{f}}-\varepsilon_1^{\mathrm{r}}}(k_1-k_2)$$

$$b(\varepsilon_1)=b_1+\frac{\varepsilon_1-\varepsilon_1^{\mathrm{f}}}{\varepsilon_1^{\mathrm{f}}-\varepsilon_1^{\mathrm{r}}}(b_1-b_2) \tag{8.125}$$

式中，$\varepsilon_1^{\mathrm{f}}$、$\varepsilon_1^{\mathrm{r}}$ 分别为峰值强度和残余强度所对应的 ε_1，其值是初始围压 σ_3 的函数，与岩石材料及卸荷方式有关，可以通过卸荷试验求得。

软化系数 β 可以通过屈服函数 f_{f} 和 f_{r} 求得

$$\beta=\frac{(k_2+1)\sigma_3-b_2}{(k_1+1)\sigma_3-b_1} \tag{8.126}$$

于是，峰后应力脆性跌落段的本构方程可写为

$$\{\mathrm{d}\sigma\}=(\boldsymbol{D}_{\mathrm{e}}-\boldsymbol{D}_{\mathrm{P}})\{\mathrm{d}\varepsilon\} \tag{8.127}$$

$$\boldsymbol{D}_{\mathrm{P}}=\frac{\boldsymbol{D}_{\mathrm{e}}\left(\dfrac{\partial F}{\partial\sigma}\right)\left(\dfrac{\partial F}{\partial\sigma}\right)^{\mathrm{T}}\boldsymbol{D}_{\mathrm{e}}}{A+\left(\dfrac{\partial F}{\partial\sigma}\right)^{\mathrm{T}}\boldsymbol{D}_{\mathrm{e}}\left(\dfrac{\partial F}{\partial\sigma}\right)} \tag{8.128}$$

式中，$\boldsymbol{D}_{\mathrm{P}}$ 为岩石的塑性矩阵；A 为硬化模量，在软化阶段，A 应该是负值，根据 Owen（1980）给出公式，并将其推广到三轴中，有

$$A=\frac{1}{\beta-1} \tag{8.129}$$

4）残余段 DE

残余段可以看作理想塑性段，在该段屈服面始终保持不变，硬化模量（A）等于 0，因此直接写出此段的本构方程：

$$\{\mathrm{d}\sigma\}=(\boldsymbol{D}_{\mathrm{e}}-\boldsymbol{D}_{\mathrm{P}})\{\mathrm{d}\varepsilon\} \tag{8.130}$$

$$\boldsymbol{D}_{\mathrm{P}}=\frac{\boldsymbol{D}_{\mathrm{e}}\left(\dfrac{\partial F}{\partial\sigma}\right)\left(\dfrac{\partial F}{\partial\sigma}\right)^{\mathrm{T}}\boldsymbol{D}_{\mathrm{e}}}{\left(\dfrac{\partial F}{\partial\sigma}\right)^{\mathrm{T}}\boldsymbol{D}_{\mathrm{e}}\left(\dfrac{\partial F}{\partial\sigma}\right)} \tag{8.131}$$

8.4　卸荷蠕变损伤本构模型

8.4.1　岩体损伤变量定义

损伤变量是用来描述材料的损伤状态，通常情况下，损伤变量可从微观和宏观两种量度来考虑：①微观量度，可以是空隙的数目、长度、面积和体积，也可以是空隙的形状、配列、由取向所决定的有效面积等；②宏观量度，如弹性常数、屈服应力、拉伸强度、延伸率、密度、电阻等。宏观量度主要是在微观量度不便量测的情况下提出的。考虑在实际工程中，岩体中的部分节理和裂隙的角度、长度等是可以观测出来的，且前文试验中岩体裂隙的角度、长度、宽度等均为已知，因此采用几何损伤对其进行分析。

从几何角度建立的较典型的损伤变量形式有以下两种。

（1）Kachanov 一维模型的损伤变量。Kachanov-Rabotnov 经典损伤理论认为，对于一维单轴受力的试样，可以描述成三种应力状态，即初始无损伤状态、损伤状态和虚拟无损伤状态，如图 8.31 所示。

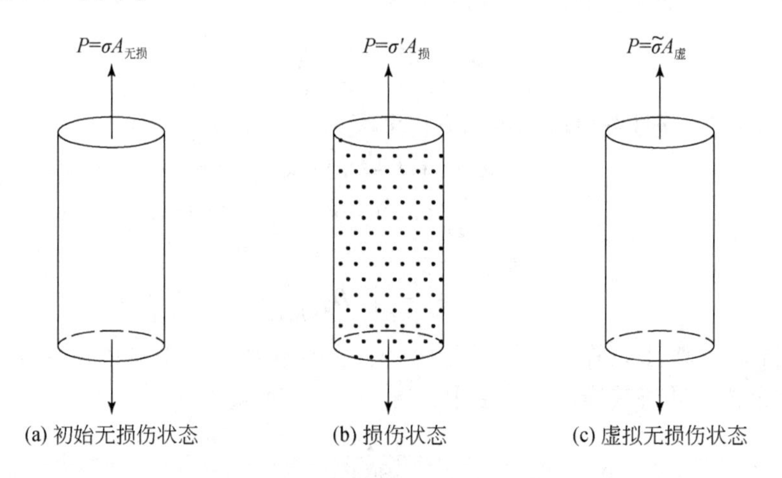

图 8.31　单轴受力三种应力状态

在承受拉力（P）作用的初始无损伤状态，杆件的应力为 σ；在承受同一拉力 P 作用的有损伤状态中，杆内由于损伤导致承载力下降，其应力 $\sigma'>\sigma$。也就是说损伤杆件和无损伤杆件在相同载荷和相同横截面积条件下内部相互作用的应力发生了变化。对于单向拉伸杆件，这种由于损伤而产生的应力变化可以通过虚拟无损伤状态进行描述。假想存在单向拉伸试件，其所受载荷也为 P，且杆内横截面上产生的应力与损伤状态下的应力相同，即 $\tilde{\sigma}=\sigma'$。显然虚拟无损伤状态下的受力面积与损伤状态下的实际受力面积相等，即 $A_{虚}=A_{损}$。

定义损伤变量（D）表征着微裂纹、微孔隙等微观缺陷导致材料损伤过程中有效承载面积减小的程度，其可表示为

$$D=(A_{无损}-A_{虚})/A_{无损}=1-A_{虚}/A_{无损} \tag{8.132}$$

损伤状态下的有效应力（$\tilde{\sigma}$）可表示为

$$\tilde{\sigma}=\frac{P}{A_{虚}}=\frac{P}{A_{无损}(1-D)}=\sigma(1-D)^{-1} \tag{8.133}$$

根据上述标量损伤的概念，损伤被定义为微观缺陷的有效表面密度，即为

$$D=\frac{S_D}{S} \tag{8.134}$$

式中，S 为横截面积；S_D为有微裂隙的横截面 S 上的有效面积。显然，定义的损伤变量 D 为标量形式。

（2）二阶张量形式的损伤变量（$\boldsymbol{\Omega}$）。Murakammi 和 Ohno（1980）基于裂隙系统几何尺寸描述对具有多组平面裂隙的节理岩体提出如下损伤模型：

$$\boldsymbol{\Omega}=\boldsymbol{I}-\frac{\boldsymbol{S}^{\mathrm{net}}}{\boldsymbol{S}} \tag{8.135}$$

$$\boldsymbol{S}_i^{\mathrm{net}}=(\delta_{ij}-\boldsymbol{\Omega}_{ij})\boldsymbol{S}_j \tag{8.136}$$

式中，$\boldsymbol{S}^{\mathrm{net}}$、$\boldsymbol{S}_i^{\mathrm{net}}$ 为材料中任何一横截面中未损伤的面积矢量；$\boldsymbol{S}$、$\boldsymbol{S}_i$ 为总的面积矢量；δ_{ij} 为克罗内克符号。

Kawamoto 等（1988）针对节理岩体对上述模型进行了进一步的假定与改进。假定岩体内的节理裂隙面为一平面，设 V 和 V_l分别表示岩体和岩块的体积，石块单元可用大小相等的立方体表示，如图 8.32 所示。

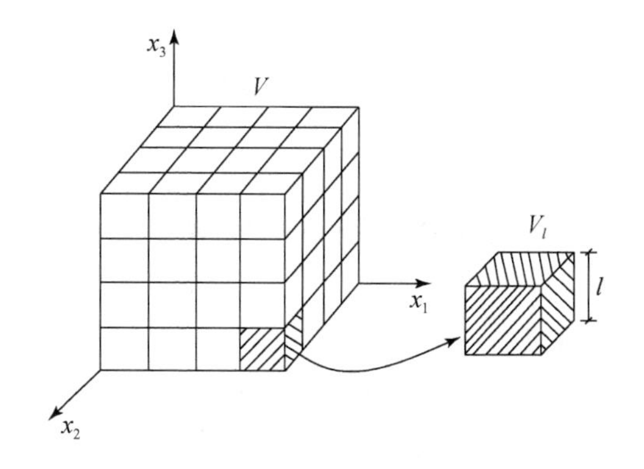

图 8.32　微裂隙元与有效表面图

岩体总的有效表面面积定义为

$$A=3V^{\frac{2}{3}}\left(\frac{V}{V_l}\right)^{\frac{1}{3}}=3\ \frac{V}{l} \tag{8.137}$$

式中，l 为节理面的最小间距，$l=V_l^{1/3}$。

假定 a_k为岩体 N 条节理中第 k 条节理的面积，$\boldsymbol{n}_k$ 为该节理的单位法向矢量，那么对于该节理，其面积密度可表示为

$$\Omega_k=\frac{a_k}{A/3} \tag{8.138}$$

因而将第 k 条节理的损伤张量定义为

$$\boldsymbol{\Omega}_{ij}^{k}=\frac{l}{V}a_{k}(\boldsymbol{n}_{k}\otimes\boldsymbol{n}_{k})\tag{8.139}$$

对于包含 N 条裂隙的岩体，损伤张量为每组裂隙损伤张量的总和：

$$\boldsymbol{\Omega}_{ij}=\frac{l}{V}\sum_{k=1}^{N}a_{k}(\boldsymbol{n}_{k}\otimes\boldsymbol{n}_{k})\tag{8.140}$$

8.4.2　岩体损伤变量计算

朱维申等（2012）从上述岩体损伤变量定义，从几何损伤原理出发，引入了一个二阶张量来描述岩体的损伤。设岩体中有一组平均法向向量 $\boldsymbol{n}$ 与 x_3 轴平行的结构面（图 8.33），岩体体积为 V，共含有 N 个结构面，结构面间平均间距为 L，第 k 个结构面的面积为 A_k（$k=1$，2，…，N），结构面在三个坐标轴平面上的面积损伤率分别为

$$\Omega_1=0,\Omega_2=0,\Omega_3=L\sum_{k=1}^{N}A_k/V\tag{8.141}$$

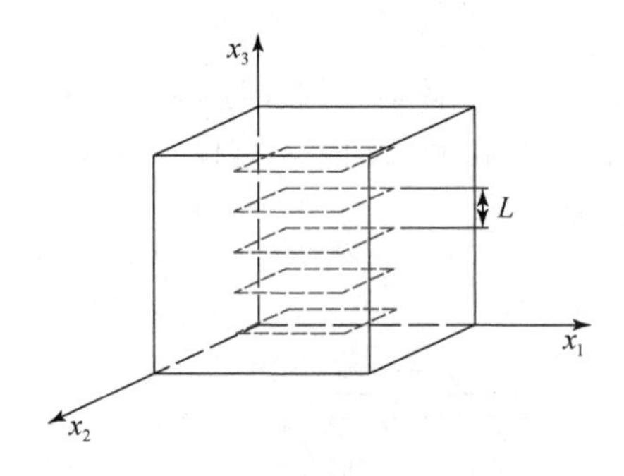

图 8.33　岩体内节理示意图

该组节理面的损伤张量可以表述为

$$\boldsymbol{\Omega}=\begin{bmatrix}\Omega_1 & 0 & 0\\ 0 & \Omega_2 & 0\\ 0 & 0 & \Omega_3\end{bmatrix}\tag{8.142}$$

对于含有多组非正交节理面的损伤张量，可利用各组节理的损伤张量引起的损伤率进行叠加来近似描述。

由于前文试验中裂隙岩体模型为尺寸高 100mm×直径 50mm 的圆柱体，且裂隙数量仅为一个或两个，因而难以直接采用上述方法进行计算。因此本节基于上述计算原理，以试验中的一单裂隙岩体（60°模型）和一双裂隙岩体模型（30°～30°缓缓裂隙）为例，提出了本书中裂隙岩体损伤张量的计算方法。首先取裂隙岩体坐标系如图 8.34 所示。

由于在垂直于 x_1、x_2 和 x_3 三个面上受力面积不尽相同，首先将各个裂隙在垂直于 x_1、x_2 和 x_3 三个面上进行投影并计算投影面积，如 60°单裂隙的投影面积约为

$$A_{x_{1}(60^{\circ})}=249.6\text{mm}^2,\quad A_{x_{2}(60^{\circ})}=3\text{mm}^2,\quad A_{x_{3}(60^{\circ})}=432.3\text{mm}^2\tag{8.143}$$

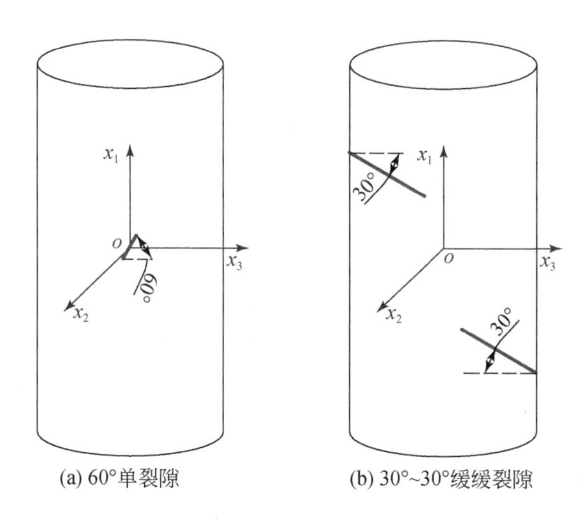

(a) 60°单裂隙　(b) 30°~30°缓缓裂隙

图 8.34　裂隙岩体坐标系

30°～30°缓缓裂隙的投影面积为

$$A_{x_1(30°\sim30°)}=1629.6\text{mm}^2,\ A_{x_2(30°\sim30°)}=40\text{mm}^2,\ A_{x_3(30°\sim30°)}=940.9\text{mm}^2 \tag{8.144}$$

对单裂隙模型，其垂直于 x_1、x_2 和 x_3 三个面上的总有效表面积分别为

$$A_{x_1(单)}=\pi\times25^2=1963.5\text{mm}^2 \tag{8.145}$$

$$A_{x_2(单)}=100\times50=5000\text{mm}^2 \tag{8.146}$$

$$A_{x_3(单)}=100\times50=5000\text{mm}^2 \tag{8.147}$$

对双裂隙模型，其垂直于 x_1、x_2 和 x_3 三个面上的总有效表面积分别为

$$A_{x_1(双)}=2\times1962.5=3927\text{mm}^2 \tag{8.148}$$

$$A_{x_2(双)}=100\times50=5000\text{mm}^2 \tag{8.149}$$

$$A_{x_3(双)}=2\times100\times50=10000\text{mm}^2 \tag{8.150}$$

从而得到 60°单裂隙和 30°～30°缓缓裂隙的损伤张量分别为

$$\boldsymbol{\Omega}_{60°}=\begin{bmatrix}\dfrac{249.6}{1963.5} & 0 & 0\\ 0 & \dfrac{3}{5000} & 0\\ 0 & 0 & \dfrac{432.3}{5000}\end{bmatrix}=\begin{bmatrix}0.12712 & 0 & 0\\ 0 & 0.0006 & 0\\ 0 & 0 & 0.08646\end{bmatrix} \tag{8.151}$$

$$\boldsymbol{\Omega}_{30°\sim30°}=\begin{bmatrix}\dfrac{1629.6}{3927} & 0 & 0\\ 0 & \dfrac{40}{50000} & 0\\ 0 & 0 & \dfrac{940.9}{10000}\end{bmatrix}=\begin{bmatrix}0.41497 & 0 & 0\\ 0 & 0.008 & 0\\ 0 & 0 & 0.09409\end{bmatrix} \tag{8.152}$$

采用同样的方法，计算其他裂隙模型的损伤张量为

$$\boldsymbol{\Omega}_{30^\circ}=\begin{bmatrix}\frac{430.8}{1963.5} & 0 & 0\\ 0 & \frac{3}{5000} & 0\\ 0 & 0 & \frac{248.7}{5000}\end{bmatrix}=\begin{bmatrix}0.21940 & 0 & 0\\ 0 & 0.0006 & 0\\ 0 & 0 & 0.04974\end{bmatrix} \tag{8.153}$$

$$\boldsymbol{\Omega}_{90^\circ}=\begin{bmatrix}\frac{15}{1963.5} & 0 & 0\\ 0 & \frac{3}{5000} & 0\\ 0 & 0 & \frac{500}{5000}\end{bmatrix}=\begin{bmatrix}0.00764 & 0 & 0\\ 0 & 0.0006 & 0\\ 0 & 0 & 0.10\end{bmatrix} \tag{8.154}$$

$$\boldsymbol{\Omega}_{65^\circ\sim65^\circ}=\begin{bmatrix}\frac{604.7}{3927} & 0 & 0\\ 0 & \frac{40}{5000} & 0\\ 0 & 0 & \frac{1296.8}{10000}\end{bmatrix}=\begin{bmatrix}0.15399 & 0 & 0\\ 0 & 0.008 & 0\\ 0 & 0 & 0.12968\end{bmatrix} \tag{8.155}$$

$$\boldsymbol{\Omega}_{65^\circ\sim10^\circ}=\begin{bmatrix}\frac{1264.8}{3927} & 0 & 0\\ 0 & \frac{40}{5000} & 0\\ 0 & 0 & \frac{818.1}{10000}\end{bmatrix}=\begin{bmatrix}0.32208 & 0 & 0\\ 0 & 0.008 & 0\\ 0 & 0 & 0.08181\end{bmatrix} \tag{8.156}$$

8.4.3　岩体有效应力计算

一般情况下，有效应力张量与损伤张量之间的关系可表述为

$$\tilde{\boldsymbol{\sigma}}_{ij}=\boldsymbol{\sigma}_{ij}\cdot(\boldsymbol{I}-\boldsymbol{\Omega}_{ij})^{-1} \tag{8.157}$$

式中，$\tilde{\boldsymbol{\sigma}}_{ij}$为有效应力张量；$\boldsymbol{\sigma}_{ij}$为柯西应力张量；$\boldsymbol{I}$为二阶单位张量。

式（8.157）假定材料中裂隙不能传递应力，其对于金属或连续性介质是适用的。而对于含充填物的节理裂隙岩体，考虑到节理面可以传递应力，应对有效应力进行如下的修正（袁建新，1993），即

$$\tilde{\boldsymbol{\sigma}}_{ij}=\boldsymbol{S}_{ij}(\boldsymbol{I}-C_t\boldsymbol{\Omega}_{ij})^{-1}+\sigma_m[H\langle\sigma_m\rangle(\boldsymbol{I}-\boldsymbol{\Omega}_{ij})^{-1}+H\langle-\sigma_m\rangle(\boldsymbol{I}-C_n\boldsymbol{\Omega}_{ij})^{-1}] \tag{8.158}$$

式中，$\boldsymbol{S}_{ij}$为偏应力张量；$\boldsymbol{\sigma}_m$为球应力张量；$\boldsymbol{I}$为二阶单位张量；$H\langle\cdot\rangle$为Heaviside函数：

$$H\langle x\rangle=\begin{cases}1, & x>0\\ 0, & x\leqslant0\end{cases} \tag{8.159}$$

C_t和C_n为常数，且$0\leqslant C_t\leqslant1$、$0\leqslant C_n\leqslant1$。$C_t=0$表示节理能完全传递偏应力，$C_t=1$表示节理不能传递偏应力；$C_n=0$表示能完全传递体积应力，$C_n=1$表示不能传递体积应

力。当 C_t、C_n 均为 1 时，式（8.158）和式（8.157）等同，表示岩体节理裂隙不能传递应力。根据上述原理，本书中两种不同的裂隙类型，计算张开型单裂隙的有效应力时取 $C_t=1$ 和 $C_n=1$，有充填物的双裂隙砂岩取 $C_t=1$ 和 $C_n=0$。

8.4.4　基于 Lemaitre 应变等效原理的岩体损伤蠕变模型

目前很多研究中给出的理论流变力学模型中蠕变损伤的处理方法均是基于 Lemaitre 应变等效原理提出的。Lemaitre 应变等效原理最初是由于实际中受损伤材料损伤变量中的有效面积直接测量很困难而提出的，Lemaitre 应变等效原理认为：表观应力张量（$\boldsymbol{\sigma}$）作用在受损伤材料上引起的应变张量（$\boldsymbol{\varepsilon}$）与等效应力张量（$\tilde{\boldsymbol{\sigma}}$）作用在无损伤材料上引起的应变张量（$\boldsymbol{\varepsilon}$）等价。

$$\bar{\boldsymbol{\varepsilon}}(\boldsymbol{\sigma})=\boldsymbol{\varepsilon}(\tilde{\boldsymbol{\sigma}}) \tag{8.160}$$

该原理在损伤材料的现实运用中还可以表述为对于任何受损伤材料，不论是在单轴还是复杂多轴应力状态下，不论材料是弹性、塑性、黏性还是黏弹性、黏塑性等，其变形状态都可以通过原始的无损伤材料本构定律来描述，只需将表观应力 σ（亦称真实应力、Caucy 应力或名义应力）用等效应力 $\tilde{\sigma}$ 即可。根据这一原理，若已知某种损伤材料（如裂隙岩体）的无损材料（如完整岩石）的本构关系为

$$\sigma_{ij}=E_{ijmn}\varepsilon_{mn} \tag{8.161}$$

用有效应力张量 $\tilde{\sigma}_{ij}$ 代替式（8.161）中的应力 σ_{ij}，就可以得到损伤材料的本构方程为

$$\tilde{\boldsymbol{\sigma}}_{ij}=\tilde{\boldsymbol{E}}_{ijmn}\varepsilon_{mn} \tag{8.162}$$

以上论述可以看出 Lemaitre 应变等效原理的观点为损伤材料的本构关系与无损材料的本构关系在形式上是一样的，只是在内容上有所不同。而第 7 章的计算也表明，裂隙岩体的理论流变模型与完整岩石是一致的，只是在参数上有所不同。因此从这一角度来说，利用 Lemaitre 应变等效原理建立裂隙岩体的损伤流变理论模型是可能的。

以 Burgers 模型为例说明基于 Lemaitre 建立的理论流变损伤模型。Burgers 模型的一维损伤流变本构方程为：

$$\ddot{\tilde{\sigma}}+\left(\frac{E_1}{\eta_1}+\frac{E_1}{\eta_2}+\frac{E_2}{\eta_2}\right)\dot{\tilde{\sigma}}+\frac{E_1E_2}{\eta_1\eta_2}\tilde{\sigma}=E_1\ddot{\varepsilon}+\frac{E_1E_2}{\eta_2}\dot{\varepsilon} \tag{8.163}$$

其一维损伤蠕变本构方程则为

$$\varepsilon=\frac{\sigma}{(I-\Omega)E_1}+\frac{\sigma}{(I-\Omega)\eta_1}t+\frac{\sigma}{(I-\Omega)E_2}\left(1-\mathrm{e}^{-\frac{E_2}{\eta_2}t}\right) \tag{8.164}$$

在三维条件下 Burgers 模型的蠕变本构模型为

$$e_{ij}=\frac{S_{ij}}{2G_1}+\frac{S_{ij}}{2G_2}\left[1-\mathrm{e}^{-\frac{G_2}{\eta_2}t}\right]+\frac{S_{ij}}{2\eta_1}t \tag{8.165}$$

$$\varepsilon_{\mathrm{m}}=\frac{\sigma_{\mathrm{m}}}{3K} \tag{8.166}$$

同样将有效应力代入式（8.165）和式（8.166），便可得到三维条件下的损伤蠕变本构方程为

$$e_{ij}=\frac{\tilde{S}_{ij}}{2G_1}+\frac{\tilde{S}_{ij}}{2G_2}\left[1-e^{-\frac{G_2}{\eta_2}t}\right]+\frac{\tilde{S}_{ij}}{2\eta_1}t \tag{8.167}$$

$$\varepsilon_{\mathrm{m}}=\frac{\tilde{\sigma}_{\mathrm{m}}}{3K} \tag{8.168}$$

式中，$\tilde{S}_{ij}$为有效偏应力；$\tilde{\sigma}_{\mathrm{m}}$ 为有效球应力。

8.4.5　基于 Sidoroff 能量等价原理的岩体损伤蠕变模型

工程上常采用的另一个等价原理即 Sidoroff 能量等价原理，从这一原理出发，建立岩体的损伤流变本构模型。

Sidoroff 能量等价原理认为，受损伤材料的弹性余能和无损伤材料的弹性余能在形式上相同，只需将其中的 Caucy 应力（σ）替换为有效应力（$\tilde{\sigma}$），即

$$\Phi^{\mathrm{e}}(\sigma,0)=\overline{\Phi}^{\mathrm{e}}(\tilde{\sigma},\Omega) \tag{8.169}$$

根据这一原理，余寿文和冯西桥（1997）指出，只要将无损材料的弹性应力-应变关系中的应力（σ）与应变（ε）分别用有效应力（$\tilde{\sigma}$）和有效应变（$\tilde{\varepsilon}$）代替，即可得到受损伤材料的弹性本构关系。其中有效应变的定义为

$$\tilde{\varepsilon}_{ij}=\varepsilon_{ij}\cdot(I-\Omega_{ij}) \tag{8.170}$$

分析岩石在蠕变过程中总的应变（ε），其主要由弹性应变（ε_{e}）、黏性应变（ε_{v}）和塑性应变（ε_{p}）组成，即

$$\varepsilon=\varepsilon_{\mathrm{e}}+\varepsilon_{\mathrm{v}}+\varepsilon_{\mathrm{p}} \tag{8.171}$$

而对于没有出现的第三阶段，在本书中采用 Burgers 模型，其总的应变没有塑性应变（ε_{p}）。其蠕变模型应力-应变曲线如图 8.35 所示。

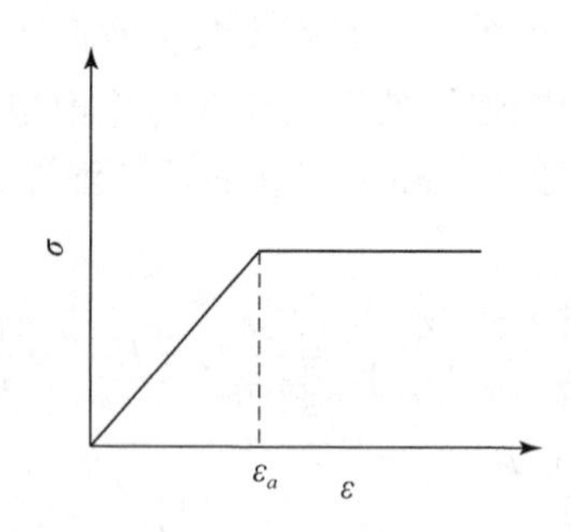

图 8.35　Burgers 蠕变模型应力-应变曲线

从 Burgers 模型一维蠕变本构关系和图 8.35 可以看出，其应变组成也可以看作由两部分组成，一部分是瞬时弹性变形（ε_a），另一部分变形 ε_b 则由除 ε_a 之外的黏性和黏弹性变形组成，即

$$\varepsilon=\varepsilon_a+\varepsilon_b \tag{8.172}$$

$$\varepsilon_a=\frac{\sigma}{E_1} \tag{8.173}$$

$$\varepsilon_b=\frac{\sigma}{\eta_1}t+\frac{\sigma}{E_2}\left(1-e^{-\frac{E_2}{\eta_2}t}\right) \tag{8.174}$$

显然，瞬时弹性变形（ε_a）可利用 Sidoroff 能量等价模型将损伤变量代入，按前述方法，则有

$$\tilde{\varepsilon}_a=\frac{\tilde{\sigma}}{E_1} \tag{8.175}$$

将式（8.158）和式（8.169）代入式（8.175），则有

$$\varepsilon_a=\frac{\sigma}{(I-\Omega)^2E_1} \tag{8.176}$$

对于除瞬时弹性变形（ε_a）之外的 ε_b，仍按 Lemaitre 应变等效原理处理，则有

$$\varepsilon_b=\frac{\sigma}{(I-\Omega)\eta_1}t+\frac{\sigma}{(I-\Omega)E_2}\left(1-e^{-\frac{E_2}{\eta_2}t}\right) \tag{8.177}$$

从而得到考虑损伤条件下的总应变为

$$\varepsilon=\varepsilon_a+\varepsilon_b=\frac{\sigma}{(I-\Omega)^2E_1}+\frac{\sigma}{(I-\Omega)\eta_1}t+\frac{\sigma}{(I-\Omega)E_2}\left(1-e^{-\frac{E_2}{\eta_2}t}\right) \tag{8.178}$$

可以看出，基于 Lemaitre 应变等效原理和基于 Sidoroff 能量等价原理分别建立的岩体损伤蠕变模型的主要区别在于第一项，即瞬时弹性应变有所区别，基于 Sidoroff 能量等价原理损伤蠕变模型的瞬时应变大于基于 Lemaitre 应变等效原理损伤蠕变模型的瞬时应变。

8.4.6　损伤蠕变模型与试验结果对比

1. 单裂隙岩体相似模型理论与试验结果对比

第 7 章采用 Burgers 模型较好地描述了完整相似模型试件的蠕变特性。分别将对不同应力条件下得到的完整试件参数（表 7.1）和损伤张量式（8.151）、式（8.153）和式（8.154）代入式（8.165）、式（8.166）和式（8.178），便可得到以完整试件蠕变特性为基础的 30°、60°和 90°单裂隙岩体的蠕变曲线。基于 Lemaitre 应变等效原理和 Sidoroff 能量等价原理得到的单裂隙岩体模型试件理论蠕变曲线与试验数据对比如图 8.36 ~ 图 8.38 所示。

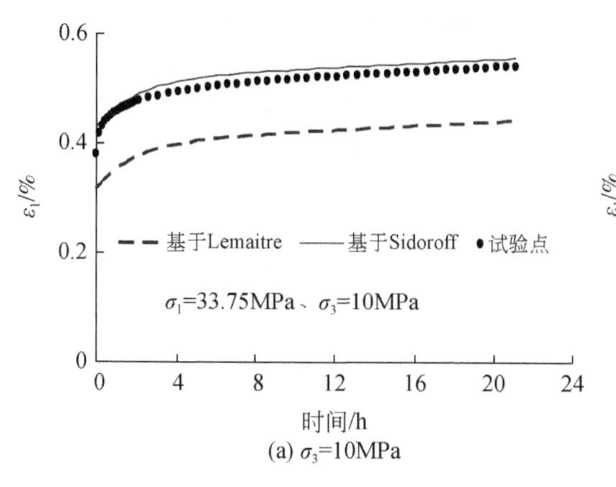

(a) σ_3=10MPa

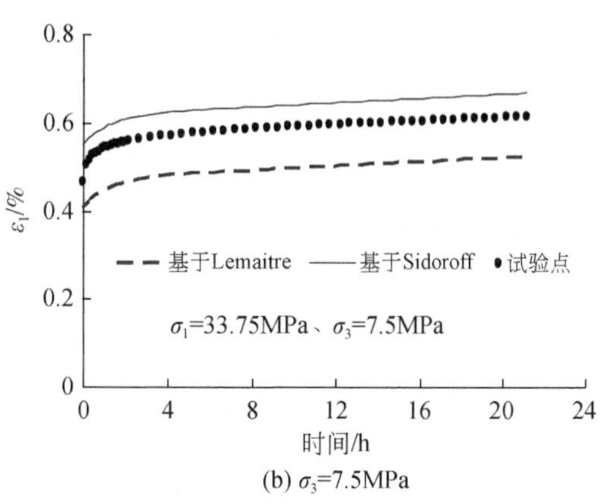

(b) σ_3=7.5MPa

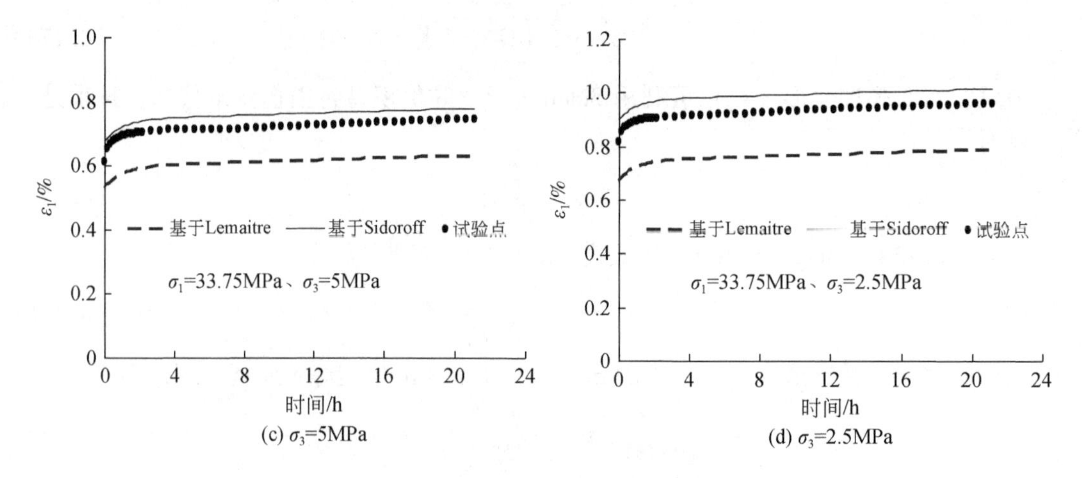

(c) σ_3=5MPa　　(d) σ_3=2.5MPa

图 8.36　30°单裂隙岩体模型试件理论蠕变曲线与试验数据对比

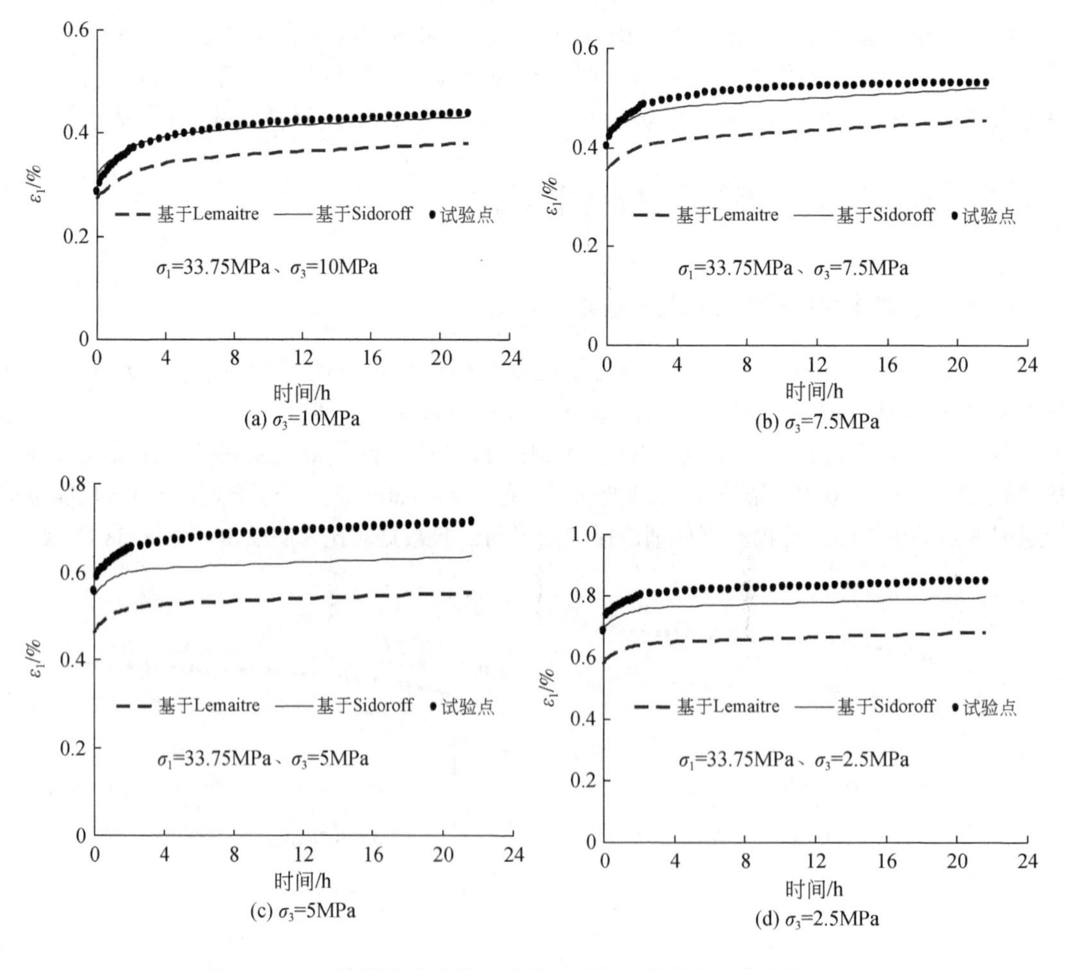

(a) σ_3=10MPa　　(b) σ_3=7.5MPa

(c) σ_3=5MPa　　(d) σ_3=2.5MPa

图 8.37　60°单裂隙岩体模型试件理论蠕变曲线与试验数据对比

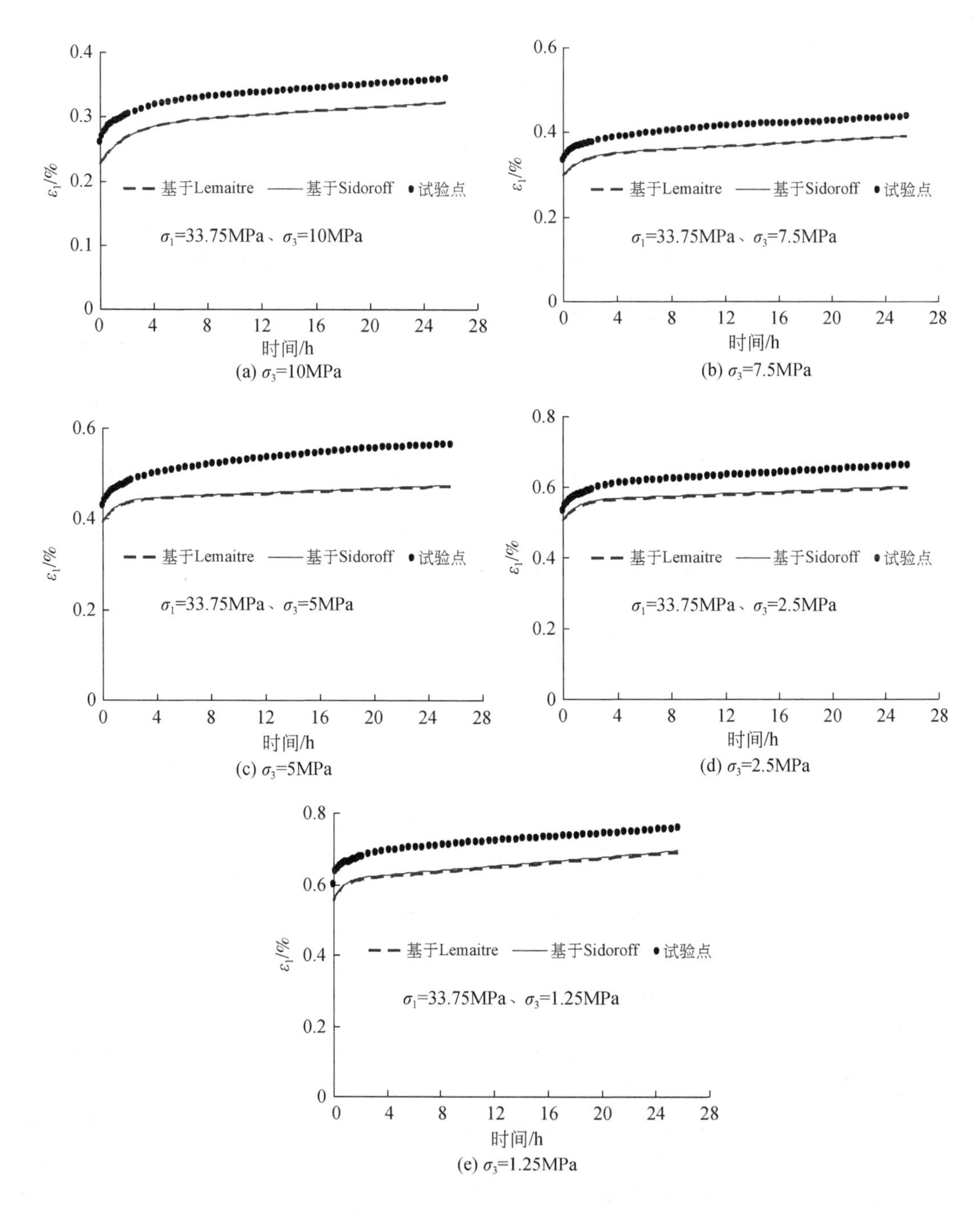

图8.38　90°单裂隙岩体模型试件理论蠕变曲线与试验数据对比

从图8.36～图8.38可看出，除个别曲线如90°裂隙岩体在$\sigma_3=5\text{MPa}$时试验曲线与理论曲线的特征有一定区别外，整体上讲试验曲线与理论曲线的特征较为相似。理论曲线与试验曲线的区别主要在瞬时变形上，且部分试验曲线与拟合曲线较为接近，考虑到试件的离散性，可认为试验结果验证了上述基于完整岩石建立裂隙岩体蠕变模型的可行性。采用

指标残差平方和（SSE）指标进一步分析试验曲线与理论曲线间的差距，其计算公式为

$$SSE = \sum (\varepsilon_{1i} - \hat{\varepsilon}_{1i})^2 \quad (8.179)$$

式中，ε_{1i}为根据理论得到的应变值；$\hat{\varepsilon}_{1i}$为试验得到的应变值。残差平方和表征了理论值与试验值间的差异，其值越小，表明理论值与试验值间的差距越小。SSE 指标计算结果如表 8.9 所示。可以看出，基于 Sidoroff 能量等价原理的岩体蠕变模型的残差平方和在各应力状态和不同裂隙特征条件下均小于基于 Lemaitre 应变等效原理得到的理论值，表明基于 Sidoroff 能量等价原理建立的岩体蠕变模型更适合本书的裂隙岩体模型试件。

表 8.9　单裂隙岩体残差平方和指标

试件编号（裂隙特征）	围压（σ_3）/MPa	残差平方和（SSE）	
		基于 Lemaitre	基于 Sidoroff
XS2（30°）	10	0.5188	0.0142
	7.5	0.4553	0.1386
	5	0.6393	0.0703
	2.5	1.4567	0.1897
XS3（60°）	10	0.1462	0.0055
	7.5	0.3635	0.0185
	5	1.1700	0.2288
	2.5	1.4035	0.1297
XS4（90°）	10	0.0796	0.0790
	7.5	0.1232	0.1183
	5	0.3313	0.3131
	2.5	0.1690	0.1462
	1.25	0.3158	0.2764

2. 双裂隙砂岩模型理论与试验结果对比

基于 Lemaitre 应变等效原理和 Sidoroff 能量等价原理得到的双裂隙岩体模型试件蠕变曲线与试验数据对比如图 8.39～图 8.41 所示。

双裂隙砂岩残差平方和 SSE 指标计算结果如表 8.10 所示。从图 8.39～图 8.41 可看出，第一级应力水平（σ_3=40MPa）时，试验曲线与基于 Lemaitre 应变等效原理的损伤蠕变理论曲线非常接近，但随着围压的减小（应力差的增大），试验曲线与基于 Sidoroff 能量等价原理的损伤蠕变理论曲线越来越接近。表 8.10 可以看出，缓缓裂隙岩体和陡缓裂隙岩体在围压 σ_3=40MPa、30MPa 时，试验曲线与基于 Lemaitre 应变等效原理的损伤蠕变理论曲线更接近，而在 σ_3=20MPa、10MPa 时则与基于 Sidoroff 能量等价原理的损伤蠕变理论曲线更接近；陡陡裂隙岩体在围压 σ_3=40MPa、30MPa 时，试验曲线与基于 Lemaitre 应变等效原理的损伤蠕变理论曲线更接近，而在 σ_3=20MPa、10MPa、5MPa 时则与基于 Sidoroff

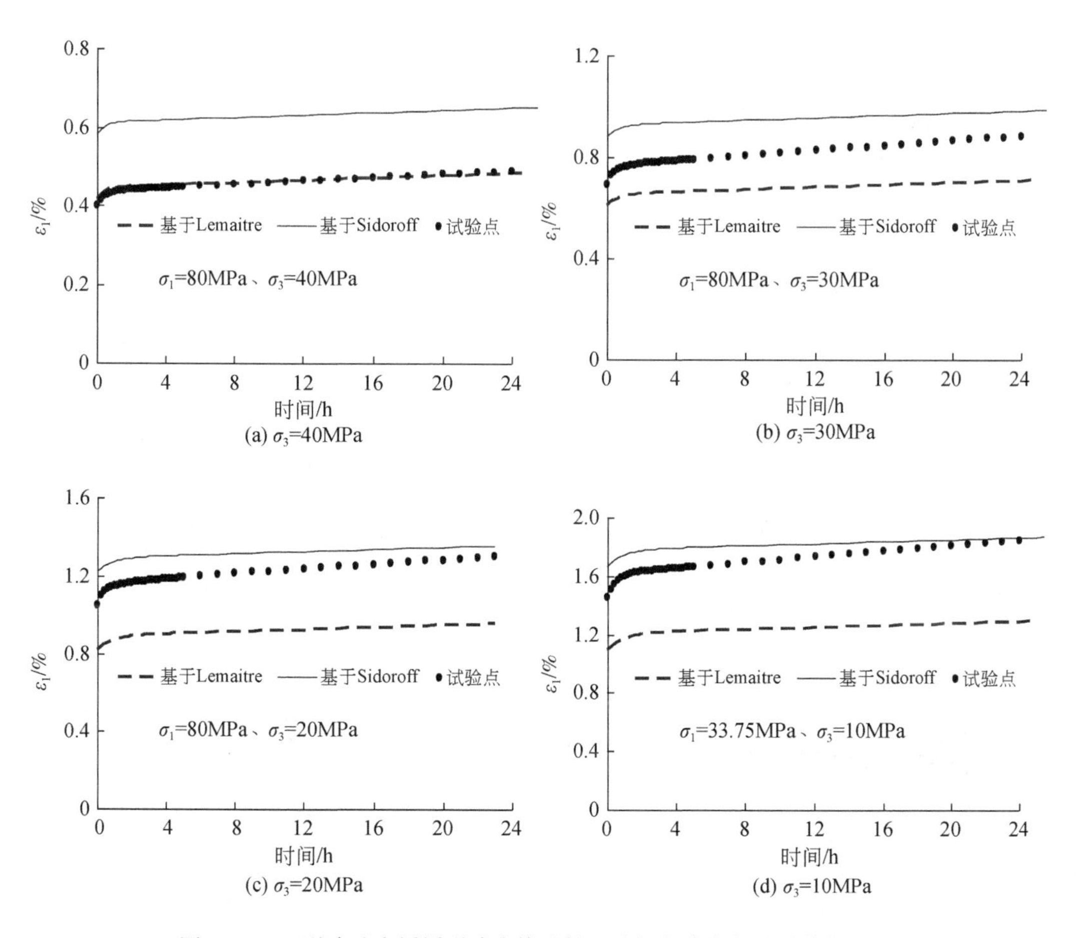

(a) σ_3=40MPa　(b) σ_3=30MPa　(c) σ_3=20MPa　(d) σ_3=10MPa

图 8.39　双裂隙砂岩缓缓裂隙岩体试件理论蠕变曲线与试验数据对比

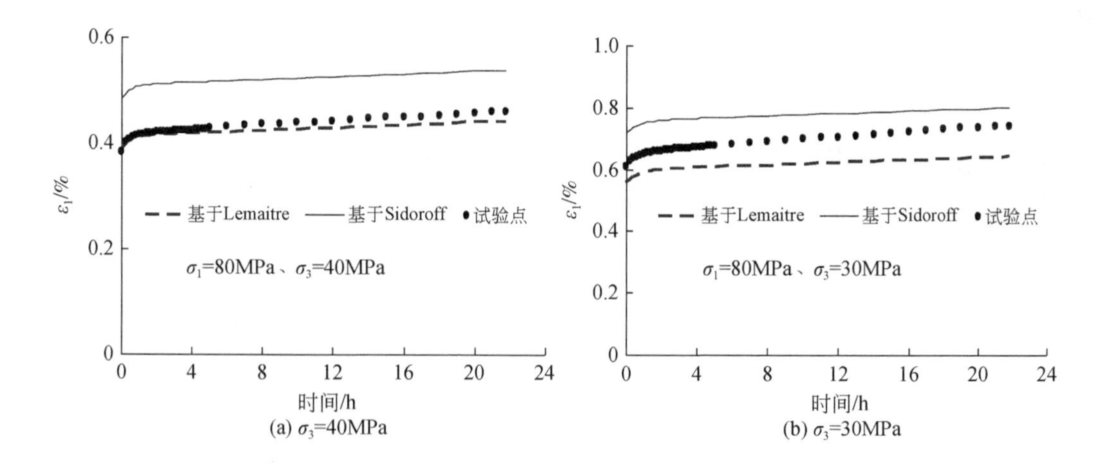

(a) σ_3=40MPa　(b) σ_3=30MPa

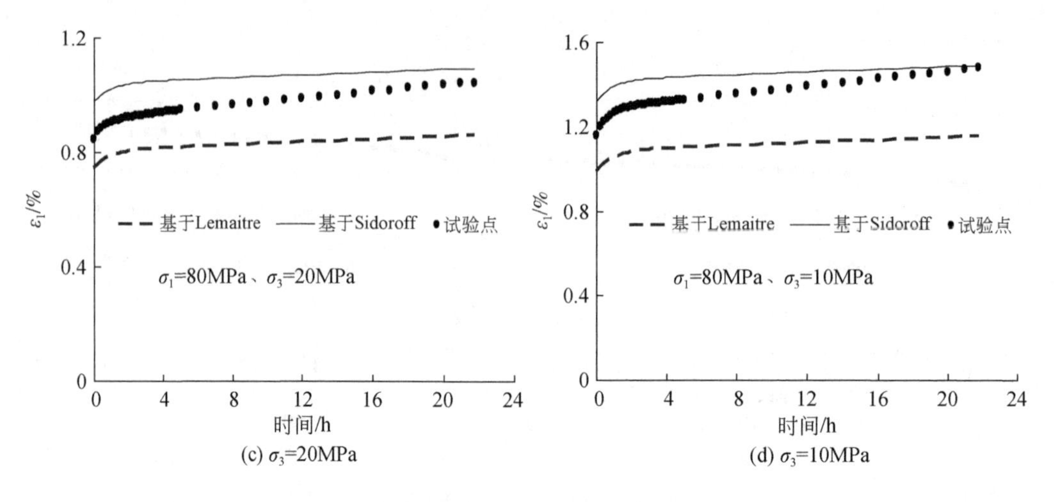

(c) σ_3=20MPa　　(d) σ_3=10MPa

图 8.40　双裂隙砂岩陡缓裂隙岩体试件理论蠕变曲线与试验数据对比

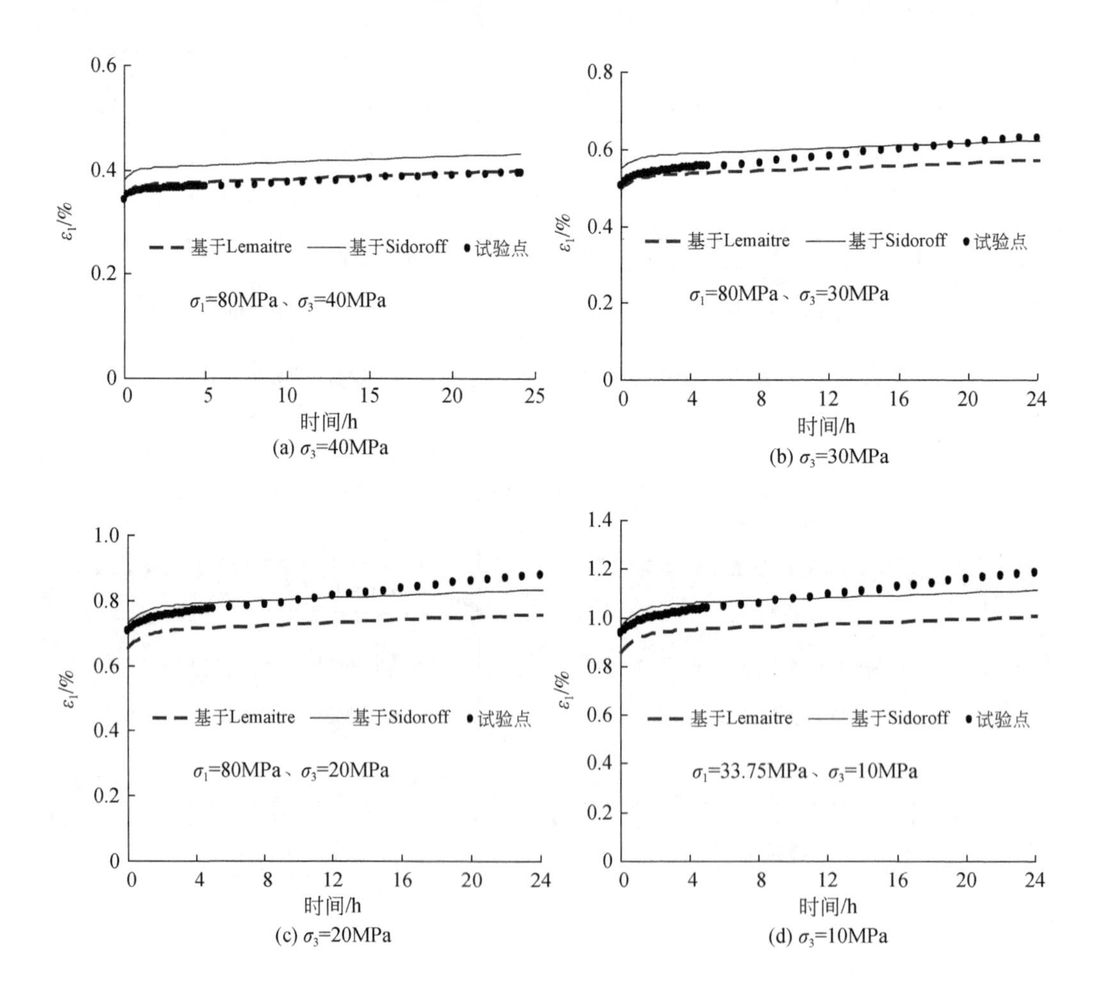

(a) σ_3=40MPa　　(b) σ_3=30MPa

(c) σ_3=20MPa　　(d) σ_3=10MPa

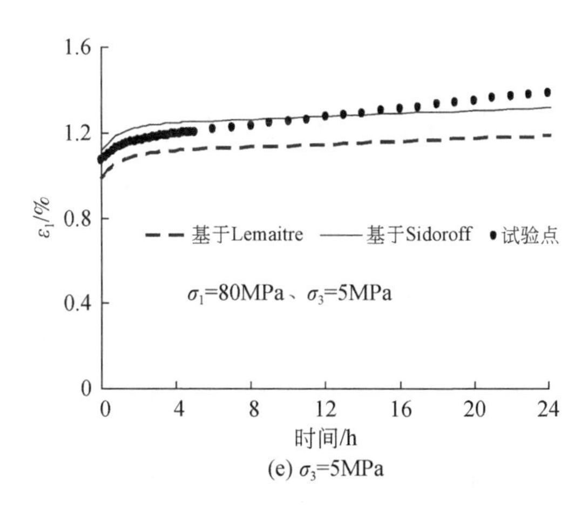

(e) σ_3=5MPa

图 8.41　双裂隙砂岩陡陡裂隙岩体试件理论蠕变曲线与试验数据对比

能量等价原理的损伤蠕变理论曲线更接近。

表 8.10　双裂隙砂岩残差平方和指标

试件编号（裂隙特征）	围压（σ_3）/MPa	残差平方和（SSE）	
		基于 Lemaitre	基于 Sidoroff
SYX1（缓缓裂隙岩体）	40	0.0031	1.3790
	30	0.8602	0.9371
	20	4.1615	0.5467
	10	10.1064	0.6903
SYX2（陡缓裂隙岩体）	40	0.0040	0.3328
	30	0.2289	0.3336
	20	0.7969	0.4366
	10	2.4443	0.4608
SYX3（陡陡裂隙岩体）	40	0.0024	0.0687
	30	0.0412	0.0457
	20	0.2546	0.0307
	10	0.5485	0.0689
	5	0.6040	0.1123

第9章 卸荷条件下岩体损伤破裂的能量转化机理

能量转化是物质物理过程的本质特征，物质破坏是能量驱动下的一种状态失稳现象。岩石变形破坏的过程始终伴随着能量的积聚、耗散与释放，是能量传递与转化的全过程。随着应力状态改变和变形分布发展，岩石的能量状态将不断发生着变化，岩石内部的微细观缺陷不断演化，从无序分布向有序分布发展，从而形成宏观裂纹，最终宏观裂纹沿某一方位汇聚形成大裂纹导致整体失稳。本章基于前文试验研究，计算了三轴卸荷、法向卸荷-剪切、三轴卸荷-拉伸条件下岩石的应变能，研究了各类卸荷条件下岩石损伤破裂的能量耗散与释放机制。

9.1 卸荷损伤破裂过程中应变能计算理论

9.1.1 三轴卸荷应变能计算

三轴高应力卸围压实际上的岩样仍处于三轴应力状态，不同于常规三轴压缩试验的仅仅是围压是动态的卸载过程。因此其应变能的计算方法与常规三轴试验完全一样。对于三轴试验，静水应力加载过程试验机对岩样做正功，静水应力后轴向应力（σ_1）不断压缩对岩样做正功，而环向由于膨胀变形，围压（σ_3）对岩样做负功。也就是说，静水应力之后，轴向压缩变形吸收应变能，而环向膨胀变形消耗应变能。因此试验过程中岩样的总应变能（U）可表示为

$$U=U_1+U_3+U_0 \tag{9.1}$$

式中，U_1 为 σ_1 轴向压缩吸收的应变能；U_3 为 σ_3 做负功所消耗的应变能；U_0为静水应力状态时吸收的应变能。

总应变能（U）转化为可释放的弹性应变能（U_e）储存和损伤扩展应变能（U_d）耗散掉，即

$$U=U_e+U_d \tag{9.2}$$

其中，U_d包括两部分：塑性损伤变形的塑性功（U_p）和裂纹（隙）扩展破裂的表面能（U_a）：

$$U_d=U_p+U_a=U-U_e \tag{9.3}$$

静水应力状态时吸收的应变能（U_0）可根据弹性力学直接求得

$$U_0=\frac{3(1-2\mu)}{2E}(\sigma_3^0)^2 \tag{9.4}$$

式中，μ、E 分别为初始泊松比和弹性模量；σ_3^0 为初始围压。本书试验围压的静水压力状

态下大理岩所储存的应变能 U_0见表 9.1。

表 9.1　静水压力状态下大理岩储存应变能 U_0平均值

围压/MPa	U_0/(kJ/m³)
5	7.86
10	13.07
20	24.18
30	36.42
40	52.25
50	78.63

对于试验过程中的任一时刻 t，吸收的轴向应变能（U_1）和围压做负功消耗的应变能（U_3），均可根据应力-应变曲线积分求得

$$\begin{cases} U_1 = \int_0^{\varepsilon_1^t} \sigma_1 \mathrm{d}\varepsilon_1 \\ U_3 = 2\int_0^{\varepsilon_3^t} \sigma_3 \mathrm{d}\varepsilon_3 \end{cases} \tag{9.5}$$

式中，ε_1^t 为任一时刻 t 的轴向应变；ε_3^t 为任一时刻 t 的环向应变。

对于式（9.5）中的积分，实际计算可根据定积分的概念，采用微小梯形条块面积求和，即

$$\begin{cases} U_1 = \sum_{i=1}^{n} \frac{1}{2}(\sigma_1^i + \sigma_1^{i+1})(\varepsilon_1^{i+1} - \varepsilon_1^i) \\ U_3 = \sum_{i=1}^{n} (\sigma_3^i + \sigma_3^{i+1})(\varepsilon_3^{i+1} - \varepsilon_3^i) \end{cases} \tag{9.6}$$

式中，n 为任一时刻 t 应力-应变曲线的计算分段数；i 为分段点；应力（σ）和应变（ε）上标即分别代表该点的应力和应变。

三轴应力状态下，试验过程中任一时刻 t 的弹性应变能（U_e）可根据下式求解：

$$U_e = \frac{1}{2E_u^t}[\sigma_1^2 + 2\sigma_3^2 - 2\mu_u^t(2\sigma_1\sigma_3 + \sigma_3^2)] \tag{9.7}$$

式中，E_u^t 和 μ_u^t 分别为时刻 t 的三轴卸荷弹性模量和泊松比。

本次大理岩卸荷试验中，围压均卸荷至小于 10MPa 后岩石强度才达到峰值破坏，为了获取三轴卸荷弹性模量和泊松比，进行了围压为 5MPa 和 10MPa 的三轴循环加卸载试验，均卸荷轴压至应力差约 5MPa。图 9.1 为恒围压 10MPa 三轴循环加卸载试验的全程应力-应变曲线，其中三个卸荷时刻分别为峰前（t_1）、峰值点（t_2）和峰后（t_3）。采用割线卸荷模量表示卸荷模量（E_u），如图 9.1 中的红线虚线斜率，$E_u = \Delta\sigma_1/\Delta\varepsilon_1$。同样可以通过每个卸载过程中的环向和轴向应变增量比确定卸荷泊松比（μ_u），如图 9.1 中的各个对应卸载曲线的 $\mu_u = \Delta\varepsilon_3/\Delta\varepsilon_1$。分析发现：①三个时刻的卸荷弹性模量 $E_u^{t_i}$（i=1，2，3）近似相等，均较弹性加载阶段的弹性模量略有增加，为 5% ~8%，具有一定的循环加卸载强化作

用；②卸荷泊松比 $\mu_u^{t_i}$（i=1，2，3）从峰前至峰后依次有所递增，其中峰前 $\mu_u^{t_1}$ 约较弹性阶段泊松比（μ）小 3% ~6%，而峰值点 $\mu_u^{t_2}$ 及峰后 $\mu_u^{t_3}$ 分别比 μ 大 2% ~5%、6% ~10%。

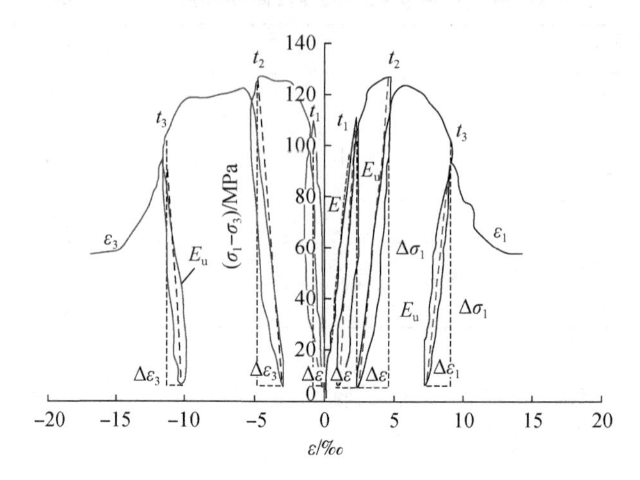

图 9.1　大理岩三轴循环加卸载典型应力-应变曲线

当然卸荷变形参数与围压、加卸载进程及速率等有一定的相关性，但由于笔者的主要目的是为求解弹性应变能，故没有做系统的卸荷变形参数研究，不过发现这种变化规律及幅度在本次循环加卸载试验的两个围压水平试件中基本一致。因此在后续弹性应变能 U_e 计算时，均以弹性阶段的变形参数来代替卸荷变形参数进行分段计算，具体为 $E_u=1.05E$、$\mu_u^{t_1}=0.96\mu$、$\mu_u^{t_2}=1.03\mu$、$\mu_u^{t_3}=1.08\mu$。即使试件均取样于同一岩块，但试件本身的微细观结构特征差异无法避免，故弹性模量（E）和泊松比（μ）均采用各个试件曲线分别求得。

9.1.2　法向卸荷-剪切应变能计算

如式（9.2），外界输入的总应变能（U）将转化为可释放的弹性应变能（U_e）储存和损伤扩展应变能（U_d）耗散掉，为了区别和下文分析方便，这里将 U_e 和 U_d 的下标改成上标，重新表示如下：

$$U=U^e+U^d \tag{9.8}$$

在直剪试验中，外力做的总功包括法向力做的功和剪力做的功，因此总能量也可以用下式来计算：

$$U=U_n+U_s \tag{9.9}$$

$$U_n=\int_0^{D_n}F_n\mathrm{d}D_n \tag{9.10}$$

$$U_s=\int_0^{D_s}F_s\mathrm{d}D_s \tag{9.11}$$

式中，U_n 和 U_s 分别为法向力和剪力做的总功。因此，法向力（剪力）做的功就等于法向力（剪力）-法向位移（剪位移）曲线围成的面积。如图 9.2 所示，相邻两个数据点之间力-位移曲线围成的面积可以简化成一个微小的梯形，因此在这个范围内外力做的功可以用下式计算：

$$U^i=\frac{1}{2}(F^{i+1}+F^i)(D^{i+1}-D^i) \tag{9.12}$$

将所有微小的梯形的面积相加即为总能量，所以总能量计算公式为

$$U=\frac{1}{2}\sum_{i=1}^{N}(F_n^{i+1}+F_n^i)(D_n^{i+1}-D_n^i)+\frac{1}{2}\sum_{i=1}^{N}(F_s^{i+1}+F_s^i)(D_s^{i+1}-D_s^i) \tag{9.13}$$

式中，F_n^i 和 F_s^i 分别为试验过程中采集到的法向力和剪力；D_n^i 和 D_s^i 分别为试验过程中采集到的法向位移和剪位移。

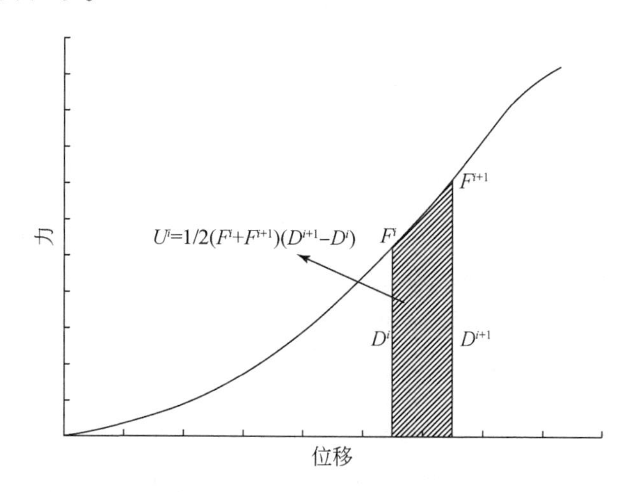

图 9.2　直剪试验中外力做功计算原理

在法向应力和剪应力的作用下，试样会产生法向的压缩弹性变形和剪切方向的剪切弹性变形。因此，可以将试样的受力状态分解为如图 9.3 所示的示意图。试样的受力可以分解成在法向方向的法向力和水平方向的剪力。试样的总的弹性变形是法向力和剪力引起的弹性变形的总和：

$$U^e=U_n^e+U_s^e \tag{9.14}$$

忽略侧向变形对能量的影响，在施加法向应力过程中，试样处于单轴压缩状态，试样法向弹性变形储存的弹性势能为

$$U_s^e=\int_V \sigma_n\varepsilon_n^e \mathrm{d}V=\frac{\sigma_n^2}{2E_u}V=\frac{S\sigma_n^2}{2k_n} \tag{9.15}$$

式中，ε_n^e 为试样在法向方向的弹性变形；E_u 为试样法向方向的卸荷弹性模量；V 为试样的体积；k_n 为法向方向的卸荷刚度（法向应力与法向位移的比值）；S 为试样的横截面积。在剪力作用下，试样不仅产生剪切变形，剪应力的增大还会产生剪胀引起试样法向方向的变形。也就是说，剪力做的功，一部分因产生剪切弹性变形而储存为弹性应变能，另一部分会产生塑性变形和裂纹等而被耗散，还有一部分剪力做的功在法向方向被释放掉。而耗散能无法被恢复和释放，所以在法向方向被释放掉的能量首先在剪切方向转变为弹性应变能，然后在法向方向被释放。所以，剪切弹性变形储存的弹性应变能为

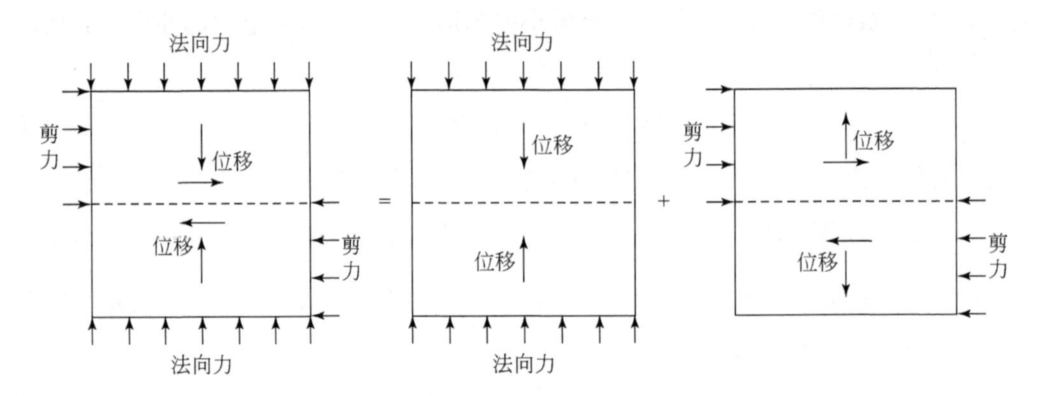

图 9.3　试样受力状态分解示意图

$$U_s^e = \frac{\tau F_s}{2k_s} - U_c = \frac{S\tau^2}{2k_s} - U_c \tag{9.16}$$

式中，k_s 为试样卸荷剪切刚度；U_c 为剪应力做的功并在法向方向上被释放掉的能量。在剪力作用下，法向位移减小，法向力做负功，法向力做的总功减小。减小的部分来自于法向方向的弹性变形的释放和剪力输入功的转换。故

$$U_c = \Delta U_n - \Delta U_n^e \tag{9.17}$$

将式（9.13）~式（9.17）代入式（9.8）就可以得到耗散能。

在能量计算中，需要采用试样的卸荷法向刚度和卸荷剪切刚度。根据学者之前的研究成果，试样的加载弹性模量和卸荷弹性模量相差不大，而加载刚度和加载弹性模量之间存在以下关系：

$$E = k_n H \tag{9.18}$$

式中，E 为试样的弹性模量；H 为试样的高度，为一个常数。所以试样的加载法向刚度和卸荷法向刚度相差不大，采用式（9.14）计算弹性应变能时可以采用加载弹性模量和加载法向刚度近似代替卸荷弹性模量和卸荷法向刚度。Ooi 和 Carter（1987）采用灰岩进行循环剪切试验，如图 9.4（a）所示。研究发现，在循环加载初期，试样的剪切刚度变化很小，且卸荷剪切刚度和加载剪切刚度基本相同。只有在循环次数在 250 次以上时，岩石的剪切刚度才会发生明显变化。同样，周秋景等（2006）对类岩石材料进行往复循环剪切试验，如图 9.4（b）所示，也发现在循环剪切加卸载初期试样的剪切刚度变化不大，加载剪切刚度和卸载剪切刚度基本相同。因此，在采用式（9.16）计算弹性应变能时，可采用加载剪切刚度来代替卸载剪切刚度。

9.1.3　三轴卸荷-拉伸应变能计算

图 9.5 为围压作用下花岗岩轴向卸荷-拉伸的能量组成示意图。当围压为 0MPa（单轴拉伸）时，总能量仅包含一部分［图 9.5（a）］。此外，加载过程可分为卸荷阶段和拉伸阶段。当在线弹性阶段进行卸荷时，轴向应力将随着卸荷路径下降至 0［图 9.5（b）］。因此，当花岗岩试样在 0MPa（单轴拉伸）下，总能量、弹性能和耗散能可表示为

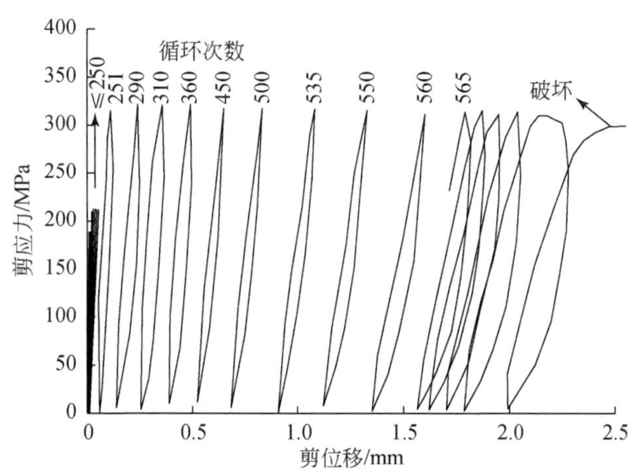

(a) 灰岩循环剪切试验剪应力-剪位移曲线(据Ooi and Carter, 1987)

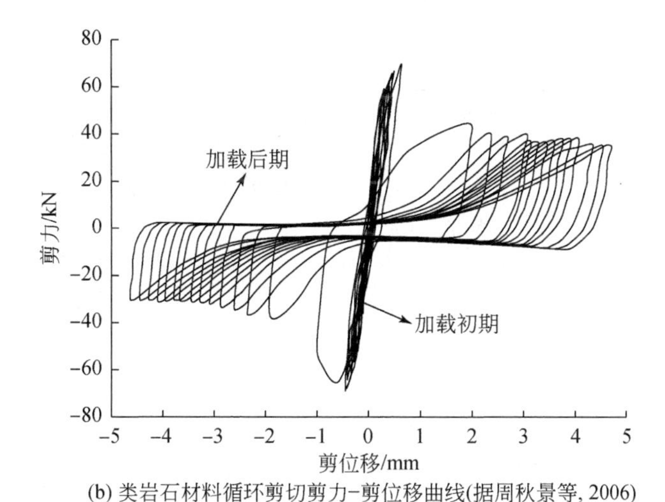

(b) 类岩石材料循环剪切剪力-剪位移曲线(据周秋景等, 2006)

图9.4　循环剪切加载典型荷载位移曲线

$$U=\int\sigma_{\mathrm{a}}\mathrm{d}\varepsilon_{\mathrm{a}} \tag{9.19}$$

$$U_{\mathrm{te}}=\frac{1}{2E_{\mathrm{t}}}\sigma_{\mathrm{a}}^{2} \tag{9.20}$$

$$U_{\mathrm{td}}=U-\frac{1}{2E_{\mathrm{t}}}\sigma_{\mathrm{a}}^{2} \tag{9.21}$$

式中，U为总能量；U_{te}为弹性能；U_{td}为耗散能；σ_{a}为轴向应力；ε_{a}为轴向应变；E_{t}为拉伸弹性模量。

在围压作用下，试样总能量由四部分组成［图9.5（c）］，即初始静水压力能量（U_0）、卸载阶段由轴向应力做的负功（U_1）、轴向应力在拉伸阶段做的正功（U_2）、围压对径向变形做的正功（U_3）。因此，总能量可以表示为

$$U=U_0+U_1+U_2+U_3 \tag{9.22}$$

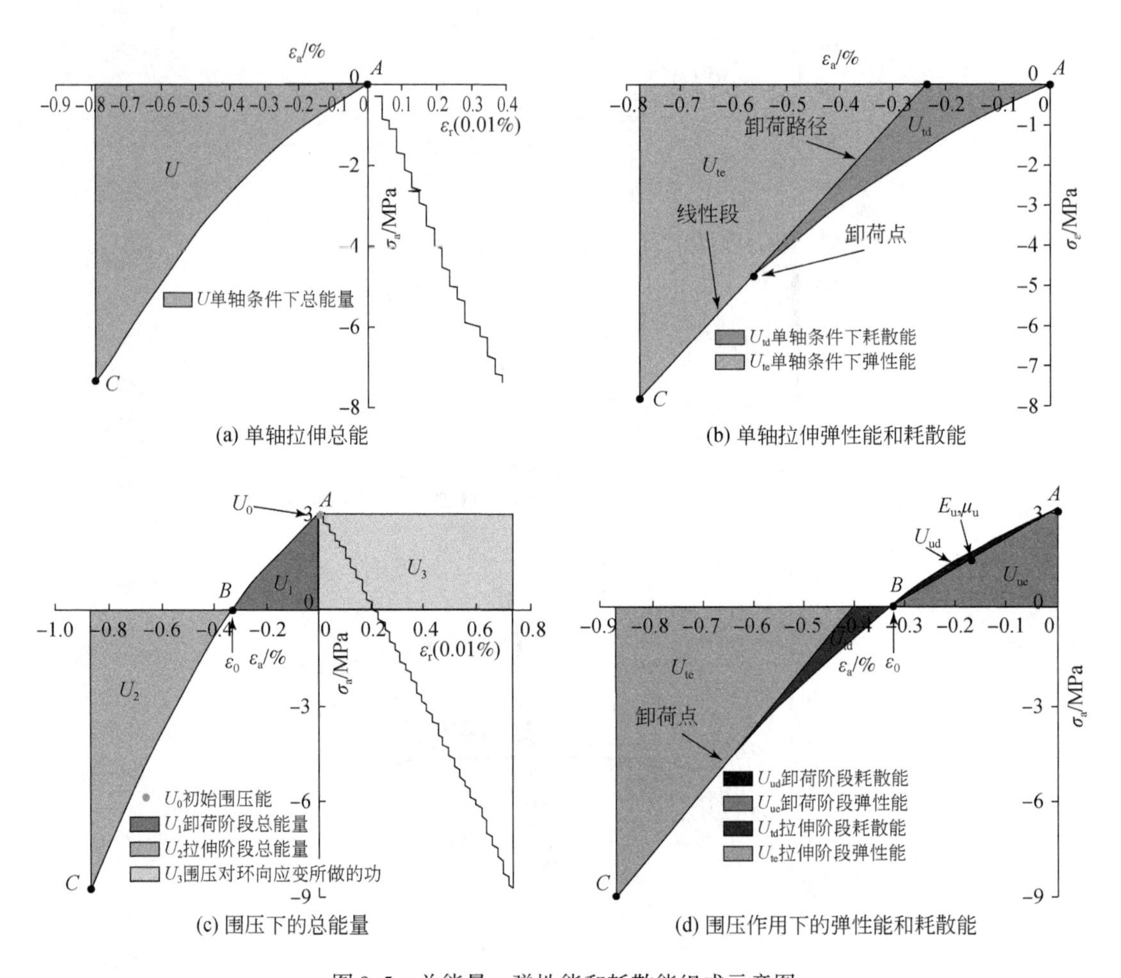

图 9.5　总能量、弹性能和耗散能组成示意图

根据弹性方程，可直接得到静水加载 U_0时吸收的能量，其余三部分能量则可表示为

$$U_0=\frac{3(1-2\mu_u)}{2E_u}(\sigma_r)^2 \tag{9.23}$$

$$U_1=\int_0^{\varepsilon_0}\sigma_a d\varepsilon_a, U_2=\int_{\varepsilon_0}^{\varepsilon_a}\sigma_a d\varepsilon_a, U_3=2\int\sigma_r d\varepsilon_r \tag{9.24}$$

式中，E_u为卸载阶段的卸载弹性模量；μ_u为卸载阶段的卸载泊松比；σ_r为围压；σ_a为轴向应力；ε_0为轴向应力为 0 时的轴向应变；ε_a为轴向应变；ε_r为径向应变。

弹性应变能（U_e）如图 9.5（d）所示，包括卸荷阶段和拉伸阶段两部分。因此，弹性应变能可以表示为

$$U_e=U_{ue}+U_{te} \tag{9.25}$$

$$U_{ue}=\frac{1}{2E_u}[\sigma_a^2+2\sigma_r^2-2\mu_u(\sigma_r^2+2\sigma_a\sigma_r)] \tag{9.26}$$

$$U_{te}=\frac{1}{2E_t}[\sigma_a^2+2\sigma_r^2-2\mu_t(\sigma_r^2+2\sigma_a\sigma_r)]-\frac{\sigma_r^2}{E_t}(1-\mu_t) \tag{9.27}$$

式中，U_{ue}为卸载阶段弹性能；U_{te}为拉伸阶段的弹性能。花岗岩的能量计算结果如表9.2所示，总能量、弹性能和耗散能如图9.5所示。

因此，耗散能（U_d）可通过$U-U_e$得到。

表9.2　围压条件下花岗岩卸荷-拉伸破坏的能量

L_r /(mm/s)	σ_r /MPa	U /(MJ/m^3)	U_e /(MJ/m^3)	U_d /(MJ/m^3)	(U_e/U) /%	(U_d/U) /%
0.005	0	0.021	0.020	0.001	95.24	4.76
	3	0.028	0.026	0.002	92.86	7.14
	6	0.053	0.049	0.004	92.45	7.55
	9	0.080	0.074	0.006	92.50	7.50
	12	0.136	0.124	0.012	91.18	8.82
0.01	0	0.026	0.024	0.002	92.31	7.69
	3	0.034	0.031	0.003	91.18	8.82
	6	0.064	0.059	0.005	92.19	7.81
	9	0.099	0.092	0.007	92.93	7.07
	12	0.184	0.170	0.014	92.39	7.61
0.02	0	0.025	0.022	0.003	88.00	12.00
	3	0.033	0.031	0.002	93.94	6.06
	6	0.070	0.066	0.004	94.29	5.71
	9	0.120	0.112	0.008	93.33	6.67
	12	0.147	0.132	0.015	89.80	10.20
0.03	0	0.029	0.025	0.004	86.21	13.79
	3	0.037	0.034	0.003	91.89	8.11
	6	0.086	0.079	0.007	91.86	8.14
	9	0.124	0.113	0.011	91.13	8.87
	12	0.169	0.153	0.016	90.53	9.47

9.2　三轴卸荷条件下岩石损伤破裂的能量转化机理

9.2.1　应变能转化过程及峰值点能量状态

由于卸荷试验方案的应力差同为75MPa卸荷，故相同岩石试件在卸荷起始前的应变能状态与围压相关，卸荷起始点应变能状态如表9.3所示。初始围压越大，卸荷起始点储存弹性应变越大，而耗散应变能相对较少，表明卸荷起始点岩样基本处于弹性阶段。

表 9.3　卸荷起始点应变能平均值

围压/MPa	U_e/(kJ/m³)	U_d/(kJ/m³)	U_1/(kJ/m³)	U_3/(kJ/m³)
20	66.54	21.39	75.17	−11.47
30	85.32	24.32	86.05	−12.27
40	102.41	30.65	97.68	−16.50

以初始围压 40MPa 为例分析卸荷过程中应变能的转化规律，图 9.6 为三个卸荷速率下的应变能积聚、耗散和释放的时程曲线（除弹性应变能为状态量外，其他应变能均指累积量）。由图 9.6 可知如下三点结论。

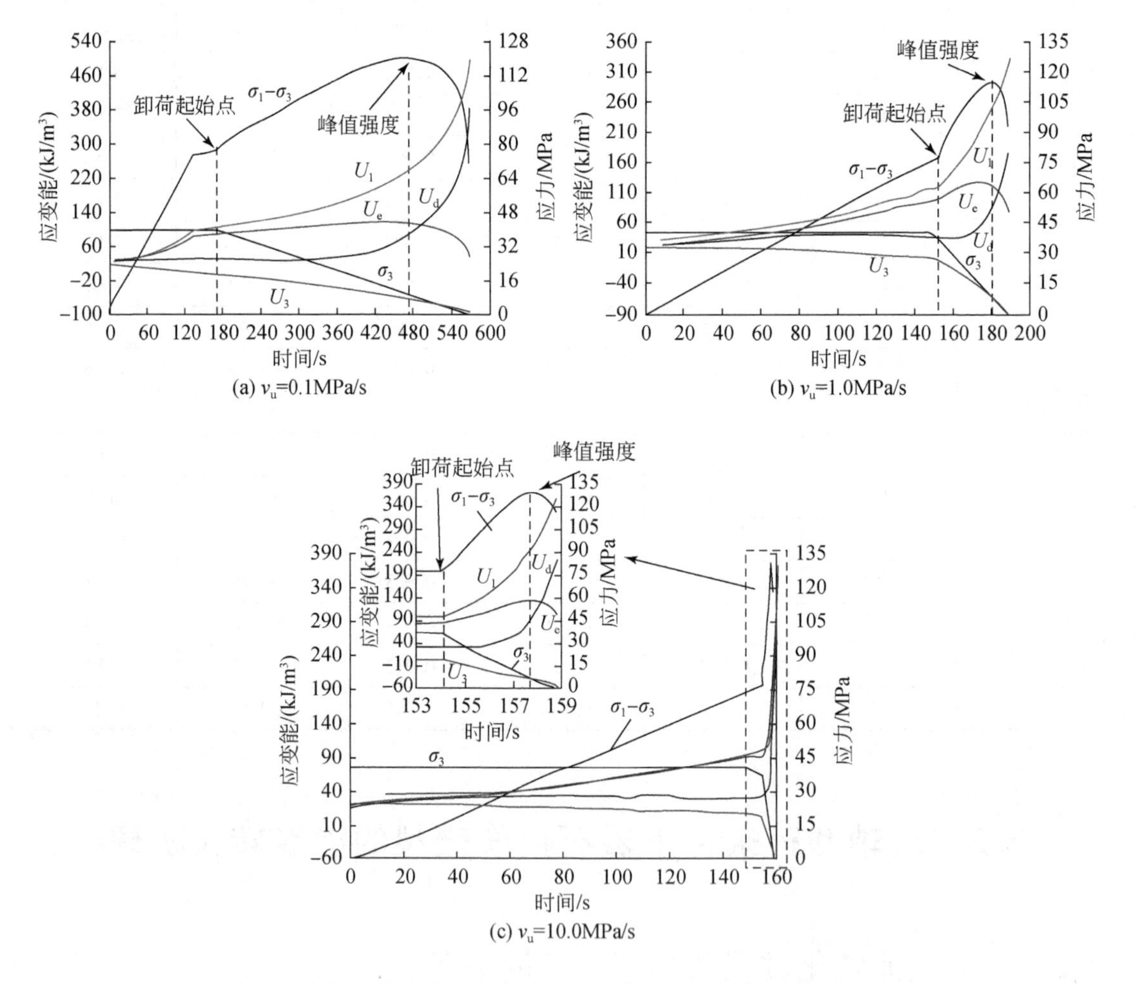

图 9.6　卸围压大理岩试件应变能转化典型时程曲线（$\sigma_3^0=40$MPa）

（1）自卸围压开始，在时程曲线上应变能和应力均出现明显加快变化的拐点。由于围压卸荷致使应力差急剧增大，吸收应变能（U_1）快速增加，在卸荷初始阶段，（U_1）主要转化为弹性应变能（U_e）储存和围压卸荷环向回弹变形做负功消耗应变能（U_3），而用于塑性变形及新生裂纹耗散应变能（U_d）仅仅在临近峰值强度点附近才明显增加。卸速率越快，卸荷过程（图9.6中卸荷起始点至峰值强度点）越短，应变能积聚、储存和耗散越剧烈。

（2）峰前三轴高应力卸围压过程中储存的弹性应变能（U_e）较用于塑性变形及新生裂纹表面能的耗散应变能（U_d）多些，但随着卸荷接近于峰值强度，U_d逐渐增多从而缩小了与U_e的差距。因此，高应力卸荷条件下，峰前主要是储存弹性应变能，且卸荷过程伴随着相对较大比例的环向膨胀变形迫使围压做负功的应变能消耗。

（3）峰后应力跌落段历时很短且卸荷速率越快历时越短，伴随着弹性应变能的迅速释放和快速的塑性变形及裂隙扩展所耗散应变能。特别是卸荷岩样峰后弹性变形能U_e快速释放和持续的环向膨胀变形消耗应变能（U_3）表明，能量的快速释放和环向扩容致使卸荷岩样峰后迅速破裂贯通，也使得高应力强卸荷条件下硬性岩石常表现为近垂直于卸荷方向的张性破裂或劈裂特征。

峰值强度点是岩石强度丧失至宏观破裂面贯通导致整体破坏的临界点。表9.4列出了卸荷岩样峰值强度点处应变能状态，由表可知：峰值强度点处所储存的弹性应变能U_e较耗散的应变能U_d明显多些，表明峰前的吸收应变能（U_1）主要以弹性应变能（U_e）储存下来；峰值强度点处的耗散应变能（U_d）、储存的弹性应变能（U_e）、吸收应变能（U_1）和环向膨胀消耗应变能（U_3）均随初始围压的增高而增大；至峰值点，U_1、U_d和U_e均随卸荷速率的增大而增大，但U_3消耗量明显随卸荷速率的增大而减小。因此初始围压和卸荷速率越大，岩样峰前损伤程度相对越强（U_d越大）且储存的弹性应变能U_e也越多，但卸荷速率越快环向变形消耗应变能U_3越少。

表9.4　卸荷试验峰值点应变能平均值

初始围压/MPa	U_e/（kJ/m^3）			U_d/(kJ/m^3)		
	0.1MPa/s	1.0MPa/s	10.0MPa/s	0.1MPa/s	1.0MPa/s	10.0MPa/s
20	71.78	79.98	87.52	61.82	64.80	71.55
30	94.79	101.49	104.63	60.96	66.94	92.82
40	115.81	121.21	127.31	76.37	89.79	122.28
初始围压/MPa	U_1/(kJ/m^3)			U_3/(kJ/m^3)		
	0.1MPa/s	1.0MPa/s	10.0MPa/s	0.1MPa/s	1.0MPa/s	10.0MPa/s
20	149.95	146.21	156.80	-40.60	-25.84	-21.90
30	170.69	189.61	201.32	-51.24	-56.95	-39.94
40	229.55	237.08	265.32	-89.68	-77.97	-69.84

对比表9.4中不同初始围压和卸荷速率条件下的峰值强度点处弹性应变能（U_e）大小，可发现：初始围压对峰前弹性应变储存量的影响明显大于卸荷速率；峰前储存弹性应变能（U_e）随初始围压近似直线快速递增，表明卸荷前的应力状态对岩石的弹性应变能储存影响显著。而且由于卸荷条件下岩石峰前损伤耗应变能（U_d）相对较少，表明高应力卸荷条件下岩石峰前损伤程度相对较低，故应力越高，储存弹性应变能越多。

9.2.2　峰前、峰后应变能转化速率

岩样峰前能量耗散速率越快则岩石损伤致使强度丧失越快。将卸荷起始点至峰值强度点这一试验段的应变能增量除以相应段的试验时间表征为峰前卸荷过程中应变能转化速率，图 9.7 为峰前卸围压过程中大理岩试件应变能耗散、储存及消散速率曲线。由图 9.7 可知如下三点结论。

（1）峰前卸围压过程中耗散应变能（U_d）、储存的弹性应变能（U_e）和 σ_3 做负功消耗应变能（U_3）的变化速率均随卸荷速率的增加而增大，特别是 $v_u=10.0$MPa/s 较 $v_u=1.0$MPa/s（初始围压 $\sigma_3^0 \geqslant 30$MPa）时应变能转化速率突增。

（2）峰前卸围压过程中 U_d耗散速率较 U_e储存和 U_3 释放速率均略快。表明卸荷过程中轴向压缩的吸收应变能（U_1）主要被塑性变形所耗散和环向扩容所消耗，而以弹性应变能的方式积累储存下来的相对少些。但对比图 9.7 峰值点应变能状态特征，可发现至峰值点实际上岩石所储存的弹性应变能比耗散应变能多些，表明弹性应变能储存的主要阶段为卸荷前的高围压下常规压缩时的弹性阶段。

（3）$v_u=10$MPa/s 时，应变能转化速率明显随初始围压 σ_3^0 的升高而增大。其中 U_d耗散速率在 $\sigma_3^0=20\sim30$MPa，U_e储存和 U_3 释放速率在 $\sigma_3^0=30\sim40$MPa 时随 σ_3^0 升高呈跳跃性增大。而 $v_u \leqslant 1.0$MPa/s 时，上述三部分应变能变化速率随 σ_3^0 升高变化相对不明显。

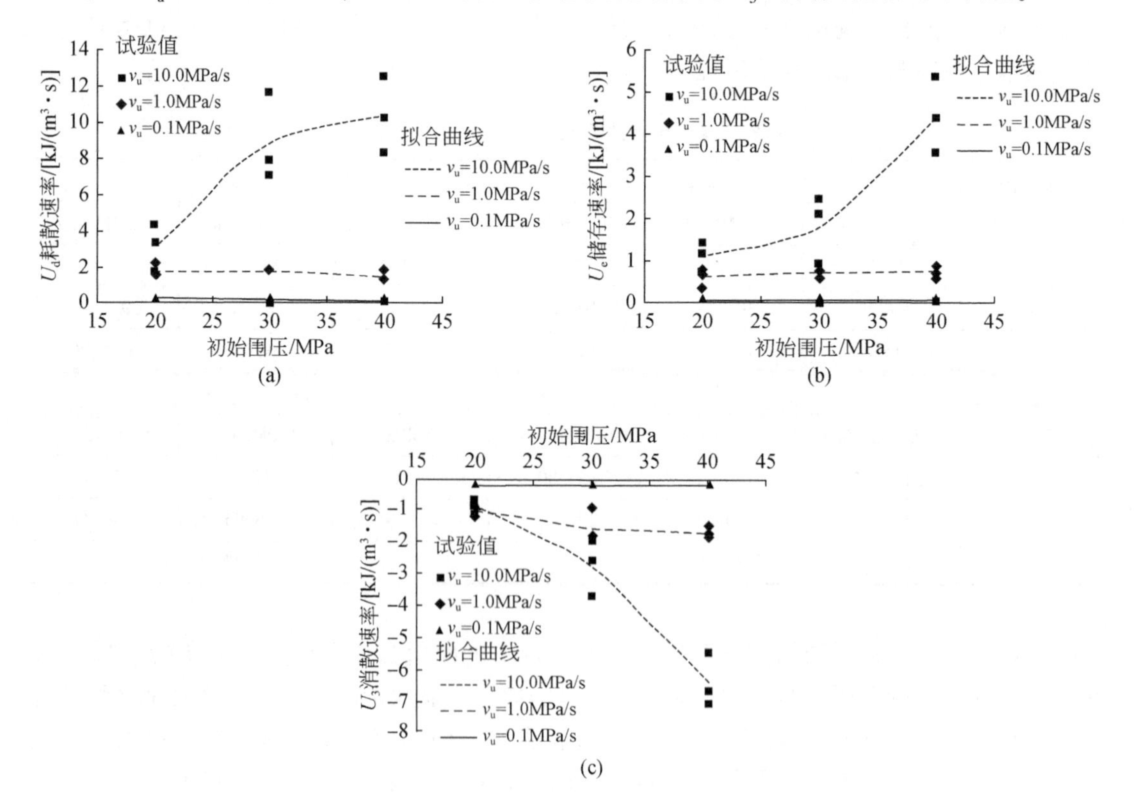

图 9.7　峰前卸围压过程中大理岩试件应变能耗散、储存及消散速率特征

峰后应力跌落段岩样能量耗散越快，表明塑性变形和裂缝扩展及变形（滑移或张裂）越剧烈；而能量释放的速率越快，反映了破裂面贯通致使整体破坏的时间越短。将峰值点至应力急剧跌落段终点的应变能增量除以相应段的试验时间即为峰后破裂贯通阶段的应变能转化速率，图 9.8 为高应力卸围压条件下大理岩试件峰后应力跌落过程中应变能耗散与释放的速率曲线，对比图 9.8 分析可知：峰后应力跌落段应变能转化速率与卸荷速率和初始围压的相关变化规律，与峰前围压卸荷段基本一致。但峰后应力跌落段各应变能分量的变化速率明显较峰前卸围压过程中的大数倍至 10 余倍，其中：用于峰后塑性变形、裂缝扩展表面能的耗散应变能（U_d）速率大 10 余倍，表明高应力卸荷条件下岩样峰前损伤较少，而峰后却快速损伤破裂；峰后应力跌落诱发的弹性应变能（U_e）释放速率较峰前卸荷过程中储存速率约大 6 倍，且初始围压越大，卸荷速率越快其释放速率越大，如图 9.8（b）所示；峰后环向扩容 σ_3 做负功所消耗应变能（U_3）速率约较峰前卸荷段大两倍，表明峰后岩样环向扩容明显加剧。

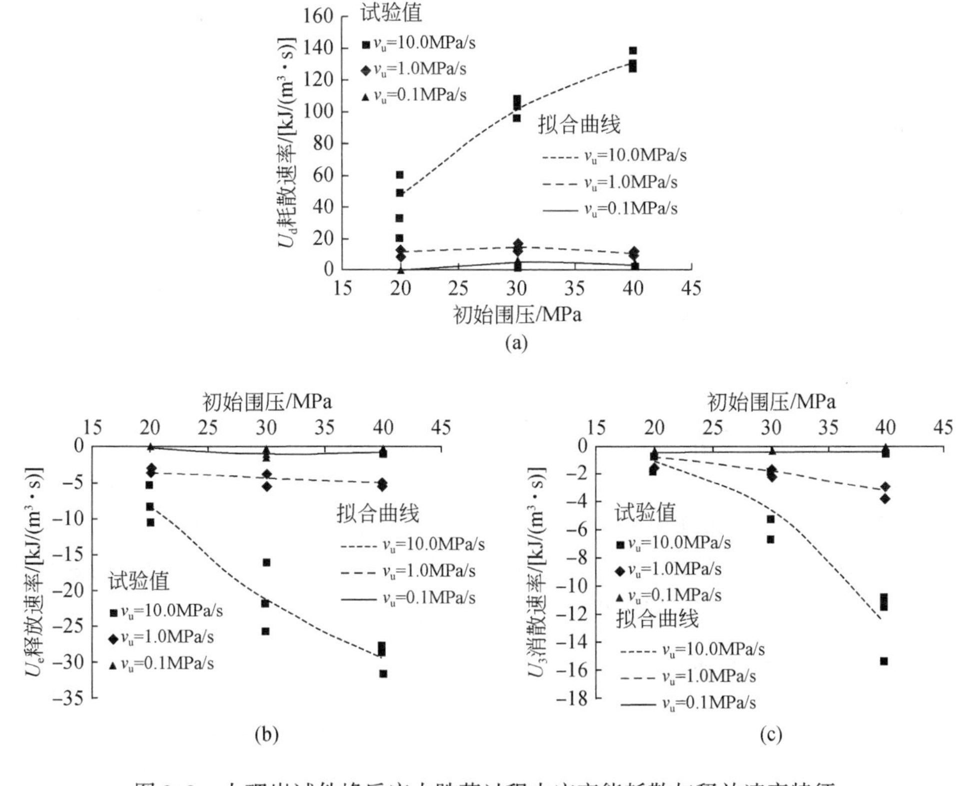

图 9.8　大理岩试件峰后应力跌落过程中应变能耗散与释放速率特征

以 v_u = 10MPa/s 为例，对比峰后各应变能分量的变化速率，可发现：峰后 U_e释放速率约为 U_3 消耗速率的三倍（峰后 U_3 消耗速率约为峰前的两倍）；而 U_d耗散速率约为 U_e释放速率的五倍，由图 9.6 中 U_1 和 U_d峰后的斜率基本相等，表明峰后轴向压缩变形吸收的应变能基本被塑性变形和岩石破裂表面能所耗散。因此高应力下快速卸荷条件下岩样在峰后弹性应变能释放量并不能完全被岩石损伤破裂所消耗，高应力快速卸荷条件下可转化为岩块弹射或飞溅所需的动能，以导致岩爆产生。

图 9.9 为卸荷速率对岩样峰后应力跌落段环向扩容应变能消耗及弹性应变能释放速率影响关系曲线，二者随卸荷速率的变化规律类似，只是相同试验条件下弹性应变能释放速率较环向扩容消耗应变能大三倍左右，而且当卸荷速率超过 1.0MPa/s 后其对弹性应变能释放速率的加快效应更为明显。高应力条件下随着卸荷速率的增大峰后弹性应变能释放速率越快，而且当卸荷速率超过某一量值（本书为 1.0MPa/s）后，弹性应变能释放速率不仅出现明显的加速且围压对释放速率的促进作用越明显（围压越大，应变能释放速率越快），进而导致释放的弹性应变能不能快速地被岩样损伤破裂所耗散，故高地应力条件下岩石快速卸荷常面临着应变能转化为动能的岩爆灾害。

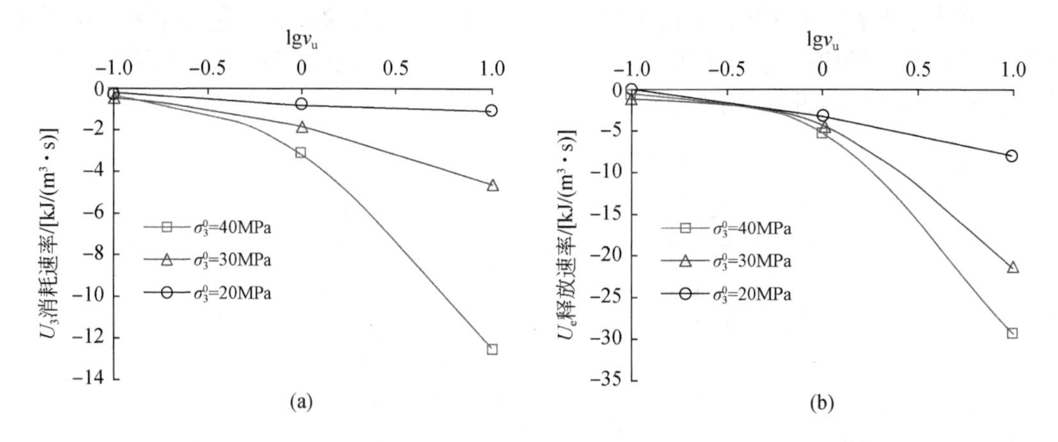

图 9.9　卸荷速率对岩样峰后应力跌落段环向扩容应变能消耗及弹性应变能释放速率关系曲线

9.2.3　破裂分形与能量特征

探索岩样破碎块度分形维数（D）与应变能积聚、储存、耗散及释放的相关性，既可进一步加深高应力卸荷条件下岩样破裂分形维数及分形特征尺寸阈值规律的内在机制，也可为岩体工程稳定性评价及破裂程度预测提供理论指导。

1. 破裂分形与峰值点能量状态

峰值强度点是岩石强度丧失至宏观破裂面贯通导致整体破坏的临界点。卸围压和常规三轴压缩试验岩样峰值强度点应变能状态与块度分形维数曲线如图 9.10 所示，需说明：应变能和分形维数均为相同试验条件下不同岩样的试验平均值；不同卸荷速率点连成的曲线表示曲线旁所标识的同一围压条件下卸荷速率的影响规律，而常规三轴不同围压点连成的曲线是为了反映应变能（速率）随围压的变化规律（图 9.11 和图 9.12 类似）。由图 9.10可知如下五点结论。

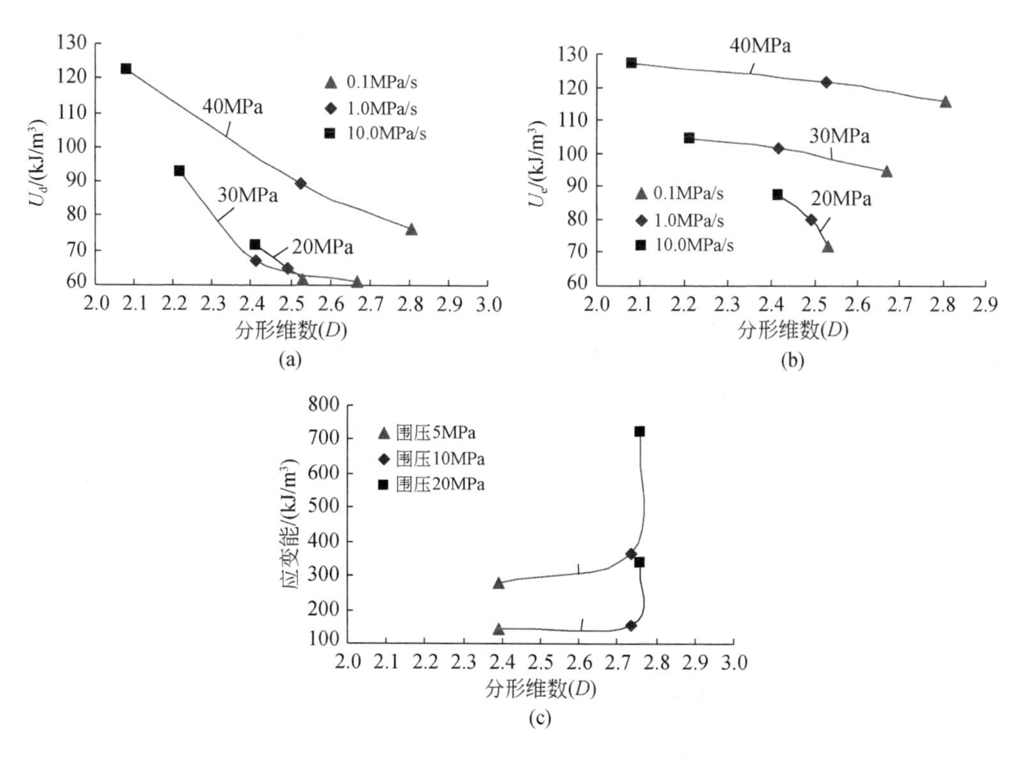

图 9. 10　峰值强度点应变能状态与块度分形维数的关系曲线

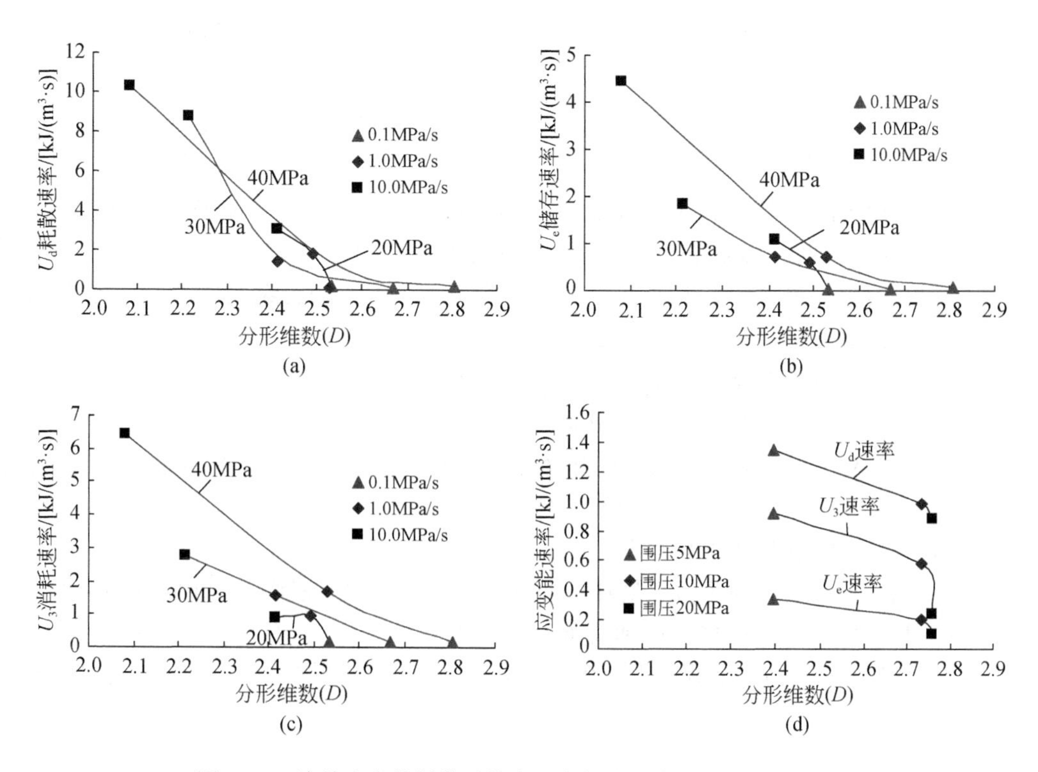

图 9. 11　峰前应变能耗散及储存速率与块度分形维数关系曲线

(1) 卸荷条件下，峰值强度处，无论是耗散应变能（U_d）还是储存弹性应变能（U_e），均随破碎块度分形维数的增大而减小，特别是 U_d。而常规三轴压缩条件下，U_d 和储存弹性应变能（U_e）均随分形维数的增大而增大，特别是围压大于 10MPa 以后。

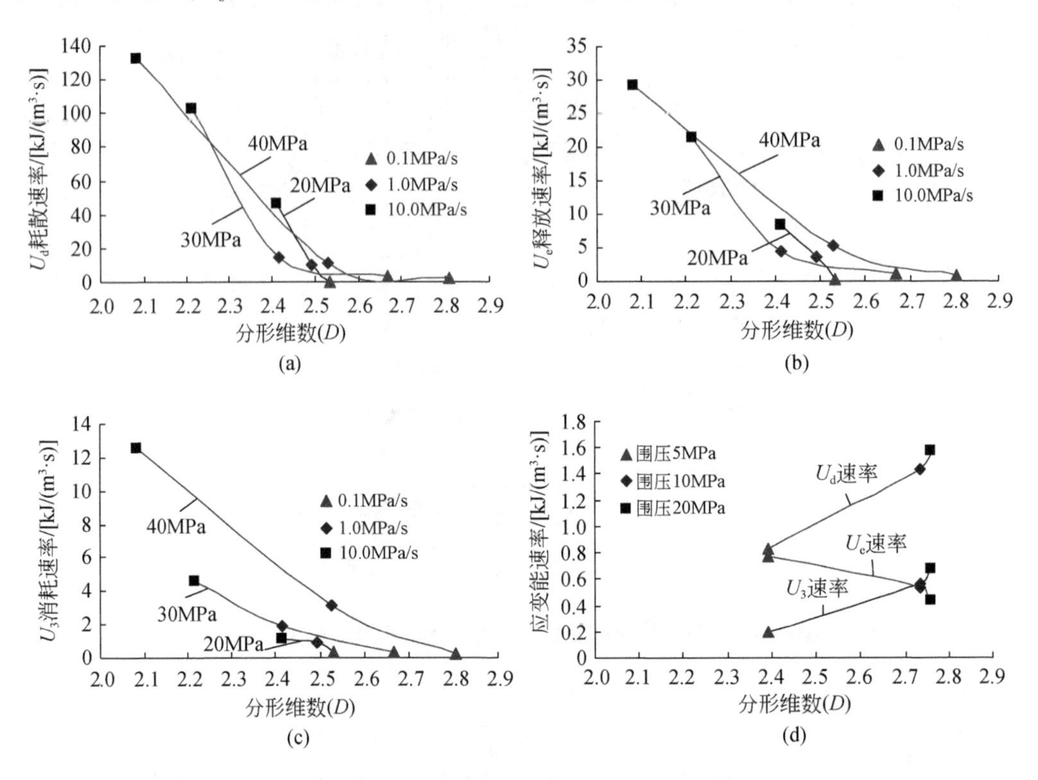

图 9.12　峰后应变能耗散及释放速率与块度分形维数关系曲线

(2) 相同初始围压（σ_3^0）下，卸荷速率（v_u）越快，至峰值点岩样耗散和储存应变能越多，块度分形维数（D）越小，岩样的碎裂程度越大。

(3) 初始围压（σ_3^0）对峰值点应变能与分形维数（D）的关系的影响与 v_u 密切相关，虽然能量耗散 U_d 和弹性应变能储存 U_e 均随 σ_3^0 的增高而明显增大，但对应的块度分形维数（D）却具有不同的变化趋势：当 $v_u = 10.0$MPa/s 时，D 明显减小；$v_u = 0.1$MPa/s 时，D 却明显增大；而 $v_u = 1.0$MPa/s 时规律不明显。

(4) 比较图 9.11 和图 9.12 的峰前和峰后应变能转化速率与分维数 D 曲线可发现，卸荷速率（v_u）与初始围压（σ_3^0）对分形维数（D）与峰值点应变能大小及峰前、峰后应变能相互转化速率的影响规律基本一致。

(5) 常规三轴压缩岩样峰值点处耗散应变能（U_d）明显较储存弹性应变能（U_e）大得多，且围压越大 U_d 大得越多，而卸荷条件下 U_e 普遍大于 U_d；而常规三轴压缩至峰值强度点的 U_d 较卸围压试验 U_d 大得多［图 9.10（c）］，表明其岩样峰前耗能损伤程度较卸荷条件下高。

2. 破裂分形与峰前能量转化速率

峰前岩样能量耗散速率越快，反映岩石损伤致使强度丧失越快；由于峰前弹性应变能（U_e）处于不断积聚、储存的状态，故能量释放是通过 σ_3 做负功的形式消耗。U_3 消耗速率越快，表明环向扩容变形越快。将卸荷起始点至峰值强度点这一试验阶段的应变能增量除以相应阶段的试验时间，即为峰前卸荷过程中应变能转化速率。常规三轴压缩的比例极限点至峰值强度点之间平均速率约定为峰前应变能转化速率。图 9.11 为卸围压和常规三轴压缩试验峰前应变能耗散和储存速率与块度分形维数（D）的关系曲线，由图 9.11 可知：在接近峰值强度区，卸围压和常规三轴压缩岩样耗散应变能（U_d）、储存弹性应变能（U_e）和消耗应变能（U_3）的速率均随破碎岩块分形维数（D）的增大而明显减小。但常规三轴压缩峰前应变能转化速率较卸荷条件下小十余倍，表明高应力卸荷条件下岩样强度丧失是快速的能量耗散过程，并伴随着快速的弹性应变能储存过程。

3. 破裂分形与峰后能量转化速率

峰后应力跌落阶段，岩样能量耗散越快，表明损伤裂缝产生和变形（滑移或张裂）的速度越快；而能量释放的速率越快，反映了破裂面贯通使整体破坏的时间越短。将峰值点至应力急剧跌落阶段终点的应变能增量除以相应段的试验时间，即为峰后破裂贯通阶段的应变能转化速率。图 9.12 为卸围压和常规三轴压缩试验峰后应变能耗散及释放速率与块度分形维数（D）的关系曲线，由图 9.12 可知：与图 9.11 相比，卸围压条件下，岩样峰后的应变能转化速率明显较峰前大得多，且围压越高，卸荷速率越快，峰后应变能转化速率越快；而常规三轴压缩峰后应变能转化速率仍相对慢得多，其中，U_d 和 U_3 变化速率随初始围压的增大有所增大，而 U_e 速率却有所减小，且主要为耗散应变能 U_d 速率增大相对明显；卸荷条件下，岩样在峰后应力跌落段耗散应变能（U_d）、释放弹性应变能（U_e）和消耗应变能（U_3）的转化速率均随破碎块度分形维数（D）的增大而显著减小；常规三轴压缩破碎块度分形维数（D）随 U_d 和 U_3 速率的增大而增大，即耗散应变能（U_d+U_3）越慢分形维数越小，但却随 U_e 速率的增大而减小。

另外，对比分析图 9.10 和图 9.11 中环向变形所消耗的应变能 U_3 速率，可发现：卸荷条件下，U_3 的消耗速率明显较常规三轴压缩试验大数倍至十余倍，且卸荷速率越快、初始围压越大，U_3 消耗速率越大，特别是峰后消耗速率。表明卸荷条件下环向变形无论峰后还是峰前均快速增大，进而使岩样表现为劈裂或拉裂的张性破裂性质。

4. 讨论

基于上述对分形维数与峰值点应变能大小、峰前及峰后应变能转化速率关系的分析，结合对岩样破裂及块度分形特征分析，可以得到如下四点认识。

（1）高应力卸围压条件下，峰值点处耗散应变能和储存弹性应变能越大，峰前、峰后应变能转化速率越快，则岩样破碎块度分形维数（D）越小，具有自相似规律的分形特征尺寸阈值越大，分形尺寸区间内相对较大尺寸块体质量比例相对越大，岩样碎裂程度越高。

（2）常规三轴压缩条件下，峰值点储存和耗散应变能越小，峰前应变能转化速率越快，而峰后应变能耗散速率越慢，则岩样破碎块度分形维数（D）越小，分形特征尺寸阈值越大。

（3）卸荷条件下，虽然峰值点附近岩样储存的弹性变形能较常规三轴压缩条件下小得多，但由于其峰前耗散应变能（U_d）更小得多（峰前耗散应变越小，表明其损伤程度越少），且其峰后应力迅速跌落、环向变形迅速增大，使弹性应变能迅速释放，而且 U_3 消耗速率较快，另外，脆性岩石的抗拉强度远小于抗压强度，使得快速增加的 U_d 主要表现为岩样拉裂扩展的表面能。初始围压越高，卸荷速率越慢，岩石卸荷过程越接近于高围压下的三轴压缩变形及能量状态。

（4）结合岩样的破碎照片，可发现高应力快速卸荷条件下，脆性岩石的破裂一般呈现张裂或劈裂的张性破裂性质，且卸荷速率越快、初始围压越高，能量耗散与释放速率越快，岩石张性破裂性质越强。

9.2.4　损伤破裂的能量过程机制

基于前述高应力条件下大理岩卸荷损伤破裂过程中的应变能转化规律的研究，总结出如图 9.13 所示的高应力强（快速）卸荷条件下大理岩岩样应变能转化及损伤破裂机制示意图（以初始围压 40MPa、卸荷速率 10.0MPa/s 为例），结合图 9.6，可得到高应力强卸荷条件下大理岩卸荷前弹性压缩段、峰前卸围压损伤段和峰后宏观破裂贯通段的应变能转化过程机制（图 9.6 中曲线斜率即为速率）。

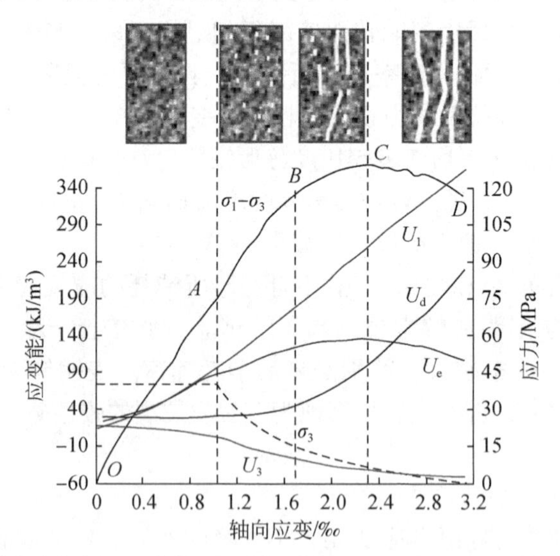

图 9.13　三轴高应力卸围压条件下大理岩岩样应变能转化及损伤破裂机制示意图

1. 卸荷前的弹性压缩阶段（图 9.13 中 *OA* 段）

轴向压缩的吸收应变能（U_1）基本以弹性应变能（U_e）的形式储存下来，塑性损伤耗散及环向应变消耗应变能基本可以忽略，岩石处于压密和弹性变形阶段，没有新生裂纹产生。因此压密和弹性压缩阶段应变能转化规律可描述为

$$\begin{cases} U_1 \approx U_e \\ \dfrac{dU_d}{dt} \approx \dfrac{dU_3}{dt} \approx 0 \end{cases} \tag{9.28}$$

式中，t 为试验时间。

2. 峰前卸围压损伤阶段（图 9.13 中 *AC* 段）

由于强卸荷致使应力差骤然增大，在卸荷初始阶段岩样中的微裂纹逐渐转为近平行于最大主应力（近垂直于卸荷方向）的有序排列。随着卸荷的进行，在接近峰值强度点附近这些微裂纹逐渐扩展并发展为宏观近垂直于卸荷方向的张性裂隙。

在卸荷初始阶段（图 9.13 中 *AB* 段），岩样的吸收应变能（U_1）仍绝大部分通过弹性变形能（U_e）的形式被储存下来；接近峰值点附近（图 9.13 中 *BC* 段），损伤耗散应变能（U_d）迅速增大，且 U_d 主要用于裂纹扩展的表面能（塑性损伤变形耗散应变能相对较少）。但峰前储存的 U_e 仍始终大于 U_d。整个卸荷过程中环向变形的消耗应变能（U_3）明显快速递增。因此高应力条件下卸围压岩样峰前阶段主要是储存 U_e，仅仅是只有临近峰值点附近时耗散应变能速率（dU_d/dt）才明显增大。故在峰前卸围压损伤阶段应变能转化规律可描述为

$$\begin{cases} \left|\dfrac{dU_3}{dt}\right| > \dfrac{dU_e}{dt} > 0 \\ U_e > U_d \\ U_1 \gg U_d \end{cases} \tag{9.29}$$

由于 U_3 为围压作用下环向变形做负功的应变能消耗，在本书的分析中环向应变（ε_3）和 U_3 均为负值，故 dU_3/dt 也为负值，所以在式（9.29）中用 $|dU_3/dt|$ 表示其变化速率的量值。

图 9.13 中 *AB* 段从力学角度来说实际上为卸荷起始点 *A* 至峰前屈服点 *B* 的阶段，此过程中弹性应变能（U_e）储存速率大于耗散应变能（U_d），即

$$\frac{dU_e}{dt} > \frac{dU_d}{dt} \tag{9.30}$$

而图 9.13 中 *BC* 段为峰前屈服点 *B* 至峰值强度点 *C* 的阶段，此过程中弹性应变能（U_e）储存速率已远小于耗散应变能（U_d），即

$$\frac{dU_e}{dt} \ll \frac{dU_d}{dt} \tag{9.31}$$

3. 峰后应力急剧跌落阶段（图 9.13 中 *C* 点以后）

峰后应力急剧跌落阶段其实也是岩石整体破裂贯通过程，此阶段吸收应变能速率（dU_1/dt）约与耗散应变能速率（dU_d/dt）相等，主要转化为峰后裂隙快速扩展贯通的裂隙表面能。由于峰后应力的迅速跌落［图 9.6（b）、（c）］，弹性应变能（U_e）快速释放，

且弹性应变能释放速率（dU_e/dt）远大于环向扩容消耗应变能速率（dU_3/dt），因此高应力条件下快速卸荷甚至可产生由于弹性应变能快速释放而来不及耗散的动力破坏特征（如岩爆，转化为岩块飞溅或弹射的动能）。故在峰后整体破裂贯通阶段应变能转化规律可描述为

$$\begin{cases} \left|\dfrac{dU_e}{dt}\right| \gg \left|\dfrac{dU_3}{dt}\right| \\ \dfrac{dU_1}{dt} \approx \dfrac{dU_d}{dt} \end{cases} \tag{9.32}$$

由于 U_e 在峰后释放，故其变化速率 dU_3/dt 为负值，也可用绝对值表示其量值。

9.3　法向卸荷条件下岩石剪切破坏的能量转化机理

9.3.1　应力水平对能量转化的影响规律

根据 9.1.2 节计算方法，可采用 MATLAB 计算软件编程，对试验过程中能量的变化过程进行计算。能量计算过程如图 9.14 所示。计算开始后，首先读取试验数据文件并将数据存入矩阵。然后读取矩阵中每一行数据进行计算。最后一行数据计算完成后，将计算结果存入目标文件。

通过上述计算方法，可以得到法向卸荷直剪试验中各部分能量在试验过程中的变化规律。由于试验中试样较多，以试样 UDSTN20S23 和试样 UDSTN25S21 为例（具体含义见表 4.1），来分析各部分能量的变化特征。

试样 UDSTN20S23 能量随时间的变化规律如图 9.15 所示，为了分析不同加载过程中能量的变化特征，图中添加了法向应力和剪应力随时间的变化规律。如图 9.15 所示，能量的变化过程可以分为三个部分。

（1）加载法向应力时，法向力在法向对试样做工，总能量（U）随着法向应力的增大逐渐增大。在该阶段，剪应力为零，所以剪应力做功 U_s 为零，转换能 U_c 为零，法向应力做功等于总能量。弹性应变能（U_e）随法向应力的增大逐渐增大，但增大速率较小。这是因为法向应力小于 20MPa 时，如图 9.15 所示，试样仍处于非线性压密阶段，在该阶段试样的变形有相当一部分是因为试样内部缺陷（微裂隙和微孔洞）的闭合或张开引起的。而这部分变形是无法恢复和释放的，所以在该阶段，大部分法向力做的功被耗散，耗散能随时间逐渐增大。

（2）施加剪力时，剪力在水平方向对试样做功，总能量随剪应力的增大逐渐增大。同时，剪应力和剪位移的增大产生剪胀现象，法向位移减小，法向位移和法向力的方向相反，法向力做负功，法向力做功逐渐减小。部分剪力做的功在法向方向释放，转换能逐渐增大。耗散能和弹性应变能在施加剪应力初期均增长缓慢，因为采用位移控制模式施加剪应力初期，剪应力增大速率较小。在施加剪力后期，试样剪切弹性变形逐渐增大，试样内储存的弹性势能快速增大并逐渐大于耗散能。

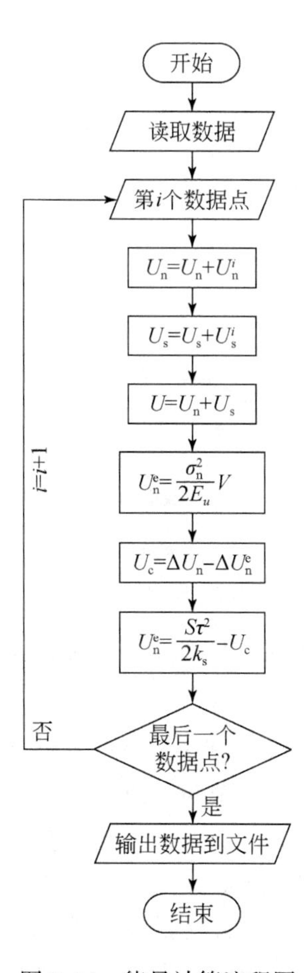

图 9.14　能量计算流程图

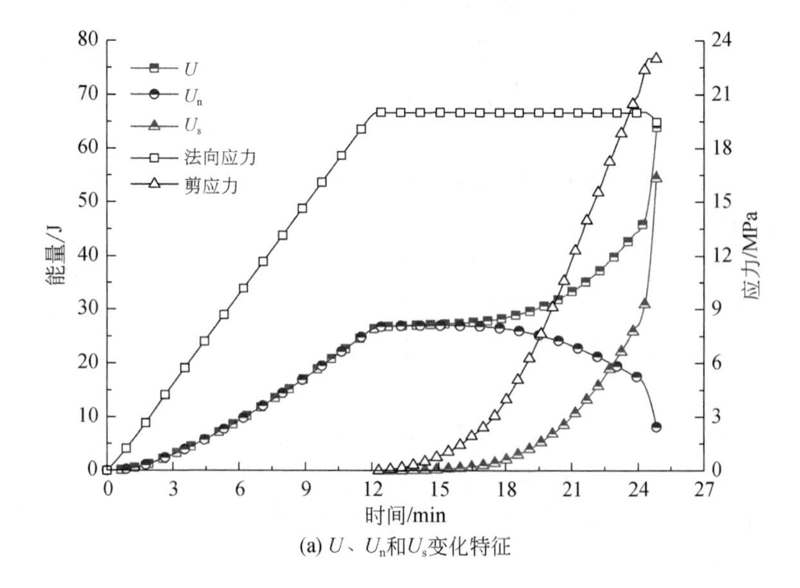

(a) U、U_n和U_s变化特征

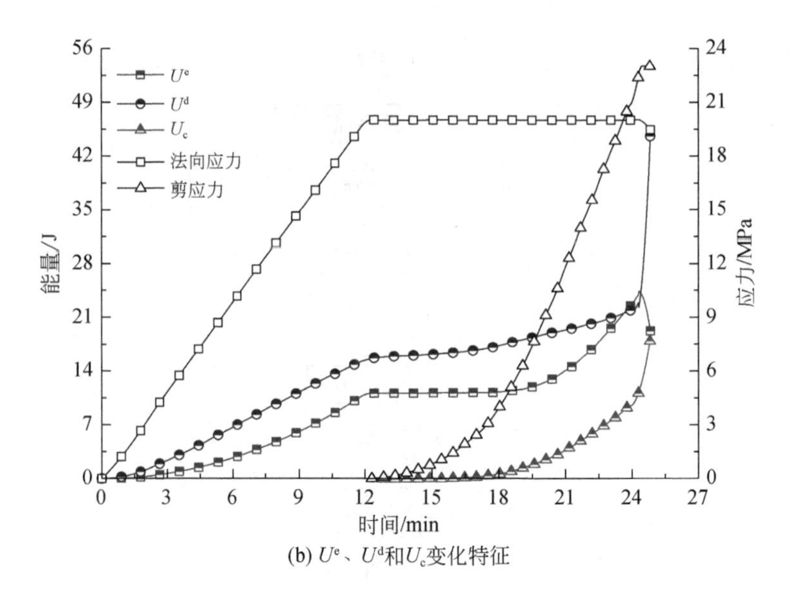

(b) U^e、U^d和U_c变化特征

图 9.15　试样 UDSTN20S23 能量随时间的变化规律

(3) 卸载法向应力时，法向力逐渐减小，法向弹性变形逐渐恢复，法向位移方向和法向力方向相反，法向力做负功，法向力做功快速减小。随着法向力的减小，剪切变形逐渐增大，剪力做功快速增大。剪力做的正功大于法向力做的负功，外力对试样做的总功逐渐增大。在卸荷过程中，法向方向弹性变形逐渐恢复，在卸荷后期，试样内产生大量的塑性剪切变形和大量的微观和宏观裂隙，部分能量被耗散。所以，在卸荷过程中弹性应变能逐渐减小，耗散能快速增大。转换能快速增大表明剪胀现象更加强烈。

试样 UDSTN20S23 加卸载过程中，耗散能在大部分时间大于弹性应变能，这主要有两个原因：①法向应力较小，试样法向方向仍处于非线性压密阶段，在施加法向力时耗散能的累积；②由于法向应力较小，试样抵抗剪切变形的能力较小，施加剪力和卸载法向力时，试样容易产生塑性变形。试样破坏后，法向力做功大于零，即从加载法向力开始到试样破坏，法向力对试样做正功。

试样 UDSTN25S21 能量随时间的变化规律如图 9.16 所示，能量的变化规律与试样UDSTN20S23大体相同，但仍有两点区别。

(1) 在卸载法向力过程中，法向力和剪力做的总功随时间先减小后增大。总能量的减小是由法向应力和法向位移减小，法向力做负功引起的。而在法向力卸载后期试样破坏前，剪切面上锯齿状裂隙面被剪断，剪位移快速增大，剪力做的正功大于法向力做的负功，引起总能量有所增大。

(2) 试样破坏时，法向力做功小于零。在卸载法向力的过程中，由于弹性变形释放，法向力做负功，法向力做功减小。同时，剪胀引起法向位移减小，也会使法向力做负功，当试样破坏时，两部分负功相加大于在法向力加载阶段法向力做的正功。因此，试样破坏时，法向力做功为负。

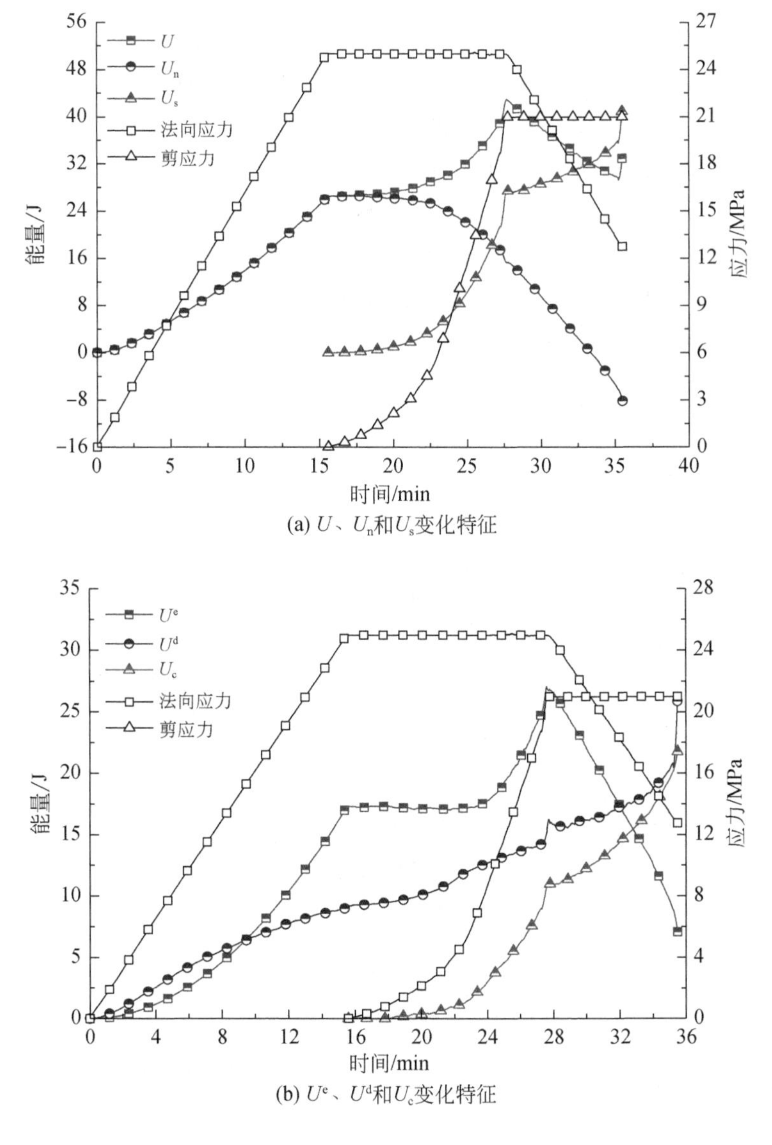

(a) U、U_n和U_s变化特征

(b) U^e、U^d和U_c变化特征

图 9.16　试样 UDSTN25S21 能量随时间的变化规律

9.3.2　基于能量耗散与释放理论的破坏机理

转换能是由剪力输入、在法向方向释放掉的能量，主要是因为剪胀引起的。转换能可以用来表示试验过程中剪胀的强烈程度。转换能可以分为两个部分：施加剪应力过程中的转换能 U_c^1 和卸载法向力过程中的转换能 U_c^2。不同初始法向力下 U_c^1、U_c^2 和 U_c 的测试值如图 9.17 所示。由图 9.17 可知，在施加剪应力过程中，不同初始法向力下，转换能 U_c^1 随初始剪应力的增大逐渐增大［图 9.17（a)］。随着初始剪应力的增大，在施加剪应力过程

中，剪位移会逐渐增大，剪胀变形逐渐增大，所以该过程中的转换能逐渐增大。而在卸载法向应力的过程中，随着初始剪应力的增大，卸荷量逐渐减小［图 9. 17（b）］，虽然卸荷过程中剪位移与初始应力的关系并不明显，图 9. 17（b）中剪应力下，粗糙的破裂面更容易发生剪断而不是沿倾斜破裂面摩擦滑动，所以引起剪胀位移减小，转换能 U_c^2 随着初始剪应力的增大逐渐减小，剪应力会引起 U_c^1 和 U_c^2 明显的变化，但是试样破坏时的转换能（转换能的总和）U_c 与初始应力的关系并不明显，图 9. 17（c）中初始剪应力条件下，U_c 均在 20. 26 ~ 30. 31J 范围内波动。因此，可以认为，当转换能 U_c 达到一定水平时，试样就有可能发生破坏，当转换能 U_c 大于这个范围时，试样已经发生破坏；当转换能 U_c 小于这个范围时，试样不会发生破坏。

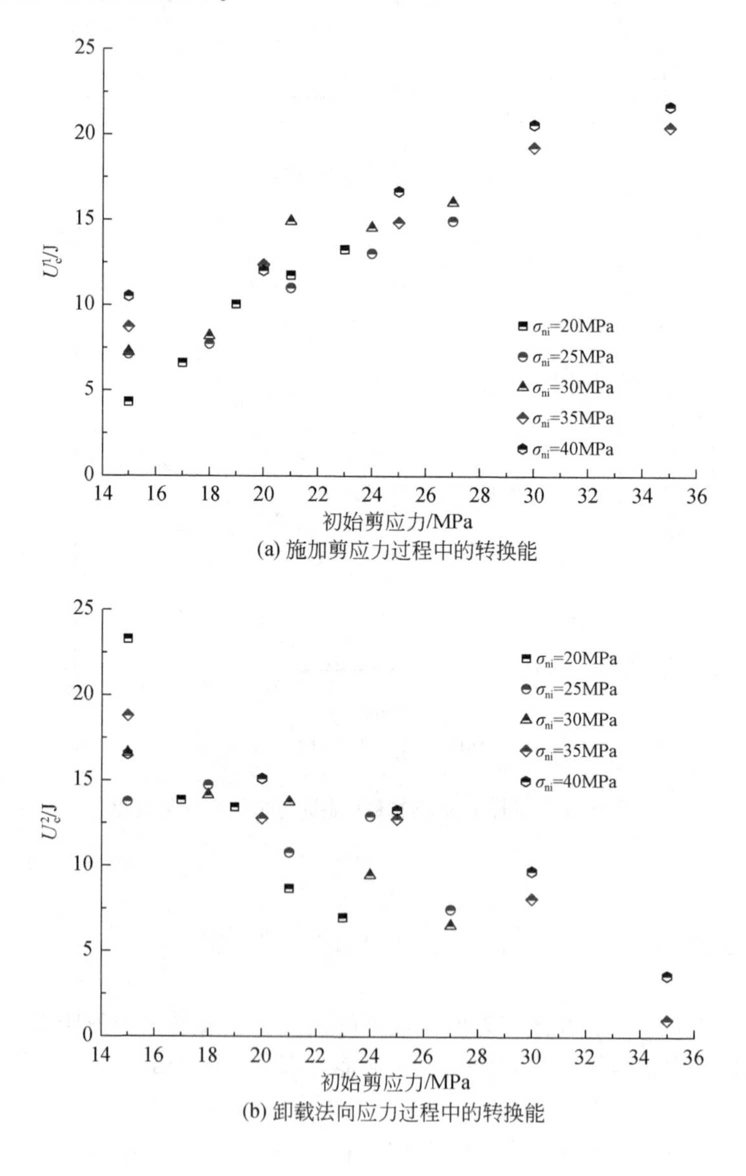

(a) 施加剪应力过程中的转换能

(b) 卸载法向应力过程中的转换能

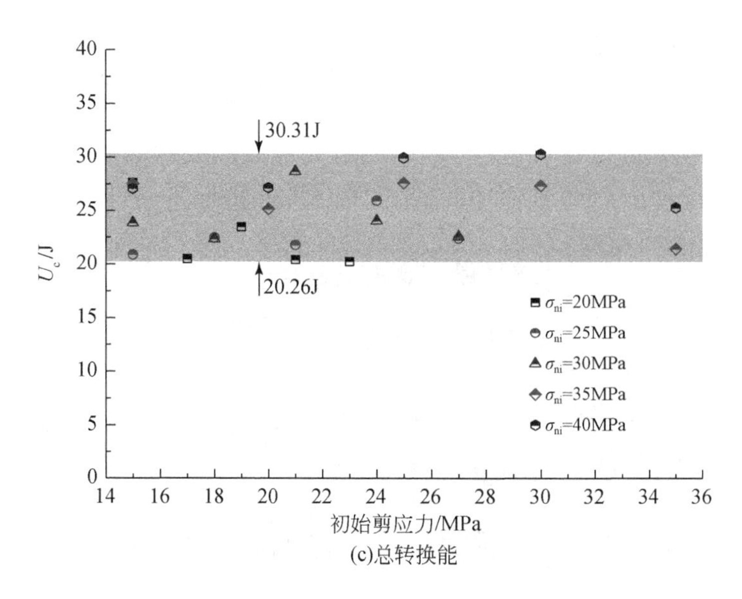

(c)总转换能

图9.17　不同初始应力下转换能变化特征

图9.15在法向卸荷阶段，总能量表现出不同的变化规律，这与试样的卸荷、剪胀等相关。通过统计，总能量在卸荷阶段有三种变化规律，分别是逐渐减小、先减小后增大和逐渐增大。不同条件下，卸荷阶段总能量变化规律和法向力做功统计见图9.18，初始应力水平对总能量变化规律影响显著。首先，当初始剪应力为15MPa时，所有试样的总能量均表现为逐渐减小。相同初始法向应力下最大初始剪应力的试样，均表现为逐渐增大。而其他试样大多表现为先减小后增大。因此，高初始剪应力水平更容易引起总能量在卸荷阶段逐渐增大，相反，低初始剪应力水平更容易引起总能量逐渐减小。这是因为在低剪应力水平下，粗糙裂隙面不容易被剪断，试样沿倾斜裂隙面产生摩擦滑动，同时法向弹性变形回弹，法向力做负功。法向力做的负功大于剪应力做的正功，总能量逐渐减小。而当剪应力水平较高时，粗糙裂隙面更容易被剪断，裂隙面被剪断后不再产生沿倾斜破裂面的滑动，剪胀现象减弱。法向力做负功小于剪应力做正功，总能量逐渐增大。而其他试样在卸荷初期会产生较大的剪胀变形，总能量逐渐减小。随着剪位移的逐渐增大，粗糙裂隙面部分尖端会被剪断，总能量逐渐增大。另外，初始法向力对总能量的变化规律也有一定的影响，例如，试样UDSTN40S20总能量表现为逐渐减小，而其他试样在相似初始剪应力水平下，表现为先减小后增大，如试样UDSTN35S20、UDSTN30S21、UDSTN25S21、UDSTN20S21。

另外，当图9.15试样产生破坏时，部分初始应力条件下的试样法向力做功小于0，其他试样法向力做功大于0。当图9.19初始剪应力较小时，法向力做功一般都小于0，而当初始剪应力较大时，法向力做功一般大于0。当初始剪应力较小时，试样破裂面长的倾斜微破裂面更难发生剪断破坏，而更容易产生沿倾斜破裂面滑动产生剪胀。剪胀现象越强烈，法向应力做负功越多，试样破坏时法向力做功越小。相反，初始剪应力较大时，剪切面上的齿状微破裂面更容易产生剪断破坏，试样的剪胀会减弱，法向力做的负功减小，试样破坏时法向力做功大于0。

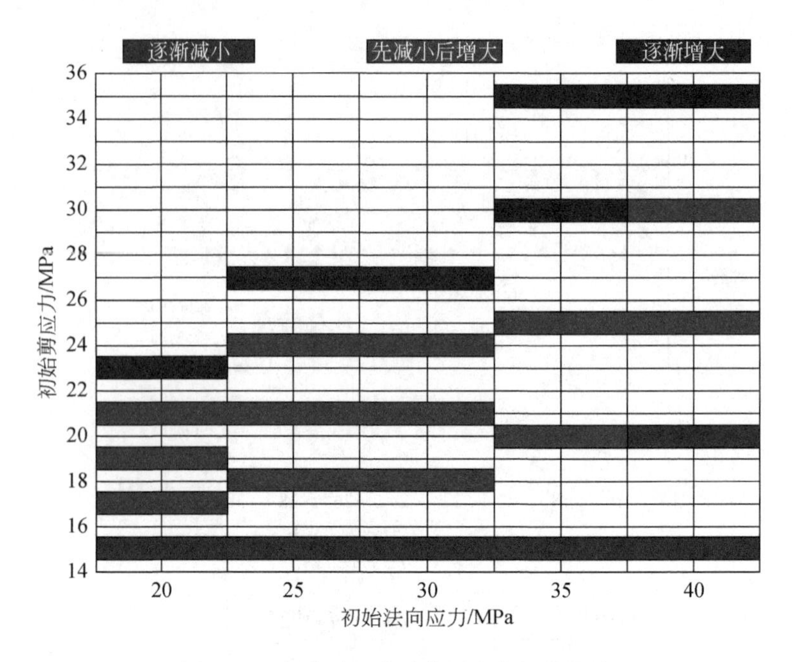

图 9.18　卸荷过程中总能量变化规律统计

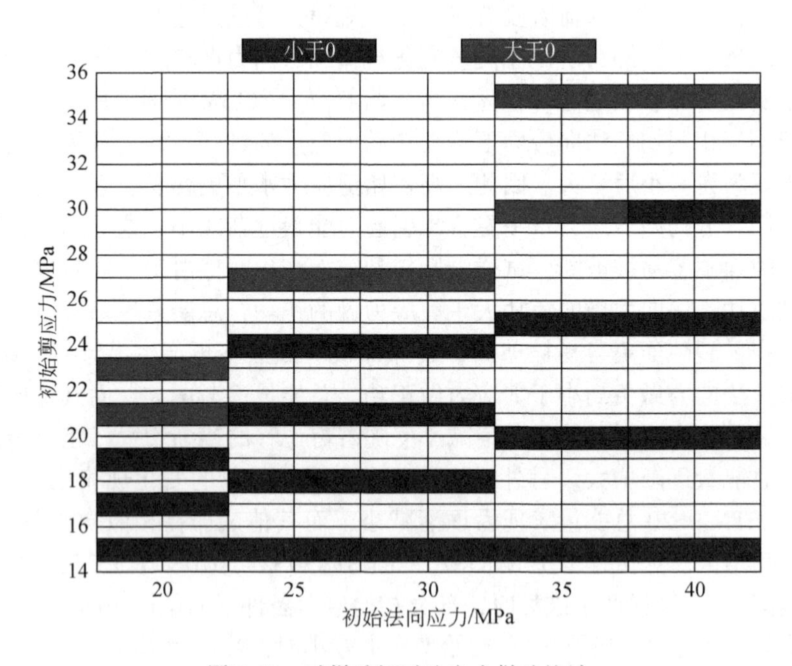

图 9.19　试样破坏时法向力做功统计

在忽略热能、声能和动能的情况下，耗散能是试样产生塑性变形和裂纹扩展所消耗掉的能量，这部分能量不能恢复和释放。因此，耗散能可以用来描述试样的损伤。根据 Wang 和 Yan（2012）、刘晖等（2004）的研究成果，岩石准静态试验中，应变能耗散率

R_d 能够用来表征试样的损伤度。应变能耗散率定义为试样发生破坏时耗散能与总能量的比值：

$$R_d = \frac{U^d}{U} \tag{9.33}$$

不同初始应力条件下，试样发生破坏时的应变能耗散率变化规律如图9.20所示。应变能耗散率与初始法向力的关系并不明显，而随着初始剪应力的增大逐渐非线性减小。可用下式对应变能耗散率与初始剪应力的关系进行描述：

$$R_d = \alpha\tau_i^b \tag{9.34}$$

采用最小二乘法对数据进行拟合可以得到本书砂岩试样在法向卸荷直剪试验中应变能耗散率与初始剪应力的关系：

$$R_d = 34.84\tau_i^{-1.22} \tag{9.35}$$

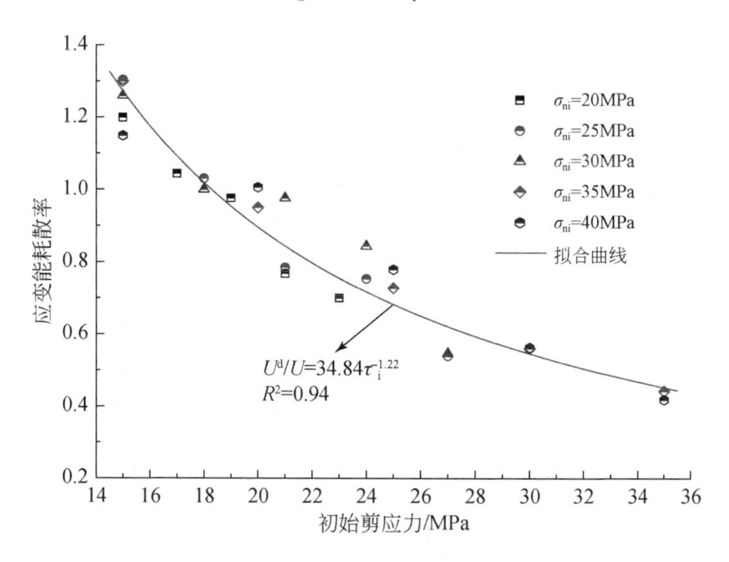

图9.20　应变能耗散率与初始剪应力的关系

9.4　三轴卸荷-拉伸条件下岩石拉裂的能量转化机理

9.4.1　能量转化机理

花岗岩试样在卸荷-拉伸过程中的总能量（U）、弹性能量（U_e）和耗散能量（U_d）的演变情况如图9.21所示，可见围压对能量演变过程的影响显著。

如图9.21（a）所示，当花岗岩试样在单轴拉伸条件（0MPa）下，轴向加载系统所做的功（即总能量吸收 U）和弹性能均增加。而且总能量的绝大部分被转化为弹性能，以弹性变形的形式储存在花岗岩样品中。因此，弹性能的变化趋势与总能量密切相关。其余部分则转化为由于塑性变形和断裂而消耗的耗散能。随着轴向拉伸应力的增大，花岗岩试样内部的缺陷（微裂纹和微孔）首先被拉伸。当原始缺陷被完全拉伸后，花岗岩试样处于完全弹性状态，此时，总能量完全转化为弹性能，直到突然发生拉伸断裂。因此，耗散能将随着花岗岩试样内部的塑性变形而增加，然后在达到拉伸断裂应力之前保持一个常数。在花岗岩试样断裂的瞬间，所有弹性能被瞬间释放，同时耗散能也急剧增加。

如图 9.21（b）、（c）所示，当花岗岩试样在围压条件下被拉伸时，总能量和弹性能的演变过程与单轴拉伸试验的过程完全不同。随着轴向拉伸应力的上升，轴向加载系统首先在卸载阶段做负功［图 9.21（b）、（c）中的 AB 段］，然后在拉伸阶段做正功［图 9.21（b）、（c）中的 BC 段］。相应的总能量和弹性能量首先在卸载阶段减少，然后在拉伸阶段增加。围压越大，负功占总能量的比例越高，正功占总能量的比例越小。然而，三轴卸荷-拉伸下耗散能量的演变过程与单轴拉伸试验下类似。

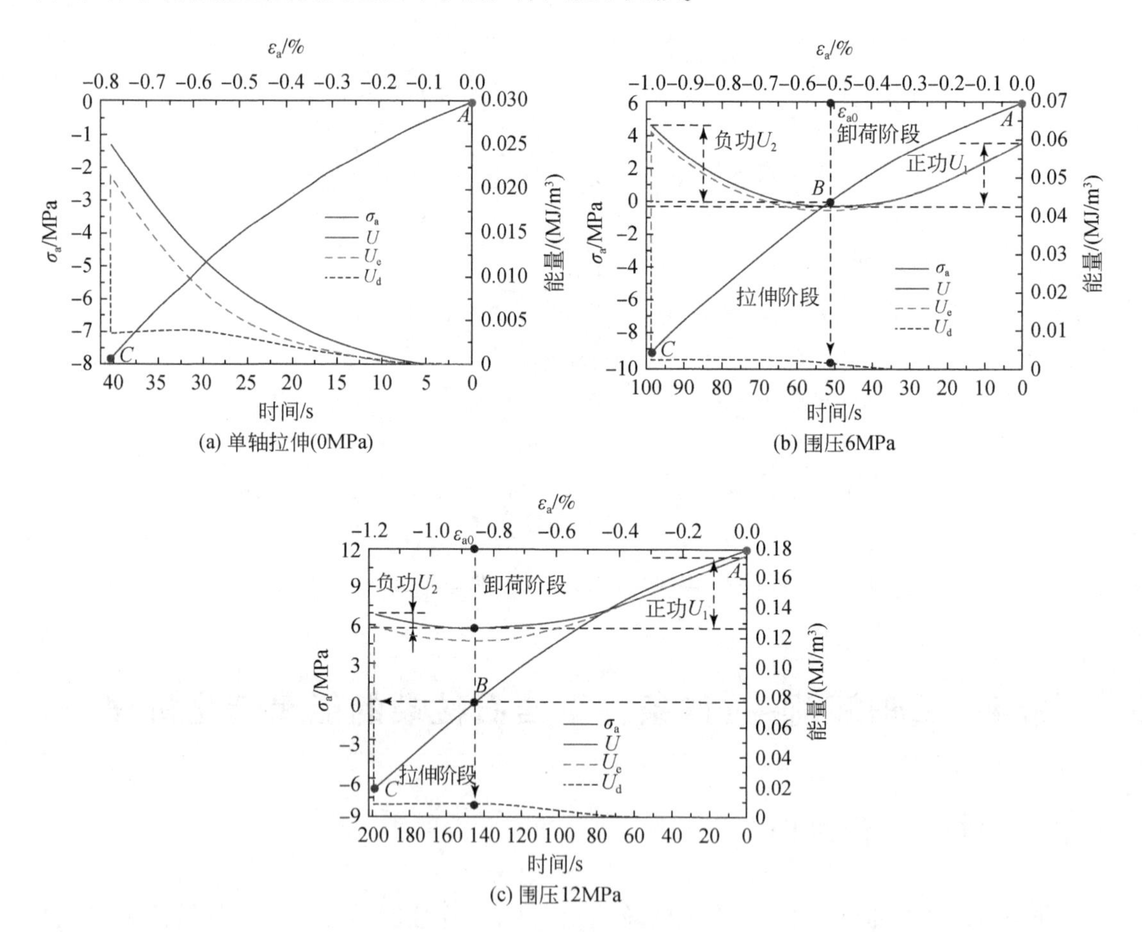

图 9.21 花岗岩试样在卸荷-拉伸过程中总能量、弹性能量和耗散能量的演变情况

9.4.2　峰值应力时的弹性能量和耗散的能量

1. 弹性能

加载速率和围压对峰值拉伸应力（拉伸强度）处的弹性能量的影响如图 9.22 所示。加载速率对弹性能的影响与围压 σ_r 密切相关［图 9.22（a）］。当 $\sigma_r \leqslant 6$MPa 时，除了在 $\sigma_r \leqslant 3$MPa 的情况下弹性能几乎保持不变外，其余的弹性能均随着加载速率的增加而略有增加。当 $\sigma_r \geqslant 9$MPa 时，弹性能随着加载速率的增加而呈现出相对明显的增长，其中当 $\sigma_r = 12$MPa 时，弹性能呈现出一些波动。因此，围压越低，加载速率对弹性能的影响越小。图 9.22（b）显示了拉伸应力峰值处的围压和弹性能之间的关系。弹性能与围压呈非线性增长，它们之间的关系可以用指数函数很好地拟合。此外，围压越高，不同加载速率下的弹性能的差异越大。

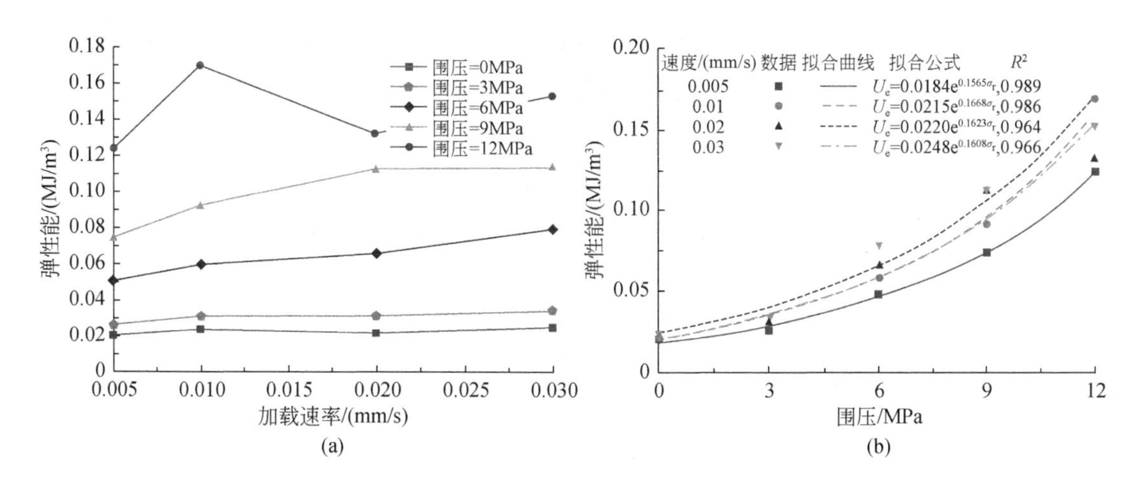

图 9.22　峰值应力时弹性能与加载速率和围压的关系

2. 耗散能

加载速率和围压对峰值拉伸应力（拉伸强度）处的耗散能的影响如图 9.23 所示。随着加载速率的上升，除了 $\sigma_r = 3$MPa 和 6MPa 的情况下，在加载速率为 0.01 ~ 0.02mm/s 时，耗散能呈现小幅增长［图 9.23（a）］。图 9.23（b）显示了在拉伸应力峰值处的围压和耗散能之间的关系。耗散能随着围压的增加而明显增加，其中的关系也可以用指数函数很好地拟合。此外，随着围压的增加，不同加载速率条件下的耗散能没有明显的差异。

3. 能量比例

弹性能与总能量的平均比例 U_e/U 随着加载速率和围压的增大而线性下降［图 9.24（a）］。而耗散能与总能量的平均比例 U_d/U 则随着加载速率和围压的增加而线性增加［图 9.24

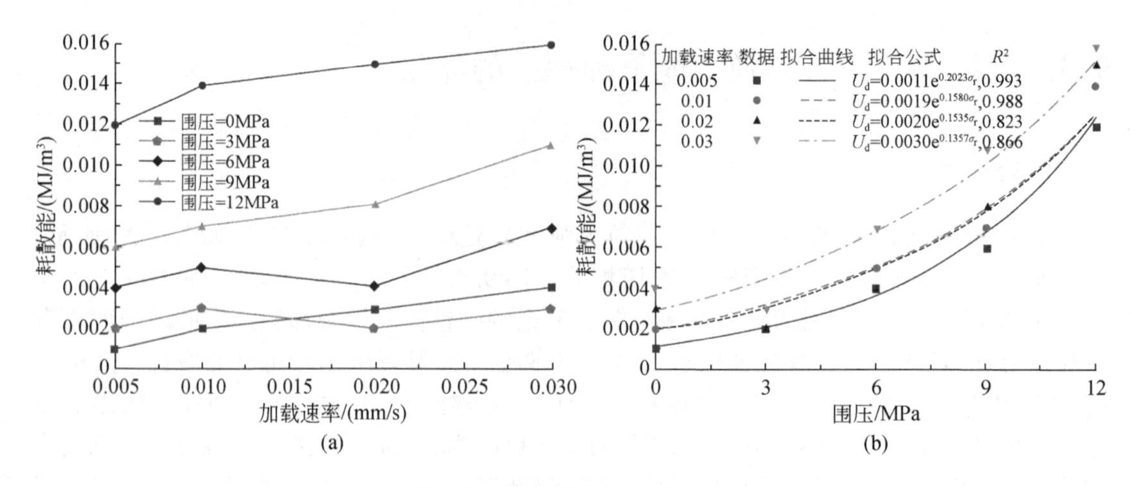

图 9.23　峰值应力时耗散能与加载速率和围压的关系

(b)]。相反的变化规律表明，随着加载速率和围压的增加，更多的吸收能量被转化为耗散能。此外，弹性能总是占总能量的 90% 以上，表明在卸荷–拉伸条件下花岗岩试样的耗散能非常小。

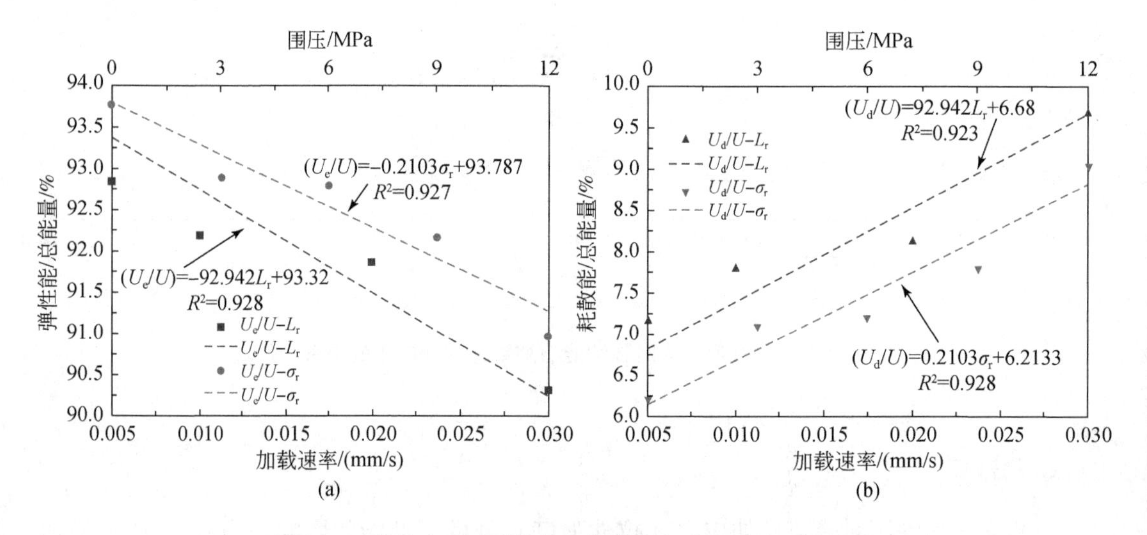

图 9.24　峰值应力时弹性能和耗散能与总能量的比例关系

第10章　卸荷诱发岩体裂隙扩展机理及判据

工程岩体的破坏失稳通常是由于开挖面附近应力重分布使得岩体在某些结构面或薄弱部位开始变形或扩展，致使岩体中的断续裂隙面不断地扩展，进而产生宏观断裂。例如，地下工程开挖致使垂直于开挖面方向的应力卸载，岩体的应力状态由三向受压变为双向甚至单向受压状态，这种应力状态的变化必定会在一定深度范围内引起岩体向开挖区的差异回弹变形，由于岩体的非均质非弹性，必定会在其某些部位（地质不连续面）形成一种由差异变形而产生的拉应力集中现象。目前，对于加载条件下裂隙岩体的变形破坏及力学机制方面已有较多的研究成果，但卸荷条件下裂隙岩体的破坏特征及机制方面的研究成果还较少。本章基于裂隙两侧变形突变的观点，综合裂隙面变形和受力特征探讨了卸荷条件下岩体裂隙扩展的力学机制，建立了拉剪应力状态下裂隙起裂和扩展的断裂力学判据，以及卸荷剪切条件下岩桥破裂模式判别标准。

10.1　卸荷条件下岩体裂隙扩展的差异变形机制模型

10.1.1　差异变形机制概念模型

虽然开挖岩体表面的法向压应力最小只能卸荷至0，但岩体内部可能出现拉应力，而拉应力的出现是由于卸荷引起的差异变形而引起的。岩体开挖卸荷的差异回弹变形量是自卸荷面向里逐渐减小的，而且在裂隙面的两侧将产生明显的变形突变现象（裂隙面往里明显减小，这一事实已经在工程中得到了广泛的认同），因此在裂隙面处靠近卸荷面一侧卸荷变形相对里侧要大得多，这样势必在裂隙面处形成由于两侧差异变形引起的拉应力 T，T 的方向与差异变形方向一致（一般垂直于卸荷面），卸荷差异回弹变形引起的拉应力机制如图10.1所示。

10.1.2　力学机制分析

假设裂隙面与最小主应力（σ_3）（卸荷方向）夹角为 α，则裂隙面的剪应力（τ）和正应力（σ_n）为

$$
\begin{cases}
\tau = \dfrac{\sigma_1 - \sigma_3}{2}\sin 2\alpha \\
\sigma_n = \dfrac{\sigma_1 + \sigma_3}{2} + \dfrac{\sigma_1 - \sigma_3}{2}\cos 2\alpha
\end{cases}
\tag{10.1}
$$

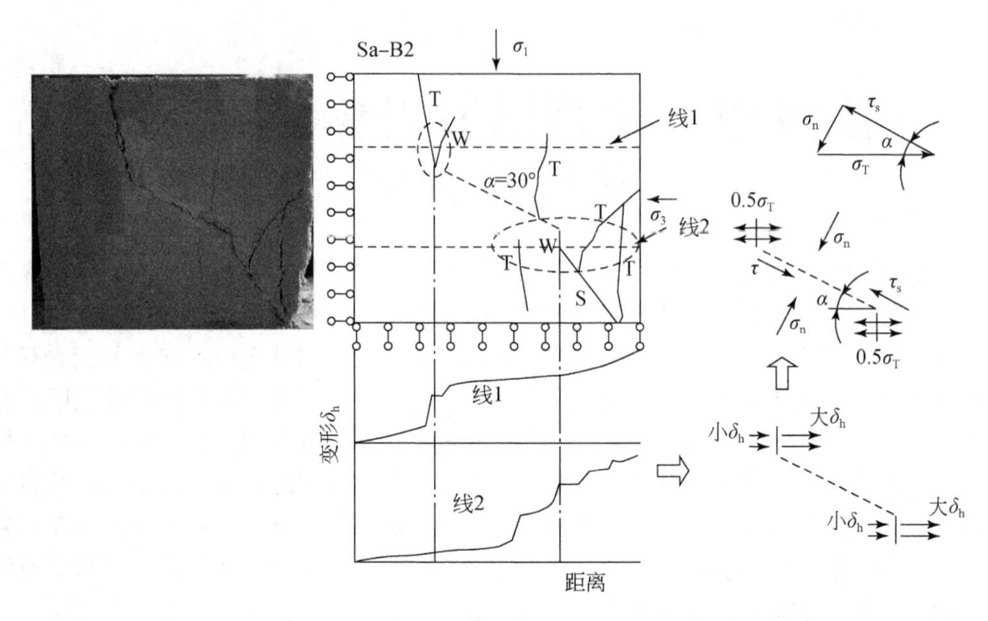

图 10.1　裂隙岩体卸荷差异回弹变形引起的拉应力机制概念模型

由于卸荷致使应力差（$\sigma_1-\sigma_3$）增大，由式（10.1）得裂隙面的剪应力增大。图 10.2 为假定加载方向 $\sigma_1=2\mathrm{MPa}$ 不变而卸载方向 σ_3 不断卸荷时，据式（10.1）得出的裂隙面法向压应力（σ_n）随 σ_3 的变化规律，由图 10.2 可知随 σ_3 卸荷，裂隙面的 σ_n 逐渐减小，而且在相同的 σ_3 时，裂隙面倾角越大 σ_n 越小。因此卸荷过程会使得裂隙的剪应力（τ）逐渐增大，而抗剪力（τ_s）逐渐减小。综合上述分析，卸荷条件下岩体裂隙是在差异变形引起的拉应力 T 和裂隙面剪应力综合作用下的拉剪复合扩展贯通的。

当差异变形在裂隙面法向方向引起的拉应力大于法向应力（σ_n）时，裂隙面将张开，即

$$T\sin\alpha>\sigma_n=\frac{\sigma_1+\sigma_3}{2}+\frac{\sigma_1-\sigma_3}{2}\cos2\alpha \tag{10.2}$$

此时裂隙的抗剪应力 $\tau_s=0$（张开裂隙的黏聚力可认为为 0），但式（10.1）中计算裂隙面的剪应力（τ）和外力引起的法向应力（σ_n）仍然成立。

在卸荷初始阶段，差异回弹变形很小，由其引起的拉应力（T）也就很小，裂隙周边岩体处于三维压缩应力状态。而卸荷使得裂隙面剪应力增大抗剪力减小，致使裂隙面产生剪切滑移的趋势，而这种滑移驱动力必定会在裂隙尖端一定方向上产生拉裂纹，也就是说在卸荷的初始阶段裂隙的尖端会产生张性翼裂缝。

随着卸荷的进行，差异回弹变形产生的拉应力（T）和裂隙面的剪应力均增大，这种应力场的变化使得裂隙的扩展方向及破坏形式发生改变，而这种改变随裂隙面与卸荷方向的夹角差异而不同（下面的分析均假设卸荷方向为裂隙面倾向方向）。

（1）当裂隙为陡倾角时，差异变形引起的拉应力（T）与裂隙面的夹角较大（当裂隙倾角为 90°时，T 垂直于裂隙面），这时裂隙尖端产生较大的拉应力，而此时的剪应力（τ）

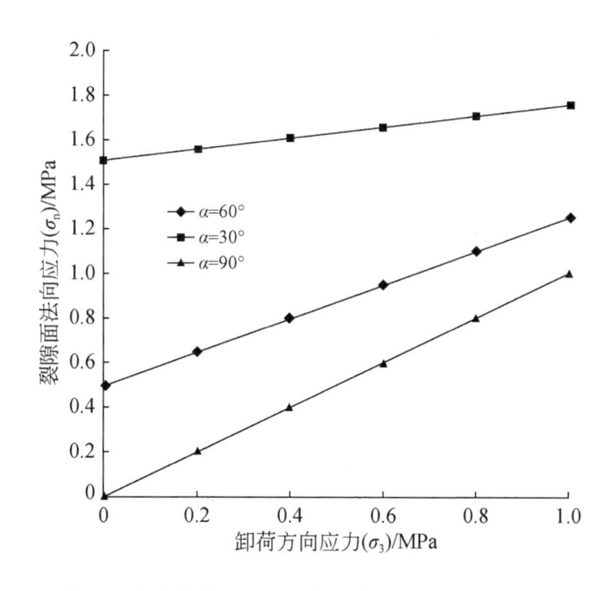

图 10.2　裂隙面法向应力（σ_n）随 σ_3 卸荷的变化规律（$\sigma_1=2$MPa）

很小（90°时为 0），裂隙面会沿着原裂隙的方向张拉扩展，并在裂隙面附近产生一些树枝状的张性裂纹，卸荷差异回弹变形引起的拉应力在这类裂隙扩展中起主导作用。

（2）当裂隙倾角为中倾角时，卸荷拉应力（T）与裂隙呈中等夹角，投影到裂隙法向方向的拉应力相对较小，当这种拉应力不足以使裂隙面沿自身张拉扩展时，并且卸荷使得裂隙面剪应力增大而抗剪强度减小（裂隙面法向应力减小），裂隙可能会沿自身方向剪切破坏，剪应力在这类裂隙扩展中起主导作用，同时卸荷拉应力促进了这种剪切破坏的发展。

（3）当裂隙倾角为缓倾角时，卸荷拉应力（T）与裂隙呈较小夹角，投影到裂隙法向方向的拉应力相对更小，通常这种拉应力不足以使裂隙沿自身方向张拉扩展，但由于这类裂隙在卸荷初始阶段产生的翼裂缝较陡，从而使得其后端容易在原裂隙剪切滑移的条件下沿翼裂隙拉裂扩展，而前端在剪应力和法向拉应力的综合作用下容易发生拉剪复合扩展。

10.2　拉剪应力状态下裂隙起裂和扩展的断裂力学判据

10.2.1　裂隙扩展的起裂判据

如图 10.3（a）所示，如果设裂隙面与最小主应力（σ_3）的夹角为 α，则裂隙面的剪应力（τ）和正应力（σ_n）可由式（10.1）表示，如约定拉应力为正、压应力为负，当式（10.1）中正应力 $\sigma_n>0$ 时，则裂隙面法向转变为拉应力状态，裂隙面将产生法向位移，而滑动抗剪摩擦力消失或可忽略不计。很明显，当 σ_n 为拉应力时，其必定会控制着裂隙的起裂扩展，因此，在拉剪应力状态下，裂隙的扩展是同时受 τ 和 σ_n 控制的（即拉剪应力控制)，其受力特征如图 10.3（a）所示。

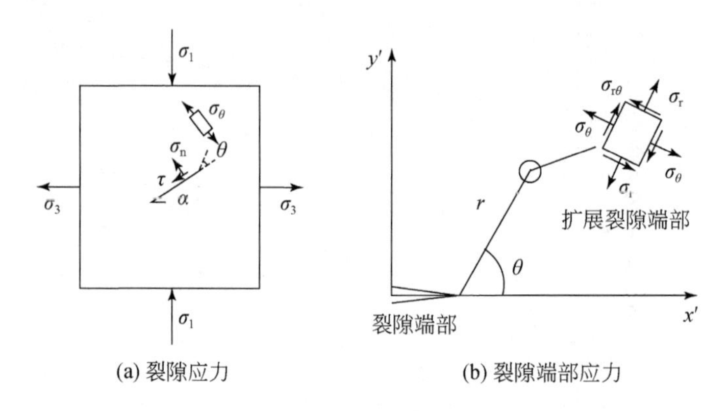

图 10.3　拉剪应力状态下裂隙及其端部应力场特征

对于一个已知的复合型裂隙，裂隙端部的应力状态在极坐标系中［图 10.3（b）］，扩展裂纹（r，θ）处的 σ_θ 可以表示为

$$\sigma_\theta=\frac{1}{\sqrt{2\pi r}}\cos\frac{\theta}{2}\left(\sigma_n\sqrt{\pi a}\cos^2\frac{\theta}{2}-\frac{3\tau\sqrt{\pi a}}{2}\sin\theta\right) \tag{10.3}$$

对工程岩体中相对较小规模的长度为 $2a$ 的裂缝，可以看作是一个无限体平面问题，在无限远处作用有一对压拉组合作用力，则 I 型裂隙端部的应力强度因子（K_{I}）可进一步定义为 $K_{\mathrm{I}}=\lim[\sigma_\theta(2\pi r)^{1/2}](r\to 0)$，则由式（10.3）可得出对应于扩展裂隙 θ 处的 I 型应力强度因子为

$$K_{\mathrm{I}}=\sqrt{\pi a}\cos\frac{\theta}{2}\left(\sigma_n\cos^2\frac{\theta}{2}-\frac{3}{2}\tau\sin\theta\right) \tag{10.4}$$

式（10.4）对 θ 求偏导数，并令其等于 0，可得

$$2\tau\tan^2(\theta_0/2)-\sigma_n\tan(\theta_0/2)-\tau=0 \tag{10.5}$$

将式（10.5）确定的裂纹开裂角 θ_0 代入式（10.4），得拉剪应力状态下支裂纹起裂时应力强度因子：

$$K_{\mathrm{I}}=\sqrt{\pi a}\cos\frac{\theta_0}{2}\left(\sigma_n\cos^2\frac{\theta_0}{2}-\frac{3}{2}\tau\sin\theta_0\right)\geqslant K_{\mathrm{Ic}} \tag{10.6}$$

10.2.2　裂隙扩展的动态应力强度因子及扩展长度

裂纹扩展前单元体中储存的弹性能为 U_0，在裂纹扩展过程中，原裂隙面上的力和支裂纹面上的力要做功 W，另外，新产生的弹性能储存在单元体内：U_1 与 I 型裂纹场有关，U_2 与 II 型裂纹场有关，这时单元体的能量为

$$U=U_0+U_1+U_2-W \tag{10.7}$$

当外力 σ_3 为拉应力时，原裂隙面可能会同时出现法向松动和切向剪切变形，并在尖端形成分支裂纹，图 10.4 为长度为 $2a$ 的裂隙在拉剪应力状态下裂隙扩展的应力状态及变

形特征示意图。由于拉应力主导下的裂隙扩展最终将垂直于拉应力方向发展，因此将扩展裂纹理想化为直线型并且垂直于拉应力 σ_3 方向。在裂纹扩展过程中，原裂隙面上的法向应力（σ_n）和切向应力（τ_s）对原裂隙变形和分支裂缝扩展均做功，分支裂缝上的拉应力 T_n 对支裂纹扩展做功。显然对于拉剪应力状态下，系统的能量变化更加复杂，目前国内外对于拉剪应力状态下裂隙的动态应力强度因子还没有详细的理论推导。

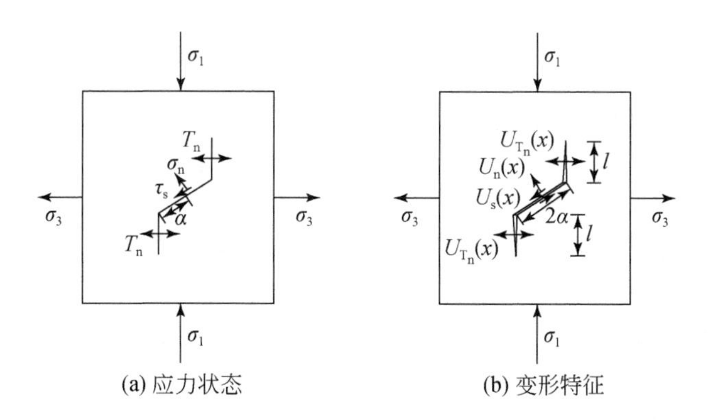

图 10.4　拉剪应力状态下裂隙扩展应力状态及变形特征示意图

由于裂隙面张开，裂隙不能提供剪切阻力，而且支裂纹上的法向力（T_n）为拉应力，其值等于 σ_3，支裂纹的张开位移与 T_n 方向一致，T_n 对整个系统来说是做正功的。

此时裂隙扩展力所做的总功（W）为

$$
\begin{aligned}
W = \frac{1}{2}\sum \text{力} \times \text{位移} &= \frac{1}{2}\int_{S_1} 2\sigma_n U_n(x)\,dS_1 \\
&+ \frac{1}{2}\int_{S_1} 2\tau_s U_S(x)\,dS_1 + \frac{1}{2}\int_{S_2} 2T_n U_{T_n}(x)\,dS_2
\end{aligned}
\tag{10.8}
$$

式中，$U_n(x)$ 为原裂隙面的法向张开位移；σ_n 和 τ_s 由式（10.1）确定，方式中积分域 S_1 为沿原裂隙面 $2a$ 的积分；S_2 为沿分支裂缝 l 的积分。

将图 10.4（b）原裂隙连同分支裂纹拉直形成长度为 2（$a+l$）的直裂纹。假设原裂隙的最大位移为裂隙中部，向两端逐渐减小，这是基于 Griffith 提出的裂隙面张剪复合扩展按椭圆形的假设。设原裂隙的最大位移为 δ，最大切向位移为 δ_s，最大法向位移为 δ_n，则原裂隙的切向及法向位移分别可假设为

$$
\begin{cases}
U_s(x) = \pm\dfrac{\alpha_1\delta_s\left[(l+a)^2 - x^2\right]^{1/2}}{l+a} \\[2ex]
U_n(x) = \pm\dfrac{\alpha_1\delta_n\left[(l+a)^2 - x^2\right]^{1/2}}{l+a}
\end{cases}
\tag{10.9}
$$

式中，x 从原裂隙中心算起；α_1 为考虑原裂隙与分支裂纹构成的变折裂纹形状的常数，这里直裂纹的形状并不重要，可通过 α_1 几何参数来修正。

又假设分支裂纹每个面上的张开位移 $U_{Tn}(x)$ 与到分支裂纹尖端的距离成正比，则有

$$
U_{Tn}(x) = \pm\alpha_2\delta\left(1 - \frac{x}{l+a}\right)
\tag{10.10}
$$

式中，α_2 同样为常数。

将位移模式表达式（10.9）和式（10.10）代入式（10.8）积分得

$$W=aB\alpha_1(\tau_s\delta_s+\sigma_n\delta_n)\left[\left(1-\frac{1}{(1+L)^2}\right)^{\frac{1}{2}}+(1+L)\arcsin\frac{1}{(1+L)}\right]+\alpha_2\sigma_3 aLB\delta \tag{10.11}$$

式中，$L=l/a$；B 为材料宽度。

将式（10.11）按幂级数展开，得

$$W=2aB\alpha_1(\tau_s\delta_s+\sigma_n\delta_n)\left[1-\frac{1}{6(1+L)^2}\right]+\alpha_2\sigma_3 aLB\delta \tag{10.12}$$

式中，第一项为原裂隙上剪应力和拉应力所做的功；第二项是分支裂纹拉应力 σ_3 所做的功。

当 $L\gg1$ 时，式（10.12）中方括号内的值约为1，这样式（10.12）可以写为

$$W=2aB(\alpha_1\tau_s\delta_s+\alpha_1\sigma_n\delta_n+0.5\alpha_2\sigma_3 L\delta) \tag{10.13}$$

由于最大切向位移（δ_s）、最大法向位移（δ_n）为两正交方向，则有原裂隙的最大位移（δ）为

$$\delta^2=\delta_n^2+\delta_s^2 \tag{10.14}$$

不妨假定：

$$\delta_n=\delta\sin\alpha,\delta_s=\delta\cos\alpha \tag{10.15}$$

式中，α 为原裂隙面与 σ_3 的夹角，其实隐含着假设总位移 δ 的方向为平行于 σ_3 的方向，这种假设不但满足式（10.14），实践也证明在卸荷效应比较明显的地下工程开挖过程中，位移方向基本上垂直于开挖面。

裂隙的变形扩展会产生一个应力场，同时会积聚弹性能，由 Ashby 和 Hallam（1986）可知：作用在长度为 $2(l+a)$ 的直裂纹中心的张开位移为 δ_n，积聚的应变能 $U_1=\alpha_3EB\delta_n^2$，同样剪切位移（δ_s）也会产生应变能 $U_2=\alpha_3EB\delta_s^2$，由于裂隙扩展应使单元体中能量相对最小，则：

$$\frac{d}{d\delta}(U_0+U_1+U_2-W)=0 \tag{10.16}$$

将式（10.13）~式（10.15）代入式（10.16），并忽略 U_0 的变化，可得

$$\delta=\frac{a}{E}\left(\frac{\alpha_1}{\alpha_3}\tau_s\cos\alpha+\frac{\alpha_1}{\alpha_3}\sigma_n\sin\alpha+\frac{\alpha_2}{2\alpha_3}\sigma_3 L\right) \tag{10.17}$$

当原裂隙滑动张开时，分支裂纹张开，作用在长度 2（$l+a$）的直裂纹中心的垂直位移 δ_n 产生的应力强度因子 K_I^n（Ashby and Hallam，1986）为

$$K_I^n=\frac{B_nE\delta_n}{(l+a)^{1/2}}\quad(B_n=0.4) \tag{10.18}$$

剪切位移（δ_s）在分支裂纹尖端也产生Ⅰ型应力强度因子（K_I^s）；（Ashby and Hallam，1986）为

$$K_{\mathrm{I}}^{\mathrm{s}}=\frac{B_{\mathrm{s}}E\delta_{\mathrm{s}}}{(l+a)^{1/2}}\quad(B_{\mathrm{s}}\approx 1)\tag{10.19}$$

当分支裂纹扩展到 $l>a$ 时，分支裂纹基本转向垂直于最小主应力方向，从这时起分支裂纹的增长主要由楔型作用产生的应力强度 $K_{\mathrm{I}}^{\mathrm{n}}$ 支配，这种变化可以通过将 $K_{\mathrm{I}}^{\mathrm{s}}$ 乘上因子 $(1+L)^{-1/2}$ 来实现，这样只有在 L 较小时，对结果有所影响，而 L 较大时对结果影响很小，故裂纹尖端的应力强度因子可表述为

$$K_{\mathrm{I}}=K_{\mathrm{I}}^{\mathrm{n}}+\frac{K_{\mathrm{I}}^{\mathrm{s}}}{(1+L)^{1/2}}\tag{10.20}$$

将式（10.17）~式（10.19）代入式（10.20）可得

$$\begin{aligned}K_{\mathrm{I}}=&\sqrt{\frac{a}{1+L}}\left(B_{\mathrm{n}}\sin\alpha+B_{\mathrm{s}}\sqrt{\frac{1}{1+L}}\cos\alpha\right)\\&\left(\frac{\alpha_1}{\alpha_3}\tau_{\mathrm{s}}\cos\alpha+\frac{\alpha_1}{\alpha_3}\sigma_{\mathrm{n}}\sin\alpha+\frac{\alpha_2}{2\alpha_3}\sigma_3 L\right)\end{aligned}\tag{10.21}$$

当 $L=0$ 时且 $\theta=\pi/2-\alpha$ 时，由式（10.4）可得

$$K_{\mathrm{I}}=\sqrt{\frac{\pi a(1+\sin\alpha)}{8}}\left[(1+\sin\alpha)\sigma_{\mathrm{n}}-3\tau_{\mathrm{s}}\cos\alpha\right]\tag{10.22}$$

由式（10.21）确定的 $L=0$ 时的 K_{I} 为（$B_{\mathrm{s}}\approx 1$ 省略其乘积因子）

$$K_{\mathrm{I}}=\frac{\alpha_1}{\alpha_3}\sqrt{a}\,(B_{\mathrm{n}}\sin\alpha+\cos\alpha)(\sigma_{\mathrm{n}}\sin\alpha+\tau_{\mathrm{s}}\cos\alpha)\tag{10.23}$$

因式（10.23）等于式（10.22），即可以求得

$$\frac{\alpha_1}{\alpha_3}=\frac{\sqrt{\pi(1+\sin\alpha)}\,\left[(1+\sin\alpha)\sigma_{\mathrm{n}}-3\tau_{\mathrm{s}}\cos\alpha\right]}{8(B_{\mathrm{n}}\sin\alpha+\cos\alpha)(\sigma_{\mathrm{n}}\sin\alpha+\tau_{\mathrm{s}}\cos\alpha)}=A\tag{10.24}$$

由于分支裂纹是单向扩展的，假设分支裂纹均速扩展，当 $L\gg 1$ 时，则由范天佑（1990）可得

$$K_{\mathrm{I}}=\sigma_3\sqrt{8l/\pi}\tag{10.25}$$

当 $L\gg 1$ 时，由式（10.21）确定的 K_{I} 为

$$K_{\mathrm{I}}=\frac{\alpha_2\sigma_3\sqrt{a}}{2\alpha_3}\left(B_{\mathrm{n}}\sqrt{L}\sin\alpha+\cos\alpha\right)\tag{10.26}$$

由式（10.25）等于式（10.26），即可以求得

$$\frac{\alpha_2}{\alpha_3}=\frac{4\sqrt{2L/\pi}}{B_{\mathrm{n}}\sqrt{aL}\sin\alpha+\cos\alpha}=2B\tag{10.27}$$

将式（10.25）和式（10.27）分别确定的 α_1/α_3 和 α_2/α_3 的值（分别记为 A 和 $2B$）代入式（10.25），即为拉剪应力状态下的裂纹扩展的动态应力强度因子为

$$K_{\mathrm{I}}=\sqrt{\frac{a}{1+L}}\left(B_{\mathrm{n}}\sin\alpha+\sqrt{\frac{1}{1+L}}\cos\alpha\right)(A\tau_{\mathrm{s}}\cos\alpha+A\sigma_{\mathrm{n}}\sin\alpha+B\sigma_3 L)\tag{10.28}$$

当式（10.28）中 K_{I} 降至 K_{Ic} 时，裂纹停止扩展，则可求出分支裂纹的长度 l。

10.2.3　裂隙扩展长度理论及试验值比较

图 10.5 为轴向压应力 $\sigma_1=-0.2\text{MPa}$ 恒定，侧向拉伸作用下模型试样典型裂隙扩展特征照片（模型材料弹性模量约 3.45GPa，单轴抗压强度约 4.73MPa，三点弯试验测试断裂韧度约 $0.057\text{MN/m}^{3/2}$；预制裂隙长 5cm，黏聚力为 0.02MPa，内摩擦角为 25°）。从图 10.5可看出，拉剪应力状态下裂隙的扩展方向基本是与拉应力（σ_3）方向垂直，证明前面理论推导中总位移假设为水平方向的合理性。表 10.1 列出了裂隙扩展长度（l）试验及根据式（10.28）的理论计算结果，对比分析表明试验值和理论值基本一致，验证了理论推导的正确性。

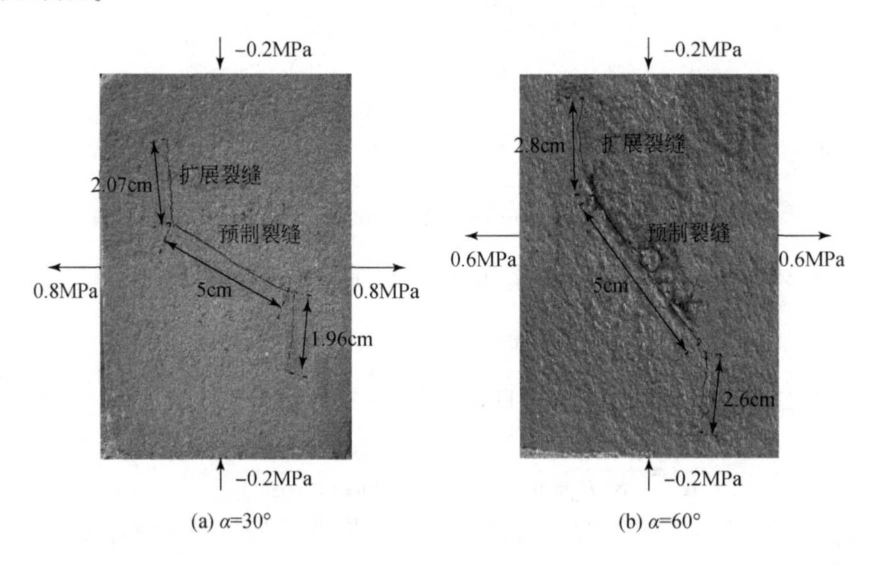

(a) α=30°　　(b) α=60°

图 10.5　拉剪应力状态下裂隙扩展照片

表 10.1　裂缝扩展长度 l 理论及试验结果

试件编号	α/(°)	σ_3/MPa	σ_n/MPa	τ_s/MPa	l/cm	
					理论值	试验值
1	30	0.4	-0.05	-0.26	0.94	1.04
2	30	0.6	0	-0.35	1.52	1.38
3	30	0.8	0.05	-0.43	2.15	2.07
4	60	0.4	0.25	-0.26	1.63	1.76
5	60	0.6	0.40	-0.35	2.55	2.80
6	60	0.8	0.55	-0.43	3.70	3.60

10.3　卸荷剪切条件下岩桥破裂模式判别标准

基于4.8.1节双裂隙岩体法向卸荷–剪切试验结果分析，裂隙间岩桥的破裂模式受裂隙几何结构和荷载条件的影响，通过对所有120个试样（每一实验工况采用两试样进行重复性试验）的岩桥破裂模式进行归纳比较，可以得到以下四条破裂规律。

（1）对于固定预制裂隙长度（a）和裂隙间距（S），仅改变裂隙倾角（α，$0°\leqslant\alpha\leqslant 90°$）的正向剪切的试验中，岩桥部分的破裂规律可归纳成图10.6（a），图中，a和a'、b和b'、c和c'是三组相互平行的裂隙对，它们的倾角分别为α_a、α_b和α_c，裂隙对a和a'、b和b'的岩桥倾角分别是θ_1和θ_2，裂隙对c和c'间岩桥长度为L_{cr}，θ_1为岩桥张拉破裂与拉–剪混合破裂的临界角，θ_2为拉剪破裂与剪切破裂间的临界角，L_{cr}为岩桥是否发生两阶段破裂的临界长度。三段岩桥和下部裂隙尖端的连线将岩样的中间部分划分成三个封闭区域，表示为Ⅰ、Ⅱ、Ⅲ，则岩桥的破裂规律：①当岩桥处在区域Ⅰ内时（$\alpha<\alpha_a$且$L<L_{cr}$），发生剪切破坏；②当岩桥处在区域Ⅱ内时（$\alpha_a<\alpha<\alpha_b$且$L<L_{cr}$），发生拉–剪混合破坏；③当岩桥处在区域Ⅲ内时（$\alpha_b<\alpha<\alpha_c$且$L<L_{cr}$），发生张拉破坏；④当岩桥处于以上三个区域以外时（$\alpha>\alpha_c$且$L>L_{cr}$），发生两阶段破坏。

本书中，对于岩样的预制裂隙长度固定为20mm，裂隙间距固定为40mm，初始法向应力为20MPa，初始剪应力为4.00MPa的正向剪切试验中，各临界值值分别为：$\alpha_a=23.2°$、$\alpha_b=60°$、$\alpha_c=63.9°$、$\theta_1=20°$、$\theta_2=30°$、$L_{cr}=36$mm。

（2）对于固定裂隙长度（a）和裂隙倾角（α），仅改变裂隙间距（L）的正向剪切的试验中，岩桥的破裂规律可归纳成图10.6（b）。同理三组相互平行的裂隙对将岩样中部分割成三个区域（见图10.6（b）中区域Ⅰ、Ⅱ、Ⅲ），其中，S_c为岩桥张拉破坏与拉–剪破坏之间的临界裂隙间距（对应的岩桥倾角为θ_2），S_b为岩桥拉–剪破裂与剪切破裂之间的临界裂隙间距（对应的岩桥倾角为θ_1），S_a为直接破裂与两阶段破裂间临界裂隙间距（对应的岩桥长度为L_{cr}）。岩桥的破裂规律可以概括为①当岩桥处在区域Ⅰ内时（$S_b<S<S_a$且$L<L_{cr}$），发生剪切破坏；②当岩桥处在区域Ⅱ内时（$S_c<S<S_b$且$L<L_{cr}$），发生拉–剪混合破坏；③当岩桥处在区域Ⅲ内时（$S<S_c$且$L<L_{cr}$），发生张拉破坏；④当岩桥处于以上三个区域以外时（$S>S_a$且$L>L_{cr}$），发生两阶段破坏。

本书中，在岩样预制裂隙长度为20mm、裂隙倾角为20°、初始法向应力为20MPa、初始剪应力为6.25MPa的正向剪切试验中，各临界值分别为$S_a=50.1$mm、$S_b=37.6$mm、$S_c=30.6$mm、$\theta_1=20°$、$\theta_2=30°$、$L_{cr}=32$mm。

（3）对于固定预制裂隙长度（a）和裂隙间距（S），仅改变裂隙倾角（$0°\leqslant\alpha\leqslant 90°$）的反向剪切的试验中，岩桥部分的破裂规律可归纳成图10.6（c），图中，a和a'为一组相互平行裂隙对，裂隙间距和倾角分别为S_a和α_a，L_0和θ_0为裂隙倾角为90°时岩桥的长度和倾角，L'_{cr}为岩桥的某一临界长度，对应的岩桥倾角为θ_1，该岩桥将岩样中间部分隔成两个区域，即图10.6（c）中区域Ⅰ和区域Ⅱ。岩桥的破裂规律可以归纳为①当岩桥处在区域Ⅰ内时（$\alpha_a<\alpha<90°$或$L_0<L<L'_{cr}$），岩桥以连接预制裂隙远端端点的破坏路径发生破坏，破裂性质为剪切破坏。②当岩桥处在区域Ⅱ内时（$0°<\alpha<\alpha_a$或$L'_{cr}<L<1.5S_a$），岩桥以连接预

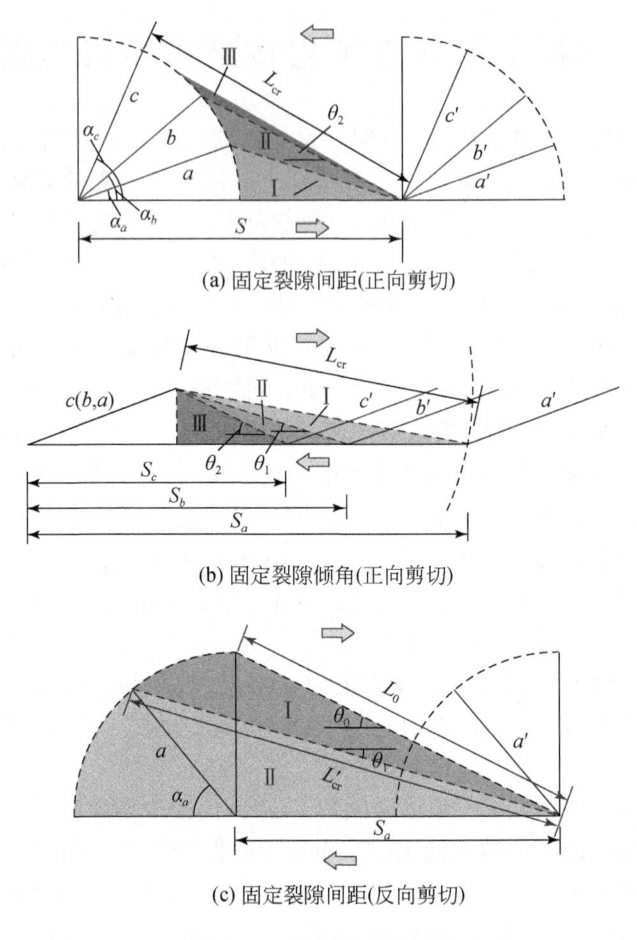

(a) 固定裂隙间距(正向剪切)

(b) 固定裂隙倾角(正向剪切)

(c) 固定裂隙间距(反向剪切)

图 10.6　岩桥的破裂规律

制裂隙同侧端点的近似平行于剪切方向的破坏路径破坏，破裂性质为剪切破裂。

本书中，在岩样的预制裂隙长度固定为 20mm，裂隙间距固定为 40mm，初始法向应力为 20MPa，初始剪应力为 5. 50MPa 的反向剪切试验中，各临界值分别为 $\alpha_a=40°$、$\theta_0=26.6°$、$\theta_1=13.1°$、$L_0=44.7$mm、$L_{cr}'=56.8$mm。

（4）在不同初始剪应力水平下，随着初始剪应力水平的增大，岩石破裂面的剪切元素在不断增加，岩石的破碎程度在不断增加；在不同初始法向应力水平下，岩样的破裂形态比较接近，整个破裂面由三段近似相互平行的贯通裂纹和已有的预制裂隙组成，且随着初始法向应力的增大，破裂面断面上的剪切元素在逐渐减少。

第 11 章　基于亚临界断裂力学理论的岩体加卸载损伤破裂数值模拟

数值模拟方法已成为研究岩体破裂机制的重要手段。运用断裂力学应力强度因子和断裂韧度研究岩体裂纹开裂及扩展是一种常用方法。在研究裂隙岩体中裂隙的开裂和扩展时，学者往往着眼于宏观裂隙的起裂和扩展，鲜有基于微-细裂纹扩展贯通造成岩体破坏的数值研究。Li 和 Konietzky（2014，2015）基于线弹性断裂力学（LEFM）和 Charles 公式提出了脆性裂隙岩体的扩展时间预测模型，并给出了三种裂纹扩展模式（Konietzky et al.，2009）。本书在 Li 和 Konietzky 提出的模型基础上，假定每个单元中含有一随机分布的虚拟微裂纹（可理解为岩石的微-细缺陷），提出了以微裂纹时效扩展贯通形成岩体宏观时效破坏研究思想及数值模拟方法。以改进的 Burgers 模型为例，在 M-C 元件上添加断裂力学中关于裂纹起裂和扩展的条件，并嵌入 FLAC 数值软件，实现了岩体裂隙时效扩展的数值模拟。

11.1　岩体裂隙时效扩展模型

11.1.1　单元微裂隙扩展速度与时间

按传统的断裂力学理论，当裂隙尖端的应力强度因子（K）小于断裂韧度（K_C）时，裂纹不扩展。但大量试验也显示，岩体裂纹在低于 K_C 且高于 K_0（应力腐蚀下限）的长期荷载作用下，裂纹仍可能以一定的速度扩展，直至断裂破坏，这种过程即为应力腐蚀。因此在本书数值计算方法中：当单元中微裂纹尖端应力强度因子 $K \geqslant K_C$ 时，微裂纹瞬间扩展并致破坏；当 $K_0 \leqslant K < K_C$ 时，微裂纹处于亚临界扩展状态，将按一定的速度扩展，且其扩展速度随 K 的增大而增大，直至材料破坏；当 $K < K_0$ 时，裂纹不扩展。对于应力腐蚀机制，Charles 方程适用于描述岩石亚临界裂纹扩展速度（Konietzky et al.，2009）

$$V = CK^n \tag{11.1}$$

式中，C 为断裂扩展常数，与岩石材料、活化能、Boltzmann 常数、绝对温度有关的常数，可以通过相应试验测得（袁海平，2006）；K 为应力强度因子；n 为应力腐蚀指数。

利用 Charles 公式，可得亚临界裂纹的扩展时间：

$$t = \int_{a_0}^{a_c} \frac{\mathrm{d}a}{v} \tag{11.2}$$

式中，a_0 和 a_c 分别为裂纹的初始长度和临界长度；v 为按式（11.1）计算的亚临界裂纹扩展速度。

11.1.2　数值模拟思路

数值计算时，首先用 M-C 准则判断单元是否整体屈服。若满足整体屈服条件，则用对应的流动法则进行修正得到新的应力应变；若未屈服，则计算单元中微裂纹尖端的应力强度因子，以 K 与 K_0、K_C之间的关系判断微裂纹是否扩展及扩展的形式。当 $K \geqslant K_C$，单元瞬时破坏；$K_0 \leqslant K < K_C$时，微裂纹时效扩展，根据式（11.1）计算得到的亚临界裂纹扩展速度 v，进而可得每个时间步 t 内微裂纹扩展长度 $l = vt$，由初始微裂纹长度和上一时步微裂纹扩展长度可得新的“初始裂纹长度”，当 $a+l$ 达到临界长度即微裂纹扩展到单元边界时，单元破坏。因此，当满足 $K \geqslant K_C$或虚拟微裂纹时效扩展到单元边界时，采用与 M-C 准则表述一致的塑性流动法则对应力应变进行修正。

11.1.3　单元微裂隙扩展模式

由式（11.2）可知，裂纹扩展时间与亚临界裂纹扩展速度（v）密切相关，而亚临界裂纹扩展速度 v 是由裂纹尖端应力强度因子 K 计算得到的。可见，裂纹尖端应力强度因子（K）大小对裂纹是否扩展及扩展时间都有重大的影响，而裂纹的扩展模式又直接决定了 K 的计算。一般而言：岩体受拉时，裂纹扩展方向与拉应力方向是正交的；而受压时，裂纹大都趋向于沿着最大压力方向扩展。因此本书假定单元微裂纹面应力状态为拉剪应力状态时，沿初始裂纹方向扩展，即固定方向扩展模式，如图 11.1（a）所示。单元微裂纹面上应力状态为压剪应力状态时，裂纹在压应力作用下闭合，物理意义为张开型的应力强度因子的 K_{I} 不复存在（王元汉等，2000），按照最大周向应力理论，裂纹开裂方向近似垂直于最大拉应力方向（李银平和杨春和，2006；李强，2008）。在微裂纹尖端处起裂后，支裂纹扩展过程中会逐渐弯曲并趋向于沿最大压应力方向扩展，加之闭合微裂纹起裂后翼裂纹扩展路径趋近于直线（李银平和杨春和，2006），故本书将压剪应力状态下微裂纹扩展模式称为翼型裂纹扩展模式，并将翼型裂纹简化为直线形式，如图 11.1（b）所示。

裂纹面处于何种应力状态由裂纹面上的剪应力（τ_{ne}）和正应力（σ_{ne}）确定（正应力取压为负）：

$$\sigma_{\mathrm{ne}} = \frac{1}{2}\left[(\sigma_1 + \sigma_3) - (\sigma_1 - \sigma_3)\cos 2\beta\right] \tag{11.3}$$

$$\tau_{\mathrm{ne}} = \frac{1}{2}(\sigma_1 - \sigma_3)\sin 2\beta \tag{11.4}$$

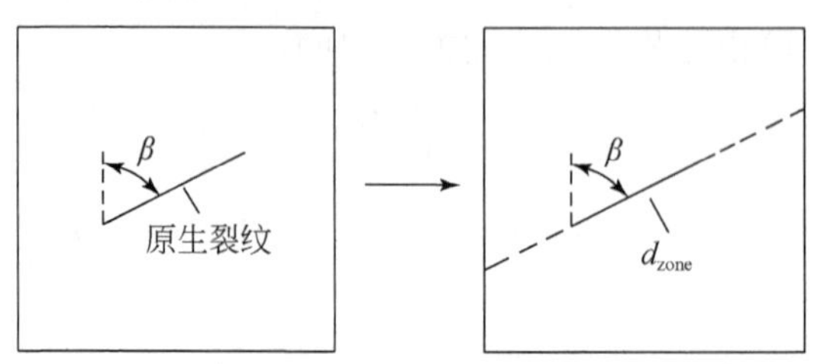

(a) 固定方向扩展模式(据Li and Konietzky，2015)

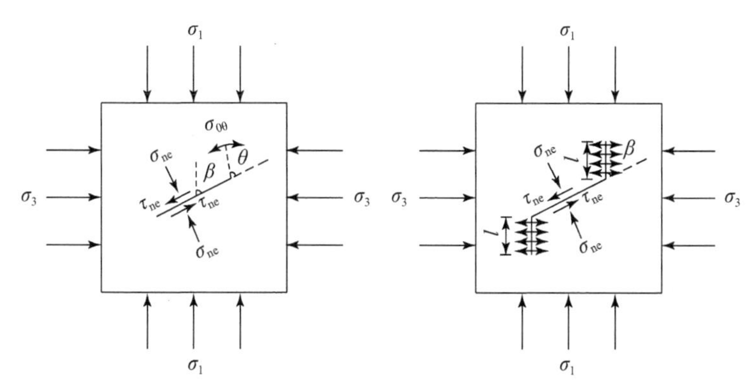

(b) 翼裂纹扩展模式(据赵延林等，2012)

图 11.1　裂纹扩展模式假定

根据式（11.3），当微裂纹面正应力（σ_{ne}）为正时，为拉剪应力状态，假定初始裂隙长度为 $2a$，支裂纹尖端的应力强度因子为

$$K_{\mathrm{I}}=\sigma_{ne}\sqrt{\pi(a+l)} \tag{11.5}$$

$$K_{\mathrm{II}}=\tau_{ne}\sqrt{\pi(a+l)} \tag{11.6}$$

式中，l 为微裂纹扩展的长度，初始值为 0。

裂纹扩展的速度由 K_{I} 和 K_{II} 两部分共同决定，裂纹扩展至单元边界的时间为

$$t=\int_{a_0}^{a_c}\frac{\mathrm{d}a}{CK_{\mathrm{I}}^n+CK_{\mathrm{II}}^n}=\frac{\sqrt{(2/\pi)^n}\,(a_c^{1-n/2}-a_0^{1-n/2})}{C\left(1-\dfrac{n}{2}\right)(\sigma_{ne}^n+\tau_{ne}^n)} \tag{11.7}$$

当微裂纹面正应力（σ_{ne}）为负即受压剪应力时，考虑到微裂纹在法向应力作用下的闭合，微裂纹面上的有效剪切应力为

$$\tau_{eff}=|\tau_{ne}|-f|\sigma_{ne}| \tag{11.8}$$

式中，f 为微裂纹面的摩擦系数。

根据最大周向应力理论，初始微裂纹沿周向最大压应力方向起裂，可求得开裂角 $\theta=70.5°$，因而初始微裂纹起裂时，翼裂纹尖端瞬时应力强度因子为

$$K=\frac{2}{\sqrt{3}}\tau_{eff}H(\tau_{eff})\sqrt{\pi a} \tag{11.9}$$

$$H(\tau_{eff})=\begin{cases}1, & \tau_{eff}>0\\ 0, & \tau_{eff}\leqslant 0\end{cases} \tag{11.10}$$

在初始微裂纹尖端起裂后翼型裂纹逐渐沿平行最大压应力的方向稳定扩展，当支裂纹扩展长度 $l>a$ 时，可将倾斜裂纹系统［图 11.2（a）］用等效直裂纹系统［图 11.2（b）］来考虑（赵延林等，2012）。计算支裂纹尖端应力强度因子时，采用 Kemeny（1991）分析裂纹尖端应力强度因子时提出的计算模型。在此基础上，为了能直观地表述单元所处应力状态对支裂纹尖端应力强度因子 K 值的贡献，将简化的翼形裂纹系统用等效直裂纹系统来

考虑，如图 11.2 所示。

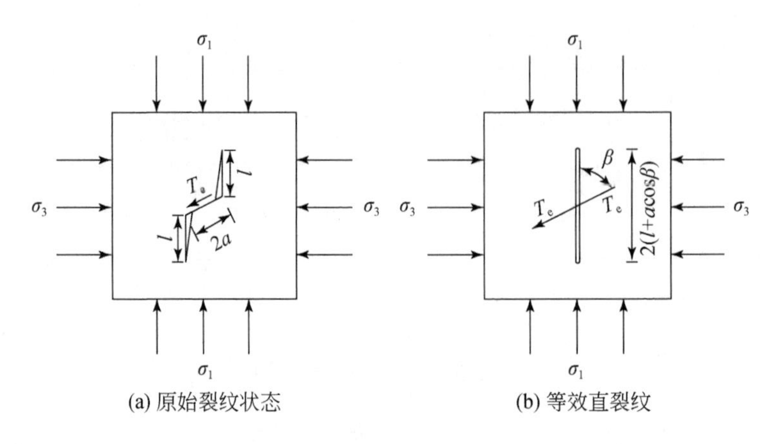

(a) 原始裂纹状态　　(b) 等效直裂纹

图 11.2　压剪应力状态下翼形裂纹应力强度因子计算图（据赵延林等，2012）

主裂纹的影响通过作用在等效裂纹中心的一对共线集中有效剪切驱动力（T_e）来反映：

$$T_e = 2a\tau_{eff} \tag{11.11}$$

将翼形裂纹尖端应力强度因子视为由有效剪切驱动力（T_e）产生的应力强度因子和远场侧向应力 σ_3 产生的应力强度因子组合而成，而当翼型裂纹尖端应力强度因子 K_{I} 达到最大时，K_{II} 几乎趋近于零，可忽略不计，因此翼裂纹尖端应力强度因子只考虑 K_{I} 的影响（Kemeny，1991；Li and Lajtai，1998；赵延林等，2012）：

$$K_{\text{I}} = \frac{2\sqrt{a}\,\tau_{eff}\sin\beta}{\sqrt{\pi L}} - \sigma_3\sqrt{\pi a L} \tag{11.12}$$

式中，L 为等效翼裂纹长度，$L=l/a$。

11.2　基于 FLAC 的模拟实现

11.2.1　FLAC 的开发环境

FLAC 采用显式时间差分的求解方法，其本构模型以 DLL 文件（动态链接库）的形式进行调用。软件自带本构模型和用户自定义本构模型都继承于同一基类（class constitutive model），并且软件提供了所有自带本构模型的源代码，用户可基于此对本构模型进行修改。因此，FLAC 的开放性要高于通用的几个有限元软件，这种开放性使自定义本构模型和软件自带本构模型在执行效率上处于同一个水平。本书用 VS2008 编写上述本构模型，并在计算时载入该模型。在自定义模型加载到 FLAC 前，先用 CONFIG cppudm 命令设置配置接受 DLL 模型，然后通过命令 MODEL load<文件名>载入 DLL 模型文件。这样，自定义本构模型的名字、参数名称和与模型相关的 FISH 函数就可以被 FLAC 识别出来。

11.2.2　模型代码编写的核心技术

编译动态连接库文件时需要用到下面三个头文件：stensor. h，axes. h 和 conmodel. h。三个头文件的用法和意义前人已经做了详尽的说明，在此不再赘述，仅对本模型特殊之处进行说明。本构模型的二次开发是继承 Constitutive Model 类，并重载其中的几个关键函数的过程，其中最关键的两个函数是 Virtual const char * Initialize（unsigned uDim，State * pst）和 Virtual const char * Run（unsigned uDim，State * pst）。第一个函数通常用于检查由 FISH 语言输入的材料参数是否正确，为了提高程序执行效率，可以在此函数中对计算过程中用到的一些中间参数进行初始化。对于本书的裂隙时效扩展模型，需要检查的材料参数有体积模量（K）、Kelvin 体剪切模量（G^{K}）、Kelvin 体黏滞系数（η^{K}）、Maxwell 体剪切模量（G^{M}）、Maxwell 体黏滞系数（η^{M}）、内摩擦角（φ）、黏聚力（c）、剪胀角（ψ）、虚拟微裂纹长（$2a$）、虚拟微裂纹倾角（β）、虚拟微裂纹摩擦系数（f）、亚临界断裂韧度（K_0）、断裂韧度（K_C）、扩展参数（C），这几个参数都不能小于 0。第二个函数是二次开发的关键所在，主要的计算函数都在于此，FLAC 在求解时会在每一个时间步对每一个单元的子单元调用此函数。本构方程是通过重载这个函数来实现的，具体来说，就是根据子单元 State 数据类型所提供的量值来得到新的应力值。本书提出的裂隙时效扩展模型中虚拟闭合微裂纹的设置、裂纹面所处应力状态、裂纹尖端应力强度因子计算，以及裂纹的时效扩展均在这部分得到体现。

11.2.3　数值程序实现

本书数值模拟通过 VS2008 编写自定义本构，在二维有限差分软件 FLAC 中实现，应力-应变关系由 Burgers 模型和 M-C 模型确定。数值计算时，假定每个单元都含有一条倾角和长度服从一定分布的微裂纹，在蠕变荷载作用下，微裂纹的扩展和贯通将形成模型的宏观破坏。计算微裂纹的扩展时，首先根据串联在 Burgers 模型上的M-C准则判断单元是否整体屈服。若满足整体屈服条件，则用对应的流动法则对应力-应变进行修正得到新的应力-应变，进而进行下一个单元的计算；若未屈服，则计算微裂纹面所处的应力状态，根据微裂纹的正应力状态确定微裂纹的扩展模式。若微裂纹面上正应力 $\sigma_{ne}>0$，裂纹按固定方向模式扩展，即裂纹沿着设置的初始微裂纹方向扩展［图 11.1（a）］；若 $\sigma_{ne}\leqslant 0$，裂纹按翼型裂纹模式扩展，即裂纹沿着与最大压应力平行的方向扩展［图 11.1（b）］。在不同的扩展模式的前提条件下，计算裂纹尖端的应力强度因子，用 K 与 K_0、K_C之间的关系判断裂纹是否扩展：当 $K\geqslant K_C$时，单元瞬时破坏；当 $K_0\leqslant K<K_C$时，裂纹时效扩展；当 $K<K_0$ 时，裂纹不扩展。裂纹扩展过程中，不同的扩展模式仍有一定的区别。对固定方向扩展模式而言，由式（11.5）和式（11.6）可知，随着支裂纹 l 的增大，K 值逐渐增大，则裂纹扩展速度 v 逐渐增大，直至裂纹扩展到单元边界或 K 值增加到满足 $K\geqslant K_C$时，单元破坏。对翼裂纹扩展模式而言，由式（11.12）可知，在裂纹刚开始起裂扩展时，l 很小，K 非常大，远远超过 K_C。l 随支裂纹的扩展增加，而裂纹尖端应力强度因子 K 在减小。赵延林等

(2012) 通过试验观察到翼型裂纹会先出现瞬时扩展，然后进行流变扩展。因此在数值计算时，先将断裂韧度 (K_C) 代入式 (11.12) 计算微裂纹的瞬时扩展长度 (l_0)，再进行流变时效扩展的计算。若微裂纹扩展到单元边界，单元破坏；若微裂纹未扩展到单元边界，且应力强度因子减小到 $K<K_0$，微裂纹停止扩展，该单元不破坏。当满足 $K\geqslant K_C$ 或者微裂纹扩展到单元边界时，用与 M-C 屈服准则表述一致的流动法则对该单元应力应变进行修正，需要注意的是这种情况下修正的正负号应与整体屈服时相反。为了保证应力重分布以及裂纹的时效扩展，数值计算的时间步应该取的足够小（本书模拟的时间步取值为 0.0001）。图 11.3 为上述岩体裂隙时效扩展模型二次开发程序流程图。

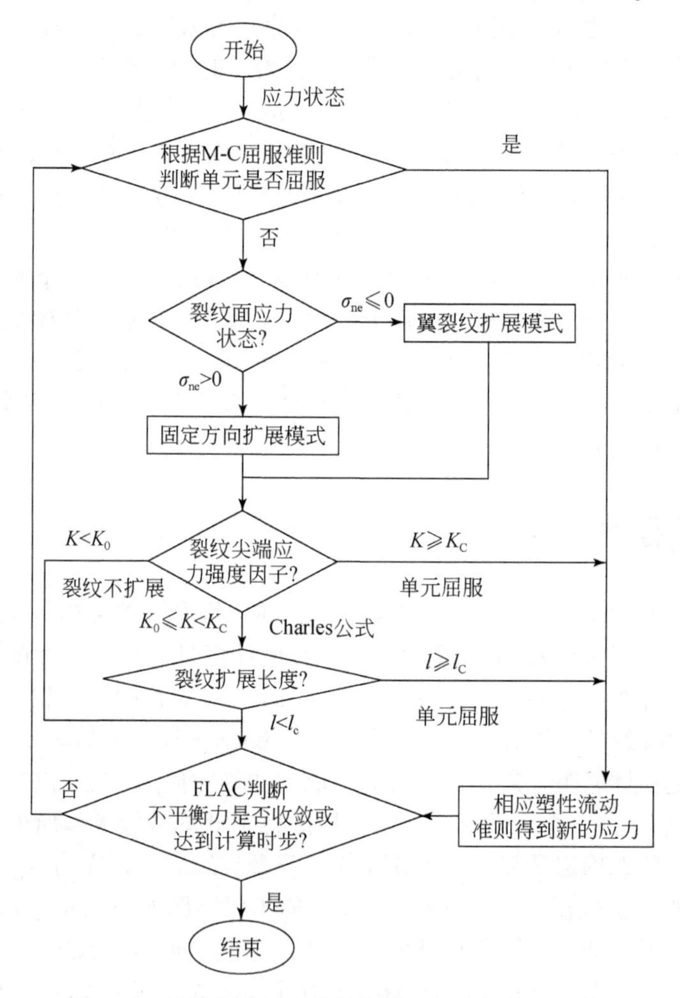

图 11.3　岩体裂隙时效扩展模型二次开发程序流程图

11.3　试验验证

为验证上述数值模型的可行性，分别对完整岩石、单裂隙岩体和双裂隙岩体模型进行恒荷载作用下的时效变形破坏特征模拟。选用对金川矿区大理岩进行的亚临界扩展速率测试获得的亚临界扩展参数进行计算（袁海平，2006），根据试验结论取断裂韧度的 0.7 倍作为亚临界断裂韧度，为简化计算，断裂韧度 K_{IC} 与 K_{IIC} 一致，亚临界断裂韧度 K_{I0} 与 K_{II0} 一致，具体参数如表 11.1 所示。

表 11.1　数值计算材料参数

参数名称	参数值	参数名称	参数值
密度/(kg/m^3)	2720	泊松比(μ)	0.22
弹性模量(E_m)/GPa	14.05	Ⅰ型断裂韧度(K_{IC})/(MPa · m$^{0.5}$)	1.56
弹性模量(E_k)/GPa	31.68	Ⅱ型断裂韧度(K_{IIC})/(MPa · m$^{0.5}$)	1.56
黏滞系数(η_m)/(GPa · h)	2456.92	Ⅰ型亚临界断裂韧度(K_{I0})/(MPa · m$^{0.5}$)	1.092
黏滞系数(η_k)/(GPa · h)	13.18	Ⅱ型亚临界断裂韧度(K_{II0})/(MPa · m$^{0.5}$)	1.092
黏聚力(c)/MPa	21.6	摩擦系数(f)	0.4
内摩擦角(φ)/(°)	51.3	扩展参数(C)/(m/s) · (MPa · m$^{0.5}$)$^{-n}$	5.56×10^{-17}
抗拉强度/MPa	14.5	扩展参数(n)	71.5626

完整岩石和单裂隙岩体模型尺寸为宽 1.2m，高 2.4m（由 200×400 个单元组成）；双裂隙岩体模型尺寸为宽 1.8m，高 2.4m（由 300×400 个单元组成）。模型中每个单元为边长为 6cm 的正方形，单元中虚拟微裂纹长度 $2a$ 均服从正态分布（均值为 25mm，标准差为 0.5mm），微裂纹倾角 β（0～90°）服从正态分布（均值为 45°，标准差为 1°）。分别对完整岩石进行单轴、双轴压缩蠕变及单轴拉伸蠕变荷载作用下的裂纹扩展数值模拟，对裂隙岩体进行单轴和双轴压缩蠕变荷载作用下的裂纹扩展数值模拟。

11.3.1　完整岩石

图 11.4 为岩石单轴压缩蠕变荷载 $\sigma_1=14$MPa 作用下完整岩石的破坏形式。$t=0.505$ 天时，出现了单元的贯通破坏，单元的破坏形成应力集中，使得周围单元中的微裂纹在短时间内相继起裂扩展。$t=0.713$ 天时，裂纹扩展贯通整个模型，宏观裂隙呈现以首个破坏单元为中心的轴向劈裂破坏，单元微裂纹起裂贯通到宏观裂隙整个模型的时间跨度仅为 0.208 天。可见，完整岩石模型在单元出现破坏后，裂纹迅速扩展到模型边界，形成宏观破坏。

图 11.5 为岩石双轴压缩蠕变荷载 $\sigma_1=16$MPa、$\sigma_3=1$MPa 作用下完整岩石的破坏形式。$t=0.614$ 天时，出现了单元微裂纹的贯通，然后在此基础上裂纹扩展形成贯通模型的宏观裂隙。与单轴压缩不同的是，单元微裂纹扩展贯通的时间较单轴压缩蠕变略长，且宏观裂隙贯通模型的时间更长（时间跨度 0.273 天）；宏观裂纹扩展形式方面，扩展初期呈现了一定的劈裂破坏形式，而整体上来看裂纹是剪切形式的扩展贯通。可见围压的存在使模型能够承受更大的荷载，并且对宏观裂隙的扩展形式有较大影响。

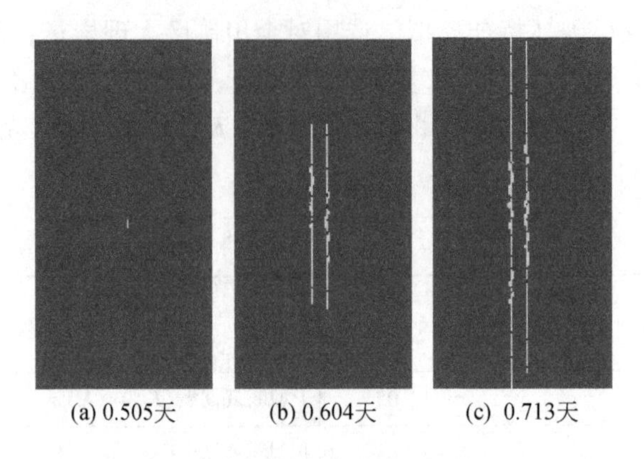

图 11.4　岩石单轴压缩蠕变破坏

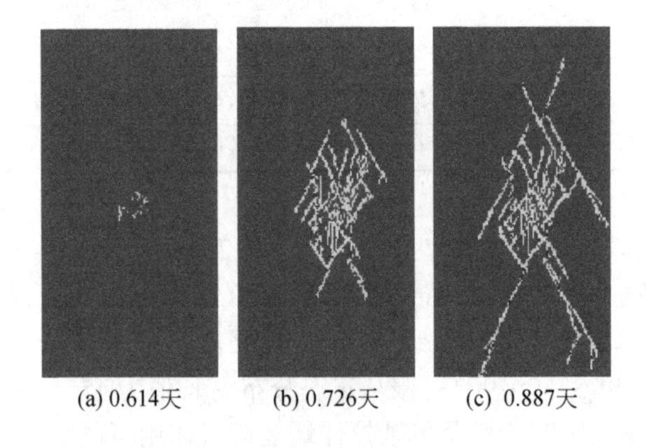

图 11.5　岩石双轴压缩蠕变破坏

图 11.6 为岩石单轴拉伸蠕变 $\sigma_1 = 8\text{MPa}$ 条件下完整岩石的破坏形式。$t = 0.495\text{s}$ 时，出现单元微裂纹的贯通，进而宏观裂隙迅速的扩展直至模型宏观裂隙贯通破坡（时间跨度仅为 0.028s）。与压缩蠕变相比，拉伸蠕变破坏相当迅速，宏观裂隙起裂到扩展贯通几乎在一瞬间完成。从前文推导的计算公式可知，拉剪应力状态下按固定方向模式计算的应力强度因子较压剪应力状态下按翼型裂纹模式计算的结果大，更容易达到 $K \geqslant K_C$。此外，对翼裂纹扩展模式而言，随着裂纹的扩展，支裂纹长（l）增大，而应力强度因子（K）在减小，由 Charles 公式计算的裂纹扩展速度（v）减小，扩展到单元边界需要的时间较长；而固定方向扩展模式随着 l 增大，应力强度因子 K 增大，增人到 $K \geqslant K_C$ 单元瞬时破坏或者裂纹扩展速度 v 增大，裂纹扩展到边界需要更少的时间。这都使得拉荷载作用下，裂纹扩展较迅速。

图 11.7 为单轴压缩、单轴拉伸和三轴压缩条件下的室内蠕变试验结果（Yang and Jiang，2010；Zhao et al.，2011）。图 11.7（a）为单轴压缩条件下岩样的蠕变破坏，可见岩体呈现为与最大压应力平行的劈裂破坏，数值模拟得到的裂隙扩展形式（图 11.4）与之基本一致。图 11.7（b）为三轴压缩条件下的岩样的蠕变破坏，主要呈现为剪切破坏，

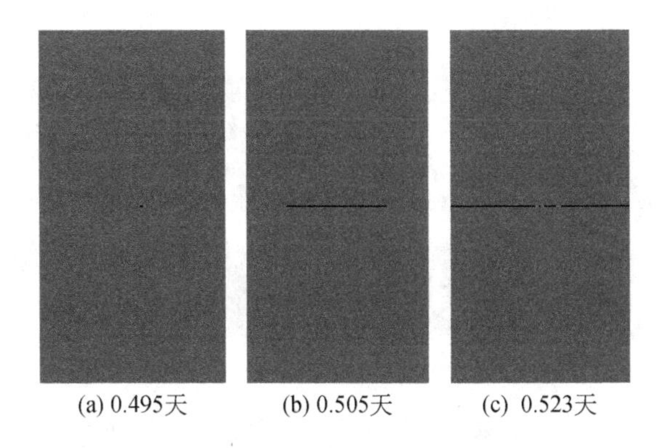

(a) 0.495天　(b) 0.505天　(c) 0.523天

图 11.6　岩石单轴拉伸蠕变破坏

底部出现了一定的拉伸破坏，数值模拟得到的裂隙扩展（图 11.5）在初期呈现了一定的劈裂破坏，裂纹扩展整体上是剪切裂纹形式，两者基本一致。图 11.7（c）为单轴拉伸蠕变作用下岩体的破坏形式，宏观裂隙扩展方向与拉荷载方向正交，与图 11.6 的数值模拟结果一致。

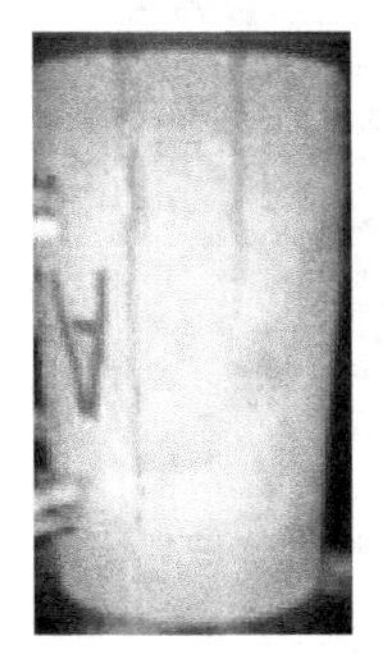

(a) 单轴压缩
(据Zhao et al.，2011)

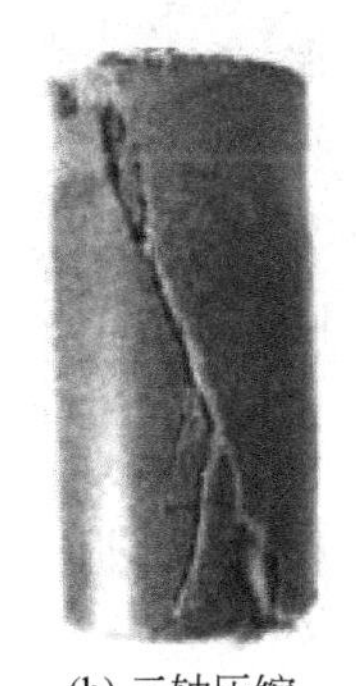

(b) 三轴压缩
(据Yang and Jiang，2010)

(c) 单轴拉伸
(据Zhao et al.，2011)

图 11.7　三类典型室内蠕变试验的岩石蠕变破坏照片

11.3.2　单裂隙岩体

预制宏观单裂隙模型分为 30°、60°和 90°（与水平方向的夹角）三种情况进行数值模拟。宏观裂隙由 null（空）模型（即删除模型单元，不参与计算）表示，为与室内试验保持一致，构造的宏观裂隙长度取为模型高的 0.1 倍，裂隙与模型几何中心重叠。关于宏观裂隙的构造方式，90°宏观裂隙通过删除单元可构造出宽度为单元宽度的光滑裂隙。在此仅对 30°和 60°进行说明，图 11.8 为数值模拟中宏观裂隙的构造方式示意图。由于裂隙倾斜，需要根据倾角设置不同比例的竖、横向 null 单元数，构成的宏观裂隙具有一定折线型起伏和裂隙尖端方位效应（水平或竖直）。关于宏观裂隙的构造，在后续研究中还有待进一步探索。

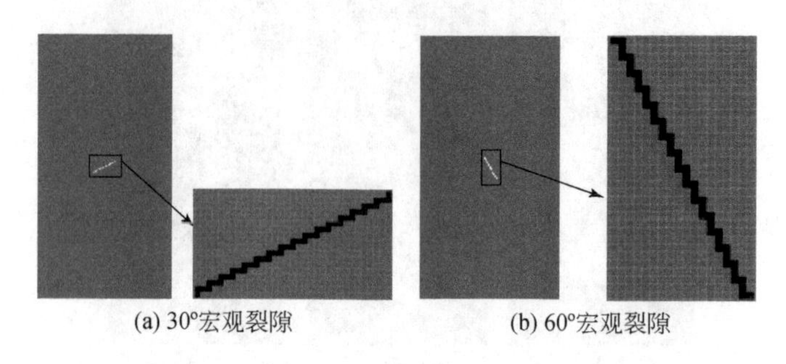

(a) 30°宏观裂隙　(b) 60°宏观裂隙

图 11.8　数值模拟中宏观裂隙构造方式示意图

图 11.9 为室内试验得到的预制宏观单裂隙岩体（相似材料模型）在三轴压缩蠕变条件下的破坏照片。图 11.10 为本书提出的裂纹时效扩展模型的数值模拟结果。

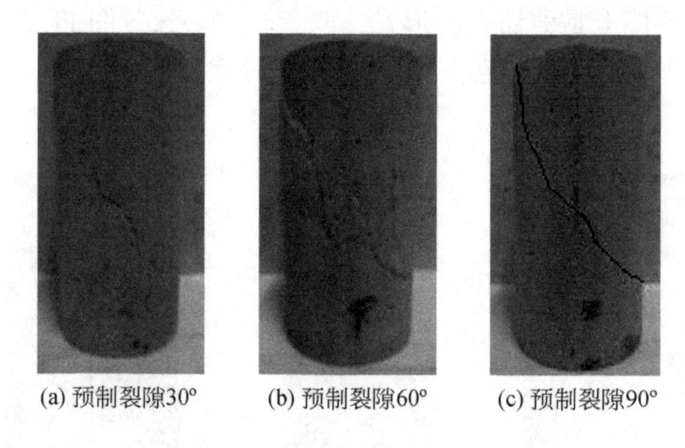

(a) 预制裂隙30°　(b) 预制裂隙60°　(c) 预制裂隙90°

图 11.9　三轴蠕变试验条件下预制宏观单裂隙岩体破裂特征

压缩蠕变荷载条件下宏观裂隙倾角 30°岩体模型裂隙时效扩展形式如图 11.10 所示。图 11.10（a）为单轴压缩蠕变荷载 $\sigma_1=12\text{MPa}$ 下裂隙时效扩展形式，$t=0.46$ 天时，预制宏观裂隙尖端出现单元贯通破坏，进而裂纹开始扩展，到 $t=1.15$ 天时裂纹扩展的模型边界，出现宏观裂隙的贯通（时间跨度为 0.69 天）。图 11.10（b）为双轴压缩蠕变荷载 $\sigma_1=14\text{MPa}$、$\sigma_3=1\text{MPa}$ 条件下裂隙时效扩展形式，$t=0.57$ 天时，预制宏观裂隙尖端出现单元贯通破坏，$t=1.3$ 天时宏观裂隙扩展贯通（时间跨度为 0.73 天）。对比图 11.10（a）和（b），对于裂隙倾角为 30°试件，单轴压缩时扩展裂隙的破裂角相对三轴压缩时陡一些，而且为单一的倾斜破裂面。与图 11.9（a）室内试验结果对比可知，贯通形式除与室内试验结果一致的翼裂纹外，还出现了反翼裂纹，即以裂隙为中心，出现了近似的“X”形裂缝贯通形式。事实上，这类破坏形式在缓倾角裂隙试件三轴压缩破坏中常有出现，其主要受围压和缓倾角裂隙的控制。

压缩蠕变荷载条件下宏观裂隙倾角 60°岩体试件裂隙时效扩展形式如图 11.11 所示。图 11.11（a）为单轴压缩蠕变荷载 $\sigma_1=12\text{MPa}$ 下裂隙时效扩展形式，$t=0.49$ 天时，预制宏观裂隙尖端以翼型裂纹形式开始单元贯通破坏，进而裂纹开始扩展，到 $t=1.2$ 天时裂纹

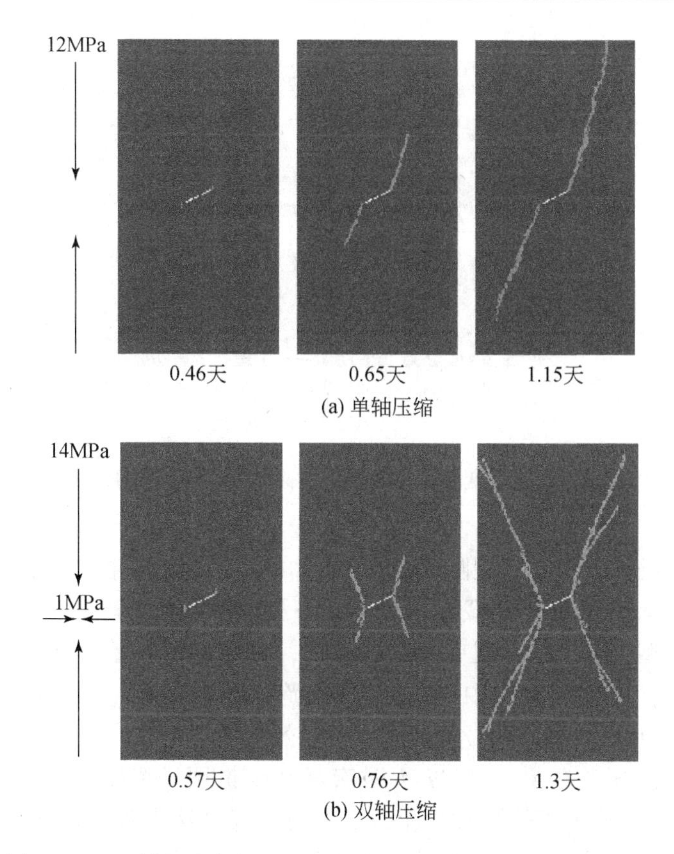

图 11.10　压缩蠕变条件下宏观裂隙倾角 30°岩体模型的裂纹扩展

扩展至试件边界，导致宏观裂隙的贯通（时间跨度为 0.71 天）。图 11.11（b）为双轴压缩蠕变荷载 $\sigma_1=14\text{MPa}$、$\sigma_3=1\text{MPa}$ 条件下裂隙时效扩展形式，$t=0.59$ 天时，预制宏观裂隙尖端出现单元贯通破坏，直至 $t=1.45$ 天时形成宏观贯通裂隙（时间跨度为 0.86 天）。与图 11.9（b）室内试验结果对比，裂隙扩展形式均为单裂隙剪切破坏，模拟结果更倾向于沿裂隙倾斜方向破坏。与 30°宏观开裂隙模型相比，60°试件比 30°试件的单元贯通破坏及宏观裂隙扩展贯通的时间略长，可能是围压对 60°宏观裂隙的时效闭合效应更显著。

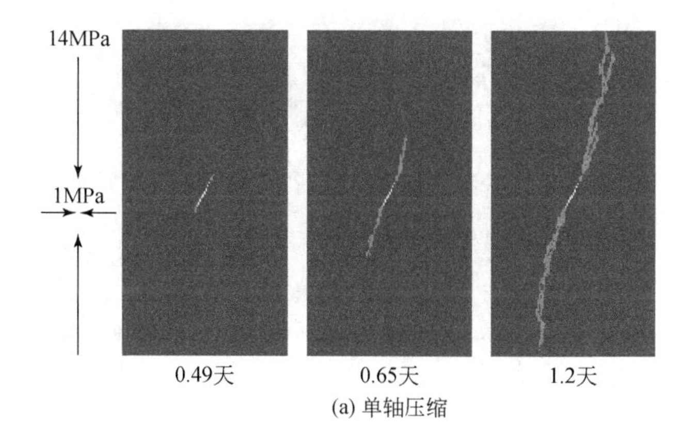

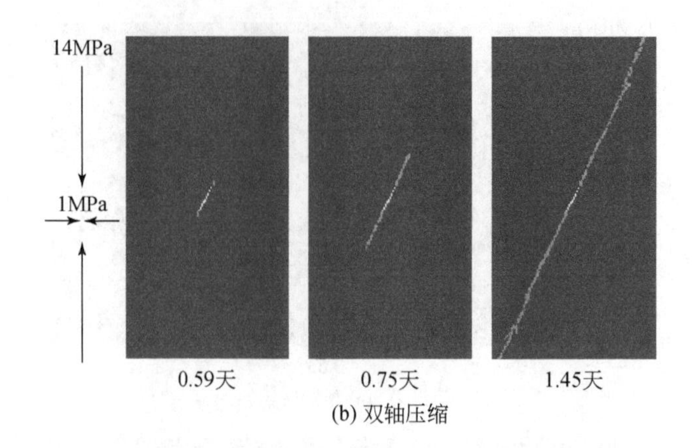

(b) 双轴压缩

图 11. 11　压缩蠕变条件下宏观裂隙倾角 60°岩体模型裂纹扩展

压缩蠕变荷载条件下宏观开裂隙倾角 90°岩体模型裂隙时效扩展形式如图 11. 12 所示。图 11. 12（a）为单轴压缩蠕变荷载 $\sigma_1=12\text{MPa}$ 下裂隙时效扩展形式，$t=0.55$ 天时，预制宏观裂隙尖端以翼型裂纹形式出现单元贯通破坏，进而裂纹开始扩展，到 $t=1.35$ 天时裂纹扩展的模型边界，出现宏观裂隙的贯通（时间跨度为 0. 8 天）。图 11. 12（b）为双轴压缩蠕变荷载 $\sigma_1=15\text{MPa}$、$\sigma_3=1\text{MPa}$ 条件下裂隙时效扩展形式，$t=0.6$ 天时，预制宏观裂隙尖端出现单元贯通破坏，直至 $t=1.47$ 天时宏观裂隙扩展到模型边界（时间跨度为 0. 87 天）。不论单轴还是双轴压缩条件数值计算结果裂纹都是从宏观尖端起裂，两侧裂纹分别扩展到预制宏观裂隙中部所在的平面汇合再向模型两端扩展贯通，这与室内试验结果［图 11. 9（c）］直接从宏观裂隙中部扩展略有不同，但双轴压缩条件下宏观裂隙呈现剪切破坏形式与室内试验结果一致。单轴压缩条件下预制 90°直裂隙试件裂纹沿最大压力方向扩展的趋势较双轴压缩条件下明显，这点和预制倾斜裂隙模型的数值模拟结果一致。双轴压缩条件下，相较于 30°和 60°宏观裂隙岩体模型，90°模型在更大的轴向压荷载下才会破坏，并且宏观裂隙时效扩展贯通模型的时间更长。可见双轴受压荷载条件下裂隙倾角越大对岩体强度的削弱程度越小，且围压在与裂隙垂直方向上的分量越大对裂隙起裂扩展的阻碍作用越明显。

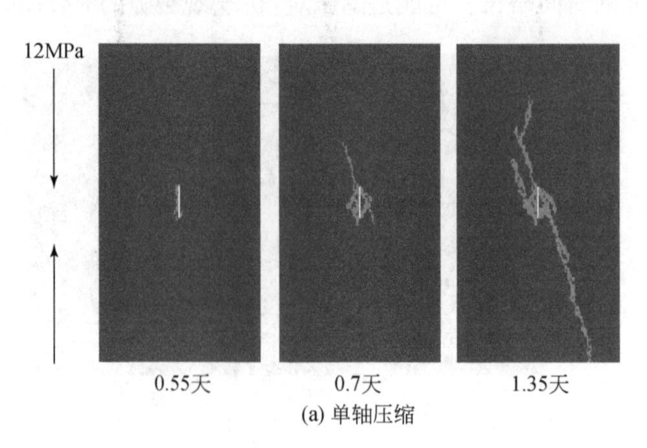

(a) 单轴压缩

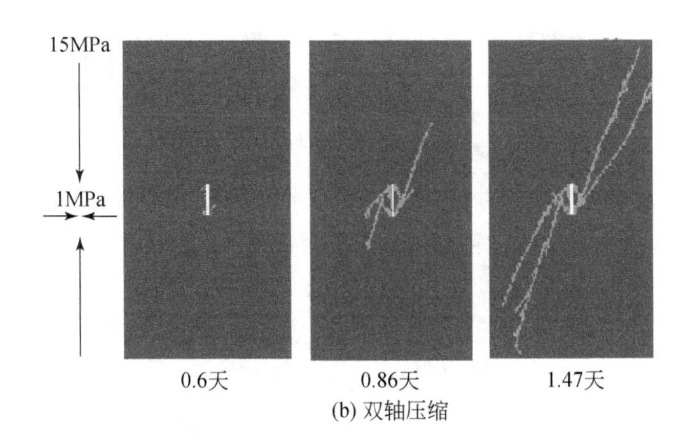

(b) 双轴压缩

图 11.12　压缩蠕变条件下宏观裂隙倾角 90°岩体模型裂纹扩展

11.3.3　双裂隙岩体

图 11.13 为宏观裂隙倾角 25°，岩桥倾角 75°的双裂隙岩体模型在蠕变荷载 σ_1 = 14MPa、σ_3 = 1MPa 条件下的数值模拟结果。t = 0.57 天时，裂纹尖端出现单元贯通破坏。在宏观裂隙尖端出现单元破坏后，宏观裂纹在此扩展，由于两端边界较短，裂纹先扩展到模型上下两侧边界，直至 t = 1.06 天，宏观裂隙间岩桥才扩展贯通。与室内试验结果相比，裂纹按从宏观尖端起裂后，并没有沿着最大竖直方向扩展，而是按一定的倾角扩展；岩桥的贯通形式略有不同，数值计算的岩桥贯通是对接的形式，而室内试验裂纹以翼型裂纹流变扩展一段距离后再发生岩桥剪切断裂。分析其原因，赵延林等（2012）的三轴荷载条件为轴压 31.5MPa、围压 1MPa，而本书双轴荷载为轴压 14MPa、围压 1MPa，室内试验荷载条件下围压系数（围压与轴压的比值）更小，说明围压系数对裂隙的岩体扩展模式有一定影响。

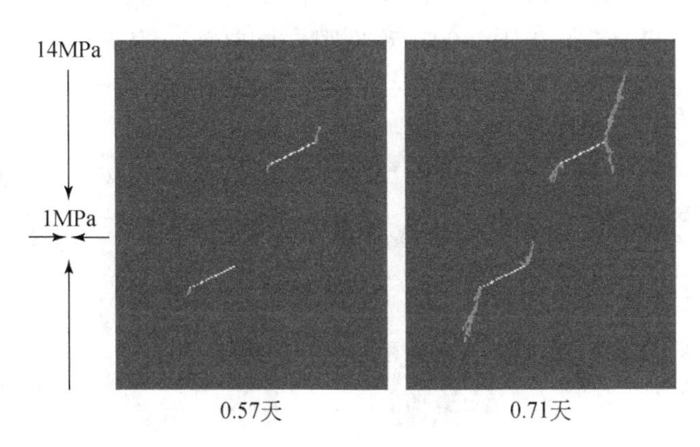

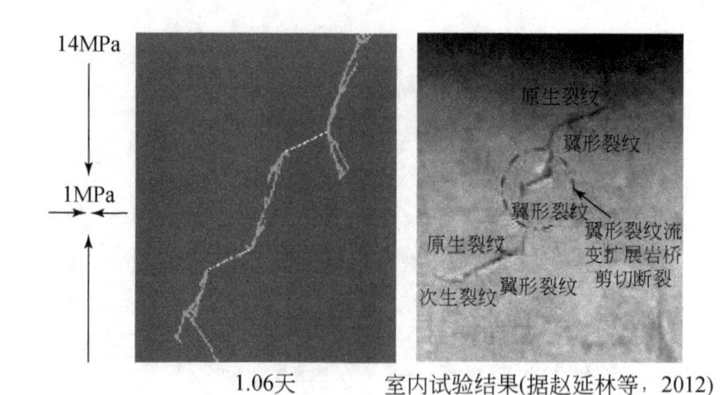

图 11. 13　双轴压缩蠕变条件下双裂隙岩体模型裂纹扩展

11. 4　该数值模拟方法的特点

本书所提出岩体裂隙时效扩展的数值模拟方法的核心思想为：在每个单元中假定微裂纹的扩展模式，以单元微裂纹尖端应力强度因子达到断裂韧度及微裂纹扩展到单元边界分别作为判断单元内微裂纹起裂和破坏的标准；以大量的破坏单元相互连接，从而形成宏观的贯通的裂隙。

我们将每个单元中微裂纹扩展模式做了一些假定，即拉剪应力状态下的固定方向模式和压剪应力状态下的翼裂纹模式，即数值计算时单元微裂纹的扩展模式按假定执行。模拟得到的宏观裂纹扩展路径受微裂纹的扩展模式的影响相对较少，而受试验荷载条件和预制宏观裂隙倾角影响更为明显。以 30°裂隙岩体双轴压缩和 60°裂隙岩体单轴压缩为例进行阐述，如图 11. 14 所示。由图 11. 14 (a) 可见，双轴压缩条件下破坏的单元并非在平行于最大压力方向的某一条直线上，由于受到围压及单元微裂纹倾角和长度的影响，破坏的单元会在水平方向上错开搭接，多个单元错动的累积让最终形成的宏观贯通裂纹具有一定的倾斜和剪切特征。图 11. 14 (b) 中 60°宏观裂隙岩体单轴压缩条件下，单元破坏也略有这

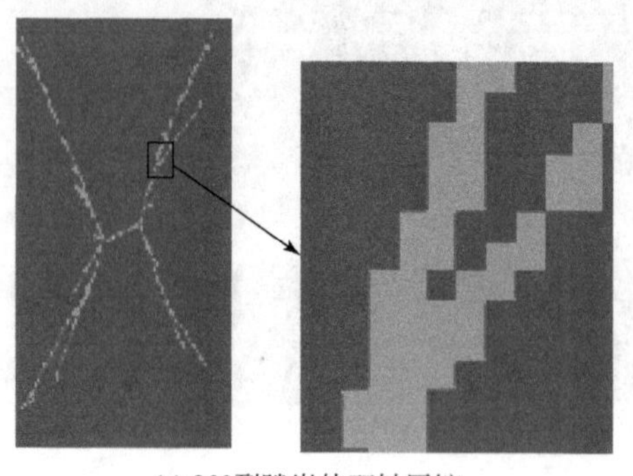
(a) 30°裂隙岩体双轴压缩

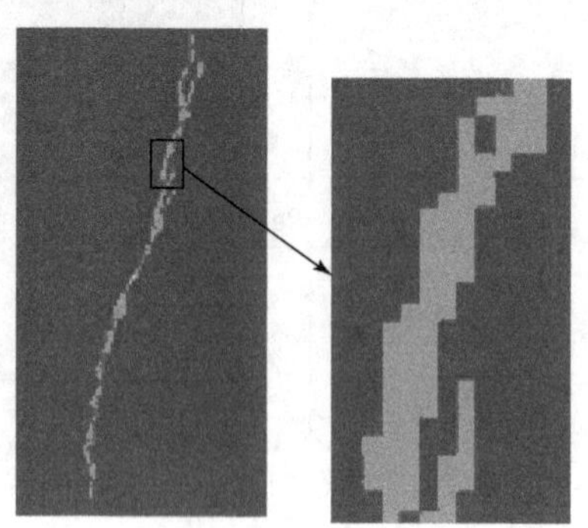
(b) 60°裂隙岩体单轴压缩

图 11. 14　裂纹扩展放大示意图

种错动，但没有围压的影响，错动的量较小，因而整体上呈现近似地沿最大压应力方向的贯通破坏特征。

因此，事实上我们所提出的数值方法是一个多尺度的岩体裂隙时效扩展数值模拟方法。单元内微裂隙，可理解为岩体微缺陷，而预制的空单裂隙为宏观裂隙。每个单元内的微裂隙依据经典的准脆性材料断裂力学理论及裂纹扩展模式进行扩展，而宏观的裂隙扩展路径则受裂隙倾角及受力状态等因素综合影响，因为宏观的扩展裂隙是由大量的破坏单元相互搭接形成的。这也表明，采用我们所提出这个方法，需要划分大型精细的模型网络，以减小宏观裂隙尖端（图 11.8）方位和单元中微裂隙扩展模式的影响。

第12章　卸荷条件下岩石高边坡动力响应与表生改造机制

中国西南部地区地处青藏高原的东侧，受青藏高原近百万年来持续隆升的影响，在青藏高原与云贵高原和四川盆地之间形成了总体呈SN走向的巨大大陆地形坡降带，形成中国大陆地形从西向东急剧骤降的特点。在此过程中，发育于青藏高原的长江（金沙江），及其主要支流（雅砻江、大渡河和岷江），以及雅鲁藏布江、澜沧江及怒江等深切成谷，从而在这个巨大的大陆地形坡降带上形成高山峡谷的地貌特征。也正是由于受到青藏高原持续隆升的影响，高原物质向东部及东南部挤出，从而在高原周边和扬子地台西缘形成和发育了大量挽近期以来有强烈走滑和逆冲活动的活动性断裂，从而导致在这个带上形成了以“高地应力”和“强地震活动”为特点的区域内动力条件。自20世纪90年代以来，随着中国西部大开发战略的实施，一大批资源开发、交通基础设施建设的重大工程在西部地区开工建设或计划建设，尤其是与西电东送配套的西南大型电源点工程的建设，将涉及200～300m级的高坝和数百米级人工高边坡。特殊的地域环境使得这些高边坡工程除了具有复杂的地质结构外，特别还具有地应力高、开挖规模大（高达数百米）、速度快及工程设计标准高等特殊性和复杂性，给工程建设及运行安全带来巨大挑战，岩石高边坡稳定性及灾害控制问题已经成为中国西部地区人类活动及工程建设中的重要工程地质和岩石力学问题。

本章较全面地分析总结了我国西南地区岩石高边坡发育及开挖响应的典型特征。结合西南地区特殊的高地应力环境及卸荷条件下岩石力学特性的试验研究，揭示了高地应力环境下岩石高边坡卸荷破坏机制和过程。以此为基础，在总结西部地区代表性工程实践的基础上，建立了卸荷条件下，岩石高边坡发育的动力过程与三阶段演化模式，以及深部卸荷拉裂的高应力-强卸荷机制。以澜沧江小湾水电站高边坡为例，总结了大规模开挖卸荷条件下岩石高边坡的破裂模式与变形响应规律。最后，从岩石高边坡发育演化的过程及破坏模式的角度出发，建立了岩石高边坡变形稳定性分析的基本原理、理论框架和技术途径，探讨了高边坡变形控制的时机及控制标准等问题。

12.1　中国西南地区岩石高边坡的主要特征

由于中国西部地区所处的特殊地域与地质环境条件，这个地区岩石高边坡的表现特征与这一地区的深切峡谷地貌和活跃的内外动力地质条件是紧密联系在一起的，是地壳表层内外动力地质作用在边坡这类地质体上的综合表现。总结起来，除了通常的地质结构条件外，西南地区岩石高边坡还具有以下三方面特征。

12.1.1　边坡高陡及坡型复杂

边坡高陡及坡型复杂是西南地区岩石高边坡最为直接的表观特征。尽管边坡的高陡只是一个几何上的表现，但也正是由于这种高陡的几何特征，构成了边坡稳定性问题突出最为主要的原因。边坡的高度通常是指边坡从坡脚到第一个坡肩（或分水岭）的垂直高度。对高边坡下一个严格的高度定义是比较困难的，这取决于不同领域和不同的工业部门对边坡的理解和应对边坡问题所具备的能力与手段，也取决于边坡地质环境条件的优劣。从目前的情况来看，高边坡大致可作如下的划分：①水利水电工程，天然 $h>200$m、人工 $h>100$m（$h\geqslant300$m 以上的可以称为超高边坡）；②交通工程，天然 $h>50$m、人工 $h>30$m；③山区城市边坡，天然 $h>30$m、人工 $h>15$m。其中，水利水电工程领域的边坡高度最大，问题也最为突出，是本章研究的主要对象。

由表12.1的数据可见，目前中国水电工程天然高边坡最大高度已超过1000m（如雅砻江锦屏水电站高边坡），人工高边坡最大已经达到700m（如小湾水电站高边坡）；而天然边坡的平均坡度大多在40°以上。这样规模的高陡边坡在全世界范围内也是罕见的。尽管目前西南地区大型水电工程的大坝建设已经接近了300m级的高度，但是，相对于边坡的高度而言，大多数情况下，大坝这类主体构筑物的高度还远小于天然边坡的高度，也就是说，坝顶高程以上还有很高的天然边坡。这部分边坡构成了水电工程枢纽建筑物重要的环境，哪怕是有局部的小规模失稳，如危岩体的崩落和滚石发生，都会对枢纽区各类建筑或构筑物带来重大的破坏，应引起高度重视。

为了比较直观地反映天然边坡对工程安全的影响程度或工程的高边坡环境质量，本章提出了超高比 R 概念，其定义为

$$R=h/H \tag{12.1}$$

式中，h 为天然边坡的高度；H 为主体建（构）筑物的高度。

当 $R=1.0\sim1.3$ 时，工程的高边坡环境较好，运行期间出现高边坡稳定性问题的可能性较小；当 $R=1.3\sim2.0$ 时，高边坡环境为中等，出现高边坡稳定性问题的可能性较大；当 $R>2.0$ 时，则高边坡的环境为差，稳定性问题较为突出，必须引起高度的重视。

表12.1所列数据表明，西部地区已建和在建的大型水电工程，边坡超高比大多在2.0以上，有的甚至超过3.0。这从另一个角度表明了这一地区工程建设边坡环境问题的严峻性。

表12.1　西部地区部分大型水电站工程高边坡

序号	高边坡名称	自然坡高/m	自然坡度/(°)	人工坡高/m	超高比
1	锦屏水电站	>1000	>55	>500	>3.00
2	小湾水电站	700～800	47	670	2.70
3	天生桥水电站	400	50	350	3.00
4	溪洛度水电站	300～350	>60	300～350	1.25
5	向家坝水电站	350	>50	200	2.00

续表

序号	高边坡名称	自然坡高/m	自然坡度/(°)	人工坡高/m	超高比
6	糯扎度水电站	800	>43	300～400	2.60
7	拉西瓦水电站	700	>55	300～400	2.80
8	紫坪铺水电站	350	>40	280	2.20
9	白鹤滩水电站	>1000	50～70	>230	>3.00
10	大岗山水电站	>600	40～65	>370	>3.00

12.1.2 边坡应力环境复杂、地应力量级高

边坡应力环境复杂、地应力量级高是西部地区岩石高边坡在赋存环境上的一个显著特征。由于西部地区，尤其西南地区恰好处在环青藏高原东侧的周边地带，印度板块与欧亚板块碰撞所导致青藏高原物质向 E 及 SE 方向挤出，致使环青藏高原周边地带的强烈挤压，形成这一地区的区域高地应力环境；加之深切河谷的地貌特征，更加剧了高边坡应力场的复杂程度。研究结果表明，西部地区边坡应力环境和边坡应力场具有以下四个主要特征。

（1）区域应力场背景值高，局部存在特殊的高应力集中机制：根据对西南地区区域构造应力场的数值模拟反演研究，环青藏高原周边地带区域构造应力场总体背景水平为 6～10MPa。但在局部地区存在高地应力集中的特殊机制，目前揭示的主要有“岷山隆起型”、“构造楔型”和“构造圈闭型”等应力集中模式。

（2）边坡应力的“驼峰型”分布：如图 12.1 所示，河谷下切或边坡开挖过程中，随着边坡侧向应力的解除（卸荷），边坡产生回弹变形，边坡应力产生相应的调整，其结果是在边坡一定深度范围内形成二次应力场分布。大量实测资料和模拟研究结果表明，边坡二次应力场具有与隧硐围岩应力分布类似的特征，如图 12.1 所示，包括应力降低区（$\sigma<\sigma_0$）、应力增高区（$\sigma>\sigma_0$）和原岩应力区（$\sigma=\sigma_0$，实际为不受卸荷影响的区域）。边坡应力随深度的这种分布形式本节称之为“驼峰应力分布”。其中，应力降低区和应力增高区（“驼峰区”）对应了边坡的卸荷影响范围。①应力降低区（或应力松弛带）：指靠近河谷岸坡部位，由于谷坡应力释放（松弛），使河谷应力（主要指 σ_1）小于原始地应力的区域。这个区的范围一般与野外鉴定的谷坡卸荷带范围大致相当，其深度（水平距岸坡表面）一般为 0～50m，实测的最大主应力一般为 0～5.0MPa。大量的工程实践表明，应力降低区是边坡发生卸荷松弛的主要部位，因此，也是岩体工程地质特性发生变异最为显著的区域。大部分岩体工程地质现象和工程地质问题都发生在这个区域内。②应力增高区：指由于河谷应力场的调整，在岸坡一定深度范围内出现的河谷应力高于原始地应力的区域。这个区域一般在水平距岸坡表面 50～300m 范围，应力为 10～30MPa。大型地下厂房主体的布置应尽量避开这个区域，尤其是 150～250m 这个应力相对最高的区域。③原岩应力区：指河谷岸坡较大深度以内，应力场基本不受河谷下切卸荷影响而保持了原始状态的区域。在西南地区的深切峡谷中，该带的深度范围一般为 250～300m。

（3）河谷底部的“高应力包”现象：河谷底部的应力具有独有的特征，主要表现为

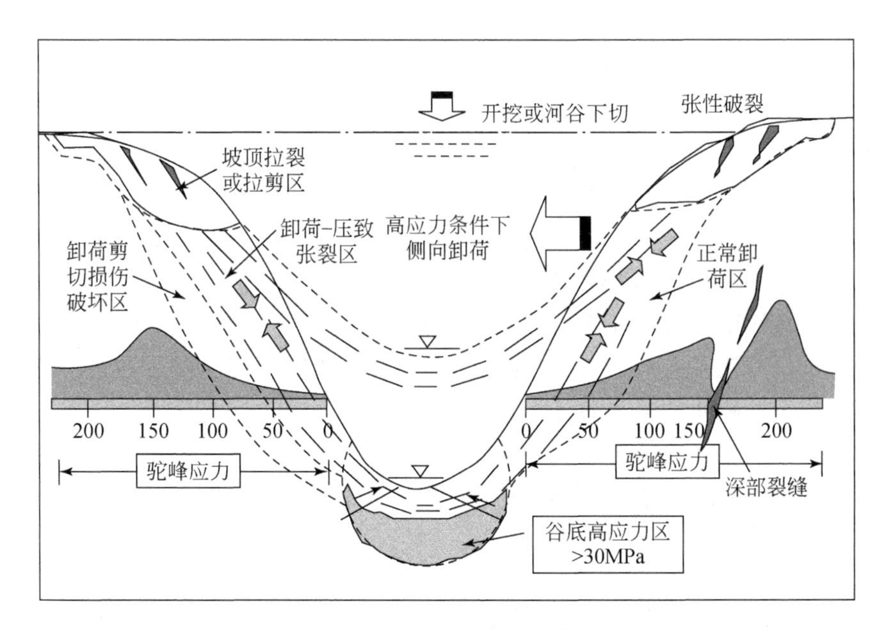

图12.1　河谷边坡应力与破裂分区概念图（以锦屏Ⅰ级水电站坝址区为例；单位：m）

比较浅的应力释放区（或降低区）和明显的“高应力包”现象。应力降低区的深度范围一般为0～25m，很少超过30m。若干工程揭示的现象表明，“应力包”的范围可以采用$\sigma_1=25$MPa（也就是“岩心饼裂”出现的最低应力量级）来划定，其深度范围可达谷底以下150～200m，应力集中量级为25～40MPa，最高可达50～60MPa（二滩水电站）。

（4）区域应力和河流下切速率对河谷边坡应力场的影响：研究结果表明，区域构造应力的大小和方向直接影响河谷应力的集中程度。一般情况下，区域构造应力场每增大1.0MPa，谷底的应力集中将增加3～5MPa。当区域应力场的最大主应力方向（σ_1）与谷坡垂直时，更容易产生谷底的应力集中；而当σ_1与岸坡平行时，应力集中的程度会明显降低，如溪洛渡水电站坝址区。河谷应力的分布还受到河谷下切速率和历史的影响。河谷快速下切的地区，一般应力降低区（释放区）的深度范围较小，应力集中程度相对较低。反之，则应力降低区（释放区）深度范围变大，应力集中程度增高。谷坡位置越高，表明经历的卸载历史越长，应力降低区（释放区）的深度也就越大。

12.1.3　具有复杂的变形破裂演化历史

西部地区岩石高边坡发育的另一个重要特征就是绝大多数边坡表现出较为显著的时效变形特征，并且具有复杂的变形演化历史。这种现象最早被张倬元等（1994）认识并研究，并建立了六类基本地质力学模式。需要指出的是：

（1）高边坡时效变形发生的规模和范围超出了人们的想象。近些年来工程实践所揭示的高边坡时效变形现象已不再局限于独立的边坡或过去人们所理解的有限深度范围内。在雅砻江的某河段，沿江砂板岩的倾倒变形长度达到了数千米；在黄河上游某大型水电工程的库区，高达约700m的花岗岩高边坡顶部可观察到宽大的拉裂现象。类似这种现象还常常被人们误判为是褶皱、断层或别的构造成因，但研究结果表明，拉裂现象是边坡时效变形产物。

（2）坚硬的岩层也可以有强烈的表现。这似乎是令人难以理解的，尤其是在花岗岩、片麻岩这类坚硬但不失韧性的岩类中表现尤为充分。在澜沧江的某大型水电建设工地，开挖所揭露的现象清晰表明，被EW向结构面切割的片麻岩体弯曲时效变形的厚度超过了200m，甚至可以看到岩板在现场所表现的清晰的“柔性”弯曲。

边坡变形破坏演变的时效性表明：岩石高边坡的稳定性不是静止的，而是一个动态演化的地质历史过程。这个过程就是伴随变形的发生，边坡潜在滑动面不断孕育、发展演化，最终进入累进性破坏而贯穿的过程。

12.2 岩石高边坡变形演化动力过程

12.2.1 高边坡演化的动力过程及力源机制

研究结果表明，高边坡变形破坏是一个动态地质历史过程。根据不同阶段驱动边坡变形破坏的动力及其表现特征，可将这一过程的地质-力学行为用以下三个阶段来描述（图12.2）。

（1）表生改造阶段：高边坡形成过程中，伴随河谷的下切或人工开挖过程，边坡应力释放，从而驱动边坡岩体产生变形和破裂，以适应新的平衡状态，这个过程称之为表生改造，这个过程中产生的变形与破裂本书称为表生改造变形或破裂。在这个阶段“驱动”边坡岩体变形、破裂的动力主要是卸荷所引起的边坡内部应力的释放，可以称为“释放应力”。因此，其变形方向与临空面垂直，而破裂面（卸荷裂隙）的走向通常是平行临空面的；而且变形具有与临空面形成（下切或开挖）同步的特点，一旦卸荷过程结束，变形即停止，位移监测曲线表现为“同步型”。

（2）时效变形阶段：当边坡由于表生改造而完成应力场的调整，边坡应力场将转为以自重应力场为主的状态，这时边坡可能形成新的稳定结构而处于平衡状态，也可能由于存在不良的地质条件，而在自重应力场驱动下，继续发生随时间的变形；本书将这个持续的变形过程称之为“时效变形”。这个阶段“驱动”边坡变形的动力主要是重力，由于重力作用的持续性，因此时效变形发展通常是随时间而渐进发展的，因而位移监测曲线通常表现为“延持型”。

（3）破坏发展阶段：边坡时效变形的持续发展过程，也就是边坡潜在滑动面的逐渐孕育和演化过程，当潜在滑动面发展到一定的阶段，将进入累进性破坏阶段，对应于边坡监测位移-时间关系的加速变形阶段。从边坡进入累进性破裂阶段直至边坡的最终破坏，本书称之为“破坏发展阶段”。

显然，边坡的表生改造和时效变形是边坡演化统一过程的两个不同阶段，其不稳定的发展结果是导致边坡岩体潜在滑动面逐渐形成，并最终在边坡自身或某种外营力的驱动和触发下破坏，产生滑坡。因此，对边坡岩体表生时效变形机制的研究，是阐明大滑坡机制及进行滑坡预测和防治工程方案制订的地质理论基础。

研究结果表明，河谷下切或人工开挖过程中，高边坡的形成和演化除了具有上述时间序列演化特征外，还有以下的空间演化特征，即“垂直分带性”（图 12.2），从边坡的下部到顶部，将会依次出现处于表生改造、时效变形及失稳破坏三个阶段的边坡特征，在坡脚或谷底部位，由于谷底的“约束效应”，根据弹性力学的圣维南原理，一定深度和高程影响范围内的应力得不到释放，从而形成谷底的“应力约束区”或“高地应力区”。向上离开这个约束区后，一定高程范围内构造应力得以释放，因而通常处于“表生改造阶段”，在这个区域内可以见到各种表生改造的现象，包括新的破裂结构面体系和河谷的卸荷带。到了边坡的中-上部位，应力已得到充分的释放，各种时效变形现象开始充分发育和展现，边坡处于“时效变形阶段”。而到了边坡的顶部（上部），边坡可能结束了时效变形阶段的演化，表现出各类破坏现象，尤以大型崩塌、滑坡的发育为典型代表。

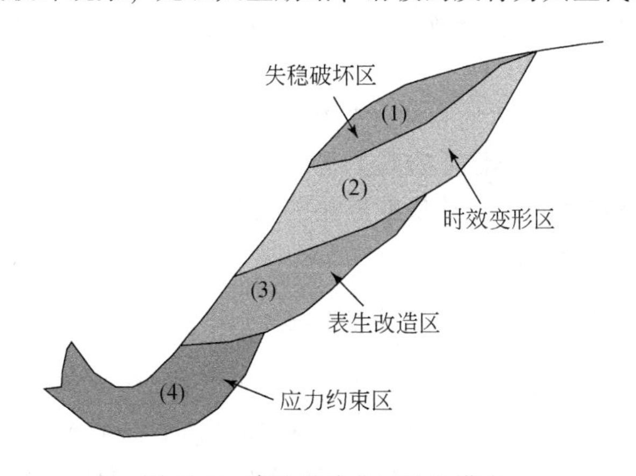

图 12.2　高边坡演化三阶段模式

12.2.2　表生改造变形和破裂

1. 表生改造变形和破裂的性质与特点

表生改造是岩石边坡演化的第一个阶段，也是边坡变形破坏演化动力过程中最为关键的一个阶段，因为它一方面决定了边坡稳定性发展的总体趋向；另一方面，其演化结果也为后续阶段的变形提供了基础，创造了条件。

表生改造是坡体开挖或河谷下切过程中，由于侧向卸荷，应力释放而驱动边坡岩体产生的变形和破裂的现象。从前述卸荷条件下岩石变形破裂机制和特征的研究可以得知，表生改造变形是边坡在因开挖或下切产生侧向卸荷后，所产生的一类侧向扩容性质的变形，这种变形是通过在坡体内产生一系列平行卸荷临空面的张性破裂面实现的，而且开挖或河谷下切速度越快、初始围压越高、临空面条件越好（有超过一个以上的卸荷临空面），表生改造发育越强烈，张性破裂、脆性破坏特征越显著。

边坡岩体在开挖或卸荷后总是要出现各种变形和破裂现象，尤其是坚硬的岩体，破裂现象的发生更为普遍，如三峡船闸边坡中隔墩、小湾水电站进水口边坡及左砂边坡等，但大多数边坡在完成表生改造后，就会处于稳定状态，不会产生随时间的变形，即进入不了“时效变形”阶段，边坡进入不了时效变形阶段，进而也就没有整体失稳破坏的可能，因而这类边坡通常整体是稳定的。因此，在这种情况下，很好地甄别或识别变形破裂现象哪些属于岩体表生改造阶段的产物，哪些是时效变形阶段的特征就显得非常重要了。通常情况下，表生改造的变形和破裂具有以下四个基本特点。

（1）表生改造的变形卸荷受临空面控制，指向与临空面垂直的方向，所产生的破裂大多平行于边坡的临空面，或追踪于坡面近于平行的结构面发生；常多条成带出现，导致一定范围的岩体破裂、松弛，甚至呈架空状态。

（2）历史时期的表生破裂体系大多有地下水带来的次生夹泥充填，大多呈软塑或流塑状态，呈褐红或砖红色，而开挖新形成的破裂面则表现为新鲜无充填。

（3）表生改造的破裂面发育密度总是越接近坡面密度越大，而向坡内密度则逐渐降低，到一定深度后消失。

（4）表生改造的变形与边坡的开挖卸荷有很好的对应关系，是一种开挖坡体由于卸荷作用产生的回弹变形，这种变形性质宏观上是“弹性”的，随着开挖的进行，卸荷的过程而产生，一旦开挖过程结束，变形很快就停止，几乎没有后续的变形，两者基本“同步”或变形停止略滞后于开挖结束。

2. 高边坡岩体表生改造与边坡卸荷带的形成

岩体结构的表生改造是伴随河谷下切或边坡开挖过程所发生的特定边坡动力现象，是伴随下切或开挖卸荷、应力释放、岩体及其结构为了适应新的平衡而产生破裂或老的破裂，并进一步调整所导致的岩体结构及其性状的变化，因此岩体结构的表生改造过程也是边坡内动力向外动力的转换的过程，对岩体结构表生改造的深入研究，有助于进一步揭示边坡应力释放与转换的机制。研究结果表明：中国西南地区，边坡岩体结构的表生改造及形成的卸荷结构面有以下两种类型。

1）垂直卸荷裂隙

垂直卸荷裂隙是最为常见，也是最为重要的一类表生改造结果。通常表现为平行岸坡成带发育的垂直卸荷裂隙，一般发生在如图 12.1 所示的近坡面一定距离拉-压应力组合区内，可能出现以下三种破裂机制：①当最小主应力超过岩体的抗拉强度时，所发生的平行坡面的单向拉裂破坏或拉剪破坏，在这种情况下，平行坡面的最大主应力几乎不起作用，当然岩体重力和拉应力耦合作用下也常发生拉剪。如果坡体中有平行坡面的陡倾裂隙发育时，由于结构面的不抗拉特性，坡体最易于沿这组裂隙拉裂，形成卸荷裂隙，继而沿卸荷裂隙滑坡，形成张拉破坏的滑坡后缘下错裂缝。②在最小主应力卸荷至某一较小应力阈值或卸荷差异变形致使最小主应力为拉应力的情况下，受平行坡面最大主应力控制的压致-拉裂破坏，即应力条件满足 Griffith 准则后（$3\sigma_1+3\sigma_3\geqslant0$）或满足岩石卸荷-拉伸强度准则（见第 8.2.2 节修正 Fairhurst 强度准则），分别产生的受压应力或拉应力控制的张裂破坏。这种张性破裂面基本上也是向平行坡面（沿最大主应力方向）发展。③在单向拉伸或垂直于坡面方向卸荷情况下，受平行坡面最大主应力控制的剪切或张剪破坏分别符合 M-C 准则或 H-B 准则。这种有单向拉伸或卸荷参与的剪切破坏，与双向受压情形下的剪切破坏不同的是，剪切破坏面上作用有法向的拉应力或法向应力减小，因此，尽管破裂机制是剪切的，但是其破坏面的实际表现是张性的，即地质上通常所说的张剪性面。与上述两类张裂面相比，除了破裂机制的不同外，这类张剪性面的倾角一般较前两者缓。

上述三类破裂面尽管破裂机制有所不同，但是都有拉应力或应力卸荷的参与，且都表现出不同程度张裂的特征；另外，这类卸荷裂隙大多是在原有构造（断续）节理面的基础上进一步拉裂贯通发展起来或“显化”出来的。在实际工程中，对这三类破裂面很难加以严格区别，统称为垂直卸荷裂隙。

这种直接由边坡卸荷拉应力环境所导致的边坡卸荷裂隙最为常见，一般发育在坡体的浅表部，表现为密集卸荷节理成带出现，且表现出向坡内发育程度逐渐减弱的特征。研究结果表明，边坡中的断续节理连通率在50%以上时，微小的卸荷诱发拉应力就可导致节理的扩展而形成贯通性的卸荷裂隙。

2）席状卸荷裂隙

这种改造形式虽不常见，但具有很典型的意义，通常表现为在高地应力条件下，岩体产生与开挖面临空面平行的卸荷破裂，称为“席状裂隙”，这种破裂甚至表现为强烈的回弹开裂或开挖面上的“岩爆”。这种情形通常出现在峡谷地区岩石高边坡开挖（图12.3），当开挖到坡脚位置或河谷底部时，由于平行开挖临空面最大主应力（σ_1）的高度集中，而垂直开挖面迅速卸荷，σ_3 迅速降低，从而出现平行卸荷面方向的卸荷扩容和张性破裂，这种破裂的起裂条件更符合 Griffith 准则和法向卸荷条件下岩体强度劣化与破裂规律，因此是一种“压致张裂”和“卸荷扩容”的耦合效应。

小湾水电站在拱坝坝基开挖过程中，就出现了上述典型的（近）水平卸荷裂隙改造，主要表现有以下四种形式（图12.4）。

（1）已有裂隙进一步张裂和扩展［图12.4（a）］。由开挖过程中垂直于临空面的卸荷回弹，导致原本断续结构面的岩桥由于卸荷诱发的残余拉应力而破坏，结构面迹长增大，贯通性增强，结构面连通率可增加10%～30%。

（2）“葱皮”状卸荷［图12.4（b）］。分布在两岸低高程建基面上，低高程较高高程明显；新生裂缝，呈叠瓦状分布于完整或块状新鲜岩石表层，缓倾坡外，单层厚度一般为0.5～5.0cm；倾向方向的可见迹长不大；常沿顺坡控制性爆破孔两侧规则分布。

（3）“板裂”状卸荷［图12.4（c）］。主要分布在右岸高程997～1020m 建基面，平行开挖面发育，完整的基岩被裂成厚度7～30cm 的板状，迹长达数米级，裂面平直粗糙，或呈波状或锯齿状起伏，多为新生破裂，主要见于河床建基面新鲜岩石中。相对于“葱皮”现象而言，“板裂”的发生需要更高的应力量级。

（4）表面爆裂（岩爆）［图12.4（d）］。这类破裂面主要表现出明显的卸荷诱发的岩石动力破坏特征，快速爆裂的张性破裂面相对较光滑。在一些天然河谷的坡脚或谷地部位也可见到这类由于卸荷形成的水平裂隙或席状裂隙带，如在拉西瓦水电站河谷岸坡的坡脚部位，花岗岩中的水平卸荷裂隙延伸长5～20m，密度较大（可达3～5条/m），裂面微张，无充填，大多较为新鲜。

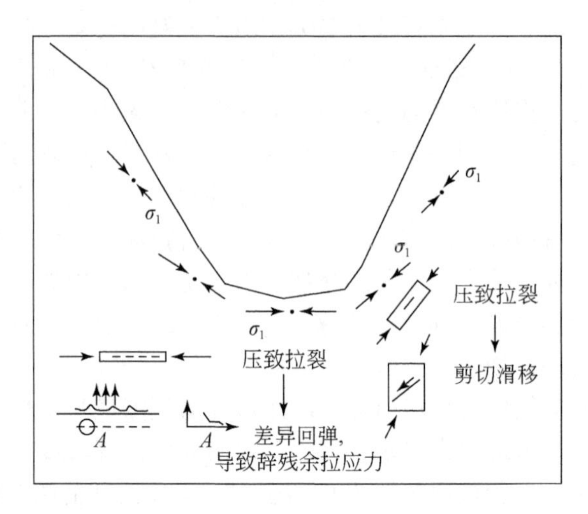

图 12.3　高应力环境下形成的席状卸荷裂隙

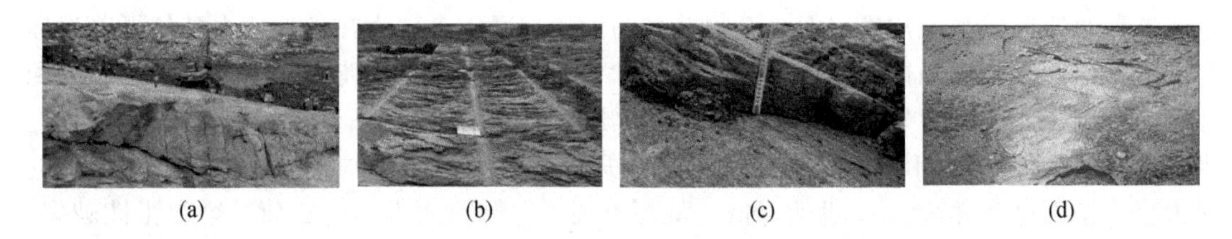

图 12.4　小湾水电站站坝基岩体的卸荷改造（席状裂隙）

3. 高边坡深部卸荷拉裂

西南地区由于特殊的高应力环境和深切河谷地貌，在某些特殊的不利地质条件组合下，可能会出现发育深度异常大的“深部卸荷”或深部拉裂现象，其发育深度可以达到水平距岸坡 150 ~ 200m。这种不利的地质条件组合以“高地应力加上平行岸坡的构造结构面”（长大裂隙带、成组出现的断层等）最为典型。在这种情况下，边坡所积蓄的高地应力释放其影响范围可以达到边坡很大的深度，并在深部的构造结构面发育部位产生应力分异，导致原有的构造结构面成组拉裂形成深部卸荷带。这种情形以雅砻江锦屏水电站普斯罗沟坝址左岸高边坡和金沙江向家坝水电站马步坎高边坡最为典型，其发育深度水平距岸坡可达 170 ~ 200m；小湾水电站左岸 4#、6#、8#山梁高边坡尽管地应力环境不如这两者高，但由于坡体内存在平行河谷中倾坡外的不利结构面，卸荷深度也可达到水平距岸坡 150m 的深度。

4. 表生改造对岩体工程地质特性的影响

表生改造对岩体工程地质特性的影响主要表现在以下五个方面。

（1）释放坡体应力，促进边坡二次应力场的形成，缓倾角结构面更是起到边坡应力释放“窗口”的作用。

（2）形成了边坡浅部的卸荷松弛带，改造了边坡岩体结构，降低了岩体质量级别。

（3）缓倾角结构面的卸荷改造更降低了结构面的强度特性，使一定范围内结构面的强度从峰值降低到残余值，从而为边坡的继续变形创造了条件。

（4）表生改造通常造就了一些对边坡后续变形极为有利的几何边界条件，如边坡后部的拉裂、前部的缓倾角结构面等。

（5）形成了边坡中新的营力活跃带，尤其是地下水活动的通道，这在高坝工程的绕坝渗漏与坝肩稳定性评价中具有重要的意义。

进一步，可根据边坡卸荷松弛和表生破裂的发育程度将卸荷带分为强卸荷带、弱卸荷带和深部卸荷带三种类型，各类卸荷带的主要地质特征和指标见表12.2（参考黄润秋教授参加修编《水利水电工程地质勘察规范》的成果）。

表12.2　边坡岩体卸荷带划分

卸荷带划分	主要地质特征	主要指标	
		张开裂隙宽度	波速比
强卸荷带	近坡体浅表部卸荷裂隙发育的区域。裂隙密度较大，贯通性好，呈明显张开，宽度在几厘米至几十厘米之间，内充填岩屑、碎块石、植物根屑，并可见条带状、团块状次生夹泥，规模较大的卸荷裂隙内部多呈架空状，可见明显的松动或变位错落，裂隙面普遍锈染。雨季沿裂隙多有线状流水或成串滴水，岩体整体松弛	张开宽度>1cm 的裂隙发育（或每米硐段张开裂隙累计宽度>1cm 的裂隙发育）	<0.50
弱卸荷带	强卸荷带以里可见卸荷裂隙较为发育的区域。裂隙张开，其宽度在几毫米至十几毫米之间，并具有较好的贯通性；裂隙内可见岩屑充填，局部或少量可见细脉状或膜状次生夹泥，裂隙面轻微锈染。雨季沿裂隙可见串珠状滴水或较强渗水，岩体部分松弛	张开宽度<1cm 的裂隙较发育（或每米硐段张开裂隙累计宽度<1cm）	0.50～0.75
深部卸荷带	相对完整段以里出现的深部裂隙松弛段，深部裂缝一般无充填，少数有锈染。岩体纵波速度相对周围岩体变化较大	—	—

12.2.3　时效变形

边坡经表生改造进入时效变形，再由时效变形进入最终的破坏阶段，严格说来，这是任何一个边坡演化都将经历的三个阶段。但是，从是否具有工程地质意义的角度来讲，边坡的演化能否进入时效变形阶段，并通过时效变形进入最终的破坏阶段，主要还取决于边坡的地质结构特征。实践表明：以下几类边坡的地质结构非常有利于边坡在完成表生改造后，进入时效变形阶段。

（1）边坡内具有倾向坡外的缓倾角结构面，且倾角与残余摩擦角接近；

（2）边坡具有由软岩构成的软弱基座；

（3）由近直立中-薄层状岩层构成的陡边坡（尤其是软岩或有软岩夹层）；

（4）碎裂结构岩体边坡；

（5）风化分带界限明显的边坡；

（6）堆积体（散体）边坡。

“时效变形”是在表生改造结束后，紧接着发生的一种随时间逐渐发展的变形。在这种情形下，边坡的变形由于受到坡体中不利的地质结构控制而在表生改造结束后继续发生持续的变形，并可能保持一定的速率。这种变形不完全取决于“开挖卸荷过程”的影响，甚至在量级上会超过开挖卸荷过程中的变形。更有甚者，开挖过程中，几乎没有卸荷响应，而在结束后，会有很大的变形发生，反映在监测曲线上是“延持型”的。

12.2.4 高边坡深部拉裂的高应力-强卸荷机制

在西南地区峡谷高边坡的地质勘探过程中，常常揭露边坡具有深部卸荷，并伴随深部张裂的现象，即除了边坡浅表部发育的正常卸荷带（一般 0 ~ 60m）外，在坡体的深部（一般水平距岸坡 120 ~ 200m 深度）还发育有深部的卸荷带，表现为典型的深部张裂。这种现象在雅砻江锦屏水电站和金沙江向家坝水电站（马布坎高边坡）最为典型，白龙江苗家坝水电站、澜沧江小湾水电站及糯扎渡水电站等也有揭露。

大量的勘探实践和研究资料表明，深部张裂带的发育具有多种复杂的机制，包括本书中所提到的几种模式中实际上也包含了深部张裂带的成分。作为强烈卸荷而引发的这种深部卸荷及其所伴随的深部张裂现象有以下三个强烈的背景：一是高地应力（现实边坡内部的水平或近水平应力通常在 15MPa 以上，河谷下切释放前应该更高），这种高地应力是驱动边坡发生强烈回弹变形的内在动力。二是边坡深部存在有利于应力释放的结构面（平行或与边坡小角度斜交的近直立或倾坡外的断层或长大裂隙），这是深部卸荷和张裂带形成的边坡结构基础；三是河流的快速下切，这是导致边坡内在应力快速释放的外部条件。

在上述条件下，高边坡所发育的深部裂缝体系，实际上是在特定的高地应力环境条件下，伴随河谷快速下切和坡体应力强烈释放，而在沿坡体内原有的构造结构面上卸荷拉裂的产物。根据地质条件和变形破裂演化趋势的差异，可进一步将这种具有特定“深部裂缝”的边坡分为以下两种类型，即“锦屏型”深部裂缝边坡和“向家坝型”深部裂缝边坡。

1. “锦屏型”深部裂缝边坡

由反倾层状岩体构成的高陡边坡，具有高应力条件和与坡面近于平行的具有一定规模的结构面（小断层等）。河流下切或边坡开挖条件下，由于特定的地质结构，伴随边坡内部高地应力的释放，坚硬岩层向临空方向挤出，并沿已有的构造结构面拉裂，形成深部张裂。这种变形往往形成欠稳定的边坡结构（天然情况下基本稳定）。

图12.5为雅砻江锦屏水电站普斯罗沟坝址左岸高边坡，除浅表部的正常卸荷带外，还发育有一系列深部裂缝，阐明这些深部裂缝的分布特征、成因机制对高边坡稳定性评价有重大意义。

现场地质勘探揭露，典型的“深部裂缝”有以下表现特征：裂缝发育范围受岩性控制。高边坡范围内，主要涉及下部的大理岩和上部的变质砂板岩两套岩性，但典型的张裂缝主要发生在脆性的大理岩中，裂缝往往终止于两套岩性的界面处。另外，裂缝发育位置受构造控制，深部裂缝基本上都是沿已有的构造结构面拉裂，这组结构面与边坡小角度斜交，陡倾坡外，由小规模断层和长大裂隙构成。根据上述深部裂缝发育的基本规律，对锦屏水电站普斯罗沟左岸高边坡深部裂缝的形成机制研究可得出如下的概念模型，如图12.5所示。

（1）首先是边坡本身的结构条件。从岩性结构特征来看，边坡宏观上是由下部坚硬的大理岩和上部相对软弱的砂板岩构成的非均质坡体。客观上，两类岩性的不同导致了其对边坡卸荷过程中应力释放响应的差异。相对坚硬的大理岩对应力释放过程中边坡变形的适应能力较差，通常表现为脆性破裂的方式；而相对软弱的砂板岩，尤其是碳质板岩对变形的适应能力较强，边坡应力释放过程中更多表现为塑性变形。

从构造结构面发育特征来看，边坡内部存在走向NE（与边坡基本平行或小角度斜交），陡倾坡外优势结构面，表现为长大裂隙或小断层。这组结构面在河谷下切过程中，有利于边坡卸荷和应力释放。

（2）其次是边坡的应力场条件。包括两个方面，一方面，锦屏坝区具备相对较高的区域构造应力场环境条件。坝区区域构造应力场最大主应力方向垂直河谷，为7～10MPa，这样的区域构造应力量级在西南地区相对也是较高的。另一方面，由于较高的区域构造应力场量级及高达1000m以上的高边坡，导致河谷高边坡应力场量级高、应力分布条件复杂，具备了应力释放的内在动力条件。

实测表明：坝区谷坡下部高程1650m水平距岸坡230～240m深度地应力（σ_1）高达30～40MPa，向上到高程1780～1850m水平距岸坡100～200m深度地应力（σ_1）仍高达17～23MPa；而应力一旦释放后（如在深部拉裂附近），应力骤降为5～6MPa（如图12.5中PD14平硐120～128m深处）。

（3）河谷的快速下切。河谷发育历史分析表明，从高程1825m（相当于Ⅳ级阶地）开始，雅砻江河谷的发育经历了一个快速下切过程，平均下切速率达到3mm/a，最高达3.9～4.4mm/a。

综上所述，上述深部裂缝体系形成的“概念模型”可归结为：在坝区特定高地应力环境条件下，伴随河谷快速下切过程中，坡体应力强烈释放，从而驱动坡体产生向临空面方向的卸荷回弹，导致沿坡体内原有的构造结构面（小断层和长大裂隙）卸荷拉裂，形成深部裂缝。因此，这种深卸荷完全是这一地区高陡边坡、高地应力、河谷快速下切卸荷和坡体内部特定的与边坡近于平行的结构面综合作用的产物（图12.5）。

根据目前普斯罗沟左岸高边坡深部裂缝的发育特征，结合河谷高边坡演化的动力过程和岩石高边坡变形破坏演化的三阶段理论，判断目前边坡变形破裂现象主要是表生改造阶段产物，即伴随河谷下切过程，应力释放、边坡卸荷回弹及原有构造结构面卸荷拉

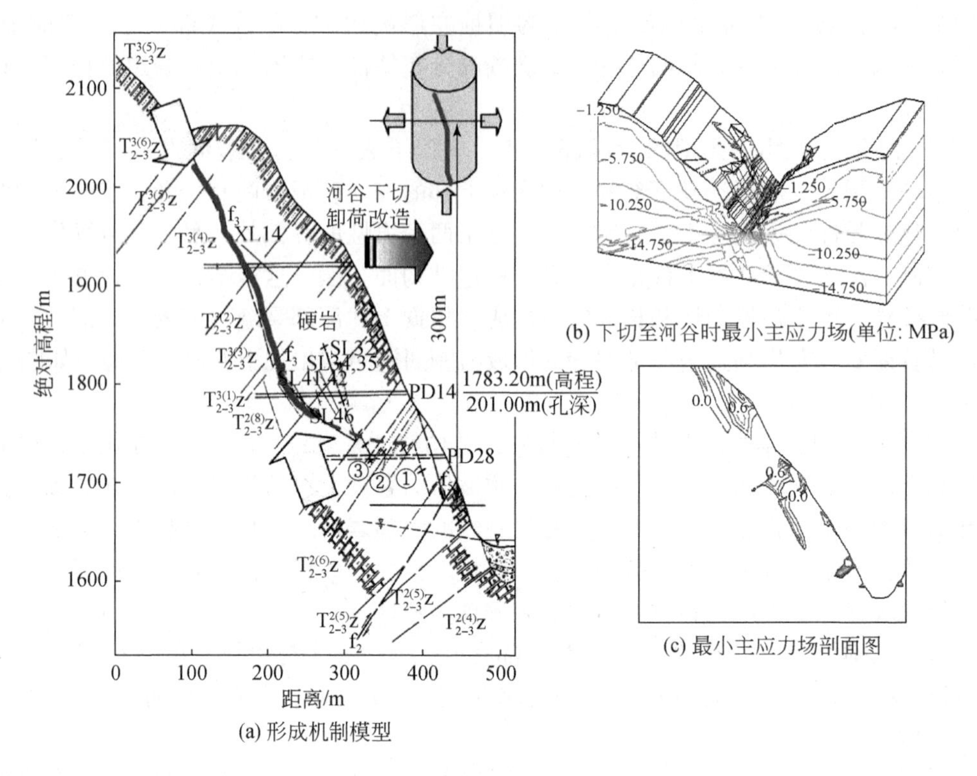

(a) 形成机制模型

(b) 下切至河谷时最小主应力场(单位: MPa)

(c) 最小主应力场剖面图

图 12.5　锦屏一级水电站左岸深部卸荷裂隙的高应力-强卸荷成因机制

裂，尚未进入时效变形阶段。从岩体结构条件分析，边坡也不具备产生时效变形的有利边界条件。因此，在自然条件下，岩石高边坡是稳定的，并有一定的安全储备。但作为工程边坡，在开挖、动力或水雾条件下，其所具备的安全储备是较低的，工程布置和施工应尽可能避免对边坡的影响和扰动，并对边坡采取一定的工程处理措施，以提高其安全储备。

2. "向家坝型"深部裂缝边坡

边坡结构为近水平岩层构成的高边坡，具有平行坡面的垂直长大裂隙。由于构造条件所决定的水平应力集中，在河流下切条件下释放，从而驱动边坡岩体沿近水平的层间弱面向坡外挤出，形成深部裂缝。从变形稳定性的角度来看，这类变形实际上是一种应力释放型的大型表生变形结构。随着河流的下切或开挖的进行，应力释放，变形发展；坡体内的水平应力将因应力逐步释放而不断减弱，最后消失而过渡为自重应力场。故在区域应力场不变的条件下，这类变形破裂的发展必然是减速型的，当这种破坏类型发展到一定程度时会自行稳定下来，不会形成大规模的滑坡。

12.3　大规模开挖卸荷诱发岩石高边坡卸荷破裂特征及变形规律

与天然边坡不同，在大规模开挖条件下，高边坡系统所处的状态与经历的过程与天然状态下的高边坡有很大的不同，最为本质的区别是在开挖“卸荷”条件下完成的；而在同样的时间尺度下，天然边坡的稳定性及变化过程是在“加载”状态下完成的（各种环境因素的加载）。因此，对于开挖条件下的高边坡而言，其稳定性除了受控于地质环境条件以外，还受到复杂的开挖卸荷的影响，是一个典型的动态系统过程。地质环境的多变性和大规模开挖施工及其伴随的岩体力学特性的复杂性（参见第3～10章），决定了大规模开挖条件下高边坡变形破坏和稳定性响应的高度复杂性。

近20年来，我国西南地区水电开发进入一个高峰期，一批300m级的高坝和大型水电工程建成或在建，如澜沧江小湾水电站，金沙江溪洛渡水电站、向家坝水电站，雅砻江锦屏水电站、官地水电站，大渡河瀑布沟水电站、大岗山水电站和长河水电站等，这些大型水电工程建设涉及枢纽区各类建（构）筑物场地的大规模开挖，尤其是大坝坝肩边坡的开挖和坝肩以上高位边坡的开挖，其开挖高度一般都在300m以上，最高约700m。例如，澜沧江小湾水电站，其自然边坡陡峻，高度在1000m以上，平均坡度为35°～45°，谷坡卸荷强烈，顺坡结构面发育，地质条件复杂；工程边坡类型多、体形多样、功能复杂，总高度达700m；而且边城开挖时间短（三年半）、开挖体量巨大，开挖强度极高，是目前世界水电建设史上高度最大的岩石边坡开挖工程之一。在这样的情形下，如何认识这一巨大的开挖工程对边坡稳定性产生的影响，尤其是高边坡开挖过程中所发生的变形破坏（裂）响应，不仅是高边坡稳定性评价和工程处理的基础性问题，也是对高边坡设计与施工极具挑战性的问题。类似小湾这样的大规模岩石边坡开挖工程不仅在水电领域，在矿山、交通等资源开发和基础设施建设领域也经常遇到，可以说，这是我国当前及今后相当长的时间内将面临的重大工程技术难题之一。对这类问题在实践的基础上，开展较为深入的研究，揭示大规模开挖过程中高边坡所发生的变形、卸荷和破裂（坏）现象、形成机理及基本规律，探讨大模开挖卸荷过程中高边坡的地质-力学响应及对稳定性的影响，对丰富岩石高边坡稳定分析理论具有重要的科学意义，也对丰富岩石边坡工程设计和施工具有重要的实际价值。

本节以澜沧江小湾水电站等高边坡开挖为典型案例，以开挖边坡破裂现象及监测资料为依据，总结了开挖过程中边坡岩体破裂响应特征及变形演化规律。

12.3.1　澜沧江小湾水电站高边坡开挖卸荷破裂特征

坝区河谷应力场总体上属中等应力区。现今残余构造应力的最大主应力呈近SN向，量级为5～7MPa；在工程影响区内，地应力主要受自重应力控制，最大主应力量值一般为10～25MPa，方向由深部到河谷两岸边坡，从NW—NWW向逐渐转为SN向。

1. 河床坝基卸荷破裂特征

河床坝基包括部分拱肩槽正面边坡，主要是指 1050 ~ 953m 高程之间的建基面。两岸坝基虽然均是完整的基岩，但其岩性略有不同，具体表现在，左岸坝基的中上部和右岸坝基的中部为角闪斜长片麻岩，其他部位则基本上为黑云花岗片麻岩。其中，右岸坝基 E1、F4、E5 和 E9 等四条蚀变岩带，左岸坝基只有一条 E8 蚀变岩带，在河床坝基有一条 E10 蚀变岩带。此外，在右岸坝基还发育一条Ⅲ级结构面 F11，它们都对坝基的卸荷起着十分重要的控制作用。坝基建基面开挖退坡深度大，水平向与垂向最大退坡深度均超过 100m。建基面内，岩性坚硬，岩体较为完整，易于储存应变能。在坝基开挖过程中，左右两岸均存在不同程度的卸荷破裂现象。陡倾角的卸荷裂隙在河床坝基中极不发育，而中缓倾角的卸荷裂隙在坝基边坡中十分普遍，且极具有代表性，因此，本节主要介绍中缓倾角的卸荷拉张裂隙，并对其形成机理进行分析。

中缓倾角（包括近水平的）的卸荷裂隙在河床坝基部位较为普遍，可分为追踪（或利用）改造原有裂隙的卸荷张裂和新产生的卸荷拉张裂隙两种。按新生卸荷破裂后所形成的“岩片”厚度，可分为“席片”式卸荷和“片状”或“板裂”式卸荷两种。

在坝基建基面开挖的过程中，节理裂隙发生了沿已有的近 SN 走向的裂隙卸荷张裂［图 12.6（a）］，同时上盘岩体常顺中缓裂隙卸荷面张裂且剪切错动［图 12.6（b）］，河谷底部近水平裂隙也出现明显的卸荷张裂现象［图 12.6（c）］。

(a) 沿SN向裂隙卸荷张裂

(b) 中缓裂隙卸荷张裂且剪切错动

(c) 河谷水平裂隙卸荷张裂

图 12.6　小湾水电站坝基沿已有裂隙卸荷张裂与剪切错动现象

开挖过程中新产生的卸荷拉张裂隙，长短不一，张开度也大小不一，裂隙多干燥无充填，裂隙面多粗糙（JRC 一般大于 6），裂隙卸荷发育程度随开挖高程而异。一般表现为高高程的卸荷裂隙较为短小，而低高程的卸荷裂隙较为长大；高高程的卸荷裂隙张开度较小，而低高程的卸荷裂隙张开度较大；高高程的发育密度较小，而低高程的发育密度较大。从开挖诱发的卸荷裂隙随高程变化的规律表明：低高程开挖工程量大，卸荷扰动强度高，新生卸荷裂隙的张开度越大，长度越长。下面分别对开挖新产生的“席片”式和“片状”或“板裂”式卸荷裂隙进行分析。

1)“席片”式卸荷裂隙

如图12.7所示，在1190～1050m高程的河床坝基基岩开挖面（浅表层）上，开挖过程中可见到“岩片”厚一般为5mm至3cm，长度一般为5～100cm（受炮孔间距影响），最大可达2～3m的薄层片状卸荷裂隙。通常表现为上部较密，向下逐渐变稀疏。裂隙多呈闭合-张开状或微张开状，其最大张开度一般不超过5mm，卸荷深度一般不超过20cm。因这种卸荷裂隙所形成的“岩片”像“席片”一样薄，故称之为“席片”式卸荷裂隙。

“席片”式卸荷裂隙面较新鲜，为开挖卸荷所形成的拉张裂隙，在河床坝基的分布规律表现为低高程强于高高程，下游侧强于上游侧，左岸强于右岸。

图12.7 右坝基1120m和左坝基1160m高程附近的“席片”式卸荷裂隙

为什么会出现这种“席片”式卸荷拉张裂隙呢？一是它与该区的中高地应力有关系，二是与坝基的岩性及岩体结构有关系。中高地应力是其产生卸荷破裂的应力基础，完整新鲜坚硬的岩体易于储存弹性应变能，卸荷后边坡岩体将产生由坡表向外逐渐递减的差异性梯度变形，进而将岩体剥离成“席片”状。而开挖前的岩体处于较高的三维应力状态，在其遭受开挖而出露到地表的过程中，岩体内与坡体平行的最大主应力（σ_1）与垂直坡面的最小主应力（σ_3）的差值不断增大，这种开挖后应力重分布造成边坡岩体发生卸荷差异回弹张裂及卸荷压致拉裂的耦合变形，岩体即生成近平行于坡面的中缓倾角破裂，形成“席片”式卸荷拉张裂隙。由此可以认为，它是中高地应力区完整岩体的一种特有的卸荷现象。此外，由于（σ_1）随着高程的降低而增大，故在低高程处的边坡岩体卸荷程度强于高高程的边坡岩体卸荷程度。

2)“片状”或“板裂”式卸荷

在河床坝基开挖过程中，尤其是1050m高程以下河床坝基出现了层状-薄层状的中缓-水平的卸荷拉张裂隙或裂隙带（图12.8）。“岩层”一般厚几厘米至几十厘米不等，最大厚度可达1m。裂隙平直，裂面新鲜，可见迹长一般为几十厘米至数十米，裂隙多呈张开状，张开度从1mm至数厘米不等。在裂隙带内可见厚1～3cm的薄层状岩片，部分有架空现象。若有相应的倾斜临空条件，在回弹的同时，上盘岩体还表现有错动现象（图12.8）。这种卸荷拉张裂隙的形成机理与“席片”式卸荷的机理基本相同，同为卸荷差异回弹张裂和压致拉裂的耦合拉张效应。由于最大主应力随着高程的降低有明显增大的趋势，尤其是河谷底部存在明显的“高应力包”（图12.1），故河床坝基开挖卸荷破裂的强度要高于边坡岩体，其卸荷深度可深达几米至数十米。总体而言，随着开挖高程的降低，边坡的卸荷强度越来越剧烈，表现为卸荷拉张裂隙越来越宽大，卸荷张裂的岩层厚度越厚（由席片向片状再向板状过渡），其卸荷深度也越深。

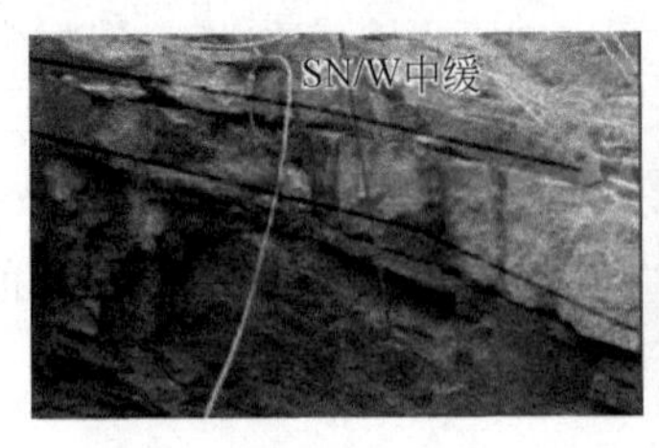

图 12.8　河床坝基 960～980m 高程范围的板裂卸荷破裂现象

上述卸荷破裂现象总体表现为：

（1）卸荷拉张裂隙主要分布在河床坝基 1050m 高程以下，平行坝基建基面发育。卸荷回弹裂隙从高高程至低高程（河床），由中缓倾角的卸荷裂隙逐渐转变为平缓（均倾向坡外），至河床部位为近水平。

（2）坝基卸荷强度具有不均一性。左岸卸荷强度大于右岸；从高至低，卸荷程度越来越强，即越向河床中心，卸荷强度越大，越剧烈；同一高程，上游侧的卸荷强度大于下游侧的卸荷强度。

（3）在深度 2m 以内的浅表部卸荷较为强烈，在 8m 以内仍有卸荷回弹破裂现象。在河谷底部，其卸荷回弹深度达 20m。

（4）卸荷程度与岩土体的完整性有较强的相关性。完整性较强、较坚硬的岩体卸荷较强，而岩体相对较破碎、较软弱的岩体卸荷较弱。

（5）卸荷裂隙呈拉张性质，裂面新鲜，裂隙内无充填，局部有剪切错动现象。

2. 进水口边坡卸荷破裂特征

进水口边坡位于椿沟下游侧，拱肩槽的上游侧。岩性主要为角闪斜长片麻岩和黑云花岗片麻岩，岩体结构以次块状为主。上游侧为本区最大的Ⅱ级断层 F7 及沿之分布的椿沟堆积体。在进水口直立坡部位有 F3、F3、F5、F2 和 F6 等断层。此外，还有近 EW 走向陡倾上游的片岩夹层、近 SN 走向的陡倾坡内节理及近 SN 走向中缓倾角（倾坡外）的节理等。

进水口直立坡总体走向为 N40°W，高差 106m，平均开挖坡度为 89.2°。其中，在 1245～1220m 高程之间分为 1230m 和 1220m 两个马道，其开挖坡比为 1：0.65，1220～1139m（底板高程）为直立坡，尤其是进水口平台最大水平退坡深度超过 150m，开挖规模大，岩体卸荷破裂现象十分典型。进水口边坡自 2003 年 9 月从 1245m 高程开挖，至 2004 年 12 月底开挖结束（至 1139m 底板高程），整个开挖过程时间短，卸荷速率快。在开挖过程中，进水口边坡岩体出现了拉裂缝，其最大张开宽度达 3cm。该段边坡的卸荷拉张裂隙主要发生在 1230m 高程以下，1#机组中心线至过渡段之间的直立坡部分。裂缝张开 1～30mm，以 3mm 左右的裂隙最为发育。

在进水口的第二个岩柱开挖至 1150m 高程附近时，该岩柱近 SN 走向的中缓倾角结构面发生了明显的（差异）卸荷回弹现象［图 12.9（a）］，并伴随着向河谷（倾向 W）方向错动，其错距约 2cm［图 12.9（b）］，整体表现为卸荷张剪模式。

此外，在进水口正面直立边坡开挖过程中，出现如图 12.9（c）所示的拉-剪复合的卸荷裂隙，破裂面整体呈贯通的台阶状。这一台阶状卸荷破裂可以构成边坡破坏的关键控制性滑动面，其一般发育于断续发育的中缓倾结构面或陡缓相间的断续结构所控制的高陡边坡。对于小湾进水口高边坡而言，开挖卸荷诱发近 SN 向的陡倾角结构面拉裂扩展，而中缓倾角的结构面则发生张剪破裂，造成陡-缓裂隙间岩桥呈现拉伸或拉剪破裂，进而形成台阶状拉剪复合卸荷破裂面。在陡倾角的卸荷裂缝中，可见充填岩块和岩屑等，而中缓倾角的卸荷裂隙则相对闭合，但局部也有岩片和岩屑及架空等张性表征现象。本书第 4 章和第 5 章的试验研究成果，阐明了这一卸荷诱发张剪或拉剪破坏的力学本质及演化机制。

(a) 缓倾角裂缝的卸荷差异回弹

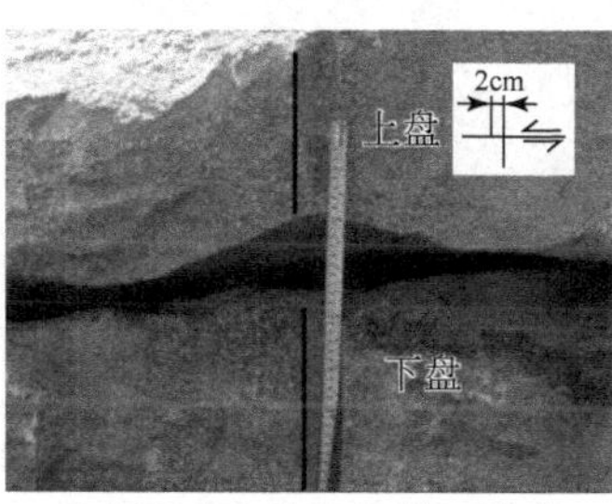

(b) 图(a)中方格放大(剪切错动)

(c) 台阶状卸荷破裂面

图 12.9　进水口边坡的代表性卸荷诱发差异回弹及台阶状破裂现象

3. 拱肩槽上下游边坡卸荷破裂特征

拱肩槽边坡由于其所在部位在坝的修筑及使用过程中有着极为重要的作用。拱肩槽上游边坡多三面临空，正面边坡退坡较深，下游边坡则属于上游临空的抗力体的一部分。从现场观察来看，拱肩槽边坡的卸荷破裂现象也较为发育和典型。由于拱肩槽正面边坡（即坝基）已在前面进行了分析，故本节介绍拱肩槽上游和下游边坡的卸荷破裂特征。

1）拱肩槽上游边坡卸荷破裂特征

拱肩槽上游边坡主要指在 1245m 高程以下的过渡段边坡，拱肩槽正面边坡至 F7 断层之间的坡体。左右两岸的上游坡体均为“倒三角体”。右岸过渡段的卸荷相对较强，主要发生在 1160～1245m 高程范围内（图 12.10）。卸荷裂隙延伸方向起伏较大，断续延伸，张开 0.1～5mm，可见迹长一般为 1～2m，裂隙内无充填。其中，1195m 高程以上的卸荷裂隙宽度一般小于 2mm，1195m 高程以下裂隙宽一般为 2～5mm。

在 1195m 高程以上部位是向拱肩槽方向发生卸荷松弛开裂，而 1195m 高程以下的坡体，由于它处于三面临空状态，所以其卸荷方向与上部坡体相比，有较大的不同。主要表现在：以 1190m 高程的撕坡线为界，其下游侧坡段（走向 N7°W）向拱肩槽方向发生张、张剪性卸荷破裂，而其上游坡段则向进水口方向发生倾倒折断性卸荷破裂。

从图 12.10 中的卸荷裂隙局部放大图（1192m 高程附近）可知，卸荷表现呈左旋逆断的性质，它进一步证明了其上盘岩体向拱肩槽（下游）方向的剪切滑动和张裂的复合破裂特征，而下盘岩体则向进水口（上游）方向滑动和张裂。

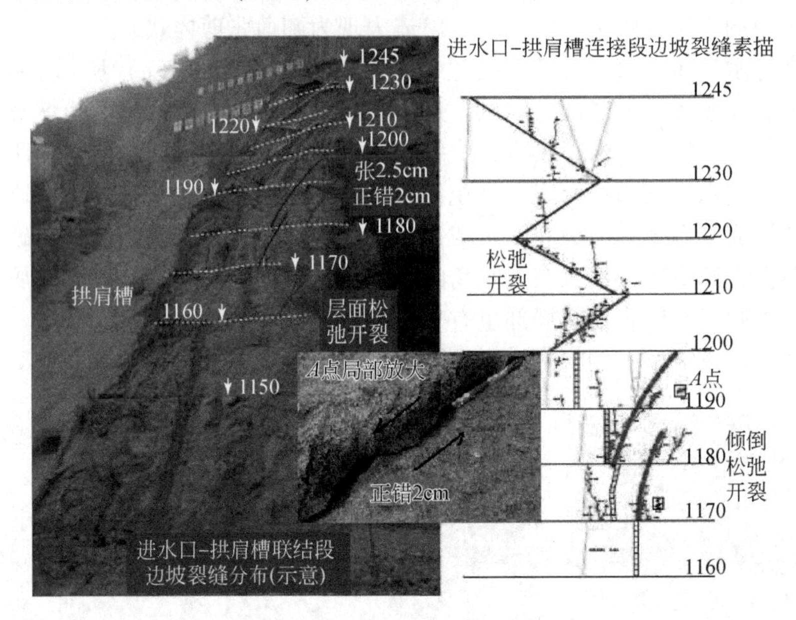

图 12.10　进水口边坡与拱肩槽间过渡段边坡卸荷破裂素描图（单位：m）

值得注意的是，上游过渡段边坡在 1195m 高程以上的卸荷裂缝较窄，而下部的卸荷裂缝相对较宽。这一现象是由坡体的临空状态和地质结构综合控制的：因为 1195m 高程以上的坡体处于两面临空状态（拱肩槽方向和河谷方向），而 1195m 以上高程边坡处于三面临空状态，可向拱肩槽及进水口方向同时卸荷变形，造成 1195m 以上高程边坡的卸荷强度更高；整个上游过渡段边坡的岩体结构及边坡结构基本相同，该段边坡近 SN 走向的结构面较不发育，而近 EW 走向的结构面（断层、挤压面、片岩和层面等）则较发育，为边坡向拱肩槽方向卸荷变形提供了地质基础。临时和岩体结构条件的叠加作用，使得 1195m 高程以下坡体的卸荷裂隙宽度大于其上部坡体。

此外，通过对 1195m 高程以下的坡体进一步调查发现：1190 ~ 1193m 高程附近的卸荷裂隙宽度在 3cm 左右，而 1160 ~ 1170m 高程的坡体其卸荷裂隙最宽仅 3mm。可见，开挖边坡的三面临空状态是造成过渡段上部坡体的卸荷裂隙宽度大于下部坡体的主要原因。因此，在开挖或设计边坡时，应尽量减少或避免边坡多面临空。

在左右两岸 1200m 高程附近发育近 EW 向陡倾角的卸荷拉张裂隙［图 12.11（a）］，呈锯齿状或（微）波状起伏，张开宽度一般为 0.2 ~ 15mm，最宽达 30mm，无充填，为卸荷诱发边坡岩体张拉破坏。此外，在右岸 1210m 高程附近发现近 SN 走向的陡、中缓倾角的卸荷张剪裂隙［图 12.11（b）］，并略微向坡外错动，张开度为毫米级，无充填，其中中缓倾角卸荷裂隙较不发育。

总之，开挖诱发拱肩槽上游侧卸荷裂隙拉张性质明显，其中陡倾角卸荷裂隙多为拉应力条件下的拉张破坏，中缓倾角的卸荷裂隙多为张剪裂隙。

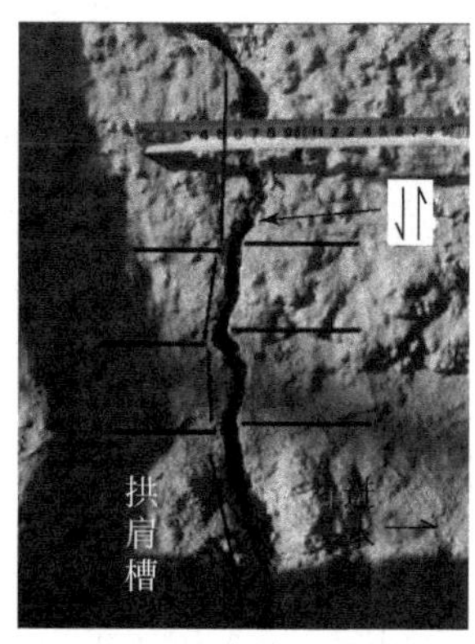

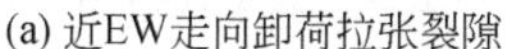

(a) 近EW走向卸荷拉张裂隙

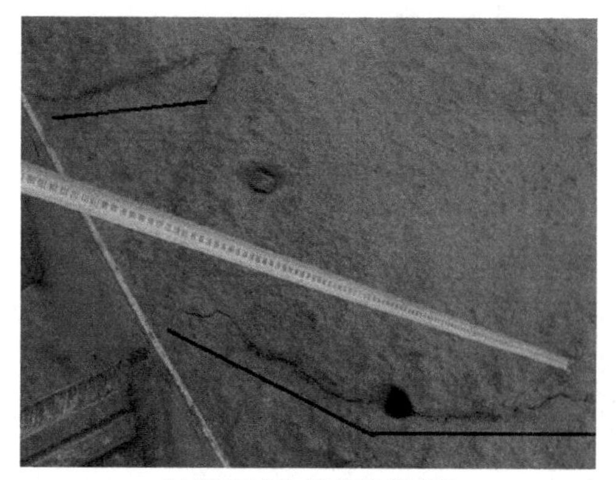

(b) 近SN走向卸荷张剪裂隙

图 12.11　右岸发育的卸荷张拉裂隙

2）拱肩槽下游边坡卸荷破裂特征

拱肩槽下游侧边坡岩性主要为微新的角闪斜长片麻岩，岩体结构以Ⅱ类和Ⅲ类为主，部分为Ⅳ类。由于其所在工程部位不同，开挖诱发的卸荷裂隙力学性质也有所不同。

在左岸拱肩槽下游边坡的1210～1215m高程发现了近EW向陡倾角的卸荷拉张裂隙［图12.12（a）］，裂隙张开数毫米至3cm，呈锯齿状，为沿断续裂隙间扩展而成，裂隙内无充填。而右岸位于1215～1230m高程近SN向的卸荷拉张裂隙［图12.12（b）］呈近直线，裂隙内也充填，沿近平行坡面的裂隙扩展而成。在坡体的低高程（1045～1110m），可以发现，靠近拱肩槽下游边坡的近EW向陡倾角的卸荷裂隙均有错动的迹象［图12.12（c）］，其裂隙宽度一般为5～30mm，裂隙内充填。

(a) 近EW走向卸荷拉张裂隙

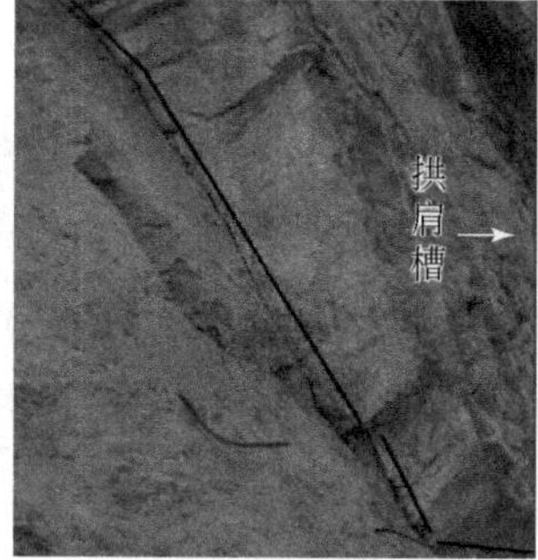

(b) 近SN走向卸荷裂隙

(c) 近EW走向卸荷裂隙

图 12.12　拱肩槽下游侧卸荷裂隙

此外，在右岸拱肩槽下游边坡的1035m高程［图12.13（a）］可见近SN走向中缓倾角的卸荷拉张裂隙，它主要表现为上盘岩体的卸荷回弹，并常伴随向河谷方向的错动，裂隙面较新鲜，呈锯齿或近直线型，张开度一般小于近SN走向陡倾角的卸荷裂隙，裂隙内无充填。此类近SN走向中缓倾角的卸荷裂隙常与近EW走向的陡倾角卸荷裂隙形成共轭

"X" 型节理，且常被后者（近 EW 向）所错断［图 12.13（a)］。在左岸拱肩槽下游边坡的 1240m 高程也发现了与之类似的卸荷拉张破裂现象［图 12.13（b)］。

总之，拱肩槽下游侧的卸荷强度大于上游边坡（过渡段除外），但上游边坡近 EW 向陡倾角的裂隙卸荷具有逆断性质，而下游边坡的同组卸荷拉张裂隙则具有正断错动的性质。

其发生的机理为：在重力和垂直于开挖面卸荷耦合作用下，平行于坡面的最大主（压）应力逐渐增大，岩体发生压致-拉裂（张）破坏。由于拱肩槽的开挖，减小了岩土体的侧向约束力，造成了卸（减）载，相当于减小了最小主应力（压应力）或使其由压应力转变为拉应力。可用前面介绍的法向应力卸荷剪切和拉剪试验所揭示的岩体裂隙扩展规律得以解释。

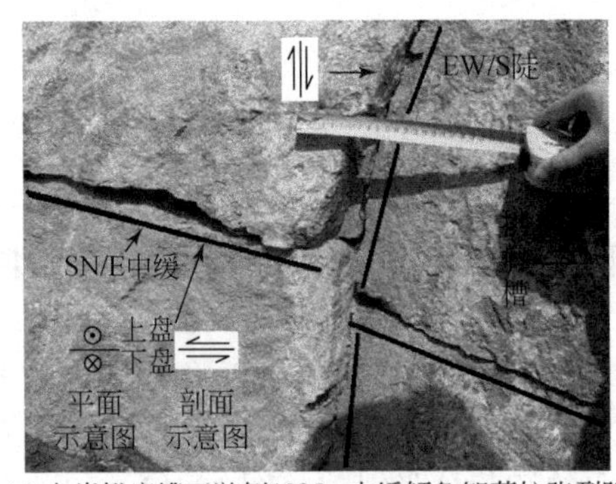

(a) 右岸拱肩槽下游侧1035m中缓倾角卸荷拉张裂隙

(b) 左岸拱肩槽下游侧1240m卸荷拉张裂隙

图 12.13　拱肩槽下游侧近 SN 走向中缓倾角卸荷裂隙

12.3.2　澜沧江小湾水电站右岸高边坡开挖变形规律

右岸开挖边坡从上游至下游，主要包括椿沟堆积体（边坡）、Ⅲ区边坡、拱肩槽边坡、进水口边坡、水垫塘边坡等（图 12.14）。下面重点介绍 F_7 至 F_5（豹子洞沟）断层之间的开挖坡体。

椿沟堆积体位于椿沟内，基本沿 F_7 断层展布，坡体总体走向近 SN 向，开挖坡比一般为 1 : 1，每 20m 设置一马道，开口线最高高程为 1530m，前缘最低高程为 1250m。

Ⅲ区边坡位于 3# 山梁的 1245m 高程以上（实际上 1365m 高程以上为Ⅰ区，1245 ~ 1365m 高程之间为Ⅱ区和Ⅲ区，为了叙述方便统称为Ⅲ区，或高位边坡）。开挖边坡呈上缓下陡的凸形坡，开口线位于 1530m，最低为 1245m，最大高差达 280m。开挖边坡平面形态呈上窄下宽的不规则三角形，顺河长 55（开口线 1510m 附近）~200m（1245m 高程）。边坡总体走向为 N22° ~ 28°W。马道间高差一般为 15m，局部为 20m。山脊北坡较缓，南坡较陡。

拱肩槽边坡主要指 1245m 高程以下拱肩槽部位及其上下游一定范围内的开挖坡体。拱肩槽平面形态似弧形，略凸向上游侧。可进一步分为拱肩槽上游边坡、正面边坡和拱肩槽下游边坡。其中，拱肩槽上游边坡的走向为 N32°E，开挖坡比 1∶0.7～1∶0.3，绝大部分为 1∶0.3，一般每 20m 设置一马道。拱肩槽正面边坡平面形态呈弧形，开挖坡比从上部（1245～1210m）的 1∶0.59 逐渐过渡到下部的 1∶1.56，其平均开挖坡比为 1∶1.05。坝基中心线总体倾伏向为 N59°E，倾伏角为 46.3°。拱肩槽下游坡体，平面形态呈上小下大的三角形。其中，1245～1150m 高程，开挖坡比为 1∶0.6，靠近豹子洞的开挖边坡走向为 N54°E，3#山梁山脊部位为近 SN 向，1150m 高程以下开挖坡比为 1∶0.8，其走向为近 SN 向，每 15m 设置一个马道。

进水口边坡主要指进水口 1245～1139m 高程之间的边坡，包括进水口正面直立坡（其走向为 N40°W）和 1139m 高程平台。其中，1230m 和 1220m 高程各有一马道，1220～1139m 高程为一直立坡。

水垫塘边坡主要指拱肩槽下游边坡至二道坝之间的边坡，边坡走向近 SN 向，包括 3#山梁的中下游部分及 5#山梁，开挖坡比平均为 1∶1.5 左右，每 15m 设置一个马道。

图 12.14　右岸开挖照片

右岸边坡总体开挖进度如图 12.15 所示。边坡开挖过程中，在不同高程布置了适量的地表和地下位移观测仪器，监测仪器布置如图 12.16 所示，对应各点的高程位置如表 12.3 所列。这些监测点积累了丰富的变形监测资料，为高边坡开挖过程中的变形响应分析提供了扎实的基础依据。

下面以 F_7 与 F_5 断层之间 1245m 高程以上右岸高位边坡为例，分析大规模开挖卸荷条件下高边坡变形响应。

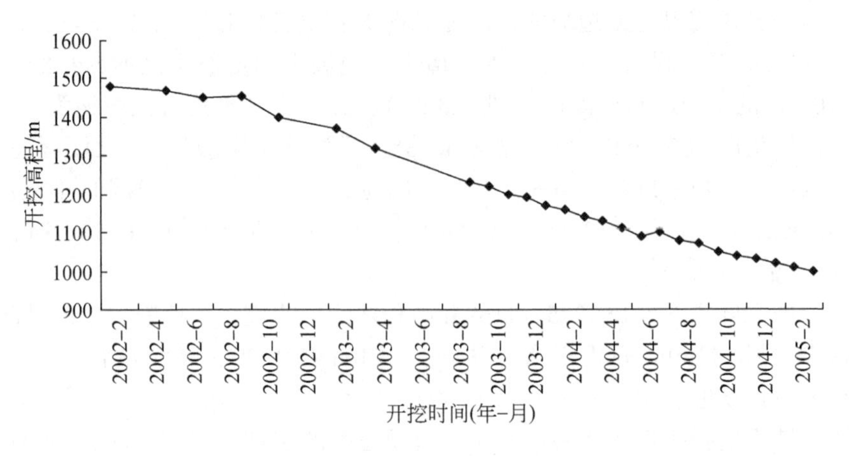

图 12.15　右岸边坡开挖进度图

1. 开口线附近表面位移监测资料分析

开口线高程处的表面位移观测具有监测时间长、时间序列完整、受施工干扰相对较小的特点。在研究的范围内，右岸开口线附近共布设了九个表观位移监测点，这些点基本具有相同的变化规律，典型监测点变形特征分析如下。

1）Ⅲ_C区 1511m 高程监测点（C2B-1C-TP-02）

该表观点布设在开口线略上方，设置时间为 2002 年 7 月（较开挖的起点时间 2002 年 3 月晚了约四个月），监测一直延续至今，除 2003 年 10 月 13 日至 2004 年 2 月 10 日之间资料缺失外，数据序列基本完整。通过对原始记录数据的整理，得到该测点水平位移、垂直位移、总位移及位移矢量的方位角和倾角随时间的变化如图 12.17 ~ 图 12.19 所示，具有下述的特点。

表 12.3　监测仪器对应各点高程位置

部位	高程/m
C2B-1C-TP-01	1507
C2B-1C-TP-02	1511
C2B-1C-TP-03	1511
C2B-1C-TP-04	1527
C2B-1C-TP-05	1528
C2B-1B-TP-01	1533
C2B-1A-TP-01	1501
C2B-1A-TP-02	1512
C2B-1A-TP-03	1445

（1）变形总量不大，至 2005 年 6 月，总位移为 18mm，其中，水平位移略小于总位

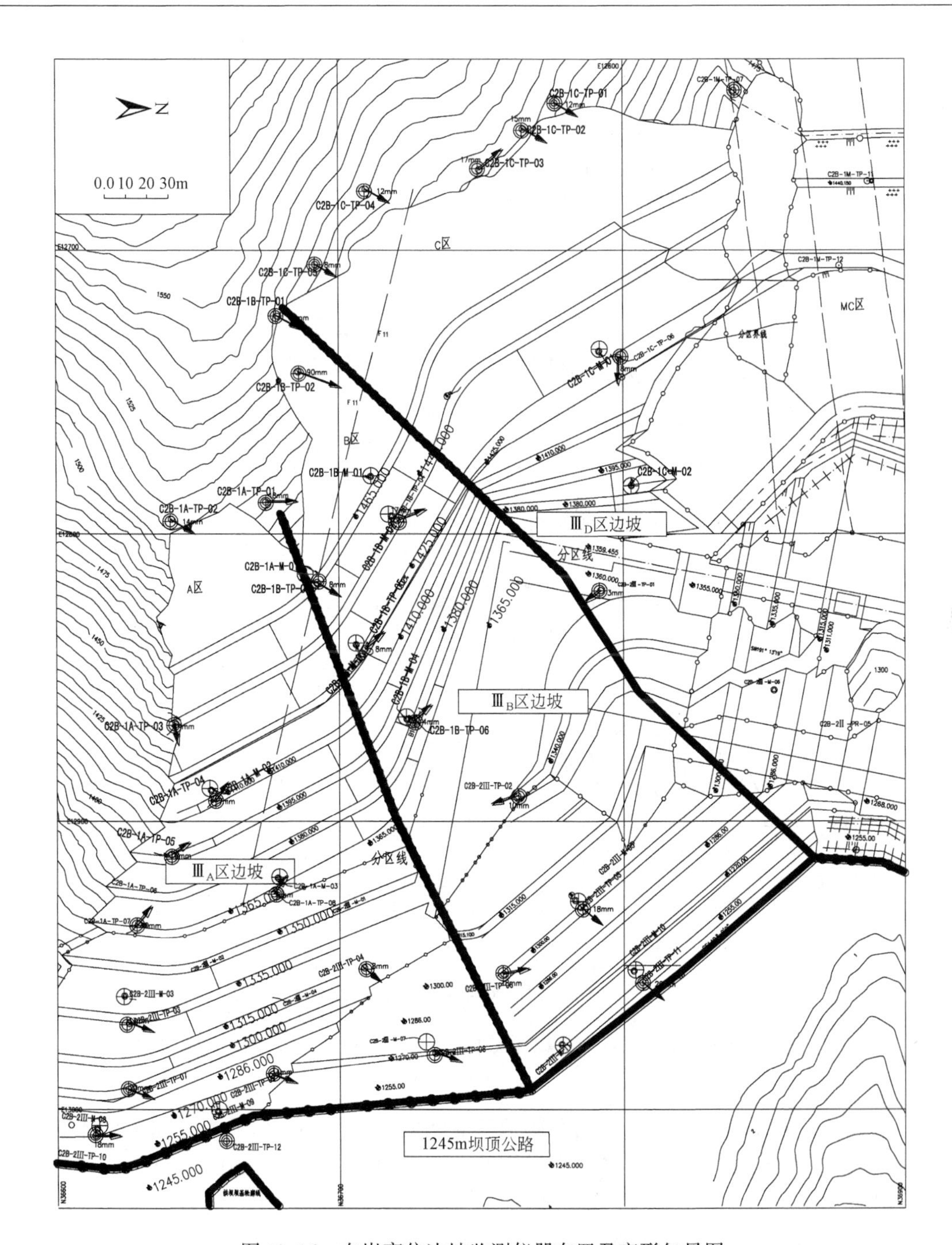

图 12.16　右岸高位边坡监测仪器布置及变形矢量图

移，其值接近 18mm［图 12.17（b）］，垂直位移约为 7mm。

（2）变形监测曲线随时间总的呈现出“波动式”增长的特点，其中，位移在监测的头两个月（即至 2002 年 9 月，约开挖到 1450m 高程），位移增长的速度较快，对应于快速增长期；然后至 2003 年 9 月（开挖至 1245m 高程），位移一直在 10mm 的水平上下“稳定波动”；这之后，位移又呈现一个“波动增长时期”（对应于进水口和拱肩槽边坡的开挖），直到2004年6月，变形再次出现稳定。

垂直变形在2003年9月之前总体为“正值”，即“朝下”，而在这之后，总体变为“负值”，即变为“朝上”。对应的合位移矢量也以此时间为界，分别以“俯角”和“仰角”指向坡外。值得指出的是，垂直位移在2003年9月之前也表现出随时间的变化而呈“波动”式变化的特征。

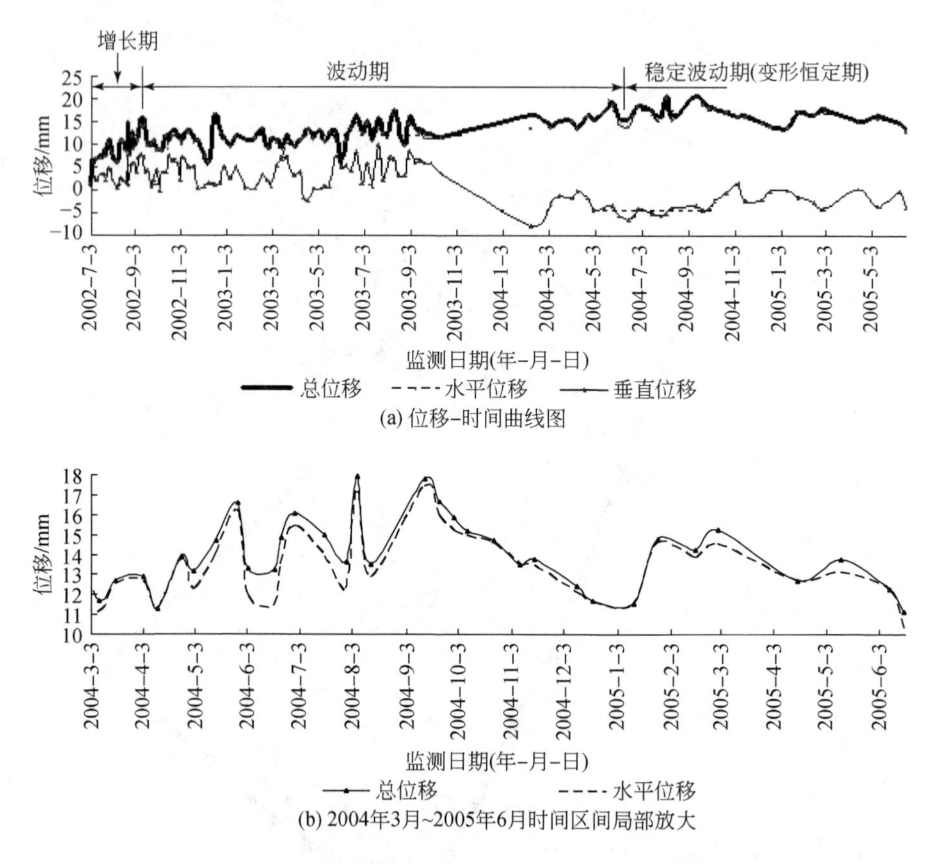

(a) 位移-时间曲线图

(b) 2004年3月~2005年6月时间区间局部放大

图 12.17　C2B-1C-TP-02 总位移、水平位移及垂直位移-随时间变化曲线图

（3）图12.18是位移矢量方位角和倾角随时间的变化曲线。可见，方位角总体变化不大，但倾角的变化也呈现出与位移变化相仿的“波动式特征”，以2003年9~11月为界，之前为俯角，在0°~50°范围内频繁“周期变化”，这之后，表现为仰角，虽有波动，但幅度小，“频率”低，似正常表现。

（4）进一步，我们发现，在2003年9~11月之前，水平位移的“波动”和垂直位移的“波动”对应性较好，即水平位移的“波峰”基本对应了垂直位移的“波谷”，反之亦然。而且，这些波动与开挖过程中台阶边坡的施工正好对应，即一个周期基本对应一级边坡的开挖过程。

上述现象的出现，表明在开挖过程中边坡的卸荷变形响应是非常复杂的，对应于每一

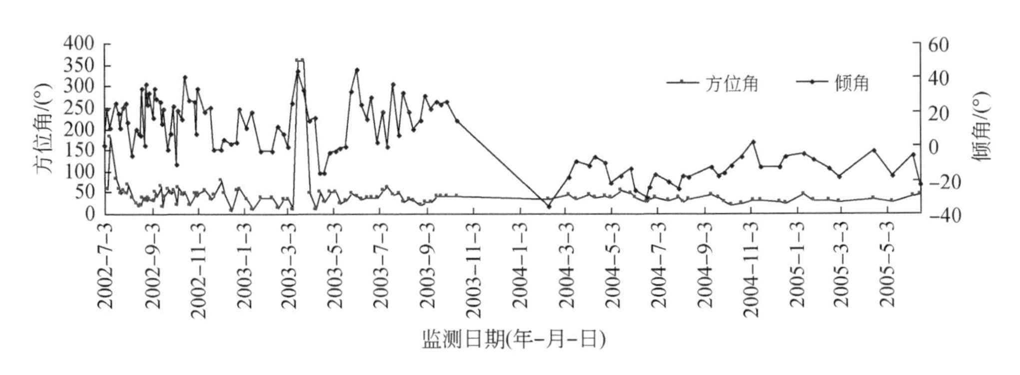

图 12.18　C2B-1C-TP-02 位移矢量方位角、倾角随时间变化曲线图

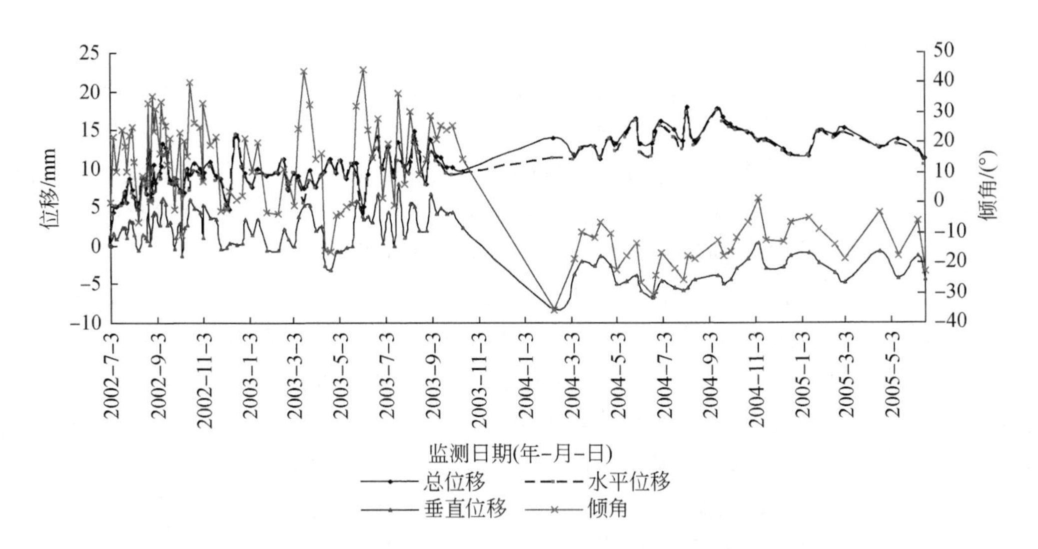

图 12.19　C2B-1C-TP-02 总位移、水平位移、垂直位移与倾角随时间变化曲线图

级边坡的开挖，变形的响应具有以下的过程（图 12.20）。

（1）首先，由于每一级边坡的爆破，边坡岩体产生快速卸荷，导致垂直于开挖面方向快速卸荷回弹，位移矢量呈近水平指向坡外（图 12.20）中的 T_1，也就是说，此时测点变形的“动力”来自于边坡开挖引起的“卸荷”应力释放。此时，一般情况下，垂直位移减小，水平位移增大，合位移矢量近水平，其为倾角较小的俯角（0°～20°）。

（2）随着开挖卸荷的应力调整完成（阶段性边坡开挖后搬运弃渣），测点的变形将逐渐转向或最终受到重力的影响和控制；此时，边坡的变形矢量倾角就会逐渐向下偏转，转为大俯角，直至接近或达到重力矢量的方向［图 12.20（b）］。正是由于这样的过程，从而导致在一个阶段边坡的施工时间范围内，水平和垂直位移出现“波动”式的变化，即 T_1 时刻，水平位移大，垂直位移小，随着 T_2，T_3，…时刻的变化，水平位移逐渐变小，垂直位移逐渐变大，这样的波动过程正好是相互对应的。

（3）当下一级边坡开挖时，测点的变形又会重复以上的过程，从而导致位移呈现

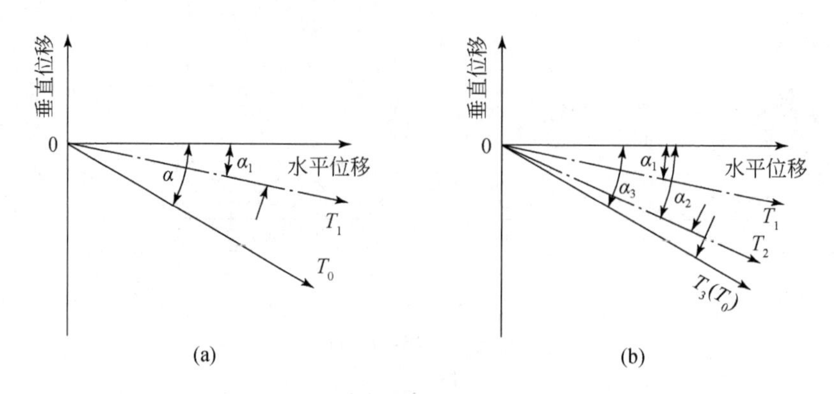

图 12.20　开挖边坡的位移矢量倾角变化示意图

"波动"式增长的特点，这就是我们在这些监测点所观察到的变形过程。

（4）为什么变形会出现合位移矢量倾角为正（俯角）的现象呢？由于自然边坡的高度远高于开挖边坡的高度，所以开挖的是整个自然边坡中下部岩体。在重力作用下，此部位的坡体变形方向是与坡面近于平行的。坡体在一定深度范围内的开挖，造成了岩体侧向卸荷回弹，从而导致位移矢量的倾角（俯角）减小［图 12.21（a）］，但此时产生的力还不足以使坡体产生较大的垂向位移。因此，边坡的变形矢量角为正的俯角。

（5）尤为值得注意的一个现象是，为什么 2003 年 9 ~ 11 月后，位移矢量的倾角又整体转变为仰角呢，即位移矢量呈-30° ~ 0°的仰角指向坡外？这一现象的出现恰好是在进水口边坡的大规模开挖之后，水平与垂直方向上退坡深度均超过 100m，其中水平向超过 150m。因此，可以认为，由于进水口边坡的大规模开挖［图 12.21（b）］，引起强烈的垂直卸荷回弹，从而将开挖水平面以上的坡体"抬起"，致使其以上的位移矢量从原来的"朝下"指向坡外的俯角，改变为"朝上"指向坡外的仰角。由此可见，进水口边坡大规模的开挖，是使岩体产生整体向上卸荷回弹的主要驱动力。

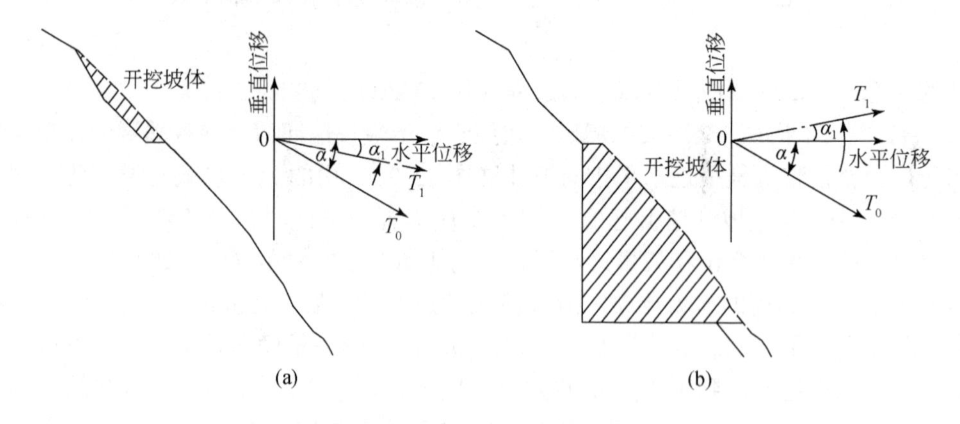

图 12.21　开挖坡体卸荷示意图

（6）值得说明的是，上述波动的形成主要与开挖有关系，波动的"频率"高，表明每级边坡开挖周期短；“频率”低，表明阶段边坡开挖周期长。此外，倾角波动大，表明开挖扰动或开挖规模较大，反之则较小。

以上的认识给我们一个重要的启示：就是通常模拟开挖过程的有限元分析，位移成果均是指向上的；实际上，这样的结果与实际边坡的变形行为有着较大的差距，这个结果只反映了边坡在开挖卸荷“瞬间”的状态，后面受重力控制的变形行为采用一般的数值模拟分析手段还不能获得，而后者才是边坡变形的“根本”。因此，对开挖边坡而言，施工期的变形监测极为重要。

根据以上的分析，我们对开挖过程中该点的变形响应可以得到以下三点认识。

（1）当开挖至1450m高程前，测点的变形随开挖增长较迅速，表明在此以上的范围内开挖，对这一“特定点”的变形有着较为显著的影响，也就是说，开挖对高边坡变形有显著影响的范围为60～70m的高度（该点的开口线高程为1511m）。

（2）远离以上的范围后，即开挖至1450m高程以下，边坡的变形基本稳定在一定的水平上波动；开挖对其方位（角）基本上没有影响，但其合位移的矢量倾角仍然在“波动”式的变化，直到2003年9月开挖至1245m高程，此时，所对应的开挖高度约为270m。也就是说，在距离测点70～270m高度范围内，虽然开挖对测点变形的量值基本没有影响，但它仍然会对合位移矢量倾角的变化产生影响，可以视为开挖弱影响区。

（3）在2003年9～11月后，变形又呈现增长的趋势，分析主要是由于进水口80m直立坡的开挖，该直立坡的水平退深很大，使得该测点的变形被再次“启动”。垂直位移由“+”值变为“-”值，合位移矢量也由俯角变为仰角，表明此时的开挖对边坡有较大的影响，它能够引起边坡向上的回弹变形。到2004年12月进水口开挖完成后，测点的变形基本不再受影响。

2）开口线附近（外）其他监测点

位于右岸开口线外的表观位移监测点还有C2B-1B-TP-01、C2B-1A-TP-02等，典型的监测曲线如图12.22～图12.25所示，尽管它们的位置与前述C2B-1C-TP-02有所不同，但它们表现的总体特征是近似的（缺失2003年10月至2004年2月的位移监测数据）。具有以下四个基本特点。

（1）在整个三年的监测时期内，边坡开挖从1510～1530m的开口线高程，开挖至约960m的高程，这些测点总的变形量不大，总位移为10～18mm，水平位移为10～18mm，垂直位移为-8～5mm。

（2）位移、位移矢量的倾角随时间仍然呈现出“波动”变化的特点，与开挖过程中每级边坡的开挖形成有很好的对应关系。

（3）开挖强烈影响的高度范围为50～70m，在此范围内，位移变化较大，方位角与倾角等波动也较大，所对应的时间一般为3～6个月；测点以下的70～270m的高差范围内，为开挖弱影响区。在此高度范围内，位移矢量方位角变化不明显，倾角在一定范围内波动。同时，位移量也在一定范围内稳定波动，此时所对应的时间为8～10个月。

（4）坡体变形趋于稳定后，倾角波动较小，其值一般维持在-20°～40°。

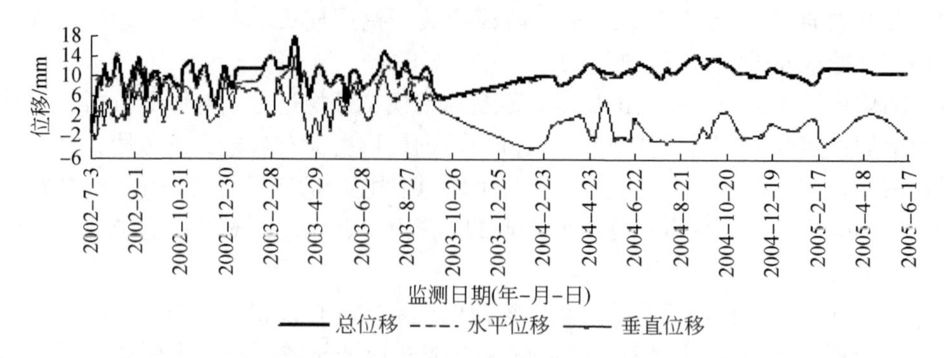

图 12.22　C2B-1B-TP-01 总位移、水平位移及垂直位移随时间变化曲线图

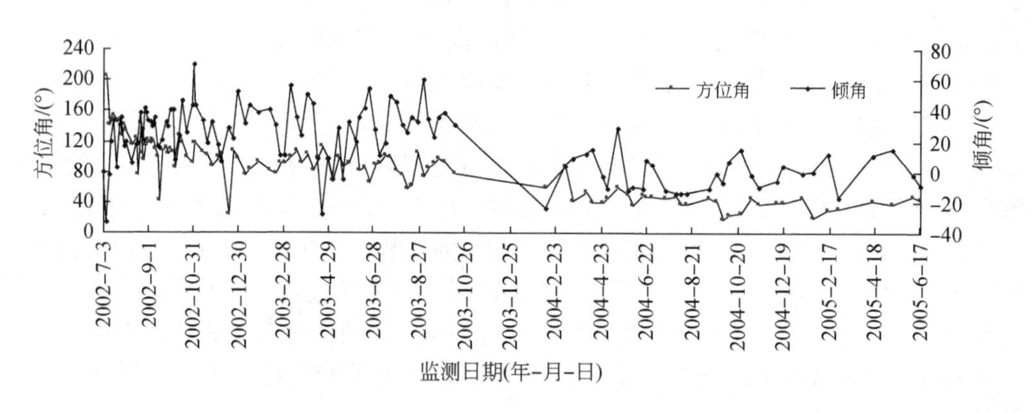

图 12.23　C2B-1B-TP-01 位移矢量方位角、倾角随时间变化曲线图

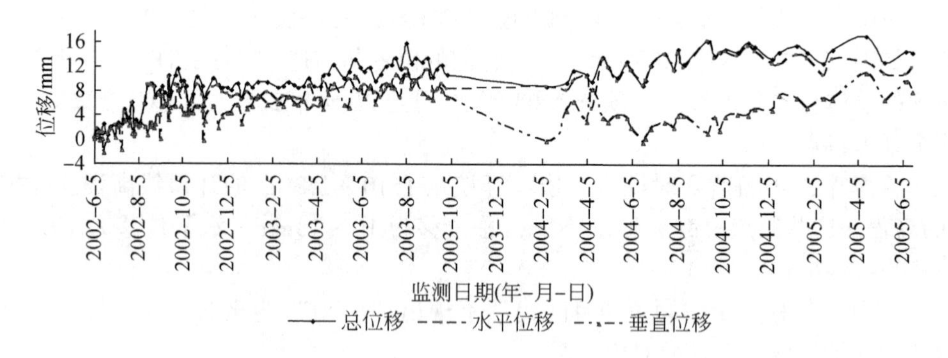

图 12.24　C2B-1A-TP-02 总位移、水平位移及垂直位移随时间变化曲线图

2. 开口线以内表面位移监测资料分析

1） $Ⅲ_B$区 1255m 高程监测点变形响应分析（C2B-2Ⅲ-TP-11）

该表观点布设在$Ⅲ_B$区的 1255m 高程，坝顶公路的上方，该部位为弱卸荷微风化的新

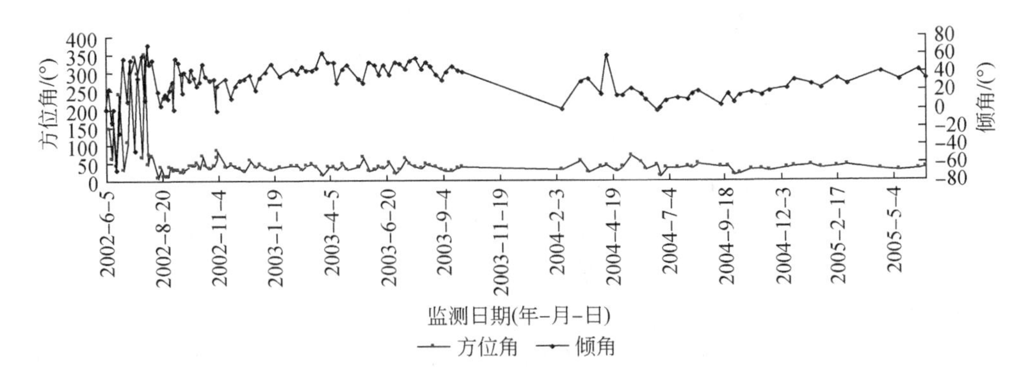

图 12.25　C2B-1A-TP-02 位移矢量方位角、倾角随时间变化曲线图

鲜黑云花岗片麻岩岩体。仪器埋设的时间滞后于此部位边坡的开挖时间，其滞后时间近 10 个月，因此，边坡开挖的初期信息缺失，监测时边坡已开挖至拱肩槽边坡的 1100m 高程，进水口边坡已基本开挖结束，所以它反映的是距该部位下方 150m 高差以下的开挖对该部位的影响（图 12.26、图 12.27）。监测结果表明以下两个特点。

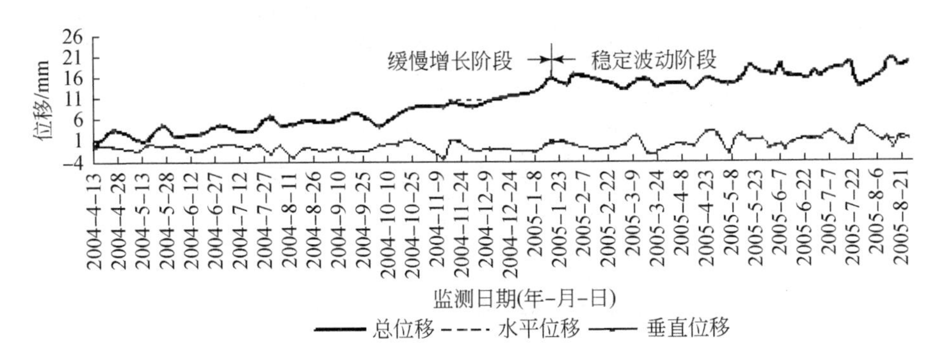

图 12.26　C2B-2Ⅲ-TP-11 总位移、水平位移及垂直位移随时间变化曲线图

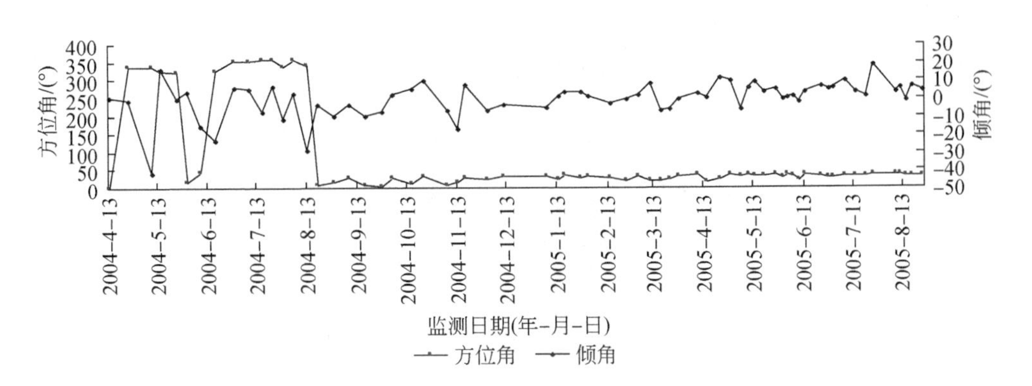

图 12.27　C2B-2Ⅲ-TP-11 位移矢量方位角、倾角随时间变化曲线图

（1）变形曲线可以分为缓慢增长和稳定波动两个阶段。前者位移随时间呈缓慢增长，直至2005年1月（进水口边坡开挖已结束），此时拱肩槽边坡开挖至1010m高程，说明开挖对这一测点的影响垂直距离约为250m。2005年1月后，位移基本稳定在一定的量值上，表明此后开挖对该测点基本无影响，从开挖到变形结束（稳定），共计时间约为20个月。

（2）变形量小，其位移量最大值为21mm。其中，水平位移与总位移基本相同，其值也约为21mm，但略小于总位移。而垂直位移则相对较小，基本上没有变形。因此，水平位移分量实际上就相当于总位移。也说明，边坡的变形以侧向回弹变形为主，仍然是应力释放性质的变形。

2）Ⅲ$_A$区边坡表面变形响应分析（C2B-2Ⅲ-TP-08和C2B-2Ⅲ-TP-10）

点C2B-2Ⅲ-TP-08位于Ⅲ$_A$区的1270m高程上游侧和进水口正面直立坡的上方，岩性为弱卸荷微新的黑云花岗片麻岩；C2B-2Ⅲ-TP-10位于Ⅲ$_A$区下游侧的1270m高程上和拱肩槽抗力体的上方，岩性为弱卸荷微新的角闪斜长片麻岩。它们埋设的时间均滞后于它所在部位的开挖时间。监测结果表明如下三个特点（图12.28～图12.31）。

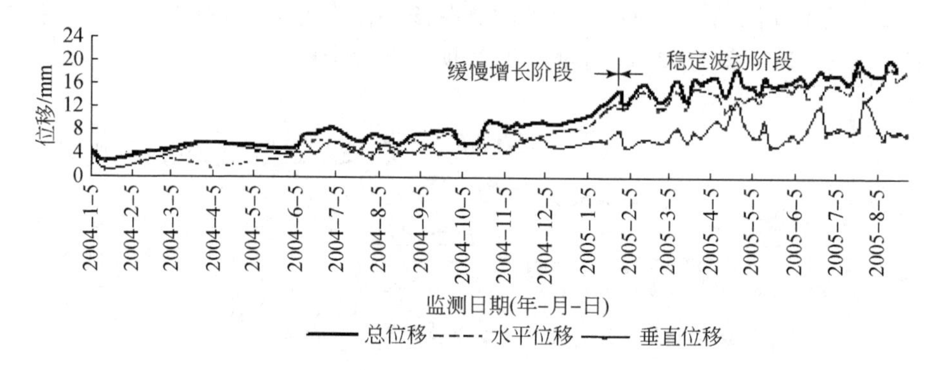

图12.28　C2B-2Ⅲ-TP-08总位移、水平位移及垂直位移随时间变化曲线图

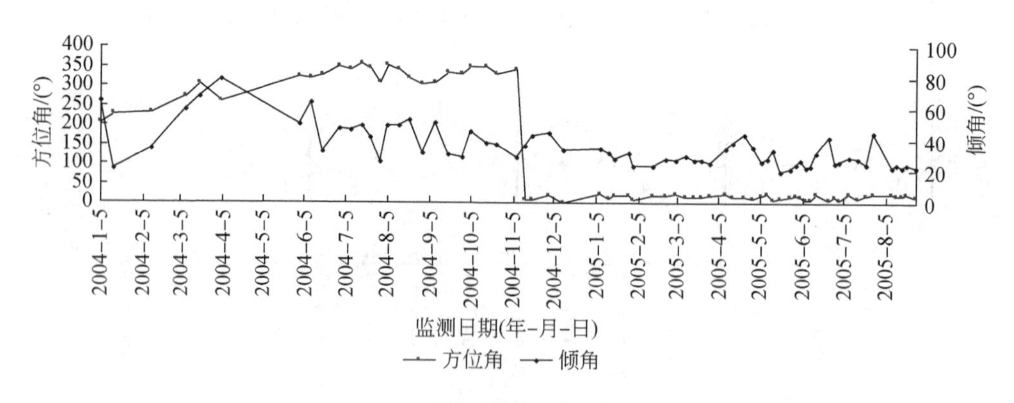

图12.29　C2B-2Ⅲ-TP-08位移矢量方位角、倾角随时间变化曲线图

（1）与点C2B-2Ⅲ-TP-11的变形曲线表现基本相同，该部位的变形曲线也可分为缓慢增长和稳定波动两个阶段。其中，C2B-2Ⅲ-TP-08在2005年1月底之前，变形表现为缓慢

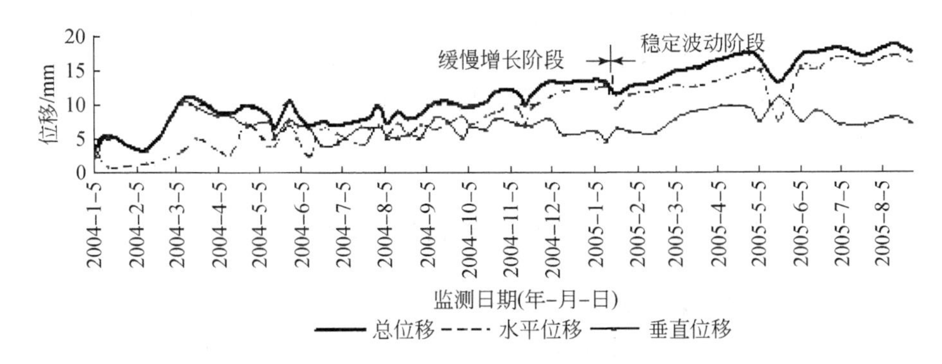

图 12.30　C2B-2Ⅲ-TP-10 总位移、水平位移及垂直位移随时间变化曲线图

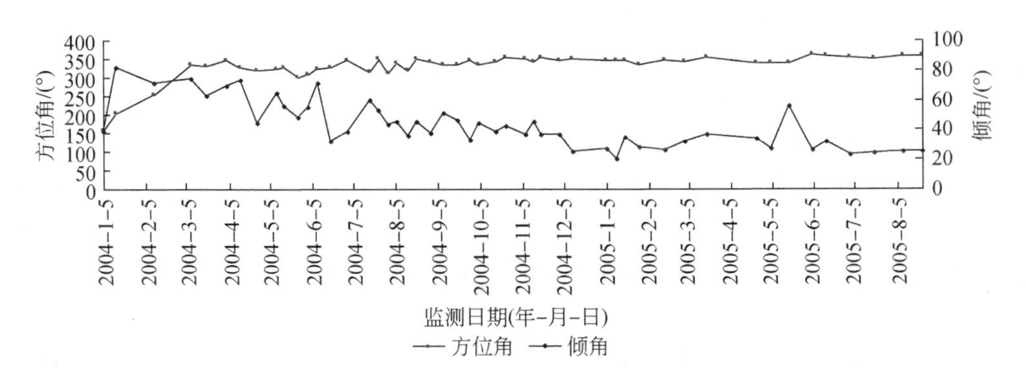

图 12.31　C2B-2Ⅲ-TP-10 位移矢量方位角、倾角随时间变化曲线图

的增加，此时拱肩槽边坡开挖至 1010m 高程，说明开挖对这一测点的影响垂直距离约为 260m。2005 年 1 月后，位移基本稳定在一定的量值上（17mm），表明 2005 年 1 月之后的开挖对该测点基本无影响。同样，C2B-2Ⅲ-TP-10 在 2005 年 4 月底之前，变形也表现为缓慢的增加，此时拱肩槽边坡开挖至 1000m 高程，说明开挖对这一测点的影响垂直距离约为 270m。2005 年 4 月后，位移基本稳定在一定的量值上（17mm），表明 2005 年 4 月之后的开挖对该测点基本无影响。

进一步，在监测仪器布设的前 14 个月，即开挖后 18 个月，位移呈缓慢的增长，方位角与倾角波动相对较大，其对应的开挖高度为 260 ~ 270m。此段时间（18 个月）之后，或开挖高度超过 270m 后，位移基本稳定在一定的量值上，方位角和倾角也基本稳定在一定范围内。

（2）变形量较小，其量值为 14 ~ 21mm。其中，水平位移为 13 ~ 20mm，垂直位移为 5 ~ 12mm。水平位移分量略小于总位移，同样表明，边坡的变形仍以侧向回弹变形为主，也同样属于应力释放性质的变形。

（3）随着侧向卸荷回弹变形的结束，坡体的变形形式最终表现为受重力的作用，其变形矢量角最终为俯角，在量值上基本与坡角相一致或略小于坡角。

总之，高位边坡的开挖，坡体的变形仍以侧向回弹变形为主，属应力释放性质。开挖后的 1 ~ 2 个月为变形增长型，2 ~ 22 个月为位移缓慢增长期，18 ~ 22 个月后，变形基本上稳定在某一量值，且上述两者总位移量一般为 8 ~ 20mm。

开挖距监测点 70m 高度范围内，为变形显著影响区，70 ~ 250m 或 270m 范围内为变形弱影响区，一般高度超过 250 ~ 270m 时，开挖对变形基本上无影响。

12.4　岩石高边坡卸荷带的形成机制与发育规律

岩体结构的表生改造是指河谷下切过程中，由于应力释放，岸坡岩体向临空面方向发生卸荷回弹变形，谷坡应力场产生新的调整，伴随这一过程岩体结构所产生的一系列新的变化。岩体结构的表生改造一般具有两种形式，即原有构造或原生结构面的进一步改造，或新的表生破裂体系的形成，其结果是在河谷岸坡一定深度范围内，形成类似于地下硐室围岩“松动圈”的岸坡卸荷带。因此，一般意义上，岩体结构的表生改造对岩体的工程性状起到劣化的作用，或导致结构面强度的进一步降低（从构造或原生状态的峰值降为残余值），岩体整体质量下降，或形成新的岩体变形破坏几何边界。故对岩体结构表生改造的研究具有明显的工程意义。

上述情形表明，岩体结构的表生改造是伴随河谷的下切卸荷，在内外动力地质营力综合作用下发生的浅表生地质过程。因此，对岩体结构表生改造的研究，首先应以查明河谷下切的发育历史及伴随这一过程河谷应力场的变化为基础，研究边坡卸荷带的形成机理及分布规律。

相比于河谷下切，大规模高边坡开挖过程，也类似地造成边坡应力卸荷和应力调整，只是应力调整速度更快和经历时间周期更短。如果忽略时效性的影响，大规模高边坡开挖卸荷带过程和河谷下切的高边坡卸荷带形成过程具有类似的岩体结构改造机制。

12.4.1　边坡卸荷带的形成机制

如前所述，在边坡浅部的应力降低区内，对应了两个不同应力状态的区域，一个是一向受压、一向受拉的拉-压应力组合区，位于近坡面一定深度的范围；另一个是双向受压的压-压应力组合区（具有法向应力卸荷条件下剪切破裂和侧向卸荷条件下压缩破裂特征），位于拉-压应力组合区与应力增高区之间。在近坡面一定距离的拉-压应力组合区内，可能出现以下三种形式的破坏。

（1）当卸荷引起的最小主应力为拉应力且超过岩体的抗拉强度时，发生平行坡面的单向拉裂破坏。在这种情况下，平行坡面的最大主应力并不是主要控制边坡破坏的作用力，为了揭示这一边坡岩体破裂机制，我们前面开展了围岩作用下岩石拉伸力学行为试验研究。岩体破裂机制可归结为两种类型：一种是追踪边坡贯通性陡倾角构造裂隙张裂、拉开形成，由这种卸荷裂隙分割的岩块主要受底部的缓倾角裂隙控制。对于缓倾角裂隙倾向坡外的情况，岩块稳定性较差，极易发生崩塌破坏；反之，岩块一般状况下较为稳定，如图 12.32 所示。

另一种机制是由于河谷水平方向的应力释放，从而在谷坡浅表范围内产生残余应力体

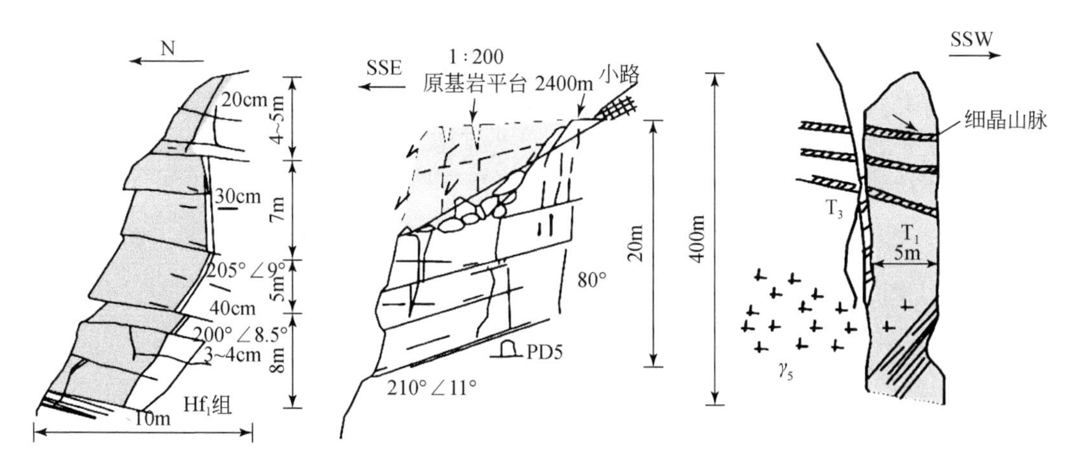

图 12.32　沿结构面卸荷回弹形成的垂直卸荷裂隙

系，早期平行岸坡断续分布的结构面在残余应力作用下，产生进一步的扩展贯通所致。这类机制的卸荷裂隙在河谷边坡浅部往往成带出现，带宽可达数米至30余米，密度一般为1～2条/m，垂直发育深度为20～40m。这类裂隙的形成机制是岸坡附近断续延伸的基体裂隙在坡体侧向回弹变形所诱发的拉应力作用下，裂隙各断续延伸段相互贯通所致。据断裂力学理论，其产生的应力条件可表示为

$$\sigma_t = K_{IC} / \sqrt{\omega / (\pi a)} \tan[(\pi a) / \omega] \tag{12.2}$$

式中，σ_t为卸荷产生的拉应力；K_{IC}为Ⅰ型裂纹的断裂韧性。据 Westerly 花岗岩的测试，K_{IC}可取8.6MPa；ω、a 分别为裂隙中点距和裂隙长度的一半。设在长度为 l 的岩段上有几条产状相同的基体裂隙，则对裂隙断裂的模型有

$$2na + (n-1)(\omega - 2a) = l \tag{12.3}$$

$$\omega = (l - 2a) / (n-1) \tag{12.4}$$

设 $l=20$m，$n=5$，则据上式可求出不同裂隙段长度（$2a$）对应的临界扩展应力值 $\sigma_{t,cr}$。结果表明：随着裂隙长度（$2a$）的加长及裂隙间完整岩石段长度（$\omega-2a$）的缩短（即连通率增加），裂隙间相互贯通所需的临界应力迅速减小（图12.33）。当基体裂隙连通率约为37%时，则对应的裂隙扩展临界应力为0.03MPa。可见，岩体在卸荷回弹过程中，轻微的诱发拉应力即可导致形成平行岸坡的陡倾角卸荷裂隙。

（2）在单向拉伸作用下，受平行坡面最大主应力控制的压致-拉裂破坏，即应力条件满足格里菲斯准则后（$\sigma_1+3\sigma_3 \geqslant 0$），所产生的受压应力控制的张裂破坏。这种张性破裂面基本上也是平行坡面（沿最大主应力方向）发展的，常可见到弧形裂面，中段光滑，两端粗糙。从裂隙的扩展方式分析，是坡面附近的基体裂隙在单向或一向受压一向受拉的应力场作用下，端部发生格里菲斯型破裂所致。它们将边坡表层岩体分割成面积十几至数十平方米的岩板，一旦裂隙贯通到一定程度，就极易发生坠落或崩塌失稳。为揭示这一机理，我们在前述章节介绍拉-压组合应力作用下岩石破裂及岩体裂隙扩展机理的试验研究成果。

（3）在单向拉伸情况下，受平行坡面最大主应力控制的剪切破坏（M-C型破坏）。这

种有单向拉伸参与的剪切破坏，与双向受压情形下的剪切破坏不同的是，剪切破坏面上作用有法向的拉应力，因此，尽管破裂机理是剪切的，但是，其破坏面的实际表现常常是张裂的，即地质上通常所说的张剪性面。与上述两类张裂面除了破裂机理的不同外，这类张剪性面的倾角一般较前两者缓（仍为陡裂型）。为了揭示这一机理，我们在前述章节介绍了岩石及岩体拉剪力学行为试验研究成果。

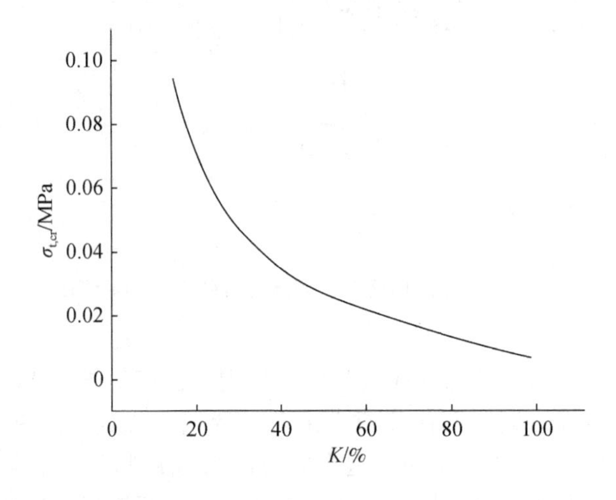

图 12.33　$\sigma_{t,cr}$-K（连通率）关系曲线

上述三类破裂面尽管破裂机理有所不同，但有一点是共同的，那就是都有拉应力的参与（最小主应力，σ_3），且都表现出张裂的特征。在实际工程中，对这三种破裂面很难加以严格区别，而统称为卸荷裂隙，即在卸荷条件下，由于边坡应力场的改变而形成的张性破裂面。这种直接由边坡卸荷拉应力环境所导致的边坡卸荷裂隙最为常见，我们称为Ⅰ类卸荷裂隙。一般发育在坡体的浅表层，且表现出向坡内发育程度逐渐减弱的特征；它们伴随边坡开挖或河流下切而出现，属边坡岩体结构表生改造的范畴。

实际工程中，还可以见到另一类我们称为Ⅱ类卸荷裂隙，它的形成与卸荷过程中结构面的剪切错动有直接的联系，包括如下两种主要成因类型。

（1）剪切松弛型卸荷裂隙：卸荷过程中，节理岩体构成的坡体产生沿交错结构面体系的“网络型”密集剪切错动，从而释放坡体应力。这种情况在原始地应力较高、坡体结构面贯通性较好，尤其是由一陡、一缓两组结构面组成的边坡中常见；往往缓裂的一组结构面产生剪切错动，陡裂的一组结构面因此被拉张，从而导致坡体一定深度范围内的岩体松弛。对经历了较长时效变形演化的天然高陡边坡这种松弛特征更为显著，往往在坡体表层形成“危岩体”。在工程上，也将这类由于卸荷松弛而被拉裂的一组陡裂面称为卸荷裂隙。与Ⅰ类卸荷裂隙不同的是，这种卸荷裂隙只有在松弛变形比较充分、时效变形比较显著的情形下才有清晰的表现，因此，它是边坡变形演化过程的产物，属时效变形的范畴。

（2）剪切错动型卸荷拉裂：卸荷过程中，当坡体内部存在缓倾坡外的结构面，尤其是具有一定厚度的软弱结构面时，这类结构面作为坡体地应力释放的“窗口”，产生应力释放型剪切错动，从而释放坡体应力；在此过程中，坡体沿剪切错动面的末端或错动受阻部位，或某组贯通性好的陡倾长大裂隙拉裂形成卸荷裂隙。坡体变形是沿缓裂集中发生的，因此这类伴生的卸荷裂隙发育一般比较长大，以至于常被称为卸荷“拉裂缝”。它们往往发展为高陡边坡失稳的底滑面和后缘边界，从而控制坡体的整体稳定性。结构面的这种因卸荷而导致的缓裂剪切错动和伴生的卸荷拉裂在我国西南、西北深切峡谷区的若干大型水电工程坝址区都有发现，研究也较多，在卸荷条件下，能否会出现完全的剪切卸荷裂隙呢？也就是说，在除了边坡拉-压应力状态区域的其他区域（如压应力区和应力增高区）或不满足以上三类变裂形成条件的区域，能否会因卸荷而产生岩体的剪切破裂？应该说，一般情况是不可能的；实际工程中也是罕见的（我们曾在西北某水电工程中发现过一例，是高地应力区谷坡坝部位应力释放的特殊表现）。

岸坡卸荷带是岸坡岩体变形破坏和地面地质灾害发生发展的基础。强卸荷带中的变形破裂迹象是岩体继续变形破裂的雏形，由此可发展为卸荷拉裂岩体、变形破裂体，进而发展为不同机制类型的变形体。一日破裂面贯通，变形体失稳，则演化为滑坡或崩堤等斜坡破坏。

由此可见，工程上卸荷带的划分主要是根据边坡浅表层卸荷裂隙发育状况来确定的。根据前述对卸荷裂隙形成机理的讨论，可见，这种卸荷带包含有两类力学含义：一类是表征边坡拉应力区的范围（对应Ⅰ型卸荷裂隙，也就是边坡的拉-压应力区），具有这种力学含义的卸荷带我们称为“拉张型卸荷带”；另一类是表征边坡剪切松弛带的发展范围（对应Ⅱ型卸荷裂隙的剪切松弛型），具有这种力学含义的卸荷带我们称为“剪切松弛型”卸荷带。前者的发育往往与边坡开挖或河流下切基本同步；后者的发育则往往体现在边坡的时效变形之中，由表及里地渐进性发展。工程实例表明，两类卸荷带既可以独立存在，也可以见到相互交叠的情形。对相互交叠的情形，剪切松弛型卸荷带往往在拉裂型卸荷带基础上发育。

另外，卸荷带与内部岩体之间往往存在一紧密挤压带，表现为岩体较内部的新鲜岩体更为致密，岩体干燥无水，地应力测试显示这一带地应力往往高于内部的正常地应力。紧密挤压带的形成与卸荷带的形成相联系，岸坡和谷底受河谷临空面控制，相当于应力降低带，其后果是将地应力向内转移，在其内侧和谷底形成一应力增高带，在高地应力地区，尤其当最大主应力方向与河谷近于正交时，岩体足够坚硬的部位往往可能出现片帮和谷底的岩心饼裂等高地应力破裂现象。应力增高带内侧为应力稳定带。这一特征已为不少工程实践所证实，如二滩水电站（1978年）、官地水电站（1997年）、锦屏水电站（2002年）等。

强、弱卸荷带的划分是水电工程建基面选择、边坡和地面工程开挖设计的主要依据，也是地面岩体质量和围岩类别划分的重要鉴别标志。

强、弱卸荷带划分依据尚无统一的规范，但岩体结构特征、地下水（水动力特征）和地应力场表现等三方面的差别是分带划分最主要的依据。划分中可参照一些测试数据，如声波测试、地应力测试、点荷载试验等。实践证明，调查人员的地质对比的实践经验，往往是起决定性作用的。

12. 4. 2　缓倾角结构面的表生改造机制

河谷下切或边坡开挖卸荷过程中，当坡体内存在某些有利于边坡应力释放的特定结构面时，岩体结构的表生改造有可能集中沿这些结构面发生，从而形成一些特定类型的表生改造结构面。其中，边坡中-缓倾角结构面的表生改造在西南、西北水电工程建设中最为常见，对边坡稳定性影响最大。

1. 缓倾角结构面的回弹错动改造

这类改造为河谷下切过程中，谷坡沿缓倾坡外的结构面产生向临空面方向的卸荷回弹，应力释放，从而对缓倾结构面产生的一种以剪切错动为主的改造现象。是深切峡谷地区非常典型和重要的一类岩体结构表生改造现象，它除了起到河谷地应力释放的“窗口”作用外，更为重要的是经过改造的缓倾角结构面有可能成为边坡岩体进一步变形破坏的重要控制边界。

1）软弱结构面的回弹错动改造

如图 12. 34 所示为金沙江溪洛渡水电站坝区层间错动带 C9-2 的表生改造特征。错动带由于表生改造的影响，向河谷方向发生回弹错动，从而形成具有典型改造特征的回弹错动带，其具体表现如下。

（1）错动带厚度表现出靠近岸坡变大，而向内部逐渐变窄，最后过渡为正常层间错动带的特征。

（2）错动带内部结构发生明显的变化，构造错动所形成的物质成分分带性及密实性遭到破坏，导致错动带表现出结构松散、物质成分无明显分异的特征，常为岩屑与砾石混杂。

（3）错动带靠近岸坡改造较为强烈的段，伴生了 0. 5 ~ 2. 5cm 厚的次生夹泥，呈软塑状，其向坡内的延伸长度（约 70m）与层间错动带的强风化范围基本相当，是鉴定层间错动带强风化带的一个重要标志。

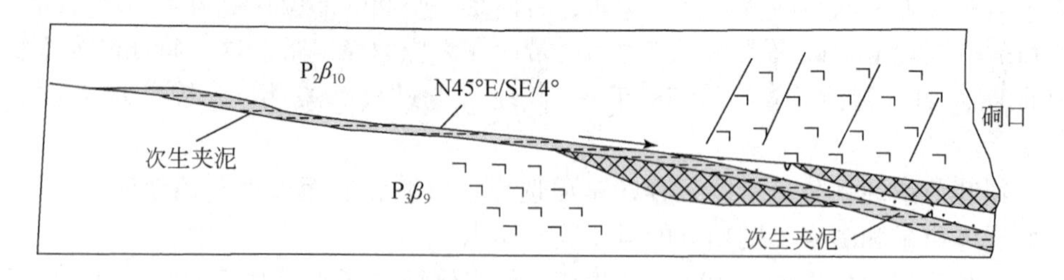

图 12. 34　溪洛渡水电站 PD28 平硐 C9-2 岩层表生改造特征

另外，在这类表生改造的错动面上，还可以见到上盘运动方向指向河谷的擦痕，这种擦痕轻而细且新鲜，一般在错动面的泥膜上易于见到。错动带内石英颗粒有表面溶蚀程度较高及较低两种类型并存，前者反映结构面早期的构造错动，后者则是后期卸荷回弹错动所致。

2）硬性结构面的回弹错动改造

硬性缓裂结构面的回弹错动改造一般发生在边坡剪应力较为集中的部位，如坡体下部或坡脚等。这些部位由于应力的高度集中，在卸荷过程中，卸荷释放应力可以“驱动”上盘岩体沿强度较高的结构面产生强烈的回弹错动，在错动面上留下新鲜、粗短的擦痕；甚至可见到将河床砾石卷入，形成“夹石”的现象。如图 12.35 溪洛渡坝区左岸 I 线上游漫滩所见；3～5cm 砾径的砾石被水流带入因回弹错动而张开的缓裂中，后在缓裂的进一步错动下，砾石被紧密嵌合在结构面中。

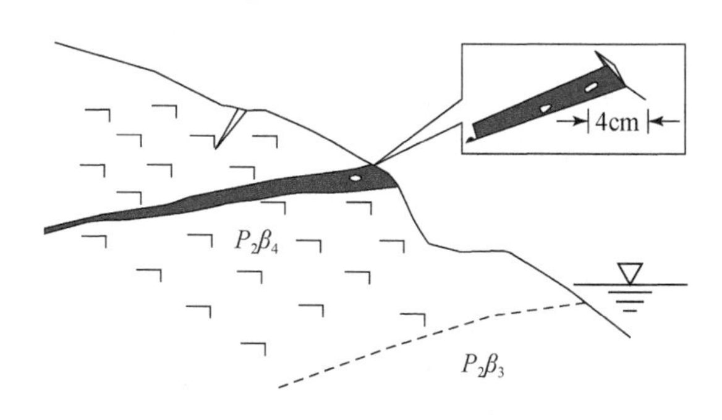

图 12.35　缓裂错动导致的“夹石”现象

当沿硬性结构面产生回弹错动且应力量级很高时，错动面上可产生局部高温重熔物。例如，黄河拉西瓦河段右岸 Hf_9（图 12.36）回弹错动面的部分岩石薄片中，发现有假玄武质玻璃条带和沿其呈串珠状排列的石英熔体，从其轻微的“脱玻化”现象分析，应为回弹错动过程中产生局部高温融熔部分岩石，并使重融物渗入岩石微裂隙中所致。

2. 缓倾角结构面的拉裂–贯通改造

这类特征的表生改造在澜沧江小湾电站坝区表现最为典型。坝区近 SN 向中–缓倾角结构面是在早期近 EW 向应力场作用下所形成的一对剖面“X”节理，其倾东组相对较为发育（左岸）。这组结构面所表现的一个突出特征是：在河谷左岸浅表部的发育程度远远高于平硐所揭露的岸坡内部，具有从岸坡表层向内部发育程度逐渐减弱的特点。这种结构面发育程度表现出与距坡面远近有关的现象，在西南、西北地应力相对较高的高山峡谷地区颇为常见，是岸坡岩体结构表生改造的典型表现。

这类结构面的表生改造过程可用图 12.37 的机制模型解释：河谷下切之前，缓倾角结构面的发育状态是断续延伸的，连通段与非连通段之间由相对完整的“岩桥”相连接。随着河谷的下切，岸坡应力释放，岩体产生向临空方向的回弹变形，相对完整的“岩桥”部位必产生较之连通段的裂隙部位更为强烈的弹性恢复，从而导致沿结构面产生非均匀“弹胀”或差异回弹，这样的结果势必在对应差异回弹分界的裂隙端点部位出现残余拉应力。在残余拉应力作用下，岩桥被拉断，从而造成各断续延伸段相互连通，形成贯穿的中–缓倾角结构面。

岩体的回弹变形具有边坡表面最大、向内部逐渐减弱的特征。因此，差异回弹所导致

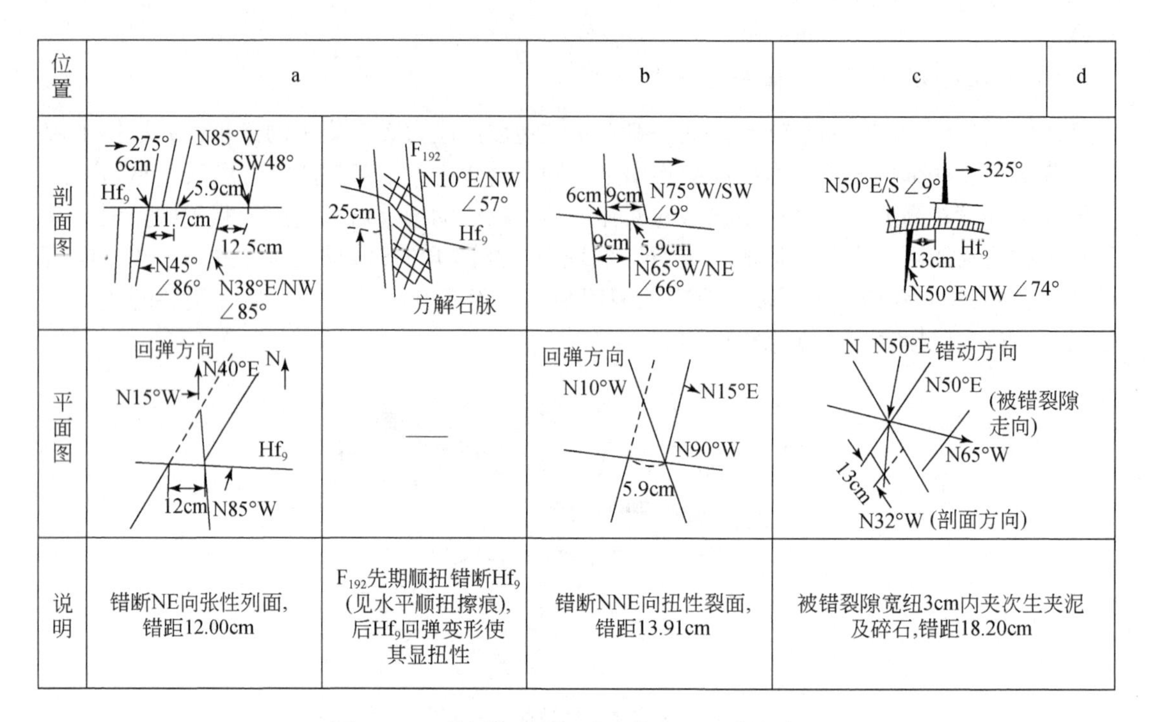

图 12.36　黄河拉西瓦河段右岸 Hf_9 回弹错动面

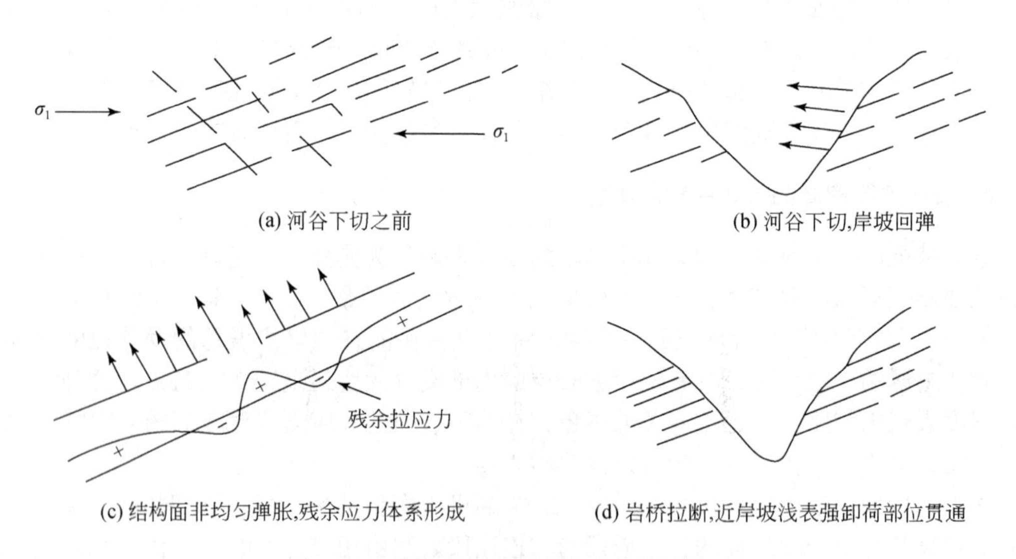

图 12.37　缓倾角结构面表生改造机制模型

的残余拉应力，也必然具有从坡体表面向内部逐渐减弱的特点。正是由于这一原因，从而导致中–缓倾角结构面表现出现今的近岸坡浅表部发育密度大、连通率高，向坡体内部两者均逐渐减弱，至岸坡一定深度后，基本呈原有构造裂隙状态的特征。

沿缓倾角断裂带的回弹错动，使得河谷岸坡中一定范围内的构造应力易于释放，而使坡体应力场转为以自重应力场为主。因此，坝区的缓倾角断裂带实际上构成了坡体中地应力释放的“窗口”。另外，缓倾角断裂带经回弹错动改造，强度由峰值降为残余值，性质进一步弱化，使这类断裂带可能成为控制高边坡稳定性的重要岩体力学边界。

12.4.3　边坡卸荷带的发育规律

1. 典型边坡卸荷带实例

金沙江溪洛渡坝段上起豆沙溪沟，下至溪洛渡沟，全长约 4.0km，河谷断面呈较为对称的“V”型，为典型的峡谷河段，临江坡高由上游向下游为 480 ~ 250m，枯季水位在 370m 时，江面宽 70 ~ 100m。两岸谷坡陡峻，山体浑厚，左岸坡度为 40° ~ 75°，右岸坡度为 55° ~ 75°。除峡谷进口段河床谷底分布有下二叠统阳新灰岩上段茅口组（P_1m）灰岩，两岸谷肩残留有部分上二叠统宣威组（P_2x）砂页岩外，坝区绝大部分由上二叠统峨眉山玄武岩（$P_2\beta$）组成。各岩层层间均为假整合接触，以间歇性多期喷溢陆相基性火山岩流为特征。玄武岩在坝区总厚度为 490 ~ 520m，据喷溢间断共划分为 14 个岩流层，每岩流层又由下部的玄武质熔岩和上部的火山碎屑岩组成，两者呈渐变过渡。坝区卸荷带强、弱卸荷带发育具有以下两点特征。

（1）强卸荷带：卸荷裂隙发育，且普遍张开，宽 3 ~ 5cm，最宽可达 10 ~ 20cm，充填角砾、岩屑及次生泥，普遍渗水–滴水，岩体松弛，多呈碎裂结构，声波速度起伏大，一般 V_p = 2300 ~ 3000m/s，两岸谷坡水平深度一般为 15 ~ 20m，个别最小为 3m（陡坡地段），最大可达 65m（缓坡地段，如 PD63）。

（2）弱卸荷带：带内隐裂隙和卸荷裂隙均较发育，裂隙呈微张（<0.5 ~ 1cm），部分长大裂隙张开，充填少量碎屑和次生泥膜，有轻度滴水和渗水现象，岩体轻度松弛，主要呈镶嵌结构和块状结构，V_p = 3000 ~ 4000m/s。两岸谷坡水平深度一般为 30 ~ 50m，个别最小为 15m（陡坡地段，如 PD8），最大达到 73m（缓坡地段，如 PD63）。

调查表明，坝区不同高程平硐卸荷带发育深度如表 12.4 所示。大坝拱圈高程整理的卸荷带发育深度与高程的关系如表 12.5 所示。便于对比，表中还列出了相应的弱上段和弱下段风化带发育深度。

表 12.4　溪洛渡坝区平硐调查卸荷带发育深度一览表

左岸								右岸							
硐号	勘探线	高程/m	层位	风化深度/m		卸荷深度/m		硐号	勘探线	高程/m	层位	风化深度/m		卸荷深度/m	
				弱上	弱下	强	弱					弱上	弱下	强	弱
PD60	进	544	C8、9	43	74	12	23	PD57	进	542	8	37	70	9	25
PD58	进	536	9	27	48	3	27	PD55	进	538	8	45	65	5	25
PD18	I	417	6	42	70	15	42	PD39	进	534	8	31	54	3	23
PD8	I	462	7	15	32	5	15	PD45	I	408	5、6、C5	62	83	12	12
PD44	I	545	C9、10	38	68	3	32	PD47	I	554	C8、8	35	65	5	25

续表

左岸								右岸							
硐号	勘探线	高程/m	层位	风化深度/m		卸荷深度/m		硐号	勘探线	高程/m	层位	风化深度/m		卸荷深度/m	
				弱上	弱下	强	弱					弱上	弱下	强	弱
PD46	Ⅰ	616	12	40	60	5	40	PD25	Ⅰ	624	12	30	80	5	30
PD66	Ⅰ_6	474	C7、7	15	45	5.5	15	PD63	Ⅰ_6	390	5	65	110	65	73
PD12	Ⅰ_3	419	6	24	39	9	24	PD35	Ⅰ_3	380	C4、4	60	80	30	60
PD50	Ⅰ_3	465	C7、7	25	45	2	25	PD33	Ⅰ_3	460	6	24	43	7	18.5
PD80	—	396	6	43	49	5	49	PD37	Ⅰ_3	502	C7、7	38	55	10	32
PD76	—	519	C8、9	32	50	10	15	PD69	—	383	6	45	65	19	45
PD62	—	617	12	39	72	3	32	PD71	—	455	6	21	42	10	21
PD30	Ⅱ_2	382	6	35	50	27	50	PD31	—	544	C8、9	50	69	10	30
PD56	Ⅰ_2	389	6	22	36	11	22	PD53	—	621	12	64	95	3	45
PD2	Ⅰ_2	429	C6、7	22	52	8	18	PD7	Ⅰ_2	413	6	25	65	9	23
PD36	Ⅰ_2	481	8	34.5	49	3	16.5	PD75	Ⅰ_2	467	C6、7	45	70	4	45
PD38	Ⅰ_2	562	C11、12	30	70	10	30	PD21	Ⅰ_2	495	C7、8	32	50	10	32
PD52	Ⅱ_1	441	C6、7	48	63	10	48	PD49	Ⅰ_2	563	C9、10	53	65	10	53
PD90	Ⅱ_1	487	8	30	67	3	17	PD11	Ⅱ_1	415	6	40	87	3	23
PD26	Ⅱ_1	535	C9、10	40	54	3	29	PD51	Ⅱ_1	530	C8、9	39	63	20	29
PD22	Ⅱ	403	6	45	70	22	45	PD15 下	Ⅱ	428	6	38	57	17	38
PD6	Ⅱ	485	8	49	79	3	16.5	PD5	Ⅱ	503	8	37	65	9	25
PD24	Ⅱ	587	12	34	62	5	34	PD13	Ⅱ	564	11	38	58	3	23
PD48	Ⅱ_2	454	C7、8	45	70	10	45	PD17	Ⅰ_2	512	C8、8	40	61	20	40
PD28	Ⅱ_2	519	C9、10	35	110	3	25								

表 12.5　溪洛渡坝肩岩体风化及卸荷深度按拱圈高程统计表

高程	左岸					右岸				
	统计硐数	弱上段/m	弱下段/m	强卸荷/m	弱卸荷/m	统计硐数	弱上段/m	弱下段/m	强卸荷/m	弱卸荷/m
高高程	6	32～40	50～68	3～10	15～40	6	30～53	58～69	3～20	23～53
(510～610m)		(-34.8)	(-61.1)	(-5.3)	(-29.6)		(-42.5)	(-63.6)	(-9.5)	(-34.3)
中高程	11	15～19	32～79	2～15	15～48	9	21～45	42～87	3～17	18.5～45
(410～510m)		-30.9	-55.5	-6.7	-25.6		-33.3	-59.3	-8.8	-28.6
低高程	4	22～45	36～70	5～27	22～50	4	45～65	65～83	12～30	42～73
(<410m)		(-36.2)	(-51.3)	(-16.3)	(-41.5)		(-58)	(-76)	(-20.3)	(-55)

(1) 总体上看，溪洛渡坝区尽管坡高谷陡，但是边坡卸荷带的发育深度一般较浅，除

了部分受夹层影响的部位表观卸荷带发育深度明显增大外，一般情形下，强卸荷带的发育深度仅为3~10m，弱卸荷带发育深度也在30m以内。

（2）卸荷带的发育深度表现出上、下大，中部小的特征。高高程、低高程卸荷带发育深度分别为30~35m、40~55m，而中高程卸荷带发育深度为25~30m。高高程卸荷带略为增大显然与边坡经历的卸荷历史有关；而低高程的卸荷带明显增大则受低高程部位相对平缓的地形影响，河谷在低高程（410m以下）附近表现为一较为宽缓的“基岩台地”，相当于区内一级阶地的高程。台地的形成，本身也说明河流在这个时期的下切处于一个相对停止或减缓阶段，因而，边坡岩体有充分的时间进行应力调整，形成卸荷带。因此，低高程卸荷带增宽现象间接说明了河谷下切卸荷速率对卸荷带的影响。

（3）中高程是河谷地形最为陡峻的地段，几乎由直立陡壁构成，其卸荷带发育深度表现出异常的浅，一般强卸荷带小于8m，弱卸荷带小于30m。而这个高程段的形成与河谷下切速率最快的期间相对应。因此，较快的河谷下切速率除了导致卸荷带不能得到充分发育外，还将使得岸坡易于崩塌，从而使卸荷松弛岩体因崩塌脱离坡体，表现出较小的卸荷带，尤其是强卸荷带。

2. 边坡卸荷带发育规律分析

总结我国西南、西北主要水电工程的高边坡实例，对这一地区高边坡卸荷带的发育可以获得以下基本规律性认识：边坡强卸荷带的发育深度一般为5~20m，弱卸荷带的发育深度一般为25~50m。其发育特征受谷坡形态（地貌）、岩性、岩体结构、应力场条件与卸荷速率等因素影响。

1）与谷坡形态特征的相关性

岸坡的高度和陡度决定了岸坡应力场的分布状况，显而易见，高陡的岸坡岩体卸荷的深度和强度要大于低缓的岸坡。但是由于岸坡的外形是谷坡形成演化历史的记载，处在不同高程和不同部位的岸坡，它们有着不同的经历，反映在岩体卸荷方面很可能具有更为重要的差别，至少有以下值得注意的差别。

谷坡的地貌形态是影响卸荷带发育深度的一个重要因素。谷坡坡面的起伏特征和沟壑发育状况对卸荷深度也有一定影响，坡面上沟谷侵蚀形成山梁和山嘴，被纵向冲沟切割的坡体常常形成“沟”“梁”相间的微地貌形态。此时，在“梁”的部位，边坡岩“梁”部位的卸荷带发育深度是“沟”部位的1.5~2.0倍。在谷坡地形较为平缓的部位，通常也发育有相对较大的卸荷带，尤其是快速下切河谷在其相对稳定时期形成的一些基岩台地部位，卸荷带发育深度都较一般情形大。

河流从夷平面下切形成河谷，两岸保存的阶地记载了不同高程岸坡的经历。长江上游的某些河流，如金沙江、雅砻江、岷江、大渡河等，在1600~2000m高程岸坡上，还保留着早期冰川或冰水作用改造的谷坡，或积雪地和粒雪地改造的岸坡。这一带河流表现为早期的“U”型谷中叠置，近期强烈下切的“V”型峡谷。河流岸坡的这一形成演化经历，使河谷岩体卸荷深度由谷底向高高程有逐渐加深、加宽的趋势，较高的部位还可能保存早期的强卸荷风化壳。

卸荷带发育深度随边坡高程增加而增加。一般情况下，边坡下部由于受到谷底的约束作用，应力释放及调整较为困难，故卸荷带发育深度较浅；随着向坡顶高程的增加，应力释放与调整可以充分进行，故卸荷带发育深度会逐渐增加。但是在某些情况下，坡体上部因边坡充分变形而破坏，从而导致现场观察到的卸荷带发育深度在一定高程以上的增加可能变得不是很显著。

对于山区河流，在分析判断岩体卸荷发育发布状况时还需要考虑河道的弯道效应。根据阶地分布状况和河流形态，河流演化过程中的冲刷岸或凹岸是岩体卸荷保存较薄的部位；相反，堆积岸或凸岸是岩体卸荷保存较厚的部位。其次值得注意的是，我国山区河流由于地球自转所引起的科里奥利（Coriolis）力的作用，造成向右岸的冲刷，可以在一定程度上造成左、右岸岸坡岩体卸荷发育及保存状况的差异。

2）与谷坡岩体岩性特征的相关性

一般情况下，岩体材质（岩性）强度和刚度高的岩体，相对于强度偏低、偏软的岩体，卸荷带发育深度要深一些，这可能与岩体储存弹性应变能的高低有关，影响了卸荷波及的深度。强度高的岩体，如岩浆岩、火山岩，沉积岩中的碳酸盐岩、硅质砂岩，以及变质岩中的混合岩、大理岩等，卸荷带的深度有的可以达到 50 ~ 100m，并且往往在这类岸坡中，存在有与应力增高带相当的紧密挤压带；而强度相对较低的岩体，如砂岩、页岩等，卸荷带的深度较前者浅，并且较少出现紧密挤压带。

岩性抗风化能力也对卸荷深度有一定影响，通常抗风化能力弱的岩体，卸荷带的深度大于较强者，这可能是因为风化作用使岩体强度弱化。建在千枚岩中的电站，岸坡高陡是造成卸荷带深的重要原因之一，但千枚岩抗风化能力弱，具有较深的强风化带，也是这一带卸荷深度较深的重要原因。

3）与谷坡岩体结构特征的相关性

岩体结构对岩体卸荷的影响十分明显，它在很大程度上决定了岸坡岩体应力分布状况；确定了岸坡岩体卸荷过程变形破裂机制，控制岸坡卸荷岩体发展演变趋势。按照斜坡岩体结构类型，经卸荷的斜坡岩体，在其尚未形成明显的变形破裂前，通常可称之为“卸荷岩体”，它既区别于完整的岩体，也区别于具有一定范围和边界的变形破裂体。一旦卸荷岩体发生进一步变形，它们的变形模式与斜坡岩体结构特征相联系，在一定条件下，按变形破裂模式向可能的破坏方式发展。

4）与构造、应力场环境的相关性

许多工程实例显示，在初始地应力较高的河谷地区，往往岸坡岩体卸荷深度和强度较大，这可能是作为广义“荷载”的高地应力，在河谷下切演化过程中，回弹及差异回弹卸荷作用更为强烈的缘故。深裂缝的出现往往与高地应力相联系。一般而言，侧向地应力越大，自然边坡卸荷作用越强烈。但须指出的是，在构造地应力不大的地区，侧向地应力主要为岩体自重应力，由于这种条件下积蓄于坡体岩石内的应力不可能很大，该地区边坡上的卸荷变形与破裂大多只能沿原有构造裂面产生与发展。

卸荷带的发育与原始的构造裂面发育状况有较大关系，原始构造裂隙越发育，卸荷变形作用也越强烈。卸荷裂隙可以是新生的，但大多数是沿原有的顺坡向陡倾角裂隙发育而成，原有的陡倾角裂隙为坡体卸荷提供基础，坡体卸荷使原有的断裂张开，部分扩展再与其他方向的裂隙贯通，从而造成岩体的裂隙率增高、裂隙的规模增大。此外，岩层层面产状与边坡临空面间的关系对卸荷变形也有一定影响。一般而言，逆向坡卸荷带较顺向坡发育，这是由于逆向坡更容易形成高陡边坡；顺向坡岩层倾角越陡越利于卸荷带发育，因为岩层倾角越陡越有利于层面在坡面上临空；在同属逆向坡段，岩层倾角越缓，卸荷变形越强烈，这是由于岩层倾角越缓，边坡上覆岩体于下部岩体的作用会越来越大，从而更有利于坡体重力作用。

5）与卸荷速率的关系

典型工程实例的卸荷带情形说明一个基本事实：卸荷速率对卸荷带的发育深度有根本性的影响，快速卸荷会更有利于边坡卸荷带的发育。

下面对三个典型工程实例的卸荷带情形做一个简单的对比，如表12.6所示。

首先，比较三峡船闸高边坡与两个天然高边坡的卸荷带，可见，前者尽管坡高（最大170m）远小于后两者（300～600m），且地质条件更为简单，但是，卸荷带的发育深度确与溪洛渡高边坡基本一致。两者的区别是：三峡船闸高边坡的施工，从卸荷速率来讲，是天然河谷下切远远所不能及的。

其次，比较两个天然河谷高边坡，溪洛渡高边坡河谷下切速率快，但卸荷带发育深度却小于小湾高边坡。分析其原因，主要是由于溪洛渡边坡的地质条件（玄武岩边坡）相比小湾高边坡（片麻岩边坡）更有利于岸坡的局部崩塌失稳破坏，所以，溪洛渡边坡伴随河谷的快速下切，可以形成陡壁状的地貌形态，而不能保留充分发育的河谷卸荷带。因此，对天然河谷高边坡而言，过快的下切速率在特定的地质条件下，所形成的“表观卸荷带”深度可能小于下切速率中等的河谷高边坡。

表12.6　三个典型工程实例卸荷带的发育情况

工程实例	代表性	地形地质条件	卸荷带发育
澜沧江小湾水电站高边坡	河流下切速率中等，代表正常卸荷速率的河谷地区	边坡坡角中-陡、地质条件较为简单	强卸荷带10～20m，弱卸荷带50～60m
溪洛渡水电站高边坡	河流下切速率高，代表快速卸荷的河谷地区	地形陡峻，地质条件中等复杂	强卸荷带5～10m，弱卸荷带25～35m
长江三峡工程船闸高边坡	人工开挖，代表快速人工卸荷情形	边坡陡峻，下部为直立墙，地质条件简单	强卸荷带3～5m，弱卸荷带25～35m

为了进一步分析和论证卸荷速率对卸荷带发育深度的影响，我们模拟河谷下切过程中侧向卸荷（应力解除）的过程，探讨在这一过程中岩体力学特性的变化。试验是在MTS851电液伺服刚性三轴压力实验机上进行的。

位移控制（LVDT控制）方式：对岩样先施加静水压力，然后使轴压略微升高（视岩石的强度而定）；保持试验系统的轴向位移不变（即LVDT控制），逐渐卸除围压，直至破坏。其典型的应力路径如图12.38所示。图中，S点为静水压力状态，SU为加荷阶段；U点为卸荷开始点，UF段为卸荷阶段；F点为卸荷破坏点。

荷载控制（FORCE控制）方式：对岩样先施加静水压力，然后使轴压略微升高（视岩石的强度而定）；保持试验系统的荷载不变（即 FORCE 控制），逐渐卸除围压，直至破坏。其典型的应力路径如图 12.39 所示。图中，S'点为静水压力状态，$S'U'$为加荷阶段；U'点为卸荷开始点，$U'F'$段为卸荷阶段；F'点为卸荷破坏点。

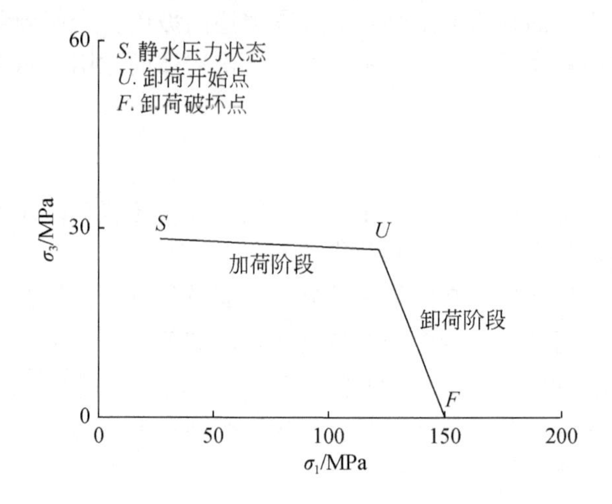

图 12.38　位移控制卸载应力路径图

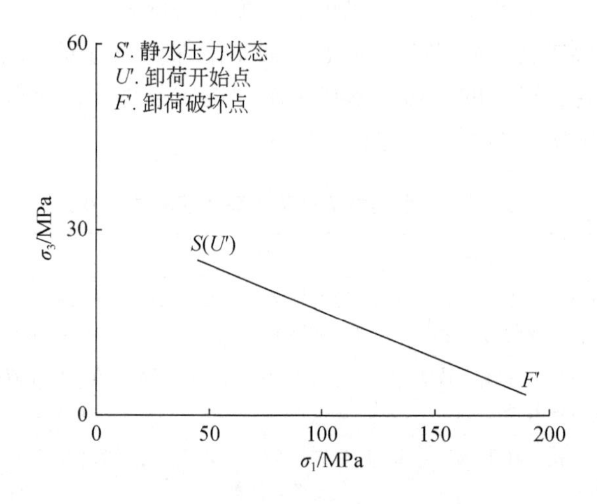

图 12.39　荷载控制卸载应力路径图

两种方式的应力路径相似，不同之处在于卸荷过程中围压（σ_3）的减少量（$\Delta\sigma_3$）与轴压（σ_1）的增加量（$\Delta\sigma_1$）的比率不同。LVDT 控制方式的 $\Delta\sigma_3/\Delta\sigma_1$ 为 1.13，FORCE 控制方式的 $\Delta\sigma_3/\Delta\sigma_1$ 为 0.14，即位移控制方式的卸荷速率比荷载控制方式的卸荷速率快。

卸荷试验成果表明，首先对比加载情形，可见在解除侧向压力的卸荷状态下，岩体的力学特性降低了，主要表现为强度（破坏应力差）的降低和模量的降低。加载情形下，岩体破坏的应力差约为 250MPa，而在卸载情形下仅为 115MPa；加载情形下，岩体的模量约为 67GPa，而卸载情形下仅为 35～45GPa。

其次，比较不同的卸载速率对岩体力学特性的影响，可见岩体在LVDT控制方式下，其力学特性较FORCE控制方式显著降低；卸载速率很快的LVDT控制方式的模量和破坏应力差分别为36GPa和115MPa；而在卸载速率较慢的FORCE控制方式下，其模量和破坏应力差分别为46GPa和214MPa。上述事实表明，较快的卸荷速率可以显著降低岩体的力学特性。

进一步分析表明，岩体在加载和不同卸载速率下，强度和变形特性表现出差异的主要原因是由不同条件下岩体破裂机制的差异引起的。试验结果表明，在加载情况下，岩样的破坏以剪切型破裂为主；在卸载试验情况下，岩样的破裂表现出张-剪性的特征，且随着卸载速率的提高，试样张性破裂成分越重。正是由于这样的破裂机制，导致岩体在卸载情形下，强度和变形特性有显著的降低，且随着卸载速率的提高，降低越为明显。

上述的试验成果，在前述卸荷岩体力学试验研究中有体现，在此不再细述。

可以理解，在实际河谷的下切卸荷过程或人工边坡的开挖卸荷过程中，岩体的力学特性都将表现出与通常加载情形下不同的状况。从卸载的角度去认识边坡的卸荷过程，岩体的强度和变形特性较通常的情况更低，且下切或开挖卸载速率较快，变形和强度特性的降低程度越大，卸荷带的发育深度也就越大。

卸荷岩体力学试验研究成果给我们的另一个启示是，边坡在下切和开挖卸荷过程中，卸荷带内岩体的破裂机制表现出张性，且卸荷速度越快，张性破裂的成分越重，实际边坡岩体沿垂直张裂缝产生崩塌的可能性也就越大，形成的岸坡也越为陡峻（溪洛渡的情形）。

3. 卸荷作用的工程地质意义与卸荷带划分

岩体结构松弛导致岩石（体）物理力学条件发生改变，斜坡浅表岩体工程地质性能下降，主要表现在以下三个方面。

1）*渗透性能提高*

岩体结构松弛产生卸荷裂隙及结构面张开，造成岩体透水性能显著提高，如大渡河瀑布沟水电站坝区高围压下完整致密花岗岩体，其渗透性一般在0.01L/(min·m)以下，而在卸荷带内可达1L/(min·m)，坝基岸坡极浅部位的强卸荷带内形成的卸荷拉张甚至可与地表水气直接循环。

2）*岩体变形性能增加*

坚硬岩体变形性能主要受节理发育程度控制，卸荷作用引起的节理张开和卸荷裂隙的产生，导致岩体变形性能增加是显而易见的。地震法与声波法等物探测试很容易揭示这种变化。部分工程现场试验表明卸荷带内变形模量仅为深部岩体的1/4～1/10，如某工程薄层灰岩以地震法测得的动弹模在硐口为20GPa，50m深为35GPa，而在126m深为55GPa。

3）*岩体强度降低*

卸荷带内节理张开接受风化并充填次生泥质等碎屑物质造成结构面抗剪强度很低，如某工程卸荷裂隙夹泥致使抗剪强度$\tan\varphi=0.2$、$c=10\text{kPa}$，对坝基抗剪极为不利。

第13章 煤矿负煤柱卸压开采及工程

煤炭开采过程中受到高应力及强动载作用会诱发矿山灾害，特别是深部开采，在实际工程中，为了安全高效开采煤炭，降低或消除由于高应力集中形成的矿山灾害，常采用卸压开采方式。卸压开采是为减小深部工作面采动应力集中、降低工作面回采过程中发生动力灾害危险、实现工作面安全高效回采的方法。卸压开采后顶板岩层中出现大范围的破断、移动变形和卸压，工作面回采时能够取得显著的卸压效果，因此在实践中得到了应用。目前，已有不同卸压开采方法在工程中得到了应用，本章主要介绍负煤柱卸压开采方法，其实体煤侧卸压效果好、顶板稳定维护成本低，适合应用于支护难度大、冲击地压频发矿井。

13.1 卸压开采的特点

卸压开采的主要方法有：开槽卸压、钻孔卸压、爆破卸压、巷旁卸压巷卸压、顶部卸压巷卸压、卸压巷加松动爆破卸压、切缝卸压等。开槽卸压目前尚无合适的开槽机具，仍然采用风镐或手镐开掘出一定宽度和深度的槽，其作用在于卸压槽开掘后，使巷道的围岩应力向煤体深部转移，改变了巷道围岩应力场的分布状况，有利于巷道的维护。钻孔卸压的机理与开槽卸压基本相同，卸压效果主要取决于孔径、孔距、孔深等参数，合理布置的卸压孔可导致巷帮围岩的结构性预裂破坏，从而使围岩高应力向深部转移。爆破卸压的实质是在围岩钻孔底部集中装药爆破，使巷道和硐室周边附近的围岩与深部岩体脱离，原来处于高应力状态的岩层卸载，将应力转移到围岩深部。实践证明：单纯的爆破卸压效果一般，需与松动圈围岩加固结合起来，才能确保维护效果。卸压巷卸压的实质是在被保护的巷道附近，开掘专门用于卸压的巷道或硐室，转移附近煤层开采的采动影响，促使采动引起的应力分布重新分布，使被保护巷道处于开掘卸压巷道而形成的应力降低区内。切缝卸压是通过预爆破致裂措施切断基本顶岩层，减弱工作面采动应力的传递，从而降低回采巷道煤柱的集中应力。除此之外，巷道合理的优化布置方法也可以实现卸压开采的目的，巷道优化布置一般有开采保护层和负煤柱巷道布置卸压开采设计。开采保护层是一种区域性降低冲击危险性的卸压措施。开采保护层有上行开采和下行开采，这两种开采方式均属于卸压开采，卸压开采改变了顶底板空间结构及应力分布状况，在一定范围内形成卸压带。卸压带的范围受煤岩地质条件、层间距、关键层等的影响。随着层间距的减小，卸压开采后下伏煤层所处层位应力变化梯度增大，导致应力增高区与应力降低区应力差值增大，卸压开采作用对巷道位置选择影响程度明显增加。负煤柱开采是另一种有效的卸压开采巷道布置方式，由于其实体煤侧卸压效果好、顶板稳定维护成本低而被应用于支护难度大、冲击地压频发的矿井，特别是负煤柱卸压巷道布置形式。

13.2　负煤柱卸压开采力学原理

13.2.1　常规沿空侧巷道围岩结构特征及技术难点

长壁工作面开采中沿空巷道通常会受到地应力和相邻采空区的影响。按巷道与采空区的距离可分为留煤柱巷道、无煤柱巷道。其巷道布置形式如图 13.1 所示。

1. 留煤柱沿空侧巷道围岩结构特征

对比图 13.1 中巷道布置形式，可以对巷道围岩结构特征、应力环境进行分析。

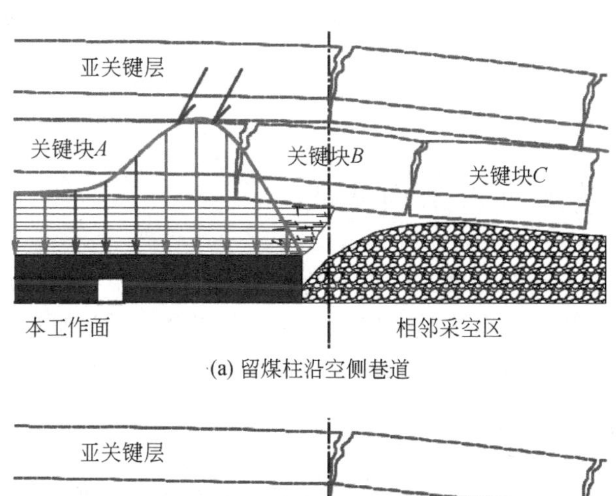

(a) 留煤柱沿空侧巷道

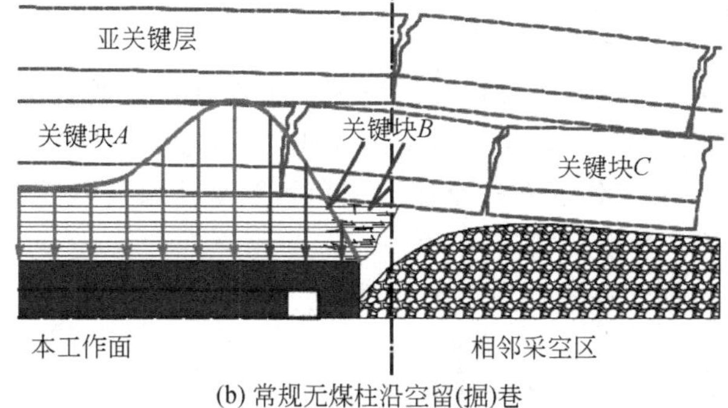

(b) 常规无煤柱沿空留(掘)巷

图 13.1　沿空侧巷道围岩结构特征

留煤柱巷道煤柱较宽，巷道距离采空区较远。这类巷道覆岩为完整岩层，两帮为煤壁和宽煤柱。在留煤柱护巷时，为了避免巷道受采空区侧向应力影响，将巷道布置在应力集中程度较小的原岩应力区。其技术难点有两个。

(1) 由于巷道处于正常的应力分布区域，巷道会受到埋深及构造应力的影响。对于深部、地质条件复杂的区域，巷道支护会存在较大难度。

(2) 由于井下开采技术、地质条件的不同，采空区侧向支承压力不同。因此，煤柱宽度设计存在一定难度。留设较大，会造成资源的浪费；留设较小，会在侧向支承压力作用下发生破坏，巷道维护困难。

2. 常规无煤柱沿空侧巷道围岩结构特征

采用沿空留（掘）巷能够较好地避开上述问题。图 13.1（b）中可以看出，沿空巷位于采空区侧向支承压力降低区。其覆岩结构为相邻采空区基本顶侧向关键块。由于关键块破断回转并与上覆岩层发生离层，沿空留巷实际位于开采卸压区内，不受所处位置地应力的影响。其煤柱（或巷旁充填体）通常宽度较小，也处于卸压区内，主要受关键块运移的影响。当然，尽管如此，这种无煤柱沿空留巷也存在技术难度。

（1）无煤柱沿空巷位于破断基本顶关键块下方，因此沿空巷主要的压力来源便是关键块。而关键块通常重量大，保证关键块稳定性较为困难。

（2）无煤柱沿空留巷通常煤柱（或巷旁充填体）宽度较小，承载能力较差，很难阻止关键块回转对直接顶的挤压变形。因此如何保证煤柱（或充填体）承载能力一直是此类巷道支护的难题。

13.2.2 负煤柱巷道围岩结构特征

尽管学者们针对以上问题开展了一系列的研究，也提出很多的解决办法，但如果能通过合理的布置避免上述难点，无疑是更好的选择。负煤柱巷道便是这样的一种技术。在探讨负煤柱巷道围岩结构前，首先对显著影响沿空巷道稳定性的基本顶运移规律进行研究。

1. 侧向基本顶结构特征及演化规律

根据现有沿空留巷及采场顶板结构的研究，工作面顶板呈“O-X”破断，其中工作面侧向破断基本顶为弧形三角板，其长度近似为周期来压步距。巷道位于侧向基本顶关键块下方，如图 13.1 所示。自工作面开挖至弧形三角板关键块触矸稳定侧向顶板依次按悬顶结构、空间铰接拱结构、半拱结构演化。

（1）悬顶结构。自前次来压结束后继续开挖，直至下次来压期间，基本顶保持悬顶弯曲下沉的状态，关键块 A、B 为一个完整岩梁。

（2）空间铰接拱结构。悬顶长度达到周期来压步距，顶板发生 O-X 型破断，形成侧向三角板。侧向三角板一端搭接在待采工作面煤体上方，另一端与相邻周期来压顶板形成铰接结构。这样的空间铰接结构随着工作面推进及其他稳定性影响因素迅速回转，容易造成对承载体的动载作用。

（3）半拱结构。随着工作面的继续推进，侧向三角板触矸，形成一端搭接在实体煤、另一端触矸的半拱结构，变形达到最大，对承载体形成静载作用。

可以看出，无论是煤层刚开挖时的悬顶结构还是关键块触矸后的半拱结构，均是稳态结构。通常情况下基本顶的这两种稳态结构的转变很难通过支护来阻止，而两种结构的位态是固定的。因此，基本顶的破断、回转至关键块 B 达到稳定，关键块发生了给定变形。通常情况下，侧向基本顶关键块是决定沿空留巷成败的关键部位，而关键块稳态结构的维持或转换期间的安全保障是沿空巷道维护的关键技术。负煤柱巷道围岩结构自身便能保证稳态结构转换过程的安全性，从而避开这一难题。

2. 负煤柱巷道卸让压围岩结构体系构建

为了弄清负煤柱巷道围岩结构特征，以某矿工作面地质条件为原型开展了相似模拟试验，对按负煤柱巷道围岩结构进行模拟，其结果如图 13.2（a）所示。

该方法在上工作面开采时起坡、抬高巷道，本工作面开采时，将巷道布置在上工作面采空区起坡段底板中。由于其特殊的巷道布置形式，围岩形成了卸压、让压的围岩结构，能够有效地避开高地应力、关键块 B 失稳及触矸压实引起的动静载。其卸让压围岩结构主要包括以下三部分，如图 13.2（b）所示。

(a) 围岩结构相似模拟试验

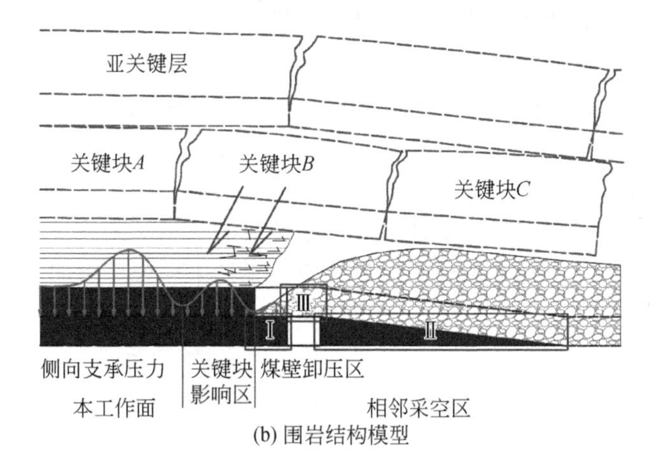

(b) 围岩结构模型

图 13.2　负煤柱巷道围岩结构

1）煤壁侧自动卸压结构（Ⅰ）

负煤柱巷道煤壁侧有一个巷道宽度的卸压煤体，如图 13.2 中Ⅰ区域所示。这部分煤体上方为上一个工作面开采时的顺槽，本工作面开采时该顺槽顶板垮落。由于其位于两工作面过渡段，侧向基本顶关键块下方会形成自由空间而不对矸石压实。因此，这一个巷道宽度的煤体中应力主要来源于冒落的矸石。相比于深部高地应力、侧向支承压力及关键块搭接影响区的应力，这部分煤体中应力几乎可以忽略，实际形成了将高应力向煤体深部转移的作用，其效果类似于巷道防冲时采用的卸压爆破、钻孔卸压和定向裂隙。

2）*矸石-三角煤柱让压结构（Ⅱ）*

负煤柱巷道布置在上工作面采空区起坡底板中，护巷煤柱为三角煤柱结构，其上方为开采垮落的碎胀矸石。这样的结构既可以通过矸石的压实来让压，缓冲顶板的动载，又可以通过采空侧已压实矸石的侧护来提供较大的支护力。此外，由于坡度较小，三角煤柱宽度较大，三角形煤柱本身稳定性较好，能较好地保证巷道稳定性。

3）*矸石顶板卸压结构（Ⅲ）*

负煤柱巷道顶板为垮落矸石，通常通过留煤皮及铺设金属网等综合性手段来预防漏顶。通常情况下这一区域处于采场O形圈范围内，采空区冒落的矸石很难接顶（即过渡段矸石顶板上方存在的自由空间），不必承担上覆关键块作用力，顶板维护的主要任务是保证不漏矸。可以看出，不同于常规沿空巷顶板［图13.1（b）］随基本顶回转而回转，负煤柱巷道不接顶的矸石堆顶板较大的压实变形性能及给关键块的回转提供了较大的变形空间。因此，负煤柱巷道顶板能够避开基本顶关键块给定变形的影响。即便基本顶发生失稳，滑落到矸石上，矸石也可通过流变、压实将压力卸载到煤壁侧或煤柱上，避免顶板灾害。

现场实践及相关的统计表明，负煤柱巷道能有效降低冲击地压的发生，而其关键技术在于其破碎矸石顶板、矸石-三角煤柱及卸压煤壁的三元结构。因此，应当进一步对负煤柱巷道围岩结构及相应的卸压、让压机理进行分析。

当然，值得注意的是外错到上工作面底板的巷道会在上工作面采动支承压力的作用下发生损伤，进而导致围岩强度降低。然而，现场实践过程中发现，此方法实际应用过程中并未发生巷道支护困难的问题，巷道通常容易维护，其更多的问题集中在破碎顶板引起的瓦斯、水、煤自燃等问题。分析可知，负煤柱巷道能够避开地应力的影响，巷道只需承担垮落的岩层重量。其机理类似于长壁开采液压支架只需承担破断岩层重量而非到地表的重量。而对其破碎矸石顶板，其支护和传统的分层开采技术一致，以目前的支护技术已能够较好的解决。

13.2.3 负煤柱巷道围岩卸让压原理力学分析

1. 煤壁侧自动卸压结构（Ⅰ）

常规沿空巷道煤柱位于垮落顶板下方，地应力对其影响较小，但巷道实体煤一侧为覆岩的承载体，将受地应力及侧向支承压力的影响。应力的集中会导致巷道发生大的变形，埋深较大时实体煤侧集聚的弹性能释放还会造成冲击地压。

负煤柱巷道刚好能将这样的集中应力卸载掉，如图13.3所示。巷道远离侧向集中应力，造成实体煤侧支承压力向煤体深部转移的效果。负煤柱巷道煤壁侧自动卸压原理如下。

（1）负煤柱巷道通过改变布置位置，利用旧巷自动卸压，避免了沿空巷道受深部高地应力的影响，降低了人工卸压释放应力的成本。

（2）相比于卸压爆破、钻孔卸压和定向裂隙等人工卸压技术，负煤柱巷道自动卸压结构未经历高应力的破坏，岩体力学性能较好，容易支护；加之其宽度较大，是天然的抗变形及防冲屏障。

（3）煤壁侧自动卸压结构宽度较大、力学性能较好，能够提供侧护力，改善应力集中区岩体受力状态，降低支护难度。

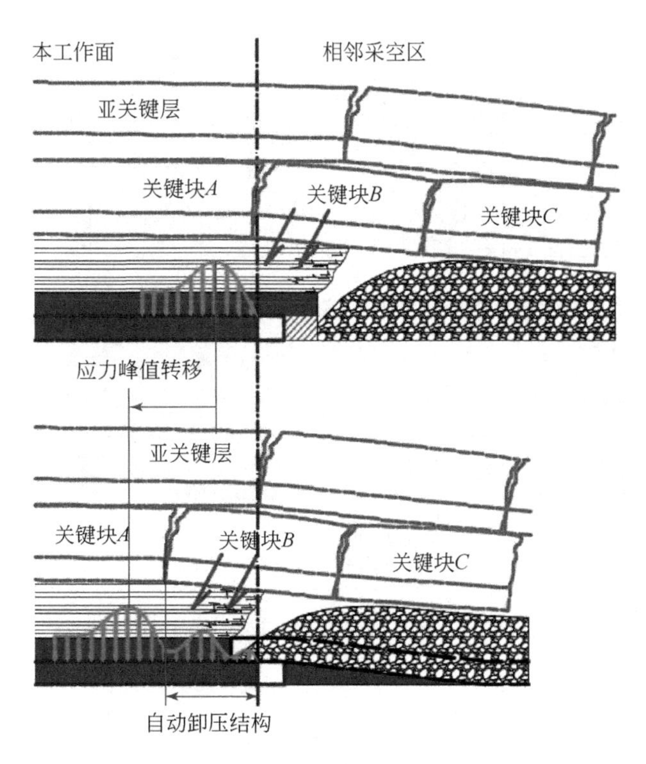

图 13.3　煤壁侧卸压原理

煤壁侧自动卸压的原理可通过定量计算来进一步描述。图 13.4（a）为某矿 22202 工作面侧向支承应力及采空区矸石压实情况。其中，设 OC 段矸石压实载荷呈线性增大；OA 段为应力降低区，AB 段为应力升高区，应力的变化简化为线性变化。煤层埋深在 300m 左右，应力集中系数为 2.5，$OA=10\text{m}$，$AB=40\text{m}$，$OC=50\text{m}$。据此可计算底板任意点（x_0，y_0）的应力解析式。

首先，均布载荷 q 作用下的任意点（x_0，y_0）的应力为（何尚森等，2016）

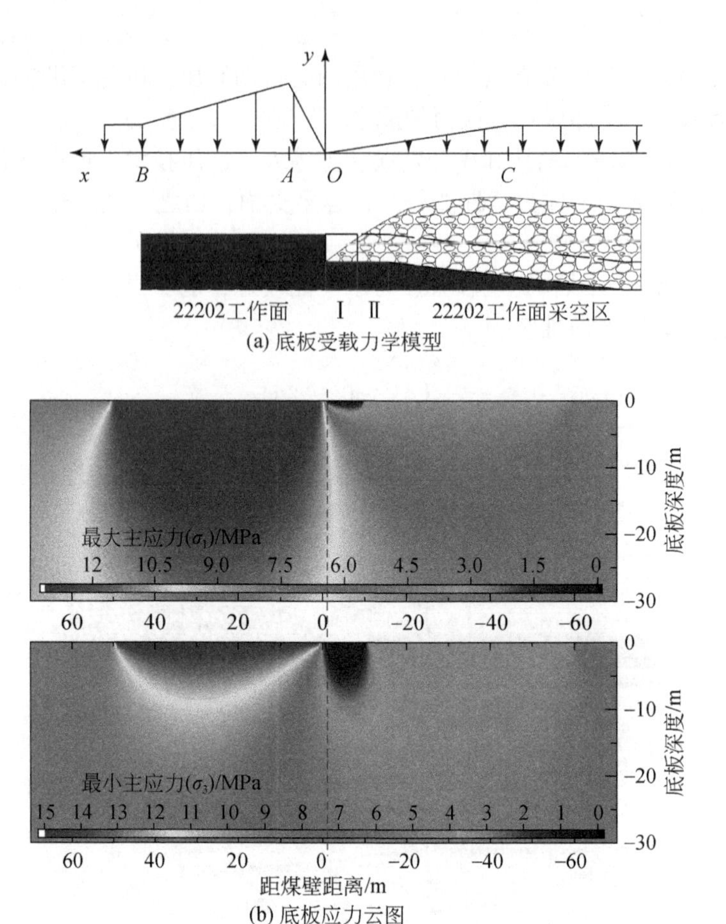

(a) 底板受载力学模型

(b) 底板应力云图

图 13.4　侧向支承压力下底板应力云图

$$
\begin{cases}
\sigma_x=\dfrac{q}{\pi}\left[\begin{array}{l}\arctan\dfrac{x_0-x_2}{y_0}-\arctan\dfrac{x_0-x_1}{y_0}\\ -\dfrac{(x_0-x_2)y_0}{y_0^2+(x_0-x_2)^2}+\dfrac{(x_0-x_1)y_0}{y_0^2+(x_0-x_1)^2}\end{array}\right]\\
\sigma_y=\dfrac{q}{\pi}\left[\begin{array}{l}\arctan\dfrac{x_0-x_2}{y_0}-\arctan\dfrac{x_0-x_1}{y_0}\\ +\dfrac{(x_0-x_2)y_0}{y_0^2+(x_0-x_2)^2}-\dfrac{(x_0-x_1)y_0}{y_0^2+(x_0-x_1)^2}\end{array}\right]\\
\tau_{xy}=\dfrac{q}{\pi}\left[\dfrac{y_0^2}{y_0^2+(x_0-x_1)^2}-\dfrac{y_0^2}{y_0^2+(x_0-x_2)^2}\right]
\end{cases}
\tag{13.1}
$$

式中，x_1、x_2 为均布载荷的起始点，且 $x_1<x_2$；σ_x、σ_y、τ_{xy} 为坐标系方向应力，MPa。

根据式（13.1）计算原理先对图 13.4（a）中各段作用力下底板应力积分、求解，再将各段解析结果相加，得到工作面底板应力分布，最终利用式（13.2）得到最大和最小主

应力为

$$\left\{\begin{matrix}\sigma_1\\ \sigma_3\end{matrix}\right.=\frac{\sigma_x+\sigma_y}{2}\pm\sqrt{\left(\frac{\sigma_x-\sigma_y}{2}\right)^2+\tau_{xy}^2} \tag{13.2}$$

式中，σ_1、σ_3 分别为最大、最小主应力，MPa。上述计算均在数学软件 Mathematica 中进行，导出其计算结果可得底板最大、最小主应力云图，如图 13.4（b）所示。

可以看出，以巷道实体煤侧煤壁为分界面，其左侧为应力集中区，右侧为应力降低区。若将巷道布置在位置Ⅰ，巷道处于低应力状态，但其实体煤侧煤壁处于高应力集中状态，集聚着弹性能，容易发生大变形甚至巷内冲击。若将巷道布置在位置Ⅱ，巷道实体煤侧煤壁远离了应力集中区，其间煤体处于低应力状态，能够较好地避开高应力影响，成为弹性能释放的屏障。

因此，将巷道布置在Ⅱ位置的负煤柱巷道可以实现沿空巷道实体煤侧的高应力卸压（Ⅰ位置），降低支护难度。

2. 矸石–三角煤柱（Ⅱ）让压及承载机理力学分析

无煤柱沿空巷道位于侧向关键块下方，影响其变形的主要问题不再是高应力，而是顶板的显著运动。前述分析可知，顶板破断后会发生由高位态的不稳定拱结构到低位态的稳定半拱结构的显著运动。由于常规沿空留巷需保证一定的使用空间，没有足够的空间让出顶板如此大的变形，因此现有巷旁支护致力于维持顶板的高位态以保证足够的使用空间，维护成本较高。负煤柱巷道上方自由空间允许关键块回转而不影响使用空间，与此同时其矸石–三角煤柱还可保证关键块位态转换过程中的安全性，分析如下。

基本顶破断位置位于其夹支端，因此破断后关键块搭接在直接顶上方。为了避免关键块回转后对巷道顶板造成影响，通常通过调整关键块长度与巷道宽度、巷道位置，使关键块另一端位于三角煤柱上方。这样，煤柱便成为覆岩的承载体。首先对作用在煤柱上的载荷进行分析，图 13.5 展示了作用在煤柱上侧向基本顶破断后位态的转变过程。

随着关键块的回转，侧向不稳定的基本顶空间铰接拱结构失稳，关键块 C 完全垮落在矸石上，关键块 B 形成搭接在矸石上的半拱结构。其载荷主要靠煤壁和矸石–三角煤柱结构共同承担：

$$R_1+R_2=\gamma\sum hl \tag{13.3}$$

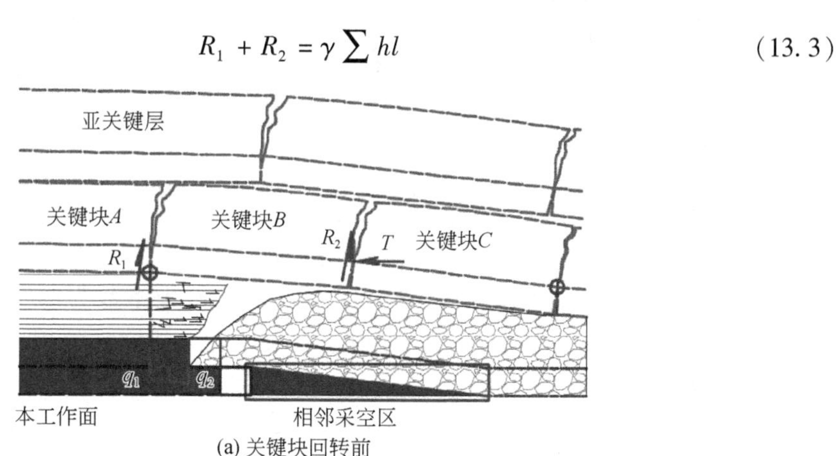

(a) 关键块回转前

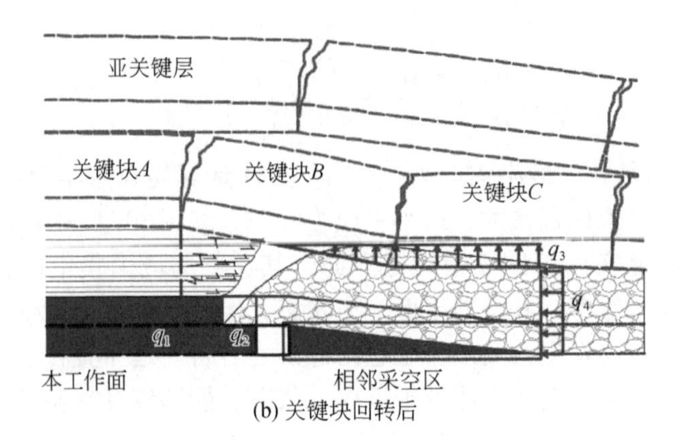

(b) 关键块回转后

图 13.5　侧向关键块稳态结构特征

$$T\cdot(h-a)+R_2\cdot l=\gamma\sum h\cdot\frac{l}{2} \tag{13.4}$$

当关键块间挤压力，作用在煤柱上载荷 R_2 达到最大：

$$R_2=\frac{\gamma hl}{2} \tag{13.5}$$

式中，R_1、R_2 为半拱拱顶、拱脚竖向载荷，MPa；l 为关键块长度，m；$\sum h$ 为破断关键块及其载荷层厚度；h 为基本顶厚度，m；a 为铰接点位置参数，m；γ 为平均容重，kN/m^3。

在此过程中，矸石顶板因其上方有一定高度自由空间，允许顶板的回转行程而不受影响。当基本顶侧向关键块回转、垮落时，矸石–三角煤柱结构是顶板显著运动的主要承载体，需承担回转引起的动载、静载作用。为了研究矸石–三角煤柱对顶板显著运动的让压机理、对顶板显著运动结束后静载的承载机理，开展了限侧矸石压实试验。试验参数及结果如表 13.1 及图 13.6 所示，据此可得矸石–三角煤柱让压及承载机理。

表 13.1　试验参数

项目	参数
岩样种类	岩石
块度范围	25～30mm
完整岩样单轴抗压强度	40MPa
加载方式	限侧加载/限侧定载（7.5MPa）

限侧矸石压缩试验结果表明，限侧加载过程中应力–应变符合指数关系：

$$\sigma=0.572\,\mathrm{e}^{9.5683\varepsilon} \tag{13.6}$$

式中，σ、ε 为限侧矸石加载过程中应力、应变；公式中系数为试验所得，与矸石块径、空间形状有关。

1）大变形让压机理

图 13.7（b）为限侧岩石矸石室内压实过程中的应力–应变曲线。可以看出，在矸石

图 13.6　限侧矸石压实试验

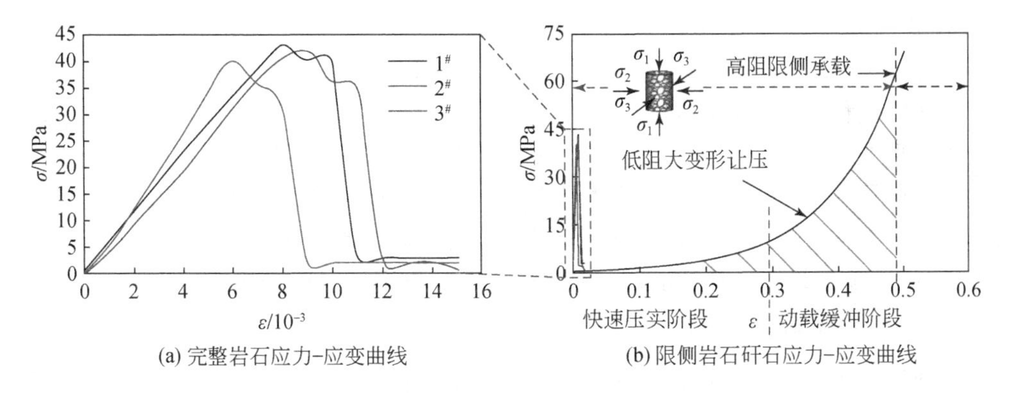

(a) 完整岩石应力-应变曲线　(b) 限侧岩石矸石应力-应变曲线

图 13.7　应力-应变曲线

压实的前期（快速压实阶段），应力较小时矸石便会发生大的变形；随着矸石进一步压实（动载缓冲段），应力大幅增长。由图 13.8 中恒定载荷作用下（固定载荷 7.5MPa，达到固定载荷用时 1～2min）变形随时间变化规律可知，矸石压实过程中绝大部分变形发生在载荷作用初期。对照两曲线可知，当限侧矸石上作用动载时，矸石会通过短时间内产生大的变形来缓冲动载。在此阶段，上覆载荷做功用于碎石空隙闭合、碎石摩擦滑移及挤压破坏等不可恢复的塑性变形，因此能够吸收顶板滑落等剧烈运动造成的动载，达到缓冲作用到三角煤柱上动载的效果。若矸石能完全吸收顶板势能便能保护三角煤柱不受动载影响；反之，煤柱上覆矸石无法缓冲顶板运动。这一阶段的能耗计算如下（谢和平等，2005；彭瑞东等，2014）：

$$U_g = \int \sigma \cdot \varepsilon \mathrm{d}\varepsilon = 0.572 \int_0^{\varepsilon_{\max}} \varepsilon \mathrm{e}^{9.5683\varepsilon} \mathrm{d}\varepsilon \tag{13.7}$$

式中，U_g为矸石压实过程中能量耗散，即图 13.7（b）中曲线与坐标轴围成的面积；$\varepsilon_{\max}$为矸石压实最大变形量。

据此便可计算低阻大变形让压阶段矸石的缓冲效果。当顶板位置势能（U）为

$$U>U_g \tag{13.8}$$

认为此时矸石已完全压实，失去大变形的缓冲作用。

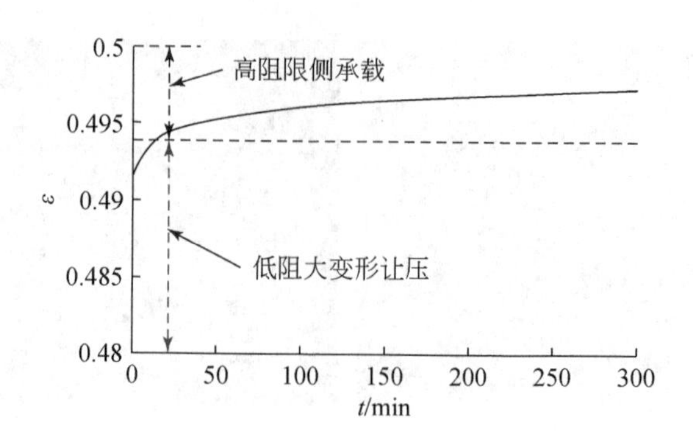

图 13.8　限侧矸石流变曲线

限侧矸石堆让压效果可由式（13.7）及图 13.7 对比而得。图 13.7（a）为试验所用矸石未破碎前试件单轴压缩应力-应变曲线（三次重复试验，编号分别为 1#、2#、3#），对比矸石堆压实过程应力-应变曲线［图 13.7（b）］可知，压实过程发生的变形为单轴压缩过程发生变形的几十倍。按照式（13.7）的计算原理（即曲线围成面积），在顶板动载作用下，限侧矸石堆变形比完整岩石增大几十倍，故而能耗也增长几十倍。因此，相比于完整岩石，当顶板发生剧烈运动时限侧矸石堆可以通过大变形缓冲顶板对煤柱的破坏（动载缓冲段），吸收顶板显著运动动能，起到保护煤柱的作用，实现对顶板的让压。

2）限侧高阻承载机理

按照顶板垮落的先后顺序，当煤柱上方矸石压实时，上工作面顶板早垮落，其采空区矸石也早已压实。当煤柱上方矸石在顶板作用下向两侧扩展时，会受到已压实矸石的限制，形成限侧矸石堆。从图 13.7（b）可看出，对于限侧矸石堆而言，当矸石压实后，矸石堆的承载能力急剧增长。因此，矸石-三角煤柱中矸石层能够提供较大承载力。

由图 13.7（b）、图 13.8 可知，在短暂的大变形压实缓冲动载后，顶板显著运动停止，煤柱上方限侧矸石迅速达到支撑顶板所需静载（限侧承载段）。尽管这一阶段矸石发生变形很小，却经历较长的时间。相关试验的统计表明：限侧高阻承载阶段很长时间内，限侧矸石发生的变形通常为整个受力阶段的 5% 左右（苏承东等，2012）。通常采用压缩流变模型来刻画这一阶段矸石流变特征：

$$\varepsilon = -a\exp(-bt) + c \tag{13.9}$$

式中，a、b、c 由顶板垮落矸石压缩实验获得。

尽管矸石堆会在关键块作用下发生一定流变，但由于其位于三角煤柱外侧，其变形对巷道无影响。巷道变形主要考虑静载作用下三角煤柱稳定性。图 13.9 所示为不同围压下煤样试件抗压强度。容易看出，围压增大，试件抗压强度增大。这一结论可用于分析三角煤柱稳定性。相比于一般沿空窄煤柱巷道或窄充填体，负煤柱巷道三角煤柱核区受到煤柱边缘的侧护作用，因此三角煤柱受力状况具有天然的优势，稳定性较好。为了进一步说明三角煤柱的稳定性，可采用极限平衡的方法进行分析。

对于三角煤柱，由于其位于矸石下方。矸石与煤柱接触面上以正应力为主，摩擦力影响较小。据王家臣等（2015）总结，煤柱一般多发生压剪破坏。假设压剪破坏面为圆弧

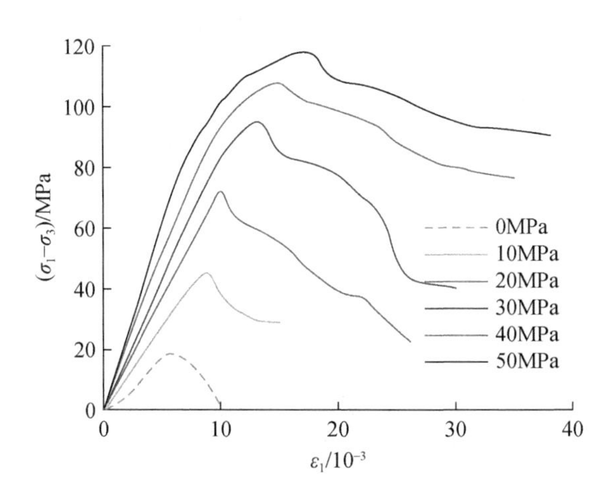

图 13.9　煤样三轴压缩试验

面，可通过极限平衡法对煤柱稳定性进行分析。

如图 13.10 所示，将煤柱分为 n 个煤条，取第 k 个煤条进行分析。第 k 个煤条承担上覆载荷传递到滑动面上载荷为 F_k，将其分解为（史恒通和王成华，2000）：

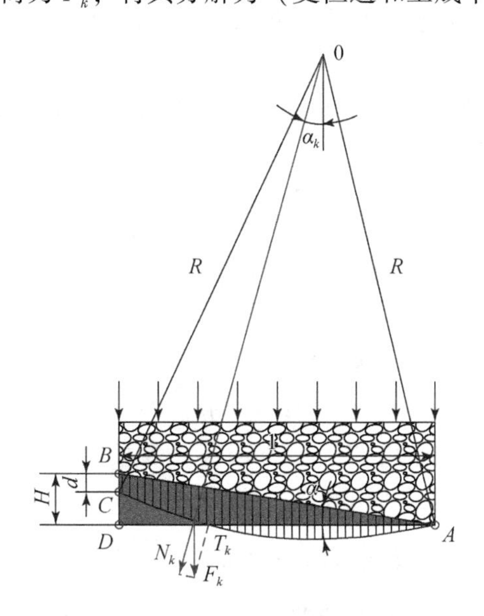

图 13.10　三角煤柱极限平衡分析

$$N_k = F_k \cos\alpha_k ; T_k = F_k \sin\alpha_k \tag{13.10}$$

式中，F_k 为第 k 个煤条自重及所受载荷；N_k 及 T_k 为其轴向和切向分力；α_k 为煤条位置与垂直方向夹角。

滑移面 AC 上平均抗剪强度为

$$\tau = \sigma \tan\varphi + c \tag{13.11}$$

式中，τ 为剪应力，MPa；c 为煤体黏聚力；σ 为剪切面上的正应力，MPa；φ 为煤体的内摩擦角，(°)。

故滑移面上抗滑力为

$$R_k = \tau l_k = N_k \tan\varphi + c l_k \tag{13.12}$$

总的抗滑力矩为

$$(M_R)_k = R l_k = \left(\sum N_k \tan\varphi + \sum c l_k\right) R \tag{13.13}$$

式中，l_k 为煤条宽度；R 为半径。

据此可得安全系数为

$$K = \frac{\sum N_k \tan\varphi + \sum c l_k}{\sum T_k} \tag{13.14}$$

上述计算中，滑动面和圆心位置是任意假定的。不同圆心及滑动面对应的安全系数表征该假定位置滑动面的稳定性。因此，式（13.14）的计算既可判断整个煤柱的稳定性也可判断某一部分的稳定性，其内在的力学破坏机理是一致的。但正是由于滑动面的不确定，式（13.14）实际是一种试算，需要对不同滑动面分别进行计算，这显然是很难做到的。

针对这个问题学者们进行了大量的计算，绘制了坡脚与坡高系数的关系曲线如图 13.11所示。

图 13.11 中，H_{90} 为垂直煤柱极限高度，当煤柱高度大于此值，便会在自重载荷作用下发生自顶到底的滑动，其计算为

$$H_{90} = \frac{2c}{\gamma_0}\tan\left(45° + \frac{\varphi}{2}\right) \tag{13.15}$$

式中，H_{90} 为垂直煤柱高度，m；c 为煤样黏聚力，MPa；γ_0 单位体积煤柱容重，kN/m^3；φ 为内摩擦角，(°)。

当煤柱坡度变化其极限高度可按进行计算：

$$H = H' \cdot H_{90} \tag{13.16}$$

上述计算煤柱高度未考虑作用在其上方载荷，煤柱高度会很大。当考虑其上方载荷时，并将载荷作等效处理时，式（13.15）发生了变化：

$$H_{90}(\gamma_0 + \gamma) = 2c\tan\left(45° + \frac{\varphi}{2}\right) \tag{13.17}$$

式中，γ 为简化到单位体积煤柱上的载荷，kN/m^3，表征覆岩作用在每个条带上的载荷。容易看出，通常情况下 $\gamma \gg \gamma_0$。当上覆载荷足够大时，在煤柱高度较小的情况下，便会发生压剪破坏的煤柱失稳。当煤柱存在角度时，可由式（13.16）、式（13.17）得煤柱角度为 α 时，煤柱极限平衡公式为

$$H(\gamma_0 + \gamma) = H' \cdot 2c\tan\left(45° + \frac{\varphi}{2}\right) \tag{13.18}$$

式中，H 为三角煤柱高度，m；H'为坡高系数。

分析式（13.18）及图 13.11 可知，随着煤柱角度 α 减小，坡高系 H'增大，尤其当坡

脚 α 小于40°时，坡高系数急剧增大。其中，式（13.18）右边为煤柱承载上限，等式左边为煤柱自重及上覆载荷。承载上限的激增意味着煤柱承载能力提高，煤柱稳定性提高。

以某煤矿22204工作面为例，其巷道高为2.5m，煤柱黏聚力为0.5MPa，内摩擦角为20°，密度为14.6kN/m³，三角煤柱坡度为15°。查图13.11可得坡高系数 H' 为35。分别代入式（13.17）、式（13.18）中分别可得

$$\gamma_{90°}=556.66\text{kN/m}^3 \tag{13.19}$$

$$\gamma_{15°}=19979.47\text{kN/m}^3=35.89\gamma_{90°} \tag{13.20}$$

上述计算表明，在遗留同样质量煤体的情况下，采用坡度为15°的三角煤柱承载能力远大于留设垂直窄煤柱。

此外，图13.11中还可看出，当三角煤柱坡脚小于40°时，坡高系数通常为垂直煤柱的十几倍以上，结合式（13.17）、式（13.18）可知，煤柱承载能力也相应激增。即便此时巷道高度 H 较大，对煤柱稳定性影响仍较小，据此可见三角煤柱具有较好的稳定性。

综上可知，由于沿空留（掘）巷护巷煤柱要受到顶板位态转变的显著运动的影响，现有沿空巷道致力于维持顶板的高位态，从而实现顶板的完整性，但也付出了较高的技术成本。而负煤柱巷道让顶板充分垮落，处于低位态而避开了顶板稳定的问题。其矸石-三角煤柱前期通过大变形让压缓冲动载、后期通过限侧矸石高承载性及三角煤柱较好的支承能力支撑顶板，避开了保持顶板高位态的难题，满足了顶板显著运动而不破坏煤柱的要求，降低了巷道的维护难度。

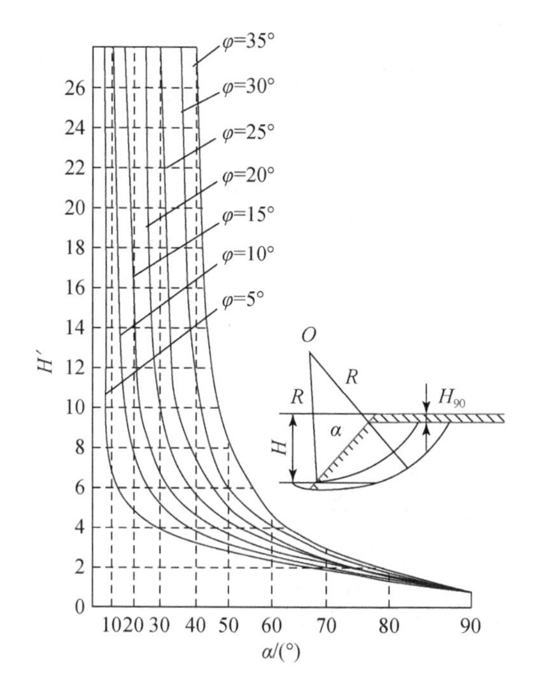

图13.11　坡高系数与坡脚的关系曲线（据陈祖煜，2003）

3. 矸石顶板结构（Ⅲ）让压机理

对于沿空巷道，应力集中通常不是影响巷道变形的主要因素，巷道主要受上覆坚硬顶板显著运动的影响。因此，巷道围岩稳定性除了要考虑煤柱承载性能还需考虑顶板稳定性。图 13.12 对比分析了几类典型沿空巷道顶板结构及支护机理。

图 13.12（a）为沿空顶板位态变化示意图。对于一般的沿空巷道，当上一个工作面回采结束后，侧向三角板破断，形成侧向关键块。侧向关键块随相邻关键块触矸而回转，关键块向低位态变化，其回转会挤压下方直接顶，造成直接顶破碎及巷道断面急剧减小。图 13.12（c）、(d）为常规沿空巷道支护方法。图 13.12（c）中采用高强支撑体保证关键块处于高位态。高强支护可以避免顶板剧烈运动，保证顶板完整性。但高强材料护巷技术成本高，容易支护失败。图 13.12（d）采用柔性让压的巷旁支护，让顶板充分垮落，进入低位态，利用矸石支撑顶板。其技术难点是坚硬顶板显著运动过程中直接顶完整性的保证和巷旁支撑体的变形让压（Tan et al.，2015）。

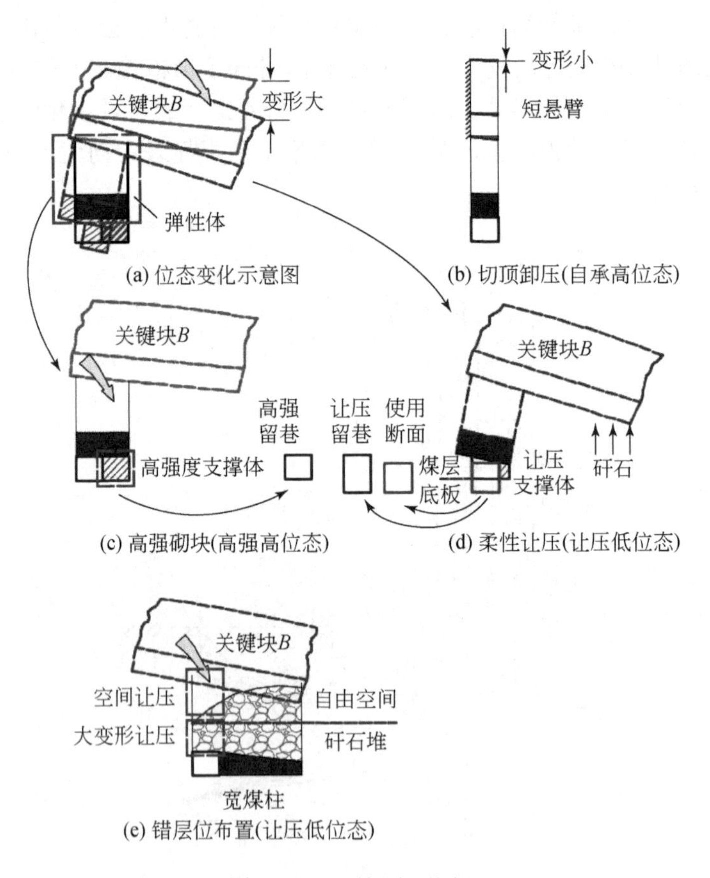

图 13.12　顶板让压原理

与传统的沿空巷道顶板结构不同，图 13.12（b）中切顶卸压沿空巷道避免了侧向关键块的形成，通过未破断短悬臂的强支护作用对巷道形成保护，从根本上避免了沿空巷道受坚硬顶板显著活动的影响（何满潮等，2017）。当然，相比一般的沿空巷道，切顶卸压沿空巷道难以避开侧向支承压力的作用，需要面对深部高应力的影响。

图13.12（e）为负煤柱巷道顶板结构及顶板让压机理示意图。可以看出，将巷道布置到上工作面采空区底板后其顶板为自由空间–碎胀矸石组合结构。相比于常规沿空巷道直接顶要受到回转挤压，当坚硬顶板显著运动时，负煤柱巷道自由空间–碎胀矸石组合结构允许顶板发生较大的行程，能够实现结构性让压，不受坚硬顶板剧烈运动的影响。而让坚硬顶板充分回转、降至低位态的原则避免了高强支撑体的成本和容易失败的问题。矸石–三角煤柱较好的让压–承载性能、实体煤壁侧自动卸压又能保证坚硬顶板的稳定性，以及煤柱稳定性和侧向支承压力的充分转移。

综合来看，负煤柱巷道能够最大限度地降低支护难度及成本，是一种较好的支护技术。

13.3 负煤柱卸压开采相似模拟

为了扩大负煤柱巷道布置的应用范围，本章分别针对镇城底矿8#煤层（平均5m）、白家庄矿采9#放8#煤层（9#煤层厚度为2.4～2.6m，8#煤层厚度为3.8～4.2m，8#与9#煤层之间为均厚1.1m的页岩与粉岩石夹矸，含伪顶0.3m）、斜沟煤矿13#煤层（均厚14.71m）设计了三台相似模拟试验。试验均采用了中国矿业大学（北京）的二维试验台，其中镇城底矿8#煤层、白家庄矿采9#放8#煤层的试验台尺寸（长×宽×高）为1620mm×160mm×1300mm；斜沟煤矿13#煤层的试验台尺寸（长×宽×高）为4200mm×250mm×2500mm。模型材料为骨料、胶结料（试验室配制）、水、云母粉及染色剂等。

模型的制作步骤按如下七步进行：①上模板，将模型后面模板全部上好，前面边砌模型边上模板。②配料，按已计算好的各分层材料所需量，把水泥、石膏、砂子、缓凝剂及水用天平、量杯称好，其中砂子、石膏、水泥可装在一个搅拌容器内，但需将水泥倒在水泥上面，以免与砂子中所含的水分化合而凝固；缓凝剂溶解后放入已经称量好的水中，搅拌均匀使无沉淀；模拟煤层加墨汁，使其呈黑色，以便区别。③搅拌，先将干料拌匀，再加入含缓凝剂的水，迅速搅拌均匀，防止凝块。④装模，将搅拌均匀的材料倒入模子内，然后夯实，以保持所要求的容重，压紧后的高度应基本符合计算时的分层高度，分层间撒一层云母以模拟层面，每一分层的制作工作应在20min内完成，根据各层岩层性质的不同，在具体操作时，可考虑夯实过程中的用力情况。⑤风干，通常在制模后一天开始风干，风干6～7天后，开始采煤。⑥加重，由于考虑到地层很深，而所要研究的问题仅涉及煤巷附近一部分围岩，可施加面力的方法来代替研究范围以外的岩石自重。⑦测点及工作面的布置。

13.3.1 镇城底矿8#煤层相似模拟

根据镇城底矿8#煤层的赋存条件及实际巷道尺寸，模型几何相似比为100∶1，密度比为1.5∶1，试验采用平面应力模型，上覆岩层的作用采用外力补偿法来实现。模拟岩层的容重及强度见表 13. 2，工作面布置如图 13. 13 所示，平面方向为工作面倾斜方向。

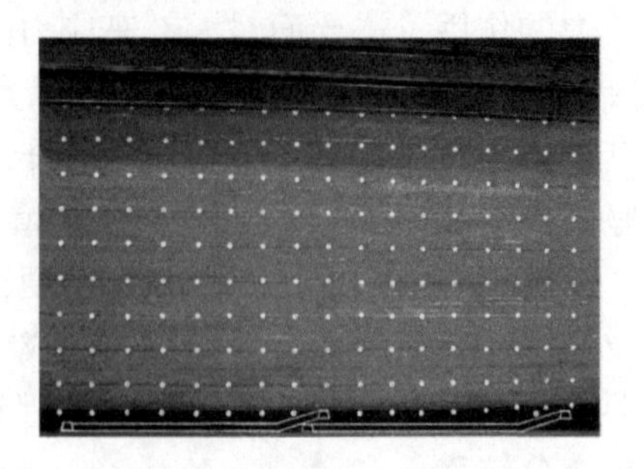

图 13. 13　镇城底矿 8#煤层负煤柱开采工作面布置

表 13. 2　镇城底矿 8#煤层相似模拟试验岩层参数表

层位	岩性	原型厚度/m	原型抗压强度/MPa	原型容重/(g/cm³)	模拟抗压强度/MPa	模拟容重/(g/cm³)
1	石灰岩	8. 86	53. 1	2. 5	0. 354	1. 67
2	7#煤	0. 93	23. 0	1. 45	0. 153	0. 97
3	泥岩	2. 1	21. 3	2. 52	0. 142	1. 68
4	石灰岩	3. 0	53. 1	2. 5	0. 354	1. 67
5	砂质泥岩	6. 41	52. 2	2. 76	0. 348	1. 84
6	粉岩石	3. 66	41. 0	2. 55	0. 273	1. 7
7	砂质泥岩	1. 43	52. 2	2. 76	0. 348	1. 84
8	7#下煤	2. 33	21. 0	1. 45	0. 140	0. 97
9	粉岩石	2. 31	41. 0	2. 55	0. 273	1. 7
10	石灰岩	1. 79	53. 1	2. 5	0. 354	1. 67
11	8#煤	5. 0	18. 0	1. 37	0. 120	0. 91
12	细粒岩石	2. 53	73. 6	2. 72	0. 490	1. 81

从首采工作面进风巷开始，沿着工作面倾斜方向推进，当工作面推进约 30m 时，老顶岩层初次垮落，如图 13. 14 所示；当工作面推进约 40m 时，老顶岩层二次垮落，垮落步距约为 10m，如图 13. 15 所示。随着工作面沿倾斜方向的继续推进，垮落高度越来越大，图 13. 16、图 13. 17 分别为推进到 50m、75m 时的示意图。当首采工作面回采结束后，形成图 13. 18 所示的铰接梁结构。从图 13. 18 可看出，下一工作面进风巷内错于首采工作面回风巷一巷距离，该巷道仅承受少量的垮落直接顶的重量。

对应于图 13. 14 ~ 图 13. 18，整理得到了不同阶段的支承压力分布图，分别如图 13. 19 ~ 图 13. 23 所示，从图中可知，随着工作面沿倾斜方向的推进，在开采位置的前方，始终存在一个范围约 20m 的应力升高区，而在开采位置的后方为应力降低区，其应力分布特征与前述的理论曲线完全一致。

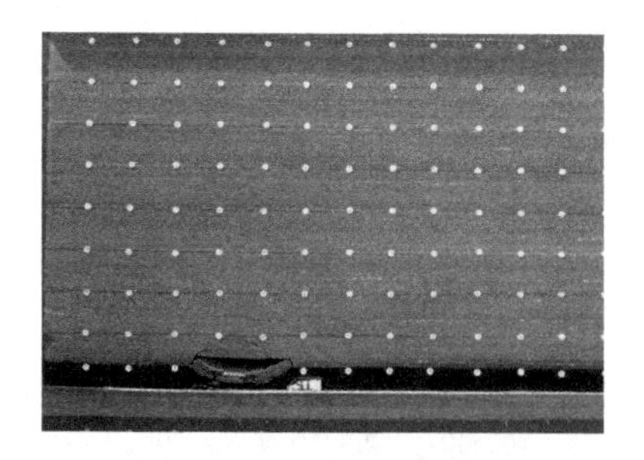

图 13. 14　基本顶初次垮落示意图

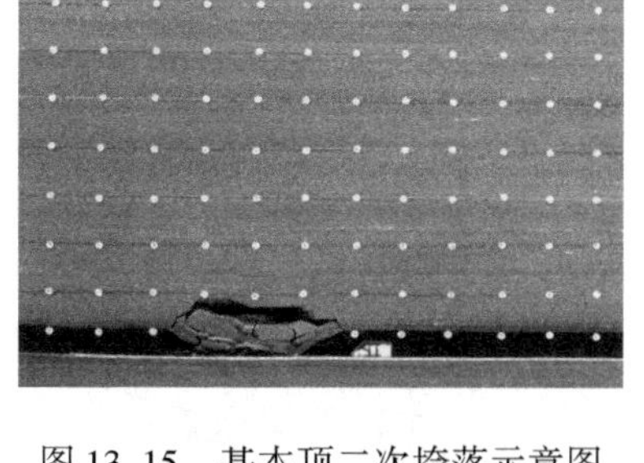

图 13. 15　基本顶二次垮落示意图

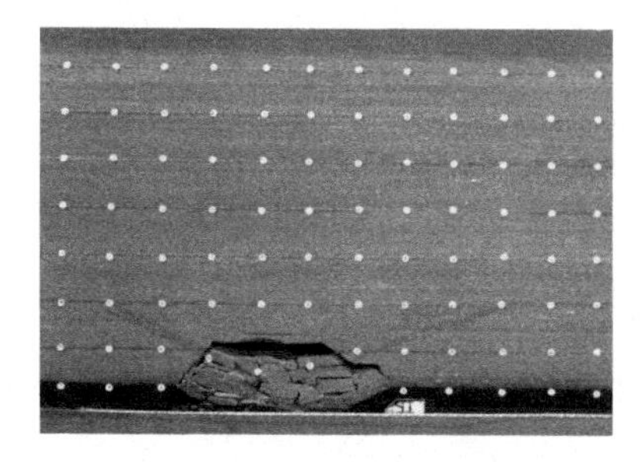

图 13. 16　工作面推进 50m 时示意图

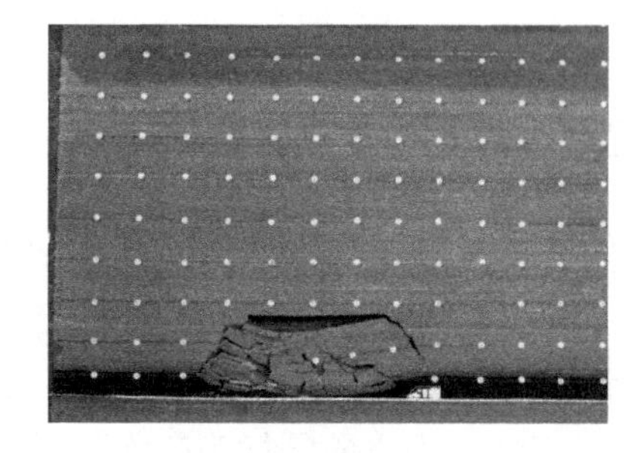

图 13. 17　工作面推进 75m 时示意图

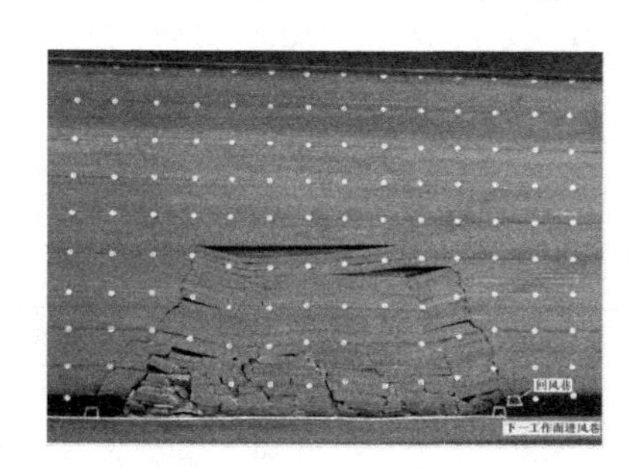

图 13. 18　首采工作面回采结束示意图

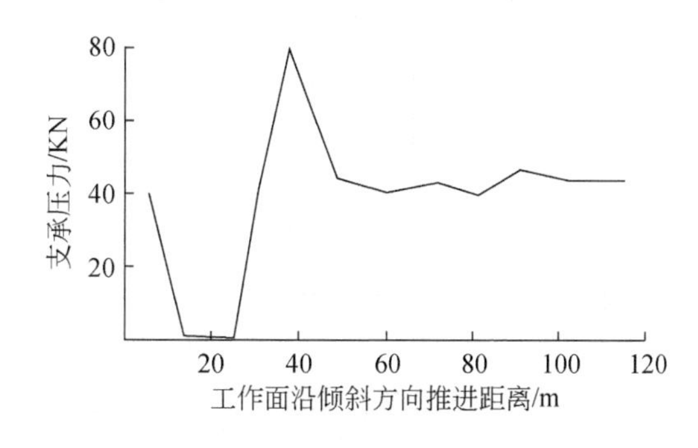

图 13. 19　基本顶初次垮落后支承压力分布

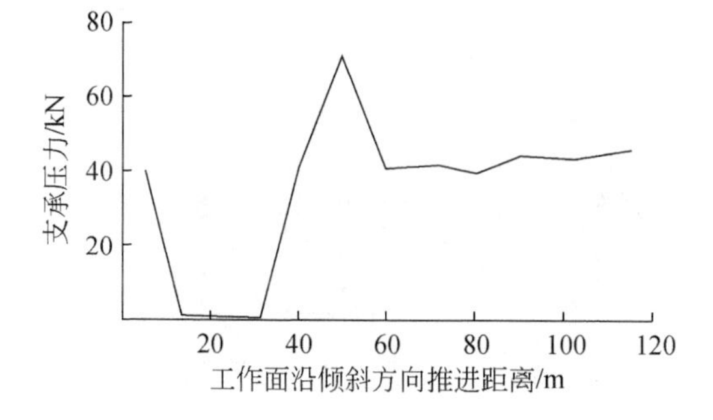

图 13. 20　基本顶二次垮落后支承压力分布

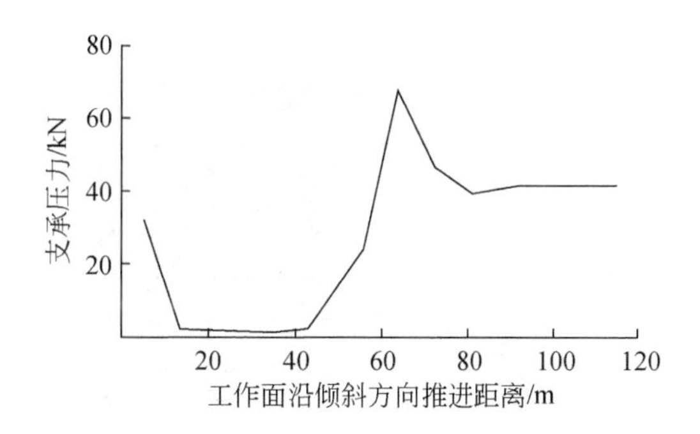

图 13. 21　工作面推进 50m 时支承压力分布

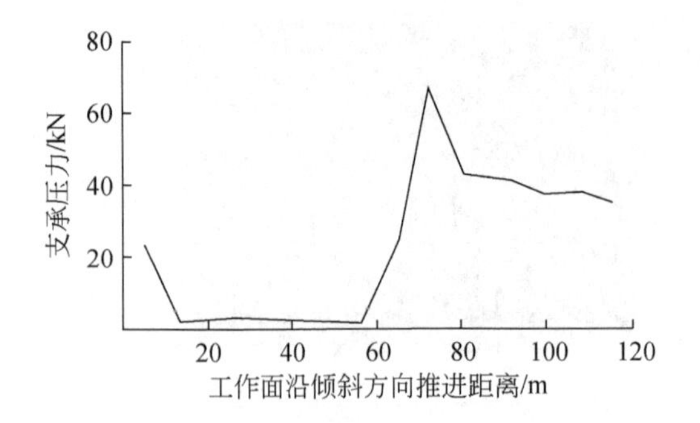

图 13.22 工作面推进 75m 时支承压力分布

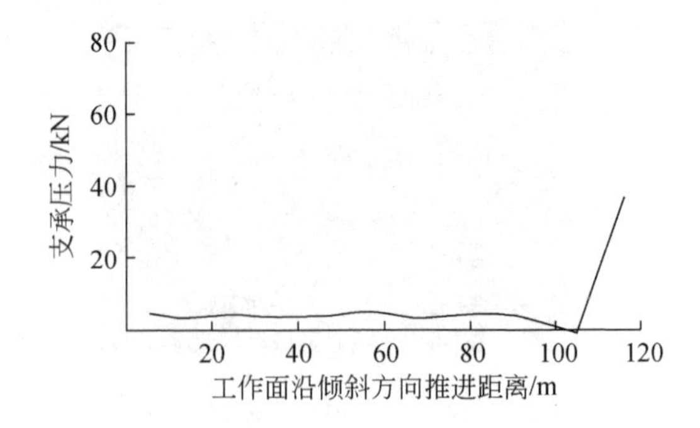

图 13.23 首采工作面回采结束支承压力分布

13.3.2 白家庄矿采 9[#]放 8[#]煤层相似模拟

根据白家庄矿煤层赋存条件及实际巷道尺寸，模型几何相似比确定为 100∶1，密度比为 1.6∶1，试验采用平面应力模型，上覆岩层的作用采用外力补偿法来实现。模拟岩层的容重及强度见表 13.3，工作面布置如图 13.24 所示，开采过程部分示意图如图 13.25～图 13.29所示，平面方向同样为工作面倾斜方向。

表 13.3 白家庄矿采 9[#]放 8[#]煤层相似模拟试验岩层参数表

层位	岩性	原型厚度/m	原型抗压强度/MPa	原型容重/(g/cm^3)	模拟抗压强度/MPa	模拟容重/(g/cm^3)
1	砂质泥岩	7.78	97.5	2.75	0.65	1.72
2	粉岩石	4.05	106.5	2.50	0.71	1.6
3	石灰岩	3.08	99.0	2.50	0.66	1.56
4	页岩	1.60	69.0	2.50	0.46	1.6
5	石灰岩	1.85	99.0	2.50	0.66	1.56
6	页岩	2.44	69.0	2.50	0.46	1.6
7	石灰岩	1.70	99.0	2.50	0.66	1.56
8	8[#]煤	4.0	21.0	1.44	0.14	0.9
9	细粒岩石	1.1	93.0	2.72	0.62	1.7
10	9[#]煤	2.4	21.0	1.44	0.14	0.9

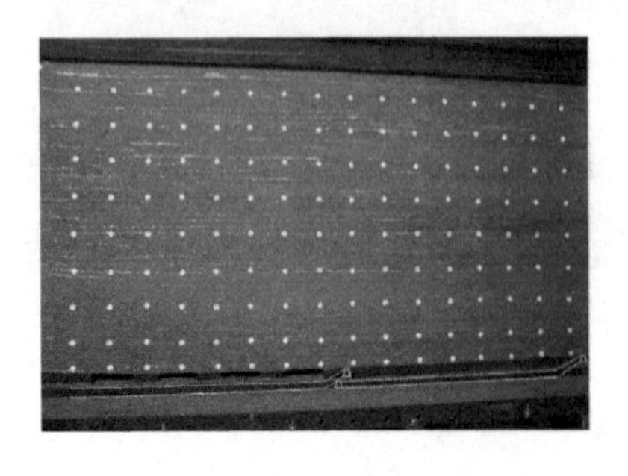

图 13.24 采 9[#]放 8[#]煤层负煤柱工作面示意图

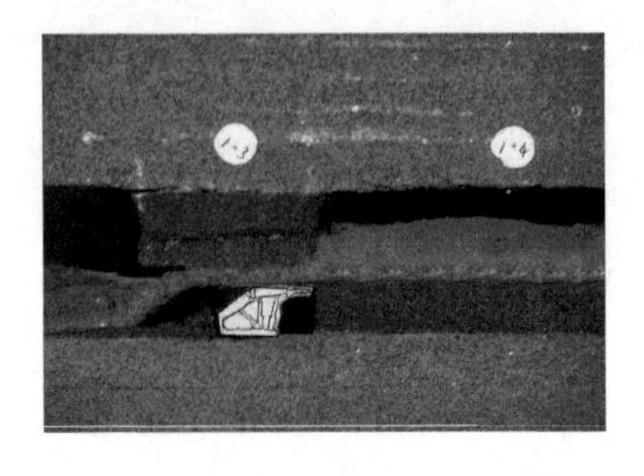

图 13.25 推进到第一煤柱下方示意图

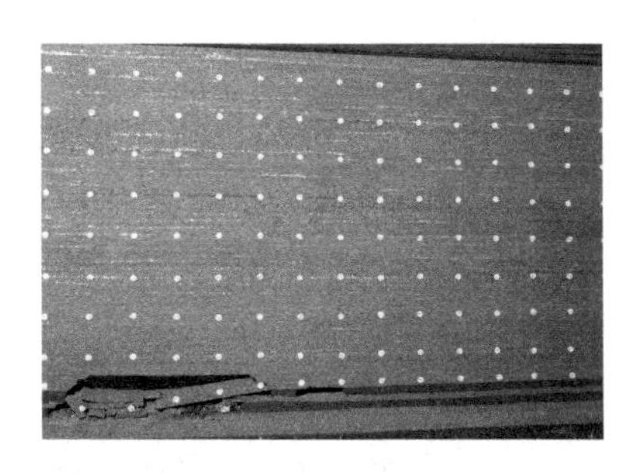

图 13.26　推过第二煤柱后示意图

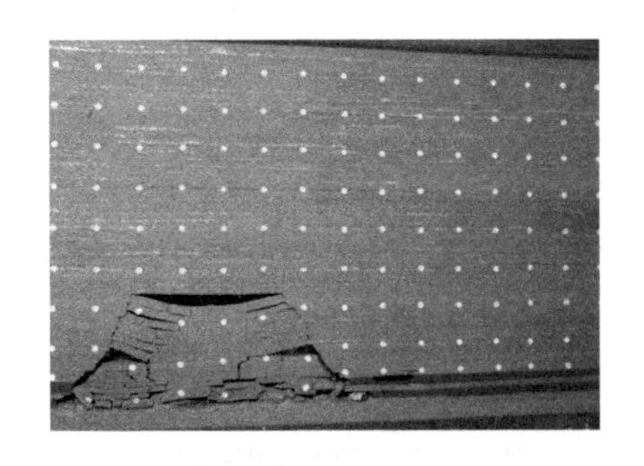

图 13.27　推进到第三煤柱下方示意图

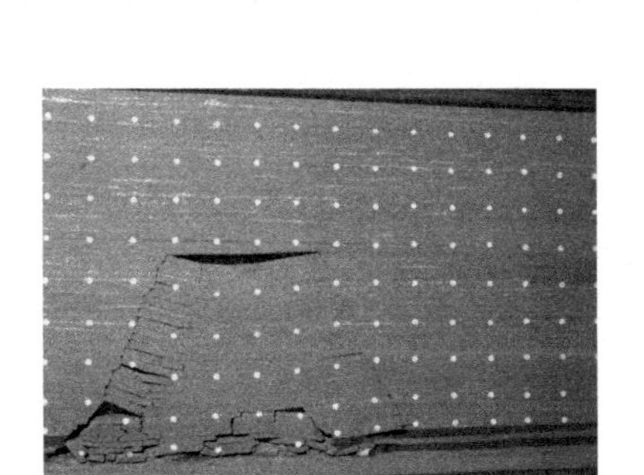

图 13.28　推过第三煤柱后示意图

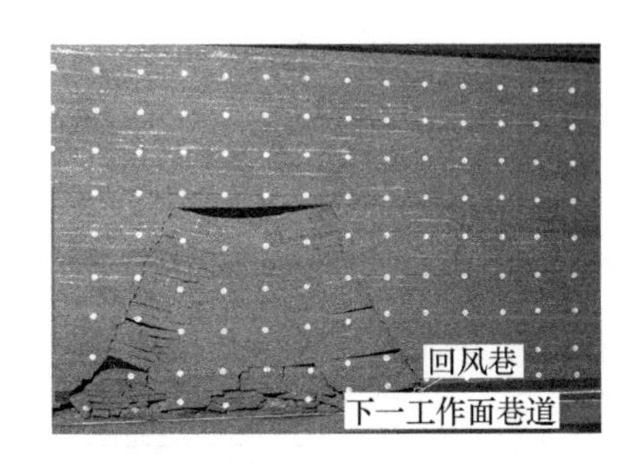

图 13.29　回采结束后示意图

与前述相同，从工作面进风巷位置开始沿倾斜方向采煤，当工作面推进到第一煤柱下方时（图 13.25），细粒岩石夹矸垮落，煤柱及 8#煤层顶板仍保持完整；当工作面推过第二煤柱后（图 13.26），8#煤层顶板第一次垮落，垮落高度为 4m；当工作面推到第三煤柱下方时（图 13.27），垮落高度已经上升到 16m；工作面推过第三煤柱后（图 13.28），垮落高度达到 24m，且 8#煤层上覆岩层超前断裂垮落；当工作面临近结束时，工作面起坡上升到 8#煤层（图 13.30），下一区段工作面进风巷内错一巷布置，形成负煤柱布置系统，进风巷同样处于应力降低区中。

对应于图 13.25 ~ 图 13.29，整理得到不同阶段的支承压力分布图，分别如图 13.30 ~ 图 13.34 所示。当工作面开采到煤柱正下方时，此处的支承压力值较高，这是煤柱集中应力形成的缘故，当推过煤柱以后，前方煤柱集中应力仍然存在，但此值要小于工作面正处于煤柱正下方时的值。当工作面推过第三煤柱时，前方仅为实体煤中的支承压力，后方为采空区矸石垮落后对底板产生的支承压力，由于上方岩层垮落带增加，因此采空区的支承压力值有所升高。当回采结束后，在工作面 110m 的支承压力出现负值，究其原因为此处应力片受两侧挤压所致，此处应力值最低，在此处布置巷道时，巷道所受压力应该最低。

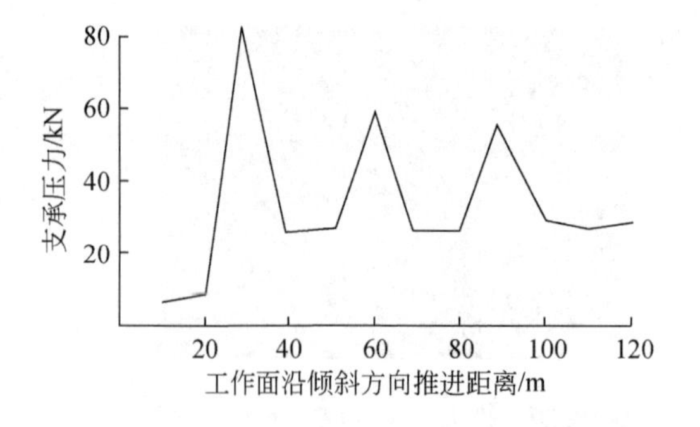

图 13.30　推进到第一煤柱下方支承压力分布

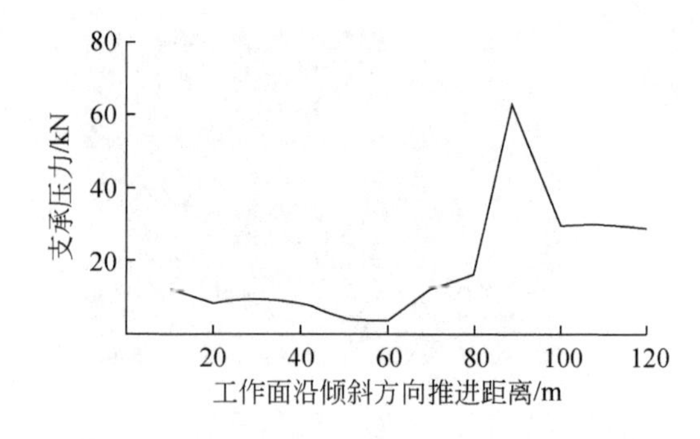

图 13.31　推过第二煤柱后支承压力分布

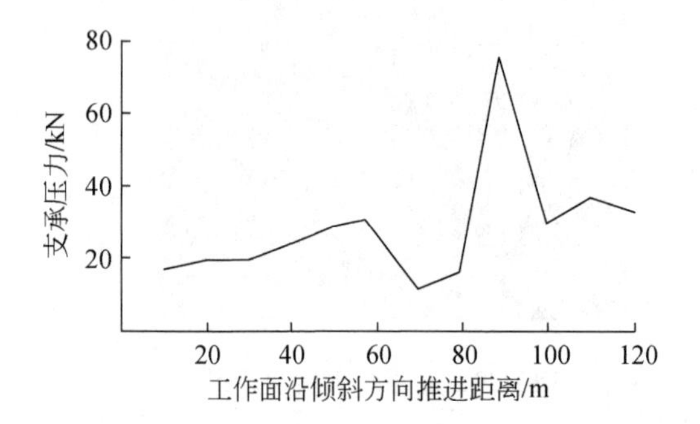

图 13.32　推进到第三煤柱下方支承压力分布

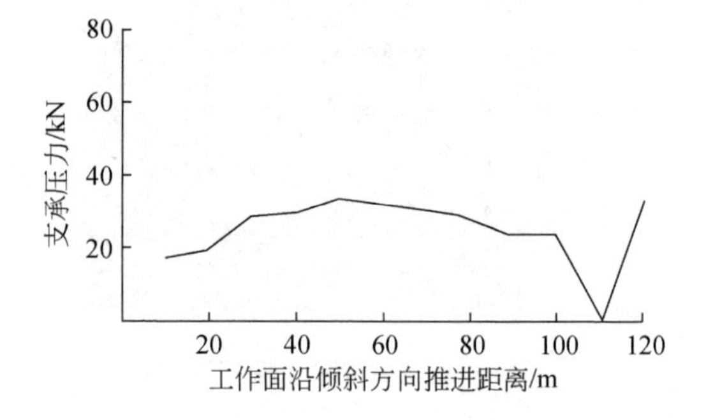

图 13.33　推过第三煤柱后支承压力分布

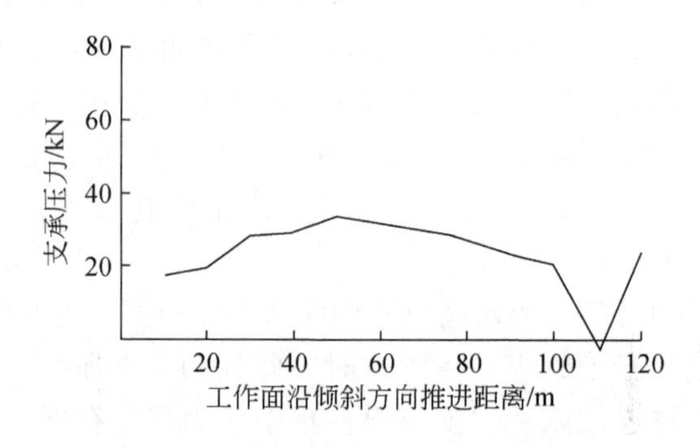

图 13.34　回采结束后支承压力分布

13.3.3　斜沟煤矿 13#煤层相似模拟

斜沟煤矿 13#煤层为特厚煤层，平均厚度约为 14.71m，平均倾角为 10°。该煤层对于应用负煤柱巷道布置采煤法来讲是具有代表性的煤层，目前正处于可行性研究阶段。针对斜沟煤矿的 13#煤层，提出六种方案以供比较（包括传统巷道布置方案），如图 13.35 所示。

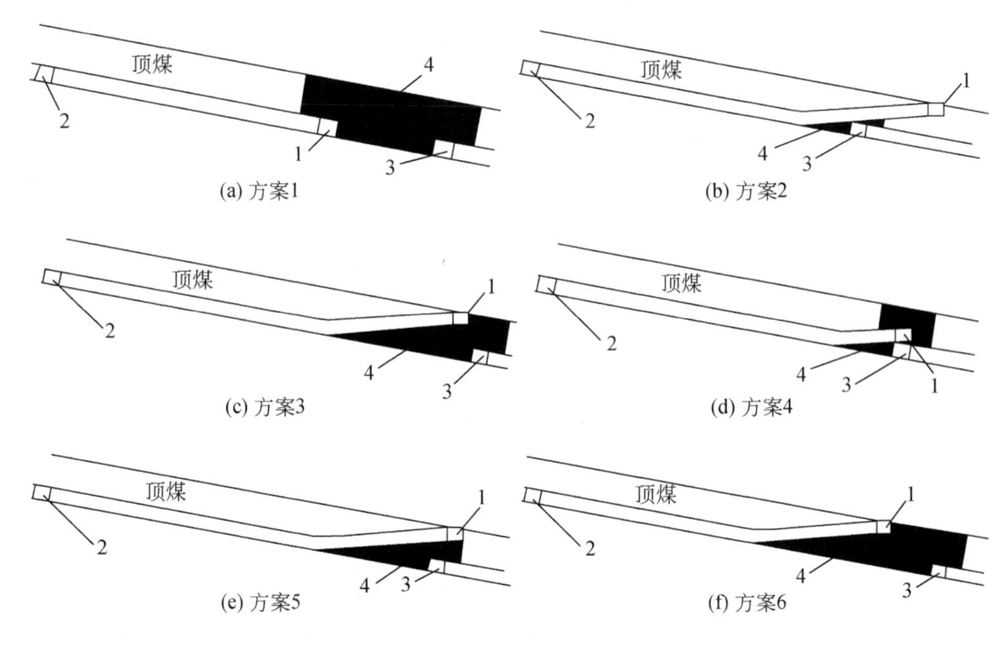

图 13.35　斜沟煤矿 13#煤层方案对比

1. 正巷，巷道 1；2. 副巷，巷道 2；3. 下一区段副巷，巷道 3；4. 煤损

方案 1 为传统巷道布置方案，区段正、副巷（巷道 1、巷道 2）均沿煤层底板布置，正巷巷道 1 和下一工作面副巷巷道 3 之间留设 50m 宽的煤柱；方案 2 ~ 方案 6 均为错层位巷道布置方案。其中，方案 2 的特点为两工作面形成相切关系，三角煤损（图 13.35 中 4）最小；方案 3 的特点为接续工作面副巷巷道 3 位于上一工作面正巷巷道 1 的右下方，距离巷道 1 沿煤层倾斜方向为 3 ~ 5m，处于应力降低区内，巷道 3 的支护方式可采用锚索或锚杆；方案 4 的特点为上一工作面正巷巷道 1 与接续工作面副巷巷道 3 重叠布置，巷道 3 处于上一工作面的采空区内，上一工作面的起坡段采用铺底网形式，使用封底溜槽；方案 5 的特点为接续工作面副巷 3 位于上一工作面的采空区内，距离巷道 1 为一个巷道宽，巷道 3 采用锚杆支护；方案 6 的特点为比照传统按采高的两倍加弹性核的宽度而确定。巷道 1 与巷道 3 间距为 x，x 的值由式 $x=2h+x_0$ 确定，其中 h 为巷道 1 的高度，x_0 为弹性核宽度。

针对以上提出的六种方案，设计了方案 2 与方案 3 的相似材料模拟试验，其余方案均在数值模拟中体现。

根据斜沟煤矿 13#煤层的赋存条件及实际巷道尺寸，模型几何相似比为 160 ∶ 1，密度比为 1.5 ∶ 1，试验采用平面应力模型，上覆岩层的作用仍采用外力补偿法来实现。模拟岩层的密度及强度见表 13.4，工作面布置如图 13.36 所示，平面方向仍为工作面倾斜方向。首先用电子经纬仪测量位移测点的角度作为位移测点的原始数据，接下来开始掘进第一个工作面正副巷，然后开始工作面回采工作。

表 13.4　斜沟煤矿 $13^{\#}$煤层相似模拟试验岩层参数表

层位	岩性	原型厚度 /m	原型抗压强度 /MPa	原型容重 /(g/cm^3)	模拟抗压强度 /MPa	模拟容重 /(g/cm^3)
1	泥岩	7.81	41.8	2.52	0.17	1.68
2	$6^{\#}$煤	1.26	30	1.43	0.13	0.95
3	岩石	13.64	69.8	2.72	0.29	1.81
4	$8^{\#}$煤	4.87	30	1.43	0.13	0.95
5	砂质泥岩	3.39	70.1	2.76	0.29	1.84
6	泥灰岩	7.74	53.1	2.5	0.22	1.67
7	泥岩	12.82	41.8	2.52	0.17	1.68
8	$10^{\#}$煤	0.79	30	1.43	0.13	0.95
9	泥灰岩	7.38	53.1	2.5	0.22	1.67
10	泥岩	9.14	41.8	2.52	0.17	1.68
11	$12^{\#}$煤	0.88	30	1.43	0.13	0.95
12	中粗粒岩石	4.76	109.53	2.72	0.46	1.81
13	砂质泥岩	5.22	70.1	2.76	0.29	1.67
14	$13^{\#}$煤	14.71	30	1.41	0.13	0.97
15	泥岩	2.08	41.8	2.52	0.17	1.68

由于本次试验主要研究对象是中部的工作面，第一工作面和第三工作面的回采工作重点是和中部工作面衔接的部分。第一工作面回采工作结束后，产生了如前所述负煤柱巷道布置的接续工作面状态，如图 13.37 所示。

图 13.36　斜沟煤矿 $13^{\#}$煤层负煤柱工作面布置

图 13.37　首采工作面开采后示意图

随着中部工作面的推进，顶煤也随之垮落，由于直接顶厚度不大，大约在工作面推进至 12m 时，顶板垮落，如图 13.38 所示，工作面继续向前推进，当工作面推进到 33m 时，在工作面前方产生微裂隙，到达 54m 时，垮落角大约分别为 55°和 45°，分别如图 13.39、图 13.40 所示。随着工作面进一步推进，顶板垮落厚度加大，当工作面推进到 68m 时，顶板再次垮落，顶板垮落厚度大约为 15m，如图 13.41 所示，当工作面推进到 92m 处时，顶板垮落厚度已经达到 42m，如图 13.42 所示。当工作面推进快到第一工作面正巷下部附近时，矿压显现明显，顶板垮落高度已经达到模型最高高度，如图 13.43 所示，而处在上一工作面采空区下方的中部工作面副巷却没有明显的矿压显现，这与理论分析结果相一致，因为此处集中应力移向工作面中部方向，副巷正好处在免压区内，避免了集中应力的作用。

图 13.38　第二工作面推进 12m 时示意图

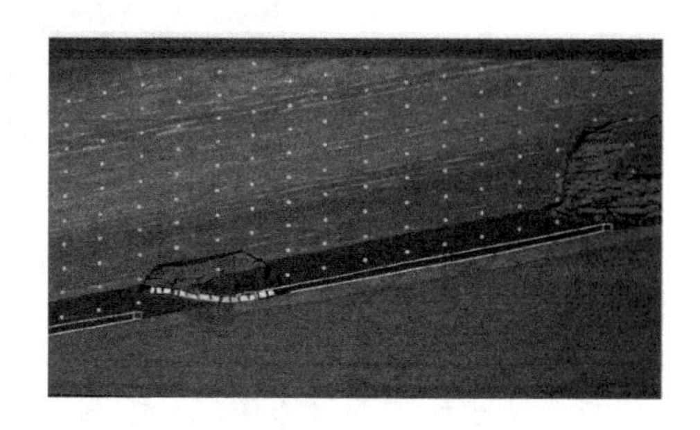

图 13.39　第二工作面推进 33m 时示意图

图 13.40　第二工作面推进 54m 时示意图

图 13.41　第二工作面推进 68m 时示意图

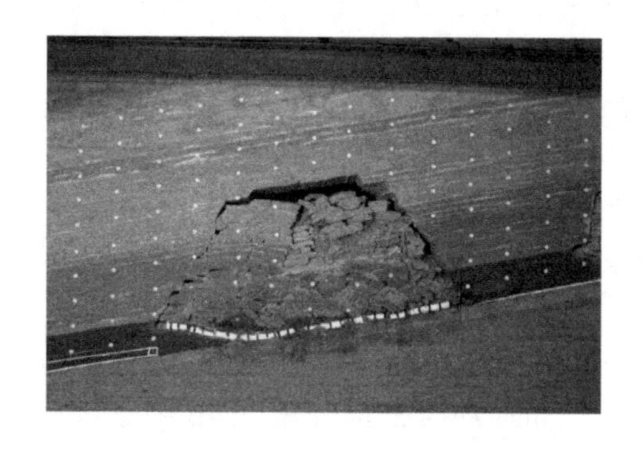

图 13.42　第二工作面推进 92m 时示意图

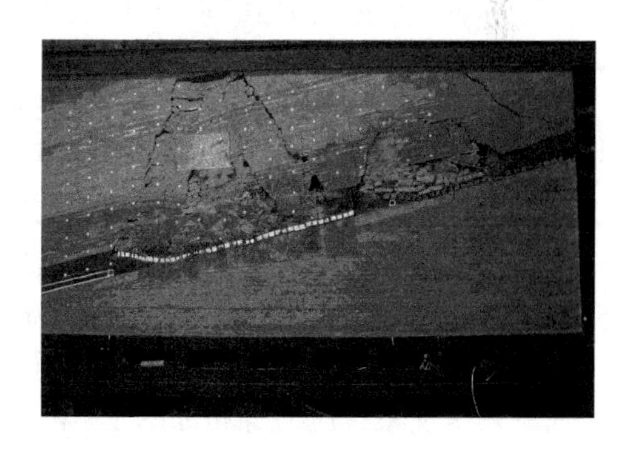

图 13.43　第二工作面开采结束时示意图

第三工作面条件与第二工作面相似，试验现象也接近，特别需要说明的是第三工作面副巷布置在距离第二工作面主巷 3 ~ 5m 的应力降低区内，巷道支护可选择锚杆或锚索形式。本试验两种方案的工作面矿压显现基本一致，巷道矿压显现第三方案较第二方案略有增高。三个工作面回采完毕后的状况如图 13.44 所示。

图 13.44　三个工作面全部开采后示意图

相似模拟试验结束后，将获取的应力和位移数据经过分类整理，得到了沿工作面倾斜方向工作面支承压力的分布情况，绘制成图 13.45。

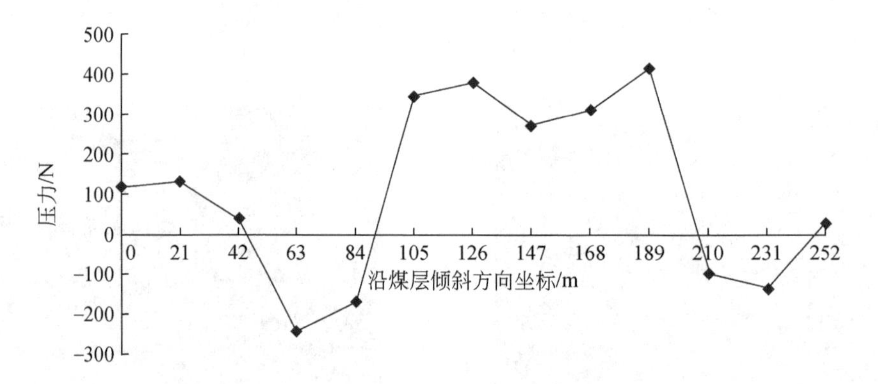

图 13.45　推进到 90m 处支承压力分布

模拟试验正巷的位置在图 13.45 中坐标为 6m 处，副巷位于图 13.45 中坐标为 246m 处，工作面长度为 240m，分析图中出现负值的原因可能是由于直接顶垮落后应变片受拉所引起的。图中所显示的是采煤机自左侧 6m 处推进了 90m（即采煤机的位置在图中坐标为 96m 处）时工作面的压力分布图。由图 13.45 可以看出，采煤机前方压力明显增大，形成支承压力前移，而在采煤机已经推过的区域内形成压力降低区。由于图 13.45 显示的是第二个工作面回采，已经形成负煤柱布置的接续，因此在副巷附近（图 13.45 中坐标为 246m 处）形成了应力降低区，巷道容易维护。

随着工作面的继续推进，顶板发生周期性垮落，支承压力峰值也随之前移，工作面呈现大规模来压现象，压力分布如图 13.46 所示。来压布局约为 21m。图 13.46 中显示在副巷附近仍然处于应力降低区。

图 13.47 为采煤机推进到工作面 170m 处（图中 176m 处）的工作面支承压力分布图，采煤机推过后垮落的顶板重新压实，压力部分恢复，支承压力峰值继续前移，与上一工作面回采完毕后所形成的支承压力峰值叠加，形成如图 13.47 中 189m 处的巨大压力峰值。如果采用常规巷道布置的放顶煤开采，工作面之间的区段煤柱受力形式应该与现在所示的相同，区段煤柱受到巨大的集中应力作用，很容易被压酥，出现裂隙并形成漏风，回采巷

道的变形也十分严重，这些现象与在本书现场调研时所见相同，而采用负煤柱巷道布置，副巷始终处于应力降低区（图 13.47 中 246m 处），不会受到支承压力峰值的影响，巷道容易维护，体现了负煤柱巷道布置在矿压显现方面的优点。

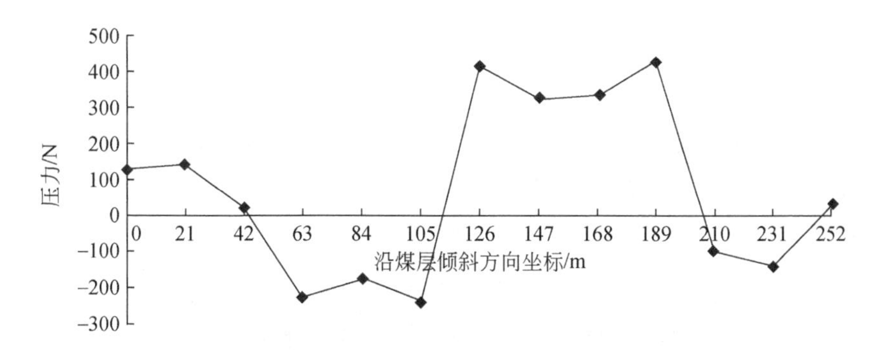

图 13.46　推进到 110m 处工作面支承压力分布

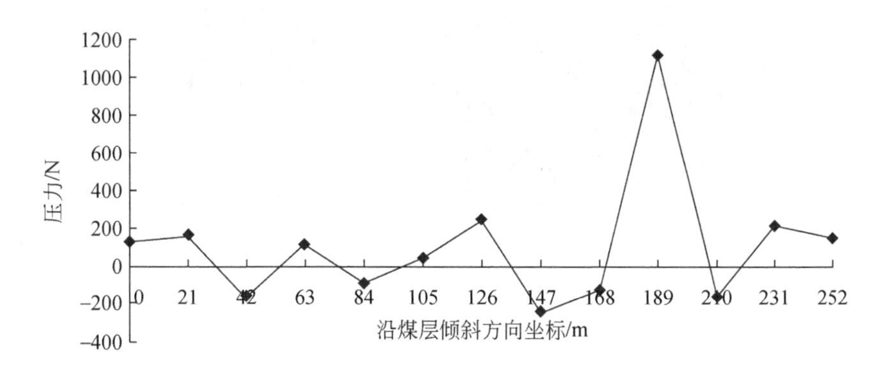

图 13.47　推进到 170m 处工作面支承压力分布

13.4　负煤柱卸压开采数值模拟

根据现场的地质条件，结合前述相似模拟结果，采用大型非线性三维数值模拟计算软件（FLAC3D）进行数值模拟，数值模拟内容包括如下四个方面。

（1）模拟斜沟煤矿 13#煤层（均厚 14.71m）的六种巷道布置方案（包括传统留煤柱方案）的垂直应力分布及塑性区分布特征。

（2）模拟方案 2.4 第一工作面开采结束后的垂直应力及塑性区分布特征。由于方案 2.4 是层间留煤皮式，模拟时设定煤皮厚度为 1m，该方案巷道 3 仅能在第一工作面采过稳定后掘进。

（3）模拟其余四种方案在工作面位置、工作面前 10m、采空区后 10m 的垂直应力及塑性区分布特征。研究这四种方案第一工作面开采时对接续工作面巷道 3 的影响。

（4）模拟第一工作面开采时巷道 2 在工作面位置、工作面前 10m、采空区后 10m 的垂直应力及塑性区分布特征。

13.4.1　计算模型

为了全面、系统地反映错层位巷道的围岩力学变化过程，结合具有代表性的斜沟煤矿13#特厚煤层的地质条件，以前述提出的六种比较方案为背景，建立FLAC3D三维计算模型进行数值模拟。模型长240m、宽100m、高80m。三维模型共划分27800个单元块，29616个节点（图13.48）。模拟巷道按矩形巷道确定，宽×高=4m×3m。模型侧面限制水平移动，模型底面限制垂直移动，模型上部施加垂直载荷模拟上覆岩层的重量。

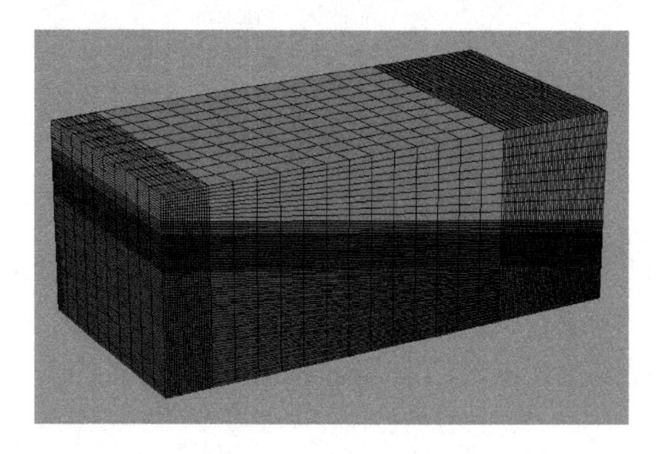

图13.48　三维计算模型网格

13.4.2　计算参数

根据现场取样和岩石力学试验结果，模拟计算时采用的岩体力学参数如表13.5所示，计算采用M-C屈服准则。

表13.5　计算采用岩体力学参数

层位	岩性	弹性模量(E)/GPa	泊松比(μ)	容重(d)/(kg/m^3)	黏聚力(c)/MPa	内摩擦角(φ)/(°)	抗拉强度(σ_T)/MPa
1	泥岩	20	0.26	2520	0.8	28	0.60
2	6#煤	10	0.24	1430	1.2	32	0.35
3	岩石	57	0.12	2720	2.0	40	1.13
4	8#煤	10	0.24	1430	1.2	32	0.35
5	砂质泥岩	38	0.14	2760	1.8	36	0.43
6	泥灰岩	27	0.20	2500	1.6	30	9.20
7	泥岩	20	0.26	2520	0.8	28	0.60

续表

层位	岩性	弹性模量 (E)/GPa	泊松比 (μ)	容重(d) /(kg/m^3)	黏聚力 (c)/MPa	内摩擦角 (φ)/(°)	抗拉强度 (σ_T)/MPa
8	10#煤	10	0.24	1430	1.2	32	0.35
9	泥灰岩	27	0.20	2500	1.6	30	9.20
10	泥岩	20	0.26	2520	0.8	28	0.60
11	12#煤	10	0.24	1430	1.2	32	0.35
12	中粗粒岩石	64	0.10	2720	13.0	38	1.85
13	砂质泥岩	38	0.14	2760	1.8	36	0.43
14	13#煤	10	0.24	1410	1.2	32	0.35
15	泥岩	20	0.26	2520	0.8	28	0.60

13.4.3　数值模拟结果及分析

1. 传统留 50m 煤柱数值模拟结果及分析

如图 13.49 所示，在工作面位置处，从垂直应力分布云图可以得到，巷道 1 实体煤侧 3m 范围内应力较大，其值约为 9.5MPa，顶底板应力接近 6MPa。巷道 3 的两帮 2～4m 范围内应力同样为 9.5MPa，2m 之内应力为 8MPa，顶底板应力均达到了 9.5MPa。如图 13.50工作面位置处塑性区分布所示，巷道 1 实体煤侧的塑性破坏范围为 2m，底板的塑性破坏区为 1m，顶板的塑性破坏范围为 4m；巷道 3 两帮的破坏范围为 2m，顶板的塑性破坏范围为 3m，底板完好。

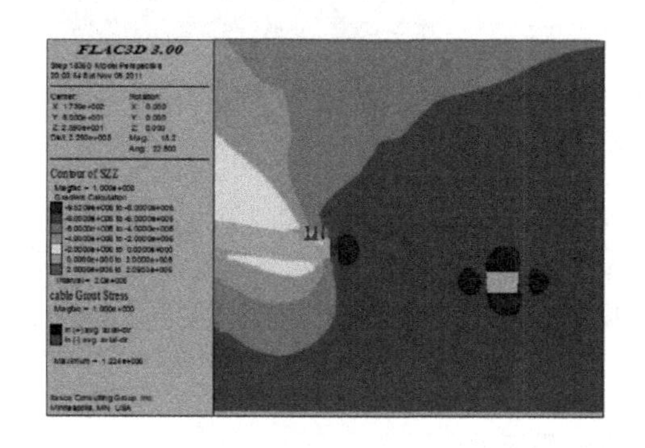

图 13.49　方案 1 工作面位置处垂直应力分布

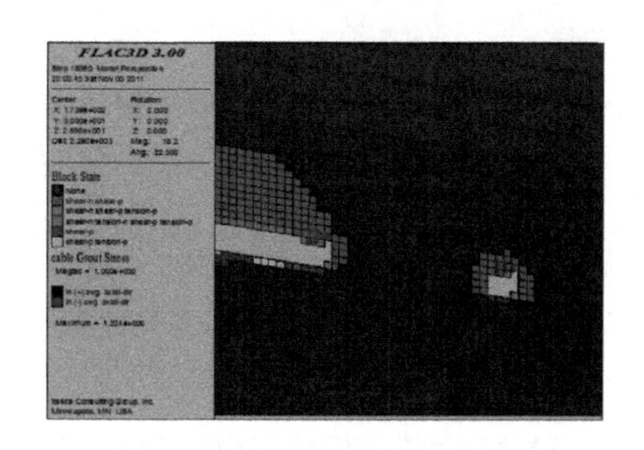

图 13.50　工作面位置处塑性区分布

如图 13.51 所示，在工作面前方 10m 处，从应力变化上看，巷道 1 两帮 3m 范围内应力为 9.7MPa，顶底板应力为 6MPa；巷道 3 两帮 3m 范围内应力为 9.7MPa，顶底板应力同样为 6MPa。如图 13.52 所示，在工作面前方 10m 处，从塑性破坏上看，巷道 1 两帮 2m 范围内为塑性破坏区，底板 1m 范围内为塑性破坏区，顶板 2m 范围内为塑性破坏区；巷道 3

两帮 2m 范围内为塑性破坏区，顶板 2m 范围内为塑性破坏区，底板 1m 范围内为塑性破坏区。

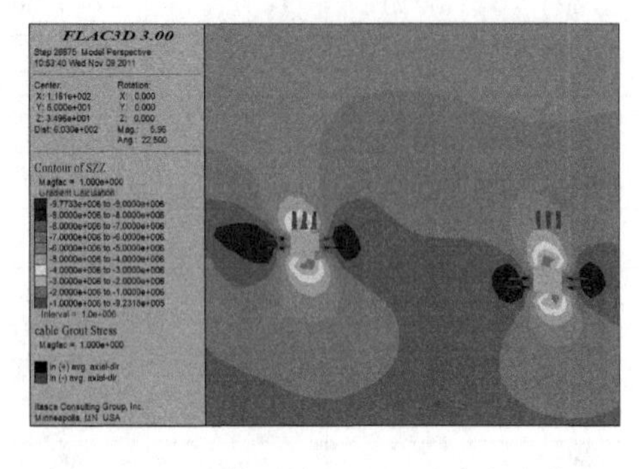

图 13.51　工作面前方 10m 垂直应力分布

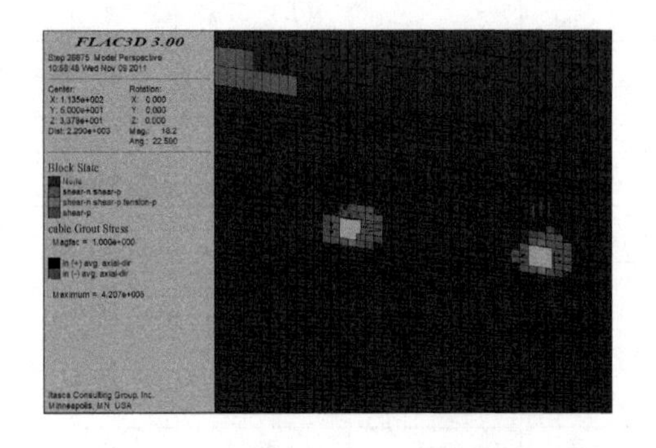

图 13.52　工作面前方 10m 塑性区分布

如图 13.53 所示，从工作面巷道 2 附近的垂直应力分布云图中看出，巷道 2 的实体煤侧 3m 范围内应力为 6MPa，顶底板接近原岩应力。如图 13.54 所示，从塑性破坏上看，整个煤层都处于塑性破坏区，巷道 2 实体煤侧的塑性破坏范围为 3m，底板完好，顶板大部分为塑性破坏区。

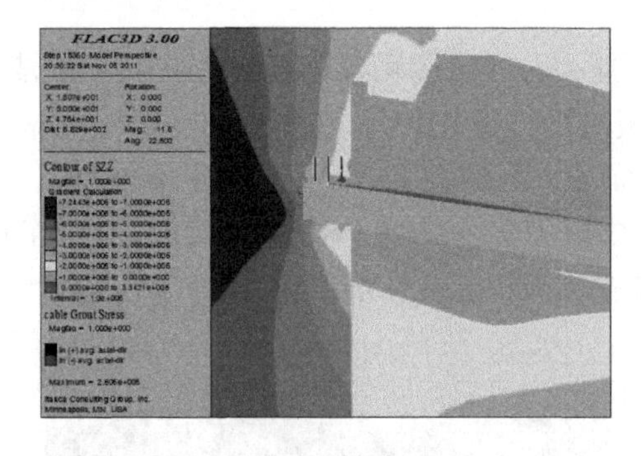

图 13.53　工作面巷道 2 附近垂直应力分布

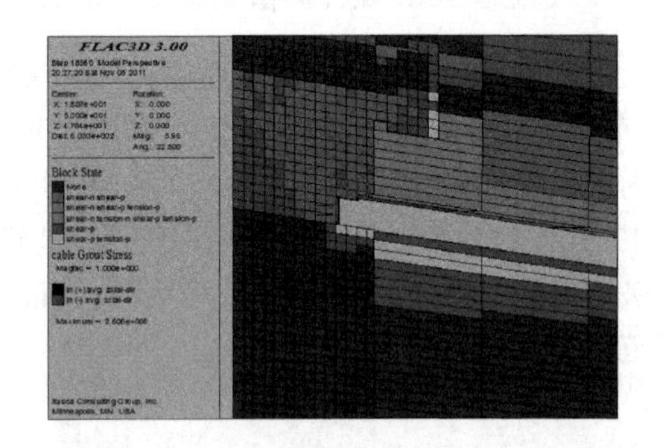

图 13.54　工作面巷道 2 附近塑性区分布

如图 13.55 所示，在工作面巷道 2 前方 10m 的垂直应力分布云图中看出，巷道 2 两帮 2m 范围内应力为 6MPa，顶底板处于应力降低区，为 2MPa。如图 13.56 所示，从塑性破坏上看，巷道 2 两帮 2m 范围内为塑性破坏区，底板 2m 范围内为塑性破坏区，顶板 1m 范围内为塑性破坏区。

2. 错层位内错相切式（内错 20m）数值模拟结果及分析

如图 13.57 所示，从方案 2 的垂直应力分布云图中可以看出，巷道 1 的实体煤侧 3m 范围内应力较大，为 8.4MPa，顶板应力约为 6MPa；巷道 3 处于巷道 1 的左侧靠近第一工作面的起坡处，该巷道整体处于第一工作面采空区下方的应力降低区，应力约为 4MPa。如图 13.58 所示，从塑性破坏上看，整个煤层都处于塑性破坏区，巷道 1 位于塑性破坏区的上边缘，实体煤侧的塑性破坏范围为 1m，底板煤层大部分为塑性破坏区；巷道 3 整体处于采空区下方的塑性破坏区，两帮破坏范围为 1m，顶板所受应力很小，底板完好。由于该方案的巷道 3 完全处于采空区下方，该巷道的掘进只能待第一工作面稳定以后掘进。

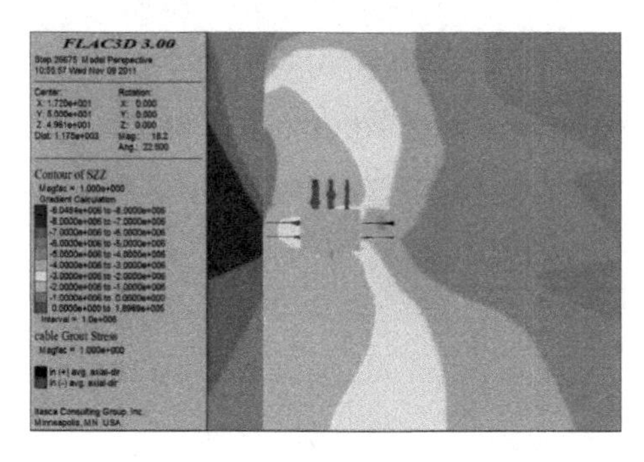

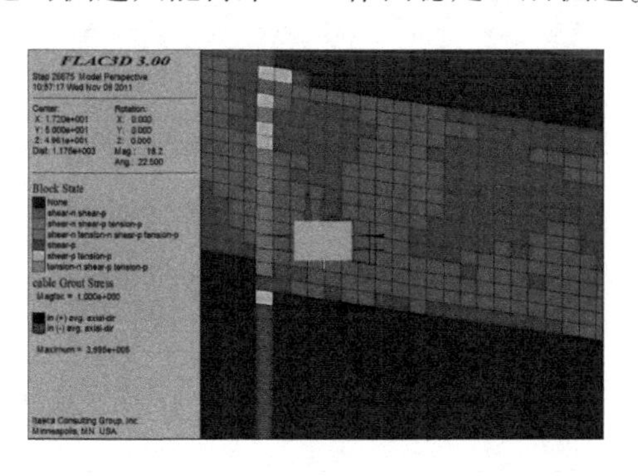

图 13.55　工作面巷道 2 前方 10m 垂直应力分布图　　图 13.56　工作面巷道 2 前方 10m 塑性区分布

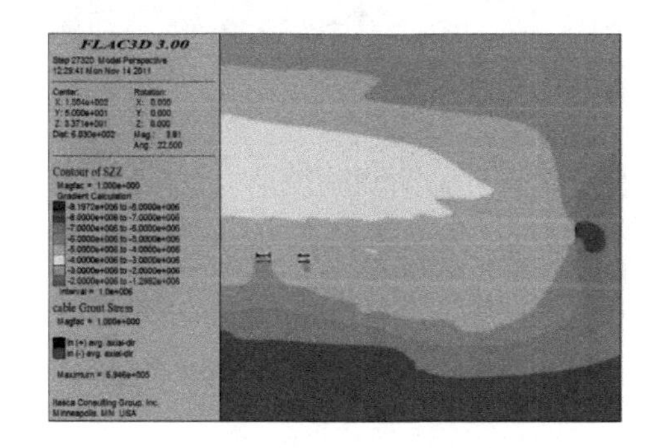

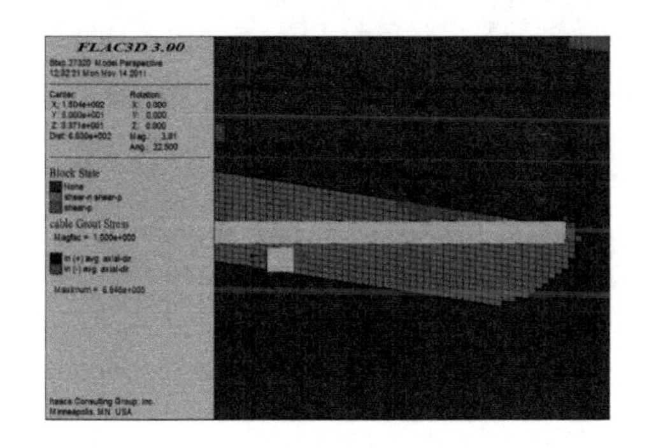

图 13.57　方案 2 垂直应力分布　　图 13.58　方案 2 塑性区分布

3. 错层位外错一巷数值模拟结果及分析

如图 13.59 所示，在工作面位置处，从应力变化上看，巷道 1 实体煤侧 3m 范围内应力较大，为 8.1MPa，顶底板接近原岩应力；巷道 3 处于第一工作面的右下方，顶底板应力为 7MPa，正帮应力达 8.1MPa，负帮应力达 8MPa。如图 13.60 所示，从塑性破坏上看，整个煤层都处于塑性破坏区，巷道 1 处于塑性破坏区的上边缘，实体煤侧的塑性破坏范围为 1m，底板为塑性破坏区，顶板完好；巷道 3 紧靠塑性破坏区的下边缘，两帮破坏范围为 2m，顶板为 2m，底板完好。

如图 13.61 所示，在工作面前方 10m 处，从应力变化上看，巷道 1 两帮 2m 范围内应力为 9MPa，顶底板处于应力降低区，为 2MPa；巷道 3 两帮 2m 范围内应力为 9MPa，顶底板应力同样为 2MPa。如图 13.62 所示，从塑性破坏上看，巷道 1 两帮 1m 范围内为塑性破坏区，底板 2m 范围内为塑性破坏区，顶板完好；巷道 3 两帮 2m 范围内为塑性破坏区，顶板 2m 范围内为塑性破坏区，底板完好。

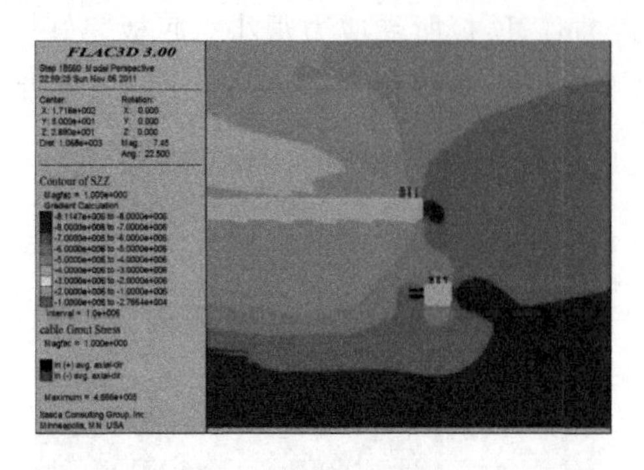

图 13.59　方案 3 工作面位置处垂直应力分布

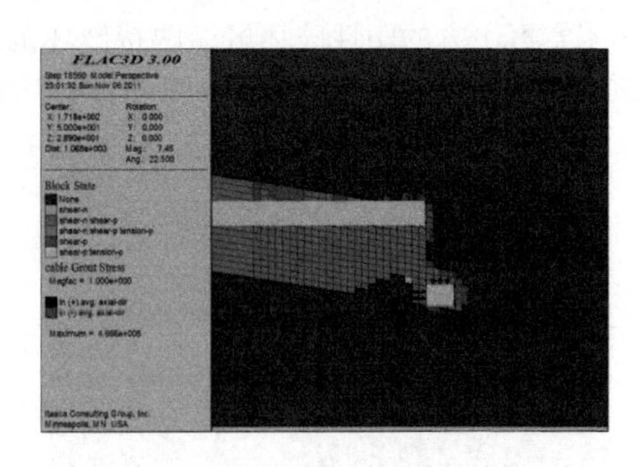

图 13.60　工作面位置处塑性区分布

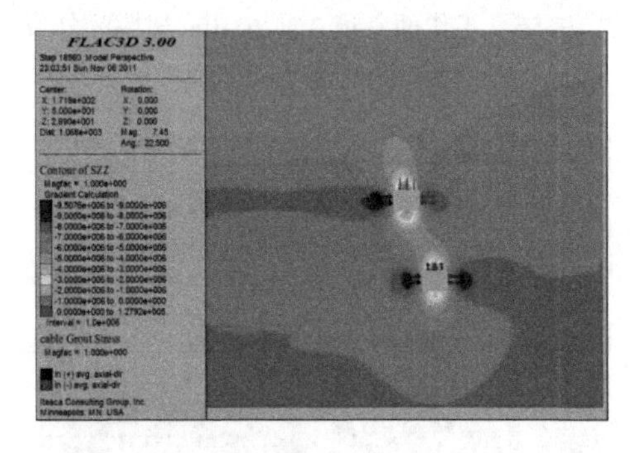

图 13.61　工作面前方 10m 垂直应力分布

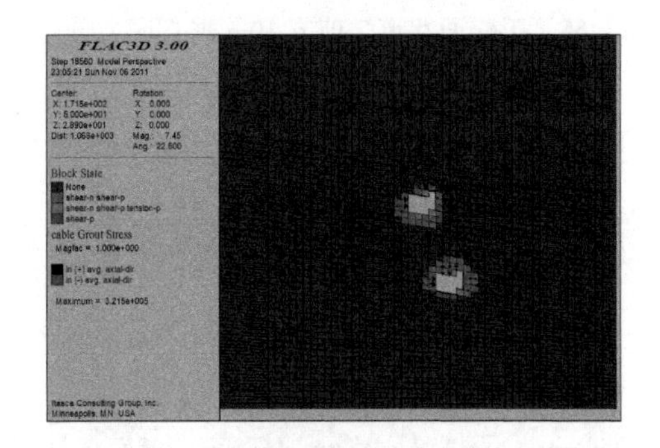

图 13.62　工作面前方 10m 塑性区分布

如图 13.63 所示，采空区后方 10m 处，从应力变化上看，巷道 1 成为采空区，右侧煤壁应力为 7MPa。巷道 3 处在采空区右下方，巷道 3 的负帮 3m 范围应力为 7MPa，正帮 3m 范围内应力为 7.9MPa，顶底板应力为 5MPa。如图 13.64 所示，从塑性破坏上看，巷道 1 成为采空区，右侧塑性破坏范围为 2m，底板为塑性破坏区，顶板完好；巷道 3 紧靠采空区的塑性破坏下方，两帮塑性破坏范围为 2m，顶板塑性破坏范围为 2m，底板完好。

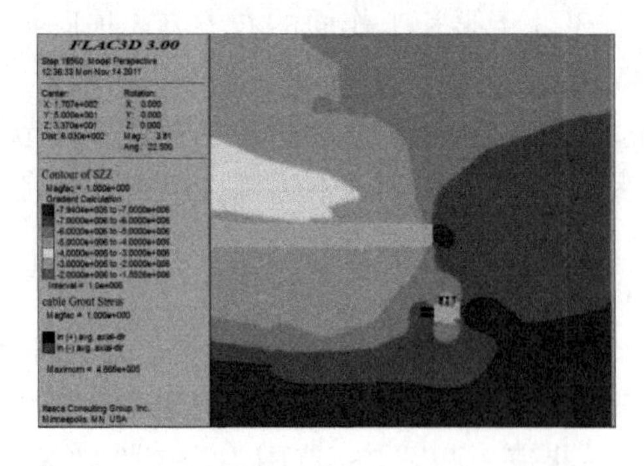

图 13.63　采空区后方 10m 垂直应力分布

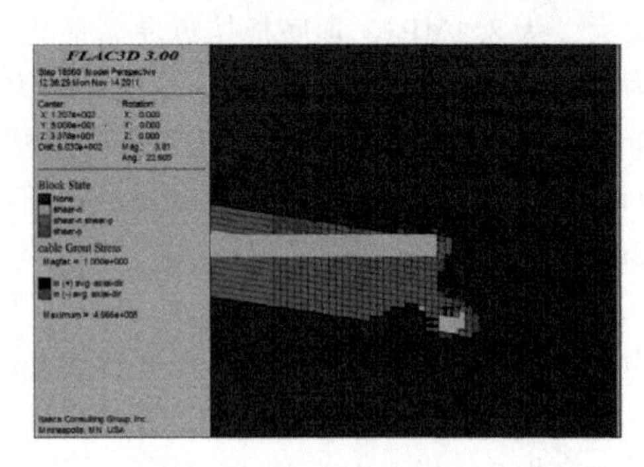

图 13.64　采空区后方 10m 塑性区分布

4. 错层位沿顶留煤重叠式数值模拟及结果分析

如图 13.65 垂直应力分布云图，从应力变化上看，巷道 1 成为采空区，右侧煤壁应力为 7MPa。巷道 3 处在采空区下方；巷道 3 的负帮 2m 范围内应力为 6MPa，正帮 3m 范围内应力为 7MPa，顶底板应力为 6MPa。如图 13.66 所示，从塑性破坏上看，巷道 1 成为采空区，右侧塑性破坏范围为 2m，底板煤层大部分为塑性破坏区，顶板 1m 范围内为塑性破坏区。巷道 3 在采空区的塑性破坏下方，两帮塑性破坏范围为 2m，底板 1m 范围内处于塑性破坏范围。

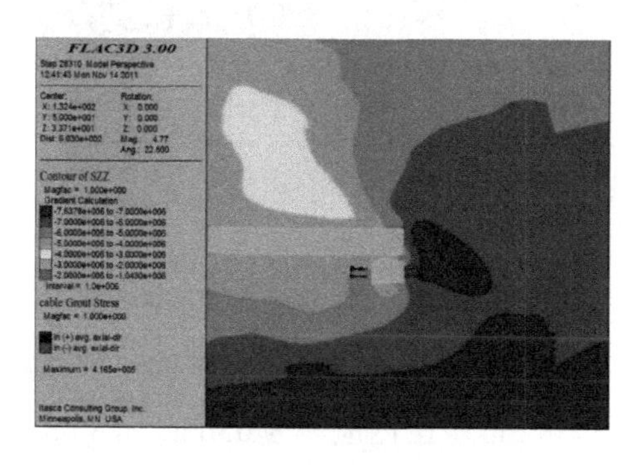

图 13.65　方案 4 垂直应力分布

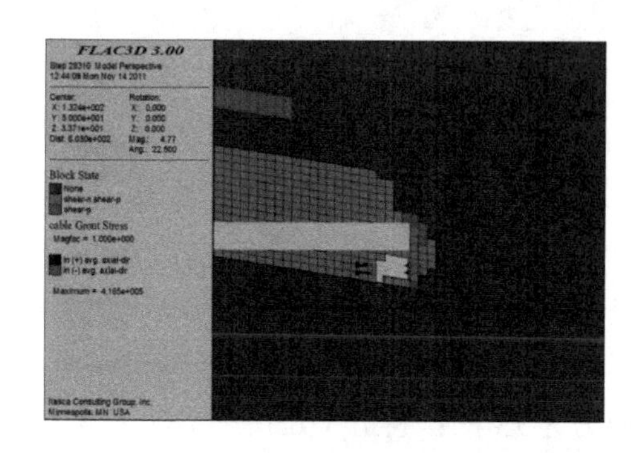

图 13.66　方案 4 塑性区分布

5. 错层位内错一巷数值模拟及结果分析

如图 13.67 所示，在工作面位置处，从应力变化上看，巷道 1 实体煤侧 3m 范围内应力较大，为 8.3MPa，顶底板接近原岩应力。巷道 3 处于第一工作面的下方，除其正帮应力为 7MPa 外，大部分处于工作面下方的原岩应力区。如图 13.68 所示，从塑性破坏上看，整个煤层都处于塑性破坏区，巷道 1 在塑性破坏区的上边缘，实体煤侧的塑性破坏范围为 1m，底板为塑性破坏区，顶板完好，巷道 3 处于塑性破坏区的下边缘，两帮破坏范围为 1m，顶板为塑性破坏区，底板完好。

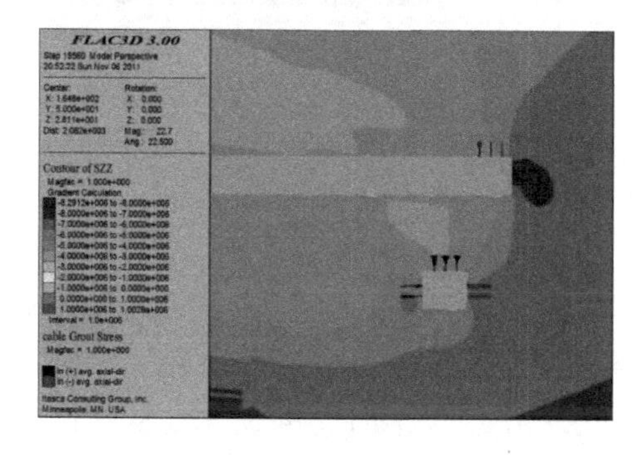

图 13.67　方案 5 工作面位置处垂直应力分布

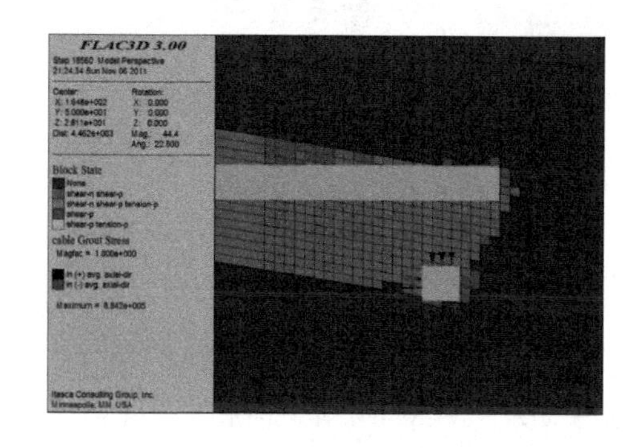

图 13.68　工作面位置处塑性区分布

如图 13.69 所示，在工作面前方 10m 处，从应力变化上看，巷道 1 两帮 2m 范围内应力为 8MPa，顶底板处于应力降低区，为 2MPa；巷道 3 两帮 2m 范围内应力为 7MPa，顶底板同样为 2MPa。如图 13.70 所示，从塑性破坏上看，巷道 1 两帮 1m 范围内为塑性破坏区，底板 3m 范围内为塑性破坏区，顶板完好；巷道 3 两帮 1m 范围内为塑性破坏区，顶板 3m 范围内为塑性破坏区，底板完好。

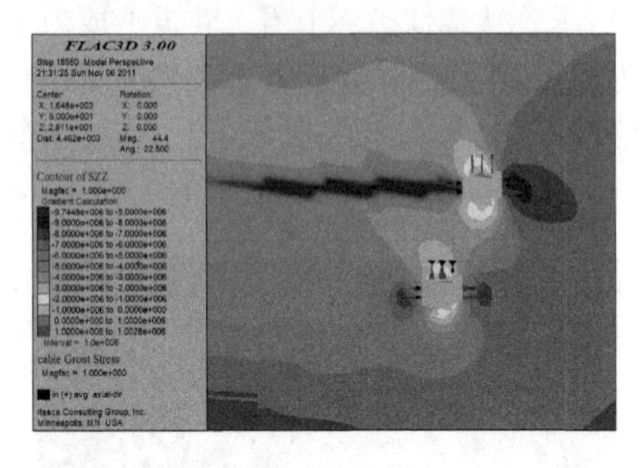

图 13.69　工作面前方 10m 垂直应力分布

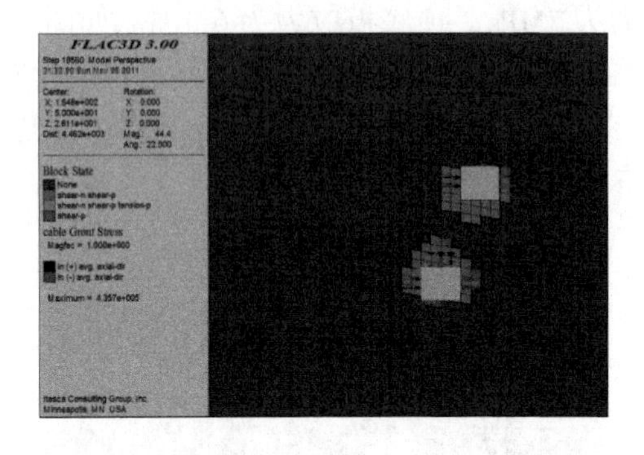

图 13.70　工作面前方 10m 塑性区分布

如图 13.71 所示，采空区后方 10m 处，从应力变化上看，巷道 1 成为采空区，右侧煤壁应力为 7MPa；巷道 3 处在采空区下方，巷道 3 负帮 2m 范围内应力为 6MPa，正帮 3m 范围内应力为 7MPa，顶底板应力为 5MPa。如图 13.72 所示，从塑性破坏上看，巷道 1 成为采空区，右侧塑性破坏范围为 1m，底板为塑性破坏区，顶板完好；巷道 3 处于采空区的塑性破坏下边缘，两帮塑性破坏范围为 2m，底板完好。

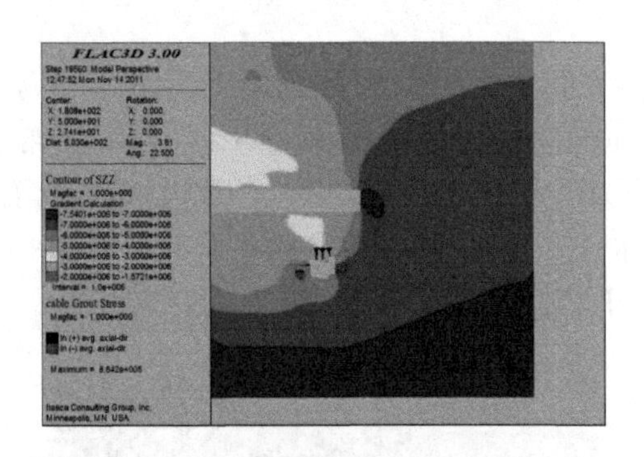

图 13.71　采空区后方 10m 垂直应力分布

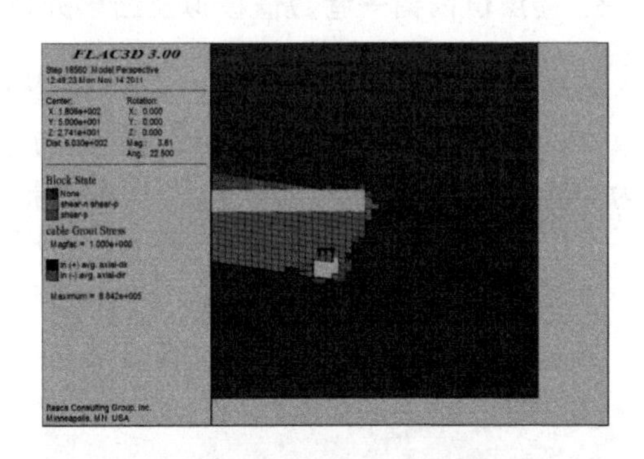

图 13.72　采空区后方 10m 塑性区分布

6. 错层位外错 15m 数值模拟及结果分析

如图 13.73 所示，在工作面位置处，从应力变化上看，巷道 1 的实体煤侧 3m 范围内应力较大，为 8.1MPa，顶底板接近原岩应力；巷道 3 处于第一工作面的右下方，两帮 5m 范围内应力均为 8.1MPa，顶底板 2m 范围内应力为 7MPa。如图 13.74 所示，从塑性破坏上看，整个煤层都处于塑性破坏区，巷道 1 在塑性破坏区的上边缘，实体煤侧的塑性破坏范围为 1m，底板为塑性破坏区，顶板完好；巷道 3 距离巷道 1 较远，两帮破坏范围为 2m，顶底板破坏范围均为 1m。

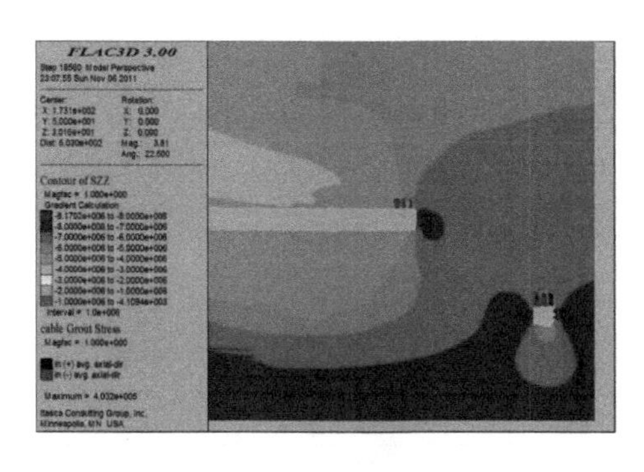

图 13.73　方案 6 工作面位置处垂直应力分布

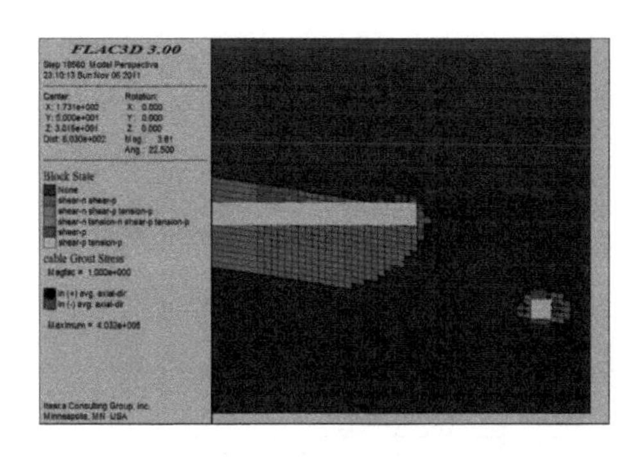

图 13.74　工作面位置处塑性区分布

如图 13.75 所示，在工作面前方 10m 处，从应力变化上看，巷道 1 两帮 2m 范围内应力为 10MPa，顶底板处于应力降低区，为 2MPa；巷道 3 两帮 2m 范围内应力为 10MPa，顶底板同样为 2MPa。如图 13.76 所示，从塑性破坏上看，巷道 1 两帮 1m 范围内为塑性破坏区，底板 2m 范围内为塑性破坏区，顶板完好；巷道 3 两帮 2m 范围内为塑性破坏区，顶板 2m 范围内为塑性破坏区，底板完好。

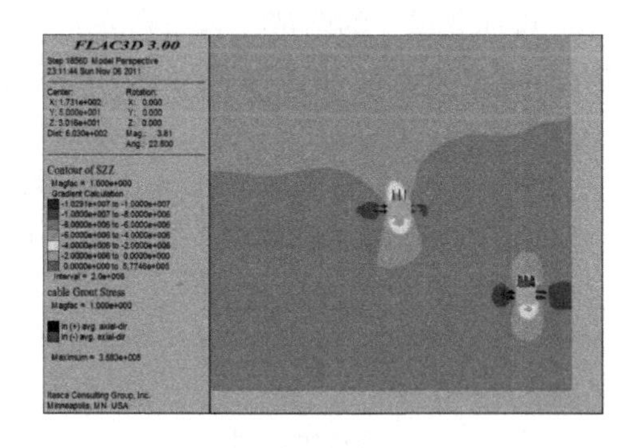

图 13.75　工作面前方 10m 垂直应力分布

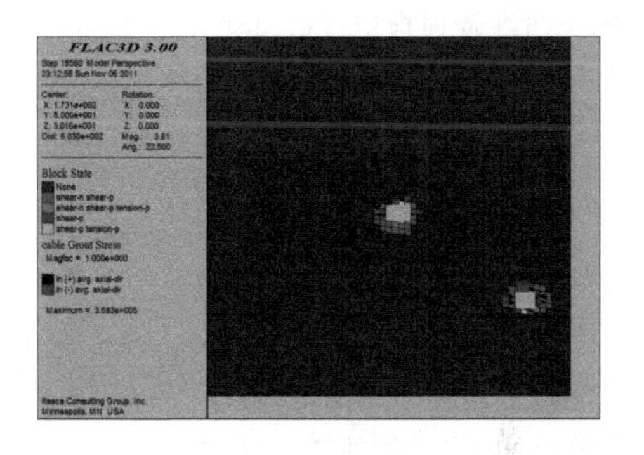

图 13.76　工作面前方 10m 塑性区分布

如图 13.77 所示，在采空区后方 10m 处，从应力变化上看，巷道 1 成为采空区，右侧煤壁应力为 8MPa。巷道 3 距离采空区较远，巷道 3 的两帮 2m 范围应力为 8MPa，顶底板应力为 6MPa。如图 13.78 所示，从塑性破坏上看，巷道 1 成为采空区，右侧塑性破坏范围为 1m，底板为塑性破坏区，顶板完好；巷道 3 距离采空区较远，两帮塑性破坏范围为 2m，顶板塑性破坏范围为 2m，底板完好。

对以上六种方案，针对巷道 1 和巷道 3 在工作面位置处、工作面前方 10m 及采空区后方 10m 的应力变化和塑性破坏分析，结论表明，错层位内错相切式（内错 20m）巷道 3 整体处于第一工作面开采形成的塑性破坏区，卸压最为充分，巷道围岩应力仅为 4MPa，两帮塑性破坏范围为 1m；在采空区后方 10m 处，错层位内错一巷式（内错 4m）巷道 3 整体同样处于第一工作面开采形成的塑性破坏区，正帮 3m 范围内应力为 7MPa，顶底板应力为 5MPa，在工作面位置及工作面前方 10m，两帮塑性破坏范围为 1m，在采空区后方塑性破

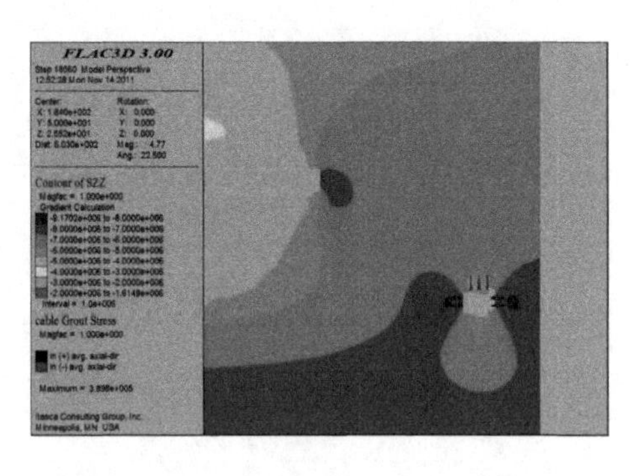

图 13.77　采空区后方 10m 垂直应力分布

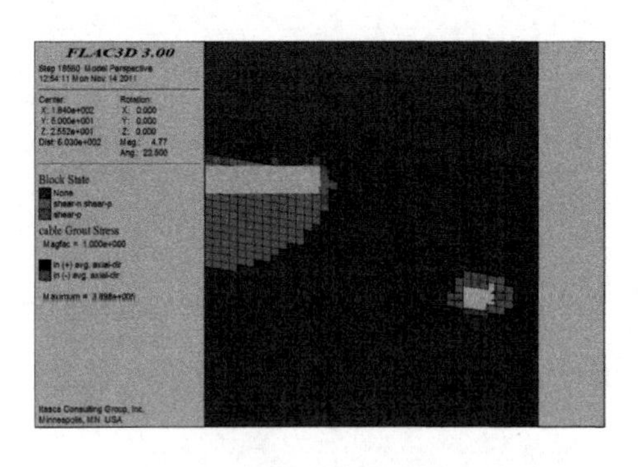

图 13.78　采空区后方 10m 塑性区分布

坏范围为 2m；错层位沿顶留煤重叠式巷道 3 的负帮 2m 范围内应力为 6MPa，正帮 3m 范围内应力为 7MPa，顶底板应力为 6MPa，两帮塑性破坏范围为 2m；在采空区后方 10m 处，错层位外错一巷式（外错 4m）巷道 3 处在采空区右下方，巷道 3 的负帮 3m 范围应力为 7MPa，正帮 3m 范围内应力为 7.9MPa，顶底板应力为 5MPa，两帮塑性破坏范围为 2m；在采空区后方 10m 处，错层位外错 15m 巷道 3 的两帮 2m 范围应力为 8MPa，顶底板应力为 6MPa，两帮及顶板塑性破坏范围为 2m；传统留 50m 煤柱巷道 3 的两帮 2～4m 范围内应力为 9.5MPa，2m 之内应力为 8MPa，顶底板应力均达到了 9.5MPa，两帮的塑性破坏范围为 2m，顶板的塑性破坏范围为 3m。数值模拟结果还表明，在工作面前方 10m 及工作面位置处，对于错层位内错一巷式、错层位外错一巷式（外错 4m）、错层位外错 15m 三种形式，其围岩应力均对应大于工作面后方 10m 处，而工作面前方 10m 处围岩应力又大于工作面位置处。

经上述分析，对比六种方案，从卸压大小的角度考虑，针对类似斜沟煤层特点的特厚煤层来说，错层位内错相切式（内错 20m）>错层位内错一巷式（内错 4m）>错层位沿顶留煤重叠式>错层位外错一巷式（外错 4m）>错层位外错 15m>传统 50m 煤柱。

13.5　负煤柱卸压开采矿压实测

13.5.1　观测内容、方法及开采条件

1. 观测内容与方法

两巷超前压力观测方法是在两巷超前段设置五个超前支承压力观测站，用装有圆图压力自记仪的单体液压支柱来记录两巷支承压力超前范围。为了观测工作面两巷巷道变形，分别在两巷距工作面 50m、100m、150m 和距停采线 50m 处共设置八个观测站，采用“十字观测法”观测巷道变形量。

2. 开采条件

观测面地质及开采技术条件见表 13.6。

表 13.6　观测面的地质及开采技术条件

观测地点	赋存条件	巷道支护形式	备注
镇城底矿 18111-1 综放工作面进风巷	煤厚 5m，煤层倾角 8°。埋深约 232m	金属梯形棚式支护	进风巷一侧为实体煤，另一侧为三角煤柱，顶板为金属网假顶
镇城底矿 18111-1 综放工作面回风巷		顶板为锚杆支护，局部锚索；两帮为锚杆支护	回风巷两侧为实体煤
白家庄矿 39713 采 $9^{\#}$放 $8^{\#}$工作面进风巷	$9^{\#}$煤层厚度为 2.4 ~ 2.6m，$8^{\#}$煤层厚度为 3.8 ~ 4.2m。$8^{\#}$与 $9^{\#}$煤层之间为平均厚度 1.1m 的页岩与粉砂岩，含伪顶 0.3m	金属梯形棚式支护	进风巷一侧为实体煤，另一侧为三角煤柱，顶板为金属网假顶
白家庄矿 39713 采 $9^{\#}$放 $8^{\#}$工作面回风巷		顶板为锚杆支护，局部锚索；两帮为锚杆支护	回风巷两侧为实体煤

13.5.2　沿空巷道超前压力实测分析

1. 镇城底矿 18111-1 工作面两巷超前压力实测分析

镇城底矿 18111-1 工作面两巷（为了对比分析，将回风巷数据整理其中）支柱工作阻力矿压观测数据如表 13.7 所示，将所观测的数据绘制成图 13.79 和图 13.80。

表 13.7　镇城底矿 18111-1 工作面两巷支柱工作阻力矿压观测数据表

进风巷（沿空巷道）		回风巷	
距工作面煤壁距离 /m	支柱工作阻力平均值 /MPa	距工作面煤壁距离 /m	支柱工作阻力平均值 /MPa
20	10.11	20	11.25
19	10.12	18	10.36
18	10.07	17	10.54
16	10.23	16	10.79
15	10.19	15	12.34
13	12.17	14	12.07
12	11.25	12	14.35
11	12.38	11	15.03
9	14.53	10	16.08

续表

进风巷（沿空巷道）		回风巷	
距工作面煤壁距离 /m	支柱工作阻力平均值 /MPa	距工作面煤壁距离 /m	支柱工作阻力平均值 /MPa
8	16.43	9	17.19
6	15.86	8	17.56
5	14.53	6	16.27
4	10.58	4	15.15
3	10.12	3	14.46
2	10.00	2	14.09
1	10.03	1	13.47

由图 13.79 和图 13.80 发现，进风巷超前支承压力平均值要小于回风巷，其原因是因为 18111-1 进风巷处于应力降低区中，进风巷所处的位置是在煤层的底板，巷道上方为冒落矸石，吸收了并耗散了来自于老顶产生的能量，所以压力比较缓和，回风巷上方为坚硬的煤层顶板，所以进风巷压力普遍小于回风巷压力。图 13.81、图 13.82 分别为 18111-1 进风巷与回风巷支护效果图。

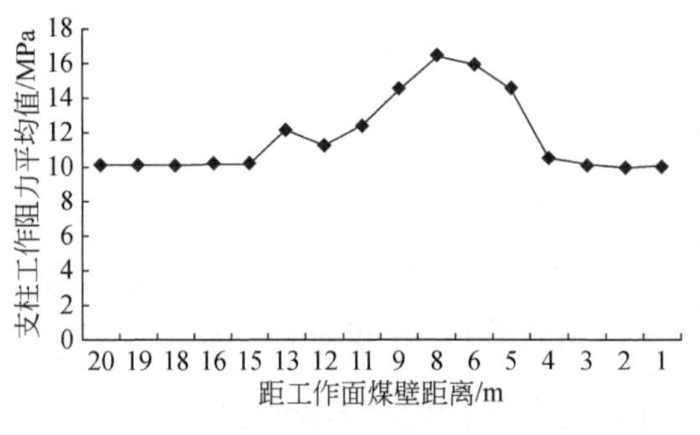

图 13.79　进风巷超前压力

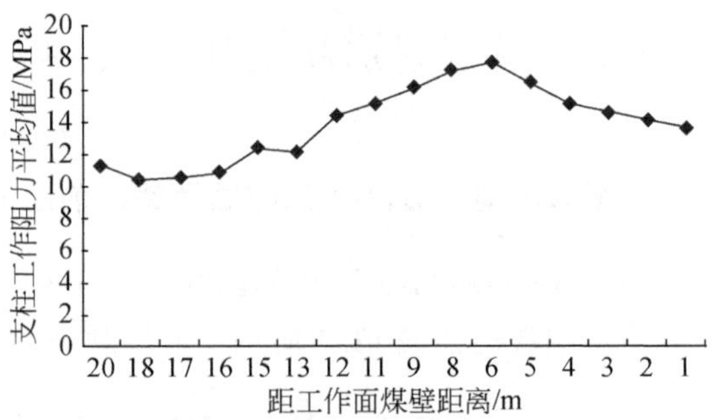

图 13.80　回风巷超前压力

图 13.81　18111-1 进风巷支护效果

图 13.82　18111-1 回风巷支护效果

2. 白家庄矿 39713 工作面两巷超前压力实测分析

表 13.8 所示为白家庄矿 39713 工作面采 9#放 8#支柱工作阻力矿压观测数据，将观测的数据整理成图 13.83 和图 13.84。

表 13.8　白家庄矿 39713 工作面两巷支柱工作阻力矿压观测数据表

进风巷（沿空巷道）		回风巷	
距工作面煤壁距离/m	支柱工作阻力平均值/MPa	距工作面煤壁距离/m	支柱工作阻力平均值/MPa
20	10.74	20	10.75
19	10.64	18	10.83
18	10.61	17	10.84
16	10.64	16	12.30
15	10.71	15	12.80
13	11.35	14	12.22
12	12.36	12	14.23
11	13.32	11	15.41
9	15.64	10	17.11
8	16.55	9	17.30
6	15.97	8	17.59
5	13.65	6	16.38
4	10.58	4	15.17
3	10.60	3	14.48
2	10.51	2	13.11
1	10.50	1	13.49

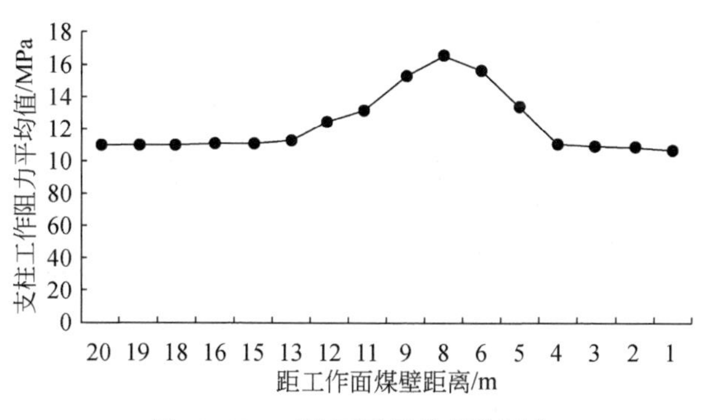

图 13.83　工作面进风巷超前压力

由图 13.83 和图 13.84 可知，进风巷超前支承压力平均值同样小于回风巷，原因是进风巷道上方靠近上覆 8#煤层刀柱采空区边缘，即巷道位于煤柱破裂区下方，应力降低区域，矿压有所减弱。回风巷处于离采空区不远的实体煤区，集中应力升高，因此回风巷压

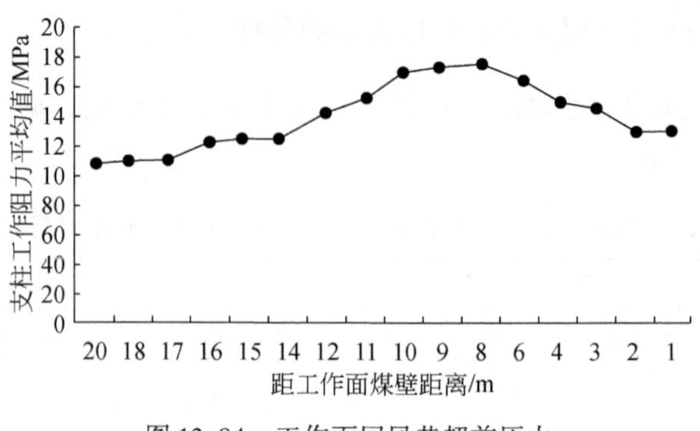

图 13.84 工作面回风巷超前压力

力总体上高于进风巷。

13.5.3 负煤柱巷道围岩变形实测分析

1. 镇城底矿 18111-1 工作面两巷围岩变形实测分析

镇城底矿 18111-1 工作面进风巷围岩变形观测数据如表 13.9 所示，为了对比分析起见，将回风巷的围岩变形观测数据整理于表 13.10 中。

表 13.9 18111-1 工作面进风巷围岩变形观测数据 (单位：m)

距工作面距离	净高 *DC*	宽 *AB*	底帮 *BC*	顶帮 *DB*
100.0	2.52	2.95	1.20	2.67
50.0	2.52	2.95	1.20	2.67
30.0	2.50	2.93	1.20	2.67
27.5	2.50	2.91	1.20	2.67
24.3	2.50	2.88	1.20	2.67
21.5	2.50	2.87	1.20	2.64
19.7	2.48	2.85	1.18	2.60
17.5	2.46	2.84	1.18	2.58
16.3	2.40	2.82	1.15	2.56
12.5	2.40	2.80	1.15	2.57
10.7	2.38	2.80	1.12	2.52
6.5	2.35	2.82	1.10	2.48
4.8	2.30	2.78	1.05	2.45
1.0	2.25	2.75	1.00	2.40

表 13.10　18111-1 工作面回风巷围岩变形观测数据　（单位：m）

距工作面距离	净高 DC	宽 AB	底帮 BC	顶帮 DB
100.0	2.52	2.95	1.20	2.70
50.0	2.52	2.95	1.20	2.70
30.1	2.51	3.93	1.20	2.70
27.5	2.50	2.90	1.20	2.70
24.3	2.50	2.88	1.20	2.70
21.5	2.50	2.86	1.19	2.68
19.7	2.48	2.82	1.18	2.62
17.5	2.43	2.82	1.18	2.60
16.3	2.43	2.85	1.18	2.60
12.5	2.39	2.80	1.16	2.59
10.7	2.35	2.82	1.14	2.53
8.2	2.34	2.84	1.15	2.50
6.5	2.32	2.88	1.16	2.49
4.8	2.30	2.86	1.12	2.46
1.0	2.27	2.80	1.09	2.45

由表 13.9 及表 13.10 可看出：进风巷位移数据明显小于回风巷，进风巷在距回采工作面 21m 左右时，巷道围岩表面位移开始显著变化，在工作面距观测站 18m 左右时，巷道围岩表面位移速度明显加快。在距工作面 8.2m 处，巷道两帮明显增大，而顶板也明显下降，可以推断在此处由于压力增大，使巷道产生了片帮。而在快要到达工作面部分时，反而变形量有所减缓，究其原因可能是因为巷道不放顶煤，而且支承压力峰值前移，巷道上方的顶煤在工作面后方垮落，充填采空区并有效支撑上部顶板，所以矿压显现比较缓和，从应力分区划分来看，也是由于处于应力降低区的缘故。

回风巷在距工作面 26m 左右时，巷道围岩表面位移开始显著变化，在工作面距观测站 20m 左右时，巷道围岩表面位移速度明显加快。在距工作面 10.7m 处，就产生了与进风巷相似的来压情况，而且片帮的范围较进风巷大。而顶板下沉要比进风巷小，这也说明回风平巷沿顶板布置，虽然压力有所升高，但具有容易维护的优点。

矿压观测结果表明，负煤柱开采两巷同样具有超前压力影响范围，大约在距离工作面 26m 处，而在距工作面大约 8m 处，支承压力达到峰值，巷道变形量在此处的变化速度也达到最大，进、回风巷都出现了不同程度的片帮现象。但总的看来巷道压力显现及位移比较缓和，呈现出进风巷道压力比较缓和，而回风巷压力虽高，但具有容易维护的特点。

2. 白家庄矿 39713 工作面两巷围岩变形实测分析

白家庄矿 39713 工作面进风巷、回风巷围岩变形观测数据整理于表 13. 11 及表 13. 12 中。

表 13. 11　白家庄矿 39713 工作面进风巷围岩变形观测数据　（单位：m）

距工作面距离	净高	上净宽	下净宽
100. 0	2. 20	2. 20	2. 97
50. 0	2. 18	2. 20	2. 97
30. 0	2. 17	2. 19	2. 95
27. 5	2. 17	2. 18	2. 94
24. 3	2. 16	2. 17	2. 94
21. 5	2. 15	2. 16	2. 92
19. 7	2. 13	2. 14	2. 90
17. 5	2. 13	2. 14	2. 87
16. 3	2. 12	2. 13	2. 84
12. 5	2. 11	2. 12	2. 81
10. 7	2. 07	2. 08	2. 77
6. 5	2. 06	2. 08	2. 77
4. 8	2. 05	2. 06	2. 76
1. 0	2. 03	2. 05	2. 75

表 13. 12　白家庄矿 39713 工作面回风巷围岩变形观测数据　（单位：m）

距工作面距离	净高	上净宽	下净宽
100. 0	3. 10	2. 80	2. 80
50. 0	3. 10	2. 80	2. 80
30. 0	3. 08	2. 80	2. 79
27. 5	3. 08	2. 78	2. 77
24. 3	3. 07	2. 73	2. 75
21. 5	3. 07	2. 72	2. 74
19. 7	3. 03	2. 70	2. 70
17. 5	3. 02	2. 69	2. 68
16. 3	2. 99	2. 67	2. 65
12. 5	2. 97	2. 65	2. 65
10. 7	2. 94	2. 63	2. 62
6. 5	2. 92	2. 60	2. 61
4. 8	2. 90	2. 58	2. 59
1. 0	2. 89	2. 57	2. 58

由表 13. 11 及表 13. 12 同样可看出：进风巷位移数据明显小于回风巷，其他结论与上述分析相同。

13. 6　负煤柱卸压开采经济效益分析

13. 6. 1　镇城底矿 18111-1 负煤柱巷道经济效益分析

镇城底矿 18111-1 工作面长度为 120m，推进长度为 600m，连续完成四个工作面。采用负煤柱巷道布置系统比传统两巷均沿底板布置的放顶煤开采多采出煤炭 35. 65 万 t，净增经济效益 2. 5 亿元，新增利税 1. 12 亿元。首采工作面比传统放顶煤工作面每米巷道节省费用为 328 元，接续工作面比传统放顶煤工作面每米巷道节省费用 697. 1 元。应用负煤柱巷道布置回采，比沿煤层底板巷道布置共计节省掘进费用为 246. 02 万元，比传统沿煤层底板巷道布置降低成本共计 850. 64 万元。

13. 6. 2　白家庄矿 39713 负煤柱巷道经济效益分析

1. 回采经济分析

白家庄矿 39713 回采工作面长度为 150m，推进长度为 720m，平均采高 2. 4m，放煤高度不等，变化为 1 ~4m，容重为 1. 34t/m^3。

本工作面采用负煤柱巷道布置系统共回收煤炭资源 69. 2 万 t，其中采出 9$^{\#}$煤 41. 5 万 t、采出 8$^{\#}$煤 27. 7 万 t。平均吨煤成本为 21. 09 元，比单采 9$^{\#}$煤吨煤成本降低 15. 52 元。

按吨煤市场价 500 元算，采用负煤柱沿空巷道布置系统回收上覆 8$^{\#}$残煤增收节支，共增加经济效益 13910 万元。

2. 巷道掘进支护经济分析

负煤柱巷道布置系统，进风巷与回风巷分别沿底板托顶煤和沿顶板布置，进行经济分析时，两种情况分别计算。工作面推进长度为 720m，另加与准备巷道连接长度，掘进长度为 780m。

沿煤层底板巷道掘进支护材料及人工费用总计为 128. 38 万元，明细见表 13. 13；沿煤层顶板巷道掘进支护材料及人工费用总计为 74. 97 万元，明细见表 13. 14。

表 13. 13　沿煤层底板巷道布置掘进支护材料及人工费用

序号	名称	单位	单价/元	总耗量	总金额/万元
1	金属支架	架	640	975	62. 4
2	金属网	m^2	20. 6	3432	7. 07
3	坑木	m^3	920	170. 66	15. 7

续表

序号	名称	单位	单价/元	总耗量	总金额/万元
4	火药	kg	4.93	5444.4	2.68
5	雷管	发	1.21	12683	1.53
6	人工	m	500	780	39.00
总费用合计/万元		128.38			

表 13.14 沿煤层顶板巷道布置掘进支护材料及人工费用

序号	名称	单位	单价/元	总耗量	总金额/万元
1	火药	kg	4.93	5270	2.98
2	雷管	发	1.21	17500	2.12
3	锚索	套	95.00	184	1.75
4	金属网	m^2	20.60	3120	6.43
5	顶锚杆	根	24.84	2837	7.05
6	帮锚杆	根	14.70	4256	6.26
7	锚固剂	支	7.30	9930	7.25
8	木托板	块	5.00	4256	2.13
9	人工	m	500	780	39.00
总费用合计/万元		74.97			

计算得知，沿煤层底板巷道每米需要费用为 1646 元，沿煤层顶板巷道每米需要费用为 961 元。

单采 9#煤时，两巷都沿板底架棚掘进，每米所需费用均为 1646 元。负煤柱巷道布置首采工作面分别沿煤层底板和煤层顶板掘进，两巷平均每米所需费用为 1303.5 元，即平均每米可节省 342.5 元。负煤柱残煤复采两巷共减少掘进费用 53.43 万元。

3. 吨煤成本分析

1）回采巷道费用分析

单采 9#煤沿煤层底板布置巷道，工作面回采巷道成本合计为每米 3292 元，工作面每米推进出煤为 576.39t，折合吨煤成本为 5.71 元/t。

采 9#放 8#负煤柱巷道布置系统，首采工作面巷道分别为沿煤层底板和煤层顶板布置，合计成本每米为 2607 元。工作面每米推进出煤为 961.11t，折合吨煤成本为 2.71 元/t。

通过上述计算分析，采 9#放 8#负煤柱巷道布置吨煤成本中巷道布置一项，比传统方法单采 9#煤节省巷道成本 5.71−2.71=3.00 元/t。

为更加明了，对采 9#放 8#只按 9#煤摊销巷道成本，即合计巷道成本每米为 2607 元，每米推进出煤为 576.39t，折合吨煤成本为 4.53 元/t。

由此计算出采 9#放 8#采出的 9#煤比按传统方法沿煤层底板布置巷道单采 9#煤，节省巷道成本 5.71−4.53=1.18 元/t。这意味着采出 8#煤没有增加成本。

2）铺金属网费用分析

（1）单采 9#煤时，为维护端头的 9#煤破碎顶板，铺网长度需要 4.4m，计 90.64 元。每米采煤 576.39t，折合吨煤成本为 0.16 元/t。

负煤柱巷道布置采 9#放 8#时，端头按同样铺网考虑，长度仍为 4.4m，计 90.64 元。每米采煤 961.11t，折合吨煤成本为 0.09 元/t。

通过上述计算分析，采 9#放 8#负煤柱巷道布置吨煤成本中铺网一项，比传统方法单采 9#煤节省铺网成本 0.16−0.09＝0.07 元/t。

事实上采 9#放 8#时回风巷一端沿 8#煤顶板，稳定完整，一般可以不铺网，节省的铺网成本为 0.157 元/t。

（2）负煤柱巷道布置采 9#放 8#时，若把为下一工作面无煤柱开采的铺网计入本工作面，铺网长度为 9m，计 185.40 元。每米采煤 961.11t，折合吨煤成本为 0.193 元/t。

通过上述计算分析，采 9#放 8#负煤柱巷道布置吨煤成本中铺网一项，比传统方法单采 9#煤节省铺网成本 0.157−0.193＝−0.036 元/t。

该措施使下一个工作面获得更大效益，将铺网计入其成本也是合理的。

如果只采首采面，则可以采用第（1）项的计算结果。

3）工资费用

沿煤层底板布置巷道单采 9#煤时，回采工效为 22.4t/工；采用负煤柱巷道布置采 9#放 8#时，回采工效为 32.6t/工。

按照工人平均工资 3000 元，每月出勤 25 天，折合吨煤工资成本分别为 5.36 元/t 和 3.68 元/t。

采 9#放 8#开采比单采 9#煤减少人工费用 1.68 元/t。

4）回采中巷道八材投入成本分析

8#煤的开采主要采用放顶煤工艺，依靠矿压破煤，没有割煤环节，也没有相应的截齿、动力等消耗。八材投入与单采 9#煤层时大体相当，为了使评价更为客观，八材投入按系数 1.1 考虑。

单采 9#煤工作面八材投入成本合计为 1687 元/m，工作面每米推进度出煤为 576.39t，折合吨煤成本为 2.93 元/t。

采 9#放 8#时，八材投入成本合计为 1859 元/m，工作面每米推进度出煤为 961.11t，折合吨煤成本为 1.93 元/t。

采 9#放 8#比单采 9#煤减少八材费用 1.00 元/t。

5）配件费用分析

单采 9#煤工作面配件费用为 5780 元/m，工作面每米推进度出煤为 576.39t，折合吨煤成本为 10.03 元/t。

采 9#放 8#时，配件费用增加 10% 为 6369 元/m，工作面每米推进度出煤为 961.11t，折合吨煤成本为 6.63 元/t。

采 9#放 8#比单采 9#煤减少配件费用 3.40 元/t。

6）材料费用分析

单采 9#煤工作面配件费用为 3772 元/m，工作面每米推进度出煤为 576.39t，折合吨煤成本为 6.54 元/t。

采 9#放 8#时，材料费用增加 10% 为 4149 元/m，工作面每米推进度出煤为 961.11t，折合吨煤成本为 4.32 元/t。

采 9#放 8#比单采 9#煤减少材料费用 2.22 元/t。

7）附加设备费用分析

采 9#放 8#轻放工作面设备配备与单采 9#煤的综采面基本相当，区别在于增加了一台后部刮板输送机。相同部分不再计算，只分析该输送机。

单采 9#煤工作面没有后部输送机，不产生费用。

采 9#放 8#工作面后部输送机投入为 1667 元/m，工作面每米推进度出煤为 961.11t，折合吨煤成本为 1.73 元/t。

采 9#放 8#比单采 9#煤减少材料费用−1.73 元/t。

8）附加防火费用分析

采 9#放 8#工作面，由于采出易燃浮煤，显著降低了防火投入。类似条件的相邻矿井单采 9#煤工作面时除常规措施外，仅注浆、注氮成本就需 5.88 元/t。采 9#放 8#工作面节省了该项费用。

9）总费用分析

以上费用计算结果列入表 13.15 中。

表 13.15　吨煤费用比较计算汇总表　　（单位：元/t）

序号	项目	单采 9#方案	采 9#放 8#方案	节省费用
1	回采巷道	5.71	2.71	3.00
2	铺金属网	0.16	0.09	0.07
3	工资	5.36	3.68	1.68
4	八材	2.93	1.93	1.00
5	配件	10.03	6.63	3.40
6	材料	6.54	4.32	2.22
7	附加设备投入	0	1.73	−1.73
8	附加防火投入	5.88	0	5.88
9	合计	36.61	21.09	15.52

采 9#放 8#吨煤成本为 21.09 元/t，共采出煤炭 69.2 万 t，成本总额 1459.43 万元。按每吨煤市场价 500 元计算，销售收入 34600.00 万元，减去成本后为 33140.57 万元；单采 9#煤成本为 36.61 元/t，可采出煤炭 41.5 万 t，成本总额 1519.32 万元。按每吨煤市场价 500 元计算，销售收入 20750.00 万元，减去成本后为 19230.68 万元。采 9#放 8#项目增加经济效益 13909.89 万元。

参考文献

岑夺丰. 2017. 强震触发顺层滑坡张性破裂及低摩擦启动机理. 重庆:重庆大学.

岑夺丰, 黄达. 2014. 高应变率单轴压缩下岩体裂隙扩展的细观位移模式. 煤炭学报, 39(3): 436-444.

岑夺丰, 黄达, 黄润秋. 2014. 岩质边坡断续裂隙阶梯状滑移模式及稳定性计算. 岩土工程学报, 36(4): 695-706.

岑夺丰, 黄达, 黄润秋. 2016. 块裂反倾巨厚层状岩质边坡变形破坏颗粒流模拟及稳定性分析. 中南大学学报(自然科学版), 47(3): 984-993.

岑夺丰, 刘超, 黄达. 2020. 砂岩拉剪强度和破裂特征试验研究及数值模拟. 岩石力学与工程学报, 39(7): 1333-1342.

岑夺丰, 刘超, 黄达, 等. 2021a. 一种拉伸方向实时对中的岩石类材料双轴拉压试验装置: 201910144569. 8. 01.

岑夺丰, 刘超, 黄达. 2021b. 拉剪应力作用下单裂隙砂岩裂纹扩展规律试验研究. 煤炭学报, 1-9.

岑夺丰,刘栋擘, 黄达, 等. 2021c. 一种多功能振动台滑块试验装置及方法: 中国,202011580630. 2. 09.

陈祖煜. 2003. 土质边坡稳定分析. 北京:中国水利水电出版社.

邓涛,杨林德,韩文峰. 2007. 加载方式对大理岩碎块分布影响的试验研究. 同济大学学报:自然科学版,35(1):10-14.

范天佑. 1990. 断裂动力学引论. 北京:北京理工大学出版社.

高玉春,徐进,何鹏,等. 2005. 大理岩加卸载力学特性的研究,岩石力学与工程学报,(2):456-460.

顾东明, 高学成, 仉文岗, 等. 2020. 三峡库区反倾岩质边坡时效破坏演化模拟研究. 岩土力学, (S2): 1-10.

何满潮,陈上元,郭志飚,等. 2017. 切顶卸压沿空留巷围岩结构控制及其工程应用. 中国矿业大学学报,46(5):959-969.

何尚森, 谢生荣, 宋宝华, 等. 2016. 近距离下煤层损伤基本顶破断规律及稳定性分析. 煤炭学报, 41(10): 2596-2605.

黄达. 2007. 大型地下硐室开挖围岩卸荷变形机理及其稳定性研究. 成都: 成都理工大学.

黄达, 岑夺丰. 2013. 单轴静-动相继压缩下单裂隙岩样力学响应及能量耗散机制颗粒流模拟. 岩石力学与工程学报, 32(9): 1926-1936.

黄达, 岑夺丰. 2019. 一种可在压剪试验机上使用的岩石拉剪试验装置及方法:中国,201610349163. X.

黄达, 黄润秋. 2009. 自然地应力场对含断层地下硐室围岩稳定性影响规律. 水文地质工程地质, 36(3): 71-76, 81.

黄达, 黄润秋. 2010. 卸荷条件下裂隙岩体变形破坏及裂纹扩展演化的物理模型试验. 岩石力学与工程学报, 29(3): 502-512.

黄达, 杨超. 2016. 一种大尺度岩石滑动摩擦实验装置:中国,103278393B.

黄达, 钟助. 2015. 基于单个钻孔孔壁电视图像确定地下岩体结构面产状的普适数学方法. 地球科学(中国地质大学学报), 40(6): 1101-1106.

黄达, 黄润秋, 王家祥. 2007. 开挖卸荷条件下大型地下硐室块体稳定性的对比分析. 岩石力学与工程学报, (S2): 4115-4122.

黄达，黄润秋，周江平，等. 2007. 雅砻江锦屏一级水电站坝区右岸高位边坡危岩体稳定性研究. 岩石力学与工程学报，(1)：175-181.
黄达，黄润秋，裴向军，等. 2008. 溪洛渡水电站某危岩体稳定性及加固措施研究. 岩土力学，(5)：1425-1429.
黄达，黄润秋，张永兴. 2009a. 三峡工程地下厂房围岩块体变形特征及稳定性分析. 水文地质工程地质，36(5)：1-7.
黄达，黄润秋，张永兴. 2009b. 断层位置及强度对地下硐室围岩稳定性影响. 土木建筑与环境工程，31(2)：68-73.
黄达，黄润秋，张永兴. 2009c. 基于改进 GSI 体系确定三峡地下厂房围岩等效变形模量及强度. 地球科学(中国地质大学学报)，34(6)：1030-1036.
黄达，黄润秋，张永兴. 2010. 三峡工程大型浅埋地下厂房围岩变形特征及机理研究. 水文地质工程地质，37(2)：42-48.
黄达，黄润秋，张永兴. 2011a. 三轴加卸载下花岗岩脆性破坏及应力跌落规律. 土木建筑与环境工程，33(2)：1-6.
黄达，金华辉，黄润秋. 2011b. 拉剪应力状态下岩体裂隙扩展的断裂力学机制及物理模型试验. 岩土力学，32(4)：997-1002.
黄达，黄润秋，张永兴. 2012a. 粗晶大理岩单轴压缩力学特性的静态加载速率效应及能量机制试验研究. 岩石力学与工程学报，31(2)：245-255.
黄达，谭清，黄润秋. 2012b. 高应力强卸荷条件下大理岩损伤破裂的应变能转化过程机制研究. 岩石力学与工程学报，31(12)：2483-2493.
黄达，谭清，黄润秋. 2012c. 高围压卸荷条件下大理岩破碎块度分形特征及其与能量相关性研究. 岩石力学与工程学报，31(7)：1379-1389.
黄达，谭清，黄润秋. 2012d. 高应力卸荷条件下大理岩破裂面细微观形态特征及其与卸荷岩体强度的相关性研究. 岩土力学，33(S2)：7-15.
黄达，谭清，黄润秋. 2012e. 高应力下脆性岩石卸荷力学特性及数值模拟. 重庆大学学报，35(6)：72-79.
黄达，岑夺丰，黄润秋. 2013a. 单裂隙砂岩单轴压缩的中等应变率效应颗粒流模拟. 岩土力学，34(2)：535-545.
黄达，杨超，张永兴，等. 2013b. 多功能真三轴岩石蠕变仪：中国，102621012B.
黄达，杨超，张永兴. 2013c. 一种单轴拉压双功能蠕变仪：中国，102589989B.
黄达，张永兴，金华辉，等. 2013d. 一种利用单个竖直钻孔的电视图像确定深部岩体结构面产状的方法：中国，102419457B.
黄达，黄润秋，雷鹏. 2014. 贯通型锯齿状岩体结构面剪切变形及强度特征. 煤炭学报，39(7)：1229-1237.
黄达，杨超，黄润秋，等. 2015. 分级卸荷量对大理岩三轴卸荷蠕变特性影响规律试验研究. 岩石力学与工程学报，34(S1)：2801-2807.
黄达，戴超，曾彬，等. 2016a. 一种抗滑支挡结构及其高切坡加固施工方法：中国，104404971B.
黄达，黄润秋，雷鹏. 2016b. 贯通型单台阶岩体结构面剪切性质及应用. 中南大学学报(自然科学版)，47(6)：2015-2022.
黄达，曾启霜，钟助，等. 2016c. 加固高陡基岩-填方界面的锚固结构及施工方法：中国，104404972B.
黄达，顾东明，陈智强，等. 2017a. 三峡库区塔坪 H2 古滑坡台阶状复活变形的库水-降雨耦合作用机制. 岩土工程学报，39(12)：2203-2211.
黄达，刘富兴，杨超，等. 2017b. 一种岩体裂隙时效扩展的数值模拟方法及验证. 岩石力学与工程学报，

36(7):1623-1633.
黄达, 曾彬, 钟助. 2017c. 一种大尺度二维裂隙岩体剪切渗流仪: 中国,104865177B.
黄达, 张晓景, 顾东明. 2018. “三段式”岩石滑坡的锁固段破坏模式及演化机制. 岩土工程学报, 40(9):1601-1609.
黄达, 郭颖泉, 朱谭谭, 等. 2019a. 法向卸荷条件下含单裂隙砂岩剪切强度与破坏特征试验研究. 岩石力学与工程学报, 38(7):1297-1306.
黄达, 罗世林, 岑夺丰, 等. 2019b. 基于数值模拟及极限平衡计算的滑坡危险性评价方法: 201810031292.3.
黄达, 罗世林, 匡希彬, 等. 2019c. 一种阶梯状跳跃变形的斜边坡稳定性评价方法: 中国,108709532B.
黄达, 郑勇, 马国伟, 等. 2019d. 一种基于光纤光栅的滑坡内部位移监测方法: 中国,108180841B.
黄达, 钟助, 岑夺丰, 等. 2019e. 一种基于变形测试的岩石类材料破裂性质的识别方法: 中国,201711153959.9.
黄达, 钟助, 马国伟, 等. 2019f. 基于多点位移计监测确定岩土体内部破裂面位置的方法: 中国,108050986B.
黄达, 朱谭谭, 岑夺丰, 等. 2019g. 一种围压作用下岩石拉伸试验装置及其试验方法: 中国,201611055843.7.
黄达, 朱谭谭, 岑夺丰, 等. 2019h. 一种利用三轴压缩试验机加载的直剪试验装置及方法: 中国,201610866522.9.
黄达, 朱谭谭, 岑夺丰, 等. 2019i. 一种岩石类材料拉剪和双轴拉压试验装置及其使用方法: 中国,201610997985.9.
黄达, 朱谭谭, 岑夺丰, 等. 2019j. 一种可在三轴压缩试验机上使用的岩石三轴拉压试验装置: 中国,201611020851.8.
黄达, 张永发, 朱谭谭, 等. 2019k. 砂岩拉-剪力学特性试验研究. 岩土工程学报, 41(2):272-276.
黄达, 黄文波, 裴向军, 等. 2020a. 一种堆积体-岩石界面的剪切渗流耦合试验装置: 中国,110160891B.
黄达, 李悦, 岑夺丰, 等. 2020b. 压-拉应力状态下大理岩强度及破裂性质的微观晶粒影响. 岩土力学, (S2):1-12.
黄达, 李悦, 岑夺丰. 2020c. 拉-压应力状态下脆性岩石强度及破坏机制颗粒流模拟. 工程地质学报, 28(4):677-684.
黄达, 罗世林, 宋宜祥, 等. 2020d. 多尺度土石混合体-基岩界面剪切特性测试装置和方法: 中国,108444813B.
黄达, 罗世林, 宋宜祥, 等. 2020e. 一种台阶状跳跃变形的边坡稳定性评价方法: 中国,108280319B.
黄达, 马昊, 孟秋杰, 等. 2020f. 软硬互层岩质反倾边坡弯曲倾倒离心模型试验与数值模拟研究. 岩土工程学报, 42(7):1286-1295.
黄达, 马昊, 宋宜祥, 等. 2020g. 一种可预判破裂面位置的反倾边坡稳定性判定方法: 中国,110864743B.
黄达, 郑勇, 马国伟, 等. 2020h. 基于光纤弯曲损耗的边坡监测多点位移传感器: 中国,108106543B.
黄达, 朱谭谭, 岑夺丰, 等. 2020i. 一种岩石断面光学扫描无序点云有序化处理方法: 中国,201711153960.1.
黄达, 朱谭谭, 马国伟, 等. 2020j. 一种测试法向卸荷条件下岩石剪切力学性质的试验方法: 中国,CN108318351B.
黄达, 马昊, 孟秋杰, 等. 2021a. 反倾软硬互层岩质边坡倾倒变形破坏机理与影响因素研究. 工程地质学报, 29(3):602-616.
黄达, 谢周州, 宋宜祥, 等. 2021b. 软硬互层状反倾岩质边坡倾倒变形离心模型试验研究. 岩石力学与工程学报,40(7):1357-1368.
黄润秋. 2008. 岩石高边坡发育的动力过程及其稳定性控制. 岩石力学与工程学报, 27(8):1525-1544.
黄润秋. 2012. 岩石高边坡稳定性工程地质分析. 北京: 科学出版社.
黄润秋, 黄达. 2008a. 卸荷条件下花岗岩力学特性试验研究. 岩石力学与工程学报, (11): 2205-2213.
黄润秋, 黄达. 2008b. 卸荷条件下岩石变形特征及本构模型研究. 地球科学进展, (5): 441-447.
黄润秋, 黄达. 2010. 高地应力条件下卸荷速率对锦屏大理岩力学特性影响规律试验研究. 岩石力学与工程学报, 29(1): 21-33.
黄润秋, 黄达, 宋肖冰. 2007. 卸荷条件下三峡地下厂房大型联合块体稳定性的三维数值模拟分析. 地学前缘, (2): 268-275.
黄润秋, 黄达, 段绍辉, 等. 2011. 锦屏Ⅰ级水电站地下厂房施工期围岩变形开裂特征及地质力学机制研究. 岩石力学与工程学报, 30(1): 23-35.
姜鹏飞, 康红普, 王志根, 等. 2020. 千米深井软岩大巷围岩锚架充协同控制原理、技术及应用. 煤炭学报, 45(3): 1020-1035.
蒋良文,李渝生,易树健,等. 2016. 川藏铁路板块碰撞结合带地质建造特征的工程地质研究. "川藏铁路建设的挑战与对策"2016 学术交流会论文集, (S1):1-13.
李斌, 黄达, 姜清辉, 等. 2019. 层理方向对砂岩断裂模式及韧度的影响规律试验研究. 岩土工程学报, 41(10): 1854-1862.
李斌, 黄达, 马文著. 2020. 层理面特性对砂岩断裂力学行为的影响研究. 岩土力学, 41(3): 858-868.
李强. 2008. 压缩作用下岩体裂纹起裂扩展规律及失稳特性的研究. 大连:大连理工大学.
李世贵, 黄达, 石林, 等. 2018. 基于极限应变判据-动态局部强度折减的边坡破坏演化数值模拟. 工程地质学报, 26(5): 1227-1236.
李秀珍,崔云,张小刚,等. 2019. 川藏铁路全线崩滑灾害类型、特征及其空间分布发育规律. 工程地质学报,27(增): 110-120.
李银平, 杨春和. 2006. 裂纹几何特征对压剪复合断裂的影响分析. 岩石力学与工程学报, 25(3): 462-466.
梁昌玉, 李晓, 张辉, 等. 2013. 中低应变率范围内花岗岩单轴压缩特性的尺寸效应研究. 岩石力学与工程学报, 32(3):528-536.
刘畅. 2022. 拉剪应力作用下裂隙岩体力学行为及强度准则研究. 天津:河北工业大学.
刘晖, 瞿伟廉, 袁润章. 2004. 基于应变能耗散率的结构损伤识别方法研究. 工程力学, 21(5):198-202.
马昊, 黄达, 石林. 2020. 基于断距-层厚特征统计的反倾边坡 S 型破坏演化数值模拟. 工程地质学报, 28(6): 1160-1171.
彭建兵,崔鹏,庄建琦. 2020. 川藏铁路对工程地质提出的挑战. 岩石力学与工程学报,39(12):2377-2380.
彭瑞东, 鞠杨, 高峰, 等. 2014. 三轴循环加卸载下煤岩损伤的能量机制分析. 煤炭学报, 39(2):245-252.
齐银萍. 2012. 裂隙岩体三维损伤流变模型研究及工程运用. 济南:山东大学.
史恒通, 王成华. 2000. 土坡有限元稳定分析若干问题的探讨. 岩土力学, 21(2): 152-155.
苏承东, 顾明, 唐旭, 等. 2012. 煤层顶板破碎岩石压实特征的试验研究. 岩石力学与工程学报,31(1): 18-26.
苏承东, 李怀珍, 张盛, 等. 2013. 应变速率对大理岩力学特性影响的试验研究. 岩石力学与工程学报, 32(5): 943-950.
王家臣, 王兆会, 孔德中. 2015. 硬煤工作面煤壁破坏与防治机理. 煤炭学报, 40(10): 2243-2250.
王元汉, 徐钺, 谭国焕, 等. 2000. 岩体断裂的破坏机理与计算模拟. 岩石力学与工程学报, 19(4): 449-452.

夏才初，闫子舰，王晓东，等. 2009. 大理岩卸荷条件下弹黏塑性本构关系研究. 岩石力学与工程学报，28(3):459-466.
谢和平. 1997. 分形岩石力学导论. 北京:科学出版社:18-19.
谢和平，鞠杨，黎立云. 2005. 基于能量耗散与释放原理的岩石强度与整体破坏准则. 岩石力学与工程学报，24(17):3010-3033.
谢和平，高峰，鞠杨. 2015. 深部岩体力学研究与探索. 岩石力学与工程学报，34(11)：2161-2178.
谢和平，高明忠，付成行，等. 2021. 深部不同深度岩石脆延转化力学行为研究. 煤炭学报，46(3)：701-715.
徐干成,白洪才,郑颖人,等. 2002. 地下工程支护结构. 北京:中国水利水电出版社.
杨超. 2015. 硬质裂隙岩体三轴加载及卸荷蠕变特性研究. 重庆:重庆大学.
杨超，黄达，张永兴，等. 2013. 基于 Copula 理论的岩体抗剪强度参数估值. 岩石力学与工程学报，32(12)：2463-2470.
杨超，黄达，张永兴. 2014. 基于 Copula 理论岩体质量 Q 值及波速与变形模量多变量相关性研究. 岩石力学与工程学报，33(3)：507-513.
杨超，黄达，黄润秋，等. 2016. 断续双裂隙砂岩三轴卸荷蠕变特性试验及损伤蠕变模型. 煤炭学报，41(9)：2203-2211.
杨超，冯振华，王鑫，等. 2017. 多级时效荷载下双裂隙砂岩变形与破裂特征试验研究. 岩石力学与工程学报，36(9)：2092-2101.
杨超，黄达，蔡睿，等. 2018. 张开穿透型单裂隙岩体三轴卸荷蠕变特性试验. 岩土力学，39(1)：53-62.
余寿文，冯西桥. 1997. 损伤力学. 北京:清华大学出版社.
袁海平. 2006. 诱导条件下节理岩体流变断裂理论与运用研究. 长沙:中南大学.
袁建新. 1993. 岩体损伤问题. 岩土力学，14(1):1-31.
袁亮. 2021. 深部采动响应与灾害防控研究进展. 煤炭学报，46(3)：716-725.
曾彬. 2018. 围压作用下红砂岩轴向卸荷–拉伸力学特性及本构模型研究. 重庆大学.
曾彬，黄达，刘杰，等. 2015. 双圆盾构隧道施工偏转角对地表变形影响研究. 岩石力学与工程学报，34(12)：2509-2518.
张俊文，宋治祥. 2020. 深部砂岩三轴加卸载力学响应及其破坏特征，采矿与安全工程学报，37(2)：409-418.
张俊文，赵景礼，王志强. 2010. 近距残煤综放复采顶煤损伤与冒放性控制. 煤炭学报，35(11)：1854-1858.
张俊文，王国龙，王鹏，等. 2011. 错层位开采采场覆岩结构及大“O”形圈特性分析，山东科技大学学报，30(4)：10-16.
张俊文，赵景礼，王志强，等. 2013. 错层位开采在西山镇城底矿的应用. 黑龙江科技学院学报，23(4)：324-328.
张俊文，拾强，刘志军，等. 2015. 错层位巷道围岩能量耗散分析，采矿与安全工程学报，32(6)：929-935.
张俊文，刘畅，李玉琳，等. 2018. 错层位沿空巷道围岩结构及其卸让压原理，煤炭学报，43(8)：2133-2143.
张俊文，宋治祥，范文兵，等. 2019a. 应力–渗流耦合下砂岩力学行为与渗透特性试验研究. 岩石力学与工程学报，38(7)：1364-1372.
张俊文，宋治祥，范文兵，等. 2019b. 真三轴条件下砂岩渐进破坏力学行为试验研究. 煤炭学报，44(9)：2700-2709.

张俊文，范文兵，宋治祥，等. 2021. 真三轴不同应力路径下深部砂岩力学特性，中国矿业大学学报，50(1)：106-114.

张平，李宁，贺若兰，等. 2006a. 不同应变速率下非贯通裂隙介质的力学特性研究. 岩土工程学报，28(6)：750-755.

张平，李宁，贺若兰，等. 2006b. 动载下3条断续裂隙岩样的裂缝贯通机制. 岩土力学，27(9)：1457-1464.

张永兴，许明. 2015. 岩石力学. 北京：中国建筑工业出版社.

张倬元，王士天，王兰生. 1994. 工程地质分析原理，第2版. 北京：地质出版社.

章春炜，路军富，钟英哲. 2017. PFC中应力测量圆半径浅析. 四川建筑，37(4)：138.

赵延林，万文，王卫军，等. 2012. 类岩石裂纹压剪流变断裂与亚临界扩展试验及破坏机制. 岩土工程学报，34(6)：1050-1059.

郑宏，葛修润，李焯芬. 1997. 脆塑性岩体的分析原理及其应用. 岩石力学与工程学报，16(1)：8-21.

钟助，黄达，黄润秋. 2016. "挡墙溃屈"型滑坡锁固段抗滑稳定性研究. 岩土工程学报，38(9)：1734-1740.

周秋景，李同春，宫必宁. 2006. 循环荷载作用下脆性材料剪切性能试验研究. 岩石力学与工程学报，26(3)：573-579.

朱杰兵，汪斌，邬爱清，等. 2008. 锦屏水电站大理岩卸荷条件下的流变试验及本构模型研究. 固体力学学报，29(S. Issue)：99-106.

朱维申，陈卫忠，申晋. 1998. 雁形裂纹扩展的模型试验及断裂力学机制研究. 固体力学学报，19(4)：355-360.

朱维申，齐银萍，郭运华，等. 2012. 锦屏Ⅰ级水电站地下厂房围岩变形破裂的三维损伤流变分析. 岩石力学与工程学报，31(5)：865-872.

Ashby M F, Hallam S D. 1986. The failure of brittle solids containing small cracks under compressive stress states. Acta Metallurgica, 34(3): 497-510.

Belem T, Homand-Etienne F, Souley M. 2000. Quantitative parameters for rock joint surface roughness. Rock Mechanics and Rock Engineering, 33(4): 217-242.

Brideau M A, Yan M, Stead D. 2009. The role of tectonic damage and brittle rock fracture in the development of large rock slope failures. Geomorphology, 103(1): 30-49.

Camones L A M, do Amaral Vargas Jr E, de Figueiredo R P, et al. 2013. Application of the discrete element method for modeling of rock crack propagation and coalescence in the step-path failure mechanism. Engineering Geology, 153: 80-94.

Cen D F, Huang D. 2017a. Identification method of deformation localization in DEM-simulated granular geomaterials based on contact deformations. International Journal of Geomechanics, 17(11): 06017019-1-11.

Cen D F, Huang D. 2017b. Direct shear tests of sandstone under constant normal tensile stress condition using a simple auxiliary device. Rock Mechanics and Rock Engineering, 50: 1425-1438.

Cen D F, Huang D, Ren F. 2017. Shear deformation and strength of the interphase between the soil-rock mixture and the benched bedrock slope surface. Acta Geotechnica, 12(2): 391-413.

Cen D F, Huang D, Song Y X, et al. 2020. direct tensile behavior of limestone and sandstone with bedding planes at different strain rates. Rock Mechanics and Rock Engineering, 53(6): 2643-2651.

Chen G Q, Tang P, Huang R Q, et al. 2021a. Critical tension crack depth in rockslides that conform to the three-section mechanism, Landslides, 18: 79-88.

Chen G Q, Wan Y, Li Y, et al. 2021b. Time-dependent damage mechanism of rock deterioration under freeze-thaw cycles linked to alpine hazards. Natural Hazards, 108: 635-660.

Chen M X, Huang D, Jiang Q H. 2021. Slope movement classification and new insights into failure prediction based on landslide deformation evolution. International Journal of Rock Mechanics and Mining Sciences, 141: 104733.

Dong F F, Zhu T T, Huang D. 2021. Experimental study on the energy characteristics of sandstone in direct shear test under a decreasing normal stress. Arabian Journal of Geosciences, 14: 1398.

Feng X T, Zhou Y Y, Jiang Q. 2019. Rock mechanics contributions to recent hydroelectric developments in China. Journal of Rock Mechanics and Geotechnical Engineering, 11(3): 511-526.

Fu G Y, Ma G W, Qu X L, et al. 2016. Stochastic analysis of progressive failure of fractured rock masses containing non-persistent joint sets using key block analysis. Tunnelling and Underground Space Technology, 51: 258-269.

Gao X C, Gu D M, Huang D, et al. 2020. Development of a DEM-based method for modeling the water-induced failure process of rock from laboratory- to engineering-scale. International Journal of Geomechanics, 20(7): 04020080.

Ge X R. 1997. Post failure behavior and a brittle-plastic model of brittle rock. In: Bromhead E N(ed). Computer Methods and Advances in Geomechanics. Rotterdam: A. A. Balkema: 151-160.

Gong F Q, Zhang P L, Luo S, et al. 2021. Theoretical damage characterisation and damage evolution process of intact rocks based on linear energy dissipation law under uniaxial compression. Ternational Journal of Rock Mechanics and Mining Sciences, 146: 104858.

Gu D M, Huang D. 2016. A complex rock topple-rock slide failure of an anaclinal rock slope in the Wu Gorge, Yangtze River, China. Engineering Geology, 208(24): 165-180.

Gu D M, Huang D , Yang W D, et al. 2017. Understanding the triggering mechanism and possible kinematic evolution of a reactivated landslide in the Three Gorges reservoir. Landslides, 14(6): 2073-2087.

Gu D M, Huang D, Zhang W G, et al. 2020. A 2D DEM-based approach for modeling water-induced degradation of carbonate rock. International Journal of Rock Mechanics and Mining Sciences, 126: 104188.

Gu D M, Liu H L, Gao X C, et al. 2021. Influence of cyclic wetting-drying on the shear strength of limestone with a soft interlayer. Rock Mechanics and Rock Engineering, 54: 4369-4378.

Huang D, Gu D M. 2017. Influence of filling-drawdown cycles of the Three Gorges reservoir on deformation and failure behaviors of anaclinal rock slopes in the Wu Gorge. Geomorphology, 295: 489-506.

Huang D, Li Y R. 2014. Conversion of strain energy in triaxial unloading tests on marble. International Journal of Rock Mechanics and Mining Sciences, 66: 160-168.

Huang D, Zhu T T. 2018. Experimental and numerical study on the strength and hybrid fracture of sandstone under tension-shear stress. Engineering Fracture Mechanics, 200: 387-400.

Huang D, Zhu T T. 2019. Experimental study on the shear mechanical behavior of sandstone under normal tensile stress using a new double-shear testing device. Rock Mechanics and Rock Engineering, 52(9): 3467-3474.

Huang D, Yang C, Zeng B, et al. 2014. A copula-based method for estimating shear strength parameters of rock mass. Mathematical Problems in Engineering, DOI: org/10. 1155/2014/693062.

Huang D, Cen D F, Ma G W. 2015. Step-path failure of rock slopes with intermittent joints. Landslides, 12(5): 911-926.

Huang D, Gu D M, Yang C, et al. 2016a. Investigation on mechanical behaviors of sandstone with two preexisting flaws under triaxial compression. Rock mechanics and Rock Engineering, 49(2): 375-399.

Huang D, Song Y X, Cen D F, et al. 2016b. Numerical modeling of earthquake-induced landslide using an improved discontinuous deformation analysis considering dynamic friction degradation of joints. Rock Mechanics and Rock Engineering, 49(12): 4767-4786.

Huang D, Gu D M, Yi X S, et al. 2018. Towards a complete understanding of the triggering mechanism of a large reactivated landslide in the Three Gorges reservoir. Engineering Geology, 238: 36-51.

Huang D, Li P, Cen D F. 2019a. A novel radial cable for restraining tensile failure in steep fill-rock interfaces. Journal of Mountain Science, 16: 1715-1730.

Huang D, Li Y Q, Song Y X, et al. 2019b. Insights into the catastrophic Xinmo rock avalanche in Maoxian County, China: combined effects of historical earthquakes and landslide amplification. Engineering Geology, 258: 105158.

Huang D, Song Y X, Ma G W, et al. 2019c. Numerical modeling of the 2008 Wenchuan earthquake-triggered Niumiangou landslide considering effects of pore-water pressure. Bulletin of Engineering Geology and the Environment, 78(7): 4713-4729.

Huang D, Zhong Z, Gu D M. 2019d. Experimental investigation on the failure mechanism of a rock landslide controlled by a steep-gentle discontinuity pair. Journal of Mountain Science, 16(6): 1258-1274.

Huang D, Cen D F, Song Y X. 2020a. Comparative investigation on the compression-shear and tension-shear behaviour of sandstone at different shearing rates. Rock Mechanics and Rock Engineering, 53(7): 3111-3131.

Huang D, Guo Y Q, Cen D F, et al. 2020b. Experimental investigation on shear mechanical behavior of sandstone containing a pre-existing flaw under unloading normal stress with constant shear stress. Rock Mechanics and Rock Engineering, 53(8): 3779-3792.

Huang D, Li B, Ma W Z, et al. 2020c. Effects of bedding planes on fracture behavior of sandstone under semi-circular bending test. Theoretical and Applied Fracture Mechanics, 108: 102625.

Huang D, Li Y Q, Song Y X, et al. 2020d. Ejection landslides triggered by the 2008 Wenchuan earthquake and movement modelling using aerodynamic theory and artificial disintegration collision technique. Environmental Earth Sciences, 79(11): 263.

Huang D, Luo S L, Zhong Z, et al. 2020e. Analysis and modeling of the combined effects of hydrological factors on a reservoir bank slope in the Three Gorges reservoir area, China. Engineering Geology, 279: 105858.

Huang D, Zhong Z, Kuan X B, et al. 2020f. A method to identify the position of fracture surface in a rock slope based on multi-point extensometer monitoring. Arabian Journal of Geosciences, 13(3): 121.

Huang D, Huang W B, Ke C Y, et al. 2021a. Experimental investigation on seepage erosion of the soil-rock interface. Bulletin of Engineering Geology and the Environment, 80: 3115-3137.

Huang D, Meng Q J, Song Y X, et al. 2021b. Dynamic process analysis of the Niumiangou landslide triggered by the Wenchuan earthquake using the finite difference method and a modified discontinuous deformation analysis. Journal of Mountain Science, 18: 1034-1048.

Huang D, Yan Z D, Zhong Z, et al. 2021c. Experimental study on failure behaviour of ligaments between strike-inconsistent fissure pairs under uniaxial compression. Rock Mechanics and Rock Engineering, 54(3): 1257-1275.

Huang D, Liu Y, Cen D F, et al. 2022a. Effect of confining pressure on deformation and strength of granite in confined direct tension tests. Bulletin of Engineering Geology and the Environment, 81: 110.

Huang D, Ma H, Huang R Q, et al. 2022b. Deep-seated toppling deformations at the dam site of the Miaowei hydropower station, Southwest China. Engineering Geology, 303: 106654.

Huang D, Ma H, Huang R Q. 2022c. Deep-seated toppling deformations of rock slopes in western China. Landslides, 19: 809-827.

Huang D, Yang Y Y, Song Y X, et al. 2022d. Fracture behavior of shale containing two parallel veins under semi-circular bend test using a phase-field method. Engineering Fracture Mechanics, 267: 108428.

Huang R Q, Huang D. 2014. Evolution of rock cracks under unloading condition. Rock Mechanics and Rock Engineering, 47(2): 453-466.

Jiang Q , Feng X T , Hatzor Y H , et al. 2014. Mechanical anisotropy of columnar jointed basalts: an example from the Baihetan hydropower station, China. Engineering Geology, 175(3): 35-45.

Kachanov L M. 1958. On creep rupture time. Izv Acad Nauk SSSR, Otd Techn Nauk, 8: 26-31.

Kawamoto T, Ichikawa Y, Kyoya T. 1988. Deformation and fracture behaviour of discontinuous rock mass and damage mechanics theory. International Journal for Numerical and Analytical Methods in Geomechanics, 12: 1-30.

Kemeny J. 1991. A model for non-linear rock deformation under compression due to sub-critical crack growth. International Journal of Rock Mechanics and Mining Sciences & Geomechanics Abstracts, 28: 459-467.

Konietzky H, Heftenberger A, Feige M. 2009. Life-time prediction for rocks under static compressive and tensile loads: a new simulation approach. Acta Geotechnica, 4: 73-78.

Lemaitre J. 1985. A continuous damage mechanics model for ductile fracture. Journal of Engineering Materials and Technology-Transactions of the ASME, 107(107): 83-89.

Li B, Huang D, Zhu Y Z. 2020. A complex slide-buckling-toppling failure of under-dip soft rock slopes. European Journal of Environmental and Civil Engineering, DOI: 10. 1080/19648189. 2020. 1839791.

Li X, Konietzky H. 2014. Simulation of time-dependent crack growth in brittle rocks under constant loading conditions. Engineering Fracture Mechanics, 119: 53-65.

Li X, Konietzky H. 2015. Numerical simulation schemes for time-dependent crack growth in hard brittle rock. Acta Geotechnica, (10): 513-531.

Li Y R, Huang D, Li X A. 2014. Strain rate dependency of coarse crystal marble under uniaxial compression: strength, deformation and strain energy. Rock Mechanics and Rock Engineering, 47(2): 453-466.

Liu Y, Huang D, Cen D F, et al. 2021. Tensile strength and fracture surface morphology of granite under confined direct tension test. Rock Mechanics and Rock Engineering, 54(9): 4755-4769.

Luo S L, Huang D. 2020. Deformation characteristics and reactivation mechanisms of the Outang ancient landslide in the Three Gorges reservoir, China. Bulletin of Engineering Geology and the Environment, 79: 3943-3958.

Luo S L, Jin X G, Huang D. 2019. Long-term coupled effects of hydrological factors on kinematic responses of a reactivated landslide in the Three Gorges reservoir. Engineering Geology, 216: 105271.

Luo S L, Huang D, Peng J B, et al. 2022. Influence of permeability on the stability of dual-structure landslide with different deposit-bedding interface morphology: the case of the Three Gorges reservoir area, China. Engineering Geology, 296: 106480.

Murakami S, Ohno N. 1980. A continuum theory of creep and creep damage. Proc 3rd IUTAM Sympsium on Creep in Structure: 422-443.

Ooi L H, Carter J P. 1987. A constant normal stiffness direct shear device for static and cyclic loading. Geotechnical Testing Journal, 10(1): 3-12.

Owen D R J, Hinton E. 1980. Finite Elements in Plasticity: Theory and Practice. Swansea: Pineridge Press Limited.

Rabotnov Y N. 1969. Creep Rupture. Berlin: Springer.

Ramsey J M, Chester F M. 2004. Hybrid fracture and the transition from extension fracture to shear fracture. Nature, 428(6978): 63-66.

Sheng Q, Yue Z Q, Lee C F, et al. 2002. Estimating the excavation disturbed zone in the permanent shiplock slopes of the Three Gorges project, China. International Journal of Rock Mechanics and Mining Sciences, 39: 165-184.

Song L, Lajtai E Z. 1998. Modeling the stress-strain diagram for brittle rock loaded in compression. Mechanics of Materials, (30): 243-251.

Song Y X, Huang D, Cen D F. 2016. Numerical modelling of the 2008 Wenchuan earthquake-triggered Daguangbao landslide using a velocity and displacement dependent friction law. Engineering Geology, 215: 50-68.

Song Y X, Huang D, Zeng B. 2017. GPU-based parallel computation for discontinuous deformation analysis (DDA) method and its application to modelling earthquake-induced landslide. Computers and Geotechnics, 86: 80-94.

Song Z X, Zhang J W. 2022. Research on the progressive failure process and fracture mechanism of rocks with the structural evolution perspective. Journal of Structural Geology, 154: 104484.

Tan Y L, Yu F H, Ning J G, et al. 2015. Design and construction of entry retaining wall along a gob side under hard roof stratum. International Journal of Rock Mechanics and Mining Sciences, 77: 115-121.

Wang J, Yan H. 2012. DEM analysis of energy dissipation in crushable soils. Soils and Foundations, 52(4): 644-657.

Wang J J, Li Y Q, Jian F X, et al. 2019. Rate dependence of splitting tensile behaviors of sandstone and mudstone. Geotechnical and Geological Engineering, 7: 3469-3475.

Yang C, Chen Y H, Huang D, et al. 2019. Arching effect between the pipes of a pipe umbrella support system in a shallow-buried tunnel. Ksce Journal of Civil Engineering, 23(12): 5215-5225.

Yang C, Xu Z X, Huang D, et al. 2020. Failure mechanism of primary support for a shallow and asymmetrically loaded tunnel portal and treatment measures. Journal of Performance of Constructed Facilities, 34 (1): 04019105.

Yang C, Tang J T, Huang D, et al. 2021. New crack initiation model for open-flawed rock masses under compression-shear stress. Theoretical and Applied Fracture Mechanics, 116(11): 103114.

Yang H Q, Huang D, Yang X M, et al. 2013. Analysis model for the excavation damage zone in surrounding rock mass of circular tunnel. Tunnelling and Underground Space Technology, 35: 78-88.

Yang S Q, Jiang Y Z. 2010. Triaxial mechanical creep behavior of sandstone. Mining Science and Technology, 20 (3): 339-349.

Yang Y T, Xu D D, Zheng H, et al. 2021. Modeling wave propagation in rock masses using the contact potential-based three-dimensional discontinuous deformation analysis method. Rock Mechanics and Rock Engineering, 54: 2465-2490.

Zeng B, Huang D, Ye S Q, et al. 2019. Triaxial extension tests on sandstone using a simple auxiliary apparatus. International Journal of Rock Mechanics and Mining Sciences, 120: 29-40.

Zhang J W, Song Z X, Wang S Y. 2021a. Experimental investigation on permeability and energy evolution characteristics of deep sandstone along three-stage loading path. Bulletin of Engineering Geology and the Environment, 80(2), 1571-1584.

Zhang J W, Song Z X, Wang S Y. 2021b. Mechanical behavior of deep sandstone under high stress-seepage coupling. Journal of Central South University, 28: 1-17.

Zhao B Y, Liu D Y, Dong Q. 2011. Experiment research on creep behaviors of sandstone under uniaxial compressive and tensile stress. Journal of Rock Mechanics and Geotechnical Engineering, 3(Supp): 438-444.

Zheng Y, Huang D. 2018. A new deflection solution and application of the FBG-based inclinometer for monitoring the internal displacements in slopes. Measurement Science and Technology, 29(5): 055008.

Zheng Y, Huang D, Zhu Z W, et al. 2018. Experimental study on a parallel-series connected fiber-optic displacement sensor for landslide monitoring. Optics and Lasers in Engineering, 111: 236-245.

Zhong Z, Huang D, Zhang Y F, et al. 2020. Experimental study on the effects of unloading normal stress on shear mechanical behaviour of sandstone containing a parallel fissure pair. Rock Mechanics and Rock Engineering, 53: 1647-1663.

Zhu T T, Huang D. 2019a. Influences of the diameter and position of the inner hole on the strength and failure of disc specimens of sandstone determined using the brazilian split test. Journal of Theoretical and Applied Mechanics, 57: 127-140.

Zhu T T, Huang D. 2019b. Experimental investigation of the shear mechanical behavior of sandstone under unloading normal stress. International Journal of Rock Mechanics and Mining Sciences, 114: 186-194.

Zhu T T, Chen J X, Huang D, et al. 2021a. A DEM-based approach for modeling the damage of rock under freeze-thaw cycles. Rock Mechanics and Rock Engineering, 54: 2843-2858.

Zhu T T, Huang D, Chen J X, et al. 2021b. Experimental and numerical study on the shear strength and strain energy of rock under constant shear stress and unloading normal stress. Computer Modeling in Engineering & Sciences, 127(1): 79-97.

彩　　图

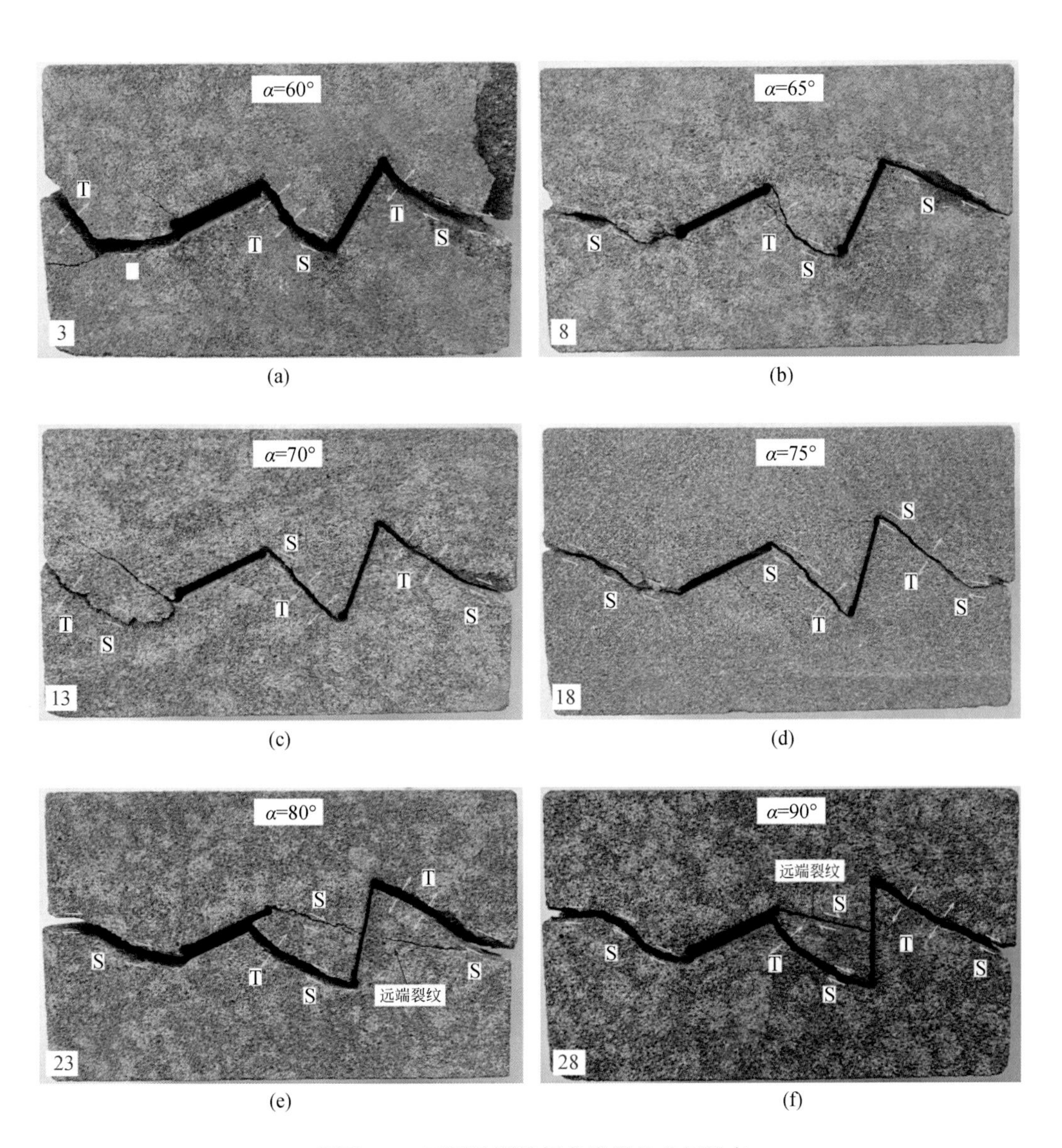

彩图 4.1　不同陡裂隙倾角岩样的破坏形态

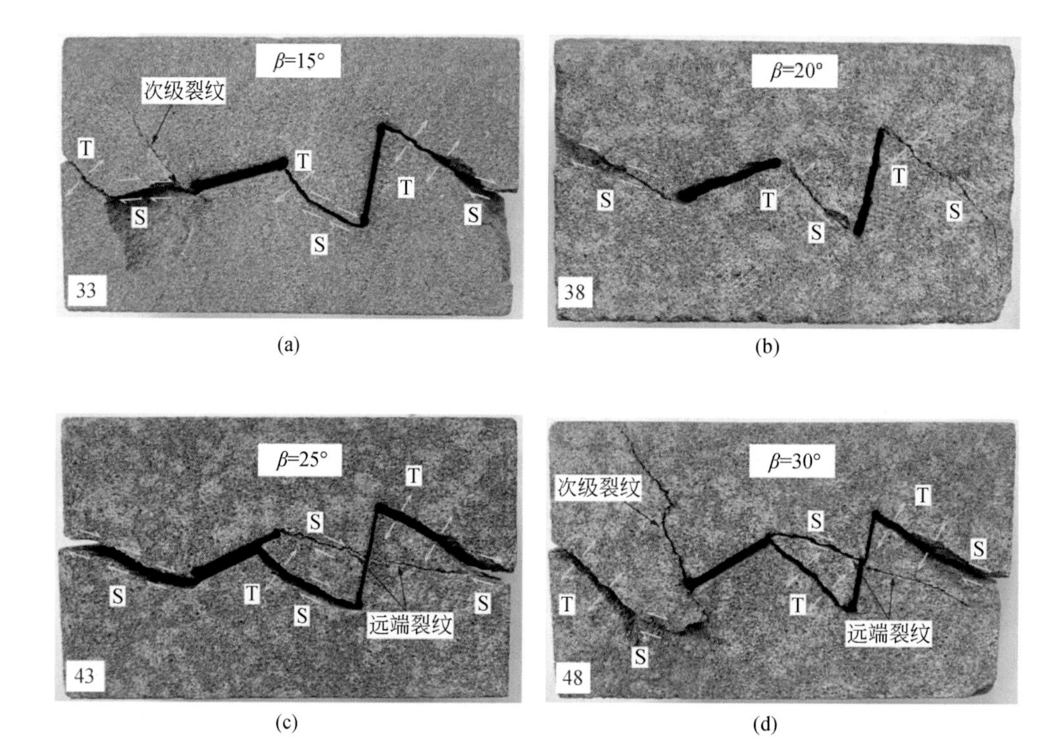

(a) (b)

(c) (d)

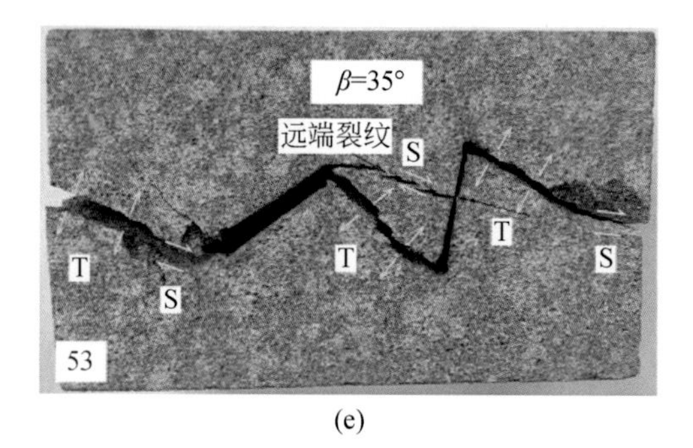

(e)

彩图 4.2　不同缓裂隙倾角试样的破坏形态

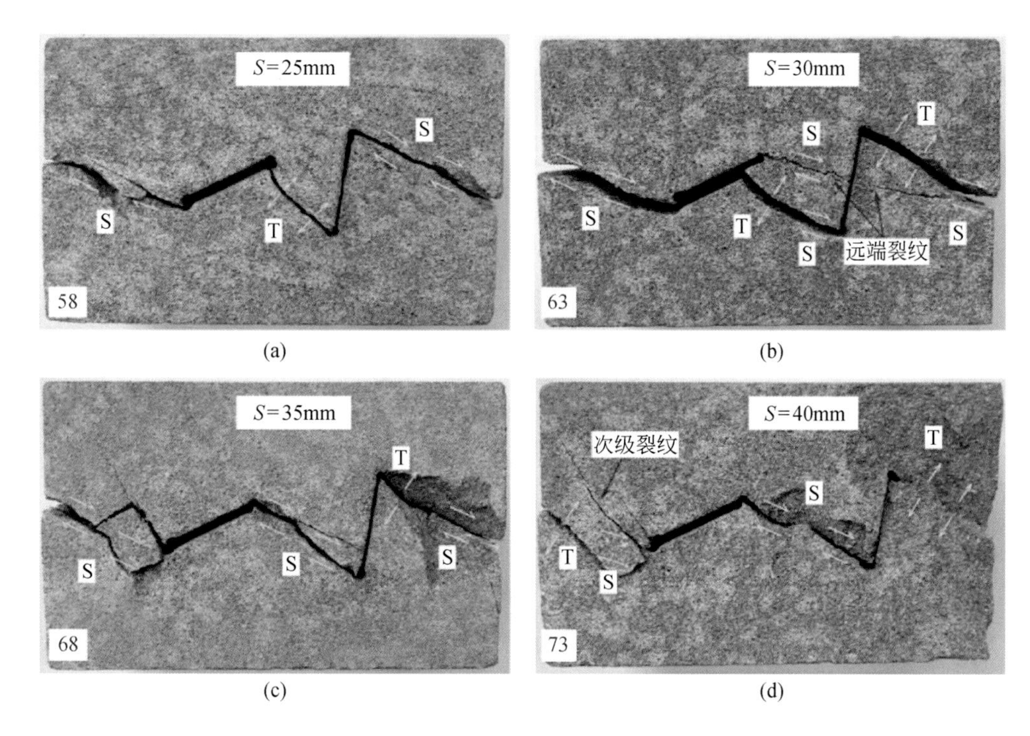

彩图 4.3　不同裂隙间距试样的破坏形态

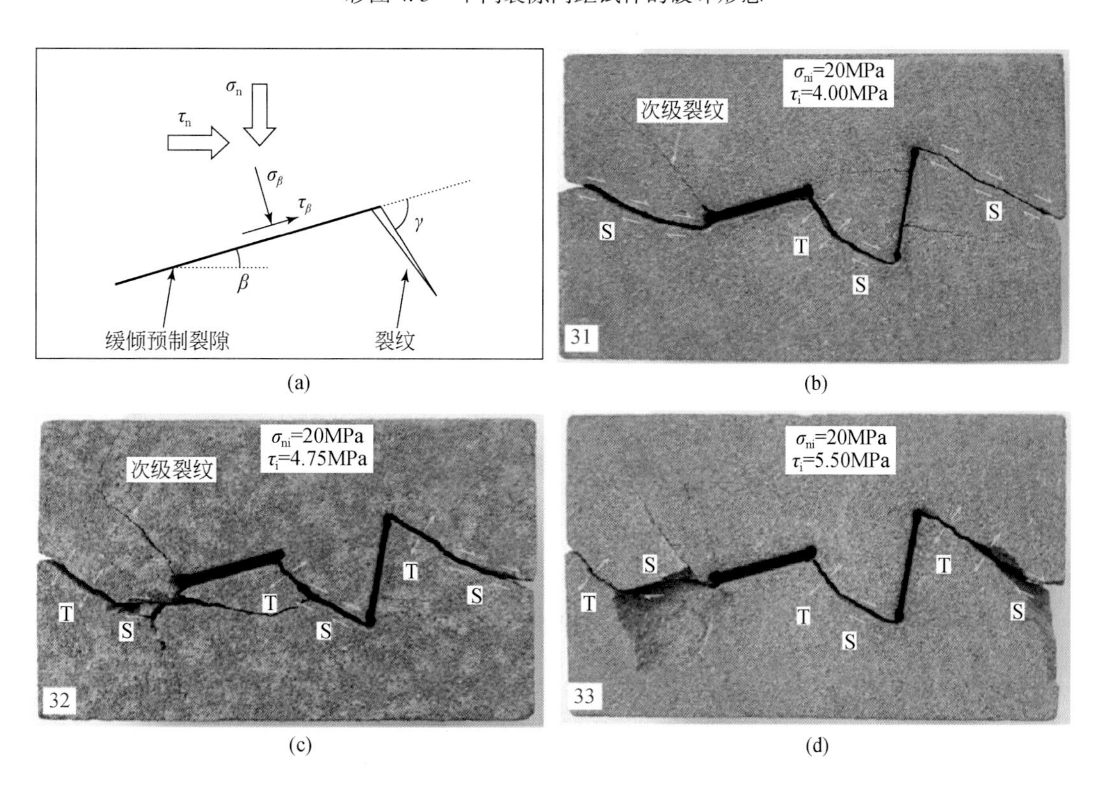

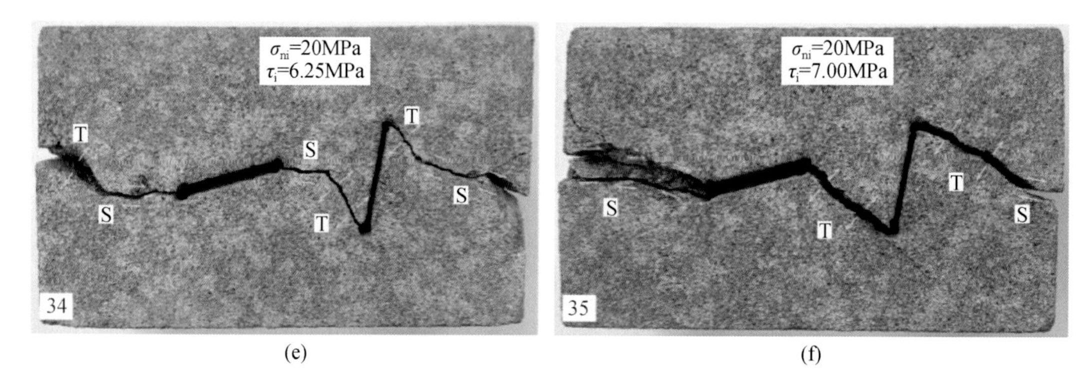

彩图 4.4　不同初始剪应力条件下岩样的破坏形态

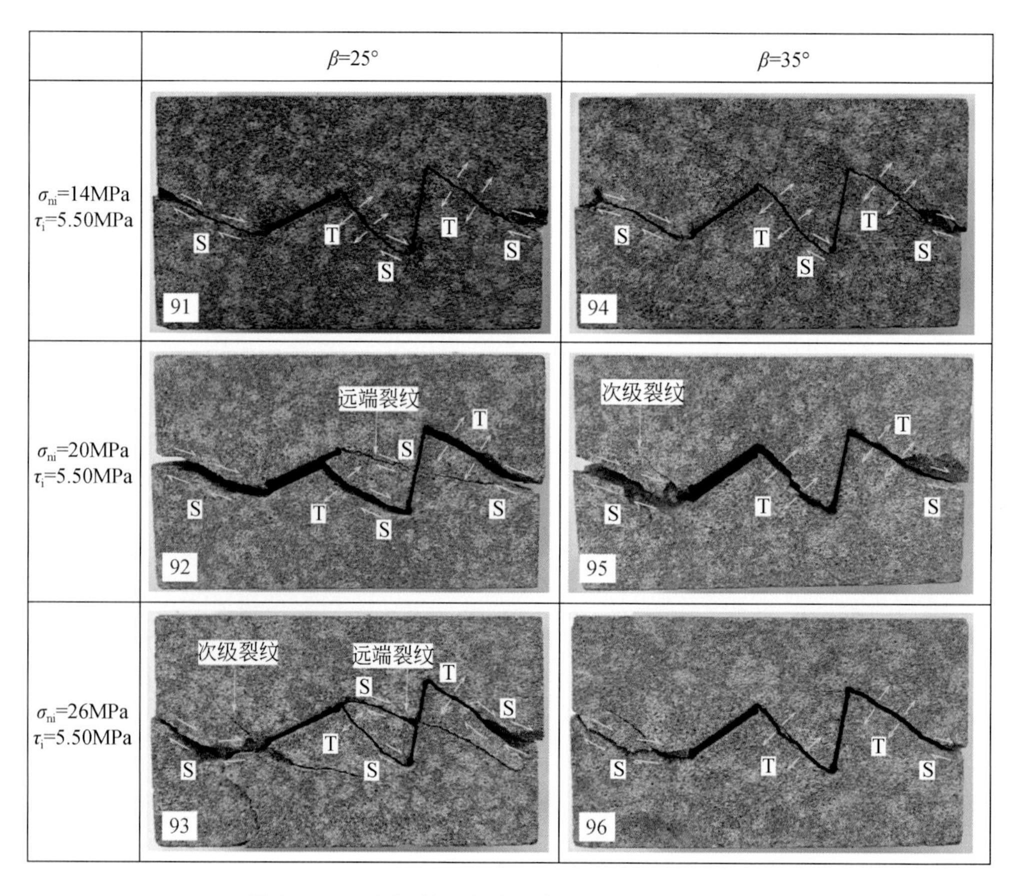

彩图 4.5　不同初始法向应力条件下岩样的破坏形态

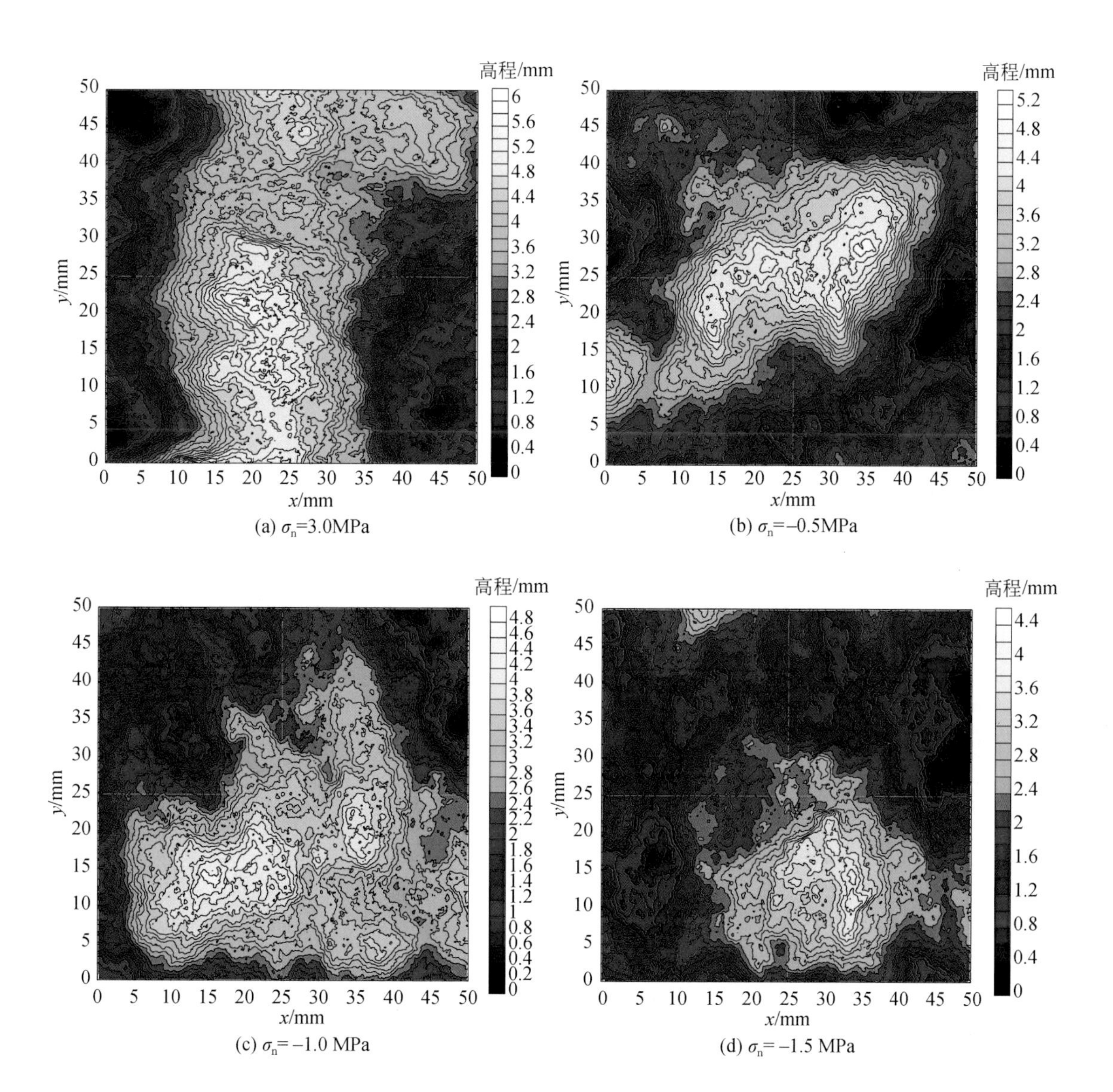

彩图 5. 1　不同法向应力下剪切断裂面高程等值线（剪切方向为水平方向）

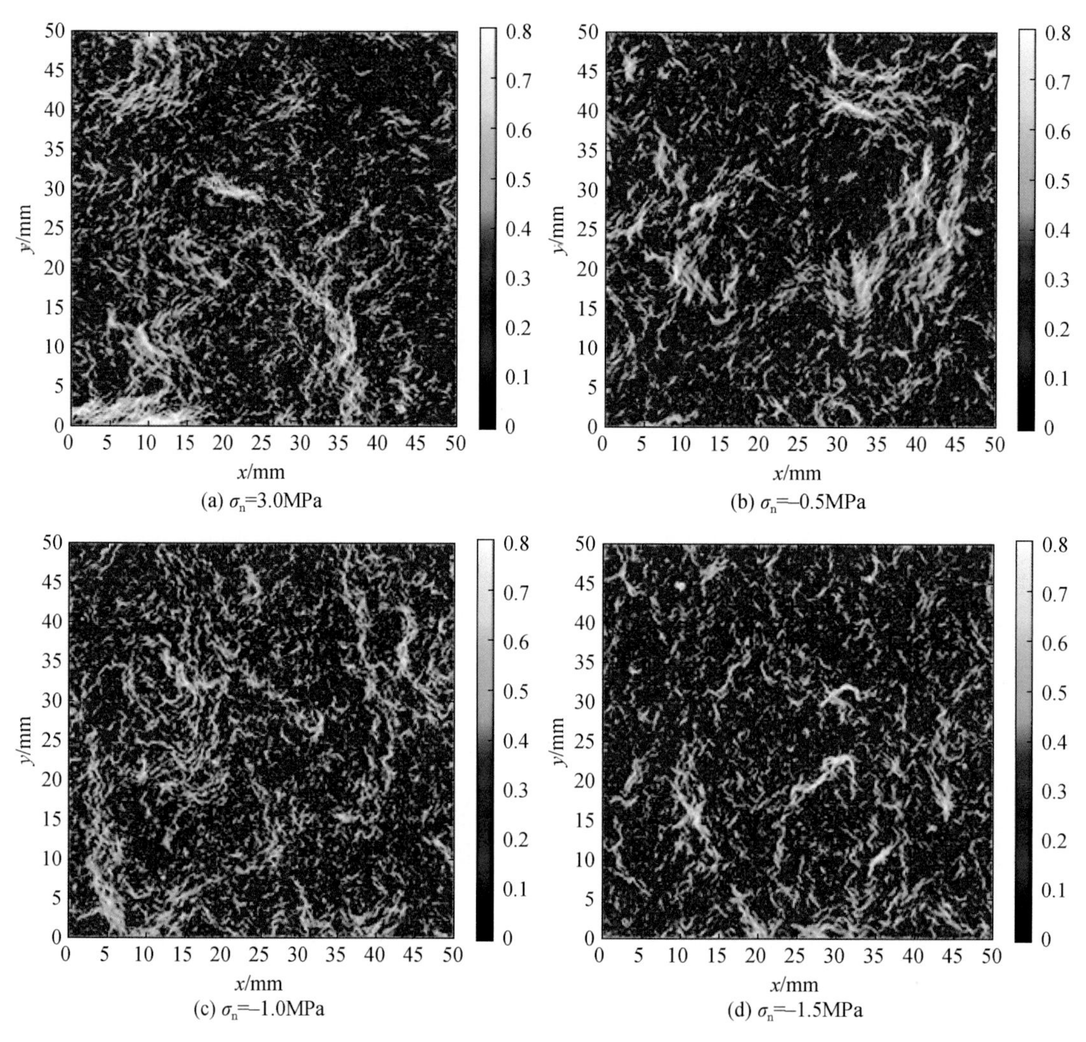

彩图 5.2　不同法向应力下断裂面坡度倾角矢量图

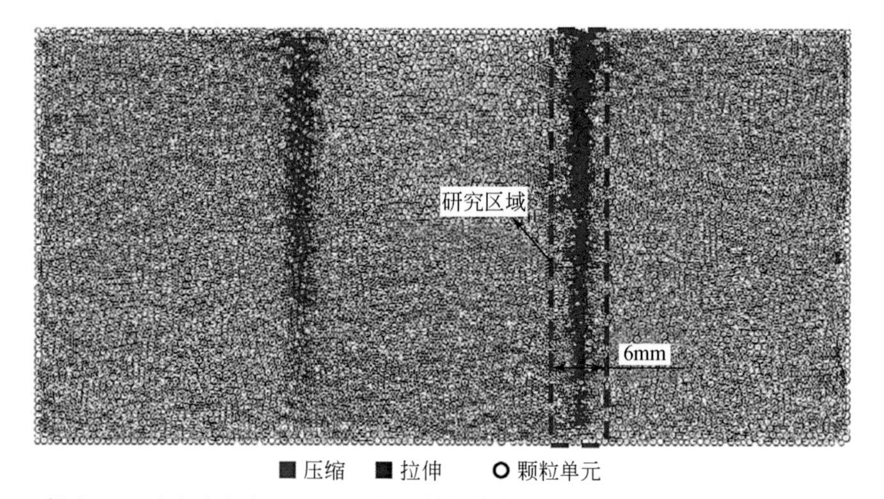

彩图 5.3　法向应力为-0.25MPa 的试样在剪应力为 0.2 倍的抗剪强度时的力链

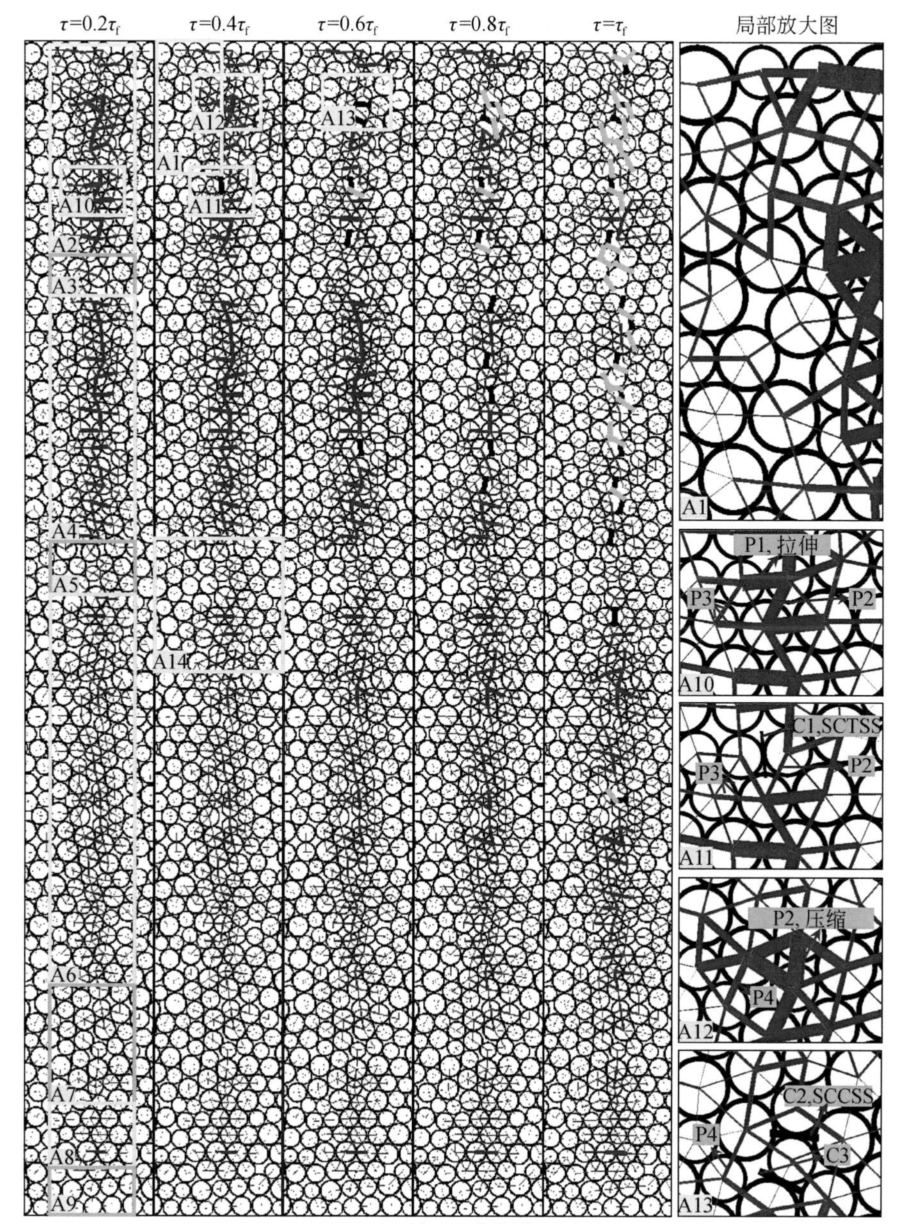

(a) σ_n=–0.5MPa

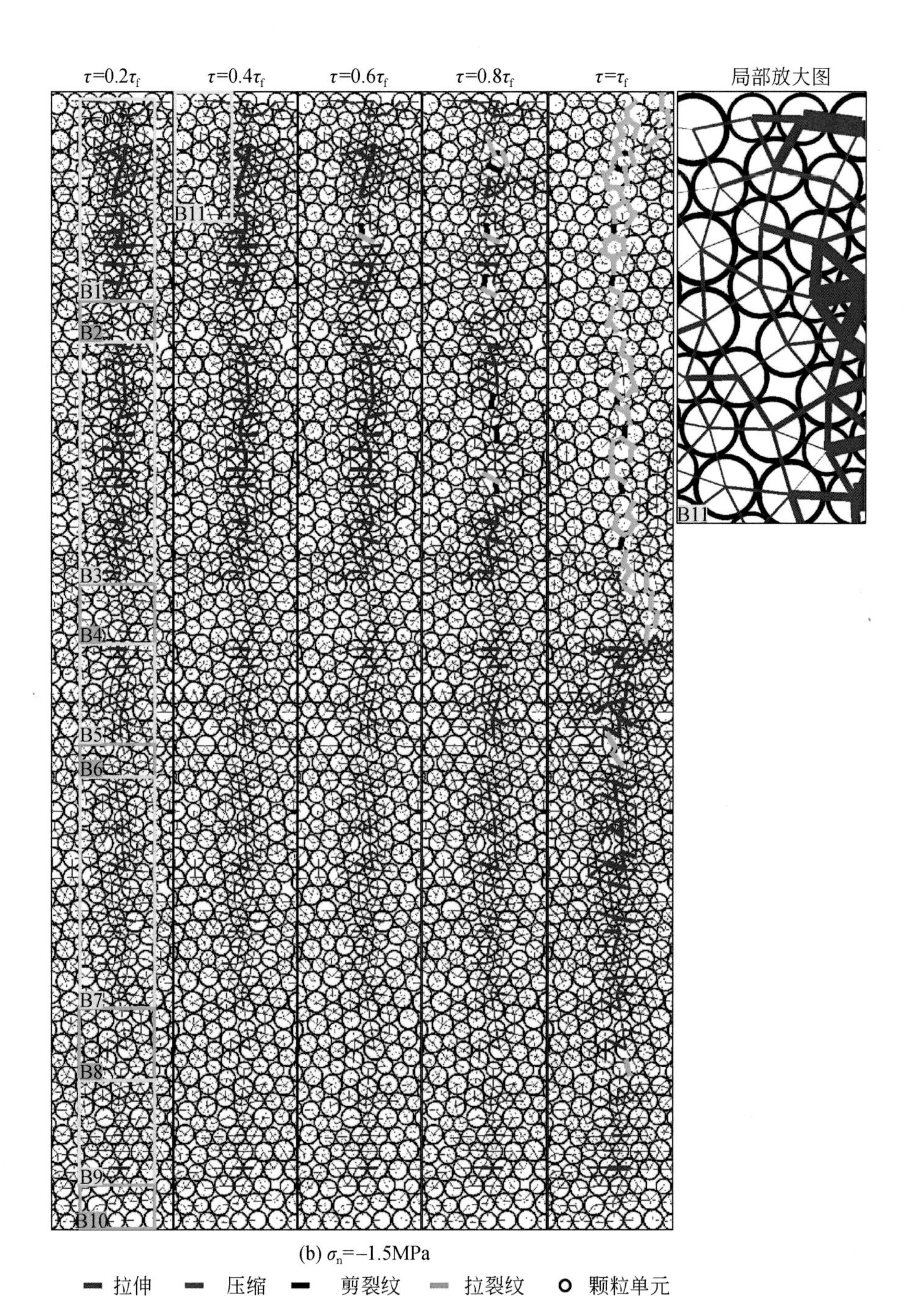

彩图 5.4　右侧断裂面上力链和微裂纹的演化过程